“十三五”水体污染控制与治理科技重大专项重点图书

城镇污水高标准处理与利用

郑兴灿　著

中国建筑工业出版社

图书在版编目（CIP）数据

城镇污水高标准处理与利用/郑兴灿著．—北京：
中国建筑工业出版社，2023．4
“十三五”水体污染控制与治理科技重大专项重点图
书
ISBN 978-7-112-28500-6

Ⅰ．①城…　Ⅱ．①郑…　Ⅲ．①城市污水处理②城市污
水—废水综合利用　Ⅳ．①X703

中国国家版本馆 CIP 数据核字（2023）第 047812 号

本书为“‘十三五’水体污染控制与治理科技重大专项重点图书”之一，是“水体污染控制与治理”科技重大专项“城市水污染控制”主题成果之一。本书在总结和凝练我国城镇污水高标准处理及资源化利用研究成果和工程实践的基础上，提出适合我国城镇污水复杂水质环境条件和高标准水质要求的稳定达标处理及资源化利用工艺技术路线、单元工艺系统、设备产品选择、工程技术方案及典型实施案例。

本书可为从事城镇污水处理及资源化利用工程设施的设计、建设及运行管理人员提供技术指导和决策依据。

责任编辑：于　莉　杜　洁
责任校对：赵　菲

“十三五”水体污染控制与治理科技重大专项重点图书
城镇污水高标准处理与利用
郑兴灿　著

*

中国建筑工业出版社出版、发行（北京海淀三里河路9号）
各地新华书店、建筑书店经销
北京龙达新润科技有限公司制版
北京中科印刷有限公司印刷

*

开本：787毫米×1092毫米　1/16　印张：31¼　字数：716千字
2023年4月第一版　2023年4月第一次印刷
定价：**118.00** 元

ISBN 978-7-112-28500-6
（40874）

“十三五”水体污染控制与治理科技重大专项重点图书
（城市水污染控制主题成果）

编 委 会

前　言

《国家中长期科学技术发展规划纲要（2006—2020年）》(简称《规划纲要》）在重点领域中确定一批优先主题的同时，围绕国家目标，进一步突出重点，筛选出若干重大战略产品、关键共性技术或重大工程作为重大专项。作为《规划纲要》确定的16个重大专项之一，水体污染控制与治理科技重大专项（简称水专项）于2007年启动，设立湖泊、河流、城市、饮用水、监控预警和经济政策6个主题，旨在构建我国水污染控制与治理技术体系和水环境管理技术体系，重点突破工业污染源控制与治理、农业面源污染控制与治理、城市污水处理与资源化、水体水质净化与生态修复、饮用水安全保障、水环境监控预警与管理等关键技术和共性技术，开展典型流域和重点地区的综合示范研究。“十一五”阶段主要突破“控源减排”关键技术，“十二五”阶段重点突破“减负修复”关键技术，“十三五”阶段突破流域水环境“综合调控”关键技术。

城市水污染控制主题在“十一五”之初设定的目标任务为，通过水专项研究开发与工程实施，识别我国城市水污染的时空特征和变化规律，建立不同使用功能的城市水环境和水排放的标准与安全准则；选择若干个在我国经济社会发展中具有重要战略地位、不同经济发展阶段与特点、不同污染成因与特征的城市与城镇集群，以削减城市整体水污染负荷和保障城市水环境质量与安全为核心，重点攻克城市和工业园区的清洁生产、污染控制和资源化关键技术，突破城市水污染控制系统整体设计、全过程运行控制和水体生态修复技术，结合城市水体综合整治和生态景观建设，开展综合技术研发与集成示范，初步建立我国城市水污染控制与水环境综合整治的技术体系、运营与监管技术支撑体系，推动关键技术的标准化、设备化和产业化发展，建立相应的研发基地、产业化基地、监管与绩效评估管理平台，为实现跨越发展，构建新一代城市水环境系统提供强有力的技术支持和管理工具。

城市水污染控制主题在三个五年计划的组织实施过程中，着重系统化的控源减排与综合整治，构建城镇水环境系统的科学发展理论与方法，揭示城镇水环境系统的运行特性与调控机制，形成涵盖城镇排水系统优化与径流污染控制、城镇污水高标准处理与污泥安全处理处置、城镇水环境综合整治与修复的城镇水污染控制与水环境综合整治整装成套技术，实现城镇排水管网检测修复、膜过滤材料及膜组器、悬浮填料工艺系统、污泥厌氧消化与干化焚烧、雨水储存与净化处理、高级化学氧化等核心设备产品的工程化产业化推进，系统解决污水、雨水、污泥复合叠加影响下的城镇水污染控制与水环境综合整治技术原理与工程技术难题，在太湖、京津冀、滇池、巢湖、三峡库区等重点区域示范应用，形成系列化的技术解决方案与工程应用范例，全面服务和强力支撑了国家节能减排、海绵城市建设、城市黑臭水体治理、污水资源化、污水处理提质增效、城市内涝防治和乡村振兴战略等任务的实施。

作为水专项城市水污染控制主题标志性成果系列专著的组成部分，本书在“十一五”《城镇污水处理厂一级A稳定达标技术》阶段性成果专著的基础上编写完成，进一步吸纳“十二五”和“十三五”期间的项目（课题）研究成果与工程实践，展示“十四五”期间的推广应用进展与新的发展趋势。主要编写目的就在于，针对我国城镇污水的水质水量特征、主要环境影响因素、资源化利用要求、污染物排放限值和工程技术决策需求，以城市水污染控制主题相关项目（课题）研究成果为基础，总结国内外的新近技术成果与工程实践经验，凝练城镇污水强化预处理、深度除磷脱氮、关键工艺单元、核心设备产品、工艺诊断评估、运行优化调控、节能节地降耗和资源能源利用等方面的研究开发成果和工程应用成就，结合处理效果稳定性、工艺控制灵活性、工程实施可行性、维护管理方便性、投资运行经济性、系统优化整体性、资源化及水质标准要求等，提出城镇污水高标准稳定达标及再生利用的工艺技术路线、工程技术方案、单元工艺选择及设计运行参数，为全国各地城镇污水处理及资源化利用工程设施的设计建设（新建、扩建、改造）和运行管理优化提供工艺技术指导及工程技术决策依据。

本书的编写工作得到了住房和城乡建设部水专项实施管理办公室、水专项总体专家组和城市水污染控制主题专家组的大力支持与指导，水专项城市水污染控制主题相关项目（课题）承担单位及研究团队提供了研究成果和示范工程资料，中国市政工程华北设计研究总院有限公司、清华大学环境学院、同济大学环境科学与工程学院、重庆大学环境与生态学院、西安建筑科技大学环境与市政工程学院、北京林业大学环境科学与工程学院、中国城市规划设计研究院及北京、天津、重庆、上海、江苏、山东、河北、云南、安徽、河南、山西、陕西、广东等省（市）的工程应用单位提供了大量支持和帮助，在此谨表示衷心的感谢。

全书由郑兴灿负责撰写和定稿，各章节主要撰写人员为：第1章，孙永利、郭兴芳、夏琼琼、郭亚琼、高晨晨；第2章，刘静、李文秋、孙永利、王双玲、张维；第3章，吴凡松、孙永利、李激、何伶俊、阚薇莉；第4章，孙永利、高晨晨、游佳、范波、颜秀勤；第5章，张秀华、隋克俭、周丹、杨超；第6章，陈铁、李鹏峰、夏琼琼、赵欣萍、宋美芹；第7章，尚巍、黄鹏、杨敏、张玲玲、李金国；第8章，尚巍、王金丽、黄鹏、林蔓、刘彦华；第9章，李鹏峰、葛铜岗、张岳、王燕、李家驹；第10章，张昱、贲伟伟、马春萌、尚巍、刘静；第11章，陈铁、李鹏峰、隋克俭、郭兴芳、刘世德、刘龙志、耿安峰、李激。

限于凝练能力、学识水平和实践经验，书中的不足不妥之处，敬请广大读者批评指正。

目　录

第1章 绪论

1.1 城镇污水处理技术的发展回顾

1.1.1 城镇污水处理发展概述

随着都市的建设发展和工业革命的推进，污水处理技术因需渐生。早在古罗马时期，人们就已经开始建设都市下水道系统。随着都市范围的不断扩展，大量生活污水就地就近倾倒和排放，污染周边及下游的河湖水源，时常引发各种介水传染病的蔓延，下水道系统的建设逐渐成为控制传染病暴发的关键途径。人们也关注到污水汇集后的卫生健康和环境影响问题，开始采用投加石灰、明矾等方法沉淀水中的漂浮物和悬浮物。我国明代晚期，已有原始的污水净化装置，但当时生活污水的危害不明显，主要以农业灌溉（坑塘）的方式就地就近消纳。欧洲工业革命后，都市生活污水的净化处理问题开始凸显，基于当时的认知，漂浮物、悬浮物和有机物的去除是研究的重点。19世纪80年代初，法国人发明了世界上第一座污水厌氧生物处理反应器Moris池。1893年，第一座生物滤池在英国威尔士投入使用，随后在欧洲、北美推行，包括间歇滤池、接触床、滴滤池等多种类型。

20世纪初，研究者们意识到，污水处于好氧状态有助于消除厌氧处理的臭气和不良环境问题，开展了许多污水曝气试验研究，能够消除臭气但没有显示处理效果，反而在生物滤池的直接曝气中获得有效处理效果。1914年，英国科学家Arden和Lokett在其导师和其他研究者试验研究的基础上，开创了以微生物悬浮生长为特征的活性污泥法，并于同年在英国曼彻斯特建成第一座试验厂。随后，世界各地迅速开始活性污泥法机理研究及工程应用，针对存在的不足和各种新问题，不断进行改进和功能扩增。经过超百年的持续发展，活性污泥法在理论与工程应用方面都取得重大突破，从去除悬浮物和有机物，到生物除磷脱氮，再到好氧颗粒污泥和厌氧氨氧化的新扩展，当今和未来仍然是污水处理的主流工艺技术。

1921年，上海公共租界工部局为建立水厕污水排放系统，开始埋设污水管道，相继建造北区、西区和东区这三座国内最早的污水处理厂。其中，上海东区污水处理厂于1923年开始建设，1926年建成运行，采用当时最先进的活性污泥法，初始规模3500m^3/d，后续多次改扩建。在此后的50多年里，由于我国工农业生产一直处于低水平、低强度的发展状态，生活污水的直接影响程度有限，主要提倡生活污水的农业灌溉和稳定塘法自然生物净化，此期间建设的城市污水处理厂很少，仅在西安、太原、北京等地有规模不大的新尝试。

1984年，我国第一座功能完整的大型城市污水二级处理厂（天津纪庄子污水处理厂）建成投产，工程规模26万m^3/d，活性污泥法曝气池水力停留时间8h。此后，20世纪80年代后期到90年代中后期，我国陆续建成了北京高碑店、杭州四堡、无锡芦村、青岛海泊河、石家庄桥西、太原杨家堡、山东济南、成都三瓦窑等几十座大型城市污水处理厂，均为活性污泥法，初始阶段的处理目标均为生物化学需氧量（BOD_5）和悬浮固体（SS）。与此同时，我国早在20世纪80年代中后期就开始研究和应用污水生物除磷脱氮技术，先后引进和吸纳国外的A^2/O、A/O、氧化沟、SBR等工艺技术，进行了本土化的工艺改进和工程应用研究，并成功应用于广州大坦沙、山东泰安、青岛团岛、青岛李村河、北京清河一期、天津东郊、北京高碑店二期、无锡芦村二期等众多大型城市污水处理厂工程。

到20世纪90年代后期，随着我国城镇化和工业化进入快速发展阶段，水污染物排放量急剧增加。发达国家上百年工业化和城镇化过程中分阶段出现的水环境问题，在我国近20年的新发展之后就集中出现，逐步呈现结构型、复合型、压缩型的特点，水环境污染态势日趋严重。1996年《国家环境保护"九五"计划和2010年远景目标》经国务院批准实施，污水处理工程的建设和运行逐步成为各地落实水污染物减排责任目标的最主要途径。随着氮磷排放总量的持续增加，从20世纪80年代开始，我国京杭大运河、滇池、巢湖、太湖等流域水体富营养化问题逐渐趋于严重。《污水综合排放标准》GB 8978—1996首次对城镇污水处理厂的氨氮和磷酸盐提出较严格的控制要求，2003年实施的《城镇污水处理厂污染物排放标准》GB 18918—2002中，一级排放标准对总氮、总磷保持了严格的控制要求。

"十五"至"十三五"期间，在中央财政资金和激励政策的大力支持下，我国城镇污水处理设施的建设得到快速发展，在设市城市全面普及污水处理的同时，设施建设延伸到县城和大批乡镇，设计总能力超过2亿m^3/d。2006年国家环境保护总局发布21号公告，对GB 18918—2002中的一级标准A标准和B标准的执行对象进行了修改，其中，城镇污水处理厂出水排入国家和省确定的重点流域及湖泊、水库等封闭、半封闭水城时，执行一级标准A标准。2007年太湖水污染事件暴发后，在太湖流域推行GB 18918—2002的一级A标准，拉开了全国城镇污水处理厂一级A提标建设的序幕。2019年住房和城乡建设部等多部委联合印发《城镇污水处理提质增效三年行动方案（2019～2021年）》，对我国城镇污水处理行业发展提出更多新要求，更加关注城镇污水处理收集和处理设施的系统性及运行效能。

与此同时，城镇污水处理的主导目标开始由传统的"污水处理、达标排放"逐渐转变为以水质再生处理为核心的水的循环再用和水环境质量改善。由于我国许多敏感区域的水体富营养化问题日益突出，各地开始全面加强氮磷营养物的排放管理。从2012年开始，北京、天津、太湖流域、滇池流域、巢湖流域、长江上游等重点流域与水环境敏感区域相继出台了更为严格的地方排放标准。工艺技术研究开发由单项技术逐步转变为技术集成和综合应用，对氮磷的深度去除、溶解性难降解有机物及色度的强化去除提出新要求。膜过滤、反渗透、悬浮载体填料、膜生物反应器（MBR）、滤布滤池、深床滤池、磁混凝、反硝化滤池等一大批污水处理新工艺、新技术和新设备得到研发和大规模的工程应用。

进入“十四五”阶段，我国开始构建城镇污水处理系统提质增效和协调发展的新格局，城镇污水处理的重点从污染物削减转变为水资源再生利用和对水生态环境的健康补给。以绿色低碳高质量发展理念为指引，在保证完成水污染减排目标的前提下，降低各个环节的碳排放量，推进城镇污水资源化利用，构建污水稳定达标处理与资源能源利用相结合的发展体系，促进污水处理行业的碳中和。2022 年 4 月，住房和城乡建设部、生态环境部、国家发展改革委、水利部联合印发《深入打好城市黑臭水体治理攻坚战实施方案》，对污水收集处理和进水浓度提出更明确的要求，鼓励再生水用于河道补水。

1.1.2　城镇污水处理技术发展

通过发达国家先进技术的引进、消化和本土化的创新发展，我国城镇污水处理技术经历了从有机物去除向有机物利用的理念转变，从除磷脱氮到强化除磷脱氮，再到深度除磷脱氮的持续提升历程，实现从设计建设到运行管理的全链条技术发展与关键技术突破，系统解决了城镇污水处理厂一级 A 及以上标准（地方标准）提标建设与优化运行的复杂技术难题，在城镇污水处理系统运行特性和调控机制方面也取得较大突破，形成系列化的污水深度净化处理工艺流程、关键设备产品和工程示范案例，完成从规模扩展到效能增强的跃升，已经能够比较全面地实现有机污染物控制、氮磷削减和污水再生利用的发展目标。

不同时期及政策法规背景下的排放标准对污水处理工艺技术构成了不同的发展需求。20 世纪 80 年代后期开始施行的 GB 8978—88 的二级排放标准，主要是控制 BOD_5 和 SS 指标，采用普通活性污泥法（CAS）二级生物处理即可达标，当时鼓励工业废水与生活污水合并处理，而且工业企业与居住区相互交错，达标难点主要受工业废水和设备产品质量的影响。GB 18918—2002 的一级 B 标准，增加了氮磷营养物的控制，采用常规生物除磷脱氮（BNR）二级强化工艺即可实现。2007 年开始实质性推行的 GB 18918—2002 一级 A 标准，是再生水的基本水质要求，主要以氮磷和粪大肠菌群的强化去除为水质目标，需要采用强化生物除磷脱氮（EBNR）＋深度处理的工艺流程，此时，对工艺设计和运行管理形成了精准化、精细化的要求。

自 2012 年起，北京、天津、太湖、滇池、巢湖等地方排放标准相继颁布实施，城镇污水处理以氮磷深度去除为核心，在强化难生物降解有机物、色度及微量新污染物去除能力的同时，还需要兼顾处理设施的景观生态与地下地上空间融合性；推进城镇污水资源化能源化利用，不仅要满足再生水的生产与利用要求，还需要通过水量回收和水质复原过程，提高接纳水体的水环境容量与景观生态功能恢复能力，促进水环境质量的改善与生态功能恢复。为了确保处理出水的稳定达标，进一步催生了高标准（深度）除磷脱氮、膜过滤、反渗透、纳滤、化学高级氧化、物理吸附等工艺单元技术与设备产品的大规模应用。

1. 有机物去除为主要目标

20世纪20年代，国内第一座活性污泥法污水处理厂建成之后，一直到20世纪80年代，国内污水处理及技术发展都相当缓慢。国际上，最早的传统活性污泥法采用推流式曝气池，靠近水池进水口的基质浓度高于出口端，而曝气量均匀供给，加上曝气系统的曝气效率低，易造成前端供氧不足。为此，陆续开发了沿水力推流方向渐减曝气的渐减曝气活性污泥法和沿推流方向分点进水的阶段曝气活性污泥法。20世纪50年代末，发展了运行稳定程度更高的完全混合式活性污泥法和延时曝气活性法，还开发了纯氧曝气法、深井曝气法等。

欧美发达国家在20世纪六七十年代，基本完成城市污水二级生物处理设施的建设。1984年我国建成运行的天津纪庄子污水处理厂，预处理采用“格栅＋沉砂池＋初沉池”，二级生物处理采用阶段曝气活性污泥法，污泥采用中温厌氧消化，污水处理设备全部由国内自行设计和制造，后续引进微孔曝气器等国外设备产品进行改造。受当时制造业整体能力的限制，污水处理设备产品的标准化、成套化、系列化程度较低，定型化设备产品更少。

2. 有机物及氮磷去除为目标

20世纪80年代，太湖、东湖等大型湖泊的藻类影响问题就已经显现，例如太湖水为水源的无锡市中桥水厂，夏季水源水的含藻量明显升高，严重影响滤池的正常运行，反冲洗时间间隔明显缩短，由此引发了水体氮磷控制的需求。为了控制珠江及珠江口的富营养化，1986年设计的广州市大坦沙污水处理厂一期工程，在国内首次采用A^2/O生物除磷脱氮工艺，通过现场试验确定设计参数。此后，1988年设计的泰安市污水处理厂采用针对国内水质特点开发的改良A^2/O工艺系统，并在青岛、张家口等地推行开来。与此同时，我国开始开展污水再生利用研究，应用化学混凝和砂滤等技术在天津、大连、泰安、青岛、西安等地建成国内第一批污水回用工程，用水途径包括工业冷却、景观环境和生活杂用等。

20世纪80年代后期到21世纪初，城镇污水处理厂工程建设大多数利用外国政府及国际金融机构的贷（赠）款，预处理基本采用“格栅＋沉砂池＋初沉池”工艺系统，二级生物处理采用普通活性污泥法、A^2/O、改良A^2/O、A/O、氧化沟、SBR、AB法等工艺系统。受国际金融资金使用条件的限制，主要技术设备产品以成套引进为主，虽然一定程度上可能影响了自主创新研发，但也为随后的消化、吸收和再创新提供了基础条件。20世纪90年代后期，随着国债资金对城市污水处理项目的大力支持，出现了引进、消化、合资、自主创新并存的发展模式，本土化的工艺技术和设备产品研发及推广应用有较大的突破性进展。

（1）A/O生物脱氮工艺系统　20世纪50年代，Wuhrmann在活性污泥法好氧区的后端增设缺氧区，内源代谢为反硝化碳源，开发了先驱性的Wuhrmann单污泥生物脱氮工艺，但未实际应用。为增加缺氧区反硝化电子供体，提高脱氮效率，1962年Ludzack和Ettinger提出了利用污水中可生物降解有机物作为反硝化碳源的Ludzack-Ettinger脱氮工艺，但其前端的缺氧区与后端的好氧区是相连的，影响生物脱氮效果。1973年Barnard提出改良型Ludzack-Ettinger（MLE）工艺系统，缺氧区和好氧区完全分离，并增设从好氧区至缺氧区的混合液回流。这就是国内熟知的缺氧/好氧（A/O）脱氮工艺系统（图1-1）。20世纪90年代建成的北京高碑店二期、天津东郊、杭州四堡等大型污水处理厂均采用了该工艺系统。

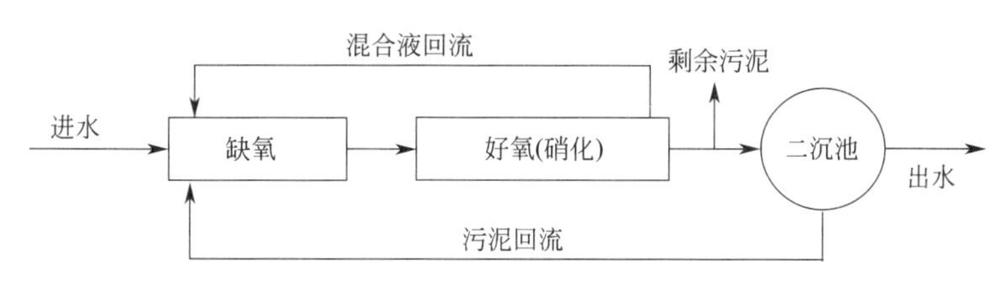

图1-1 A/O（MLE）生物脱氮工艺系统示意图

（2）Bardenpho生物除磷脱氮工艺系统 在MLE工艺系统的基础上，1974年Barnard开发出Bardenpho工艺系统（图1-2），其目的是不投加外部碳源的情况下脱氮率达到90%以上。在该工艺系统的试验研究和工程应用中，观测到去除效果高度不稳定的生物除磷现象，并且发现混合液回流中的硝酸盐是引发生物除磷波动的主要成因。通过中试，1976年Barnard在南非提出五段Phoredox工艺系统，在美国称为改良型Bardenpho（图1-3）。南非约翰斯内堡污水处理厂15万m^3/d的改良Bardenpho工艺系统于1978年开始运行。

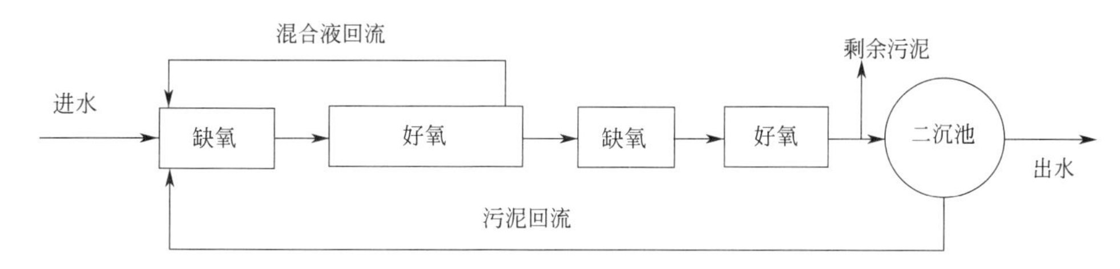

图1-2 四段Bardenpho生物脱氮工艺系统

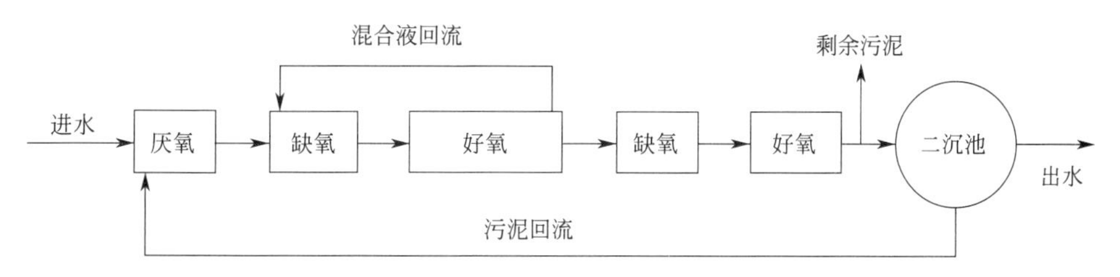

图1-3 五段改良Bardenpho生物除磷脱氮工艺系统

（3）A^2/O生物除磷脱氮工艺系统 由于五段改良Bardenpho工艺系统中第二缺氧区的反硝化速率相当低，1978年Simpkins和McLaren提出取消第二缺氧区，适当加大第一缺氧区，以获得最大反硝化效果和回流污泥最低硝酸盐浓度，即三段改良Bardenpho工艺（图1-4），南非当时普遍采用表曝机，具有较明显的同时硝化反硝化现象，能够降低回流污泥的硝态氮浓度，有利于形成生物除磷条件。同时期，美国空气和化学产品公司获得基本构造与三段改良 Bardenpho 相同的 A^2/O 工艺发明专利授权。不同之处为美国 A^2/O 的厌氧区、缺氧区和好氧区被分隔成容积相同的多个完全混合式反应格，好氧区为空气曝气，泥龄和水力停留时间（HRT）也较短，厌氧区和缺氧区 HRT 均为 0.5～1.0h，好氧区为 3.5～6.0h。

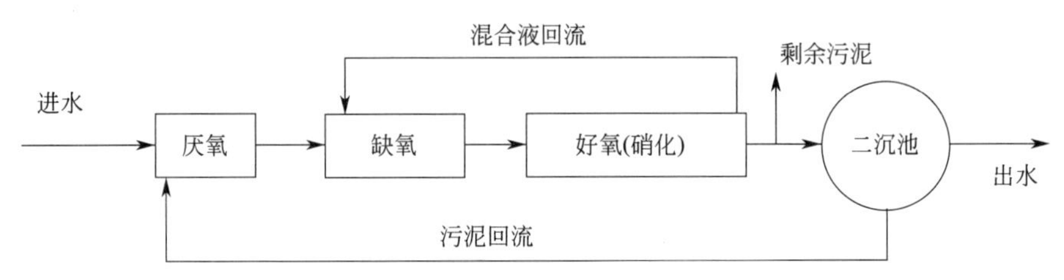

图 1-4　三段改良 Bardenpho（A^2/O）除磷脱氮工艺系统

（4）UCT 生物除磷脱氮工艺系统　作为改良 Bardenpho 尤其三段式的工艺系统，由于好氧区由机械曝气改用微孔曝气之后，带来同时硝化反硝化减弱、回流污泥硝态氮浓度相应升高的问题，1983 年南非开普敦大学 Marais 研究组开发了 UCT 工艺系统（图 1-5）。为解决 UCT 缺氧区硝态氮浓度不稳定并影响厌氧区磷酸盐释放的问题，开发了改良 UCT 工艺系统（图 1-6），为了保证流入厌氧区的硝酸盐为 0，代价是工艺系统所允许的 TKN/COD 最大值从 UCT 的 0.14 降至改良型 UCT 的 0.11，对进水碳氮比的需求有所提高。

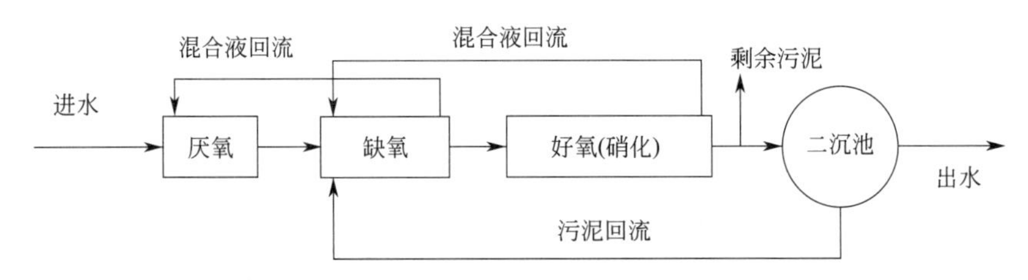

图 1-5　UCT 生物除磷脱氮工艺系统

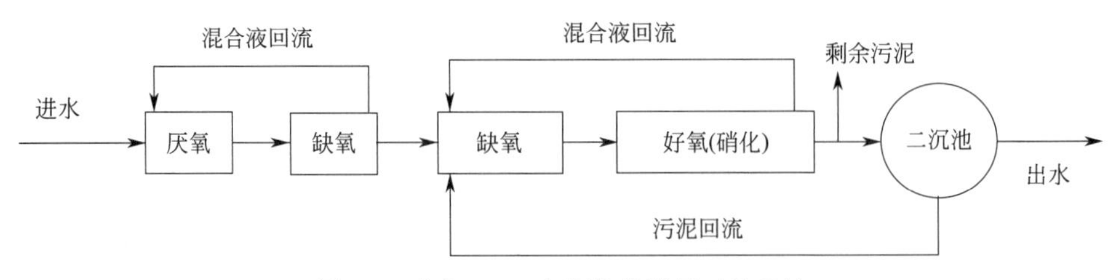

图 1-6　改良 UCT 生物除磷脱氮工艺系统

（5）VIP 生物除磷脱氮工艺系统　美国弗吉尼亚 Hampton Roads 公共卫生区与 CH2M HILL 公司于 20 世纪 80 年代末开发，专为该区 Lamberts Point 厂的改扩建定制，工程名称为 Virginia Initiative Plant（VIP），由于具有普适性，在其他工程也得到应用。VIP 与 UCT 的主要差别为池型构造和运行参数的不同。VIP 生物池为多个完全混合反应格串联，采用分区模式，每区 2～4 格，空气曝气方式，设计泥龄采用 4～12d，水力停留时间（HRT）多数按6～7h。而UCT的厌氧、缺氧、好氧区均为独立的反应器，机械曝气方式，设计泥龄采用13～25d，通常≥20d，典型HRT为24h。

（6）Johannesburg（JHB）工艺系统　1975年Nicholls在约翰内斯堡的延时曝气污水处理项目生产性试验中提出，在三段改良Bardenpho（A^2/O）工艺系统的回流污泥路线上增加一个缺氧区（图1-7），主要目的是尽量减少回流污泥中的硝态氮进入厌氧区。回流污泥路线上的缺氧区水力停留时间较长，能够较充分地利用微生物内源反硝化去除回流污泥携带的硝态氮，后续厌氧区的磷酸盐释放过程能得到较好的保障。此工艺系统中，污泥回流比可以在通常60%～90%的基础上加倍。

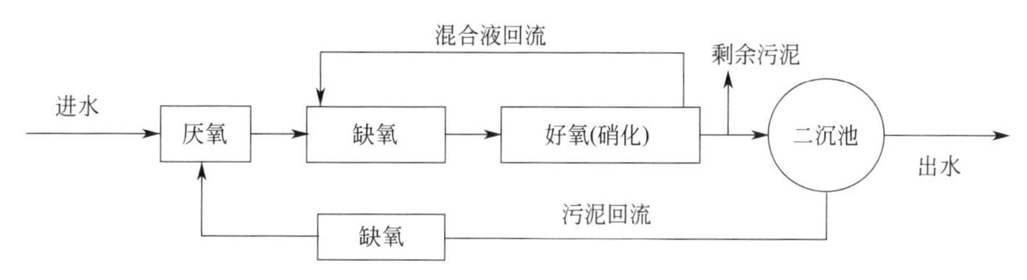

图1-7　Johannesburg（JHB）生物除磷脱氮工艺系统

（7）回流污泥反硝化改良A^2/O工艺系统　1988年，结合泰安市城市污水处理厂工程设计需要，通过AB法和改良UCT等工艺的现场试验研究，中国市政工程华北设计研究院提出了回流污泥反硝化改良A^2/O工艺系统（图1-8），经奥地利SFC公司共同确认，应用于该工程项目。在厌氧区的前端增设20～30min水力停留时间的回流污泥反硝化区（预缺氧区），利用小部分进水碳源和内源反硝化去除回流污泥硝态氮，避免对厌氧区释磷的不利影响；分点进水及高污泥浓度内源反硝化有利于碳源的高效利用，提高生物除磷脱氮效率。该工艺系统随后在青岛李村河、青岛团岛、张家口、宣化、无锡芦村等一大批污水处理厂中应用，生物除磷脱氮效果良好，逐渐成为国内城镇污水处理的主流除磷脱氮工艺系统。

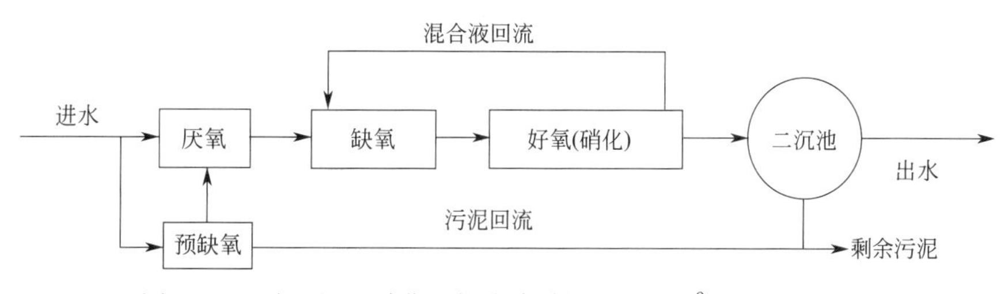

图1-8　回流污泥反硝化生物除磷脱氮（改良A^2/O）工艺系统

（8）多点进水回流污泥反硝化倒置A^2/O工艺系统　1997年正式颁布实施的《污水综合排放标准》GB 8979—1996对总磷（TP）的去除要求相当高，对氨氮（NH_3-N）去除也有要求，但对总氮（TN）的去除并没有要求。为了适应GB 8979—1996的要求，同时考虑尽可能降低工程投资和运行费用，吸收改良A^2/O的优点，适度降低工艺系统的总体反硝化水平，开发应用了多点进水回流污泥反硝化倒置A^2/O工艺系统（图1-9）。1998

年首次应用于北京市清河污水处理厂一期工程，随后无锡、常州等地的污水处理厂也有应用。

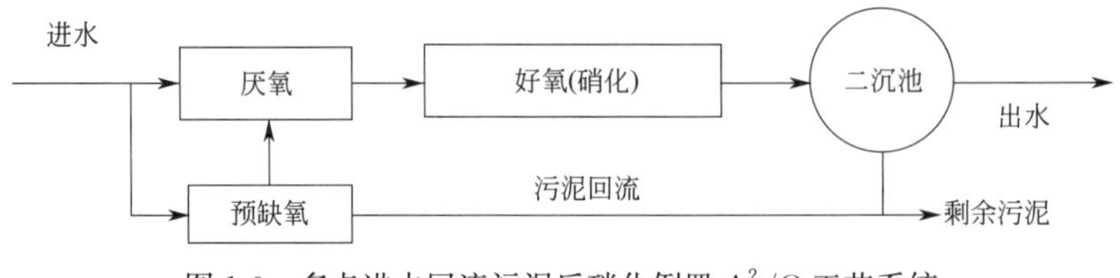

图 1-9 多点进水回流污泥反硝化倒置 A^2/O 工艺系统

(9) 生物除磷脱氮氧化沟技术 通过曝气和混合状态控制，在空间或时间上形成缺氧区，实现反硝化脱氮，工艺流程简单，运行稳定，投资运行费用较低，自 20 世纪 80 年代起，在我国邯郸东郊、昆明第一、深圳滨河、合肥王小郢等一大批污水处理厂工程中应用，包括奥贝尔、卡鲁塞尔、三沟、双沟、一体化等氧化沟工艺系统。配合氧化沟系统对推流、混合、曝气的需求，研发了多种表面曝气机、推进器、出水堰等设备，保障了各类氧化沟的工程实施和正常运转。结合氧化沟循环流态的特点，应用 A/O、A^2/O、改良 A^2/O 等工艺原理，形成了多样化的生物除磷脱氮氧化沟系统。但一级 A 提标建设开始之后，多数氧化沟系统在提标改造过程中放弃原有机械曝气，改用微孔曝气，保留原有的池型构造。

(10) 生物除磷脱氮 SBR 技术 通过限制、半限制曝气的运行方式，实现生物脱氮除磷功能，随着自动化控制技术的发展，20 世纪 90 年代在国内得以快速发展和推广应用，主要适用于中小规模污水处理厂。应用于大规模污水处理厂时，水量难以充分平衡，抗冲击负荷能力较弱，维护管理较复杂，工艺运行灵活性较差，影响出水的稳定性。为克服自动化控制要求高、进水分配不均衡等问题，多种改良型的 SBR 被开发应用，国内应用较多的有 CASS（或 CAST）、MSBR、ICEAS、UNITANK 等工艺系统。在一级 A 及以上标准的提标改造过程中，多数 SBR 工艺系统被放弃，仅少部分污水处理厂保留原有运行方式。

3. 氮磷深度去除为主要目标

城镇污水处理厂一级 A 及以上排放标准的推行，再生水的景观环境利用与河湖生态补水的需求，对污水氮磷营养物的强化去除提出了更高的要求，在稳定达标处理过程中所面临的进水碳氮比偏低、无机悬浮固体含量偏高、冬季低水温等问题凸显，预处理、生物处理和深度处理单元的功能不断得到强化，工程设计和运行管理更加精细化。

(1) 强化预处理技术 在原有机械格栅、沉砂池和初沉池等工艺单元的基础上，通过研发超细格栅、泥砂（渣）快速分离设备、初沉（发酵）池、生物絮凝沉淀、化学混凝沉淀等强化预处理设施或工艺单元，采用灵活组合的运行模式及设备产品改进，有效去除进水悬浮固体并高效保留污水中的有机碳源组分以控制其损耗，实现污水中浮渣、沙砾、毛发、固态油脂等漂浮或悬浮态颗粒污染物的快速高效分离。

1) 全拦截式超细格栅：针对高排放标准带来的细小缠绕物及颗粒物高去除率要求，

创新研发了内进流式、转鼓式、平板式全拦截超细格栅，解决了传统格栅普遍存在的格栅级配不合理、栅渣翻越、纤维状缠绕物穿透，以及栅板的变形所引发的渗漏等问题，实现全进水拦截与全形态杂质拦截，栅渣的拦污率比传统格栅提高 30%以上。

2）初沉（发酵）池技术：基于我国城镇污水悬浮固体无机组分偏高、碳氮比偏低的水质特征，研制了具有进水悬浮固体无机组分去除和碳源组分保留功能的新型初沉（发酵）池工艺系统，通过水解产酸发酵、生物絮凝、物理沉淀等运行模式的灵活切换，实现进水悬浮固体有效去除、碳源高效保留和质量改善。后续生物处理对碳源的利用率提高 20%以上，活性污泥产率和所需生物池容积可降低 30%以上，具有显著的节地节能降耗效果。

3）跌水复氧控制技术：研究发现污水预处理单元跌水复氧及带来的进水碳源损耗问题，提出了预处理单元的跌水复氧机理，在此基础上，提出了跌水面加盖控制复氧等预处理单元跌水复氧的工程控制策略，溶解氧浓度可降低 50%以上，为低碳氮比进水条件下高标准污水处理厂的碳源损耗控制与高效利用提供了新的思路。

（2）强化生物脱氮除磷技术　生物处理单元充分利用微生物群体功能，对工艺过程进行改良，调节好氧、缺氧、厌氧状态的时空分布，最大限度地去除污水中的有机物、氨氮、总氮和总磷。随着工艺技术发展，不同工艺技术类型之间的界限日趋模糊，集成和组合模式逐渐成为主流。例如 A^2/O、改良 A^2/O、改良 Bardenpho 等工艺过程与氧化沟系统的相互融合，采用循环流流态、微孔曝气和深池构造，以及与膜池（MBR）、悬浮填料系统（IFAS/MBBR）、投加碳源等单元措施结合，增强整体除磷脱氮能力及运行稳定性。

1）环沟型改良 A^2/O 工艺技术：结合太湖流域城镇污水处理厂除磷脱氮提标建设科研项目的实施，国家城市给水排水工程技术研究中心提出环沟型改良 A^2/O 工艺流程并成功应用于无锡芦村污水处理厂四期工程。采用多沟道氧化沟池型替代原先的缺氧区和好氧区，有利于缓冲进水水质水量的峰值波动，提高出水氨氮和总氮的去除率及运行稳定性。

2）分段进水多级改良 A^2/O（或 A/O）工艺技术：分段进水多级改良 A^2/O 或多级 A/O 工艺系统，由多个串联的 A^2/O、A/O 组成，回流污泥从首端进入，污水按一定比例从每个 A 段进入，为生物除磷和反硝化提供碳源，适用于我国城镇污水低碳氮比和投加快速碳源的工艺特征。在天津津沽、天津张贵庄、青岛城阳等多座污水处理厂应用。

3）膜生物反应器（MBR）工艺技术：通过膜组件代替二沉池进行活性污泥混合液的固液分离，提高生物池污泥浓度，节省占地面积，增强运行稳定性和处理效果，可与各种生物脱氮除磷工艺组合，但成本和能耗偏高、冬季膜通量衰减是需要持续解决的问题。近十几年来，我国在高性能、低成本膜材料和膜组件的研发、膜池-生化池联动优化曝气等方面取得技术突破，形成了集材料、工艺和运行维护于一体的系统性工艺技术，工程应用的成熟度大幅提高，实现大规模推广应用。2008 年，我国首次将 MBR 技术应用于 10 万 m^3/d 的北京温榆河工程项目。截至 2021 年，我国投入运行的 MBR 工程规模超过 1700 万 m^3/d。

4）悬浮填料工艺技术：泥膜复合为主的悬浮填料工艺系统（IFAS/MBBR），主要通过投加悬浮填料形成富集硝化菌的生物膜，提高工艺系统的硝化菌数量，增强全系统的生物硝化和反硝化脱氮能力。同时突破传统工艺非曝气区占比50%的限制，生物池容可缩小35%以上，可实现不新增生物池池容，甚至不停产条件下的提标改造，有效解决了冬季低水温生物硝化不稳定、总氮难达标及新增生物池池容受限的难题。2008年，我国首次将该工艺技术结合改良 A^2/O 工艺应用于无锡芦村污水处理厂的升级改造。经过10余年研究开发和工程改进，解决了曾经出现的池型构造受限、填料流化不充分、配套设备不完善等问题，开发了循环流、微动力混合、完全混合等池型，形成成套工艺系统及装备产品，应用规模超过1800万 m^3/d。悬浮载体填料还在厌氧氨氧化等新型脱氮工艺中呈现应用前景。

（3）强化深度处理工艺技术　在城镇污水二级处理的基础上，以一级A及以上标准稳定达标排放与安全利用为目标，构建了由混凝-分离、深床（反硝化）过滤、膜分离、消毒等主要工艺单元组成的深度净化处理工艺系统，并通过工艺单元的不同组合实现不同污染物的深度净化，保障出水高标准稳定达标，并提升城镇污水处理厂出水的生态安全性。

1）通过抗污染、低能耗、高性能膜材料的开发与规模化制造，膜组件和膜单元的系列化设计与装配，以及运行系统自控设备的研发，形成膜过滤为核心的深度处理成套装备及产业化体系。以主流商品化的聚偏二氟乙烯（PVDF）膜材料为基材，采用压力式连续膜过滤（CMF）、浸没式连续膜过滤（SMF）方式，形成满足不同工程规模需求的集成化、模块化成套装备，规模化示范与推广，实现我国从膜应用大国向膜制造大国的转变。

2）着重解决污水处理厂紫外线消毒系统因设备灯管老化、套管清洗效率偏低、结垢清洗恢复效果不理想、可调大功率电子镇流器运行不稳定等问题，研发了采用机械加化学套管清洗系统、稳定可调大功率电子镇流器结构、新型紫外灯管立式排布并具有自清洗功能结构和优化水力学流态的、适合城镇污水处理厂使用的新型高效紫外消毒系统，并具备批量化生产能力，提升了紫外消毒工艺系统的性能和质量。

3）我国自主创新研制的臭氧发生器系统，通过优化臭氧发生器介质材料配方与加工工艺并提高专用电源的负载匹配性，提升了臭氧发生器性能和质量，有效解决了现有城镇污水处理所用臭氧发生器臭氧产率低、浓度不稳定、设备电耗高、可靠性低等问题。

（4）城镇污水处理全过程诊断与优化运行技术　针对一级A及以上标准提标建设与运行管理过程中的现状识别、达标难点和影响因素解析、效能提升及精细化运行等方面问题，基于稳定达标处理和效能提升的需求，依托工程实时测试和达标难点快速解析的系统精准诊断技术方法研究，构建了可有效提升精细化运行管理水平、工艺单元融合度及碳源利用效率的全流程功能单元监控指标体系和问题诊断方案，明确了不同工艺单元的工艺控制和设备评估要点，提出生物处理单元各功能区的核心控制指标及建议值，结合工艺运行效能测试，按照“看—测—调—改”的诊断模式进行全工艺过程诊断与优化运行，解决了工艺单元交互影响下控制指标选取与精细化管控的技术难题。

4. 高标准处理及资源能源利用为目标

“十三五”至今，我国敏感区域污水处理厂的排放标准进一步提高，加上生态文明建设和“双碳”目标的新时代背景，对城镇污水处理厂高标准排放、低碳运行和资源能源利用提出了新的系统性要求。城镇污水高标准处理与资源能源利用的系统性和集成性关注度不断提升，充分利用污水中的有机物、氮磷和各种矿物组分，在处理出水稳定达到再生水水质标准的同时，促进污水处理过程的能量平衡和碳平衡，提高有机污染物的资源转化和利用效率，无疑是一种具有发展前景且行之有效的节能减排低碳发展途径。

（1）整体工艺流程改进　随着我国城镇污水处理技术的发展，总体上构建了惰性组分去除和有机碳源有效保留的强化预处理单元，提升除磷脱氮效能的强化生物处理单元，氮磷深度净化、溶解性难降解有机物及色度强化去除的强化深度处理单元，形成整体工艺流程并集成应用，解决了城镇污水水质环境因素相互交错和叠加影响所带来的高标准稳定达标处理与资源化利用复杂技术难题。针对人居环境和水生态环境质量提升需求，形成再生水景观环境利用技术，提出相应的水质指标、运营维护和安全性目标要求，构建了水质指标评价和富营养化预警指标、安全运行管理优化及安全评价体系，有效保障再生水景观环境和生态补水利用，实现 GB 18918—2002 一级 A 及更高标准的稳定达标处理与资源化利用。同时，开展了污水能源化、碳源有机物与矿物资源回收利用的研究，并初步建立工程应用案例。

（2）生物处理工艺单元改进　打破 A^2/O 系列、氧化沟系列、SBR 系列等传统工艺系统的构成观念，提出生物处理系统是由泥龄、功能区（电子受体）分布、水力流态、固液分离方式、设备和构筑物形式等要素在时间、空间和实施方式上的不同组合。所构成的生物处理系统应具备独立的空间或时间功能分区（预缺氧、厌氧、缺氧、好氧等状态），如 A^2/O 系列是功能区在空间上相对独立的排列组合，而 SBR 系列是功能区在时间上相对独立的排列组合，不管哪类组合，其功能区设置均应满足其独立性和可操控性，以保证功能区的运行稳定性、可靠性和灵活性。适合高排放标准城镇污水处理厂的生物处理功能区组合由预缺氧区、厌氧区、缺氧区、好氧区、消氧区、后缺氧区、后好氧区、固液分离区组成，可采用循环流、完全混合流和推流流态及其组合模式。

（3）深度/高级处理工艺单元发展　高密度沉淀池、磁混凝、气浮等技术可强化总磷（正磷酸盐为主）的去除，以臭氧氧化为主的高级氧化对溶解性难生物降解 COD、溶解性不可氨化有机氮、溶解性有机磷具有较好的强化去除或转化效果，活性炭/活性焦吸附技术可强化溶解性难生物降解 COD 的去除与截留，同时去除悬浮固体和色度，有利于提高消毒效率和感官效果，在城镇污水处理厂高标准提标建设中将得到更广泛的应用。

（4）微量新污染物去除工艺单元创新　通过对生物处理、深度处理等工艺过程中微量新污染物去除能力与潜力的全过程解析与评估，提出将臭氧氧化等技术作为污水深度处理微量新污染物强化去除的主要候选技术，有效提升城镇污水处理厂出水的生态安全性。

（5）污水资源化与能源化利用示范　再生水利用已成为一些国家和地区解决缺水难题的战略决策，将再生水作为城市第二水源。新加坡采用“微滤/超滤—反渗透—紫外线”

工艺路线处理的新生水 NEWater，总规模超过 100 万 m^3/d。我国城镇污水再生利用技术发展与国际同步，在景观、工业、市政用水和水体补水方面成效显著。污泥厌氧消化甲烷化也有不少成功案例，但从污水中回收有机物和氮磷硫等组分属于初步的工程转化阶段。2014 年建成的天津市津沽（津南）污水处理厂/污泥厂/再生水厂综合性资源化项目，集高标准稳定达标处理、高品质再生水、高浓度污泥厌氧消化、侧流厌氧氨氧化和磷回收技术的集成应用于一体，为我国城镇污水资源化能源化利用开启了良好的示范与引领作用。

（6）景观环境融合与人居环境提升　城市的发展和区域的扩大，一些原来建设在城市偏远区域的污水处理厂逐渐被扩张的新城区尤其高档住宅区所包围，如何实现与周边人居与景观生态环境的充分协调，实现与市民生活氛围的有机融合，提高污水处理设施的景观性和生态性是城镇污水处理设施建设所面临的新问题。在确保处理出水水质稳定达到国家一级 A 及以上标准的前提下，有必要增强污水处理设施的景观性和环境融合性，提升公众亲和性，从民众排斥到环境友好的转型，半地下、地下式污水处理厂的建设成为新趋势。

1.1.3　城镇污水处理工程实践

我国城镇污水处理技术经过 30 多年的快速发展，已经拥有数万名高水平专业技术人员，处理设施全面普及，1978 年仅有 37 座污水处理厂，而到 2021 年底已经累计建成 6170 座，处理能力达 2.49 亿 m^3/d。在发展历程中，一座又一座的代表性工程为关键技术的研究开发和推广应用提供了示范与引领作用，推动了我国城镇污水处理行业的科技进步与产业发展。

1. 天津纪庄子/津沽污水处理厂

天津纪庄子污水处理厂是我国第一座大型污水处理厂，26 万 m^3/d，1984 年建成，常规活性污泥法，考虑阶段曝气和吸附再生运行条件，出水农业灌溉及回用水水源，污泥中温厌氧二级消化，机械脱水外运，沼气用于发电以启动厂内回流污泥泵等设备。不仅成为当时国家领导人的视察之地，业内人士参观交流之地，也成为污水处理设施运维人才的培育摇篮和高校学生的毕业实习基地，为我国城镇污水处理行业的发展起到了奠基作用。

2000 年改扩建至 54 万 m^3/d，多级 A/O 工艺系统，污泥中温厌氧消化，沼气用于锅炉和发电。2002 年建成再生水厂，3 万 m^3/d 规模的工业区用水处理系统，混凝沉淀→石英砂滤池→消毒工艺流程；2 万 m^3/d 规模的居民区用水处理系统，混凝沉淀→连续式微滤→臭氧氧化→消毒工艺流程；2009 年改扩建到 7 万 m^3/d，混凝沉淀→膜过滤→部分反渗透→臭氧工艺流程。2012 年迁建，2014 年一期工程 55 万 m^3/d 投产运行，更名为天津津沽污水处理厂，采用多级改良 A^2/O→高效沉淀→深床滤池→紫外消毒工艺流程，出水一级 A 标准。2017 年提标改造，提升至 65 万 m^3/d，采用多级改良 A^2/O→高效沉淀→深床（反硝化）滤池→臭氧氧化→紫外消毒工艺流程，执行天津地标 A 类标准；7 万 m^3/d 双膜法再生水，为企业和教育园区提供高品质再生水。污泥采用高浓度厌氧消化，沼气用于污泥热干化。

2. 广州大坦沙污水处理厂

1986 年中国市政工程华北设计院和广州市政工程设计院在广州开展了 A^2/O 生物除磷脱氮工艺的验证试验研究，在此基础上联合完成 15 万 m^3/d 规模广州大坦沙污水处理厂一期工程设计，在国内首次采用 A^2/O 工艺系统，由此带动了国内除磷脱氮工艺技术的研究与工程应用。1996 年二期扩容后总规模 30 万 m^3/d，2000 年完成 3 万 m^3/d 挖潜改造，总规模达到 33 万 m^3/d。2002 年三期扩建新增规模 22 万 m^3/d，采用分点进水倒置 A^2/O 工艺流程，同时增设化学除磷和化学氧化工艺单元，主体构筑物集约化设计减少占地，采用周进式二沉池、单级离心鼓风机和聚乙烯管式曝气器等新技术与设备产品。

3. 河北邯郸东污水处理厂

为丹麦政府赠款建设项目，1990 年底建成，设计规模 10 万 m^3/d，采用三沟式氧化沟工艺系统，出水作为邯郸电热厂冷却用水和锅炉用水水源。各项出水指标均优于当时的国家二级排放标准，被国家环境保护总局列为全国氧化沟工艺城市污水处理示范厂。但实际运行中，存在池容与设备利用率偏低的情况，行业内有一定的争议。为此，1995 年国家城市给水排水工程技术研究中心专门举办了主题为氧化沟技术的研讨会，邀请国际上的各类氧化沟厂商和设计机构深入交流研讨，此后各种类型的氧化沟系统在国内得到广泛工程应用。

4. 青岛海泊河污水处理厂

我国第一座 AB 法污水处理厂，1993 年建成通水，规模 8 万～12 万 m^3/d。青岛市属于严重缺水城市，公众节水意识强，加上不设化粪池系统，污水处理厂的进水浓度高、水质波动大，pH 和颜色变化尤为明显，经试验研究后 AB 法成功应用于该厂建设运行。进水有机物含量高，A 段生物絮凝吸附对有机物高效捕获，污泥采用中温厌氧消化，产生的沼气用于厂内生产、生活能源，可满足全厂供热量 80%～90%和鼓风机用电量的 50%以上。

5. 无锡芦村污水处理厂

始建于 20 世纪 80 年代中期，总规模 30 万 m^3/d。一期、二期分别为 5 万 m^3/d，三期 10 万 m^3/d，一期最初采用常规活性污泥法，后经改造全部采用 A^2/O 工艺系统。一期、二期和三期工程自 2007 年到 2009 年陆续进行一级 A 标准升级改造，是我国第一座按一级 A 标准提标建设的大型污水处理厂工程。规模 10 万 m^3/d 的四期新建工程于 2010 年 3 月建成投运。集成应用了强化预处理、新型初沉发酵池、回流污泥反硝化环沟型改良 A^2/O、悬浮填料强化硝化、化学协同除磷、滤布滤池、膜法过滤等强化功能单元，出水稳定达到一级 A 标准。2019 年 8 月启动新一轮提标改造，其中深度处理系统增设气浮除磷工艺单元。

6. 北京高碑店污水处理厂

一期和二期工程分别于 1993 年和 1999 年竣工通水，总规模 100 万 m^3/d，出水按国家二级排放标准。在推流式曝气池的前端设置缺氧段，形成 A/O 工艺系统，主要为了控制污泥膨胀。出水主要用于景观河湖补水、农业灌溉、电厂工业冷却和市政杂用等。污泥采用两级中温厌氧消化，沼气用于发电。2007年北京市政府决定采用再生水替代地下水作为热电厂冷却水，高碑店污水处理厂成为重要的供水水源。2010年进行脱氮除磷改造，升级为再生水厂，深度处理采用反硝化生物滤池→超滤膜过滤→臭氧脱色→紫外线消毒工艺流程，处理出水作为上下游河湖水体的补水水源、热电厂冷却水和市政杂用水。

7. 合肥王小郢污水处理厂

采用除磷脱氮改良型氧化沟系统，总规模30万m^3/d，一期15万m^3/d于1998年投运，采用转刷曝气，二期15万m^3/d于2001年投运，改用转碟曝气。2015年5月完成一级A提标改造和除臭降噪工程，氧化沟改为厌氧区碳源分流的多级A/O，增加反硝化滤池。对主要臭气源封闭除臭，对各类噪声源采用不同的方法治理。项目执行出水COD、氨氮、总氮和总磷分别不高于30mg/L、1.5mg/L、5mg/L和0.3mg/L，指标按照月均值奖励性考核。2018年，氧化沟和沉淀池上方空间布排光伏组件，每年可提供约1200万kW·h电能。

8. 无锡硕放污水处理厂

始建于2002年，规模2万m^3/d，ICEAS工艺，2008年5月完成原有工艺提标改造。二期工程2万m^3/d，2009年建成运行，以A^2/O—MBR组合为主体（A^2/O—A—MBR），通过后缺氧池中生物污泥内碳源的释放和利用来解决碳源不足的问题。成功应用我国自主研发的MBR脱氮除磷工艺及优化运行技术、高强度MBR新型膜材料和系列化的MBR膜组器。

9. 北京槐房再生水厂

2017年建成运行，规模60万m^3/d，采用除磷脱氮MBR工艺系统，构筑物全地下建设，地上部分建设12.76hm^2再生水人工湿地，污泥采用热水解→厌氧消化→板框脱水工艺流程。设计出水水质按《城镇污水处理厂水污染物排放标准》DB 11/890—2012的B标准要求，主要用于河湖补水、绿化、市政杂用、工业冷却用水等。每年可为河道补充2亿m^3高品质再生水，年产约15万t有机营养土，年产2400万m^3沼气，每年可降低碳排放2万t。

1.2 城镇污水处理与再生利用标准

1.2.1 国家层级排放标准的演变

我国城镇污水处理厂污染物排放标准经历了从《污水综合排放标准》GB 8978—88、《污水综合排放标准》GB 8978—1996、《城镇污水处理厂污染物排放标准》GB 18918—2002及其2006年修改单的发展历程。自北京市地方标准《城镇污水处理厂水污染物排放标准》DB 11/890—2012发布之后，天津、江苏、安徽、浙江、云南、河北、四川等省（市）也陆续发布了地方或特定流域区域的排放标准（限值），虽然存在各种局限性和不足，但每项标准都在不同的发展阶段发挥了积极作用，推动了我国城镇污水处理行业的快速发展。

1973 年 8 月，全国第一次环境保护工作会议审查通过了《工业三废排放试行标准》GBJ 4—73，这是我国第一个涉及污染物排放的国家标准，主要针对工业污染源的废气、废水和废渣排放，当时确定的标准制定原则为：以《工业企业设计卫生标准》TJ 36—79 为依据，参考各国排放标准，结合本国实际情况，力求做到既能防止危害，又在技术上可行。

20 世纪 80 年代，依据改革开放之后出现的经济社会快速发展态势和国家环境保护新挑战、新要求，国家环境保护局颁布实施的《污水综合排放标准》GB 8978—88，对污水排放控制作了较全面的限值规定，其适用范围涵盖了城市污水处理厂出水的排放控制。

20 世纪 90 年代，城市污水和工业废水排放总量大幅度增加，考虑到氨氮（NH_3-N）污染控制和水体富营养化防治需要，国家环境保护局对《污水综合排放标准》GB 8978—88 进行了修编，重点增设氮、磷污染物的水质指标，形成《污水综合排放标准》GB 8978—1996。进入 21 世纪，国家环境保护总局进一步针对城镇污水处理厂污染物排放控制，制定《城镇污水处理厂污染物排放标准》GB 18918—2002，将其从 GB 8978—1996 中独立出来，随后不久，城市污水再生利用的系列国家标准由建设部组织完成编制工作并颁布实施。为加强重点流域的水污染控制，2006 年国家环境保护总局发布了 GB 18918—2002 的修改单。

从我国首部污染物排放标准出台至今，已经走过近 50 年的发展历程，污水排放标准的演变反映了我国现代化与工业化的进程，反映了城镇化的快速发展，以及由此导致的成因十分复杂的水环境污染和水体富营养化问题。随着这些排放标准的陆续颁布实施与持续修编，我国城镇污水由早先的基本未经任何处理就地就近排放，逐步走向不同程度的净化处理和有序的排放控制与资源化能源化利用，污染物控制指标和限值也有很大的变化。

就国家层面的排放标准来说，从表 1-1 可以看出，常规的基本水质控制指标已经由五日生化需氧量（BOD_5）、化学需氧量（COD）和悬浮固体（SS）扩展到包括氨氮（NH_3-N）、总氮（TN）、总磷（TP）、色度、粪大肠菌群等在内的 12 项基本水质指标，并根据接纳（受纳）水体的类型划分为一级 A、一级 B、二级、三级等多个等级的水质标准。

城镇污水处理厂污染物排放标准演变（部分常规污染物指标，mg/L）　　表 1-1

国家层级排放标准演变		COD	BOD_5	SS	NH_3-N	TP	TN
GBJ 4—73		100	60	500	—	—	—
GB 8978—88		120	30	30	—	—	—
GB 8978—1996	二级	120	30	30	15	1.0	—
	一级	60	20	20	15	0.5	—
GB 18918—2002	二级	100	30	30	25(30)	3	—
	一级 B	60	20	20	8(15)	1.0	20
	一级 A	50	10	10	5(8)	0.5	15

1.《工业三废排放试行标准》GBJ 4—73

该标准由中国第一次环境保护会议筹备小组办公室主持制定，开辟了我国污染物排放标准制定的先河，1973 年 11 月 17 日颁布，1974 年 1 月开始试行。标准规定了工业污染源排出的废气、废水和废渣的容许排放量与排放浓度。废水排放标准根据有害物质的毒性、河流的稀释比和可行的处理技术制定。对工业废水的排放提出了不同的要求。对饮用水水源和风景游览区水质要求严禁污染；对渔业和农业用水，要求保证动植物的生长条件，使动植物体内有害物质残毒量不得超过食用标准；对工业水源，要求不得影响生产用水。

工业废水最高容许排放浓度分为 2 类共 19 项有害物质指标：第一类包括能在环境或动物体内蓄积，对人体健康产生长远影响的汞、镉、六价铬、砷、铅 5 种有害物质，规定了比较严格的指标。第二类包括长远影响较小的 14 项有害物质指标，废水排放标准中规定 BOD_5≤60mg/L、COD≤100mg/L 和 SS≤500mg/L 的排放限值。

这一时期，工业化程度尚低，城镇化水平也不高，城市建成区总面积小，城镇生活污水相关的水环境污染与治理问题尚未引起特别的和广泛的关注。

2.《污水综合排放标准》GB 8978—88

该标准是为了控制水污染，保护江河、湖泊、运河、渠道、水库和海洋等地面水体及地下水体水质的良好状态，保障人体健康，维护生态平衡而制定，作为替代《工业三废排放试行标准》GBJ 4—73 中的废水部分，于 1988 年 4 月 5 日由国家环境保护局批准，1989 年 1 月 1 日开始执行，按地面水城使用功能要求和污水排放去向进行管控，对排放到地面水水域和城市下水道的污水分别执行一级、二级和三级标准。

对于《地面水环境质量标准》GB 3838—88 规定的一类、二类水域，如城镇集中式生活饮用水水源地一级保护区、国家划定的重点风景名胜区水体；珍贵鱼类保护区及其他有特殊经济文化价值的水体保护区，以及海水浴场和水产养殖场等水体，不得新建排污口，已有的排污单位由地方环保部门从严控制，以保证受纳水体水质符合规定用途的水质标准。

GB 8978—88 对排入不同水体的污水提出了不同的水质要求，并对排入污水处理厂的非生活污水提出了水质要求。对于重点保护水域，GB 3838—88 规定的三类水域和《海水水质标准》GB 3097—82 规定的二类水域，如城镇集中式生活饮用水水源地二级保护区、一般经济渔业水域、重要风景游览区等，对排入本区水域的污水执行一级标准。

对于一般保护水域，GB 3838—88 的四、五类水域和 GB 3097—82 的三类水域，如一般工业用水区、景观及农业用水区、港口和海洋开发作业区，排入本区水域的污水执行二级标准。对排入城镇下水道并进入二级污水处理厂进行生物处理的污水执行三级标准。

该标准适用于排放污水和废水的一切企事业单位，规定了 29 项污染物最高允许排放浓度，对部分行业提出污染物的最高允许排放量。首次针对城市二级污水处理厂，提出了 BOD_5≤30mg/L、COD≤120mg/L 和 SS≤30mg/L 的排放限值，氮磷水质指标尚未纳入。

这一时期，随着 1984 年天津纪庄子污水处理厂（完整二级生物处理系统）建成投产所带来的示范与带动效应，城市污水处理厂工程建设在全国大型城市中开始实施。

3.《污水综合排放标准》GB 8978—1996

1991 年 12 月，国家环境保护局开始组织全国相关单位，开展《污水综合排放标准》GB 8978—88 的修订，明确实行综合标准与行业结合但不交叉，以及排放标准分级的体制，还推出了排放标准的实施期限。1996 年修订并颁布的《污水综合排放标准》GB 8978—1996，适用于排污单位水污染的排放管理，建设项目的环境影响评价，建设项目环境保护设施设计、竣工验收及其投产后的排放管理等工作。GB 3838—88 中的Ⅰ、Ⅱ类水域和Ⅲ类水域中划定的保护区，GB 3097 中的一类海域，禁止新建排污口，已有排污口应按水体功能要求，实行污染物总量控制，以保证受纳水体水质符合规定用途的水质标准。

排入 GB 3838—88 中Ⅲ类水域（划定的保护区和游泳区除外）和排入 GB 3097 中二类海域的污水，执行一级标准。排入 GB 3838—88 中Ⅳ、Ⅴ类水域和排入 GB 3097 中三类海域的污水，执行二级标准。排入设置二级污水处理厂的城镇排水系统的污水，执行三级标准。按照污水的排放去向，GB 8978—1996 分年限规定了 69 项污染物的最高允许排放浓度及部分行业最高允许排放量。其中，城市二级污水处理厂排放标准分为三级，设定相应的污染物排放浓度，单独列出 BOD_5、COD 和 SS 的最高允许排放浓度，但其他污染物指标（例如磷、氮水质指标）仍然与其他排污单位执行同样的标准值，未单独列出。

这一时期，城市污水处理厂的建设已经在许多大中型城市实施，受利用外贷资金政策的影响，以 8 万 m^3/d 及以上规模为主，污水生物除磷脱氮技术得到较广泛的工程应用。

4.《城镇污水处理厂污染物排放标准》GB 18918—2002

2002 年之前，城市污水处理厂出水水质执行 GB 8978—1996，但该标准的多数指标是针对工业废水的，对城镇污水处理的针对性不够，加上 GB 8978—1996 编制过程的技术支撑局限性和磷氮控制指标值的过度超前，对标准实施的技术经济可行性及实际效能缺乏足够的分析和研判，对于城镇污水处理厂出水，有一部分指标（重金属、微污染有机物、石油类、动植物油、LAS 等）的标准限值偏宽，而某些指标过于偏严，例如总磷，当时的技术难以达到 0.5mg/L 和 1.0mg/L 的排放标准，生物除磷的运行效果不稳定，化学除磷的运行成本高。对于城镇污水处理厂出水的排放控制，标准实施过程遇到较多的问题与争议。

为促进该标准的落地实施，国家环境保护总局组织制订并发布《地表水环境质量标准》GHZB 1—1999，这相当于对《地面水环境质量标准》GB 3838—88 的修订。与原标准相比，将“地面水”改称为“地表水”，增加粪大肠菌群、氨氮和硫化物三项基本项目指标，删除总大肠菌群指标，修订了水温、凯氏氮、总磷、高锰酸盐指数、化学需氧量五个项目的标准值。实际上是调低了部分水质指标的限值，例如总磷指标，取消了有关湖库的指标值要求，Ⅲ、Ⅳ、Ⅴ水域的 COD 限值分别由 15mg/L、20mg/L、25mg/L 调整到 20mg/L、30mg/L、40mg/L。

GHZB 标准代码仅存在三年就被取消。其间，国家环境保护总局与国家质量监督检验检疫总局启动《地表水环境质量标准》GB 3838—2002 和《城镇污水处理厂污染物排放标准》GB 18918—2002 的编制。与 GHZB 1—1999 相比，GB 3838—2002 在基本项目中增加总氮指标，删除亚硝酸盐、非离子氨和凯氏氮指标，将硫酸盐、氯化物、硝酸盐、铁、锰调整为集中式生活饮用水地表水源地补充项目，修订了 pH、溶解氧、氨氮、总磷、高锰酸盐指数、铅、粪大肠菌群的标准值，增加集中式生活饮用水地表水源地特定项目 40 项。其中，总磷指标值调整较大，Ⅰ～Ⅴ类水域总磷限值分别由 0.02mg/L、0.1mg/L、0.1mg/L、0.2mg/L、0.2mg/L，调整到 0.02mg/L、0.1mg/L、0.2mg/L、0.3mg/L、0.4mg/L，湖库指标值为 0.01mg/L、0.025mg/L、0.05mg/L、0.1mg/L、0.2mg/L。

2002 年 12 月 27 日，国家环境保护总局和国家技术监督检验总局批准发布《城镇污水处理厂污染物排放标准》GB 18918—2002，2003 年 7 月 1 日实施，其适用范围为城镇污水处理厂污水、废气、污泥污染物排放以及噪声控制。根据国家综合排放标准与专业排放标准不交叉执行的原则，GB 18918—2002 实施后，城镇污水处理厂污水、废气和污泥的排放不再执行 GB 8978—1996，但噪声控制与其他标准之间仍然存在交叉。

根据城镇污水处理厂出水排入地表水域环境功能和保护目标，以及污水处理厂的处理工艺流程，GB 18918—2002 将基本控制项目的常规污染物标准分为一级标准、二级标准、三级标准。一级标准分为 A 标准和 B 标准。部分一类污染物和选择控制项目不分级。一级标准的 A 标准是城镇污水处理厂出水作为回用水的基本要求。当污水处理厂出水引入稀释能力较小的河湖作为城镇景观用水和一般回用水等用途时，执行一级标准的 A 标准。出水排入 GB 3838 地表水Ⅲ类功能水域（划定的饮用水水源保护区和游泳区除外）、GB 3097 海水二类功能水域和湖、库等封闭或半封闭水域时，执行一级标准的 B 类标准。

城镇污水处理厂出水排入 GB 3838 的地表水Ⅳ、Ⅴ类功能水域或 GB 3097 的海水三、四类功能海域，执行二级标准。非重点控制流域和非水源保护区的建制镇的污水处理厂，根据当地经济条件和水污染控制要求，采用一级强化处理工艺时，执行三级标准，但必须预留二级处理设施的位置，分期达到二级标准。根据污染物来源及性质，GB 18918—2002 将污染物控制项目分为基本控制项目和选择控制项目，细化了排放控制的种类和指标。基本控制项目主要包括影响水环境和城镇污水处理厂一般处理工艺可去除的常规污染物指标（见表 1-2），以及部分一类污染物指标，共 19 项。选择控制项目包括对环境有较长期影响或毒性较大的污染物，共计 43 项，主要用于污染物的溯源分析。

GB 18918—2002 基本控制项目最高允许排放浓度（日均值，mg/L）　　表 1-2

序号	基本控制项目	一级标准		二级标准	三级标准
		A 标准	B 标准		
1	化学需氧量(COD)	50	60	100	120①
2	生化需氧量(BOD_5)	10	20	30	60①
3	悬浮物(SS)	10	20	30	50
4	动植物油	1	3	5	20
5	石油类	1	3	5	15

续表

序号	基本控制项目		一级标准		二级标准	三级标准
			A标准	B标准		
6	阴离子表面活性剂		0.5	1	2	5
7	总氮(以N计)		15	20	—	—
8	氨氮(以N计)②		5(8)	8(15)	25(30)	—
9	总磷(以P计)	2005年12月31日前建设的	1	1.5	3	5
		2006年1月1日起建设的	0.5	1	3	5
10	色度(稀释倍数)		30	30	40	50
11	pH		6～9			
12	粪大肠菌群数(个/L)		10^3	10^4	10^4	—

①下列情况下按去除率指标执行：当进水COD大于350mg/L时，去除率应大于60%；BOD_5大于160mg/L时，去除率应大于50%；②括号外数值为水温＞12℃时的控制指标，括号内数值为水温≤12℃时的控制指标。

5. GB 18918—2002修改单（国家环境保护总局2006年第21号公告）

2005年10月，国家环境保护总局发布《关于严格执行〈城镇污水处理厂污染物排放标准〉的通知》（环发〔2005〕110号），要求：北方缺水地区应实行中水回用，城镇生活污水处理厂执行《城镇污水处理厂污染物排放标准》GB 18918—2002（简称《标准》）中一级标准的A标准；其他地区若将城镇污水处理厂出水作为回用水，或将出水引入稀释能力较小的河湖作为城市景观用水，也应执行此标准。为防止水域发生富营养化，城镇生活污水处理厂出水排入国家和省确定的重点流域及湖泊、水库等封闭式、半封闭水域时，应执行《标准》中一级标准的A标准；其他地区可执行《标准》中的二级标准，并可根据当地实际情况，逐步提高污水排放控制要求。该文的重点其实是“城镇生活污水处理厂出水排入国家和省确定的重点流域及湖泊、水库等封闭式、半封闭水域时，应执行《标准》中一级标准的A标准”，直接提升到回用程度。

2006年5月，国家环境保护总局《关于发布〈城镇污水处理厂污染物排放标准〉GB 18918—2002修改单的公告》（2006年第21号），将GB 18918—2002中的4.1.2.2条款内容由原先的“城镇污水处理厂出水排入GB 3838地表水Ⅲ类功能水域（划定的饮用水水源保护区和游泳区除外）、GB 3097海水二类功能水域和湖、库等封闭或半封闭水域时，执行一级标准的B标准”，修改为“城镇污水处理厂出水排入国家和省确定的重点流域及湖泊、水库等封闭、半封闭水域时，执行一级标准的A标准，排入GB 3838地表水Ⅲ类功能水域（划定的饮用水源保护区和游泳区除外）、GB 3097海水二类功能水域时，执行一级标准的B标准”。按照修改后的条款，城镇污水处理厂出水的适用排放标准等级发生了重大变化，实际上就是从技术法规层面完成合法化程序，以落地实施环发〔2005〕110号文中的要求。

需要特别提及的是，GB 18918—2002中的一级标准A标准，在标准制定过程中并不是按城镇污水处理厂出水排放标准来考虑的。在GB 18918的起草制定过程中，设立“一级标准A标准”的本意是，在国家相关再生水水质标准出台之前，作为再生水水质的基本要求，即再生水的过渡性标准或参考基准。为此，GB 18918—2002文本中的条文规定为：“一级标准的A标准是城镇污水处理厂出水作为回用水的基本要求。当污水处理厂出水引入稀释能力较小的河湖作为城镇景观用水和一般回用水等用途时，执行一级标准的A标准”。所以，一级A标准的水质指标都是按城市景观用水和一般回用水等用途来考虑的。

2007年5月，太湖发生严重水污染和蓝藻大暴发事件，在梅梁湾和贡湖湾交界的贡湖水厂出现取水口水源水严重污染，无锡市公共供水系统连续停水多日，数百万人的日常生活受到影响。国家要求太湖流域所在省（市）全面加强水污染治理工作，时任总理温家宝在视察无锡芦村污水处理厂时提出三点希望：第一是污水处理量还要提高，第二是污水处理的深度也要提高，第三是污水处理的比重还要增大，要接近百分之百。国家环境保护部门相应要求太湖流域城镇污水处理厂严格执行GB 18918—2002的一级标准A标准，江苏省及下属苏州、无锡、常州等城市制定了水污染治理行动计划，推动污水处理厂的一级A提标改造和扩建、新建工作，此后，一级A标准在太湖、巢湖、滇池、淮河、海河、辽河等重点流域城镇污水处理厂工程设计、提标改造和运行监管中全面推行。

1.2.2 流域与区域地方排放标准

1. 流域与区域排放标准的出台及限值

2007年太湖水污染和蓝藻大暴发事件直接促使城镇污水处理厂出水排放标准的提高，在全面推行和实施一级A标准的同时，江苏、北京、天津等地相继开展地方排放标准的研究与编制，特别是“十三五”以来，继国家《水污染防治行动计划》出台，太湖、巢湖、滇池等流域，四川、广东、河北、浙江、陕西、湖南、山西、河南等省区，深圳、厦门等城市，为加强各流域、省、市水污染防治工作，防治各省、市所在江河、流域、区域水环境污染，改善流域水环境质量，保障公众健康，促进环境、经济、社会可持续发展，依据《中华人民共和国环境保护法》《中华人民共和国水污染防治法》和当地环境保护、水污染防治相关法规，陆续颁布了比GB 18918—2002一级标准A标准更为严格的地方标准。

表1-3汇总了近十几年我国不同地区发布的大部分地方标准的主要指标限值。

流域区域城镇污水处理厂水污染物排放限值示例（mg/L）　　表1-3

<table>
<tr><th>区域</th><th>实施年月</th><th colspan="3">标准名称、编号</th><th>COD</th><th>BOD$_5$</th><th>氨氮</th><th>总氮</th><th>总磷</th></tr>
<tr><td rowspan="5">太湖</td><td rowspan="3">2008年1月</td><td rowspan="3">《太湖地区城镇污水处理厂及重点工业行业主要水污染物排放限值》DB 32/1072—2007</td><td rowspan="2">2007年12月31日之前建设</td><td>Ⅰ:工业废水量<50%</td><td>50</td><td>—</td><td>5(8)</td><td>20</td><td>0.5</td></tr>
<tr><td>Ⅱ:50%≤工业废水量<80%</td><td>60</td><td>—</td><td>5(8)</td><td>15</td><td>0.5</td></tr>
<tr><td colspan="2">2008年1月1日之后建设</td><td>50</td><td>—</td><td>—</td><td>15</td><td>0.5</td></tr>
<tr><td rowspan="2">2018年6月</td><td rowspan="2">《太湖地区城镇污水处理厂及重点工业行业主要水污染物排放限值》DB 32/1072—2018</td><td rowspan="2">新建;现有企业从2021年1月1日起</td><td>一、二级保护区</td><td>40</td><td>—</td><td>3(5)</td><td>10(12)</td><td>0.3</td></tr>
<tr><td>其他区域</td><td>50</td><td>—</td><td>4(6)</td><td>12(15)</td><td>0.5</td></tr>
</table>

续表

区域	实施年月	标准名称、编号			COD	BOD_5	氨氮	总氮	总磷
北京	2012年7月	《城镇污水处理厂水污染物排放标准》DB 11/890—2012	新(改、扩)建污水处理厂	A标准，排入Ⅱ、Ⅲ类水体	20	4	1(1.5)	10	0.2
				B标准，排入Ⅳ、Ⅴ类水体	30	6	1.5(2.5)	15	0.3
			现有污水处理厂	A标准，排入Ⅱ、Ⅲ类水体	50	10	5(8)	15	0.5
				B标准，排入Ⅳ、Ⅴ类水体	60	20	8(15)	20	1.0
			2015年12月31日起，现有中心城城市污水处理厂		30	6	1.5(2.5)	15	0.3
河南	2014年6月	《贾鲁河流域水污染物排放标准》DB 41/908—2014	特别排放(由河南省人民政府规定)		30	6	1.5(2.5)	15	0.3
			郑州市区(现有自2016年6月26日起，新建自实施日起)		40	10	3	15	0.5
			其他地区(现有自2016年1月1日起，新建自实施日起)		50	10	5	15	0.5
	2021年3月	《河南省黄河流域水污染物排放标准》DB 41/2087—2021	≥500m³/d；现有厂自2022年9月1日起	一级标准	40	6	3(5)	12	0.4
				二级标准	50	10	5	15	0.5
天津	2015年1月	《城镇污水处理厂污染物排放标准》DB 12/599—2015	A标准：规模≥10000m³/d		30	6	1.5(3)	10	0.3
			B标准：规模＜10000m³/d且≥1000m³/d		40	10	2(3.5)	15	0.4
			C标准：规模＜1000m³/d		50	10	5(8)	15	0.5
巢湖	2017年1月	《巢湖流域城镇污水处理厂和工业行业主要水污染物排放限值》DB 34/2710—2016	新建厂；现有厂2018年7月1日起	Ⅰ：工业废水量＜50%	50	—	2(3.0)	10(12)	0.3
				Ⅱ：工业废水量≥50%	100	—	5.0	15	0.5
四川	2017年1月	《四川省岷江、沱江流域水污染物排放标准》DB 51/2311—2016	工业废水比例≤30%且处理规模≥1000m³/d的污水处理厂		30	6	1.5(3)	10	0.3
广东	2014年8月	《汾江河流域水污染物排放标准》DB 44/1366—2014	新建厂自实施日起；现有厂自2015年1月1日起		40	10	5.0	—	0.5

续表

区域	实施年月	标准名称、编号	条件		COD	BOD_5	氨氮	总氮	总磷
广东	2017年1月	《淡水河、石马河流域水污染物排放标准》DB 44/2050—2017	现有厂	第一时段：2017年12月31日至2018年12月31日	40	—	5(8)	—	0.5
				第二时段：自2019年1月1日	40	—	2(4)	—	0.4
			新建厂	第二时段	40	—	2(4)	—	0.4
	2017年1月	《练江流域水污染物排放标准》DB 44/2051—2017	现有厂自2017年12月31日起新建厂自实施日起		40	—	—	—	—
			自2020年12月31日起		40	—	—	—	—
	2018年1月	《茅洲河流域水污染物排放标准》DB 44/2130—2018	现有厂自2019年6月1日起新建厂自实施日起		30	—	—	—	—
	2019年7月	《小东江流域水污染物排放标准》DB 44/2155—2019	现有厂自2019年12月1日起新建厂自实施日起		40	—	—	—	0.5
			2020年3月1日起处理规模≥10000m³/d		40	—	2(8)	—	0.4
河北	2018年1月	《大清河流域水污染物排放标准》DB 13/2795—2018	新(改、扩)建排污单位；现有排污单位自2021年1月1日起	核心控制区	20	4	1(1.5)	10	0.2
				重点控制区	30	6	1.5(2.5)	15	0.3
				一般控制区	40	10	2(3.5)	15	0.4
		《子牙河流域水污染物排放标准》DB 13/2796—2018	新(改、扩)建排污单位；现有排污单位自2021年1月1日起	重点控制区	40	10	2(3.5)	15	0.4
				一般控制区	50	10	—	15	0.5
		《黑龙港及运东流域水污染物排放标准》DB 13/2797—2018	新(改、扩)建排污单位；现有排污单位自2021年1月1日起	重点控制区	40	10	2(3.5)	15	0.4
				一般控制区	50	10	5(8)	15	0.5
厦门	2018年12月	《厦门市水污染物排放标准》DB 35/322—2018	≥20000m³/d	A级	30	6	1.5	10	0.3
			＜20000m³/d ≥1000m³/d	B级	40	10	2.0	15	0.4
			＜1000m³/d	C级	50	10	5.0	15	0.5
			主管部门审批或备案的离岸排放入海排污口	C级	50	10	5.0	15	0.5
浙江	2019年1月	《城镇污水处理厂主要水污染物排放标准》DB 33/2169—2018	现有污水处理厂		40	—	2(4)	12(15)	0.3
			新建污水处理厂		30	—	1.5(3)	10(12)	0.3

续表

区域	实施年月	标准名称、编号			COD	BOD_5	氨氮	总氮	总磷
陕西	2019年1月	《陕西省黄河流域污水综合排放标准》DB 61/224—2018	新建厂；$\geq$2000m^3/d现有厂自2020年4月1日	A	30	6	1.5(3)	15	0.3
			$<$2000m^3/d现有厂、$>$500m^3/d乡村及工业区	B	50	10	5(8)	15	0.5
湖南	2019年3月	《湖南省城镇污水处理厂主要水污染物排放标准》DB 43/T 1546—2018	生态环境敏感区内厂	一级	30	—	1.5(3)	10	0.3
			其他区域新建厂	二级	40	—	3(5)	15	0.5
			其他区域现有厂	根据其排入水体的水环境功能目标，其主要水污染物排放按GB 18918相应限值和管理要求执行					
昆明	2020年5月	《城镇污水处理厂主要水污染物排放限值》DB 5301/T 43—2020	A级：特别排放限值		20	4	1.0(1.5)	5(10)	0.05
			B级		30	6	1.5(3)	10(15)	0.3
			C级		40	10	3(5)	15	0.4
			D级		40	10	5(8)	15	0.5
			E级		70	30	—	—	2
深圳	2020年6月	《深圳市水质净化厂出水水质规范》DB 4403/T 64—2020	出水引入对水环境功能有较高要求的湖、库、河流等水域或再生利用	A	20	4	1.0	8	0.2
			新(扩)建、提标改造厂	B	30	6	1.5	10(15)	0.3
山西	2021年1月	《污水综合排放标准》DB 14/1928—2019	排入Ⅱ～Ⅴ类水环境功能区		40	—	2.0	—	0.4

2. 流域与区域排放标准的特征及影响

这些地方标准适用于向当地流域、河湖、湿地等排放污水处理厂出水的现有企业、生产设施及城镇污水处理厂的水污染物排放管理，建设项目的环境影响评价，环境保护设施的设计、竣工环境保护验收及投产后的水污染物排放管理。需要特别注意的是，这些地方标准基本都将城镇污水处理厂出水标准与地表水环境质量、水体水环境功能要求及污水再生利用相关标准紧密衔接起来，更加契合区域、流域水环境管理需求的分类指导。这些地方排放标准的出台和实施反映了我国近10年来不同流域区域的水环境管理要求，在流域区域水环境治理中发挥了较好的监督和指导作用，有力地推动了我国城镇污水处理和水环境管理事业的发展，但在标准指标及限值的确定方面还有不少的待改进和完善之处。

从表1-3可以看出，不同流域区域城镇污水处理厂污染物排放标准总体上趋于更加严格，对水污染物的排放控制基本上都是在GB 18918—2002一级A标准的基础上，对基本控制项目化学需氧量、氨氮、总氮、总磷等核心指标排放限值严加规定，对其他水污染物指标基本上按照GB 18918—2002执行或现行其他标准执行，部分地方排放标准也进行了单独的相关规定，如北京、天津、陕西、深圳、广东、山西、广东、深圳、厦门等。流域区域水污染物排放标准大多按“分区”或排放水体对化学需氧量、氨氮、总氮、总磷进行限值的分级规定，如太湖（江苏）、河南、河北、湖南、滇池（昆明）、山西、北京、厦门、深圳等，少数按城镇污水处理厂设计规模进行限值的分级规定，如天津、四川、陕西等。

GB 18918—2002 对城镇污水处理厂的定义比较笼统，为此，部分流域区域水污染物排放标准对标准中的城镇污水处理厂进行了较明晰的定义与界定，尤其对工业废水比例进行了界定，例如太湖、巢湖，湖南、四川等，内容更细化，更符合当地实际情况，具可操作性。昆明市《城镇污水处理厂主要水污染物排放限值》DB 5301/T 43—2020 创新性地提出了针对雨天合流制溢流污染控制的 E 级排放标准，这是我国第一个针对合流制雨季超量合流污水制定单独限值的标准，为雨季合流制污水的处理与管理提供了借鉴。

1.2.3 污水再生利用政策与标准

1. 污水再生利用系列政策

我国污水再生利用的研究和应用探索起步于“七五”期间，之后的“八五”和“九五”期间在多个缺水城市实现工程应用示范，主要用于工业冷却、市政杂用和景观河道补水，“十五”期间在政策、技术、标准和工程示范等方面取得重大进展，微滤+反渗透双膜法高品质再生水工艺在天津泰达新水源一厂成功应用。城市污水再生利用得到国家层面的重视和支持，陆续出台了一系列的政策文件，将城市污水再生利用逐步提上重要议程。

2000 年 5 月建设部、国家环境保护总局、科学技术部联合发布《城市污水处理及污染防治技术政策》（建城〔2000〕124 号），在总则中明确城市污水处理应考虑与污水资源化目标相结合，积极发展污水再生利用和污泥综合利用技术。专门设置了污水再生利用的章节，污水再生利用可选用混凝、过滤、消毒或自然净化等深度处理技术，提倡各类规模的污水处理设施按照经济合理和卫生安全的原则实行污水再生利用，发展再生水在农业灌溉、绿地浇灌、城市杂用、生态恢复和工业冷却等方面的利用。

2000 年 11 月《国务院关于加强城市供水节水和水污染防治工作的通知》（国发〔2000〕36 号），大力提倡城市再生水等非传统水资源的开发利用，并纳入水资源的统一管理和调配。《中华人民共和国国民经济和社会发展第十个五年计划纲要》中，要求积极开展人工增雨、污水处理回用、海水淡化，标志着我国开始全面启动污水再生利用。2002 年 8 月颁布的《中华人民共和国水法》第二十三条规定，地方各级人民政府应当结合本地区水资源的实际情况，按照地表水与地下水统一调度开发、开源与节流相结合、节流优先和污水处理再利用的原则，合理组织开发、综合利用水资源。2004 年 6 月《国务院办公厅关于推进水价改革促进节约用水保护水资源的通知》（国办发〔2004〕36 号），从水资源配置的角度对再生水价格、设施建设、政策扶持等方面提出了具体要求。

2006 年国家发展改革委员会会同建设部、国家环境保护总局编制了《全国城镇污水处理及再生利用设施“十一五”建设规划》，由国务院发布实施，其主旨为加大城镇污水处理及再生利用设施的建设力度，改善我国城镇水环境质量，促进经济社会与环境协调发展。规划文本中提出了北方地区缺水城市再生水利用率达到污水处理量的20%以上的规划目标要求，五年期间全国新增680万 m^3/d 的污水再生利用能力的重点建设任务要求。

2006年4月建设部、科学技术部印发了《城市污水再生利用技术政策》(建科〔2006〕100号)，明确规定了再生水利用目标与原则、再生水利用规划、再生水利用设施建设、再生水设施运营与监管、再生水利用安全保障、再生水利用的技术创新、再生水利用保障措施等相关内容。城市污水再生利用的总体目标是充分利用城市污水资源、削减水污染负荷、节约用水、促进水的循环利用、提高水的利用效率。资源型缺水城市应积极实施以增加水源为主要目标的城市污水再生利用工程，水质型缺水城市应积极实施以削减水污染负荷、提高城市水体水质功能为主要目标的城市污水再生利用工程。城市景观环境用水要优先利用再生水；工业用水和城市杂用水要积极利用再生水；再生水集中供水范围之外的具有一定规模的新建住宅小区或公共建筑，提倡综合规划小区再生水系统及合理采用建筑中水；农业用水要充分利用城市污水处理厂的二级出水。

2012年2月《国务院关于实行最严格水资源管理制度的意见》(国发〔2012〕3号)，鼓励并积极发展污水处理回用，非常规水源开发利用纳入水资源统一配置。2013年9月，国务院第24次常务会议通过的《城镇排水与污水处理条例》，第三十七条规定，国家鼓励城镇污水处理再生利用，工业生产、城市绿化、生态景观等，应当优先使用再生水。2015年4月，国务院印发《水污染防治行动计划》(国发〔2015〕17号)，明确提出，要促进再生水利用，以缺水及水污染严重地区城市为重点，完善再生水利用设施，工业生产、城市绿化、道路清扫、车辆冲洗、建筑施工以及生态景观等用水，要优先使用再生水；到2020年，缺水城市再生水利用率达到20%以上，京津冀区域达到30%以上。

2015年9月住房城乡建设部会同环境保护部、水利部、农业部组织编制的《城市黑臭水体整治工作指南》，明确利用城市再生水、城市雨洪水等作为城市水体的补充水源，增加水体流动性和环境容量；再生水补水应采取适宜的深度净化措施，以满足补水水质要求。

2016年2月《中共中央　国务院关于进一步加强城市规划建设管理工作的若干意见》(中发〔2016〕6号)，明确要求，到2020年，地级以上城市建成区力争实现污水全收集、全处理，缺水城市再生水利用率达到20%以上，城市工业生产、道路清扫、车辆冲洗、绿化浇灌、生态景观等生产和生态用水要优先使用中水。

2021年1月，国家发展改革委等10部委联合印发《关于推进污水资源化利用的指导意见》(发改环资〔2021〕13号)，到2025年，全国地级及以上缺水城市再生水利用率达到25%以上，京津冀地区达到35%以上。加快推动城镇生活污水资源化利用，缺水地区优先将达标排放水转化为可利用的水资源，就近回补自然水体，推进区域污水资源化循环利用；资源型缺水地区，通过逐段补水的方式将再生水作为河湖湿地生态补水。实施区域再生水循环利用工程，对处理达标后的排水和微污染河水进一步净化改善后，纳入区域水资源调配管理体系，可用于区域内生态补水、工业生产和市政杂用。对于提供公共生态环境服务功能的河湖湿地生态补水、景观环境用水使用再生水的，鼓励采用政府购买服务的方式推动污水资源化利用。

2021年6月，国家发展改革委、住房和城乡建设部联合印发《“十四五”城镇污水处理及资源化利用发展规划》（发改环资〔2021〕827号），明确到2025年，全国地级及以上缺水城市再生水利用率达到25%以上，京津冀地区达到35%以上，黄河流域中下游地级及以上缺水城市力争达到30%，在重点排污口下游、河流入湖口、支流入干流处，因地制宜实施区域再生水循环利用工程；水质型缺水优先将达标排放水转化为可利用的水资源就近回补自然水体，资源型缺水鼓励将再生水用于河湖湿地生态补水。

2021年8月国家发展改革委、住房和城乡建设部联合印发《“十四五”黄河流域城镇污水垃圾处理实施方案》（发改环资〔2021〕1205号），明确黄河上游地级及以上缺水城市再生水利用率达到25%以上，中下游力争达到30%；推进污水资源化利用，以现有污水处理厂为基础，合理布局污水再生利用设施，推广再生水用于生态补水、工业生产和市政杂用等；利用湿地、滩涂等自然生态设施或人工设施，推广区域再生水循环利用。

2. 污水再生利用国家标准

随着国家及地方对城市污水再生利用的认识、重视、技术发展和探索实践，结合不同时期国家相关政策的出台，在城市污水再生利用（资源化利用）标准方面主要经历了“八五”和“九五”的引导阶段，之后的“十五”和“十一五”快速发展与规范化阶段，以及“十二五”和“十三五”以来的持续完善与提升阶段，陆续研究制定和发布实施了一系列的行业标准并升级为国家标准，特别是“十三五”以来，进一步发布了系列化的地方标准、团体标准和国际标准，“十四五”进一步进入了水、能源与物质综合回收利用的新发展阶段，大力推动、规范和引领了城镇污水资源化能源化利用行业的发展。

在城镇污水再生利用的行业标准和技术指导文件方面，1994年中国工程建设标准化协会发布了《城市污水回用设计规范》CECS 61:94，可以视为我国最早的一部有关城市污水再生利用的工程技术标准，对城市污水回用水源、回用水质标准、回用系统、回用处理工艺与构筑物设计、安全措施与监测控制等进行了规定。“十五”时期，2000年建设部发布了行业标准《再生水回用于景观水体的水质标准》CJ/T 95—2000；“十一五”时期，水利部、国家发展改革委分别发布《再生水水质标准》SL 368—2006、《循环冷却水再生水水质标准》HG/T 3923—2007；“十二五”时期，住房和城乡建设部发布《城镇污水再生利用技术指南（试行）》（2012年版）和《城镇再生水厂运行、维护及安全技术规程》CJJ 252—2016，国家能源局发布《火力发电厂再生水深度处理设计规范》DL/T 5483—2013。

在城镇污水再生利用的国家标准编制方面，从“十五”开始陆续发布并进行版本更新。从2000年开始，针对再生水利用的发展需求，依托国家科技攻关计划课题研究，建设部组织编制并颁布了系列国家标准《城市污水再生利用 分类》GB/T 18919—2002、《城市污水再生利用 景观环境用水水质》GB/T 18921—2002、《城市污水再生利用 城市杂用水水质》GB/T 18920—2002、《污水再生利用工程设计规范》GB 50335—2002、《建筑中水设计规范》GB 50336—2002、《城市污水再生利用 地下水回灌水质》GB/T 19772—2005、《城市污水再生利用 工业用水水质》GB/T 19923—2005、《城市污水再生利用 农田灌溉用水水质》GB 20922—2007、《城市污水再生利用 绿地灌溉水质》GB/T 25499—2010。

《城镇污水再生利用工程设计规范》GB 50335—2016、《建设中水设计标准》GB 50336—2018、《城市污水再生利用 景观环境用水水质》GB/T 18921—2019、《城市污水再生利用 杂用水水质》GB/T 18920—2020，分别于2016年、2018年、2019年、2020年完成修编并颁布实施。以景观环境用水水质为例，标准编制团队于2014年着手标准的修编工作，在典型工程案例调研分析、景观水体补水试验、微量新污染物调查等大量试验研究和工程验证的基础上，借鉴国内外污水再生利用实践经验与科研成果，2019年修编完成《城市污水再生利用 景观环境用水水质》GB/T 18921—2019，2020年5月实施，基本水质要求参见表1-4。

景观环境用水的再生水水质　　表1-4

<table>
<tr><th rowspan="2">序号</th><th rowspan="2">项目</th><th colspan="3">观赏性景观环境用水</th><th colspan="3">娱乐性景观环境用水</th><th rowspan="2">景观湿地环境用水</th></tr>
<tr><th>河道类</th><th>湖泊类</th><th>水景类</th><th>河道类</th><th>湖泊类</th><th>水景类</th></tr>
<tr><td>1</td><td>基本要求</td><td colspan="7">无漂浮物，无令人不愉快的嗅和味</td></tr>
<tr><td>2</td><td>pH(无量纲)</td><td colspan="7">6.0～9.0</td></tr>
<tr><td>3</td><td>BOD_5</td><td>≤10</td><td colspan="2">≤6</td><td>≤10</td><td colspan="2">≤6</td><td>≤10</td></tr>
<tr><td>4</td><td>浊度(NTU)</td><td>≤10</td><td colspan="2">≤5</td><td>≤10</td><td colspan="2">≤5</td><td>≤10</td></tr>
<tr><td>5</td><td>总磷(以P计，mg/L)</td><td>≤0.5</td><td colspan="2">≤0.3</td><td>≤0.5</td><td colspan="2">≤0.3</td><td>≤0.5</td></tr>
<tr><td>6</td><td>总氮(以N计，mg/L)</td><td>≤15</td><td colspan="2">≤10</td><td>≤15</td><td colspan="2">≤10</td><td>≤15</td></tr>
<tr><td>7</td><td>氨氮(以N计，mg/L)</td><td>≤5</td><td colspan="2">≤3</td><td>≤5</td><td colspan="2">≤3</td><td>≤5</td></tr>
<tr><td>8</td><td>粪大肠菌群(个/L)</td><td colspan="3">≤1000</td><td colspan="2">≤1000</td><td>≤3</td><td>≤1000</td></tr>
<tr><td>9</td><td>余氯(mg/L)</td><td colspan="5">—</td><td>0.05～0.1</td><td>—</td></tr>
<tr><td>10</td><td>色度(度)</td><td colspan="7">≤20</td></tr>
</table>

注：1. 未采用加氯消毒方式的再生水，其补水点无余氯要求；
2. "—"表述对此项无要求。

GB/T 18921—2019规定了景观环境利用分类、水质指标、利用方式、使用安全管理等的技术要求。将景观湿地环境用水纳入污水再生利用景观环境用水水质标准范畴，显著扩增了再生水的法定用途，同时打通污水处理厂高标准排放水与再生利用的通路，有助于再生水大规模利用，可用于河湖景观与生态环境补水。明确再生水景观环境利用的水质富营养化控制策略，以总磷控制为主，兼顾氨氮，适度总氮，解决了重点关注的营养盐控制方向、限值量化和工程实施措施等难点问题，有利于再生处理与利用设施的建设运行。

基于大量的试验研究与工程测试，引入了微量新污染物和消毒副产物风险防控的具体措施与技术方法，结合再生水景观环境利用对感官指标的要求，通过适度提高色度指标的限值，推动臭氧氧化、炭吸附等脱色技术的工程应用，同时显著提升新污染物的去除效果，保障再生水的高质量安全利用。强化再生水景观环境利用的使用准则，增强水体富营养化防控工程措施和安全管理，基于研究和工程实践，在强化磷酸盐控制的同时，适度强化再生水景观环境利用的使用边界条件，对水力停留时间控制、增强扰动流动等工程措施，以及再生水使用安全标识等的安全管理，做出一些原则性和指导性的规定。

3. 污水再生利用地方标准

随着城市污水再生利用国家标准的颁布实施，部分缺水地域在已有工程实践的基础上，结合地方实际情况与发展需求，出台了地方再生水利用标准，对再生水的水质管理和设施运行维护提供专业性指导意见和规范，保障再生水在不同领域的安全、稳定、高效利用。

北京市先后发布了《再生水灌溉绿地技术规范》DB 11/T 672—2009、《再生水农业灌溉技术导则》DB 11/T 740—2010、《再生水热泵系统工程技术规范》DB 11/T 1254—2015、《安全生产等级评定技术规范第 65 部分：城镇污水处理厂（再生水厂）》DB 11/T 1322.65—2019、《生态再生水厂评价指标体系》DB 11/T 1658—2019、《城镇再生水厂恶臭污染治理工程技术导则》DB 11/T 1755—2020、《地下再生水厂运行及安全管理规范》DB 11/T 1818—2021、《再生水利用指南　第 1 部分：工业》DB 11/T 1767—2020、《再生水利用指南　第 2 部分：空调冷却》DB 11/T 1767.2—2022、《再生水利用指南　第 3 部分：市政杂用》DB 11/T 1767.3—2022、《再生水利用指南　第 4 部分：景观环境》DB 11/T 1767.4—2021。

天津市陆续发布了《天津市再生水管网运行、维护及安全技术规程》DB 29-225—2014、《天津市再生水管道工程技术规程》DB 29-232—2015、《天津市再生水厂工程设计、施工及验收规范》DB/T 29-235—2015、《天津市再生水设计标准》DB/T 29-167—2019、《城镇再生水供水服务管理规范》DB12/T 470—2020 等，其中《天津市城镇再生水厂运行、维护及安全技术规程》DB/T 29-194—2018 于 2018 年完成修编。

太原市发布了《太原市城市污水再生利用 总则》DB14/T 1102—2015、《太原市城市污水再生利用　城市杂用水水质》DB14/T 1103—2015。深圳市、昆明市、甘肃省、内蒙古、河北省、新乡市分别发布了《再生水、雨水利用水质规范》SZJG 32—2010、《城市生活污水再生利用设施运营管理规范》DB53/T 435—2012、《再生水灌溉绿地技术规范》DB62/T 2573—2015、《再生水灌溉工程技术规范》DB15/T 1092—2017、《再生水灌溉工程技术规范》DB13/T 2691—2018、《再生水高效利用农田灌溉技术规范》DB4107/T 463—2020。

1.2.4　标准限值及达标考核方式

1. 出水达标考核方式及其变动

国际上比较通行的城镇污水处理厂出水达标考核方式为全年达标率（天数），以及日均值、周均值、月均值、年均值在不同时段的不同限值。GB 18918—2002 规定的出水达标考核方式为 24h 混合样（至少每 2h 取一次），是合理可行的，但在实际执行过程中，多数地方环保监测执法单位往往采用瞬时样作为达标考核及超标处罚的依据。这种简单化的工作方式，确实可以节省考核成本和人力物力需求，但某些指标的水质数据有可能严重偏离 GB 18918—2002 所规定的日均值，导致真正达标的污水处理厂出水有可能被判定为水质超标，而某些没有真正达标的污水处理厂出水却很可能被判定为达标，粪大肠杆菌、总氮、COD、总磷等指标最为明显，因此，出水水质达标考核的科学性和合理性有待改进。

最近几年陆续出台实施的城镇污水处理厂污染物排放地方标准，出水达标考核方式大多数继续沿用 GB 18918—2002 的规定，有少部分地方标准，比如广东、河南、河北、湖南、巢湖、四川，明确规定，在对排污单位进行监督性检查时，可依据现场即时采样、监测的结果，作为判定排污行为是否符合排放标准以及实施相关环境保护管理措施的依据。深圳市则明确，以现场即时采样或监测的瞬时值判定排污行为是否符合排放标准时应满足：日均值不超过排放限值，瞬时值超出部分不超过排放限值的 10%。

2022 年 2 月生态环境部发布关于征求《城镇污水处理厂污染物排放标准》GB 18918—2002 修改单（征求意见稿）意见的函，征求意见的 GB 18918—2002 修改单内容为：

（1）在“2. 规范性引用文件”中增加以下内容：HJ 91.1 污水监测技术规范。

（2）将“4.1.3 标准值”中的“4.1.3.1”修改为：4.1.3.1 城镇污水处理厂水污染物排放基本控制项目，执行表 1、表 2 和表 4 的规定。

（3）删除表 1 中的色度、pH、粪大肠菌群数等三个污染物项目。

（4）在表 3 后增加表 4，其后原有表格的序号依次顺延。

（5）将“4.1.4 取样与监测”中的“4.1.4.2”修改为：4.1.4.2 测定日均排放浓度，取样频率一般为至少每 2h 一次，取 24h 混合样，对混合样进行分析测试；按 HJ 91.1 规定不能测定混合样的项目，应对 24h 内每次取样进行分析测试，以其算术平均值计。测定一次监测排放浓度，应按 HJ 91.1 规定采集满足一次测试水污染物浓度所需样品，并对其进行分析测试。

（6）在“6. 标准的实施与监督”中增加 6.3，内容为：对于表 1 和表 4 均涉及的污染物项目，其日均排放浓度超过表 1 规定或者一次监测排放浓度超过表 4 规定，均为超标。对于色度、pH、粪大肠菌群数等三个基本控制项目，其一次监测排放浓度超过表 4 规定即为超标。对于表 2 和表 3 中规定的污染物项目，其日均排放浓度超过标准值为超标；对其开展一次监测，发现排放浓度超过表 2 和表 3 规定的，应及时通过增加监测频次、开展溯源调查等方式，评估其环境风险，必要时采取有效措施进行防控。

GB 18918—2002 修改单（征求意见稿）中的表 4 内容如下：

表4　一次监测最高允许排放浓度（单位：mg/L，pH和注明单位的除外）

序号	基本控制项目		一级标准		二级标准	三级标准
			A标准	B标准		
1	化学需氧量(COD)		75	90	130	140①
2	生化需氧量(BOD_5)		15	30	45	70①
3	悬浮物(SS)		20	40	60	75
4	动植物油		2	6	10	30
5	石油类		2	6	10	18
6	阴离子表面活性剂		1	2	4	6
7	总氮(以N计)		20	25	—	—
8	氨氮(以N计)		10(15)②	15(20)②	30(35)②	—
9	总磷(以P计)	2005年12月31日前建设的	1.5	2.5	5	6
		2006年1月1日起建设的	1	1.5	5	6
10	色度(稀释倍数)		30	30	40	50
11	pH		6～9			
12	粪大肠菌群数(个/L)		10^3	10^4	10^4	—

①下列情况下按去除率指标执行：当进水COD＞350mg/L时，去除率应＞60%；BOD_5＞160mg/L时，去除率应＞50%；②括号外数值为水温＞12℃时的控制指标，括号内数值为水温≤12℃时的控制指标。

该修改单（征求意见稿）的核心内容实质上是改变GB 18918—2002规定的所有水污染物均应“至少每2h一次，取24h混合样，以日均值计”，为“一次监测”的瞬时样达标考核方式确定标准层面的法定依据，同时对部分常规指标的限值相应调增，提出“一次监测最高允许排放浓度”。对于粪大肠菌群数，限值没有调增，实际上变得更严格，城镇污水处理厂运维服务企业为了确保出水指标不超标，有可能进一步加剧消毒剂的过度投加，存在引发受纳水体不良生态环境影响的风险，确定全时段或季节性的调增限值更为合理。

另外，现行的出水达标考核水质检测方法也存在商榷之处，例如，现行的TN检测方法中，检测值不仅包含正常城镇污水中存在的可氨化有机氮、NH_3-N和硝态氮，而且包含源自工业废水（尤其化工和印染废水）的一些特殊含氮有机物。这些特殊含氮有机物在污水生物处理系统中不能被氨化和生物降解，其溶解性部分会随出水排出。在一些含工业废水比例较高的城镇污水中，这类特殊含氮有机物的含量高达10mg/L以上，从而影响污水处理厂出水TN的达标，虽然其可氨化有机氮、NH_3-N和硝态氮浓度已远低于排放限值。

2. GB 18918排放限值及适用性探讨

GB 18918—2002是在GB 8978—1996的基础上修改并单独制定的，标准编制组在编制过程中考虑了诸多因素，广泛征求了意见，参考了欧美的经验，确实有很大的改进和提升。但最终批准实施的版本与报送审批的版本之间存在较大的差异：一是明显简化了，二是与地表水质量标准直接关联了，不再分类考虑水环境负荷、地域特征、进水水质和处理规模等方面的因素，可操作性增强了，但科学性和合理性降低了。非常有必要本着科学合理、实事求是、尊重客观规律的原则，对城镇污水处理厂污染物排放标准进行全面修订。但由于多种因素影响，各方意见不一，修订工作已延续多年，一直没有形成新的修订版本。

2022年2月生态环境部公布的《城镇污水处理厂污染物排放标准》GB 18918—2002修改单（征求意见稿）可以视为该标准修订工作的阶段成果，但科学性和合理性问题仍然没有得到真正解决，甚至有可能进一步加剧。就我国城镇污水处理厂出水排放标准而言，有必要包括国家排放标准、地方排放标准和特定接纳水体排放标准等类别。国家标准作为通用基准主要起指导和规范地方排放标准的作用，地方标准作为可实际执行和达标考核的污染物控制标准，特定接纳水体标准根据特定水体（例如太湖、巢湖、滇池、三峡库区、长江、黄河等）的特定水质与功能目标制定，要充分体现出因地而异、因时而异、规模大小、轻重缓急、敏感与非敏感、分阶段实施、能力建设等方面的综合考虑。

在城镇污水处理厂出水水质标准的设定方面，在充分考虑我国国情和未来发展需求的情形下，可以参考借鉴欧美的一些先进实践经验，并行考虑季节性的动态浓度限值与去除率要求，有条件或敏感水体的区域，增加总量控制标准及动态总量控制标准。同时根据接纳水体设定水质（功能）目标的分阶段实现，确定分阶段的水质指标标准限值或排放总量。标准限值的制定要充分考虑动态的水质目标、环境容量、地域特征、工程规模、季节（温度）变动等诸要素。另外，还需要对标准限值及标准实施方式进行充分的技术与经济评估分析，系统评价标准实施的技术可行性、经济合理性和社会（生态环境）效益。

例如，在欧洲（特别是德国），考虑消毒副产物对生态环境的不利影响，城镇污水处理厂出水通常是不要求消毒处理的，而我国现行的一级A及以上标准中，粪大肠菌群数指标按1000个/L进行一次监测控制，只能采取严格的甚至过度的消毒措施来保证稳定达标。就湖库封闭和半封闭性水体的藻类控制而言，虽然磷、氮是关键内因，但还有许多其他影响因素，例如水温、光照、水力流动特性等；此外，内陆湖库水体，尤其城镇景观水体中的硝态氮是有利于控制水体黑臭和底泥磷酸盐释放的，并不是浓度控制得越低越好。因此，水体的水质标准要因地、因时而异，相应的城镇污水处理厂出水水质标准也应因地、因时而异，进行动态的管理与控制，尤其是总磷和总氮指标。以美国为例，城镇污水处理厂出水的磷氮排放限值就是因厂（因地）而异，且季节性调整的。

3. 城镇污水处理厂适用范围的界定

GB 18918—2002没有明确规定城镇污水处理厂进水中到底允许多大比例的工业废水，或者说，工业废水达到多大比例就不按城镇污水处理厂进行污染物排放达标考核。我国大多数大中型城市的工业企业已经进入工业园区，或者废水单独处理后直接排放到环境，主城区污水处理厂进水中，工业废水所占比例已经从20世纪80年代的60%～70%普遍降低到20%以下，属于比较典型的以生活污水为主的污水处理厂。只是纳入市政污水管网的工业废水超标排放和偷排问题仍然不时出现，引起的突发性活性污泥中毒或污水处理设施失效时有发生。工业废水与生活污水的完全分离与各自处理成为总体的发展趋势与监管要求。

对于小部分中小型工业城市和南方地区工业发达乡镇，尤其是小规模的工业产业园区，集中式公共污水处理厂进水中工业废水的比例往往高达60%以上，对于园区甚至达到95%以上，还有接近100%的。工业废水的高比例接入，对污水处理厂进水水质特性和出水水质的影响很大，尤其是化工和印染行业高度发达和相对集中的重点流域区域，这类污水处理厂已经不是真正意义的城镇污水处理厂。对于这类含高比例工业废水的污水处理厂，执行GB 18918—2002还是工业行业废水污染物排放标准，或者其他专门标准，尚待明确。

以江苏省《太湖地区城镇污水处理厂及重点工业行业主要水污染物排放限值》DB 32/1072—2007为例，将城镇污水处理厂划分为三个类别：Ⅰ类为接纳污水中工业废水量小于50%的，Ⅱ类为接纳污水中工业废水量大于或等于50%但小于80%的，Ⅲ类为接纳污水中工业废水量大于或等于80%的。各个类别执行不同的排放限值，其中第Ⅲ类按照所接纳工业废水的性质（行业类别），执行相应的排放指标和限值。

在修订后的DB 32/1072—2018版本中，取消了城镇污水处理厂按接纳污水中工业废水量占比进行的分类；将江苏省太湖地区分为太湖流域一级、二级保护区和太湖地区其他区域，分别执行不同的标准限值；提高了太湖流域一级、二级保护区主要水污染物（化学需氧量、氨氮、总氮、总磷）的排放限值要求；提高了太湖地区其他区域内部分行业废水排放限值要求；修订了重点工业行业的定义与范围，变更了部分工业行业的分类。

欧美发达国家普遍制定严格的工业废水预处理标准，控制向公共污水处理设施排放其无法处理的有毒有害物质以及会破坏污水处理设施、损害从业人员健康的污染物。设定了特殊禁令和一般性禁令。特殊禁令规定了不得进入公共污水处理设施的污染物，例如：导致火灾和爆炸的污染物，腐蚀性物质，阻塞管路系统的固态或黏性物质，流量或浓度足以干扰污水处理系统正常运转的污染物，抑制污水处理系统生物活性而造成干扰的热量，导致干扰或穿透的石油、生物无法降解的矿物油，以及有毒气体、蒸汽或烟雾等严重威胁人员健康和安全的污染物等。

一般性禁令是指不允许工业用户向公共污水处理设施排入任何会导致“穿透”或“干扰”污水处理厂运行的污染物。“穿透”是指公共处理设施没有能力处理某种污染物，从而使该污染物未经任何转化或降解就穿过公共污水处理设施排入接纳水体，“干扰”是指污染物单独或联合排放导致抑制、破坏公共污水处理设施的运行功能，或污泥的处理、利用与处置，从而造成公共污水处理设施违反排放标准。即使有了这样的一些规定，污水处理厂实际运行中也仍然存在一些工业废水超标排入并影响正常运行的情况。

4. 城镇污水处理厂规模及水质划分

我国地域辽阔，各地的自然条件、城镇建设、工业发展、居住环境、生活习惯等方面均有较大的差异，城镇污水处理厂进水水质浓度差别也很大，进水COD有高达1000mg/L的，也有低于100mg/L的，进水TN有高达150mg/L的，也有低于10mg/L的。从超大城市、大城市、中等城市、小城市、县城到村镇，人口规模及密集程度明显不同，单座污水处理厂设计规模有100万m^3/d以上的，也有低于$100m^3/d$的，以及$10m^3/d$以下的。

在城镇污水处理厂进水水质水量存在明显差异的情况下，要求达到同样的出水水质标准值，相应的工艺技术选择、成本费用和运行管理难度无疑明显不同，其单位处理能力的工程投资和运行费用有可能出现数倍的差异。因此，在全国范围采用同样的排放浓度限值，显得不太合理。而欧盟国家，以德国为例（见表1-5），城镇污水处理厂污染物排放标准是按规模（人口当量）确定不同的排放指标和限值的。

德国城镇污水处理厂污染物排放标准（mg/L）　　表1-5

处理规模(人口当量)	COD	BOD_5	NH_3-N	TN	TP
<1000(相当于60kgBOD_5)	150	40	—	—	—
1000～5000(60～300kgBOD_5)	110	25	—	—	—
5000～10000(300～600kgBOD_5)	90	20	10	18	
10000～100000(600～6000kgBOD_5)	90	20	10	18	2
≥100000(6000kgBOD_5)	75	15	10	18	1

在德国的排放标准中，人口当量5000（大致相当于$1000m^3/d$）以下的，对出水氮、磷指标没有排放限值；人口当量10000（相当于$2000m^3/d$）以上的，有出水TP的排放限值；对TN指标，除了浓度限值外，还要遵循欧盟提出的去除率70%的要求（允许季节性变动），但出水TN浓度计算中仅包含无机氮组分，即NH_3-N和硝态氮，不包含有机氮组分。

5. 城镇污水处理厂出水氮磷排放限值

河湖水体中的氮磷主要来源于农林肥料流失、畜禽粪便与水产养殖业排水、工业废水与生活污水、水体底部沉积物释放、大气沉积物（氮氧化物、TP）等途径，还有来源于水体自身的生物固氮作用以及雷击闪电等自然现象。河湖水体的氮磷营养物控制需要采取分散面源、工业点源和城镇生活源同步推进的综合策略，需要确定流域的分阶段水质（功能）目标和入河入湖污染物动态总量，根据分阶段目标和环境容量（背景值），确定各类污染源的来源、分阶段削减目标和排放标准值。仅靠城镇污水处理厂提标建设，进行氮磷的深度削减，而其他来源的氮磷污染源得不到有效的控制，是远远不够的。

就导致湖库等封闭、半封闭性水体富营养化的氮磷营养物指标来说，国际上的主导意见是陆地浅水型湖泊水体蓝绿藻暴发的最主要限制因子是正磷酸盐等可生物利用磷酸盐，而不是TN和硝态氮。场景模拟试验研究和工程试验验证研究表明，只有在水体磷酸盐浓度较高的情况下（0.1mg/L），TN才会成为蓝绿藻严重暴发的关键影响因素。因此，磷酸盐的排放控制应该放在首位，在经济条件允许的情况下浓度越低越好，其次是NH_3-N

和 BOD_5 等耗氧污染物的控制，然后才是 TN。在湖库水体磷酸盐磷的浓度不能达到 0.01～0.02mg/L 超低水平的情况下，TN 浓度的控制完全可以分阶段实施。从整体环境效益和技术经济角度考虑，城镇污水处理厂出水 TP 排放限值应进一步降低到 0.3mg/L 以下，有必要制定更严格的排放标准，逐步实现 0.05mg/L 的浓度水平。TN 的排放限值可根据湖库、河流水体实际情况适度放宽，或者允许季节性的调整，进行全年总量的动态控制。

美国环境保护署的湖泊富营养化阶段判断标准为：TP＜0.01mg/L（贫营养），TP 0.01～0.02mg/L（中营养），TP＞0.02～0.025mg/L（富营养）。从水体富营养化控制角度，比较通行的湖（库）水体的 TP 控制是不超过 0.025mg/L。根据接纳水体情况，为每个污水处理厂制定具体排放限值，基本考虑为，直接进入湖泊或水库的入流水体，TP 浓度不超过 0.05mg/L，湖泊或水库水体背景 TP 浓度不超过 0.025mg/L；对不直接进入湖、库的河流和其他流动水体，要求 TP 浓度不超过 0.1mg/L，并根据这样的目标制定磷、氮排放限值。

基于上述分析，对于我国的湖泊或水库，不太容易出现蓝绿藻严重暴发的区域，例如东北的松花江和辽河流域，可适当放宽 TP 和 TN 的排放标准，但要提高 NH_3-N 的控制要求，并严格控制工业废水 COD 的排放。对于水质富营养化问题突出的太湖、巢湖和滇池等重点流域及城市河湖，由于陆地浅水型湖泊蓝绿藻暴发的主因是磷酸盐，而不是总氮，则应进一步加强城镇污水处理厂出水 TP 和 NH_3-N 的排放控制，制定明显严于“一级 A 标准”的动态排放标准值。例如，将 TP 和 NH_3-N 排放标准由 TP≤0.5mg/L、NH_3-N≤5(8)mg/L，提高到 TP≤0.2mg/L、NH_3-N≤2.0mg/L，直接排入的提高到 TP≤0.1mg/L、NH_3-N≤1.0mg/L。待水体 TP 浓度接近 0.02～0.05mg/L 时，再逐步提高 TN 的控制要求。

6. GB 18918—2002 与 GB 3838—2002 氮磷指标值

GB 18918—2002 实施的重要基础依据之一就是《地表水环境质量标准》GB 3838—2002，GB 18918—2002 将污染物的排放限值与接纳水体的地表水体等级类别（Ⅰ、Ⅱ、Ⅲ、Ⅳ、Ⅴ类）进行了直接的关联，而不是综合考虑水体的环境容量、功能类型和季节性变化等影响因素，甚至有些地方政府部门直接套用 GB 3838—2002 的指标值来要求城镇污水处理厂。

需要特别注意的是，GB 3838—2002 针对的是不同功能类别及水环境质量要求的河湖水体，总氮、氨氮、总磷等指标值在逻辑关系上存在一些不一致，如果与 GB 18918—2002 中的相关指标值直接关联，就会影响 GB 18918—2002 中主要污染物排放限值的科学诠释。

通常情况下，进水总氮包含有机氮、氨氮和硝态氮 3 类组分，生活污水中的有机氮基本上都是可以氨化的蛋白质与氨基酸类，有机氮和氨氮的总和为总凯氏氮（TKN），早先的污水处理厂设计进水总氮浓度都是用 TKN 来表述，硝态氮则包含硝酸盐氮和亚硝酸盐氮。GB 3838—2002 规定的总氮测定方法，是采用强氧化剂将全部含氮物质氧化为硝酸盐氮，然后测定硝酸盐氮浓度，这与国际上通行的“凯氏氮＋硝态氮”测定值的方法明显不同，总凯氏氮方法是水样加酸加热水解，可氨化有机物释放出氨氮，然后测定氨氮总浓度。

在GB 3838—2002中，总氮、氨氮和硝酸盐氮的指标值之间未涉及上述平衡关系。从表1-6可以看出，在GB 3838—2002中，氨氮与总氮的标准值（湖库）都是相等的。如果按平衡关系，这就意味着所有湖库水体中的硝态氮浓度应该为0，但GB 3838—2002在集中式生活饮用水地表水源地补充项目标准限值中规定了10mg/L的硝酸盐限值，可以简化理解为集中式生活饮用水地表水源的总氮限值至少为11mg/L（按Ⅲ类）。或者说，作为环境控制要求的总氮标准要明显严于饮用水水源的总氮标准。以作为饮用水水源最低要求的Ⅲ类水为例，如果按GB 3838—2002的总氮标准值考核，无疑属于超级劣Ⅴ类水。

GB 3838—2002的修编工作已经进行多年，但何时能完成修编并发布目前尚不得而知。

《地表水环境质量标准》GB 3838—2002基本项目标准限值（mg/L）　　表1-6

序号	分类		Ⅰ类	Ⅱ类	Ⅲ类	Ⅳ类	Ⅴ类
1	氨氮（NH_3-N）	≤	0.15	0.5	1.0	1.5	2.0
2	总磷（以P计）	≤	0.02（湖库0.01）	0.1（湖库0.025）	0.2（湖库0.05）	0.3（湖库0.1）	0.4（湖库0.2）
3	总氮（湖库，以N计）	≤	0.2	0.5	1.0	1.5	2.0

另外，GB 3838—2002中的总氮限值仅作为湖库的水质评价指标，不作为河流水体的评价指标，这是否意味着河流水体中的总氮浓度就不受限制呢？如果说湖库的硝态氮限值为0，河流水体的硝态氮没有任何限值，这在逻辑关系上同样是不成立的。由于湖库水体的补水基本上都是来自上游的河流水体，如果河流的总氮不加以限制，那湖库的总氮控制目标是无法得到有效保障的。对比表1-7中GB 3838—88的指标值，GB 3838—2002新增了总氮评价指标，删除了原有的亚硝酸盐、非离子氨和凯氏氮指标，将硝酸盐调整为集中式生活饮用水地表水源地补充项目。这样的指标删减和合并从水环境质量的角度有其合理性，但在实际指标值的确定中却忽视了总氮实际上由凯氏氮（TKN＝有机氮＋NH_3-N）和硝态氮构成的基本概念，如果与城镇污水处理厂出水水质标准直接关联或套用，就会造成标准值之间缺乏应有的逻辑性平衡关系。

《地面水环境质量标准》GB 3838—88部分指标值（mg/L）　　表1-7

序号	项目		Ⅰ类	Ⅱ类	Ⅲ类	Ⅳ类	Ⅴ类
1	硝酸盐（以N计）	≤	10	10	20	20	25
2	亚硝酸盐（以N计）	≤	0.06	0.1	0.15	1.0	1.0
3	非离子氨	≤	0.02	0.02	0.02	0.2	0.2
4	凯氏氮（TKN）	≤	0.5	0.5	1	2.0	2.0
5	总磷（以P计）	≤	0.02	0.1湖库0.025	0.1湖库0.025	0.2	0.2

与最初的GB 3838—88相比，修编形成的GB 3838—2002实际上降低了对河流水体

和湖库的总磷控制要求，尤其Ⅲ类水体，总磷限值由0.1mg/L（湖库0.025mg/L）提升到0.2mg/L（湖库0.05mg/L）水平。此外，没有分别对进入和不进入湖库的河流水体总磷限值进行区别规定。以Ⅲ类水体为例，如果总磷为0.2mg/L的河流水体作为湖库的主要补水，那是难以保障低于0.05mg/L的湖库总磷目标值的。因此，GB 18918—2002的实施与GB 3838—2002直接关联确有不妥之处。

1.3 城镇污水处理设施规划与建设

1.3.1 污水处理及再生利用发展规划

随着我国重点流域水污染防治规划、全国城镇污水处理及再生利用设施建设规划、各类区域性污染综合整治计划或方案的制定与实施，在中央政府各种财政性资金和政策的大力度支持下，特别是国债资金的较长时期投入，"十五"和"十一五"期间，我国城镇污水处理设施的建设运行得到快速发展和较广泛的地域覆盖。"十二五"以来，城镇污水处理事业进一步快速发展，涉及城镇污水处理及资源化利用设施的相关规划与工程建设（计划）体系也逐步得到提升、补充和完善，从工程规模发展到规模与提质增效并行发展。

我国环境保护规划的研究与制订工作起始于"九五"，此后，城镇污水处理工程的建设和运行逐步成为各地落实水污染物减排责任目标的最主要途径。"九五"期间，国务院将"三河三湖"（辽河、海河、淮河、太湖、巢湖、滇池）确定为重点治理区域，优先制定了流域水污染治理规划。"十五"期间，增加渤海地区、松花江流域、三峡库区及上游、南水北调水源地及沿线的水污染防治规划。"十一五"期间，制定淮河、海河、辽河、松花江、三峡库区及上游、丹江口库区及上游、黄河中上游、滇池、巢湖流域水污染防治规划和太湖流域水环境综合治理总体方案。"十二五"《重点流域水污染防治规划（2011—2015年）》涵盖松花江、淮河、海河、辽河、黄河中上游、太湖、巢湖、滇池、三峡库区及其上游、丹江口库区及上游等10个流域。"十三五"修订和延续《重点流域水污染防治规划（2016—2020年）》，包括长江、黄河、珠江、松花江、淮河、海河、辽河等七大流域，以及浙闽片河流、西南诸河、西北诸河，覆盖全国范围的重点流域。

"十一五"之初，国务院发布了《全国城镇污水处理及再生利用设施"十一五"建设规划》，将中央财政资金扶持重点向经济不发达地区适度倾斜，加快解决我国的水环境污染治理问题。此后的每个五年计划中，国家发展改革委、住房和城乡建设部都组织编制了相应的全国城镇污水处理及再生利用设施建设规划，明确不同时期的建设目标、任务和工作重点。经过4个五年计划的持续推进，我国城镇污水处理取得了显著成效，截至2020年底，全国城市和县城污水处理能力达到2.3亿m^3/d，污水管网长度61万km，分别是"九五"末的10倍和5倍，有力地支撑了城镇经济社会发展，人居生态环境得以显著改善。

1. 全国重点流域区域水污染防治规划

“九五”期间，我国以淮河流域治理为先导，国务院先后批复了淮河、太湖、巢湖、滇池、海河和辽河等流域的水污染防治规划（计划），在全国大规模启动了流域水污染防治工作。规划（计划）以大型城市的污水处理设施建设为突破口，要求全国50万人口以上（实际指的是户籍人口）的城市都要建设集中式污水处理设施，但由于历史欠账、监管体制和资金保障等一系列问题，规划（计划）项目的总体实施情况并不理想。

“十五”期间，在原“三河三湖”计划的基础上，增加了渤海地区、松花江流域、三峡库区及上游、南水北调水源地及沿线规划，这些规划均将城镇污水处理设施建设作为水污染防治的重点任务，同时明确了国务院各部门在水污染防治工作中的主要职责分工。

“十一五”期间，国务院陆续批复淮河、海河、辽河、松花江、三峡库区及上游、丹江口库区及上游、黄河中上游、滇池、巢湖流域水污染防治规划和太湖流域水环境综合治理总体方案。规划普遍以污水处理工艺选择、管网改造、污泥处理处置、行业监管和在线监测作为重点内容，要求污水处理厂选择具有脱氮功能的处理工艺，出水满足GB 18918—2002一级排放标准，其中湖泊、水库周边污水处理厂要求具有除磷功能。明确“管网优先”的原则，强调通过管网系统改造提高污水收集能力和效率；强调污泥处理处置重要性，要求新建和现有污水处理厂改造时需配套建设污泥处理处置设施；强化污水再生利用要求，鼓励城镇景观、绿化、道路冲洒等优先利用再生水；明确政府在污水管网和污泥处理处置工程建设中的主导责任；提出城镇污水处理工程运营监管要求，规定处理厂要安装在线监控装置，并与环保和建设部门联网，以实现出水情况的实时、动态和全面的监督与管理。

2012年5月，环境保护部、发展改革委、财政部、水利部联合印发《重点流域水污染防治规划（2011—2015年）》（环发〔2012〕58号），以系统提升城镇污水处理水平为规划主要任务，以普及污水处理为重点，要求重点建制镇和有条件的农村建设污水处理设施，同时提出了城市初期雨水的处理要求。规划要求重点流域县建成污水处理厂，全国城市污水处理率达到85%以上。强调重点建制镇和农村污水处理工艺应满足技术适用、经济高效和管理简单等原则；强调依据国家政策和排放标准要求，合理提高排放标准，明确要求排入封闭或半封闭水体、已富营养化或存在富营养化威胁水域的城镇污水处理厂建设或增建除磷脱氮设施。同时要关注城镇污水处理设施建设的区域平衡，要求重点完善西部重点城市、中部地级市和东部各区县已建污水处理厂的配套污水管网。

2017年10月，环境保护部、国家发展和改革委员会、水利部联合印发《重点流域水污染防治规划（2016—2020年）》（环水体〔2017〕142号），将《水污染防治行动计划》（简称水十条）的水质目标分解到各流域，明确了各流域污染防治重点方向和京津冀区域、长江经济带水环境保护重点。在城镇生活污染防治方面以推进城镇化绿色发展、完善污水处理厂配套管网建设、继续推进污水处理设施建设、强化污泥安全处理处置和综合整治城市黑臭水体为规划重点任务。强调推进海绵城市建设，提出最大限度地减少城市开发建设对生态环境的影响，将70%的降雨就地消纳和利用，到2020年，全国城市建成区20%以上的面积达到目标要求。强调城镇生活污水收集配套管网的设计、建设与投运应与污水处理设施的新建、改建、扩建同步，统筹水功能区监督管理要求合理布局入河排污口，充分发挥污水处理设施效益。通过全面整治城市黑臭水体和建立黑臭水体整治监管长效机制，切实解决城市建成区水体黑臭问题，要求各城市应于2020年底前完成黑臭水体的整治任务，地级及以上城市建成区黑臭水体均控制在10%以内。

2. 全国城镇污水处理及再生利用设施建设规划

2005年，国家发展和改革委员会、建设部、环境保护部共同启动《全国城镇污水处理及再生利用设施建设“十一五”规划》的编制工作，在分析全国水体污染形势和污水处理工程建设运行情况的基础上，以国家水污染总量控制为基本目标，总量控制指标分配为基础，城镇污水处理及再生利用设施建设为重点，对“十一五”期间全国城镇污水处理及再生利用设施项目的建设进行统筹规划和合理布局，提高全国城镇污水总体处理及再生利用能力。结合当时的现状分析，确定城镇污水处理及再生水利用设施建设的投融资体制和管理体制，明确工程投资重点为污水管网完善工程、污水处理厂提标改造工程、污泥处理处置工程和污水再生利用工程；要求尚未建成污水处理厂的设市城市加快启动污水处理设施建设。工程投资计划中，所占比例最高的是污水管网完善工程。

2012年4月，国务院办公厅印发《“十二五”全国城镇污水处理及再生利用设施建设规划》，其主要内容及特征为：对工程建设和投资进行分区域和分类型指导，确定污水管网工程的重点为已建污水处理设施配套管网完善和在建污水处理设施管网配套，投资重点为中西部地区设市城市和东部发达地区县城与建制镇。城镇污水处理设施建设以“填平补齐”为基本原则，建设重点由东部城市和主要的大中城市逐步向中西部、东北地区等老工业基地、中小城市和县城倾斜，优先支持尚无污水集中处理设施的设市城市和县城加快建设。污水处理厂提标改造的工作重点为设市城市和发达地区、重点流域以及重要水源地等敏感水域地区；污泥处理处置方面，优先解决产生量大、污染隐患严重地区的污泥处理处置问题，率先启动经济发达、建设条件较好区域的设施建设，强调源头控制和过程减量的重要性。污水再生利用应根据再生水潜在用户分布、水质水量要求和输配水方式，合理确定各地污水再生利用设施的实际建设规模及布局，人均水资源占有量低、单位国内生产总值用水量和水资源开发利用率高的地区优先推广污水再生利用；国家、省、市三级监测体系建设和已有统计制度进一步完善。

2016年12月，国家发展和改革委员会、住房和城乡建设部印发《“十三五”全国城镇污水处理及再生利用设施建设规划》，将“启动初期雨水污染治理”“加强城市黑臭水体综合整治”纳入主要建设任务，并提出“到2020年底，实现城镇污水处理设施全覆盖，地级及以上城市建成区黑臭水体均控制在10%以内的目标要求”。“十三五”时期行业工作重点将实现城镇污水处理设施建设由“规模增长”向“提质增效”转变，由“重水轻泥”向“泥水并重”转变，由“污水处理”向“再生利用”转变，全面提升我国城镇污水处理设施的保障能力和服务水平，使群众切实感受到水环境质量改善的成效。

2021年6月，国家发展和改革委员会、住房和城乡建设部印发《“十四五”城镇污水处理及资源化利用发展规划》，“十四五”时期以建设高质量城镇污水处理体系为主题，从增量建设为主转向系统提质增效与结构调整优化并重，提升存量、做优增量，系统推进城镇污水处理设施高质量建设和运维，有效改善我国城镇水生态环境质量，不断提升人民群众的幸福感、获得感和安全感。将城镇污水收集处理工作重点进一步延伸向资源化利用，强调缺水地区优先将再生水等可利用水资源回补自然水体、河湖湿地生态补水。推进合流制溢流污染控制与快速净化设施建设。推广实施供排水一体化，“厂—网—河（湖）”一体化专业化运行维护，保障污水收集处理设施的系统性和完整性。

1.3.2 污水处理及再生利用工程建设

根据《中国城乡建设统计年报》，1990 年我国仅有 80 座城镇污水处理厂，污水处理总能力 277 万 m^3/d；到 2000 年，数量增加到 481 座，总能力 2213 万 m^3/d。2007 年建设部开始运行“全国城镇污水处理管理信息系统”，按月连续记录和更新全国城镇污水处理厂的基本信息和月报数据。根据该信息系统的统计，到 2021 年底，全国建成投产的城镇污水处理厂为 6170 座，总处理能力 2.49 亿 m^3/d。如图 1-10 所示，近 30 年来，我国城镇污水处理厂的数量和处理能力呈现快速递增的趋势，尤其最近 15 年，发展相当迅猛。

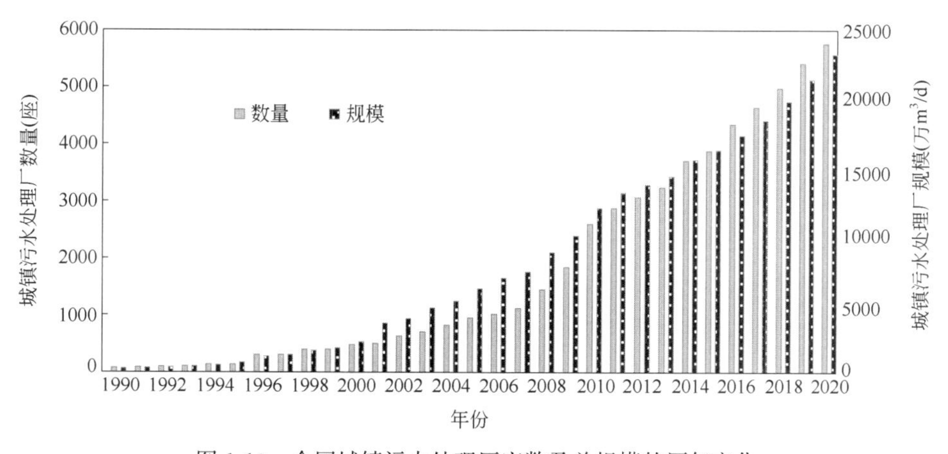

图 1-10 全国城镇污水处理厂座数及总规模的历年变化

全国城镇污水处理总能力持续快速增长过程中，设市城市和大部分县城已得到普及，2014 年设市城市基本建成集中式污水处理厂，2018 年全国 95.5%的县城建成集中式污水处理厂并投入运行。2020 年年底，平均每个城市和县城建成污水处理厂分别为 3.81 座和 2.1 座。如图 1-11 所示，在全国建成投产的城镇污水处理厂中，中小规模占据主导地位，其中，设计规模≤10 万 m^3/d 的占总量的 93.4%，设计规模≤5 万 m^3/d 的占总量的 81.4%。

根据城镇污水处理厂出水的排放或利用去向，绝大多数城镇污水处理厂出水需要执行一级 A 及更严格的水质标准。2015 年《水污染防治行动计划》(简称“水十条”) 颁布实施以来，达到一级 A 及以上水质标准的污水处理厂数量和规模都有了明显的增加。越来越多的流域、区域及省市制定了与 GB 3838—2002 的Ⅳ类和Ⅲ类水的水质指标值相近的地方排放标准限值（TN 指标除外）。如图 1-12 所示，采用一级 A 以上、一级 A、一级 B、二级标准设计运行的城镇污水处理厂，按工程项目数量，所占比例分别为 16.9%、58.0%、22.3%、1.2%；按工程设计总规模，所占比例分别为 25.0%、61.2%、12.5%、1.1%。

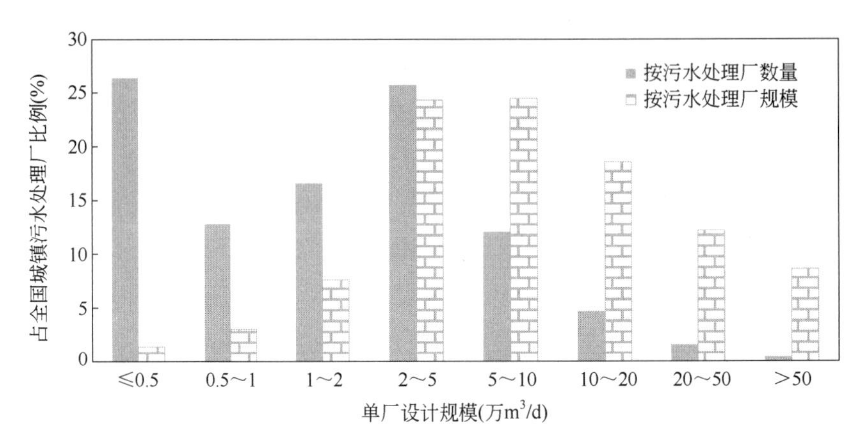

图 1-11　全国城镇污水处理厂单厂设计规模的总体分布情况（2018 年）

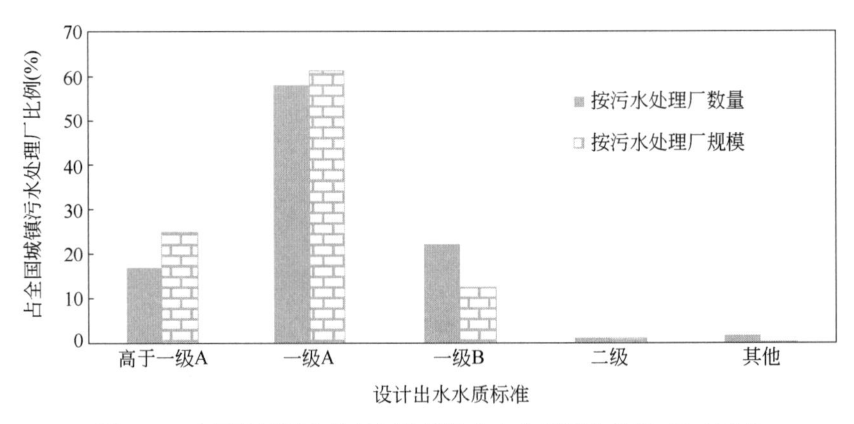

图 1-12　全国城镇污水处理厂按设计出水水质标准分类（2018 年）

随着国家对城镇污水收集处理水平的要求不断提升，近年来，我国在城镇排水管网建设方面加大了工程实施力度。根据《中国城镇建设统计年鉴》，2000 年全国城市和县城排水管网总长度 18.18 万 km，人均排水管道长度仅 0.34m/人，到 2020 年底，总长度已经增加到 102.66 万 km，人均排水管道长度为 1.47m/人，总长度较 2000 年增长近 5 倍，人均长度增长超过 3 倍，如图 1-13 所示。与城镇污水处理系统相比，排水管网工程的建设费用高、延续周期长，增长速度总体慢于污水处理设施能力，但排水管网的建设和正常运行是城镇污水处理及资源化利用设施正常稳定运行所必不可少的先决条件。

我国排水设施建设的投资力度不断加大，根据《中国城镇建设统计年鉴》，2020 年度设市城市和县城共计完成排水设施固定资产投资 2675.7 亿元，其中城镇污水及再生利用设施投资 1349.6 亿元，相比 2001 年，增长 10 倍左右。2001 年以来，排水设施建设投资呈现上升趋势，尤其“十一五”期间，投资增长 172%，其中 2008～2009 年增长 63%，“十二五”期间，总体呈现增加趋势，但幅度有所降低，增长 28%。如图 1-14 和表 1-8 所示。

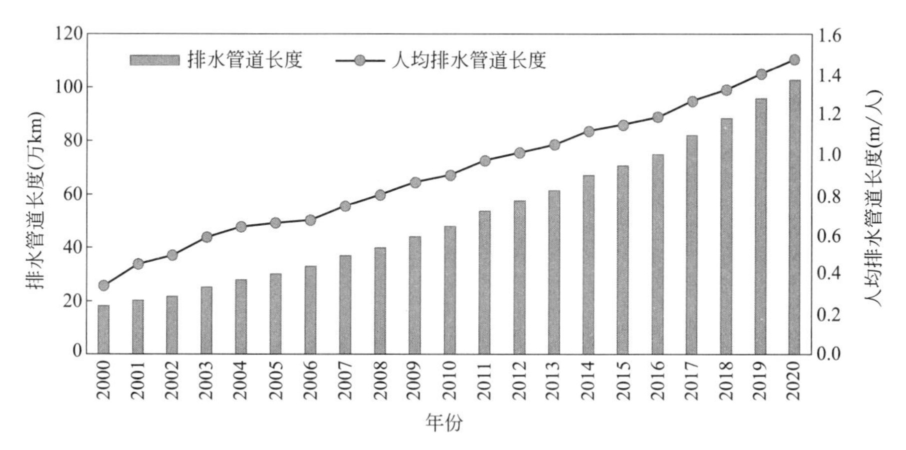

图 1-13　全国城镇排水管道历年增长变化情况（2000～2020 年）

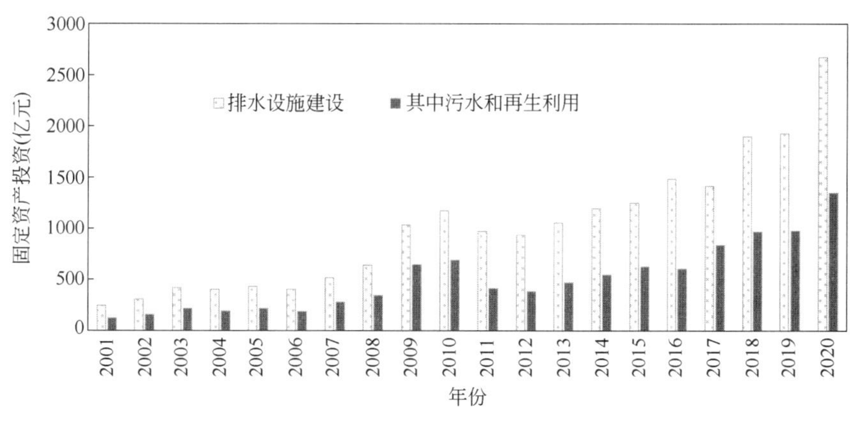

图 1-14　全国排水设施固定资产投资情况（2000～2020 年）

全国分区域统计的城镇污水处理厂配套污水管网建设情况（2020 年）　　表 1-8

区域	运营总数(座)	设计规模（万 m^3/d）	排水管网长度(km)		年处理水量（亿 m^3）	每 1 万 m^3/d 规模的配套长度(km)	每 1km 收水量（万 m^3/年）
			排水管道	污水管道			
全国	5761	23223	957419	572609	694.20	24.66	12.12
北方	2202	9380	353771	212724	264.23	22.68	12.42
南方	3559	13844	603649	359885	429.98	26.00	11.95
东部	2502	12655	493576	282535	380.05	22.33	13.45
中部	1212	5828	246367	149574	180.76	25.66	12.09
西部	2047	4740	217477	140501	133.38	29.64	9.49

1.4 城镇排水行业管理政策与考核

1.4.1 排水行业管理绩效考核指标演替

城镇排水与污水处理监管核心指标对行业发展有着至关重要的引导作用。长期以来，中央和地方各级政府一直沿用污水处理率作为重要的行业监管指标。“十一五”及之前，污水处理工程建设重点是设施的普及，污水处理率在行业起步和快速发展阶段起到了良好的监督考核和引导作用，促进我国城镇污水处理设施的建设运行和污染减排效率提高。“十二五”以来，随着污水处理设施服务范围的进一步扩大，城市和县城污水处理厂基本建成运行，并逐步向建制镇普及。面临新的发展时期，尤其城市黑臭水体治理、水环境综合整治、污水处理提质增效等新情况及新需求的出现，对城镇排水与污水处理行业的精细化管理水平也提出了更高的要求，污水处理率指标在城镇污水处理行业管理中的适应性不够及其引发的问题也逐渐显现。

根据《中国城市建设统计年鉴》，我国设市城市的污水处理率已从 1991 年的 14.86% 跃升为 2019 年的 96.81%，县城的污水处理率也达到 93.55%，集中处理率分别为 94.81%、92.87%。然而，表观高污水处理率背景下的生活污水直排、城市水体黑臭等水环境问题并未得到根本性的改善，污水处理厂进水总量逐年上升，但平均进水浓度却逐年下降，污染物收集效率不够高等问题凸显。污水处理率是通过污水处理总量与排放总量进行测算的，对污水是否得到收集处理，以“水量”衡量为核心，并未考虑污染物是否被有效处理，难以真实反映污染物收集处理的实际水平。从行业监督管理角度，污水处理率的未来可增长空间十分有限，不利于污水收集处理效能提升目标的实现，探索能够更加准确表征污水收集处理系统效能的指标成为行业发展的必然需求。

自 2014 年以来，行业主管部门就一直在组织专家探讨适合我国城镇排水与污水处理行业绩效监管的核心监管指标。中国市政工程华北设计研究总院有限公司城市环境研究院研究团队致力于污水处理率指标及其替代指标模型研究，历经多年、多轮的数据分析和适用性探索，既要为各级行业主管部门掌握设施发展水平与运营效率的评估和预测提供依据，也要借鉴和参考国际通用的测算方式。研究和确定新的绩效考核指标应综合考虑我国现阶段城镇污水处理行业监管的实际需要，并逐步推进与国际测算方式的接轨。

鉴于“污水处理率”是衡量“水量”的指标，从提高城镇污水收集处理系统污染物收集“质量”的角度出发，以实现污水污染物“质”与“量”的收集处理为目标，构建耦合城镇污水水量、水质双重要素的监管指标，以表征城镇污水处理厂实际收集的污染物总量占所产生并应由污水处理厂收集处理的污染物总量的百分比，称之为“污染物工程收集率”“污水收集处理效率”“城镇生活污水集中收集率”。2018 年初，经住房和城乡建设部城市建设司组织专家组集中商议，提出“城市生活污水集中收集率”指标，指的是向城镇污水处理厂排水的（当量）人口占城区用水总人口的比例，计算公式如下：

$$城市生活污水集中收集率=\frac{向污水处理厂排水的人口}{城区用水总人口}$$

$$=\frac{\frac{污水处理厂收集的生活污染物总量}{人均日生活污染物排放量}}{城区用水总人口}$$

$$=\frac{\frac{\sum(第\ i\ 污水厂处理水量\times 第\ i\ 污水厂进水生活污染物浓度)}{人均日生活污染物排放量}}{城区用水总人口}$$

$$=\frac{\sum(第\ i\ 污水厂处理水量\times 第\ i\ 污水厂进水污染物浓度)}{城区用水总人口\times 人均日生活污染物排放量}$$

城市生活污水集中收集率指标的数据来源均为官方数据。“污水处理厂处理水量”和“污水处理厂进水的生活污染物浓度”为污水处理厂实际处理污水总量和进水 BOD_5 浓度，数据来源为“全国城镇污水处理信息管理系统”；“人均日生活污染物排放量”指每人每天通过污水排放的生活污染物量，根据现行国家标准《室外排水设计标准》GB 50014 按每人每日 45g 确定；“城市用水总人口”指城市使用自来水的人口总数，数据来源为《中国城市建设统计年鉴》。

城市生活污水集中收集率指标作为城市生活污水污染物收集处理效率的量化考核指标，得到了行业主管部门和专家的广泛认可，住房和城乡建设部于 2018 年部署各地住建系统开展了城市生活污水集中收集率的试行统计工作，随后该指标列入 2019 年 4 月住房和城乡建设部、生态环境部、国家发展和改革委员会联合印发的《城镇污水处理提质增效三年行动方案（2019—2021 年)》。2021 年，该指标首次纳入国民经济和社会发展计划指标体系，表明“城镇生活污水集中收集率”已经成为城镇污水处理行业新的考核评估指标。

1.4.2　污水处理厂运行负荷率指标变化

工程规划或实际考核中所用的城镇污水处理厂运行负荷率实际上是指水量的负荷率。“十一五”期间，考虑污水收集管网建设相对滞后，污水处理厂建成后的能力闲置现象比较突出。针对这一阶段的污水处理设施“晒太阳”问题，2004 年 8 月，《建设部关于加强城镇污水处理厂运行监管的意见》（建城〔2004〕153 号）要求“加快配套污水管网的建设，充分发挥污水处理设施的效益。保证城镇污水处理厂投入运行后的实际处理负荷，在一年内不低于设计能力的 60%，三年内不低于设计能力的 75%”。

2010 年 7 月，住房和城乡建设部发布《关于印发〈城镇污水处理工作考核暂行办法〉的通知》（建城函〔2010〕166 号），为加强城镇污水处理设施建设和运行管理，提升污水处理设施运行效能，对设施覆盖率、污水处理率、处理设施利用效率、主要污染物削减效率等指标进行考核，其中“处理设施利用效率”指标即以运行负荷率指标为基础进一步测算，通过不同运行负荷率对应的实际处理水量进行加权，获得污水处理设施利用效率相应的分值（见表 1-9）。运行负荷率作为行业监管指标，对扭转“厂网不并重”现象，遏制城镇污水处理厂建设规模过度超前、避免出现效率低下甚至“空转”的现象，在引导各地的厂网同步建设、均衡发展中发挥了重要作用。

《城镇污水处理工作考核暂行办法》指标变化　　表 1-9

<table>
<tr><th>考核管理办法文件名称</th><th>发布时间</th><th colspan="2">主要考核指标及分值</th></tr>
<tr><td rowspan="5">《城镇污水处理工作考核暂行办法》(建城〔2010〕166 号)</td><td rowspan="5">2010 年 7 月</td><td colspan="2">设施覆盖率(25 分)</td></tr>
<tr><td colspan="2">城镇污水处理率(20 分)</td></tr>
<tr><td colspan="2">处理设施利用效率(20 分)</td></tr>
<tr><td colspan="2">主要污染物削减效率(20 分)</td></tr>
<tr><td colspan="2">监督管理指标(15 分)</td></tr>
<tr><td rowspan="12">《住房和城乡建设部关于印发〈城镇污水处理工作考核暂行办法〉的通知》(建城〔2017〕143 号)</td><td rowspan="12">2017 年 7 月</td><td rowspan="2">城镇污水处理效能(30 分)</td><td>污水处理率(15 分)</td></tr>
<tr><td>污染物收集效能(15 分)</td></tr>
<tr><td rowspan="4">主要污染物削减效率(30 分)</td><td>COD 削减效率(10 分)</td></tr>
<tr><td>NH_3-N 削减效率(8 分)</td></tr>
<tr><td>TN 削减效率(6 分)</td></tr>
<tr><td>TP 削减效率(6 分)</td></tr>
<tr><td colspan="2">污泥处置(15 分)</td></tr>
<tr><td rowspan="2">监督管理(20 分)</td><td>数据上报管理(8 分)</td></tr>
<tr><td>水质化验管理(12 分)</td></tr>
<tr><td rowspan="3">进步鼓励(5 分)</td><td>总得分鼓励(1 分)</td></tr>
<tr><td>区域排名鼓励(2 分)</td></tr>
<tr><td>全国排名鼓励(2 分)</td></tr>
</table>

近年来，随着污水处理厂进水水量的持续提高，运行负荷率已处于较高水平，2015 年起，全国年平均运行负荷率多次超过 85%，上千座污水处理厂年均负荷率超过 100%，部分污水处理厂年均进水量接近设计处理能力的 2 倍。统计分析表明，年平均运行负荷率 90%以上时，可能面临至少 3 个月的运行负荷率月均值超过 100%，超过大部分城市雨期时间。月均值达到或超过 100%，意味着多日运行负荷率超过 100%，瞬时超负荷的问题更加明显。长期处于高水量负荷运行状态，必然带来设备损耗、用电浪费、设备无法检修等问题。同时，雨季也难以应对合流制污水和初期雨水带来的冲击负荷，严重影响处理设施的服务能力。南方地区的运行负荷率主要发生于 5～8 月，与实际降水特征吻合，而北方夏季超负荷情况并不明显，因此，也应适当放宽对南方城市的运行负荷率上限要求。

2017 年 7 月，住房和城乡建设部修订并颁布了《城镇污水处理工作考核暂行办法》(建城〔2017〕143 号)，以进一步加强城镇污水处理设施建设和运行监管，全面提升城镇污水处理效能为目标，对城镇污水处理效能、主要污染物削减效率、污泥处置、监督管理、进步鼓励 5 方面指标进行考核监督，不再保留“处理设施利用效率”指标的考核。

2017 年 12 月，住房和城乡建设部发布《关于宣布失效一批住房城乡建设部文件的公告》(公告第 1765 号)，其中第 76 条明确《关于加强城镇污水处理厂运行监管的意见》

（建城〔2004〕153 号）文件失效，“城镇污水处理厂投入运行后的实际处理负荷，在一年内不低于设计能力的 60%，三年内不低于设计能力的 75%”的要求同时废止（表 1-10）。

运行负荷率指标的相关管理政策　　表 1-10

发布时间	管理文件及编号	部分政策
2004 年 8 月	《关于加强城镇污水处理厂运行监管的意见》（建城〔2004〕153 号）	城镇污水处理厂投入运行后的实际处理负荷，在一年内不低于设计能力的 60%，三年内不低于设计能力的 75%
2010 年 7 月	《关于印发〈城镇污水处理工作考核暂行办法〉的通知》（建城函〔2010〕166 号）	对设施覆盖率、污水处理率、处理设施利用效率、主要污染物削减效率以及监督管理进行考核
2017 年 7 月	《城镇污水处理工作考核暂行办法》（建城〔2017〕143 号）	对城镇污水处理效能、主要污染物削减效率、污泥处置、监督管理、进步鼓励 5 方面指标
2017 年 12 月	中华人民共和国住房和城乡建设部公告（第 176 号）	第 76 条《关于加强城镇污水处理厂运行监管的意见》（建城〔2004〕153 号）文件宣布失效

1.4.3　城镇降雨污染的末端净化与控制

城镇降雨污染控制是水环境治理中不可回避的。降雨引起的湿沉降、下垫面冲刷、管道沉积物冲刷、雨水径流和合流制溢流等污染问题受到广泛关注。我国分流制排水系统错接混接问题严重、收集处理系统不匹配、管道溢流污染控制设施缺位；与此同时，污水管道旱天低流速满管流情况下形成的沉积物和沿街商铺排入雨水管道的污染物，在雨季时随降雨冲刷进入城镇水体，使降雨径流和冲刷、合流制溢流污染成为城镇水环境治理的重要污染源，影响水环境质量，甚至造成水体黑臭反复，成为社会高度关注、亟待解决的问题。

2015 年 10 月《国务院办公厅关于推进海绵城市建设的指导意见》（国办发〔2015〕75 号），明确提出，通过海绵城市建设，最大限度地减少开发建设对生态环境的影响，将 70%的降雨就地消纳和利用，逐步实现“小雨不积水、大雨不内涝、水体不黑臭、热岛有缓解”的目标要求，同时，将雨水年径流总量控制率作为规划的刚性控制指标，建立区域雨水排放管理制度。文件发布以来，全国各地落实海绵城市建设，构建具有蓄水功能的海绵设施，以及必要的源头控制和过程减量工程措施，降低进入分流制雨水管道或合流制排水管道的雨水量，削减雨水管道沉积物冲刷的入河量和合流制管道的溢流量，降低降雨污染对城镇水体的影响。随着各地专项规划的实施，径流污染总体控制成效得以呈现。

2018 年 12 月《海绵城市建设评价标准》GB/T 51345—2018 发布，《海绵城市建设专项规划与设计标准》《海绵城市建设工程施工验收与运行维护标准》《海绵城市建设监测标准》3 项国家标准陆续征求意见，我国海绵城市建设标准体系逐步完善。海绵城市建设已经成为新时代城市转型发展的重要途径，对于推进生态文明建设和绿色发展，推进供给侧结构性改革，提升城市基础建设的系统性具有划时代意义。目前，我国已经在城镇开发建设、内涝防治与水环境治理等方面形成了“系统治理、灰绿结合、蓝绿融合”的共识。

2018 年 6 月《中共中央国务院关于全面加强生态环境保护 坚决打好污染防治攻坚战

的意见》提出“加强城市初期雨水收集处理设施建设，有效减少城市面源污染”。同年9月住房和城乡建设部、生态环境部印发《城市黑臭水体治理攻坚战实施方案》，从国家层面提出“削减合流制溢流污染”的任务，明确“采取快速净化措施对合流制溢流污染进行处理后排放，逐步降低雨季污染物入河湖量”的实施路径。2020年7月国家发展和改革委员会、住房和城乡建设部印发《城镇生活污水处理设施补短板强弱项实施方案》，强调“长江流域及以南地区，在完成片区管网排查修复改造的前提下，因地制宜推进合流制溢流污水快速净化设施建设”。2021年6月国家发展和改革委员会、住房和城乡建设部印发《“十四五”城镇污水处理及资源化利用发展规划》，提出“合流制排水区因地制宜采取源头改造、溢流口改造、截流井改造、破损修补、管材更换、增设调蓄设施、雨污分流改造等工程措施，降低合流制管网雨季溢流污染”。

2022年1月住房和城乡建设部印发《“十四五”推动长江经济带发展城乡建设行动方案》，针对重点城市群，提出“因地制宜实施雨污分流改造，暂不具备改造条件的，分类施策降低合流制管网溢流污染。在完成片区管网排查修复改造的前提下，因地制宜探索合流制溢流污水快速净化设施建设”。对我国很多城市而言，合流制溢流污染控制还是一个全新的话题和挑战，管网运行引起的短板和缺陷短时间难以根治，合流制溢流污染控制需要一定时间和资金投入。

借鉴发达国家经验，科学建设快速净化处理设施，是我国合流制溢流污染控制策略中的主要技术方向。在分流制雨水排口、合流制溢流口或其周边区域设置以颗粒污染物的物理或化学去除为主、可快速启动、短停留时间的快速净化处理设施，作为雨水净化的重要辅助，以减少降雨期间管道冲刷污染物入河量，削减入河污染物总量，可以有效解决降雨冲刷引发的雨后城市水体黑臭问题。鉴于目前国家层面尚未出台雨水污染和合流制溢流污染快速净化设施相关的排放标准，原则上宜将快速净化设施与雨水排放口或合流制溢流口合建，运行维护管理部门需要保障设施正常的排水防涝功能和污染物综合削减效应。

1.4.4 排水管网系统的建设运维与养护

长期以来，我国在城镇化快速发展的过程中，不少地方对城镇排水与污水处理设施的系统性、功能属性认识不足，管理体制设置碎片化，不同程度存在地上地下不同步、建设管理不并重的状况，城镇污水收集处理设施养护不到位、资金投入严重不足、专业运维队伍缺失、养护和监管制度不完善，造成一些城市排水管网处于有人建设、无人管理维护的状态，加上污水管道功能性和结构性缺陷问题较普遍，严重影响城镇污水收集处理系统的实际运行效能。因此，做好排水管网的建设和运行养护是保障城镇污水收集处理设施有效发挥作用的重要前提，也是提升运行效能的重要基础，需要针对最薄弱的环节，建立运行维护的长效机制，稳步推进城镇污水处理设施的提质增效工作。

2013年10月国务院令第641号颁布《城镇排水与污水处理条例》，明确要求加强污水处理设施的日常巡查、维修和养护。2015年修订的《城镇污水排入排水管网许可管理办法》（住房和城乡建设部令第21号），明确规定，工业、建筑、餐饮、医疗等排水户向城镇排水设施排放污水，应申领“污水排入排水管网许可”。2019年4月《城镇污水处理提质增效三年行动方案（2019—2021年）》（建城〔2019〕52号），明确提出要建立污水管网排查和周期性监测制度，健全排水管理长效机制，做到生活污水应接尽接，建立健全“小散乱”规范管理制度、市政管网私搭乱接溯源执法制度，鼓励各地积极推广“厂—网—河（湖）”一体化、专业化运行维护，落实建设管养实施主体，建立健全城镇排水设施日常运行维护的常态化管养机制，确保必要的排水管网运行养护人员和资金投入保障，保障设施效能发挥。

《室外排水设计标准》GB 50014—2021、《给水排水管道工程施工及验收规范》GB 50268—2008、《城镇排水管渠与泵站运行、维护及安全技术规程》CJJ 68—2016、《城镇排水管道检测与评估技术规程》CJJ 181—2012等一系列标准规范的陆续改版和出台，逐步明确了城市排水管网的设计、施工、验收及运行维护的要求，为提升城市排水管道工程的技术水平提供了有力支撑。基于现阶段我国对城市污水收集管网建设运维质量提升的迫切需求，进一步健全管网质量管控机制，确保新建或改建污水管网工程及附属设施的管材质量和建设过程质量控制，仍是提升城镇污水收集处理设施效能的重要保障。

1.5　城镇污水资源化与低碳化发展

1.5.1　资源化能源化绿色低碳发展理念

城镇污水处理的常规工艺流程能够有效去除有机和氮磷污染物，起到水质净化的作用，但存在“以能耗能”“以物耗物”的弊端，以大量的能源和资源耗费作为代价，将污水中的各类污染物降解、去除或转移。这种以增加能耗物耗和碳足迹为特征的净化处理模式，与当前应对全球气候变化背景下的低碳绿色发展理念一定程度上相背而行。如何高效利用有限的水资源、减少温室气体的排放以及推动废弃资源的回收利用，成为当前和未来必须加以充分考虑和解决的重大战略和发展需求，而城镇污水的资源化能源化利用无疑是最重要且最为可行的组成部分。

1. 发展理念

转变污水处理厂为资源和环境服务提供者，逐步实现污水处理过程的碳减排和碳中和，已经成为行业发展的国际共识。污水既是一种污染物，同时也是“放错位置的资源”。经过适当的净化处理，可以变成再生水资源，替代部分工业、河湖景观、城市杂用水等，缓解水资源供需矛盾，污水还含有大量热能、生物质能、有机物及氮磷营养物等。污水处理厂可变为水源工厂、能源工厂和资源工厂。为此，需要改变污水处理消耗大量电能热能、生物脱氮碳源、化学除磷药剂和污泥脱水药剂的状况，不再以污染物的完全矿化和过度处理为主导性工艺过程，推动污染物消除与资源能源利用的紧密结合，从“必须从污水中去除什么”彻底转变为“能够从污水中回收到什么”。

污水资源化能源化发展的技术途径主要有以下四个方面：

（1）水源。污水再生利用，通过水量的回收，水质的完全或部分复原，达到特定用水途径的功能要求，尤其城市景观水体和自然河湖水体的补水，获得非常规的水资源。

（2）能源。污水能源利用，通过污水化学能（有机物沼气化）和污水源热能开发利用，减少二氧化碳排放量，回收热能与电能，污水源热泵可用于厂内外供冷和供热服务。

（3）碳源。污水中碳源有机物的回收利用，直接回收利用有价值的有机物，转化为可降解塑料等产品，或作为污水氮磷去除的补充碳源。

（4）矿物。污水矿物资源回收利用，例如，磷酸盐的回收、硫的回收和氮的回收等。

2. 实施计划

一些发达国家倡导的“未来污水处理”技术路线图中，核心是发展以能源、资源回收为主的可持续污水处理路径。美国水环境研究基金会（WERF）制定“Carbon-free Water”计划，提出至2030年所有城镇污水资源回收（处理）设施均要实现碳中和的运行目标，期望在水的取用、分配、处理、排放全过程中实现碳中和。

欧洲是可持续发展理念的早期发扬地，在可持续污水处理方面一直处于引领地位。2010年，荷兰在面向2030年的污水处理发展路线图中提出“NEWs框架”，目标是打造营养物（Nutrient）回收、能源（Energy）生产和再生水（Water）利用三位一体的可持续污水处理设施。在NEWs的发展框架下，污水中所含的都是可资源化和能源化利用的原料。

新加坡为了应对未来水资源和再生水利用需求，确定了3个关键性的评价标准，出水水质、能源可持续性、环境可持续性，用来考察评估技术升级和设备改造措施能否取得预期的阶段性控制目标。基于此评价标准，分析相关污水处理技术水平和节能降耗效果，制定出污水处理能源自给率的三阶段目标，计划2030年能源自给自足，实现碳中和，完成从棕色水厂（Brownfield）到绿色水厂（Greenfield）的转变。

日本有关部门发布了“污水系统愿景2100（Sewerage Vision 2100）”，提出到本世纪末，将完全实现污水处理系统的能源自给自足。其基本政策之一是要创建一个健全的水循环和资源循环系统的网络，建立“资源通道”，利用污水处理厂的功能来恢复和供应资源，以使污水处理厂的能源自给自足。

2014年我国学者提出建设面向未来的中国污水处理概念厂，设想用5年左右时间，建设一座（批）面向2030～2040年、具备一定规模的城市污水处理厂。概念厂追求的主要目标是“水质永续、能量自给、资源循环、环境友好”，要求概念厂是绿色、低碳的，能够真正体现出可持续发展这一理念。

1.5.2 资源化能源化绿色低碳工程实践

1. 奥地利Strass污水处理厂

始建于1988年，位于奥地利因斯布鲁克市Strass Valley。经过一系列技术改造升级，设计日处理规模为15万人口当量（60g BOD_5/人），旅游高峰，日处理规模可达25万人口当量（平均规模约为3万 m^3/d）。总氮年平均去除率高于80%，出水TN浓度小于

5mg/L，NH_3-N小于1.5mg/L，COD和BOD_5去除率大于90%。1996年能量自给达到运行能耗的50%，2005年达到108%，实现能源自给和额外产能。

Strass厂采取一系列措施来实现能源自给，两段法AB工艺是核心。A段去除55%～65%的有机物负荷，B段去除80%的氮。AB工艺可以保证有机物最大限度地进入污泥消化系统。经核算，污水中约35.4%的有机物用于产生物沼气。

剩余污泥浓缩、厌氧消化和脱水。2004年开始利用DEMON厌氧氨氧化工艺去除厌氧消化液和污泥脱水液的氨氮，实现无外加碳源的侧流脱氮，脱氮能耗比传统生物脱氮降低近半。B段试验了主流DEMON系统，尝试替代原先的同步硝化反硝化，通过一系列的传感器、控制系统和来自侧流系统的Anammox菌补给，验证主流厌氧氨氧化的运行效果。

在热电联产（CHP）单元采用全新发动机提高使用效率和电机效率，新机组达到38%的生物沼气—电能转化率，一系列工艺组合明显提高能源自给比例。从2008年开始采取餐厨废弃物协同消化方式，2014年每日沼气发电量约14120kWh。通过污水有机物最大化利用、DEMON厌氧氨氧化和协同厌氧消化等技术手段，实现了200%的能源自给率。

2. 美国Sheboygan污水处理厂

始建于1982年，传统脱氮除磷工艺，规模约3.4万m^3/d。2002年开启降低能耗策略，逐渐能量自给，2013年底产电量占耗电量的90%～115%，产热量占耗热量的85%～90%。该厂提高能源回收效率和减少工艺能耗的具体措施为：通过热电联产（CHP）充分利用生物沼气产电产热；高浓度食品废物（HSW）协同厌氧消化，提升沼气产量；更新水泵变频机组、鼓风机、气流控制阀、加热设备、自控系统，最大限度降低能耗。

2006年投入使用的10台30kW微型燃气轮机和2台热回收处理设备，通过CHP产电量能弥补37%的耗电量，产热量基本满足厌氧消化加热和厂区冬季办公供暖。2010年增设了2台200kW微型燃气轮机和2台热回收处理设备，2012年通过采用HSW协同污泥消化（投料为高BOD_5、低SS的奶酪垃圾、啤酒厂废液等），约抵消污水处理厂耗电量的90%、需热量的85%，基本上实现能源自给自足。

能耗方面，污水提升、回流及曝气设备能耗在污水处理总能耗中所占比例最大。为了节约能耗，依次将2台水泵电机更换为高效变频电机，每年节省20%耗电量；通过升级PLC实现实时精准曝气，曝气能耗降低30%；建立了完备的SCADA（监视控制和数据采集）自动化控制体系，不仅缩减了人工费用，还降低了化学药剂的投加量和耗电量。

3. 德国Steinhof污水处理厂

1951年投入运行，服务人口35万人，平均处理量约6万m^3/d，是世界上为数不多的大型农业回用示范应用项目，它将来自城市的废水和来自农村的生物能源相结合，形成水—营养—能量的循环。通过持续改进，该厂总外源CO_2减排高达114%。

利用中温厌氧消化产能，采用热解预处理，使得干物质减少25%～35%，沼气增加30%～50%。为提高产气量，采用投加青草有机基质协同消化。通过CHP回收的能量满足消化池保温的全部热量，以及污水污泥处理、出水输送土壤下渗、农业灌溉等环节用电量的 79%。利用周边土壤特点，将约 2/3 处理水用于周边农业区灌溉，1/3 流入渗透区。渗透区将土壤渗透作为二级生物处理，采取弯道系统，处理水在水平通道中通过类似河流的状态前行，在数公里的水流上完成二级生物净化后排入奥克河或用于农业。

污泥能源回收之后，作为肥料用于农田。春、夏季，消化液与处理厂出水混合用于农业灌溉。冬季，全部出水通过土壤渗透处理之后排入地表水，消化污泥单独磷回收。产生的污泥可 100%散布在农业中。消化污泥脱水前，投加 $MgCl_2$，吹脱 CO_2 提高 pH，形成鸟粪石/磷酸盐复合物，含复合物的污泥脱水后储存，夏季外送，作为农用肥料。

4. 荷兰 Amersfoort 污水处理厂

最大能力 21.36 万 m^3/d（大致 31500 人口当量），推行 NEWs 理念，实施了为期 6 年的改造计划，已成为一个区域性污泥处理中心。改造后增设了磷回收单元，可实现完全能源自给、40%磷回收及 75%的污泥经干化后含水率为 10%这 3 个目标。

该厂污泥年处理能力为 12000t 干固体，采用 WASSTRIP®、浓缩、厌氧消化等处理工艺。为提高厌氧消化负荷，采用污泥热压水解预处理，在高温（150～200℃）高压下发生裂解，胞内糖类、蛋白质及脂质溶出，提高厌氧消化负荷及甲烷产量。结合 CHP，完全能量自给，每年还产生约 200 万 kWh 电能对外供电，成为名副其实的能源工厂。

该厂还实现磷回收。剩余污泥在磷分离单元（WASSTRIP®工艺）的厌氧区由 PAOs 释放胞内磷酸盐，浓缩形成浓缩液，将污泥中的部分磷酸盐分离出。浓缩污泥继续进入厌氧消化池，产生高磷、高氮消化液，固液分离的富磷浓缩液及消化液经 Peal 单元以高纯度鸟粪石颗粒方式磷回收，每年可产 2000t 鸟粪石颗粒。相应减少传统工艺因磷酸盐结晶导致的管道维护费用，减少化学污泥产量，磷回收效率 90%，鸟粪石纯度达到 99.9%。

5. 新加坡大士再生水厂

新加坡 PUB 的大士再生水厂采用"MBR＋RO"为核心的双膜法工艺，2022 年投产运行，总设计处理量 80 万 m^3/d，其中生活污水 60 万 m^3/d、工业废水 20 万 m^3/d，两种污水单独处理。主要从以下方面提高能源自给率：进水有机物（COD）在生物处理工艺之前截留并转化为能源（CH_4）；减少生物处理工艺曝气量；提升水厂能源产量。

该厂优先采用 MBR、侧流 ANAMMOX、污泥预处理等技术，通过生物吸附强化预处理（Bio-EPT）将 60%以上的进水 COD 转移至污泥中，节省后续 MBR 曝气量，通过微孔曝气及精确控制降低电耗。污泥通过厌氧消化及 CHP 增大产电量，弥补膜工艺的电耗。通过厨余垃圾的厌氧协同消化，强化甲烷产生和提高能源自给率。经估算，处理每吨水的电耗为 0.321kWh，能源自给率 87%。今后随着主流厌氧氨氧化技术的突破和外碳源的引入，不仅有望实现 100%能源自给，还有可能实现能源的对外输出。

6. 天津津沽污水处理厂/津南污泥厂

2021 年津沽污水处理厂规模达到 65 万 m^3/d，其中双膜法高品质再生水 7 万 m^3/d，以城市污水氮磷深度控制、出水稳定达标和资源化利用为共同目标，集成应用了深度除磷脱氮工艺系统、臭氧氧化及紫外消毒工艺系统、双膜法（膜滤 UF＋反渗透 RO）再生水工艺系统。津南污泥处理厂一期工程设计能力 800t/d（按 80%含水率），包括津沽污水处理厂及其他处理厂的污泥，集成应用了高浓度污泥厌氧消化及热能利用工艺系统、厌氧消化液及脱水沼液厌氧氨氧化工艺系统和城市污水磷酸盐回收利用工艺系统（图 1-15）。通过沼气锅炉利用厌氧消化沼气为污泥干化提供热源，余热用于厌氧消化池等设施保温，全厂无外部热源。因污泥脱水沼液的磷酸盐浓度过低，目前生产性的磷酸盐回收系统未能正常运行。

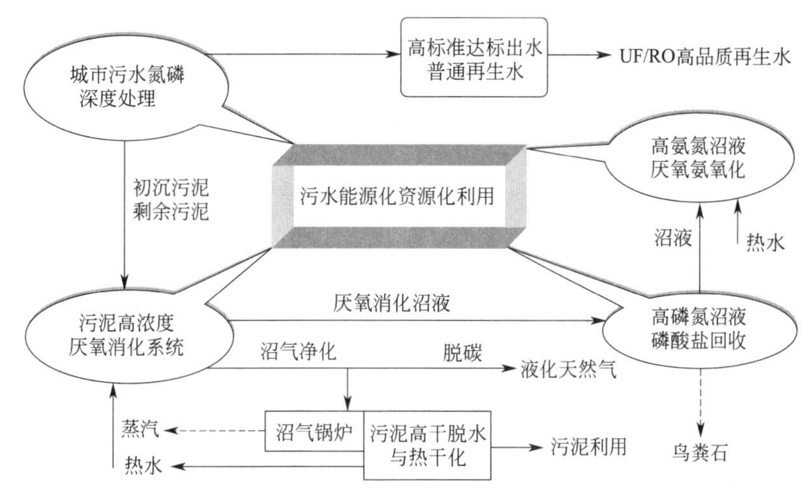

图 1-15 天津市津沽污水处理厂/津南污泥厂/再生水厂资源化能源化利用示意图

7. 江苏宜兴城市污水资源概念厂

由规模 2 万 m^3/d 的水质净化中心、100t/d 的有机质协同处理中心和生产型研发中心“三位一体”构成的生态综合体，将示范污水处理厂从污染物削减基本功能扩展至城市能源工厂、水源工厂、肥料工厂等多种应用场景。污水处理主体工艺流程为：粗格栅→泵房→细格栅→平流沉砂池→初沉发酵池→四级 A/O→二沉池→多效澄清池→深床滤池（自养脱氮）→臭氧氧化→紫外消毒，污水处理可实现深度脱氮除磷（TN<3mg/L、TP<0.1mg/L），具备新污染物去除功能；有机质协同处理中心可处理污泥、蓝藻、餐厨垃圾和秸秆，产生能源和肥料；生产型研发中心由 2 条 1000m^3/d 线、3 条 100m^3/d 线组成，可展示全球最先进的污水处理技术。未来还将建设现代农业、生态公园等相关配套设施。

1.5.3 碳中和视角下污水处理技术发展

基于绿色可持续发展理念，实现碳达峰、碳中和，是面向未来污水处理厂的重要目标。多层次多等级不同路径的再生水利用、污水化学能和热能回收为主的能源开发技术、有机物和氮磷营养物为主的资源回收技术、高效节能设备及精细化控制系统、可持续高效低碳生物除磷脱氮工艺技术及设备产品，是推动城镇污水处理系统实施碳减排的基本方式。

1. 污水再生处理与利用技术

我国再生水利用经历了探索起步、技术储备、示范引导和全面启动四个阶段的发展，已经形成满足不同再生利用标准要求的深度除磷脱氮工艺流程、单元工艺技术及关键设备产品，实现系列化、成套化、产业化和大规模应用。为满足更加健康安全的水环境质量需求，污水再生处理工艺在节能降耗的同时，朝着常规污染物与新污染物深度去除的方向发展，其中深度处理部分，从物化处理的“老三段”工艺为主，发展到与高级氧化、微滤、超滤、纳滤、反渗透等技术单元的有机结合。在利用层级方面，结合区域及城市典型特征构建不同尺度不同层级的利用方式，重点为河湖生态补水、城市景观补水和工农业利用。

2. 污水能源开发利用技术

能源回收利用已成为未来可持续污水处理的重要内容之一，通过回收利用污水中的生物质能、水流动能、热（冷）能，以及厂内空间可再生能源（如风能、太阳能等）的方式达到污水处理厂能源自给，甚至达到污水处理“碳平衡”的目标。污水处理厂能源回收利用的主要工程应用技术包括：厌氧消化产沼气进行热电联产（CHP）、污泥焚烧发电、出水水力压差发电、厂区风力发电和太阳能发电、污水源热泵（制热、制冷）等。

CHP技术是利用厌氧消化过程产生的沼气推动内燃机、燃料电池或者微型风机产生热能和电能。污泥焚烧是通过流化床或多段炉焚烧处理对热能进行回收。污水处理厂出水水力发电是通过安装在管道或渠道内的涡轮机等设施利用出水压差进行发电，同时还能增加出水的溶解氧浓度。污水源热泵技术主要通过热泵机组回收水中的低温热能，用于厂内外集中供热和制冷。利用风能、太阳能等可再生能源发电也可一定程度提高能源自给率。

自20世纪90年代以来，国际上对污水沼气技术的研究重点逐步从环境保护转向能源生产方面。上流式厌氧污泥床反应器（UASB）为代表的高速厌氧生物反应器具有处理效率高、剩余污泥产生量少、能源消耗低、产生可利用能源等优点，在环境污染综合治理和资源再生与利用中占有重要的地位，广泛应用于高浓度有机废水和固体废弃物的处理。

污泥厌氧消化的发展趋势为消化池污泥浓度和有机物分解率的提高。例如，消化池污泥浓度由常规的30g/L左右提升到100g/L以上，采用热水解等预处理技术对剩余污泥进行破解，可明显提高污泥有机物的分解率和沼气产率。近年来，国外有对厌氧消化污泥继续进行热水解的研究，热水解之后重新厌氧消化，以进一步减少需处置的污泥量，产生更多的沼气。由于我国城镇污水处理厂的污泥产率和泥砂含量高，污泥有机质含量低，泥质控制是厌氧消化稳定运行的关键，而且相对于能量回收，厌氧消化的污泥减量作用更具实际意义。随着污泥有机质来源构成的变化，厌氧消化＋干化焚烧的技术路径将得到推广。

3. 污水资源回收利用技术

污水中的有机物可作为能源回收，也可资源化利用，例如，初沉和剩余污泥经水解后的上清液富含挥发性脂肪酸，可作为优质碳源，补充生物脱氮除磷所需，也可以通过生物合成转化为高附加值产品，如生物降解塑料（PHAs）、乙酸、丙酸、生物农药、表面活性剂等环境友好产品。如何提高污泥水解效率、产品转化率及品质、符合市场化应用条件是未来需要加以解决的产业化技术难题。

对污水中的磷酸盐进行回收，主要包括从富磷的液相中回收或从污泥中回收两种方式。从富磷的液相回收是将生物系统厌氧区的释磷上清液进行侧流磷回收和污泥消化液磷回收，常用方法为化学沉淀和结晶法，目前研究较多的是磷酸铵镁（鸟粪石）法回收磷酸盐。污泥中磷的回收途径有2种，回流污泥释磷后回收磷，污泥焚烧灰分中提取磷组分。磷回收产品主要包括磷酸盐、鸟粪石、羟基磷灰石等类型。欧美的研究和工程应用表明，通过回收消化池污泥液中的磷酸盐，还可以降低后续污泥脱水的有机高分子药剂消耗量。

资源回收还包括对剩余污泥中的蛋白质进行提取回收。对污泥进行水解、固液分离和纯化分离等处理可获得蛋白质产品。污泥微生物水解破壁处理后，其胞内蛋白质和水分得以释放，再经过固液分离，得到可资源化利用的蛋白液体，以及含水率35%～45%（减量70%以上）、有机物消减40%～50%的污泥残渣。蛋白液体再经纯化分离后，可作为蛋白发泡剂和有机肥等利用，残渣可用做覆土、绿化土、土壤改良剂和建筑材料等。

4. 污水热能提取利用技术

城镇污水中蕴藏大量的低位能源，且来源可靠、流量稳定。冬季平均水温为15℃左右，明显高于环境气温，夏季一般为20～25℃，明显低于环境气温，具有“冬暖夏凉”的特征，可以很好地与水源热泵机组匹配，制热性能系数（COP）达到4～5，比传统空气源空调系统的运行效率高40%以上，COP为2～3，节能效果和费用节省明显，尤其是寒冷地区。

污水源热泵系统以污水作为提取和储存能量的基本源体，采用热泵原理，利用少量的电能输入，实现源水中的低位热能向高位热能的转移。污水源热泵系统一般由源水、热泵和末端子系统构成，三部分之间由源水管路和冷（热）水循环管网相连接。系统可制取冷、热水，满足冬季供热、夏季制冷、生活热水等需求，还可直接用于污泥厌氧消化池加热、污泥脱水热干化、污水处理设施冬季加热、夏季降温除臭等。根据热能提取方式可分为直接利用式和间接利用式。必要时，采用二级热泵系统，进一步提高末端热水温度。

直接利用式系统为源水直接进入专用的热泵机组，热泵机组换热器中的制冷剂直接同源水进行热交换，提取水中的热量或冷量，换热后输送回至后端，省略中间媒介换热环节，能效较高，但对水质有较高的要求，一般限定采用二级处理后相对洁净的出水，机组冷凝器、蒸发器换热盘管均需考虑可靠的防堵、防腐措施，必要时适当增加水处理设施。

间接利用式系统为源水先通过热交换器与某一中间媒介进行热交换，再通过中间媒介同热泵机组换热器中的制冷剂换热，对水质的要求较低，可用于各种水质的污水，包括原生污水，但由于增加中间媒介换热，系统的整体能效相对较低。对于集中式城镇污水处理厂的污水热能提取，更倾向于直接利用方式。

污水源热泵空调系统可以1机3用，即1套机组可以满足用户制冷、供暖及生活热水的供应，省去普通中央空调中冷却塔、锅炉房或换热机房热网等设施。作为制冷机使用，夏季运行时不存在水蒸发和漂水问题，节省水的大量消耗。全自动取水除污机和专用换热器组成的污水冷却水系统设置在机房内，避免了冷却塔或风冷表冷器的运行噪声。污水源热泵实现低品位能源提取与利用的同时，不存在废弃物、有毒有害气体和烟尘的排放。

污水源热泵系统在国内城镇污水处理厂已大量工程应用，逐步从厂内空调扩展到周围居住区供热服务，可以为企事业单位、居民提供高质量且稳定的热能。夏季还可以用来供冷，一套设备同时具有供冷、供热的功效，对我国全年既需供热、又需要供冷的中部和北方地区，具有推广应用价值和节能降碳意义。近年来，我国污水源热泵技术发展较快，多个项目被住房和城乡建设部、国家发展和改革委员会确定为“全国污水热能能源站工程”。

5. 节能降耗及厌氧氨氧化技术

节能降耗低碳途径包括设备、自控、工艺等方面的效能提升。采用高效风机与水泵、平板或带状膜曝气器、双叶轮搅拌设备等高能效系统可降低生物处理系统的能耗。以生物池曝气及混合系统精细化设计与运行为核心的自动控制系统，对节能降耗起着至关重要的作用。低能源及碳源消耗的生物脱氮技术主要包括短程硝化反硝化、厌氧氨氧化和反硝化除磷等。相较于传统生物脱氮工艺，短程硝化反硝化理论上可节约 25%需氧量及 40%碳源量；厌氧氨氧化可节约 60%曝气量，减少 100%碳源，同时减少 80%剩余污泥量。其中厌氧氨氧化在节约电耗、节省碳源量、减少排泥量等方面具有优势而备受关注。

利用厌氧氨氧化处理污泥消化液、氮肥厂废水、氨基酸废水等高氨氮废水的工程化应用已经成熟并规模化。而对于城市生活污水主流厌氧氨氧化的工程应用，目前仍存在稳定亚硝态氮制备、厌氧氨氧化菌富集等世界性关键难题。通过从侧流向主流工艺中补充厌氧氨氧化微生物，以及通过低 DO 及残余氨氮联合控制、间歇曝气、羟胺投加等策略，有助于主流厌氧氨氧化工艺过程的稳定运行。奥地利 Strass 污水处理厂、美国 DC Water Blue Plains 厂、美国弗吉尼亚 Hampton Roads 卫生区以及 Veolia 公司，开展了主流工艺厌氧氨氧化试验研究和工程应用尝试。图 1-16 和图 1-17 为奥地利 Strass 厂将侧流厌氧氨氧化剩余 Anammox 菌补充到 AB 法 B 段进行主流工艺厌氧氨氧化的工艺流程和工程实施系统。

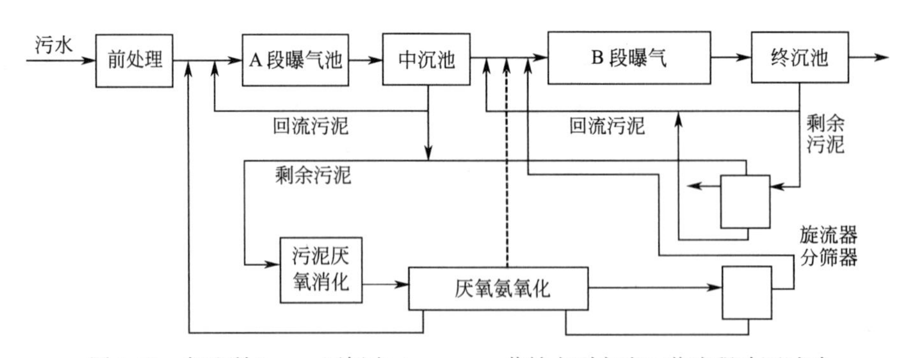

图 1-16　奥地利 Strass 厂侧流 Anammox 菌补充到主流工艺流程验证试验

根据我国城镇污水的水质特点和高品质再生水利用的发展需求，提出如图 1-18 所示的城镇污水主流工艺厌氧氨氧化工艺流程构想及工艺单元组合实施模式。

其中，可选用的污水碳氮磷分离工艺措施包括微筛过滤、AB 法 A 段（BEPT）、化学强化一级处理（CEPT）和化学—生物强化一级处理（CBEPT）、初沉发酵池、膜过滤等，具体采用何种方式取决于污水水质特性、资源化要求和出水水质标准等因素。在试验研究

图 1-17　奥地利 Strass 厂侧流和主流工艺厌氧氨氧化工程系统（局部）

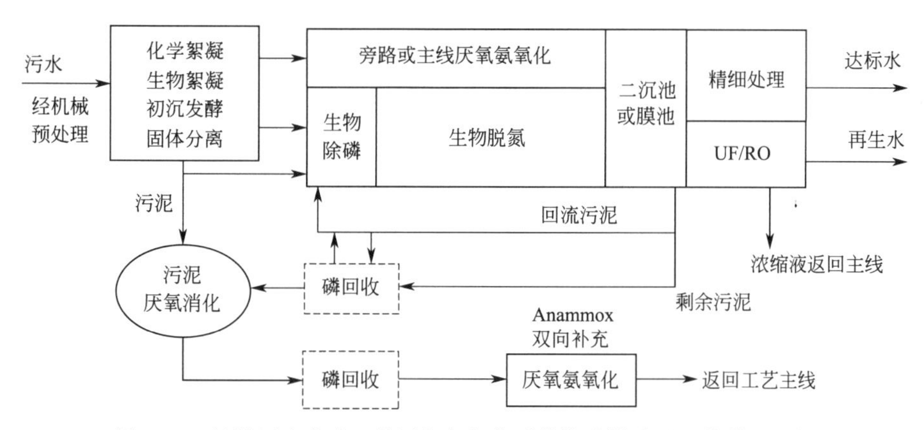

图 1-18　城镇污水主流工艺厌氧氨氧化系统构建模式及工艺单元选择

和工程验证示范中，可以尝试不同的工艺单元组合模式，以获取切实可行的工艺技术路线及技术参数。碳氮磷分离的污泥可以通过污泥厌氧消化进行能源化利用，污泥脱水沼液进行侧流厌氧氨氧化，出水返回污水处理工艺主线；碳氮磷分离的污泥还可以部分回到污水处理工艺主线，作为生物除磷脱氮的碳源。污水主体工艺流程采用改良 A^2/O 或多级改良 A^2/O 工艺系统，确保稳定达标处理要求；可以在回流污泥线路和污泥厌氧消化液线路上进行磷酸盐的回收。在主体工艺流程上建立旁路的主流厌氧氨氧化工艺系统，其进水为前端碳氮磷分离工艺单元的出水或生物除磷脱氮工艺系统厌氧区分离出的上清液，采用纯生物膜法厌氧氨氧化（MBBR）或颗粒污泥厌氧氨氧化，出水返回主体工艺系统的缺氧区或好氧区。后续进行深度过滤、臭氧氧化等精细处理工艺过程，或双膜法再生水生产。

第2章　城镇污水复杂水质环境条件及叠加影响

2.1　城镇污水水质水量时空变化

2.1.1　全国城镇污水水质水量变化特征分析

1. 全国城镇污水水质变化统计分析

城镇污水处理厂进水一般以污水管网收集的生活污水为主，还含有比例不等的工业废水、垃圾收集与转运渗滤液、地表径流入流水、地下水入渗水、建筑工地排水、初刷（初期）雨水、河湖水体倒灌水等。不同来源混合形成的城镇污水中含有大量的天然和人工合成有机物，如碳水化合物（单糖类、低聚糖类、多糖类）、脂肪、蛋白质、木质素和人工合成有机化学品（药物、染料、色素、添加剂、纤维、日用品等），无机盐类如磷酸盐、硫酸盐、氯化物、碳酸氢盐等，无机离子类如钠、钾、钙、镁、铁、铝等，还含有细菌、病毒、原生动物、真菌、藻类和寄生虫等。城镇污水中的这些污染物通常采用化学需氧量（COD）、五日生化需氧量（BOD_5）、悬浮固体（SS）、氨氮（NH_3-N）、总氮（TN）、总磷（TP）、总溶解性固体（TDS）、碱度（ALK）、粪大肠菌群、新污染物等指标来衡量。

2007年初，建设部开始运行全国城镇污水处理管理信息系统，能够对全国城镇污水处理厂的进水和出水主要水质指标（COD、BOD_5、SS、NH_3-N、TN和TP等）进行汇总分析，运行信息和水质数据按月更新。利用该管理信息系统的历史数据，结合按月累积的污水处理水量，通过加权平均计算，可以获得全国城镇污水处理厂进水水质浓度的月平均值。图2-1和图2-2为2007年1月～2020年12月全国城镇污水处理厂进水的主要水质指标月度变化情况。通过加权计算每座城镇污水处理厂的全年12个月处理水量和包含的COD总量，得到全国城镇污水处理厂进水COD、BOD_5和SS浓度的年平均值，同理，可以计算出全国城镇污水处理厂进水TN、NH_3-N和TP等其他水质指标的年平均值。

由图2-1和图2-2可看出，10多年来我国城镇污水的水质浓度整体呈现持续下降的变化趋势。以COD浓度为例，已经从2010年的245～292mg/L下降到2020年的198～242mg/L，而早前的2007年为310～390mg/L。这种变化的主要原因是小规模污水处理厂所占的比例越来越高，这些厂多数坐落于中小型城市、县城和建制镇，其配套的污水收集和输送系统通常不够完善，往往存在较大比例的地下水入渗或地表径流进入污水管网，一方面导致污水的稀释，另一方面携入溶解氧（DO）导致有机物在污水管网内的生物降解。近年来，城市黑臭水体治理措施尤其是溢流污染控制措施，对污水水质浓度也有一定的影响。

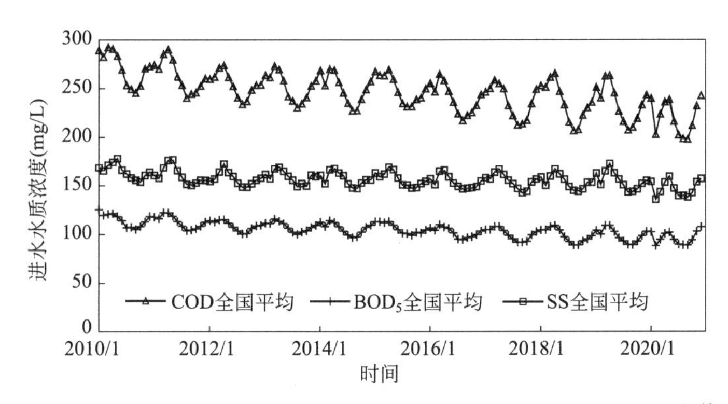

图 2-1　全国城镇污水处理厂进水 COD、BOD_5 和 SS 的月均浓度值

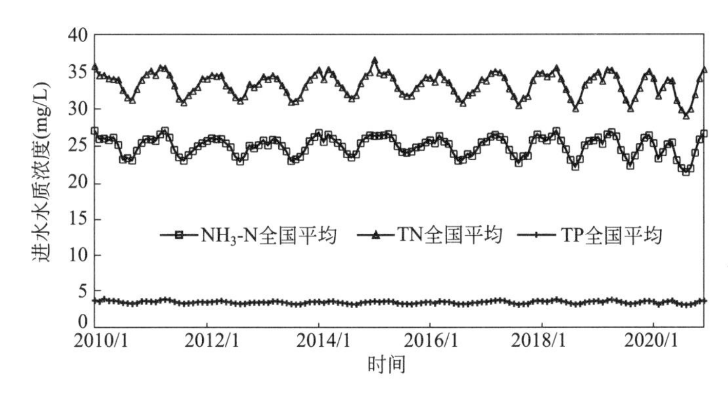

图 2-2　全国城镇污水处理厂进水 NH_3-N、TN 和 TP 的月均浓度值

图 2-3 和图 2-4 为 2021 年全国城镇污水处理厂平均进水 COD 和 NH_3-N 浓度的累积概率分布曲线。从图中可以看出，大约 49%的城镇污水处理厂进水 COD 浓度低于 200mg/L，37.5%左右的污水处理厂进水 NH_3-N 浓度低于 20mg/L，水质浓度偏低是全国普遍存在并持续加剧的情况，主要出现在南方地区。但也有 10%左右的城镇污水处理厂进水 COD 浓度高于 400mg/L，NH_3-N 浓度高于 40mg/L，主要出现在北方地区和沿海严重缺水城市。

为便于进一步细化分析城镇污水处理厂进水水质浓度的地域差异，对我国大陆地区的 31 个省（直辖市、自治区）进行区域划分。在南方、北方的划分中，南方为海南、广东、云南、广西、贵州、江西、福建、江苏、安徽、湖南、湖北、四川、重庆、上海、浙江 15 个省（直辖市、自治区）；北方为黑龙江、吉林、辽宁、内蒙古、北京、天津、河北、河南、山东、新疆、西藏、甘肃、青海、宁夏、陕西、山西 16 个省（直辖市、自治区）。

在东部、中部、西部的划分中，西部包括四川、重庆、贵州、云南、西藏、陕西、甘肃、青海、宁夏、新疆、广西、内蒙古 12 个省（直辖市、自治区）；中部包括山西、吉林、黑龙江、安徽、江西、河南、湖北、湖南 8 个省；东部包括北京、天津、河北、辽宁、上海、江苏、浙江、福建、山东、广东和海南 11 个省（直辖市）。

采用 2021 年的月均值汇总数据，选用 COD 和 NH_3-N 为代表性的水质指标，统计分

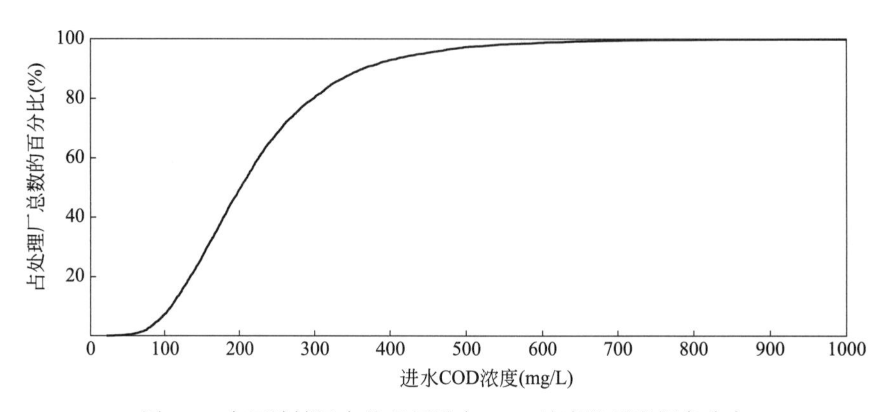

图 2-3 全国城镇污水处理厂进水 COD 浓度的累积概率分布

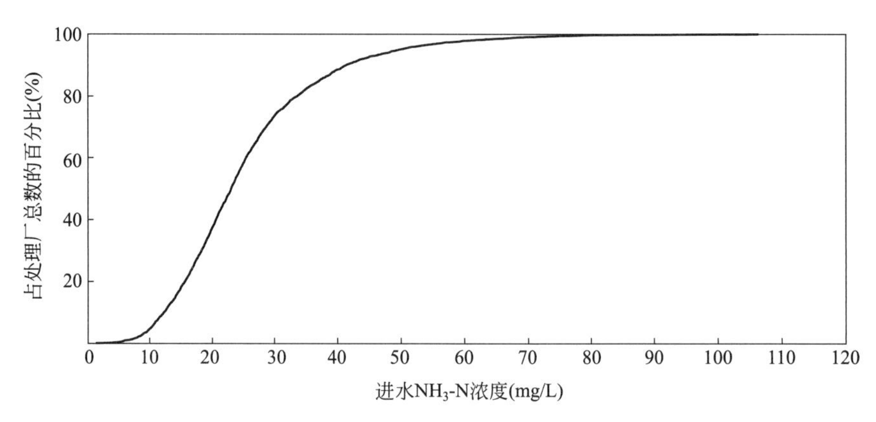

图 2-4 全国城镇污水处理厂进水 NH_3-N 浓度的累积概率分布

析我国南北方和东中西部的城镇污水处理厂进水水质浓度差异。如图 2-5～图 2-8 所示，统计分析结果表明，我国城镇污水处理厂进水水质具有比较明显的地域分布特征，北方区域的城镇污水 COD 和 NH_3-N 浓度明显高于南方地区，这与当地用水量、降雨量、管网完善程度、外水侵入等诸多因素密切相关。城镇污水 COD 和 NH_3-N 浓度从高到低依次为西部、东部和中部，这可能与西部区域人均用水量较低、而东部区域经济较为发达有关。

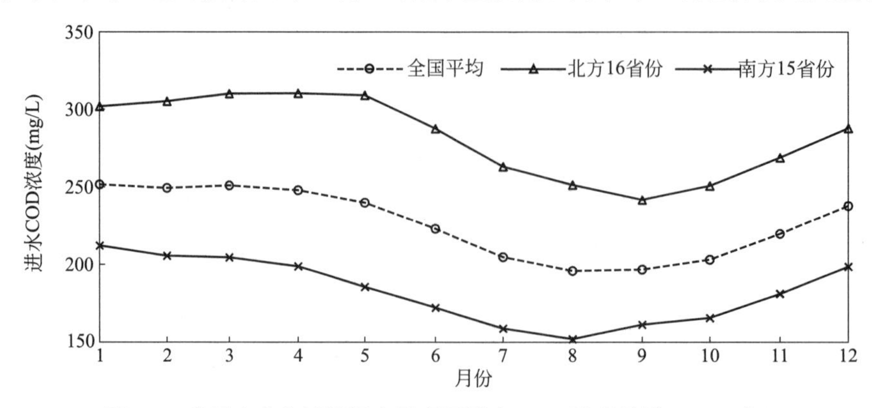

图 2-5 我国南北方城镇污水处理厂进水 COD 浓度差异（2021 年）

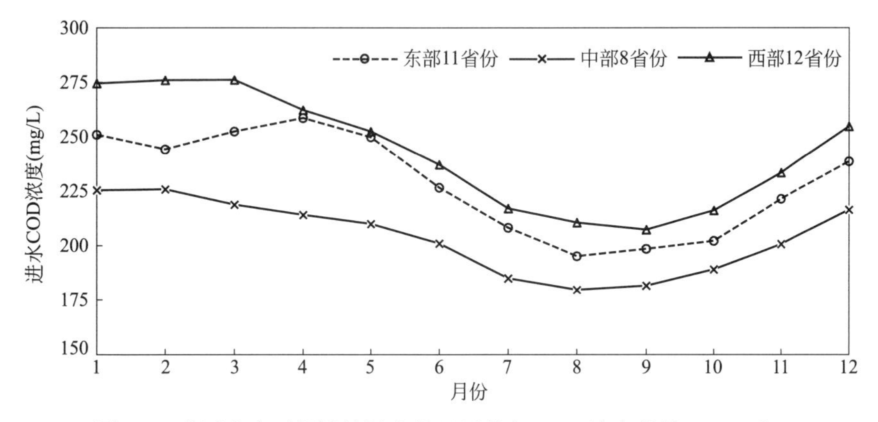

图 2-6　我国东中西部城镇污水处理厂进水 COD 浓度差异（2021 年）

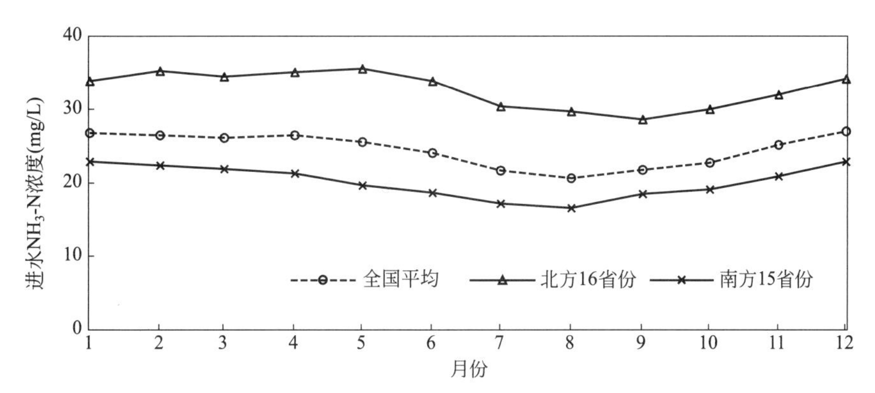

图 2-7　我国南北方城镇污水处理厂进水 NH_3-N 浓度差异（2021 年）

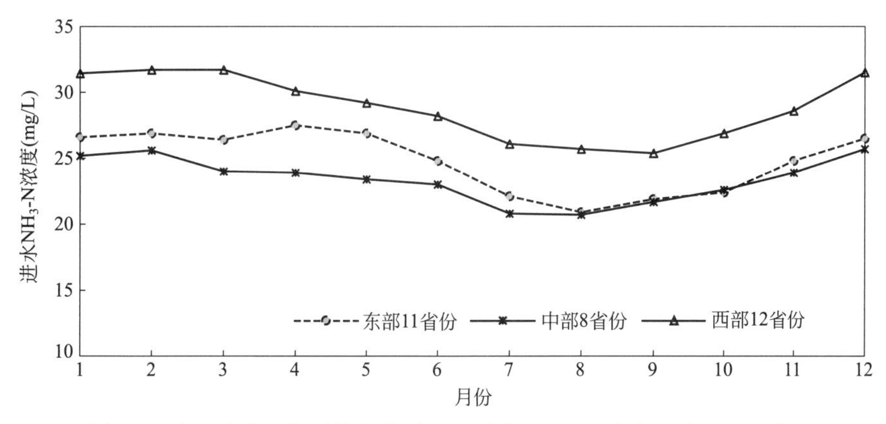

图 2-8　我国东中西部城镇污水处理厂进水 NH_3-N 浓度差异（2021 年）

COD 浓度的月平均值还呈现出较为明显的季节性变化特征，每年的 3 月、4 月和 5 月最高，8 月和 9 月最低。这与我国大部分地区的初雨和雨季的时间相吻合，每年的 3～5 月为初雨和变温季节，进入污水管网的初期雨水或地表径流会将污水管道内沉积的污染物冲刷下来，与此同时，温度的季节性突然升高也会导致污水管道内的沉积物厌氧分解和上浮，然后流入污水处理厂，造成进水有机物和SS浓度的升高。而每年的8～9月为降雨比较集中的季节，会有不同比例的雨水通过不同路径进入污水管网，造成污水处理厂的进水水量出现较大幅度增加，水质浓度因入渗水量的稀释和所携溶解氧的生物氧化作用而降低。

2. 全国城镇污水水量变化统计分析

随着我国城镇污水处理厂工程建设规模的不断增大和配套污水管网的逐步完善，城镇污水的累积处理水量逐年增加，图2-9汇总了自2007年1月以来按月统计的全国城镇污水处理水量，总体上为逐月增加的趋势，但存在一定程度季节性波动，冬、夏差异较大。

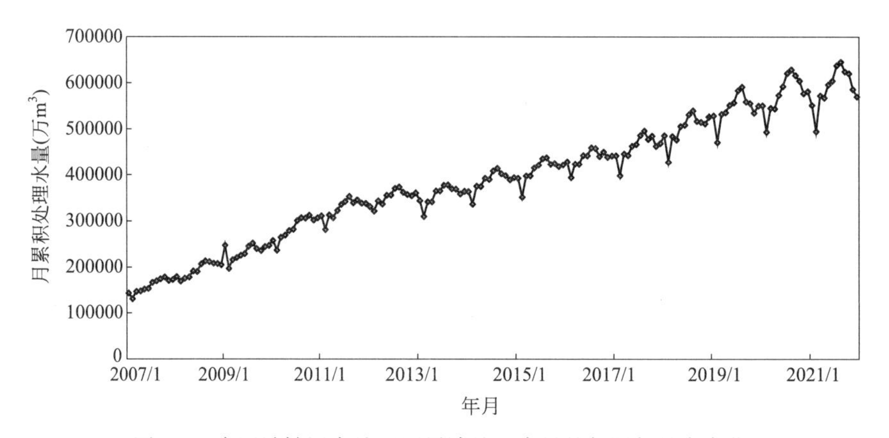

图2-9 全国城镇污水处理厂累计处理水量的年际与月度变化

为此，选取2021年的全国城镇污水处理厂进水水量数据，进行不同地域城镇污水处理厂按月累计处理水量的统计分析。如图2-10和图2-11所示，分析结果表明，夏季、秋季的水量总体上略高于其他季节，南方地区和东部地区的进水水量波动更为明显一些。

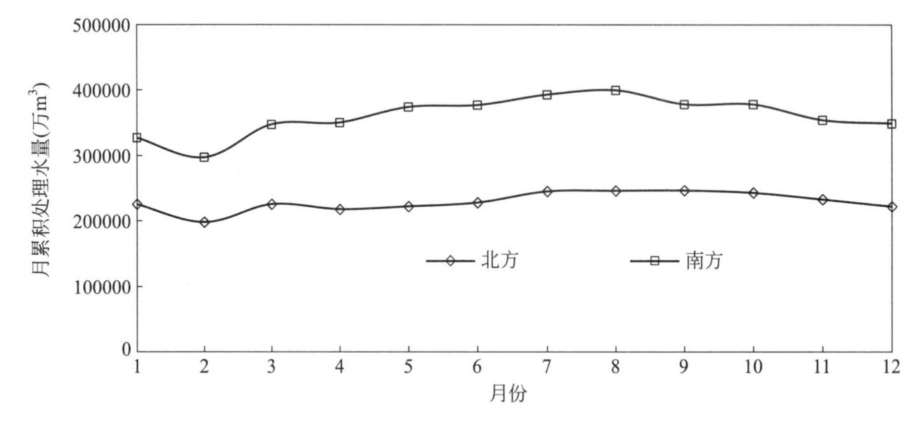

图2-10 我国南北方城镇污水处理厂累计处理水量月度变化（2021年）

从宏观统计层面上看，全国城镇污水处理厂的总处理水量没有出现剧烈的波动，但对

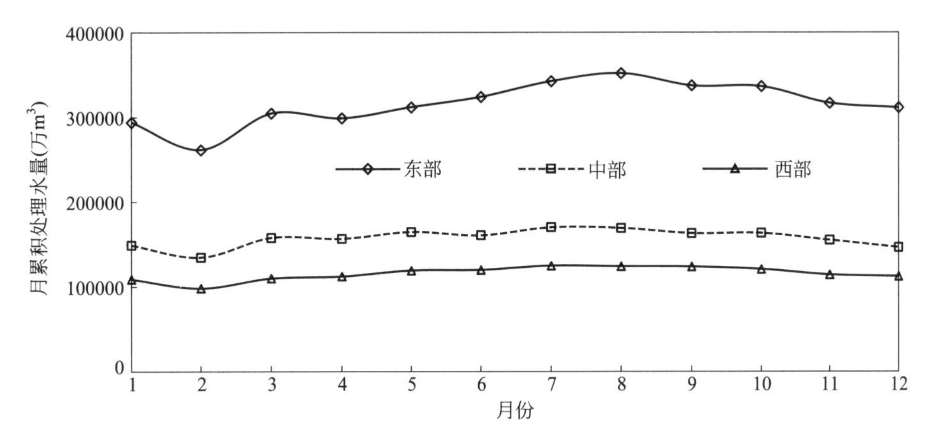

图 2-11　我国东中西部城镇污水处理厂累计处理水量月度变化（2021 年）

于单座城镇污水处理厂来说，进水水量的波动还是相当明显的，这种波动对污水处理工艺系统的设计和稳定运行会有较大的影响。为此，根据全国城镇污水处理厂的最大日水量、月水量以及运行天数，进行污水处理厂进水水量日变化情况的总体特征分析。

在此定义：进水量日变化系数=最高日处理水量/年均日处理水量。选取 2021 年全国城镇污水处理厂的进水水量数据，去掉少数数据不完整的处理厂数据，进行进水量日变化系数的统计分析，形成如图 2-12 所示的日变化系数累积概率分布曲线。

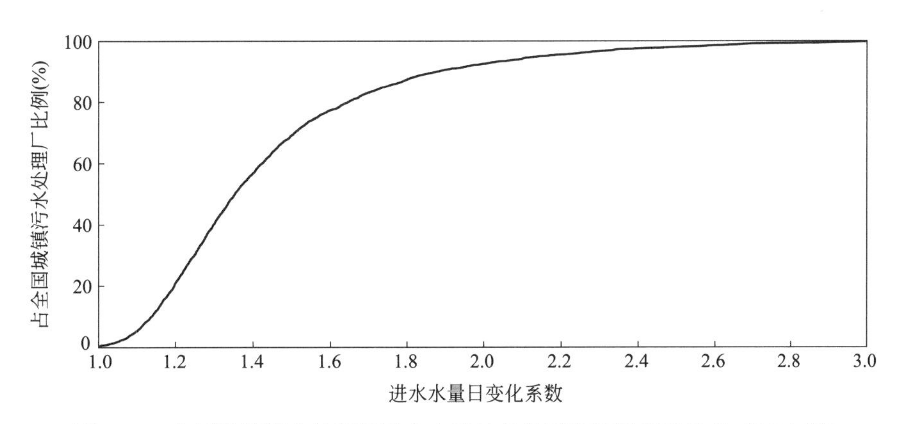

图 2-12　全国城镇污水处理厂进水水量日变化系数累积概率分布（2021 年）

从图 2-12 可以看出，80％左右的城镇污水处理厂处理水量日变化系数为 1.0～1.65，日变化系数大于 1.5 的污水处理厂占 30.9％，而 2012 年的统计数据为 18.8％，这部分污水处理厂进水水量波动较大，对污水处理工艺过程的稳定运行会有不容忽视的影响。

图 2-13 和图 2-14 为 2021 年不同地域城镇污水处理厂进水量日变化系数的累积概率分布。南方地区城镇污水处理厂进水量日变化系数略高于北方地区，均有 30％左右污水处理厂高于 1.5，相比 2012 年的 22％左右，有所升高。西部地区的日变化系数高于东部和中部，有 36％左右的污水处理厂大于 1.5，东部和中部地区分别为 26％和 31％左右。与 2012 年的 25％、18％和 15％相比，总比例均有较大的升高，但南北之间的差异有所缩小。

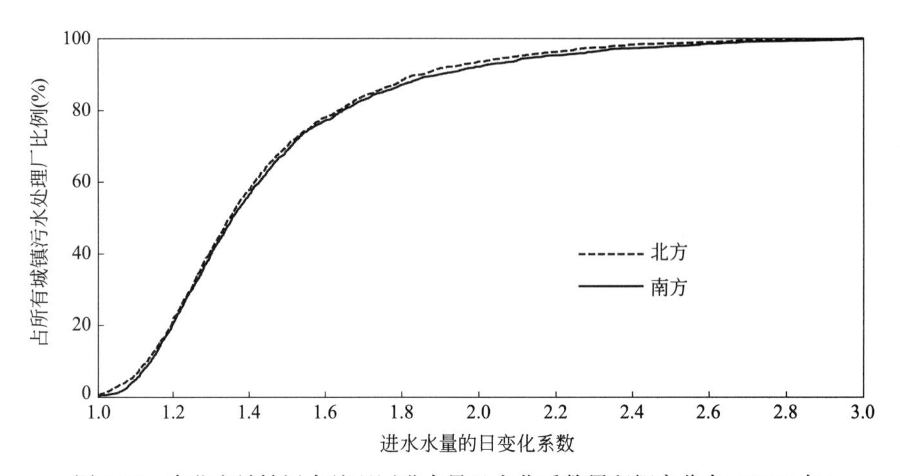

图 2-13 南北方城镇污水处理厂进水量日变化系数累积概率分布（2021 年）

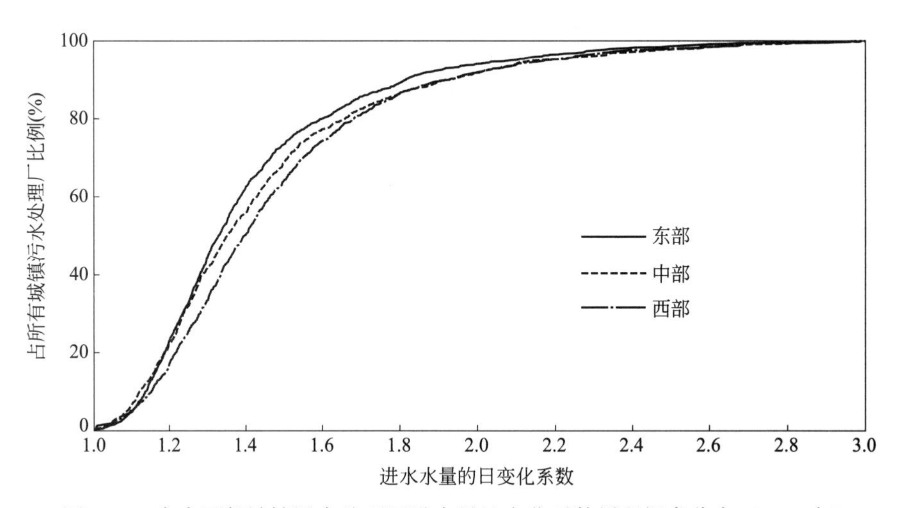

图 2-14 东中西部城镇污水处理厂进水量日变化系数累积概率分布（2021 年）

2.1.2 城市区域污水水质水量变化特征示例

1. 以无锡市为例（太湖流域城市）

以无锡市 21 座城镇污水处理厂为分析对象，采用连续多年数据，进行月均水量和季节性水量变化的统计分析。从图 2-15 不难发现，在统计分析的年度内，无锡市城镇污水处理总量呈现逐年上升趋势，2012 年污水处理量较 2009 年增加近一倍。从图 2-16 的季节性变化趋势可知，呈现夏秋季节水量大、冬春季节水量小的总体趋势，这与季节性降雨特性直接相关，每年夏秋为进水水量峰值区间。因此，运行管理过程需要采取针对性的措施以应对水量的冲击负荷，特别是连续降雨的梅雨季节，水量及水质波动的冲击可直接导致污水生物处理系统的污染物去除能力下降，或影响污水处理厂出水水质的稳定达标。

图 2-17 为无锡市主要污水处理厂 2009～2012 年进水 BOD_5 浓度变化，当时太湖流域

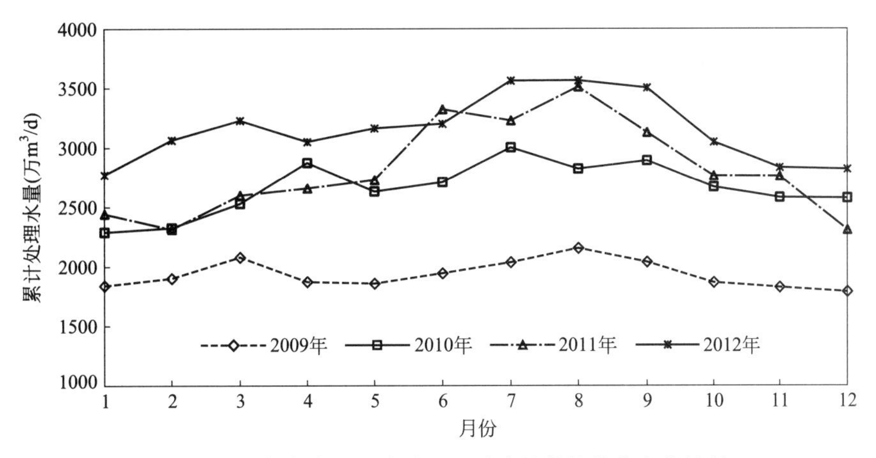

图 2-15　无锡市主要污水处理厂进水量的月均值变化特征

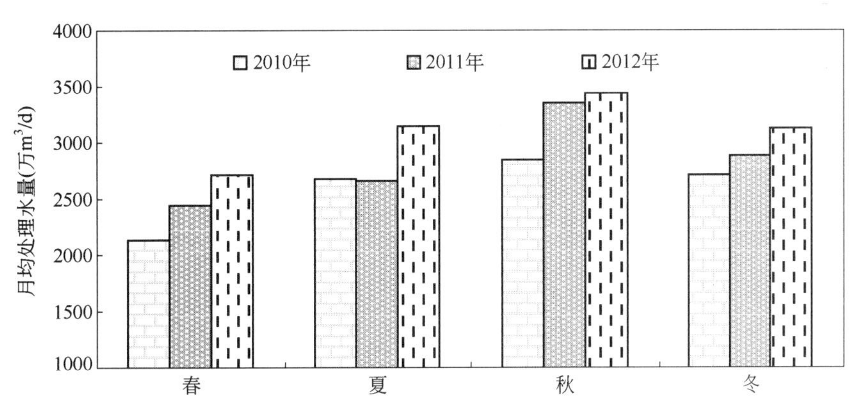

图 2-16　无锡市主要污水处理厂进水量的季节性变化特征

开展大范围的水污染治理，进水水质浓度总体呈下降趋势；全年 BOD_5 浓度波动较大，6～10 月份较低，进水中可利用的碳源明显减少，生物除磷脱氮能力及稳定性受到一定的影响。

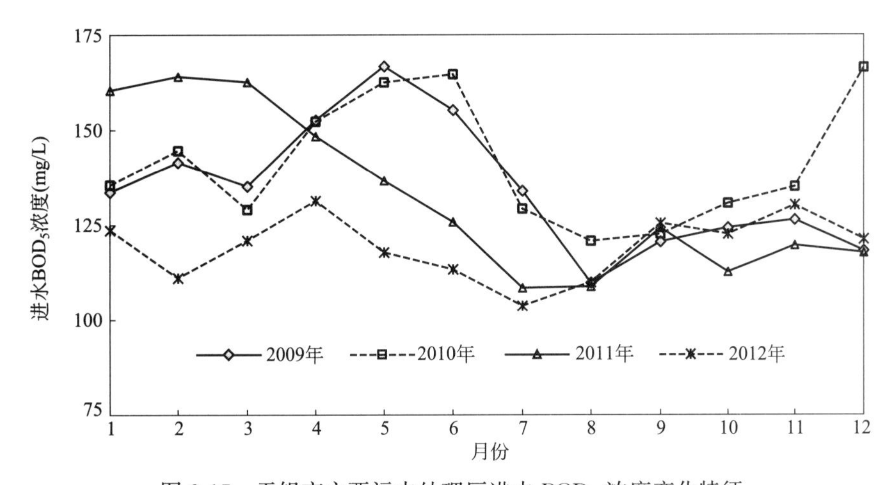

图 2-17　无锡市主要污水处理厂进水 BOD_5 浓度变化特征

图 2-18 为无锡市主要污水处理厂 2009～2012 年进水 COD 浓度变化，其变化趋势与 BOD_5 类似，6～10 月份浓度最低。需要注意的是，太湖水污染全面治理时期，无锡市大部分污水处理厂进水中仍然含有化工类废水，不仅影响进水碳氮比和碳源质量，而且含有溶解性不可生物降解 COD，不利于出水 COD 和 TN 指标的一级 A 及以上标准稳定达标。

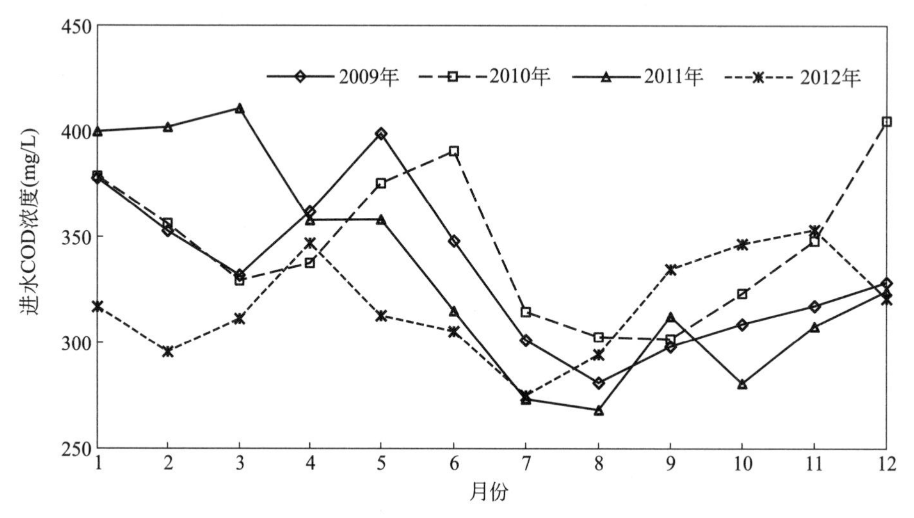

图 2-18　无锡市主要污水处理厂进水 COD 浓度变化特征

图 2-19 和图 2-20 为无锡市主要污水处理厂进水 NH_3-N 和 TN 浓度的统计数据，总体呈上升趋势。进水 TN 和 NH_3-N 浓度之间呈正相关性，季节性波动均较大，低峰浓度的区间为 5～9 月，冬季浓度较明显升高，因此，需要特别关注冬季低温条件下的生物硝化与反硝化脱氮能力不足问题。

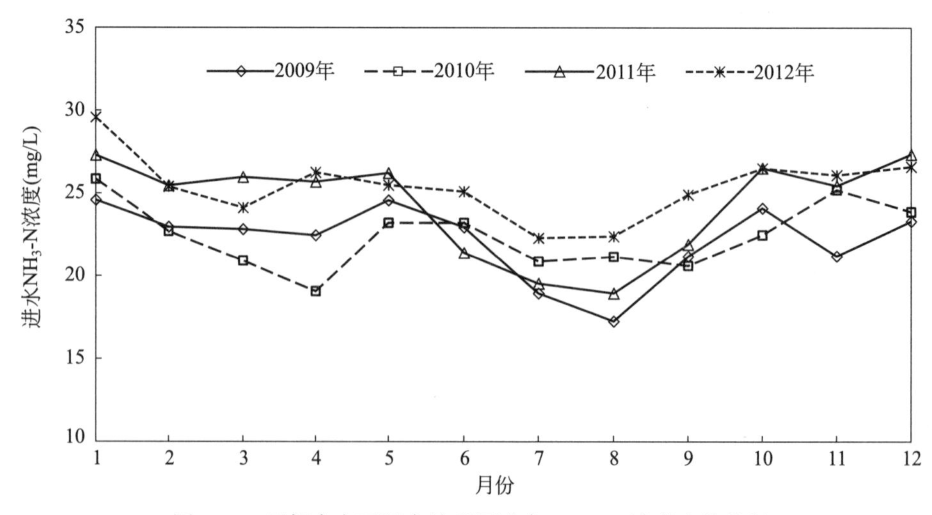

图 2-19　无锡市主要污水处理厂进水 NH_3-N 浓度变化特征

图 2-21 为无锡市主要污水处理厂进水 TP 浓度的变化情况，总体上处于 4～6mg/L 的

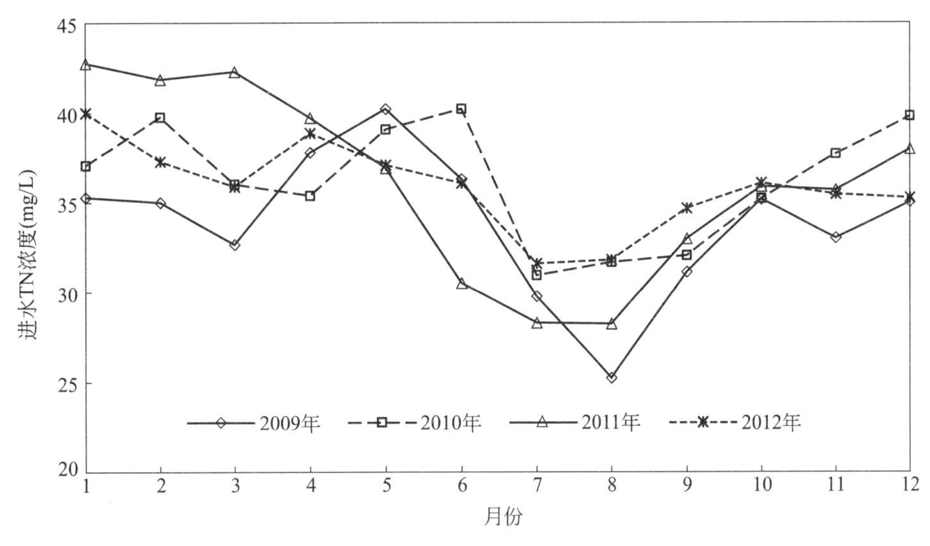

图 2-20　无锡市主要污水处理厂进水 TN 浓度变化特征

范围，水质波动相对较小，但需要关注冬季时段 TP 浓度上升时生物处理系统的 TP 去除能力，以及深度处理工艺单元对出水 TP 达标的保障能力。对于无锡地区城镇污水处理厂 TP 指标的一级 A 及以上标准稳定达标，主要依靠化学除磷来加以保障，进水 TP 中有机磷及聚合磷酸盐的含量是出水 TP 浓度能否稳定达标的重要影响因素。

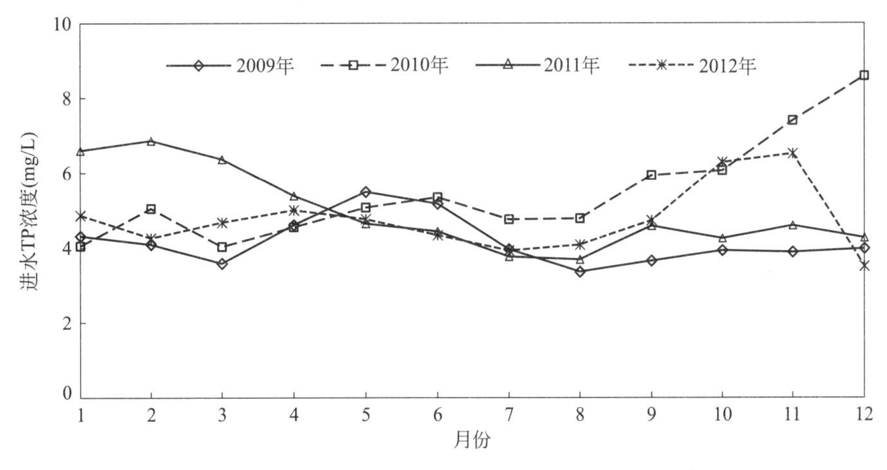

图 2-21　无锡市主要污水处理厂进水 TP 浓度变化特征

2. 以青岛市为例（沿海缺水城市）

选取青岛市 11 座代表性城镇污水处理厂，对 2010～2012 年的进水水质水量数据进行统计分析。表 2-1 为累计污水处理量和水质浓度的年际变化，图 2-22 为累计逐月处理水量变化，可以看出处理水量逐年有所增加，季节性变化明显，各年度的污水水质浓度变化不大。由于严重缺水和不设化粪池，污水浓度和碳氮比均明显高于无锡为代表的南方城市。

2010～2012 年青岛市城市污水的水质水量总体变化　　表 2-1

年份	污水处理量（万 m^3）	COD(mg/L)	BOD_5(mg/L)	SS(mg/L)	NH_3-N(mg/L)	TN(mg/L)	TP(mg/L)
2010	25680	599	260	392	40	60	8.3
2011	26269	533	232	335	42	55	7.5
2012	27956	530	230	338	39	55	7.3

从图 2-22 可以看出，这些污水处理厂连续三年的进水总量都呈现季节性的变化特征，夏秋量大、冬春量小，这与青岛市季节性降雨、夏秋气温较高、暑期旅游高峰等因素相关。每年的夏秋季节，特别是夏天的 7～9 月份，是污水处理厂进水量的峰值时段。进水量的明显波动会影响污水生物处理系统的运行效能和能耗物耗。

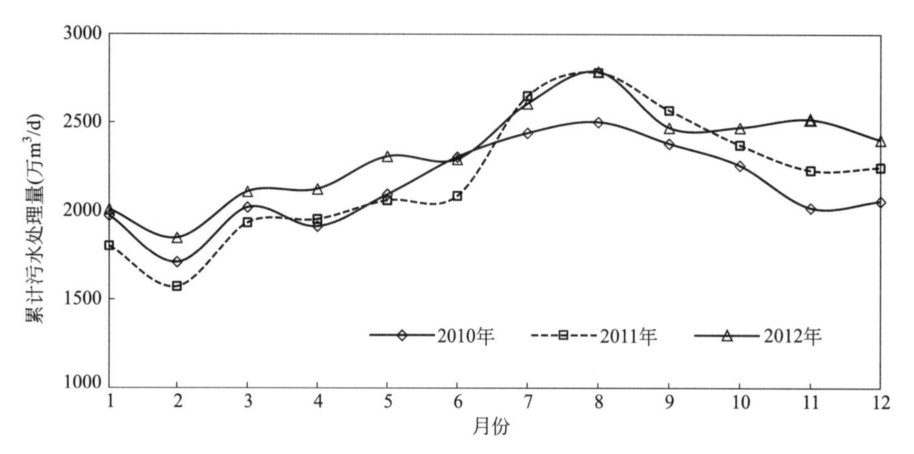

图 2-22　青岛市城市污水处理厂累计处理水量月均变化特征

图 2-23 为 2010～2012 年青岛城市污水 COD 浓度的月均变化情况，与图 2-22 所示的水量变化呈现出一定的负相关关系。全年 COD 浓度波动较大，1～6 月份较高，7～9 月份较低，10～12 月份再次升高。夏季的 COD 浓度普遍下降。

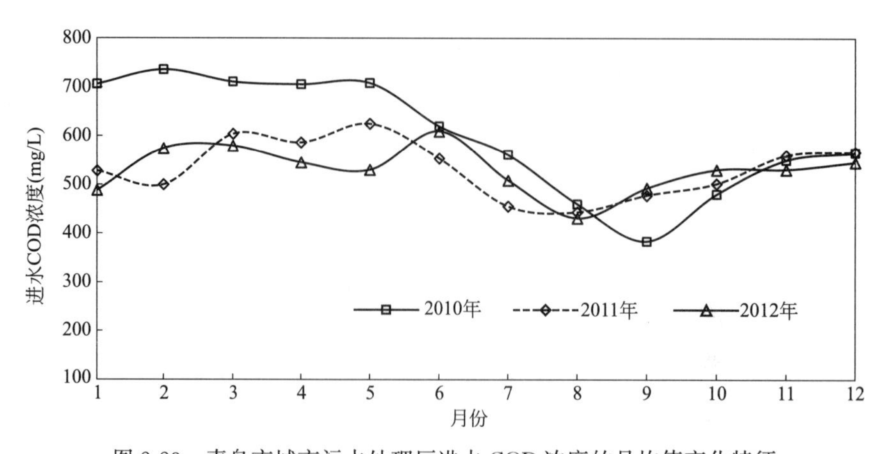

图 2-23　青岛市城市污水处理厂进水 COD 浓度的月均值变化特征

如图 2-24 和图 2-25 所示，青岛城市污水 BOD_5 和 SS 浓度的变化也呈现类似的特征。

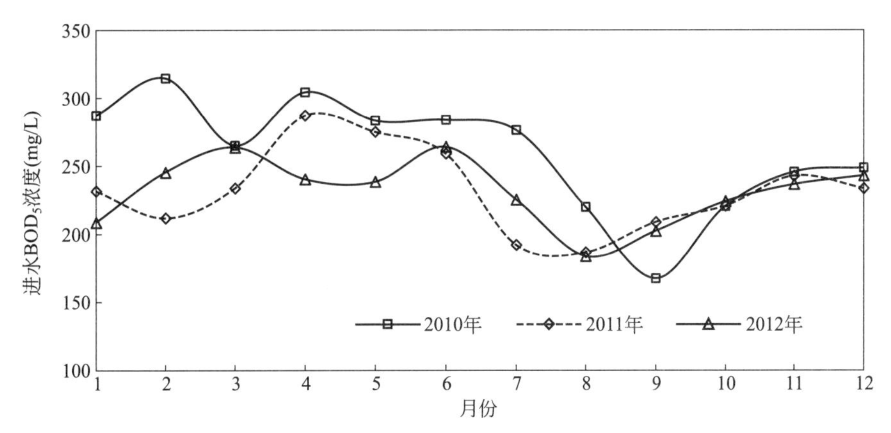

图 2-24　青岛市城市污水处理厂进水 BOD_5 浓度的月均值变化特征

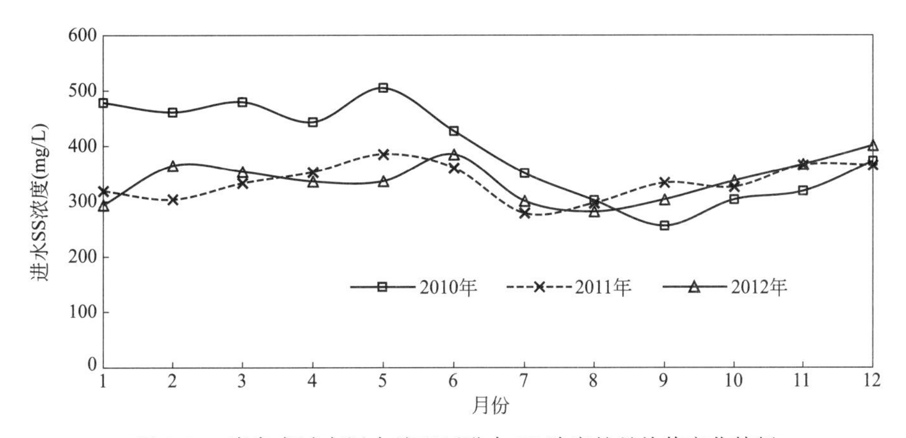

图 2-25　青岛市城市污水处理厂进水 SS 浓度的月均值变化特征

图 2-26～图 2-28 为 2010～2012 年青岛市城市污水 NH_3-N、TN 和 TP 浓度的月均值变化，与全国城镇污水的平均浓度相比，属较高浓度的污水，季节性变化较明显，总体上呈现出 1～6 月份较高、7～9 月份较低、10～12 月份再次升高的波动特征。

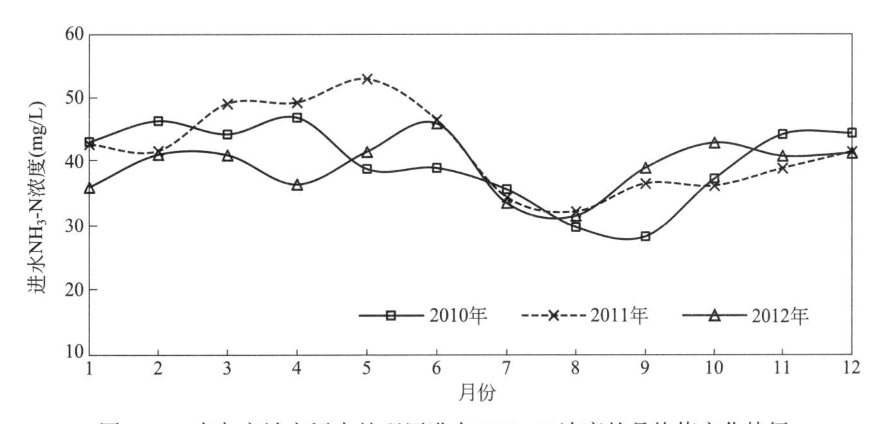

图 2-26　青岛市城市污水处理厂进水 NH_3-N 浓度的月均值变化特征

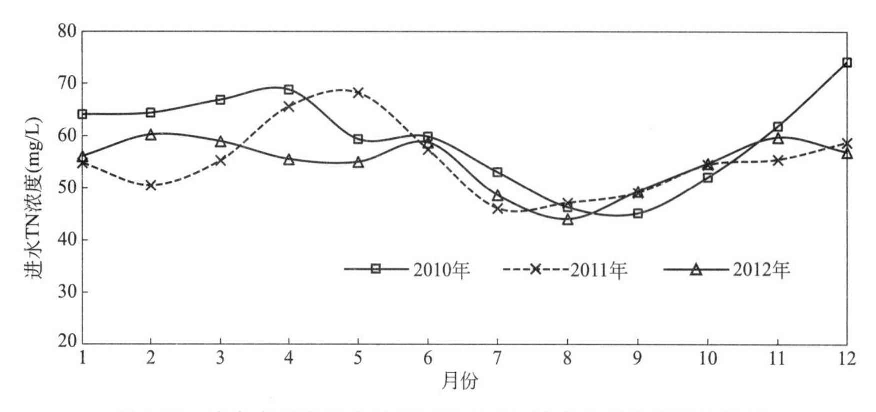

图 2-27　青岛市城市污水处理厂进水 TN 浓度的月均值变化特征

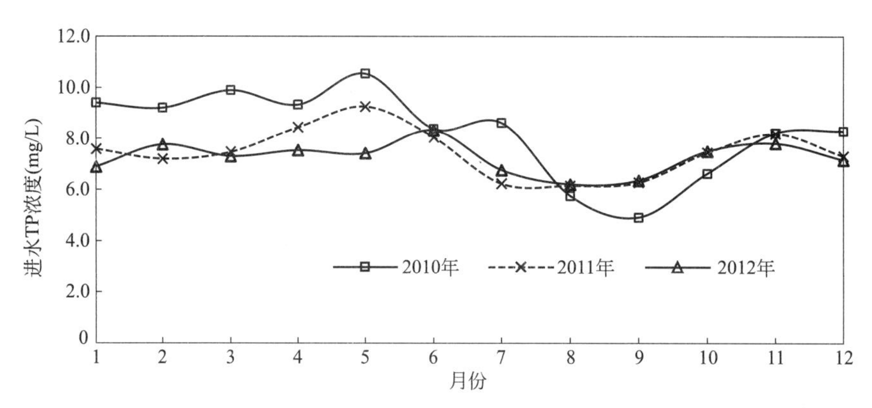

图 2-28　青岛市城市污水处理厂进水 TP 浓度的月均值变化特征

2.1.3　工程项目污水水质水量动态变化示例

1. 无锡芦村污水处理厂项目

无锡芦村污水处理厂是太湖流域规模最大的污水处理厂，其进水水质水量的变化特征具有较强的地域代表性。图 2-29 为该厂一期、二期和三期工程 2006～2013 年的进水量变

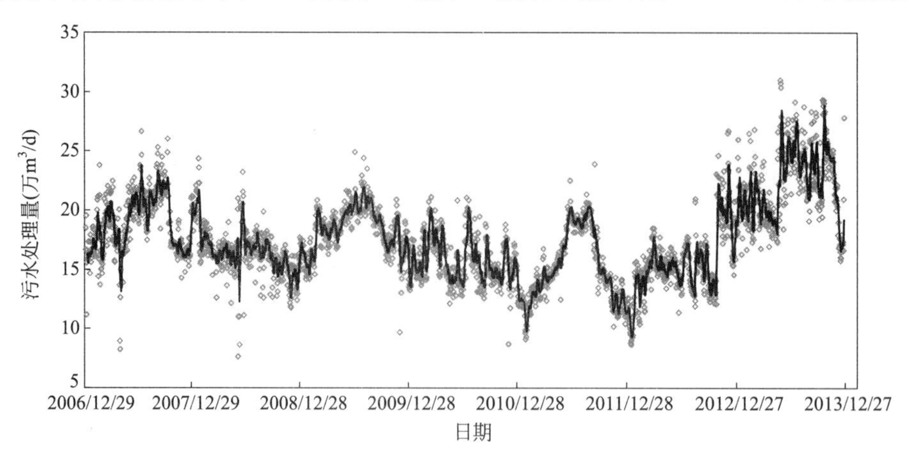

图 2-29　无锡芦村污水处理厂进水量 2006～2013 年日均值变化

化，季节性波动较明显。2007～2011 年呈现总体下降趋势，最大流量 23.9 万 m^3/d，均值 15.8 万 m^3/d；2012～2013 年呈现总体上升趋势，最大流量为 31 万 m^3/d，均值为 18.8 万 m^3/d。图 2-30 为 2010～2013 年的月均进水量变化，峰值区段为 6～11 月份。

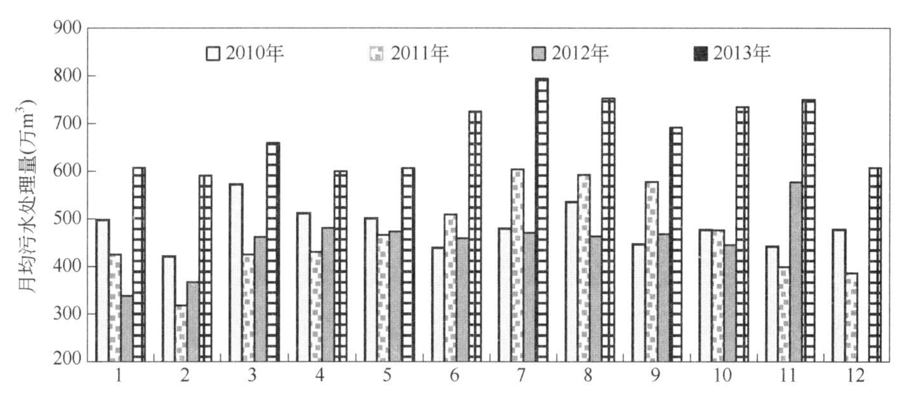

图 2-30　无锡芦村污水处理厂进水量的月均值变化特征

图 2-31 和图 2-32 分别为无锡芦村污水处理厂进水 BOD_5 和 COD 浓度的日均值变化，两者间存在正相关关系，浓度波动较明显，与降雨集中在全年 6～10 月份相吻合。雨季时段需要特别关注河水倒灌或地表径流进入污水系统，避免进水水质浓度的急剧下降。夏季进水 BOD_5 浓度处于全年的低值区间，需要注意生物除磷脱氮过程的碳源不足问题。

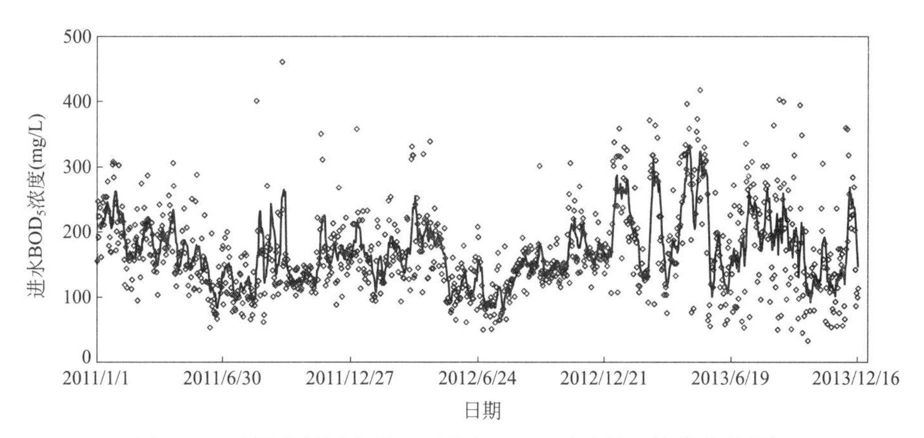

图 2-31　无锡芦村污水处理厂进水 BOD_5 浓度的日均值变化特征

图 2-33 为 2011～2013 年进水 SS 浓度的日均值变化，可以看出，进水 SS 浓度总体上偏高，并且存在数倍浓度的季节性波动，这对活性污泥的 MLVSS/MLSS 会有较大的不利影响。2011～2012 年呈现“V”字形的浓度波动，其中 6～10 月份为全年的低峰浓度时段。进入 2013 年之后，SS 浓度的波动更加明显，这对预处理工艺系统和后续深度处理系统（如滤布滤池、深床滤池等）的抗水质水量波动能力提出了更高的要求。

图 2-34 和图 2-35 分别为芦村污水处理厂 2011～2013 年进水 NH_3-N 和 TN 的浓度变化，两者呈现正相关，说明 NH_3-N 与 TN 的比例关系相对稳定。每年的 11 月至次年 4 月

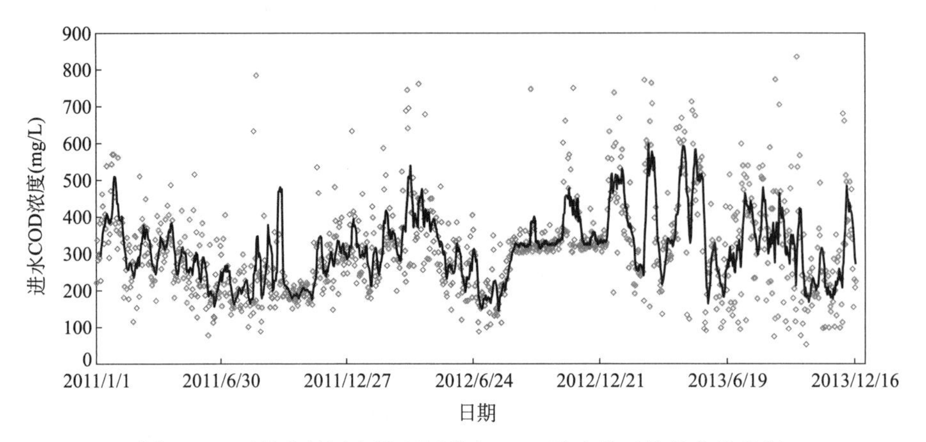

图 2-32 无锡芦村污水处理厂进水 COD 浓度的日均值变化特征

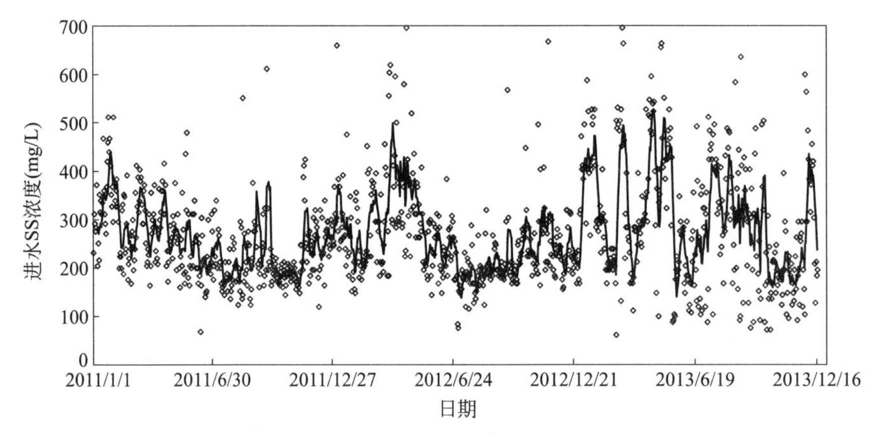

图 2-33 无锡芦村污水处理厂进水 SS 浓度的日均值变化特征

为峰值浓度时段。2013 年的进水 NH_3-N 和 TN 浓度均进一步升高，波动范围加大。这就意味着，不仅需要关注冬季低温条件下的 NH_3-N 和 TN 浓度波动，也需要关注处于年度水质浓度低点的夏秋多雨季节，出现 NH_3-N 和 TN 浓度剧烈波动的情况。不论什么时段，进水 NH_3-N 和 TN 浓度的剧烈波动都会影响生物脱氮工艺系统的运行稳定性。

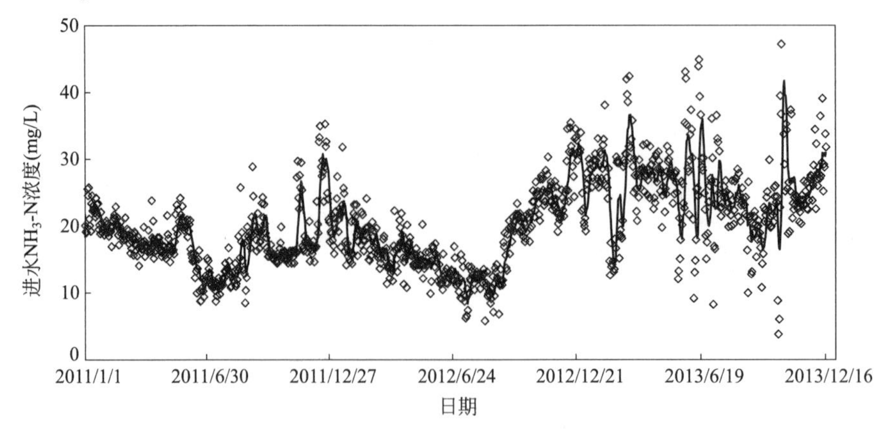

图 2-34 无锡芦村污水处理厂进水 NH_3-N 浓度的日均值变化特征

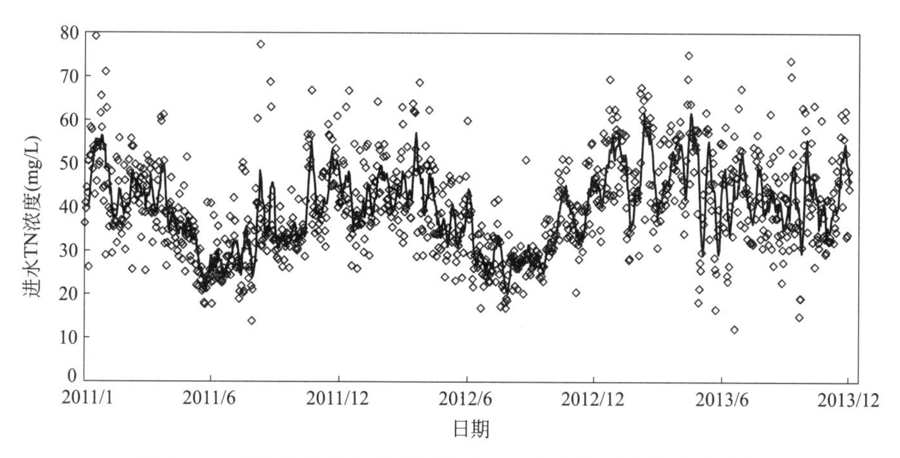

图 2-35　无锡芦村污水处理厂进水 TN 浓度的日均值变化特征

图 2-36 为 2011～2013 年芦村污水处理厂进水 TP 浓度变化，2011～2012 年的波动范围相对较小，进入 2013 年之后，峰谷交替的周期明显缩短，浓度波动范围加大，在某些时段还存在急剧升高的情况，这有可能是工业废水排入的影响。因此，在尽力保持生物除磷工艺效能的前提下，还需要增强化学除磷能力，作为稳定达标的保障措施。

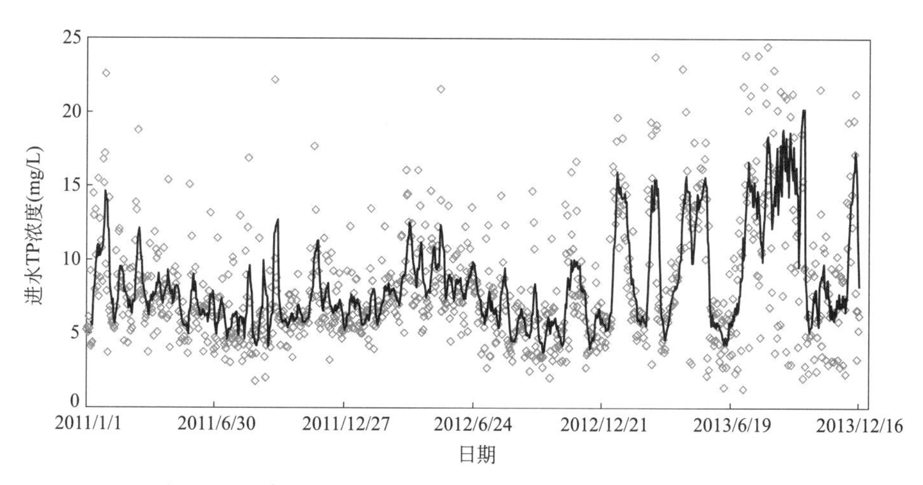

图 2-36　无锡市芦村污水处理厂进水 TP 浓度日均值变化特征

图 2-37 为芦村污水处理厂连续 72h 进水量变化，有明显的峰谷特征。图 2-38～图 2-41 为进水主要水质指标的 24h 变化，COD、SS、TP、NH_3-N 和 TN 等指标的浓度变化范围均较大，但溶解性组分的变化较小，说明进水 SS 浓度的变化是水质波动的主要成因。在工艺设计和运行控制中，污水 SS 浓度及其组分的变化不可忽视。

图 2-40 中的 7:00～13:00 时段为全天的降雨时段，对进水 SS 浓度有一定的影响。SS 浓度的变化主要受其固定性组分（FSS）的影响，在降雨时段，雨水与泥砂共同进入污水管道，造成降雨过程和雨后一段时间内，进水中的无机悬浮固体含量有较明显的升高。

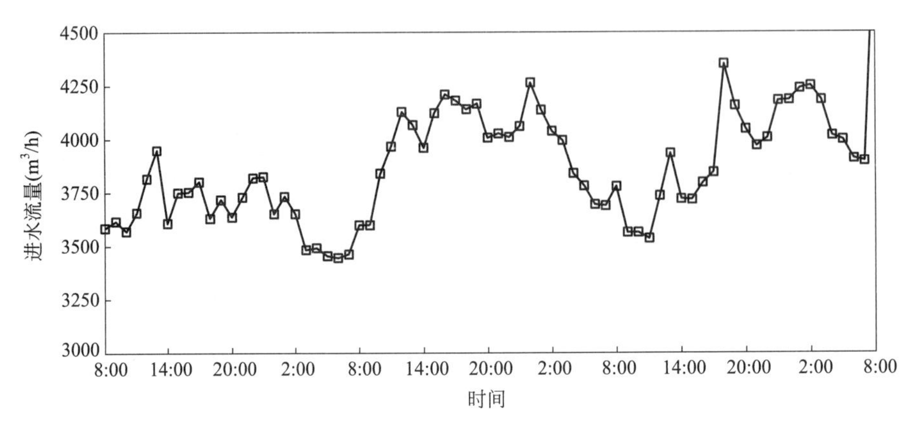

图 2-37　无锡芦村污水处理厂连续 72h 进水水量变化

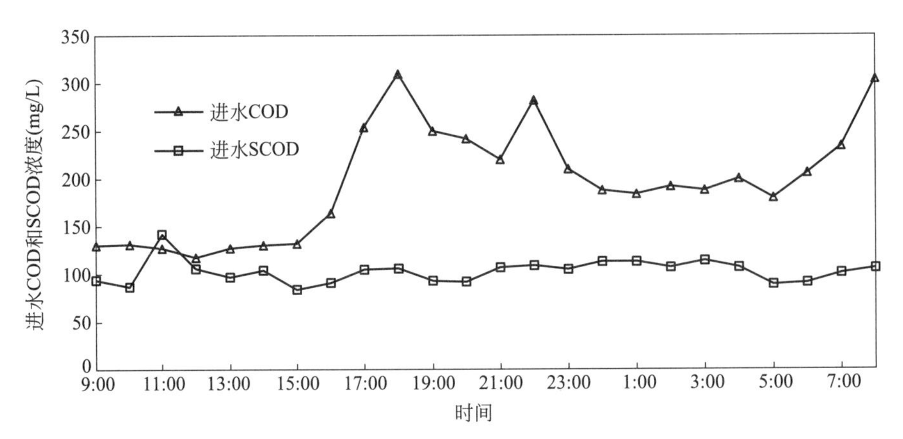

图 2-38　无锡芦村污水处理厂进水 COD 和 SCOD 浓度 24h 变化

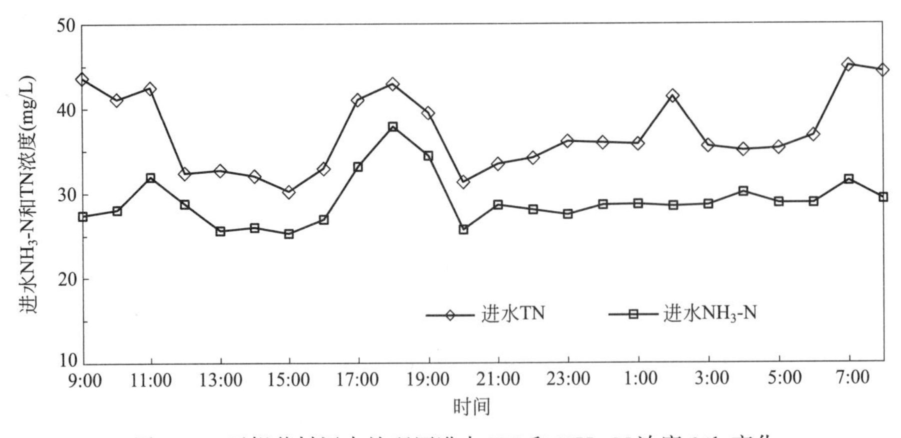

图 2-39　无锡芦村污水处理厂进水 TN 和 NH_3-N 浓度 24h 变化

从图 2-41 可以看出，进水 TP 的波动主要由悬浮态 TP 决定，溶解性磷（STP）的浓度变化较小，一般情况下，大部分悬浮态 TP 可以在初沉池中得到去除。

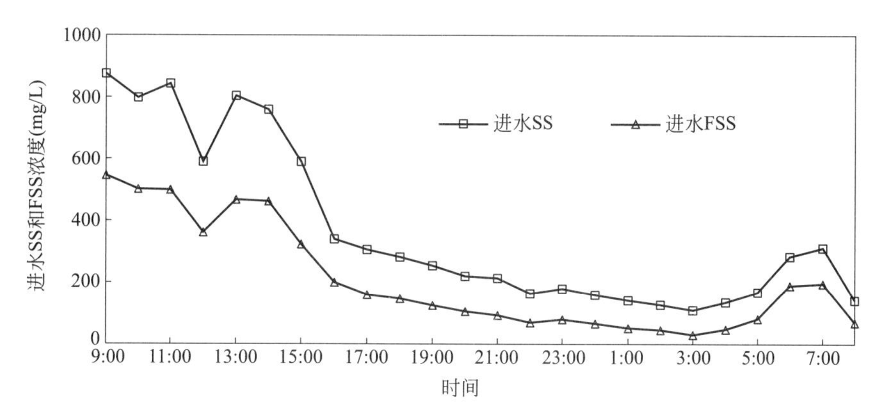

图 2-40　无锡芦村污水处理厂进水 SS 和 FSS 浓度 24h 变化

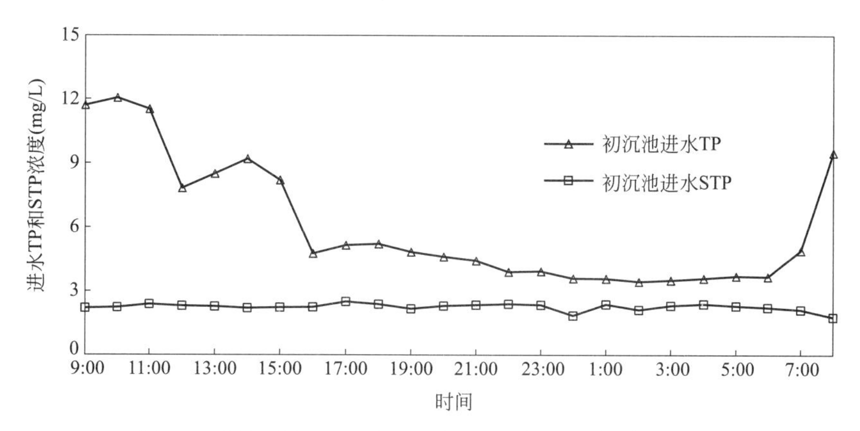

图 2-41　无锡芦村污水处理厂进水 TP 和 STP 浓度 24h 变化

2. 青岛市团岛污水处理厂项目

青岛团岛污水处理厂进水以生活污水为主，工业废水比例很低，其进水浓度明显高于全国平均浓度水平。图 2-42 为该厂 2013 年进水流量的月均值变化。

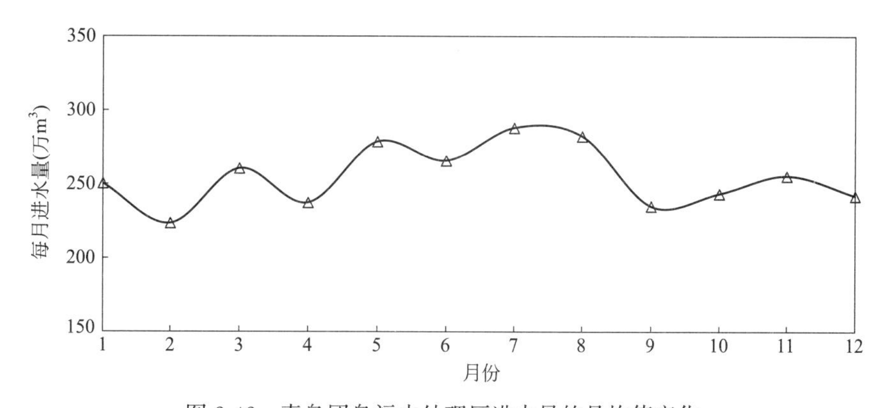

图 2-42　青岛团岛污水处理厂进水量的月均值变化

图 2-43～图 2-45 为 2013 年各月份进水水质浓度的变化情况，TN 和 NH_3-N 浓度的变化范围较大，TN 浓度的波动系 NH_3-N 浓度的波动所致。

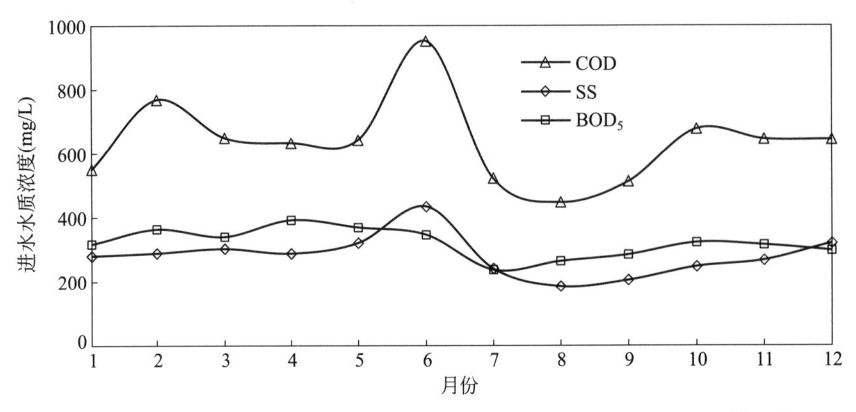

图 2-43　青岛团岛污水处理厂进水 COD、SS 和 BOD_5 浓度的月均值变化

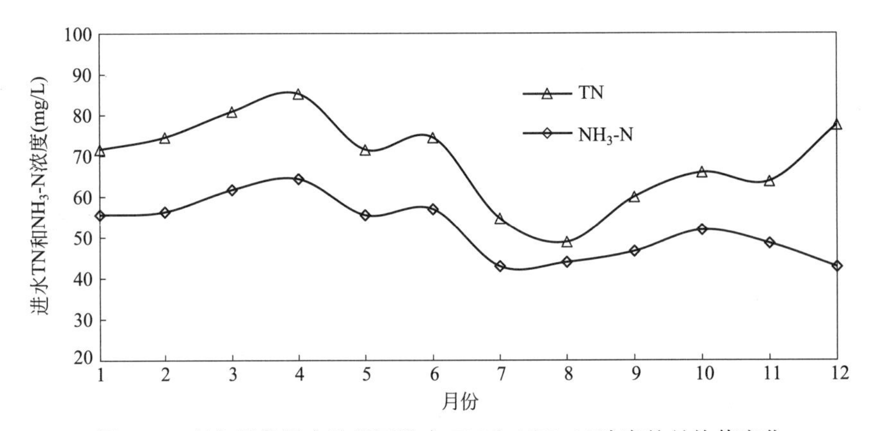

图 2-44　青岛团岛污水处理厂进水 TN 和 NH_3-N 浓度的月均值变化

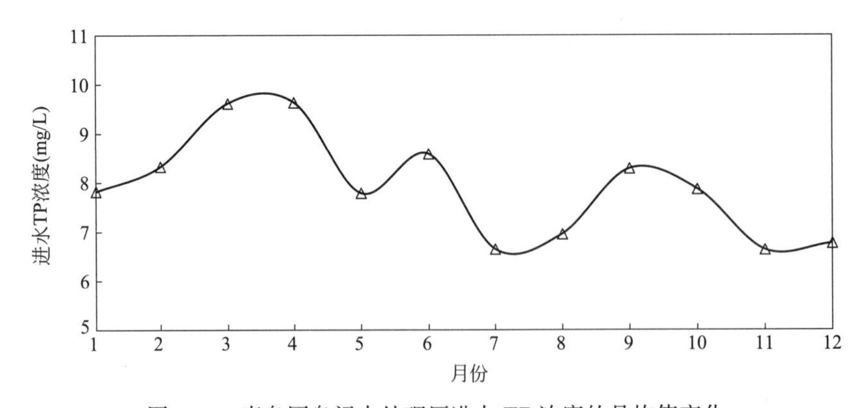

图 2-45　青岛团岛污水处理厂进水 TP 浓度的月均值变化

如图 2-46～图 2-48 所示，该厂各项进水水质指标的日均值变化幅度均较大，COD 浓度经常超 1000mg/L，SS 没有明显变化规律；TN 浓度为 20～100mg/L，大范围波动，大部分时间在 50～80mg/L 之间，因此，出水 TN 的稳定达标是较大的运行管理挑战。

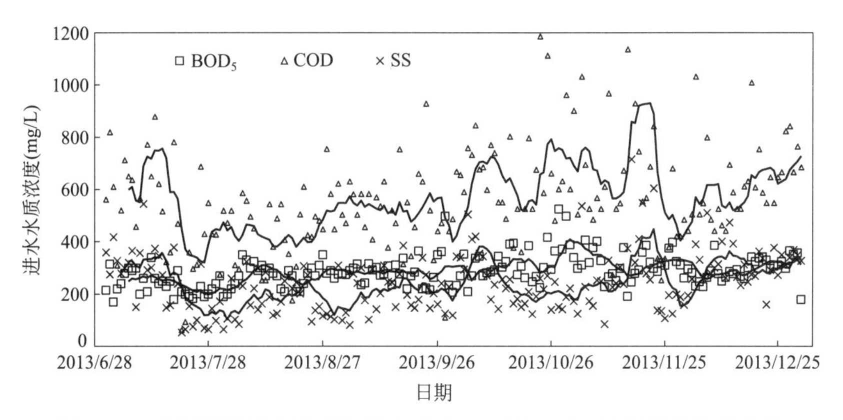

图 2-46　青岛团岛污水处理厂进水 COD、BOD_5、SS 浓度的日均值变化

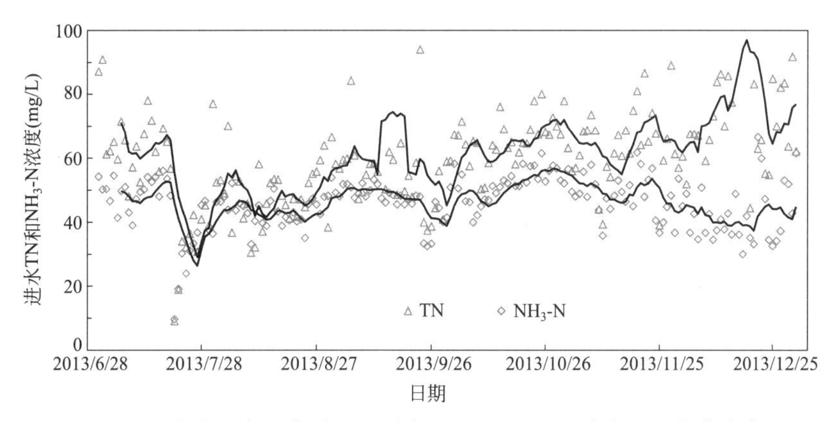

图 2-47　青岛团岛污水处理厂进水 TN 和 NH_3-N 浓度的日均值变化

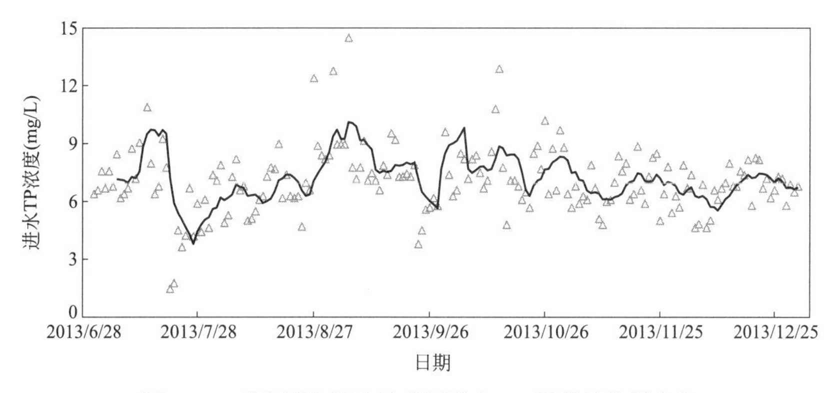

图 2-48　青岛团岛污水处理厂进水 TP 浓度日均值变化

2.2　城镇污水水质水量影响因素

2.2.1　污水管网与泵站

早在 20 世纪四五十年代，欧美国家的学者就对污水输送过程中的污染物衰减现象进

行了跟踪研究。1994年国际水质协会（IAWQ）在丹麦奥尔堡召开第一届“管道作为反应器”专题会议，使污水在管道输送过程中的衰减和净化问题成为行业的关注点。奥尔堡大学Kamma Raunkjrer团队，对丹麦一段长5.2km、无外水影响的重力流管道沿程的污染物测试结果表明，在15℃和0.46～0.55m/s流速下，溶解性COD的最大衰减速率为20mg/(L・h)，全管段COD和溶解性COD衰减率分别为14%和25%。好氧状态下COD衰减速率为10～30mg/(L・h)，厌氧状态下仅为1～2mg/(L・h)。波兰的研究人员对12.13km污水管道的7个检查井进行了氮类的浓度测试，结果表明沿程NH_3-N浓度出现较明显的升高，由起始端平均38.8mg/L升高至污水处理厂前的43.8mg/L，提升12.9%。

上述研究表明，即使在相对理想的污水管网建设及运行维护条件下，也无法避免COD类污染物的降解衰减和有机氮的氨化释放。如图2-49所示，引起污水管网内部污染物衰减变化的主要因素包括生物衰减、物理沉降和吸附沉降等。在污水管道内部基本无淤积的工况下，生物水解与降解反应过程是有机物衰减和氨氮释放的主要成因，来自人体排泄和管网内部增殖的微生物使污水处于厌氧状态，或污水流动复氧在局部形成微氧、好氧环境，出现有机物降解及氮磷组分的水解释放。有机物降解为短链的小分子有机物、CO_2和H_2O，部分用于生物合成，是COD衰减的主要原因，相应的衰减系数通常称为“自然衰减系数”或“理论衰减系数”。在大分子或复杂有机物的生物降解过程中，其氮、磷组分主要转变为氨氮和磷酸盐，污水中的氨氮和磷酸盐浓度随着管道内的输运过程往往不降反升。

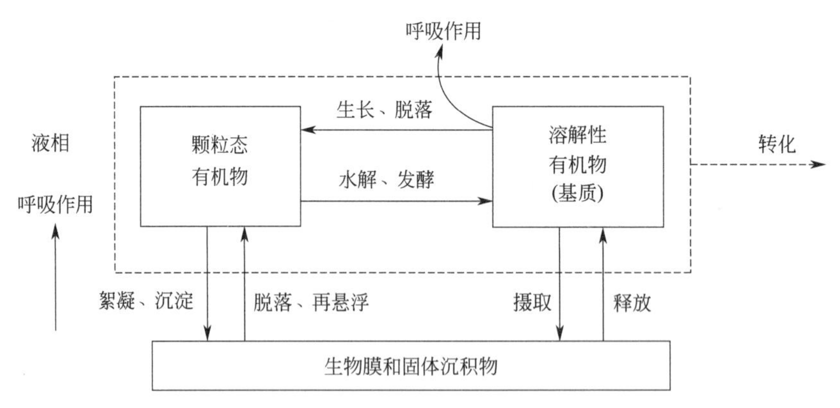

图2-49　影响污水管道中溶解性和颗粒态有机物浓度的主要组分及过程

我国城镇污水管网中的污水低流速现象比较普遍，有污水管网流速检测结果显示，检测点位的流速均低于0.3m/s，其中低于0.2m/s的点位高达85%，低于0.1m/s的达到46%。这意味着污水管网中的实际运行流速明显低于《室外排水设计标准》GB 50014—2021中“污水管道在设计充满度下应为0.6m/s”“合流管道在满流时应为0.75m/s”的要求，长期低流速引发的颗粒物沉积问题突出，部分污水管道的旱季积泥深度普遍超过50%。

污水管道中的颗粒物在凝聚吸附及携带有机物共同沉积的过程中，会加剧 COD 的衰减，使我国城镇污水管网内的 COD 实际衰减系数明显高于欧美发达国家。与此相反，以离子态呈现的氨氮和正磷酸盐，几乎不会被颗粒物凝聚吸附与沉淀，而且长期留存在污水管道内的沉积物还会发生厌氧生物水解和降解，释放出氨氮和溶解性磷酸盐，这是导致我国城镇污水处理厂进水低碳高氮磷、生物脱氮除磷碳源严重不足的关键性原因之一。中国市政工程华北设计研究总院有限公司研究团队对天津市某污水管道污泥淤积情况的检测分析结果表明，淤积污泥中的 COD/TN 可高达 20～30，COD/TP 可达 80～100。

污水管道中的流速、过水断面面积，与流量之间具有一定的计算关系，在流量一定的情况下，过水断面面积越大则流速越低，而高运行水位则是过水断面面积增大的最直观表现。我国城镇污水管网普遍高水位运行的原因是多方面的，其中管网节点或泵站水位是重要因素。在无水力阻断的情况下，污水管网内不同节点的水位遵循“连通器”原理，也就意味着想要降低上游管段的运行水位，必须先降低下游泵站或关键管段节点的运行水位。

但泵站运行水位的降低，就意味着需要更大的水泵扬程，产生更大的电能消耗，因此，实际运行过程中，不少污水处理厂会将运行液位控制在远高于设计值的液位水平（如图 2-50 所示），对于设计坡度只有 0.2%左右的污水管道而言，每增加 1m 运行液位相当于直接影响前端 500m 以上管道的运行水位，容易形成较严重的低流速管段问题。做好污水管网系统的节能降耗与运维效能的动态平衡，对于运行管理者来说通常是比较难以决策的事情。

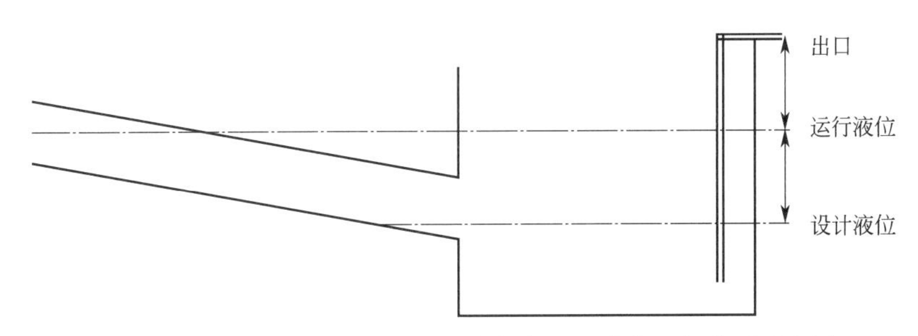

图 2-50　城镇污水处理厂进水泵房集水池的液位运行范围示意图

2.2.2　工业废水的排入

工业企业自建废水预处理设施，将工业废水预处理至满足纳管标准后排入城镇下水道，是我国城镇排水与污水处理工程设计建设的传统做法，在城镇污水处理厂出水排放标准相对较低、处理后直接排放的时期得到广泛应用。目前排入城镇下水道的工业废水通常有两种控制模式：一是执行标准较为宽松的《污水排入城镇下水道水质标准》GB/T 31962—2015，二是执行相对严格的工业行业直接排放标准或限值后仍排入城镇下水道，当然还有部分地区存在高浓度工业废水偷排或超标排入城镇下水道的问题。

执行 GB/T 31962—2015 纳管标准的工业企业，其水质控制要求与居民生活排水类似，但多数工业企业通常采用高浓度活性污泥法，或吸附沉淀为核心的一级强化工艺过程进行工业废水预处理，其出水含有大量难生物降解，甚至不可生物降解的有机物，其可生化性普遍较差，一旦排入下水道会明显拉低生活污水的 BOD/COD 及水质构成，一定程度上影响城镇污水处理工艺过程的 COD 稳定达标程度及碳源的质量，造成接纳了工业企业排水的部分城镇污水处理厂，不得不采取臭氧氧化等高级氧化工艺来确保出水 COD 稳定达标。

执行工业行业直接排放标准或限值的工业企业，通常不仅采用生物处理工艺，部分工业行业还需要设置臭氧、芬顿等高级氧化工艺系统，出水表现为相对较高的氧化还原电位（ORP）。这些工业行业的高标准处理污水排入城市下水道，会与生活污水发生氧化还原反应，消耗生活污水中的还原性有机物，致使 BOD_5 浓度降低，进一步加剧城镇污水处理厂生物脱氮除磷所需碳源不足问题。高排放标准、低浓度工业废水排入城镇下水道也会挤占下水道空间，导致生活污水稀释，对城镇污水收集系统的效能造成重大影响。

另外，城镇污水处理工艺过程一般仅适用于生活类常规污染物的去除，对排入城镇下水道的工业废水中的重金属、有毒有害物质，尤其是经过高级氧化处理的残余污染物并不具有进一步去除的能力。这些工业废水污染物排入城市下水道，只是经生活污水稀释排放，会造成污水处理厂出水生物毒性增加，构成生态安全风险；或被吸附到污泥中，致使污泥重金属超标，影响污泥的处理处置和资源化利用；部分污染物还会直接影响污水处理系统的微生物活性，抑制生物反应能力，甚至造成微生物中毒，也是需要关注的问题。

无论执行《污水排入城镇下水道水质标准》GB/T 31962—2015 还是执行工业行业直接排放标准或限值的工业废水排入城镇污水处理厂，都需要对污水处理工艺过程提出更高要求。可能需要考虑延长水力停留时间、增加曝气强度等生物处理措施，甚至需要增设臭氧、芬顿等高级氧化工艺单元，或活性炭、活性焦等物理吸附工艺单元，增加工程投资和运行成本的同时，还可能会再次引入其他有毒有害中间体和代谢副产物，进而对后续的接纳水体水环境产生影响及危害风险。

工业废水中的重金属等有害物质虽然可被城镇污水稀释，但因其难以去除，仍容易导致污水处理厂出水中重金属浓度升高甚至超标，对污水处理厂出水的再生利用、污泥资源化利用都构成一定的安全隐患。大量工业废水排入城镇污水处理系统，还会侵占收集管网、泵站和污水处理厂空间，尤其当工业废水排放时段与居民生活排水高峰阶段重合时，工业废水的排入会导致管网对生活污水收集输送能力降低，进而引发管道水位高程较低的检查井或者干管下游出现污水冒溢、直排进入水环境等问题。

随着城镇污水处理厂出水生态安全意识的提升和污水资源化进程的加快，工业废水排入影响城镇污水处理厂污染物稳定达标和出水水质的问题逐渐引发行业关注。"水十条"明确要求，城市建成区内现有钢铁、有色金属、造纸、印染、原料药制造、化工等污染较重的企业应有序搬迁改造或依法关闭；《室外排水设计标准》GB 50014—2021 要求，排入城镇污水管网的污水水质必须符合现行国家标准的规定，不应影响城镇排水管渠和污水处理厂等的正常运行；不应对养护管理人员造成危害；不应影响处理后出水的再生利用和安全排放；不应影响污泥的处理和处置。

《城镇污水处理提质增效三年行动方案（2019—2021年）》要求，地方各级人民政府或工业园区管理机构要组织对进入市政污水收集设施的工业企业进行排查，地方各级人民政府应当组织有关部门和单位开展评估，经评估认定污染物不能被城镇污水处理厂工艺过程有效处理或可能影响城镇污水处理厂出水稳定达标的，要限期退出；经评估可继续接入污水管网的，工业企业应当依法取得排污许可。不断规范工业企业排水行为管理，推进我国城镇污水处理提质增效和污水资源化回补生态水系，是促进我国城镇排水与污水处理行业向安全、高效、绿色、低碳方向发展的重要举措。

2.2.3　地表径流的输入

地表径流进入污水管网对城镇污水水质的影响主要表现在两个方面。一是大多数时段地表径流的水污染物浓度明显低于生活污水，进入污水管道后，会对原生的生活污水构成稀释作用并携入大量的溶解氧，使城镇污水处理厂的雨季进水浓度处于较低水平；二是许多城市仍处于工程大建设状态，加上城市路面的清洁度不高，降雨径流会携带大量地表泥砂进入城市污水管道。虽然与工程施工泥浆水进入、污水管网长期低流速无机泥砂沉积等途径相比，降雨径流的无机泥砂影响可能并不特别显著，但还是需要特别关注的，尤其在建和已建的道路、广场和公园及绿化带出现持续性土壤流失的情况。

上述问题不仅出现在合流制排水区域，在绝大多数分流制排水区域也同样存在，这不仅是因为很多分流制排水区域普遍存在的错接、混接现象，也与近年来城市黑臭水体整治和入河排污口治理工程普遍采取的雨水排口“一截了之”的简单化解决方式直接相关。

城镇降雨地表径流对生活污水的稀释多数直接表征为源头地块的排入稀释，分流制区域可能存在雨水管网末端截流排入污水管网导致的稀释问题，因此，地表径流对城镇污水的稀释通常与截流倍数选择并没有直接关系，截流干管只是将已经被地表径流稀释过的雨污水输送至城镇污水处理厂。

降雨季节城镇污水处理厂进水浓度降低是普遍现象，图2-51～图2-54为某污水处理厂2017年全年进水水量以及BOD_5、COD、NH_3-N和TP的月均值变化，其旱季污水量大致为1.5万～2.5万m^3/d，而雨季污水量则增长至2.5万～4万m^3/d，接近旱季处理量的1.5倍。与此对应，进水BOD_5、COD、NH_3-N和TP浓度的旱季平均值也分别为雨季的1.59倍、1.57倍、1.50倍和1.63倍，进水浓度与污水处理量呈现负相关性。

从图中的数据比例关系不难看出，进水NH_3-N浓度与进水水量的响应关系最显著，而BOD_5、COD和TP等指标在降雨期间的总量比例上明显高于NH_3-N，应该与污水管道旱季沉积，降雨冲刷沉积物造成的BOD_5、COD和TP输出总量的增加有关。

按照《城镇居民生活污水污染物产生量测定》T/CUWA 10101—2021对常州市某小区楼宇进行的居民排水规律的测试，结果表明，受生活习惯等因素的影响，居民生活排水量和污染物浓度具有一定的季节变化特征，夏季的人均日生活污水排放量要高于秋冬季节，而污水污染物浓度也呈现出夏季低于冬季的特征，再加上雨季城市河湖水位通常高于非雨季。因此，每个城镇污水处理厂的处理水量和进水浓度的变化是因降雨稀释，还是受

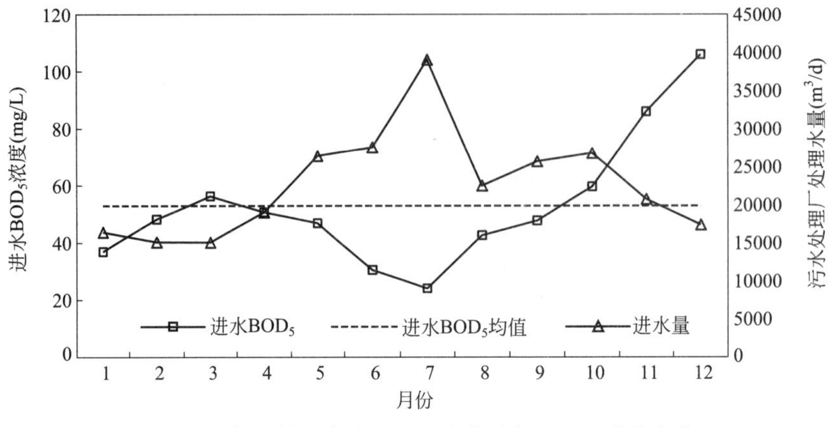

图 2-51 某城镇污水处理厂进水水量与 BOD_5 浓度变化

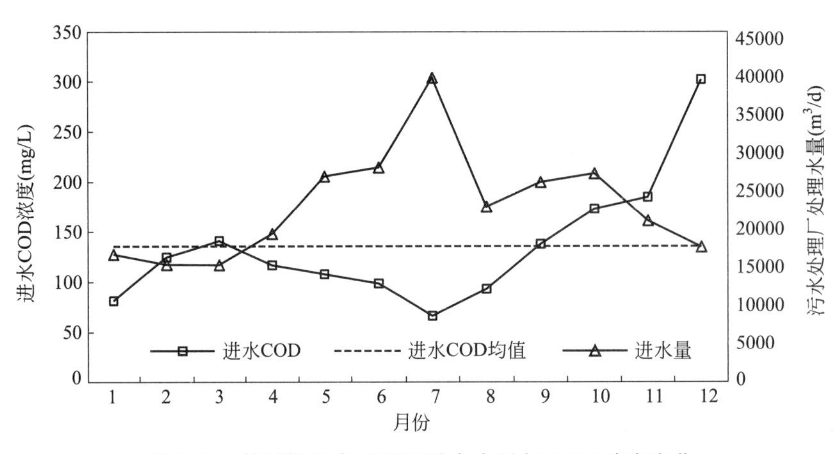

图 2-52 某城镇污水处理厂进水水量与 COD 浓度变化

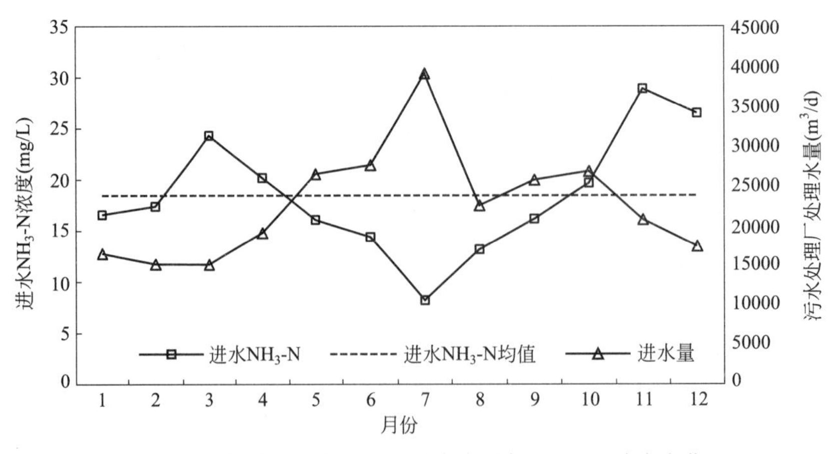

图 2-53 某城镇污水处理厂进水水量与 NH_3-N 浓度变化

限于本地区居民生活用水规律，还需要进一步的研究和个性化的研判。

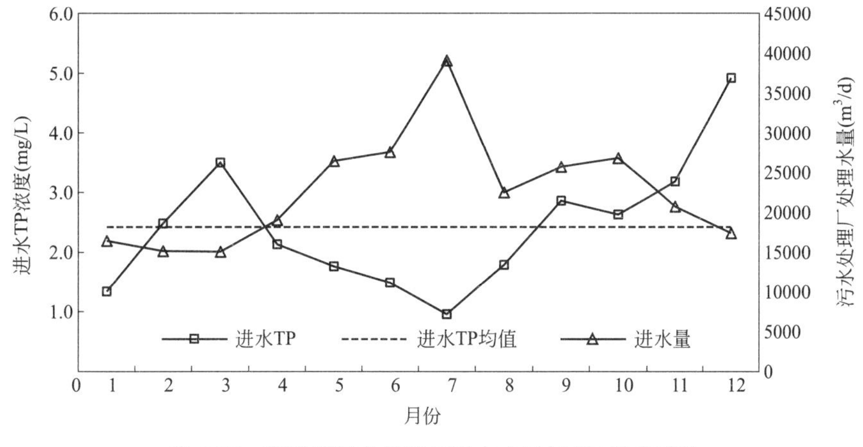

图 2-54　某城镇污水处理厂进水水量与 TP 浓度变化

2.2.4　持续性外水排入

除了工业废水、地表径流等进入城市下水道的轻度污染水之外，大部分城市还存在河湖水倒灌、山泉（山涧）水入流、施工降水排入、地下水入渗等“清水”倒灌和入流入渗的可能性，部分城市还有雨水管道末端轻度污染水截流排入污水收集管网的情况。这些外水进入城镇污水管网，不仅稀释城镇污水的主要污染物浓度，还会侵占污水管网、泵站和处理厂的运行空间，挤占收集处理系统的调蓄能力，增大污水溢流排放的风险，对污水处理系统的正常稳定运行造成不良影响。但现有管理体系和管理模式下，绝大部分“清水”入流入渗问题在短期内是很难以根治的，需要长期不懈的努力。

（1）城市河湖水倒灌和入流入渗。这是高水位城市河湖常见的一种现象，由于城市河湖水位明显高于周边污水管网的运行水位，在“压力差”的作用下，河湖水借助“连通器”原理，通过污水管网的薄弱环节入流入渗，或间接通过雨水排口或溢流口倒灌进入污水管网，在城市河湖水系密布的区域较为常见，是城市河湖沿线大多数污水管网外水的主要来源。近年来南方部分城市黑臭水体治理排水清淤过程中，污水处理厂进水水量大幅度减少、污染物浓度明显提高，间接表明了河湖水对污水管网的倒灌和入流入渗问题。部分城市降低河道水位、提升管网运行效能的举措，也在一定程度上说明了河湖水位对污水管网运行状况的影响。以广州某污水处理厂服务片区为例，将原河道水位由 4m 降低至 2m 左右后，污水处理厂进水水量减少 15%左右，COD、BOD_5 和 NH_3-N 浓度平均分别提升 32%、37%和 46%。城市河湖水入流入渗对污水水质的影响不仅表现在浓度的降低方面，还存在还原性有机物（反硝化碳源）过度消耗的风险。随着城市黑臭水体治理和污水处理提质增效工作的持续推进，在未来一段时间内，大部分城市河湖很可能呈现高氧化还原电位、高溶解氧，甚至高硝态氮的特征，河湖水进入污水管网，将消耗污水中的还原性有机物，进一步加剧了城镇污水处理厂进水的碳源不足问题。

（2）大埋深污水管道的地下水入渗。研究发现，远离城镇河湖水体，位于市政道路下的污水支管一般都在地下水的水位线之上，即使存在工程质量缺陷问题，通常也不会因地下水的入流入渗问题而影响其正常运行。但污水处理厂的厂前或泵站前的污水管段，一般都具有大管径、大埋深的特征，大多数位于地下水的水位线之下，再加上距离泵送提升的点位相对较近，在泵池水位与上游管段水位之间形成较大的水位差时，泵池周边的地下水会快速通过管道的薄弱缺陷点位入流入渗，成为污水处理厂“清水”的重要来源，泵站或泵池距离城镇河湖水体较近时，这种情况更加明显，这也是不少污水处理厂无法降低集水井提升水位的重要原因。与城镇的河湖水类似，地下水通常也具有相对较高的氧化还原电位、溶解氧，甚至高硝态氮浓度，对污水处理厂的进水碳源造成一定的损耗。

(3) 山泉（山涧）水排入。城市山泉（山涧）水排入污水管网，通常有多种途径和表现形式，例如，山泉（山涧）水汇流成地表坑塘或小溪流，没有相应的水流通道，只能进入污水管网，这种情况较为普遍；经浅层地下通道流动过程中遇到居民小区、商业建筑或其他“拦截”设施的阻断，只能提升排放到市政排水管网，南方某些城镇出现地下二层无需排水而地下一层需要长期排水的现象，主要是山泉（山涧）水引起。与河湖和地下水相比，山泉（山涧）水可能更为“清澈”，对生活污水的稀释和充氧作用更加突出。

(4) 深基坑排水或施工降水排入。深基坑排水和施工降水是许多工程建设项目不得不面对的问题，对于工程排水，排入污水（雨水）管道或自建管线排放周边水体属于两难选择。目前国内绝大部分深基坑排水和施工降水直接排入周边排水管网（雨水或合流制管网），对排水管网和污水收集效能造成不利影响。例如，2021 年 8 月某市报道，“在工作中发现，污水处理厂进水浓度时有降低、路面出现晴天冒污等问题，经梳理排查发现，造成问题的重要因素为建筑施工降水”，并排查“发现施工降水接入污水检查井共计 62 处，其中排水量较大的点位有 13 个”“复核发现有 5 处的施工降水排入量在 1000m^3/d 以上”。施工降水不仅会造成生活污水浓度的稀释和还原性有机物的消耗，还存在无机泥浆等造成的排水管道沉积物增多问题，属于需要加以严格管控的排入性外水。

2.2.5 其他影响因素

受工程建设质量、地面荷载条件、实际运行工况等因素影响，我国不少城市的污水管网存在严重破损与缺陷，加上河湖高水位对污水管网运行水位的顶托，导致管网长期处于高水位、低流速运行，污水管道内居民生活污水污染物沉积比较严重，许多城市雨季来临前污水管道的积泥深度超过管径的 50%，合流制污水管网的淤积现象更为突出。而降雨过程中，污水管网的输送水量增大，冲刷并携带沉积物溢流至城市河湖，导致水体返黑返臭，已经引起生态环境监测部门的关注。

2022 年 2 月生态环境部发布了《关于开展汛期污染强度分析推动解决突出水环境问题的通知》，结合《城镇排水管渠与泵站运行、维护及安全技术规程》CJJ 68—2016 等标准规范对污水管道积泥深度不超过 1/8 的要求，污水管网的积泥清理与控制将成为城市水环境治理必须采取的工程举措。我国大部分城市污水管网运行水位无法降低至理想状态，在运行水位不变的情况下，清淤会增大污水管道的过水断面面积，同等输送水量下的流速继续降低，污水颗粒物沉积问题有可能更加严重，也就容易出现清淤过程中污染物浓度增大，但清淤后浓度短时期急剧降低的情况，因此，污水管网清淤应与降水位提流速同步实施。

某些城镇污水处理厂进水水质还会受到工业废水、垃圾渗滤液、商业娱乐场所（温泉、泳池、浴室等）排水不连续排入的冲击影响，尤其采用罐车通过污水干管上的检查井进行排放时，会直接对管网内的污水水质形成瞬时的超高或超低浓度，或某些污染物浓度超过生物处理系统最大应对能力的风险，这也是污水处理工程建设运维中需要特别关注的。

2.3　主要水质指标达标难点剖析

2.3.1　化学需氧量（COD）

化学需氧量（COD）是指水样中可被强氧化剂（重铬酸钾）在高温强酸状态下化学氧化的还原性物质所消耗的重铬酸钾的量，折算成对应的氧当量。其常规测定方法的基本原理为：在待测水样中加入已知量的重铬酸钾溶液，以银盐为催化剂，在强酸介质下沸腾回流2h之后，以试亚铁灵为指示剂，用硫酸亚铁铵滴定水样中未被还原的重铬酸钾，由消耗的硫酸亚铁铵的量换算成消耗的氧当量浓度，以mg/L表述。

通常情况下，污水中的还原性物质基本上都是有机物，COD测定值可以作为表征污水中有机物含量的综合指标。但需要注意的是，在酸性重铬酸钾条件下，芳烃及吡啶等化合物仍然难以化学氧化，化学分解率较低，使得实际测定值偏低；相反的，污水中含有一定数量的还原性无机物，部分还原性无机物（例如S^{2-}、Fe^{2+}、SO_3^{2-}、NO_2^-、C等）能被重铬酸钾氧化，使得实际测定值偏高。水样中的氨氮（归并为NH_3-N），包括氨（NH_3）和铵盐（NH_4^+），不能被化学氧化，但含氮有机物的化学氧化过程会释出NH_3-N。

COD的上述属性使其非常适合于污水生物处理工艺过程的物料平衡计算，具有简便、快速且较为准确的特点。对于普通城市生活污水，通常可以忽略还原性无机物对COD测定值的干扰。根据国际水协会（IWA）活性污泥一号数学模型（ASM1），代表污水中有机物含量的COD（按C_{COD}表述）可以划分为如下4种组分：

$$C_{COD}=S_S+S_I+X_S+X_I \tag{2-1}$$

式中　S_S——溶解性快速生物降解有机物的COD值，mg/L；

S_I——溶解性不可生物降解（惰性）有机物的COD值，mg/L；

X_S——悬浮性慢速可生物降解有机物的COD值，mg/L；

X_I——悬浮性不可生物降解（惰性）有机物的COD值，mg/L。

在实际运行泥龄较长的活性污泥法生物除磷脱氮工艺系统中，S_S可被快速吸收和生物降解，X_S可被快速絮凝及吸附，随后进行慢速生物降解；S_S和X_S为可生物降解

COD（用 COD_B 表示），$COD_B \approx BOD_u/0.87$，BOD_u 为最终 BOD 测定值。来自进水的 S_I 不发生任何变化，理论上全部随出水排出，决定处理出水溶解性 COD 浓度的高低。

X_I 则被絮凝及吸附到活性污泥中成为活性污泥组分，一部分通过剩余污泥从生物处理系统中排出，其余部分随回流污泥返回活性污泥系统进行循环累积。因此，活性污泥中的 X_I 浓度大于进水 X_I 浓度，浓缩倍数为生物系统的泥龄/水力停留时间（SRT/HRT）。

图 2-55 为某污水处理厂二沉池出水 COD 浓度变化，基本分布在 20～60mg/L 范围内，年平均值约 45mg/L。根据该厂的 3 年历史数据，约 95%天数的日均出水 COD 低于 60mg/L，70%天数低于 50mg/L。增加混凝沉淀或过滤处理后，年平均出水 COD 可降低到 35mg/L。

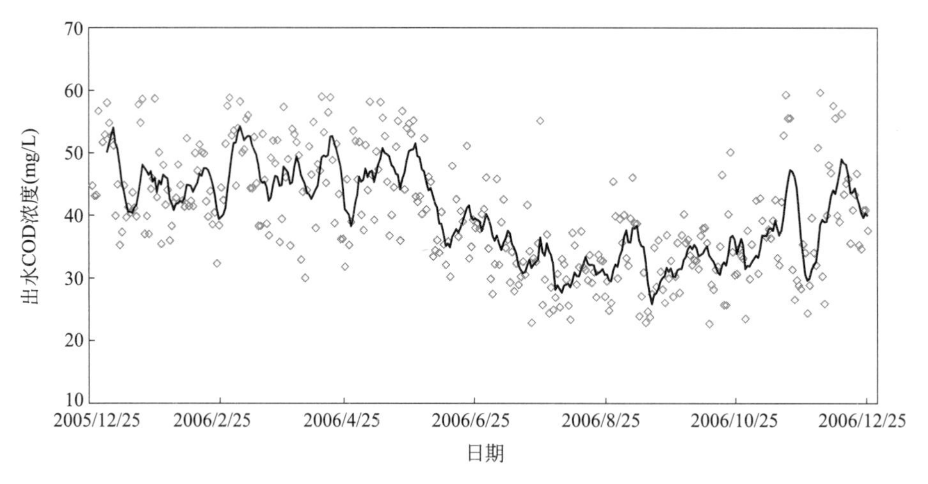

图 2-55　某一级 B 标准城镇污水处理厂二沉池出水的日平均 COD 浓度变化

在生活污水、食品加工和酿造废水中，S_I 所占的比例通常在 5%以内。在正常进水水质环境条件下，城镇污水处理厂二级生物处理出水的 COD 浓度是可以稳定达标的，超标情况主要源自工业废水难生物降解有机物的不利影响。当出现溶解性 COD 浓度过高导致出水 COD 浓度超标的情况时，应首先分析进水的来源，是否存在化工、制药和印染类工业废水，然后测定进水 COD 的 S_I 组分所占比例，判断是否存在工业废水溶解性难生物降解有机物的影响，并通过监控工业废水的排入来解决。较长的运行泥龄在一定程度上有助于出水 COD 浓度的进一步降低。二级生物处理出水的混凝过滤一般可以去除 10mg/L 左右的 COD。必要时，在深度处理中增加臭氧高级氧化或活性焦物理截留（吸附）工艺单元。

2.3.2　五日生化需氧量（BOD_5）

生物化学需氧量（BOD）是指好氧微生物分解水中可生物氧化的还原性物质（主要是有机物）所消耗的溶解氧量，可以综合反映污水被耗氧物质污染的程度。如图 2-56 所示，BOD_5 的测定通常在充满水样且完全密闭的系列溶解氧瓶中进行，在 20℃恒温的暗处（培养箱）连续培养 5d，分别测定溶解氧瓶内培养前后的溶解氧浓度，然后根据合适范围内的浓度差值计算出每升水样的溶解氧消耗量，用 mg/L 表述。

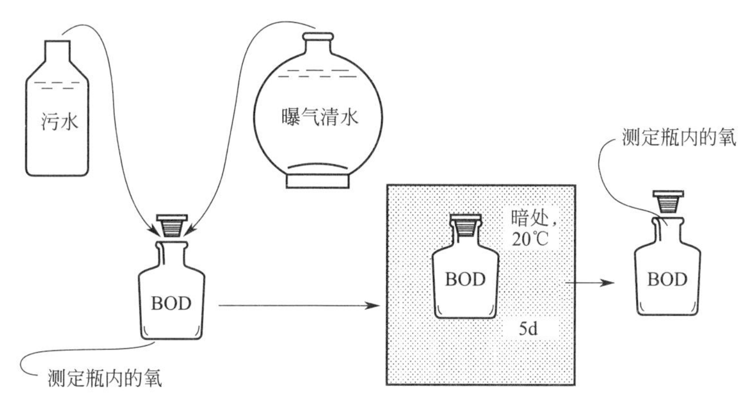

图 2-56　生物化学需氧量 BOD_5 测定方法示意图

若样品中的有机物含量较高，BOD_5 浓度大于 6mg/L，样品需适当倍数的稀释，对于普通城市污水，稀释倍数大致 50～100 倍。对某些含难生物降解有机物的工业废水或受到过冷冻、酸化、氯化等预处理的水样，测定时应进行微生物接种，必要时提前对接种微生物进行驯化培养。BOD_5 浓度值仅代表可生物降解有机物潜在耗氧量的主要部分，更完全的耗氧量分析需要通过二十日生化需氧量（BOD_{20}）或更长的反应时间来获得最终生化需氧量（BOD_∞ 或 BOD_u）。对普通生活污水，BOD_5/BOD_u 约为 0.6～0.7。

需要特别注意的是，在历时较长的 BOD 值测定或二级生物处理出水 BOD_5 测定中，会受到氨氮（NH_3-N）生物氧化过程的干扰，NH_3-N 氧化为硝酸盐氮的耗氧量为 4.57mgO_2/mgNH_3-N，这就需要在溶解氧瓶中加入一定数量的硝化抑制剂（例如烯丙基硫脲），阻断 NH_3-N 的生物氧化，相应的测定值用碳源 BOD_5（$cBOD_5$）来表示，代表碳源有机物的生化需氧量。测定方法参见《水质 五日生化需氧量（BOD_5）的测定 稀释与接种法》HJ 505—2009。

根据已有运行数据，活性污泥法和生物膜法都能够非常有效地降低污水 BOD_5 浓度。泥龄 5d 左右的常规生物处理系统中，出水溶解性 BOD_5 在 10mg/L 以下；泥龄 15d 左右的生物除磷脱氮系统，出水溶解性 BOD_5 在 5mg/L 以下；而更长泥龄的强化生物除磷脱氮系统中，出水溶解性 BOD_5 可降至 3mg/L 左右。出水悬浮性 BOD_5 浓度则取决于出水悬浮固体浓度及其可生物降解有机组分含量。绝大多数情况下，城镇污水处理厂出水 BOD_5 是可以稳定达标的，除非发生活性污泥中毒、曝气池供氧严重不足、二沉池污泥流失、活性污泥膨胀溢出等特殊的运行情况。

以某城镇污水处理厂为例，按一级 B 标准设计与运行。如图 2-57 所示，约 98%天数的日平均出水 BOD_5 低于 20mg/L，约 75%天数低于 10mg/L，年平均出水 BOD_5 为 7mg/L。如果增加混凝沉淀或过滤处理设施，去除悬浮性 BOD_5，其年平均 BOD_5 可降低到 4mg/L 以下，稳定达到一级 A 标准。这是 BOD_5 测定未添加硝化抑制剂的情况，如果扣除 NH_3-N 氧化对 BOD_5 测定的干扰，所测得的出水 BOD_5 将更低，可以稳定达到高水质标准要求。

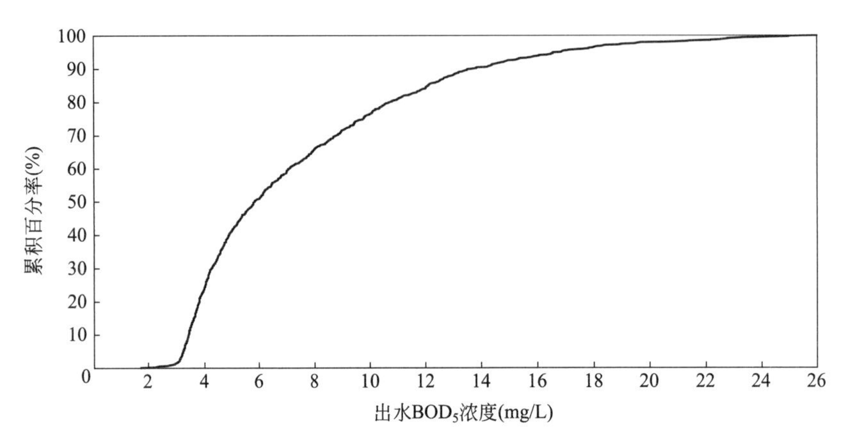

图 2-57　某一级 B 标准污水处理厂二沉池出水的日平均 BOD_5 浓度累积频率

不同污水处理厂或同一污水处理厂的不同时间段，其 BOD_5/COD 通常不同，但每个处理厂在某个时段内都会有一个相对稳定的比值。通过同时测定 BOD_5 和 COD，积累一定时段的历史数据，通过线性回归分析可以大致确定两者的比例及变化幅度。利用所获得的 BOD_5/COD（简称 B/C），就可以采用 COD 作为工艺计算或运行控制的基础指标。城镇生活污水 B/C 一般为 0.4～0.5，控制 NH_3-N 硝化对 BOD_5 测定值的影响之后，污水处理厂出水 B/C 一般应在 0.1 以下。因此，BOD_5 的稳定达标通常不是难点。

2.3.3　悬浮固体（SS）

悬浮固体（SS）指的是水中呈悬浮状态的固体颗粒，其组成十分复杂，主要包含各种微生物、有机碎屑和无机颗粒。一般用 0.45μm 的滤膜或过滤器对水样进行过滤，将滤后的截留物在 105℃温度条件下干燥至恒重，准确称重后获得截留固体的质量，用 mg/L 表述。

根据物理化学和生物化学去除过程，SS 还可以进一步划分，例如：可沉降悬浮固体、不可沉降悬浮固体，快速沉降悬浮固体、慢速沉降悬浮固体，可生物降解悬浮固体、不可生物降解悬浮固体，挥发性悬浮固体（VSS）、固定性悬浮固体（FSS），等等。可沉降悬浮固体一般按静止沉淀 2h 来确定，快速沉降悬浮固体一般按沉淀 15～30min 来确定。

城镇污水中的可沉降悬浮固体及少量不可沉降悬浮固体可以通过初沉池加以去除，大部分不可沉降悬浮固体会进入后续的二级生物处理工艺系统。快速沉降悬浮固体中含有较高比例的无机泥砂组分，如果不设置初沉池或高负荷率的快速沉淀池，会对后续生物处理系统产生一定的不利影响。不可生物降解悬浮固体包括惰性有机物和无机悬浮固体组分，是影响活性污泥产率及单位污泥量反硝化速率的重要因素。后续章节中将进一步详述。

在没有特殊工业废水或建筑工地排水影响的情况下，进入生物池的 SS 能够全部被活性污泥快速絮凝，成为活性污泥组成部分，其中可生物降解有机物组分在随后的生物处理过程中氧化分解或成为微生物组分。因此，可以认为二沉池出水中的 SS 来自分散及溢流的活性污泥絮体，其组分与活性污泥相同，可以根据其有机物的含量计算出相应的

COD 值。

根据某污水处理厂的连续多年运行数据，二沉池出水 SS 日均值低于 20mg/L 的天数为 93%，年平均值约 15mg/L，低于 10mg/L 的天数为 15%左右。图 2-58 为该污水处理厂一级 A 提标前（2006 年）的出水 SS 日均值变化情况，出水经过过滤处理后，SS 年平均值可降低到 5mg/L 以下，日均值能够稳定达到一级 A 及更高的水质标准。

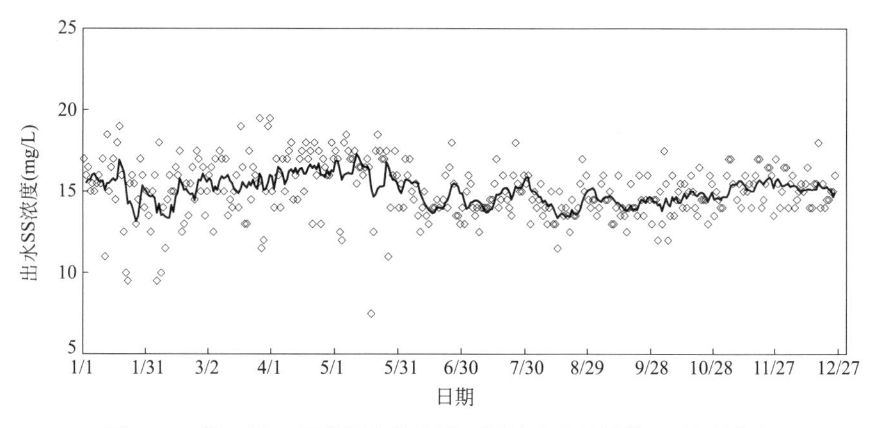

图 2-58　某一级 B 标准污水处理厂二沉池出水日平均 SS 浓度分布

在设计合理且运行良好的城镇污水生物除磷脱氮系统中，其二沉池出水的 SS 浓度在部分时段可达到 10mg/L 的水平，直接满足一级 A 排放标准的要求。但绝大多数污水处理厂的进水水质水量是明显波动的，实际运行参数和环境条件也是变动的，例如季节变换、温差等，多数时段二沉池出水的 SS 浓度在 10～20mg/L 范围波动，因此，需要采取混凝沉淀、介质过滤或膜过滤等深度处理单元，确保污水处理厂出水稳定达到一级 A 及以上标准。

2.3.4　氨氮（NH_3-N）与总氮（TN）

城镇污水中的 TN 包括有机氮、NH_3-N（铵离子＋游离氨）和硝态氮（硝酸盐氮＋亚硝酸盐氮），其价态及形态随着污水生物处理过程而变化。原污水中有机氮和 NH_3-N 浓度较高，硝态氮浓度很低。在生物处理过程中，有机氮被异养微生物转化为 NH_3-N，然后由硝化菌转化为硝态氮，硝态氮由反硝化菌异化还原为氮气（N_2），特定环境条件下 NH_3-N 和亚硝酸盐氮能够被厌氧氨氧化菌转化为 N_2。小部分氮被微生物同化，转化为活性污泥组分。

城镇污水中的氮主要来自生活污水、工业废水及地表径流。对城镇生活污水而言，一般认为 TN 是总凯氏氮（TKN）和硝态氮的加和，TKN 是有机氮和 NH_3-N 的加和。TKN 测定值覆盖 NH_3-N 和在硫酸热消解条件下能转化为铵盐的有机氮化合物，包括蛋白质、胨、肽、氨基酸、核酸、尿素及其他合成的氮为负三价态的有机氮化合物，但不包括叠氮化合物、连氮、偶氮、腙、硝态氮、亚硝基、硝基、腈、肟和半卡巴腙类含氮化合物。

国家环境保护部发布的《水质 总氮的测定 碱性过硫酸钾消解紫外分光光度法》HJ 636—2012适用于城市污水，其测定原理为：在120～124℃下，碱性过硫酸钾溶液使样品中含氮化合物的氮转化为硝酸盐，采用紫外分光光度法于波长220nm和275nm处，分别测定吸光度A_{220}和A_{275}，然后计算校正吸光度A，总氮（以N计）含量与校正吸光度A成正比。

采用HJ 636—2012方法测定的TN值中包括硝态氮、无机铵盐、溶解态氨及大部分有机含氮化合物中的氮，这意味着该方法的TN测定值中包含了TKN方法未包含的含氮有机物。这些类型含氮有机物基本上都来自工业废水，尤其化工、制药和印染行业的废水，其中有一部分是不可生物氨化或难以生物氨化的。

新鲜生活污水中，有机氮（尿素为主）占TN的60%左右，其余为NH_3-N。尿素在污水收集输送过程中很容易分解为NH_3-N和CO_2，生活污水中的硝态氮和不可生物氨化有机氮含量均很低。某些工业废水，例如化肥、焦化、洗毛、制革、印染、食品、肉类加工、石油精炼和煤加工废水，含氮量较高，其中化工和制药类废水还可能含有较高比例的硝态氮及不可生物氨化的有机氮，后者会明显影响城镇污水处理厂出水的TN稳定达标。

根据氮的赋存形态和价态，可以用式（2-2）来表述城镇污水的TN构成：

$$C_{TN}=S_{NOX}+S_{NH}+S_{I,N}+X_{S,N}+X_{I,N} \tag{2-2}$$

式中 C_{TN}——TN浓度，mg/L；

S_{NOX}——硝态氮，即硝酸盐氮与亚硝酸盐氮之和，mg/L；

S_{NH}——NH_3-N浓度，氨与铵盐之和，mg/L；

$S_{I,N}$——可溶性不可生物氨化（惰性）有机氮，mg/L；

$X_{S,N}$——悬浮性可生物降解有机氮，mg/L；

$X_{I,N}$——悬浮性不可生物氨化（惰性）有机氮，mg/L。

在城镇污水生物脱氮工艺系统中，运行泥龄达到15d左右且非曝气区污泥量比值低于0.5时，具备NH_3-N完全硝化的工艺运行条件，只要水温、碱度、溶解氧等环境条件合适，出水NH_3-N会低于1.0mg/L（通常检测不出）。水温是影响生物硝化的最大环境因素，低于10℃会导致硝化菌生长速率与活性的明显降低。提高生物池的运行泥龄或提供硝化菌的附着表面，可以增强生物硝化能力与稳定性。TN的去除效果主要受制于进水BOD_5/TN，其他影响因素包括运行泥龄、活性污泥产率及挥发性组分比例、生物池非曝气污泥量比值、内部与外部碳源的构成及质量、水温、污泥与混合液回流比等。

图2-59和图2-60为某污水处理厂一级A提标改造前（2006年）的出水TN和NH_3-N浓度日平均值及概率分布，存在较大的波动范围，冬季硝化效果不够稳定。

从图2-59和图2-60可以看出，该厂在一级A标准提标改造前的年平均出水NH_3-N为4.0mg/L左右，日平均值基本都低于10mg/L，能够达到一级B标准，但低于5mg/L的天数仅55%，与一级A标准有较大差距。出水TN日均值高者为38.5mg/L，低者为6.5mg/L，年平均值16mg/L，低于20mg/L的天数为83%，基本达到一级B标准；但低于15mg/L天数仅45%，一级A标准稳定达标有难度，部分时段需要补充外部碳源来强

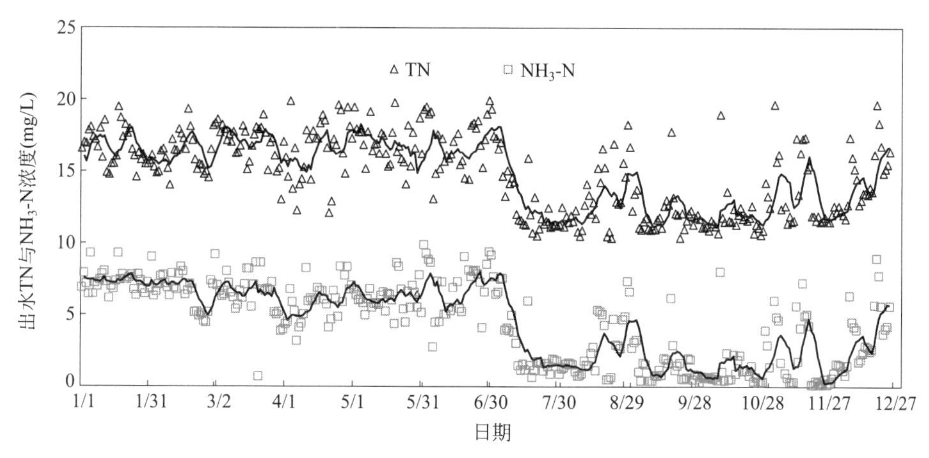

图 2-59　某一级 B 标准污水处理厂二沉池出水 TN 和 NH_3-N 的浓度变化

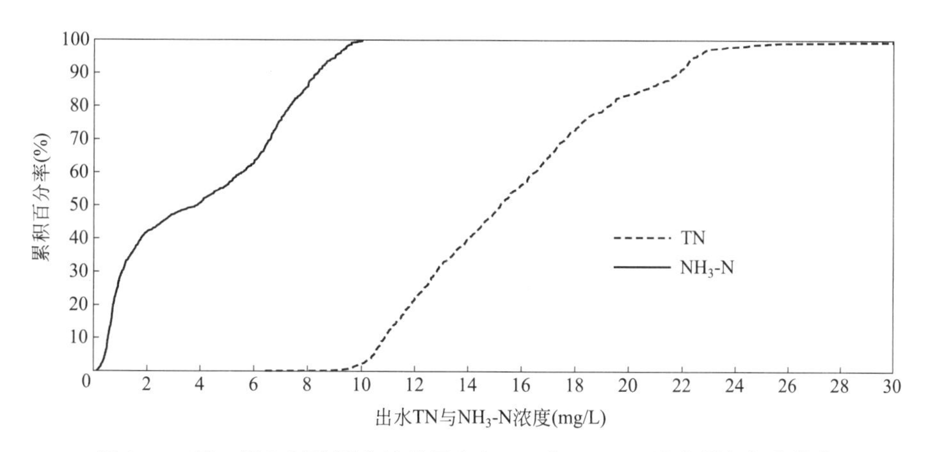

图 2-60　某一级 B 标准污水处理厂出水 TN 和 NH_3-N 浓度累积频率分布

化脱氮能力。

我国大部分城镇污水处理厂进水碳氮比（BOD_5/TN）偏低，出水 TN 的稳定达标是最主要难题。除了强化生物除磷脱氮系统对内部碳源的利用和提高反硝化效率之外，对于一级 A 标准稳定达标，在某些时段投加外部碳源提高反硝化能力，是必要的把关措施；对于更严格的地方排放标准，大多数污水处理厂采用外碳源投加措施已经成为常态。外部碳源投加可以在二级生物处理段，也可以与出水过滤处理相结合（反硝化滤池、深床滤池等），以同时实现 TN 和 SS 等水质指标的稳定达标，但外加碳源会导致能耗和成本的升高。

2.3.5　总磷（TP）

磷酸盐是藻类和微生物生长繁殖的必需元素，是造成水体富营养化的要素。城镇污水中的磷酸盐以正磷酸盐、聚合磷酸盐和有机磷等多种形式存在，通常以总磷（TP）表示各种磷的总含量。在各种形式的磷中，藻类和微生物最容易吸收和利用的是正磷酸盐，属于可生物利用磷；无机磷酸盐沉淀物难以被藻类和微生物直接利用，属于生物不可利用磷。一些聚合磷酸盐在酸性条件或生物作用下会水解成正磷酸盐。

因此，城镇污水中的磷酸盐（TP）浓度可以用式(2-3）表述：

$$C_{TP}=S_{PO_4}+S_{p\text{-}P}+S_{org.P}+X_{org.P} \tag{2-3}$$

式中 C_{TP}——TP浓度，mg/L；

S_{PO_4}——可溶性无机正磷酸盐，mg/L；

$S_{p\text{-}P}$——可溶性无机聚合磷酸盐，mg/L；

$S_{org.P}$——可溶性有机态磷酸盐，mg/L；

$X_{org.P}$——悬浮性有机态磷酸盐，mg/L。

城镇污水中TP的去除方法包括生物除磷、化学除磷或两者的不同组合方式。在生物除磷脱氮系统中，多数时段出水TP浓度可以达到1mg/L以下，部分时段甚至可以达到0.5mg/L以下，但通常难以稳定达到。对于一级A及以上标准的稳定达标，还需要采用投加化学药剂的方法进一步除磷，作为TP稳定达标的把关措施。化学除磷可以与二级生物处理系统协同进行，在二沉池之前投加化学药剂，也可以与二级生物处理出水的化学混凝沉淀和过滤处理相互结合。通过化学药剂的筛选和投加方式的优化选择，可提高TP和SS的去除效果，同时降低除磷药剂成本。但长期连续化学协同除磷是否会对生物除磷产生不利的影响以及影响的程度，还有待进一步试验研究与生产性运行验证。

图2-61和图2-62为某城镇污水处理厂按一级B标准设计运行时的出水TP数据。

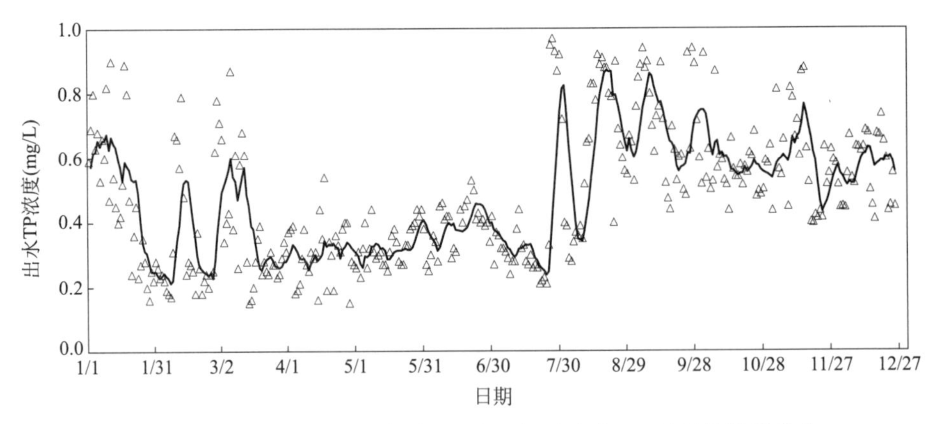

图2-61 某一级B标准污水处理厂的二沉池出水TP日平均浓度分布

虽然生物除磷脱氮系统的出水TP浓度有一定的波动，但总体来说，除磷效果比较理想，日平均值可以比较稳定地达到一级B标准（1.0mg/L)，其中达到一级A标准（0.5mg/L）的天数达到60%。增加化学混凝、过滤处理之后，出水TP达到一级A标准的天数可提高到99%以上，年平均值为0.30mg/L左右。总的来说，TP的达标难度不大，只要设计合理、运行得当，现有技术能够稳定达到一级A标准及更严格的地方水质标准。

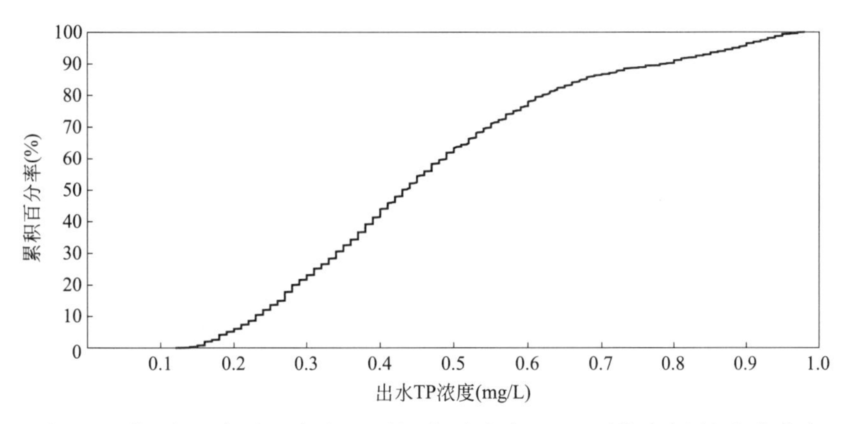

图 2-62　某一级 B 标准污水处理厂的二沉池出水 TP 日平均浓度累积频率分布

2.4　关键水质环境条件叠加影响

2.4.1　污水悬浮固体及无机组分

对于以生活污水为主要成分的城镇污水，进水的 SS/COD 或 SS/BOD_5，可以在一定程度上反映进水 SS 对活性污泥产率和污泥活性的影响，比值越大，表明进水 SS 中无机组分所占的比例越高，对后续工艺单元处理能力的影响也越大。城镇污水 SS 无机组分主要来源于泥砂、土壤、固体废弃物和大气沉降物，一般通过地表径流（水土流失）、地表废弃物、厨房清洗水、建筑排水、工业废水和干湿沉降等途径进入污水管网系统。

由于 BOD_5 测试需要 5d 时间，时效性较差，全国各地城镇污水处理厂的 BOD_5 数据不够完整，在此，采用 COD 替代 BOD_5 进行近似分析。图 2-63 为 2021 年我国城镇污水处理厂进水 SS/COD 的累积概率分布，SS/COD 总体偏高，仅有 42%污水处理厂的 SS/COD 低于 0.6，其余的 SS/COD 均偏高，约有 16%污水处理厂的 SS/COD 甚至高于 1.0。

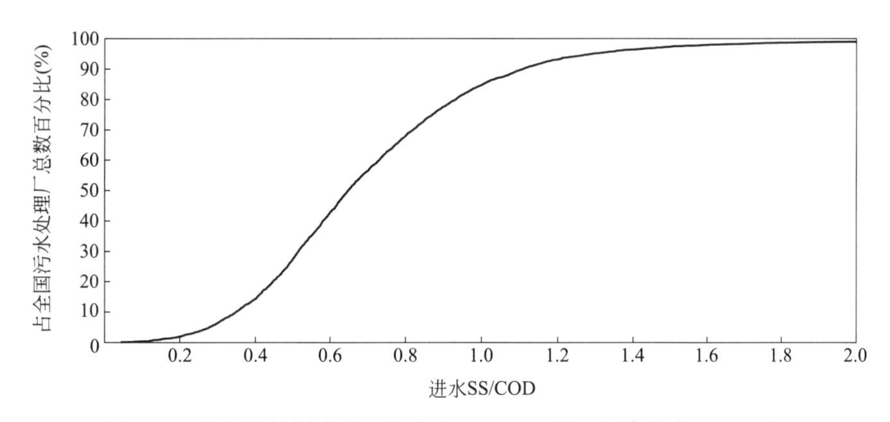

图 2-63　全国城镇污水处理厂进水 SS/COD 累积概率分布（2021 年）

对2021年我国不同地域城镇污水处理厂进水SS/COD进行统计分析，如图2-64和图2-65所示，南方地区进水SS/COD总体上高于北方地区，北方地区约有51.8%的进水SS/COD年平均低于0.6，而南方地区仅有约36%；南方地区约有15%的污水处理厂SS/COD高于1.0。东、中、西部地区的SS/COD差异较小。根据2012年统计数据，全国36个重点城市中有28座城市平均进水SS/COD高于0.6，其中，济南、深圳、重庆、贵阳、昆明等城市的SS/COD高于0.9。

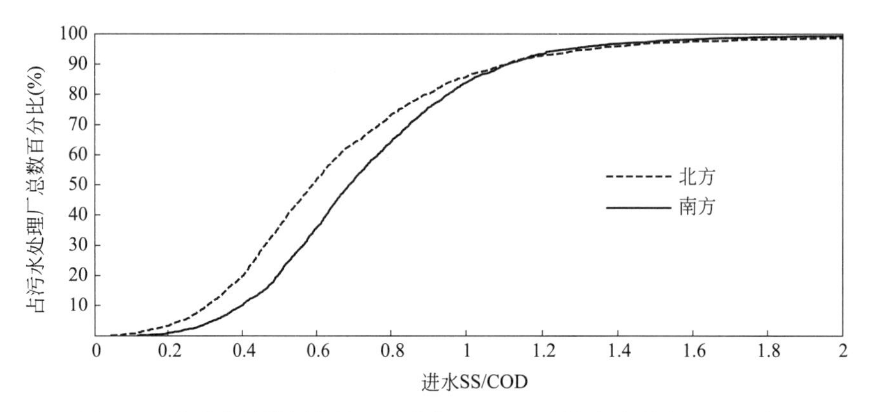

图2-64　南北方城镇污水处理厂进水SS/COD累积概率分布（2021年）

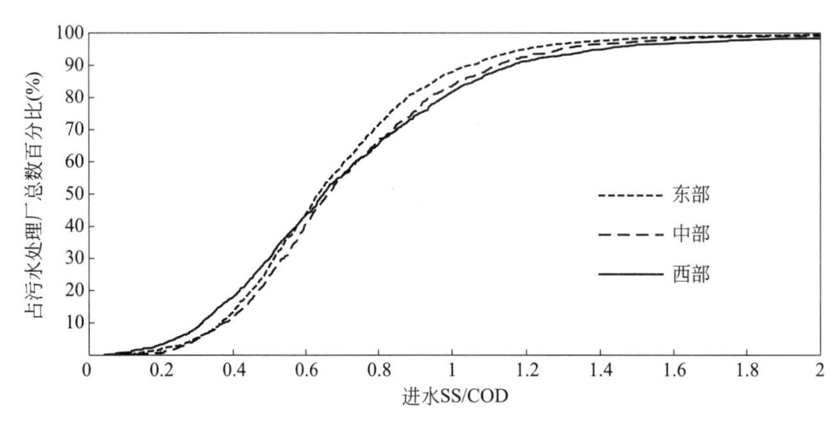

图2-65　东中西部城镇污水处理厂SS/COD累积概率分布（2021年）

选择太湖流域具有代表性的无锡市，对21座城镇污水处理厂进水的月均SS/BOD_5进行加权平均。从图2-66可以看出，最低值为1.5，最大值为2.35，表明进水无机悬浮固体组分含量普遍偏高。图2-67为这21座污水处理厂进水月均SS/BOD_5的累积频率分布，比值1.2以上的占60%，说明这些污水处理厂在提标改造或新建扩建时，有必要设置初沉池或同等功能的处理构筑物，或者较大幅度地增加沉砂池的水力停留时间，以强化进水无机悬浮固体组分的去除，提高后续生物处理工艺系统的运行效能。

图2-68为2010～2012年青岛市主要污水处理厂的进水SS/BOD_5月均值变化的汇总统计，最小值1.2，最大值1.8，说明进水无机悬浮固体组分含量偏高。

图2-69为2010～2012年济宁市主要污水处理厂进水SS/BOD_5月均值变化的统计分

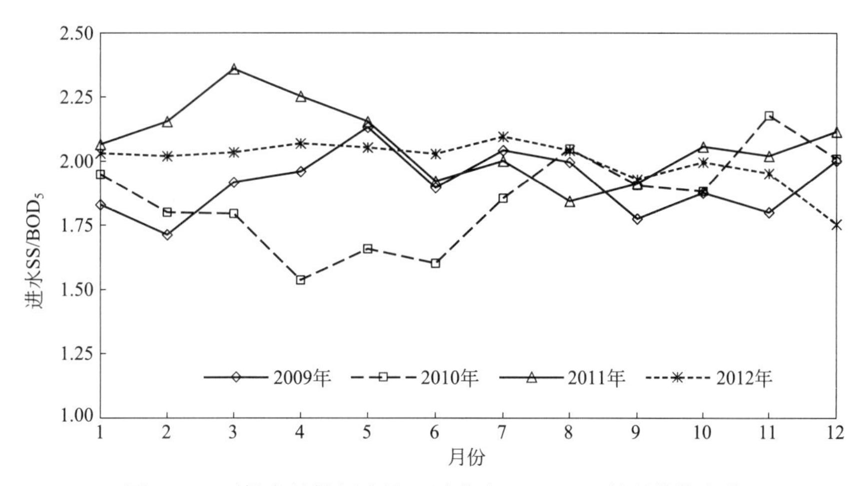

图 2-66　无锡市城镇污水处理厂进水 SS/BOD_5 的月均值变化

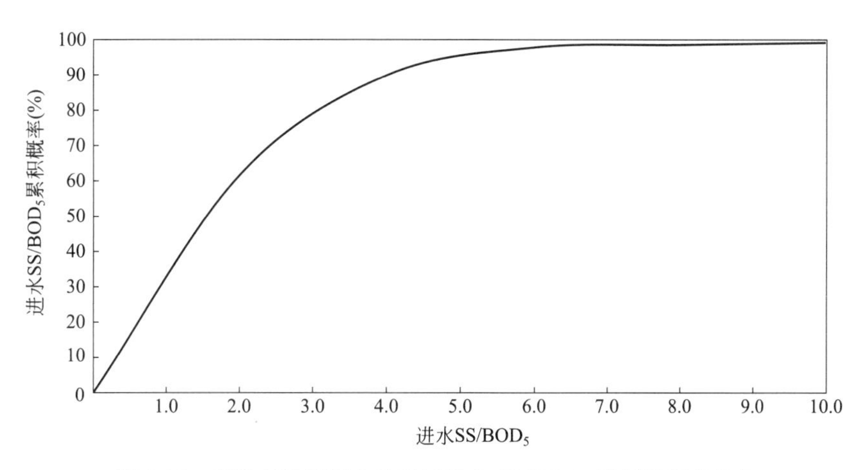

图 2-67　无锡市城镇污水处理厂进水 SS/BOD_5 的累积概率分布

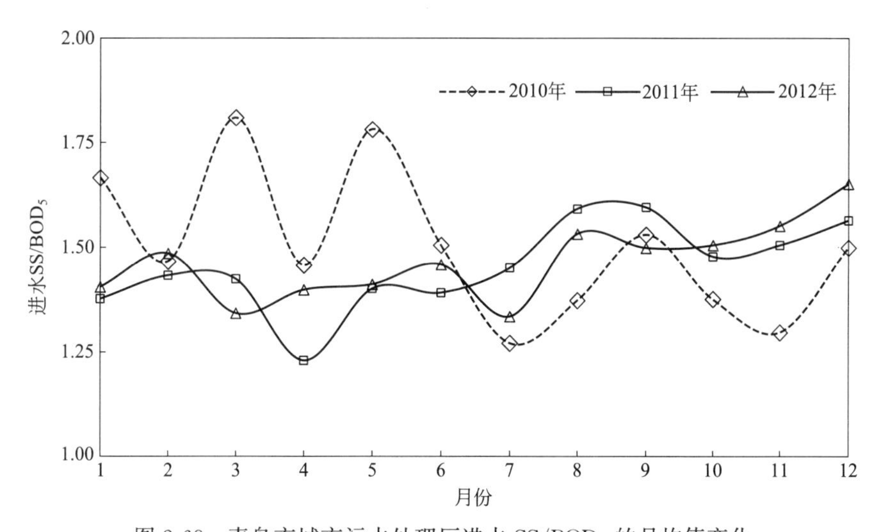

图 2-68　青岛市城市污水处理厂进水 SS/BOD_5 的月均值变化

析，最小值 1.2，最大值为 2.3，说明济宁市的污水无机悬浮固体组分含量比青岛市更高一些。在这些地区，城镇污水处理厂设置初沉池或同等功能的处理构筑物是有必要的。

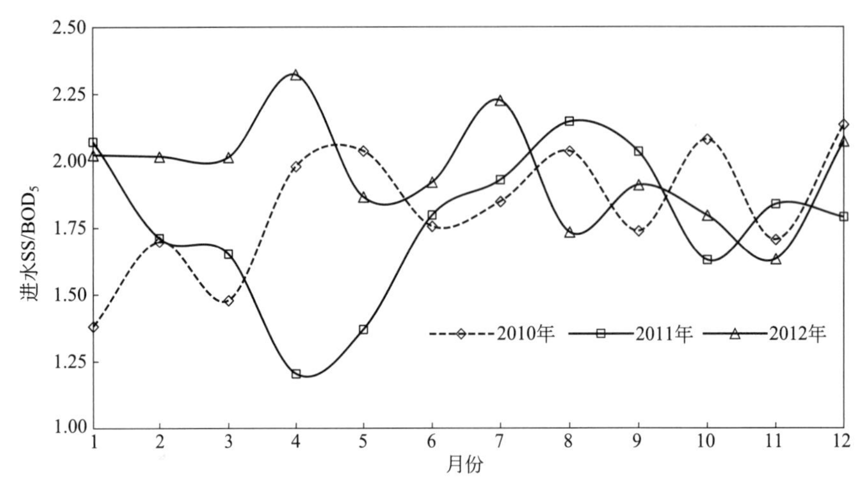

图 2-69 济宁市城市污水处理厂进水 SS/BOD_5 的月均值变化

每座城镇污水处理厂的进水水质各有不同特征，以青岛市团岛污水处理厂 2012 年的数据为例，如图 2-70 所示，进水 SS/BOD_5 的日均值变化较大，但大部分集中在 1.0～2.0 之间，平均值为 1.4，进水无机悬浮固体对生物处理工艺系统的不利影响相对较小。

而无锡芦村污水处理厂的情况有所不同，图 2-71 汇总了该处理厂 2011～2013 年进水 SS/BOD_5 数据，年平均值分别为 1.58、1.74 和 1.65，进水悬浮固体的无机组分含量总体偏高且日均值变化幅度较大，进入 2013 年之后，波动幅度有所减小。

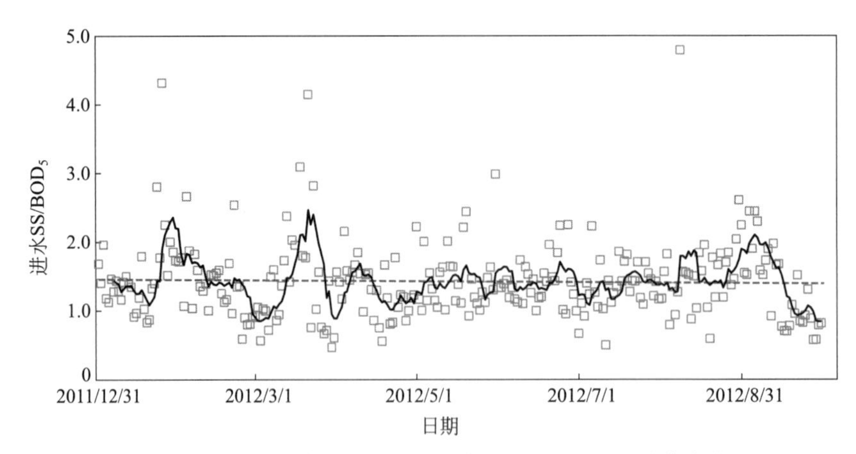

图 2-70 青岛团岛污水处理厂进水 SS/BOD_5 的日均值变化

2.4.2 污水碳氮比值及碳源质量

城镇污水 BOD_5/TN 是影响生物脱氮能力及效果的关键因素，以 mg/L 计量，单位硝态氮去除的 BOD_5 消耗量一般为 5.0～5.5。出水 TN 稳定达标所需的碳源量主要取决于需要反硝化去除的 TN 浓度。进水 TN 浓度越高，稳定达标所需的去除率也越高，相应要

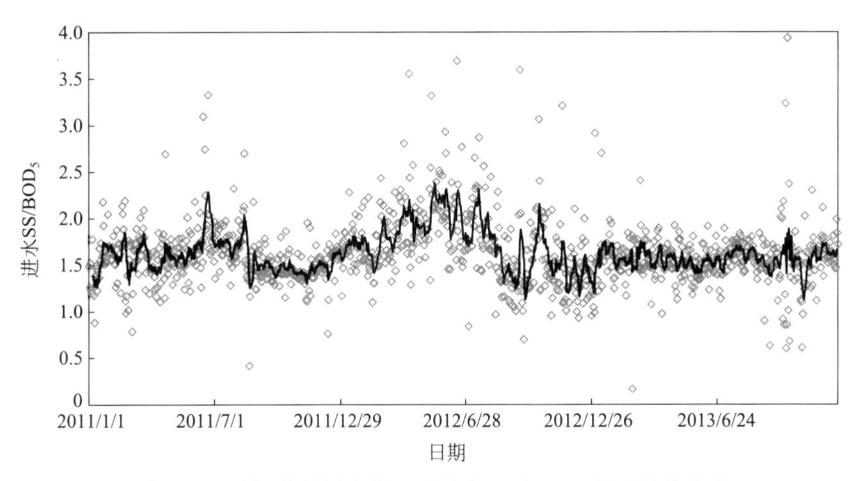

图 2-71　无锡芦村污水处理厂进水 SS/BOD_5 的日均值变化

求的进水 BOD_5/TN 也越高。如果进水 TN 浓度较低，则达标所需的 TN 去除率不高，即使 BOD_5/TN 较低，出水 TN 浓度也能够稳定达标。

对于全国城镇污水处理厂，由于部分处理厂 BOD_5 数据的连续性和完整性不够好，在此选择 COD/TN 进行统计分析。根据实际运行经验，进水 BOD_5/TN 小于 3.0 的污水处理厂碳氮比明显偏低，选择 BOD_5/COD 约为 0.40 进行换算，则 COD/TN 小于 7.5 的污水处理厂碳氮比属于明显偏低。

全国城镇污水处理厂进水 COD/TN 的累积概率分布如图 2-72 所示，2021 年 COD/TN 低于 7.5 的污水处理厂约占全国总数的 69%，相比 2012 年的 52.2%，又增加了 17%，说明我国城镇污水处理厂出水 TN 稳定达标的难度更大，除非投加大量的外部碳源。

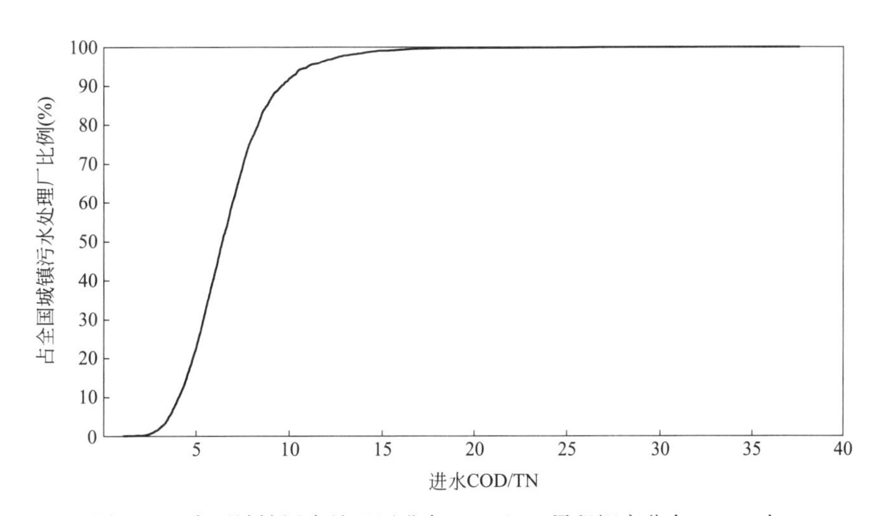

图 2-72　全国城镇污水处理厂进水 COD/TN 累积概率分布（2021 年）

图 2-73 和图 2-74 为 2021 年全国城镇污水处理厂进水碳氮比的地域统计分析，南方地区进水碳氮比低于北方地区，COD/TN 低于 7.5 的比例为 67.9%，而北方地区为 70.7%。东部地区略优于中西部地区，低于 7.5 的比例为 63.5%，中部地区为 72.0%，

西部地区为 74.0%。

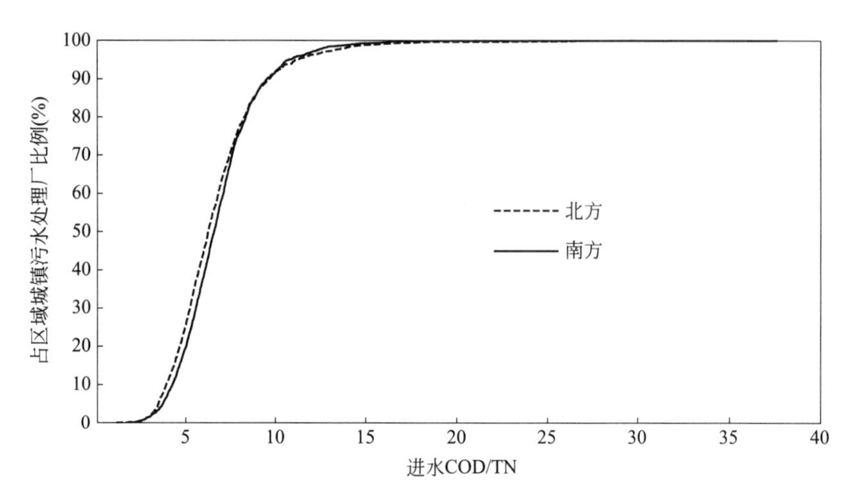

图 2-73 南北方城镇污水处理厂进水 COD/TN 累积概率分布（2021 年）

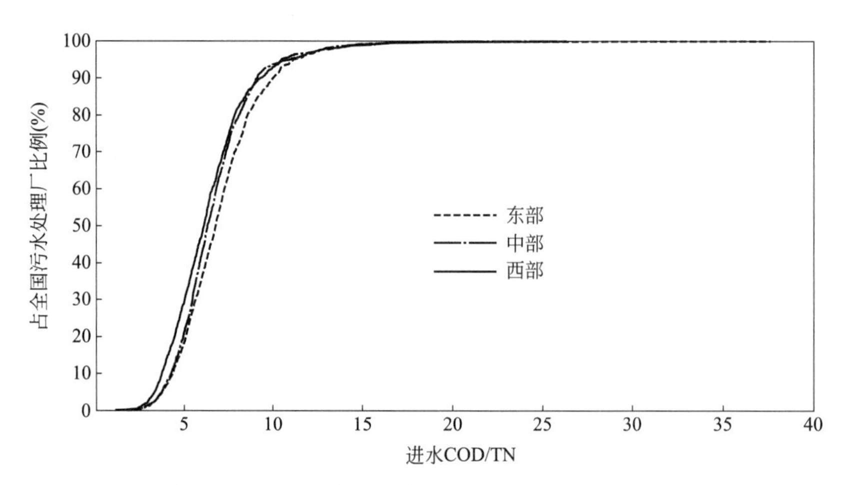

图 2-74 东中西部城镇污水处理厂进水 COD/TN 累积概率分布（2021 年）

如果进水 TN 浓度较高，BOD_5/TN 又较低，就需要外加碳源才能达到期望的生物脱氮效果。对于初沉池的设置，除了考虑 SS 的去除，也要考虑 BOD_5/TN 的变化，在某些情况下，可不设初沉池或缩短其水力停留时间，以维持或避免生物池进水 BOD_5/TN 的过度降低。为进一步了解城镇污水处理厂进水 BOD_5/TN 的分布特征，选择青岛市、济宁市、无锡市及其代表性污水处理厂的进水 BOD_5/TN 数据进行统计分析。

图 2-75 为 2010～2012 年青岛市城市污水 BOD_5/TN 的月均值变化，呈现出缓慢降低而后略有升高但基本稳定的变化趋势，2011～2012 年基本保持在 4.0～4.5 之间。一般认为，进水 BOD_5/TN 大于 4.0 时会有相对充足的碳源用于生物除磷脱氮，青岛市城市污水的碳氮比相对较高，有利于除磷脱氮，但青岛市城市污水的 TN 浓度明显偏高，对于一级 A 及以上排放标准的稳定达标要求，碳源仍显不足。

图 2-76 为 2010～2012 年济宁市城市污水 BOD_5/TN 的月均值变化，连续 3 年的

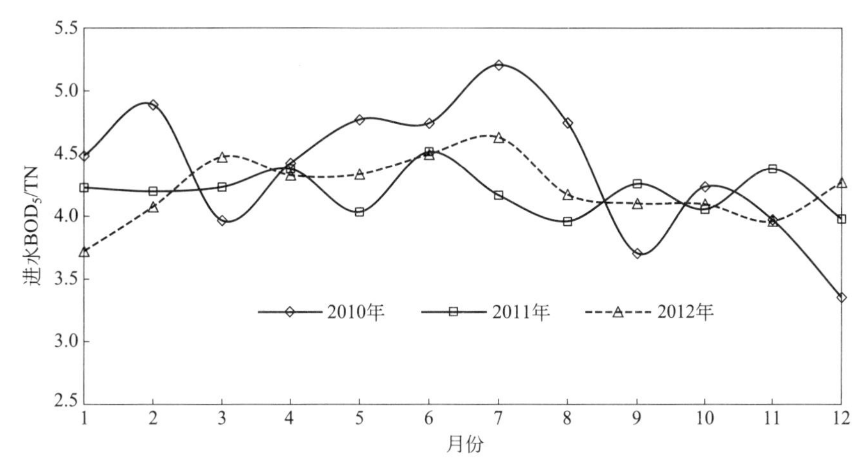

图 2-75　青岛市城市污水处理厂进水 BOD_5/TN 的月均值变化

BOD_5/TN 月均值都在 4.0 以下，大部分月份在 2.0～3.0 之间，说明污水处理厂进水碳氮比严重偏低。如图 2-77 和图 2-78 所示，为更加准确地反映青岛和济宁两地的 BOD_5/TN 差异，选取青岛市团岛污水处理厂和济宁市污水处理厂的日变化数据进行比较。

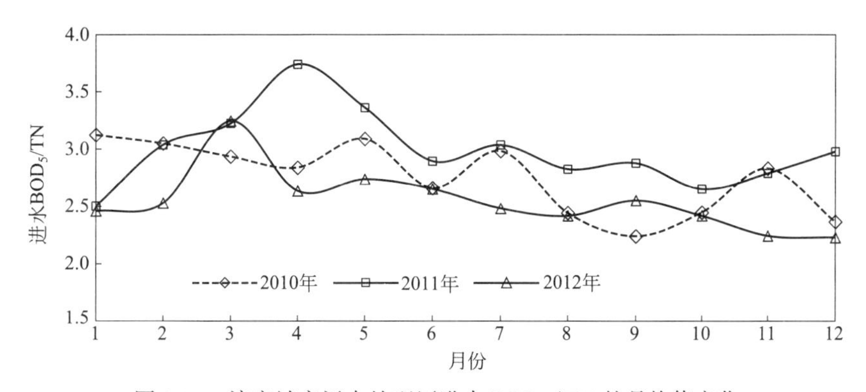

图 2-76　济宁城市污水处理厂进水 BOD_5/TN 的月均值变化

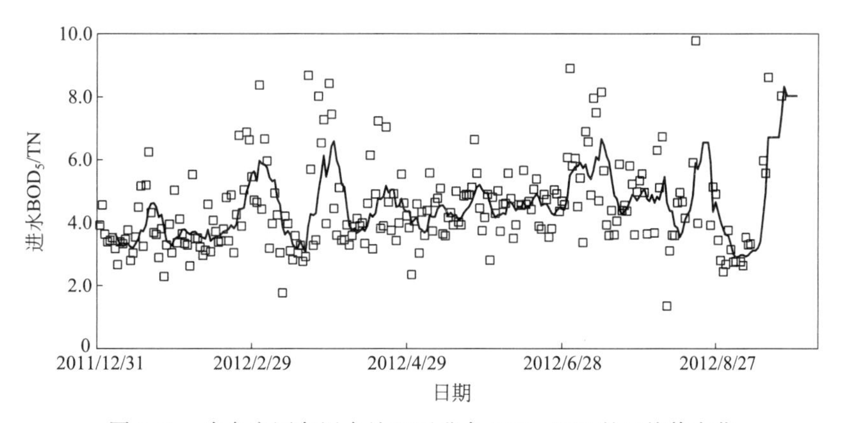

图 2-77　青岛市团岛污水处理厂进水 BOD_5/TN 的日均值变化

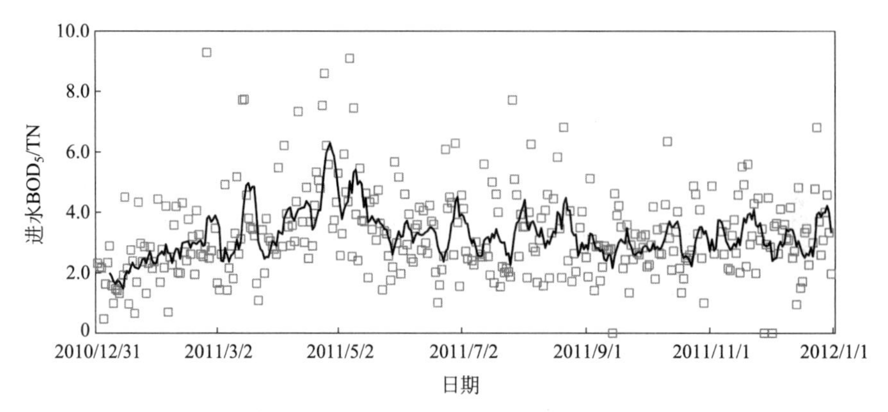

图 2-78　济宁市污水处理厂进水 BOD_5/TN 的日均值变化

图 2-79 为 2009～2013 年无锡市主要污水处理厂进水 BOD_5/TN 的月均值变化，年均值由 2009 年的 4.11 降到 2012 年的 3.40，呈现逐年降低的趋势。BOD_5/TN 大于 4.0 的时段仅占 40%左右，生物脱氮的碳源不足问题比较突出。

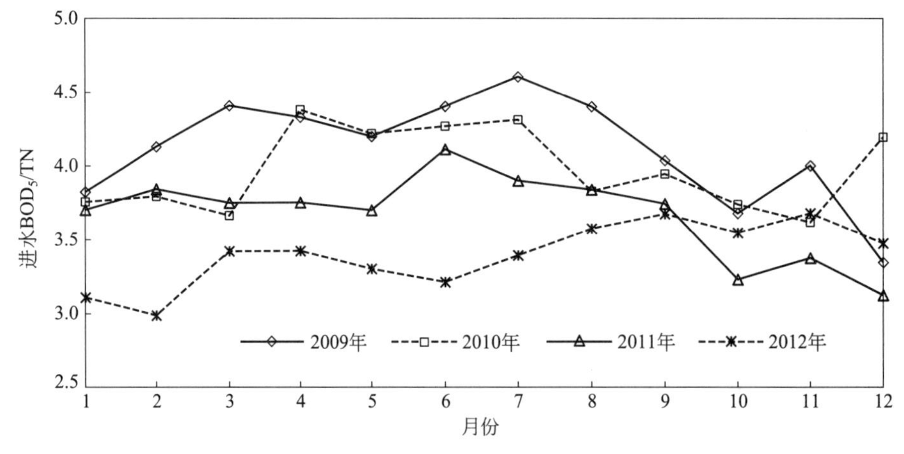

图 2-79　无锡市主要污水处理厂进水 BOD_5/TN 的月均值变化

图 2-80 为无锡芦村污水处理厂进水 BOD_5/TN 的日均值变化，2011～2013 年 BOD_5/TN 的最大值/平均值分别为 3.09、2.43 和 3.48，变化幅度较大，平均比值为 4.0 左右，进水碳源呈现季节性不足，直接影响生物脱氮能力和运行稳定性。

通过图 2-81 可以进一步看出，在 24h 的周期内，进水 BOD_5/TN 存在剧烈的时段变化，例如 2010 年 7 月 23 日的测定数据中，BOD_5/TN 最大值为 8.0，最小值为 2.34，全日大部分时段的 BOD_5/TN 小于 4.0。

2.4.3　冬季低水温条件不利影响

低温会明显影响活性污泥微生物的生物化学反应过程，导致生物降解能力和生长速率的下降。硝化菌对温度的变化尤为敏感，水温降低对污水生物处理系统的 NH_3-N 去除能力有非常显著的影响。图 2-82 为 2019～2021 年全国城镇污水处理厂出水 NH_3-N 浓度的

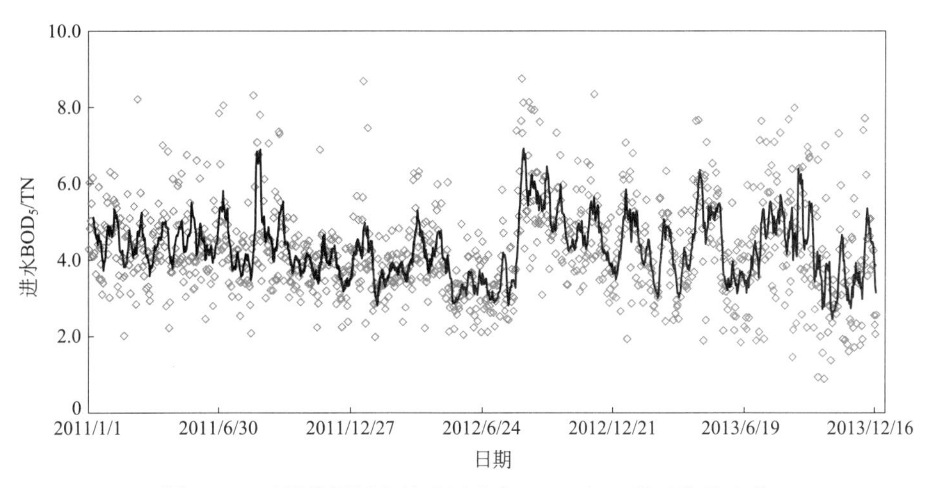

图 2-80　无锡芦村污水处理厂进水 BOD_5/TN 的日均值变化

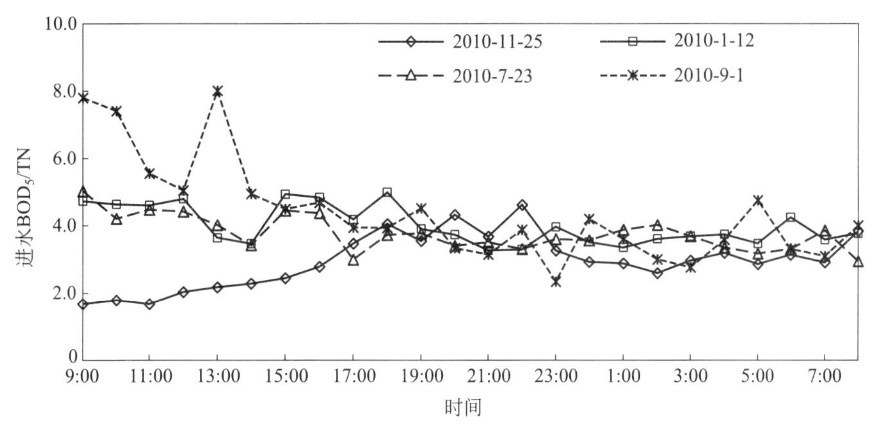

图 2-81　无锡芦村污水处理厂进水 BOD_5/TN 的 24h 变化

月均值变化，呈现随季节性变化的特征。在冬季低温环境下，NH_3-N 的去除率降低，二级生物处理出水的 NH_3-N 浓度高于夏季水平。从总体上看，连续多年呈现逐年下降的趋势。

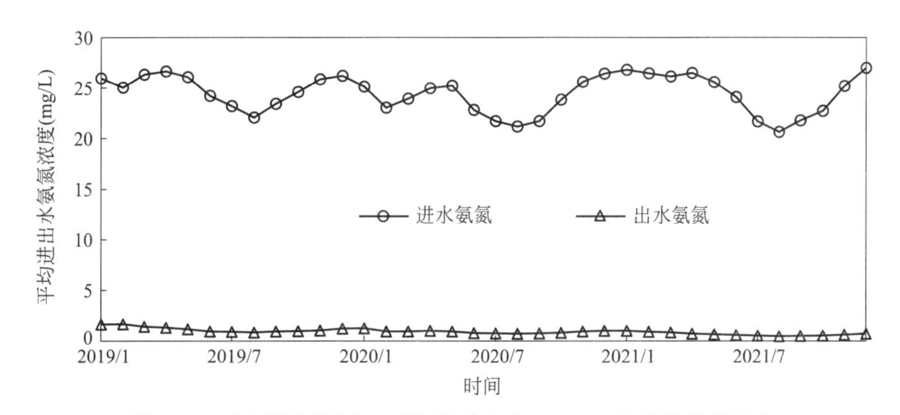

图 2-82　全国城镇污水处理厂总体出水 NH_3-N 浓度月均值变化

不同地域污水处理厂的进出水 NH_3-N 平均浓度差异较大，图 2-83 和图 2-84 为 2021 年我国南北方和东中西部城镇污水处理厂进出水 NH_3-N 浓度总体变化情况，北方地区进水 NH_3-N 浓度明显高于南方地区，其出水 NH_3-N 浓度也略高于南方地区。东、中部地区进出水 NH_3-N 浓度较为接近，西部地区稍微高一些。进出水 NH_3-N 浓度随季节波动，呈现冬春季较高、夏秋季较低的总体变化特征。

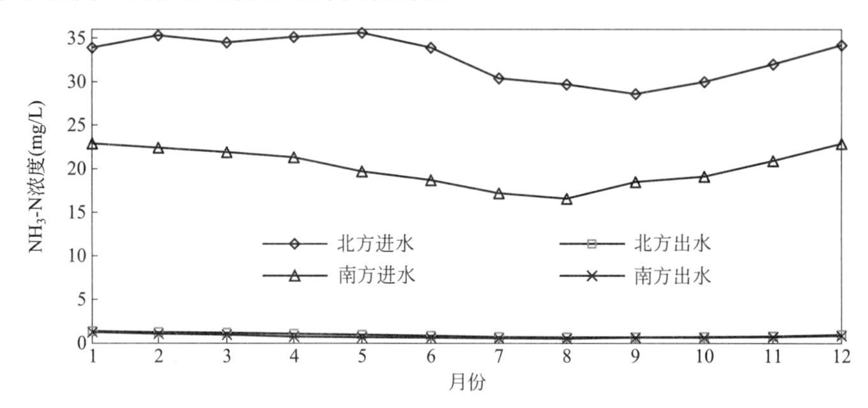

图 2-83　南、北方污水处理厂总体进出水 NH_3-N 浓度月均值变化（2021 年）

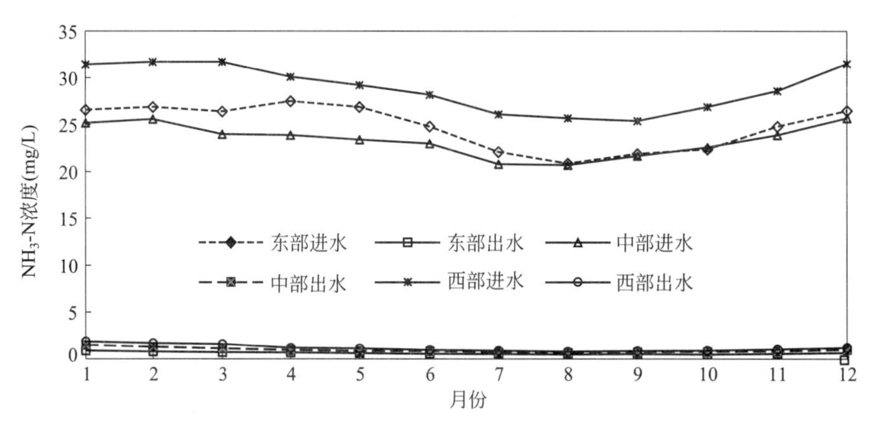

图 2-84　东、中、西部污水处理厂进出水 NH_3-N 浓度月均值变化（2021 年）

图 2-85 为 2011 年无锡市芦村污水处理厂进水水温日变化情况，2011 年 1～3 月和 12 月为低水温时段（9～15℃），此阶段进水 NH_3-N 浓度未出现异常变化，但如图 2-86 所示，出水 NH_3-N 浓度出现较明显的升高，最高值接近 5.0mg/L，平均值 1.8mg/L。

图 2-87 和图 2-88 分别为 2010 年青岛市团岛污水处理厂的进水水温和进出水 NH_3-N 浓度日均值，变化特征与芦村污水处理厂的情况类似，2010 年 1～4 月和 12 月进水水温为全年低值区间（10～15℃），出水 NH_3-N 浓度出现较明显升高，最高值 20mg/L，均值 14mg/L，明显高于其他时段 4mg/L 的平均浓度。由于冬季低水温对污水生物处理系统的硝化能力有相当大的不利影响。无锡芦村和青岛团岛污水处理厂先后进行了提标改造，在曝气池的部分池段投加悬浮填料作为硝化菌载体，形成活性污泥与生物膜耦合的工艺系统，强化冬季低温条件下的硝化能力及反硝化能力，取得明显的成效，出水稳定达到 GB 18918—2002 一级 A 标准。

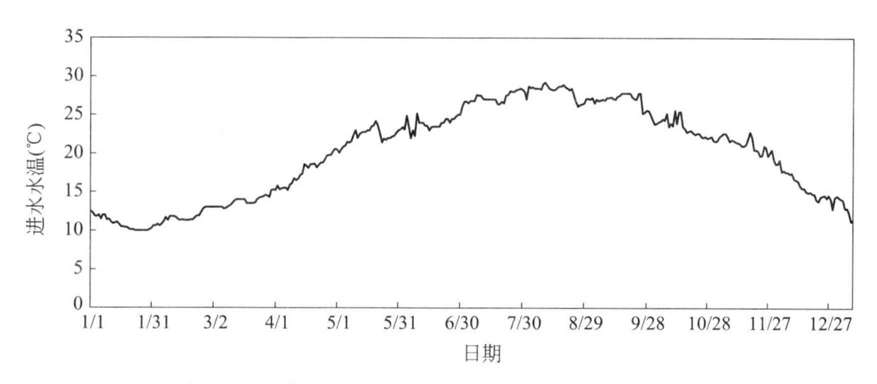

图2-85 无锡芦村污水处理厂进水水温的日均值变化

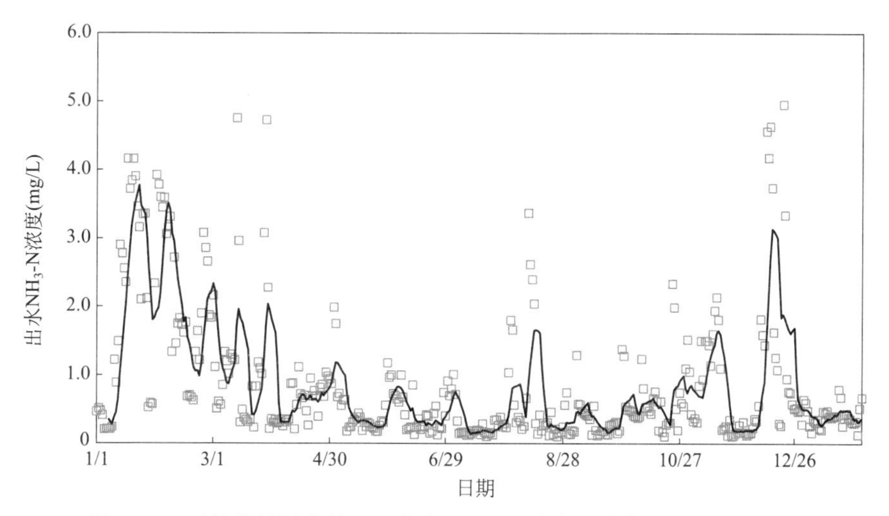

图2-86 无锡芦村污水处理厂出水 NH_3-N浓度日均值变化（2011年）

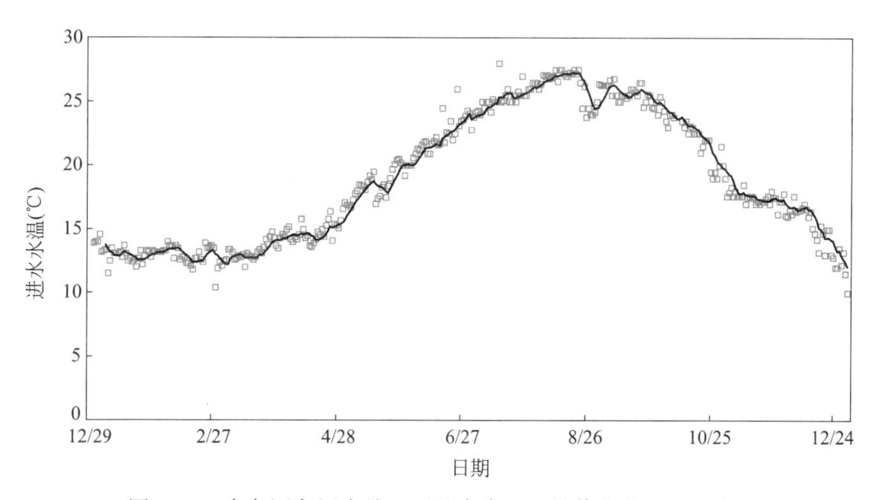

图2-87 青岛团岛污水处理厂进水水温日均值变化（2010年）

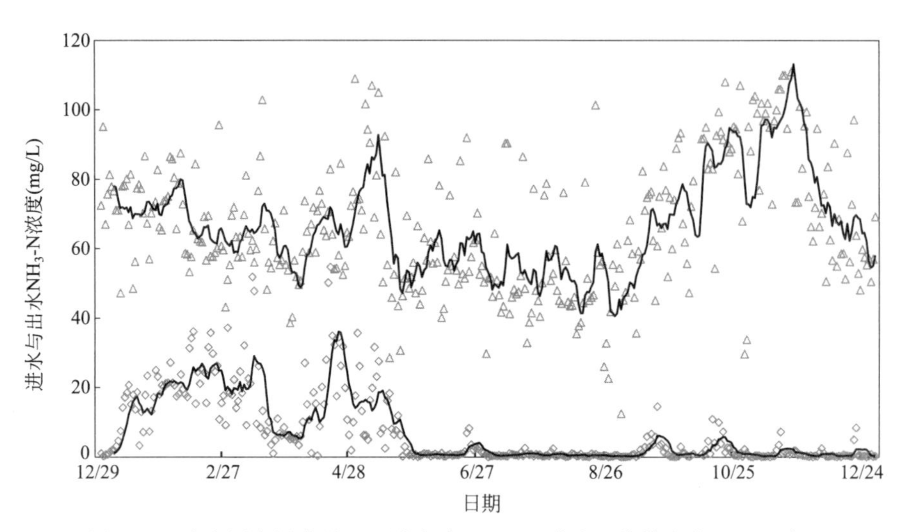

图 2-88　青岛团岛污水处理厂进出水 NH_3-N 浓度日均值变化（2010 年）

2.4.4　提质增效作用及影响分析

2019 年 4 月 29 日，住房和城乡建设部、生态环境部、国家发展和改革委员会联合印发《城镇污水处理提质增效三年行动方案（2019—2021 年）》，首次引入城市生活污水集中收集率新的行业管理考核指标，并首次提出城市污水处理厂进水生化需氧量（BOD）浓度低于 100mg/L 的，要围绕服务片区管网制定“一厂一策”系统整治方案，明确整治目标和措施，要求各地因地制宜确定本地区各城市生活污水集中收集率、污水处理厂进水生化需氧量（BOD）浓度等工作目标，要根据三年行动目标要求，形成建设和改造等工作任务清单，优化和完善体制机制，落实各项保障措施和安全防范措施，确保城镇污水处理提质增效工作有序推进，三年行动取得实效。

国家层面的三年行动方案按“推进生活污水收集处理设施改造和建设”“健全排水管网长效机制”两个大项，“建立污水管网排查和周期性检测制度”“加快推进生活污水收集处理设施改造和建设”“健全管网建设质量管控机制”“健全污水接入服务和管理制度”“规范工业企业排水管理”“完善河湖水位与市政排口协调制度”6 个小项设置了工程措施，明确了污水管网效能提升的系列举措，并在国家发展和改革委员会、住房和城乡建设部联合发布的《“十四五”城镇污水处理及资源化利用发展规划》等系列规划及指导性政策文件中做了更进一步的技术细化。

各省（自治区、直辖市）为落实《城镇污水处理提质增效三年行动方案（2019—2021 年）》，加快补齐基础设施短板，提升收集处理效能，陆续制定了相应的行动方案。例如，江苏省于 2020 年印发了《江苏省城镇污水处理提质增效精准攻坚“333”行动方案》，在全省的县以上城市部署开展以“三消除”“三整治”“三提升”为主要内容的城镇污水处理提质增效精准攻坚行动。计划通过两个阶段共五年左右时间，消除“城市黑臭水体、污水直排口、污水管网空白区”，整治“工业企业排水、‘小散乱’排水、阳台和单位庭院排水"，提升"城镇污水处理综合能力、新建污水管网质量管控水平、污水管网检测修复和养护管理水平"。通过开展"333"行动，基本实现城镇污水管网全覆盖、全收集、全处理，实现"污水不入河、外水不进管、进厂高浓度、减排高效能"，着力构建"源头管控到位、厂网衔接配套、管网养护精细、污水处理优质、污泥处置安全"的城镇污水收集处理格局。

系列政策及行动方案的发布与实施，表明我国的城镇排水行业逐步引起全行业甚至全社会的广泛关注，排水管理机构的工作职责正逐步由传统的粗放式建设向建设运维转变，由注重数量向注重质量和效能转变。随着城镇排水系列科学和工程问题研究工作的逐步推进和科学认知的不断深化，再加上工业企业园区化、排水行业管理科学化、排水系统运维智能化以及城市社区的全面成熟，城市深基坑作业工作的逐步完成，大部分城市也将逐步解决污水管网旱季高水位低流速引发的污泥沉积和污染物衰减问题，解决管网高水位挤占调蓄空间引发的污水冒溢问题，解决有机物过度沉积和降解所引发的污水处理厂进水碳氮磷比失调问题。届时，许多城市污水管网旱季积泥的问题将逐步得到缓解，河湖在降雨后出现返黑返臭的问题将逐渐得到解决，污水处理厂进水碳氮磷比将逐步趋于正常稳定。

根据中国市政工程华北设计研究总院有限公司在常州某小区居民楼宇测定的生活污水污染物排放浓度，生活污水 COD、BOD_5、NH_3-N、TN 和 TP 的日均浓度分别在 480～560mg/L、190～300mg/L、35～42mg/L、55～72mg/L、5.9～7.0mg/L 的范围波动。因此，即使按照 COD、BOD_5 在输送过程中出现 20%衰减，TN、TP 输送过程少量衰减，对城镇污水处理厂进水的碳氮磷比例也有相当好的改善作用。再加上施工降水管控水平的提升，污水管网泥砂含量也将逐步降低，城镇污水处理厂的进水水质和运行维护状况将逐步向欧美等发达国家水平看齐。但很可能需要经历较长的一段时期，短则 5 年左右，长则 20～30 年，在此过程中必然会出现持续反反复复的情况，尤其要求同时提升合流制溢流污染及分流制雨水污染控制的情况下，城镇污水处理厂的进水浓度很可能不升反降，这是需要特别注意和尽力避免的。

第3章　城镇污水高标准处理工艺技术路线

3.1　总体原则与技术决策

3.1.1　工作流程与方案编制原则

城镇污水处理厂的高标准提标建设工作，包括GB 18918—2002的一级A标准、严于一级A标准的流域与区域性地方标准、污水再生利用水质标准等，应以项目前期调查研究与技术评估为基础依据，重点关注源头管控措施与污水管网完善措施的针对性和实效性，通过城镇污水处理全工艺过程的运行管理及工艺参数优化，提升整体处理能力与运行成效。

如果优化运行不足以稳定达到相应的水质标准要求，就需要研究提出所有可行的工程与非工程措施，必要时进行试验验证或生产性测试，编制相应的工艺技术与工程实施方案，进行技术经济、运行管理、绿色低碳等方面的细化比选与论证分析，然后通过工程设计、施工建设、运转调试和进一步优化运行，确保达到相应的处理功能与运行效能要求。

高标准提标建设与优化运行的工作流程包括但不限于图3-1所示的范围与内容。

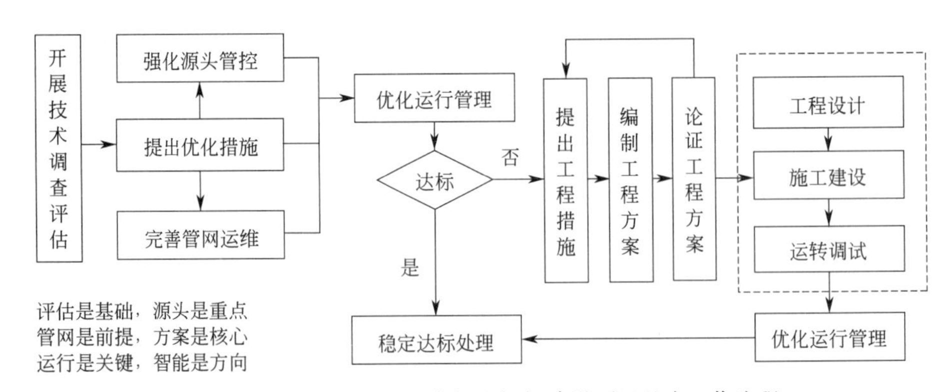

图3-1　城镇污水处理厂高标准提标建设项目基本工作流程

高标准提标建设项目的前期调查研究与技术评估包括但不限于：污水来源构成分析、源头管控调查确认、污水管网缺陷及运维问题排查、水质水量及水温变化特征分析、水质达标主要影响因素识别、关键水质指标达标难点分析、工艺过程运行效能测试、设备仪表及电气自控评估、用地及可用空间调查、运行管理能力评估、建设时序与预案研究等。

城镇污水处理厂高标准提标建设与运维的难度，随区域性、流域性地方水质标准的陆续颁布实施，进一步加大且更加复杂化，尤其已经完成一级 A 标准提标的早期建设污水处理厂，已有设施的潜力已经充分挖掘，需要强化全工艺过程的诊断分析、精准化的设计与精细化的运维保障。氨氮、总氮、总磷、COD 和色度等水质指标的特别限值，使得工业废水的潜在不利影响更明显、更敏感，确保瞬时水样或“一次”水样达标的难度剧增，需要全面强化污染物源头管控和全程监控来进行应对。进水水质水量的变化特征更复杂，除磷脱氮系统稳定运行的难度更大，需要对功能单元进行有针对性的强化，提升工艺全过程的效能和弹性韧性，必要时增加景观湿地系统对达标出水进行水质与功能的进一步提升。

1. 集中为主，分布分散辅助

城镇污水高标准处理及利用设施的规划布局与设计建设，需要着重考虑的因素包括但不限于以下几个方面：城镇的功能布局与产业结构，排水模式与系统分区，水系分布与补水水源，土地与空间开发利用，再生水用途与水量水质，资源化与能源化利用潜力等。

城镇污水高标准处理及利用设施总体布局通常采取集中与分布分散相结合的方式，以基于排水分区的分区集中为主，区域大集中和分布分散为辅，区域化、集中式的能源与资源回收为主导，因地制宜，供需对接，服务于区域化循环利用、人居生态环境品质提升和水生态环境质量改善，合理规划城镇污水处理及再生利用、热能与化学能开发利用、矿物资源回收利用的服务区域、工程技术路径和工程设施规模等。

在城镇景观水体、景观湿地公园、工业大用水户、城镇居民杂用等用水集中的聚集地，优先考虑集中型污水处理及再生利用设施，在城镇群联动的区域可以考虑大集中的工程设施建设及运行模式，促进区域化循环利用，尽量避免分散建设和再生水直接入户模式。

城镇大型公共建筑、旅游风景点、度假村、疗养院、机场、铁路车站等相对独立或较为偏远分散的聚居地，可以考虑建设规模较小或分散分布的污水处理及再生利用工程设施及配套系统。对于热能、化学能和矿物资源回收利用，应与城镇污水处理主体工艺设施充分协同，不影响主体工艺设施的正常稳定运行和达标处理，并且绿色低碳、经济合理、稳定可靠、切实可行，污泥处理处置设施应尽量按区域大集中、集中的模式建设与运行。

2. 因地制宜，系统评估论证

需要全面调查研究和评估分析城镇污水收集与输送管网、现有污水处理构筑物及配套设备（仪表）的建设与运维情况，着重分析研究污水处理厂进水的主要来源构成、水质水量及时空变化特征，特别是工业废水的排入及水质构成，化粪池的设置及运维状况，污水管网内部的固体沉积与生物降解情况，地表固体污染物、泥砂及地下水的入流入渗，地表径流及河湖水的进入，了解所在地域的自然环境条件和其他潜在的不利影响因素。

重点关注城镇污水水质水量及主要参数比率（碳氮比 BOD_5/TN、碳磷比 BOD_5/TP、快速生物降解有机物占比等）的时空变化，对现状城镇污水水量水质的变化特征及主要影响因素进行统计分析与发展趋势评价，结合当地实际资源环境条件与经济社会发展状况，依据高标准稳定达标或再生利用的水质标准要求，筛选出切实可行、经济合理、稳定可靠、节能降耗省地、绿色低碳的备选工艺技术路线及工程实施方案。

充分考虑当地的经济社会和资源环境条件及发展变化情况，进行多种可行工程技术方案及工艺单元选择的技术经济比较及全生命周期分析，在全面论证和技术经济比较的基础上，提出具有针对性的具体工程技术方案及关键设备产品选择。有条件的地区，尽可能利用人工或自然景观湿地系统，在稳定达标处理的基础上进一步提升出水的水质和功能。

3. 技术先进，成熟稳妥可靠

所提出的备选工艺路线及工程实施方案中，应尽量集成应用较为成熟可靠的技术、方法、材料和设备，同时积极稳妥地吸纳和采用行之有效的新技术、新工艺、新材料、新设备，尤其是历经工程示范应用、成效较为显著且设计运行参数较明确的创新技术成果。

进水水质较为特殊、复杂或出水水质指标有特殊要求时，应结合现场试验验证与生产性运行测试，进行全工艺流程或至少关键工艺单元（设备）的现场试验验证及运行参数研究，确保全流程各工艺单元的协同与稳妥可靠，尤其瞬时样达标作为考核方式的情况下。

需要从国外引进的先进技术和关键设备产品，国内缺乏工程应用经验积累时，应以适用我国城镇污水特点、提高综合效益和推进技术进步为基本原则，结合现场试验验证和类似工程案例分析研究，在技术经济论证的基础上比选确定，先示范应用，后推广复制。

4. 经济适用，集约简便省地

城镇污水高标准处理及利用的工程技术及实施方案比选，应充分考虑工程实施的安全性、简便性、经济性、节省土地和降低能耗物耗，有利于能源与资源的回收利用，便于工程施工和运行维护管理，不影响已有处理设施的正常运行，确保稳定达标与安全运行。

系统性地优化工程设施的总平面及空间布置，各处理构筑物与管线相对集中，附属设施及绿化布局集约，共享有限空间；尽量采用短水力停留时间、高生物活性的工艺技术；必要时实施多层化、立体化或模块化的集成设计，强化地下、地上立体空间的高效利用。

注重工程建设和日常运行的协同协调和经济合理性，在满足稳定达标、节能减排、绿色低碳和资源化利用的前提下，最大程度的降低工程建设投资和运行管理成本，其中包括资本成本的有效控制，同时推动社会化、专业化与集约化的运营维护服务。

5. 资源利用，低碳节能降耗

城镇污水高标准处理及利用设施的规划设计要充分体现饮用水水源的切实保护、污水处理厂资源（水、氮磷、热能、空间等）的开发利用和水污染负荷的有效削减，促进城镇水系统的健康循环、水环境质量改善、水生态系统修复恢复、人居环境改善与产业提升。

本地水资源短缺的地区应全面采用深度再生处理工艺流程，优先考虑再生水的景观水体与生态环境利用，以及区域性河湖补水的规模化利用，积极推动再生水的工业、农业与市政利用，建设基于污水资源化利用的生态综合体。资源型缺水地区以增加非常规水源补给为主要目标，再生水直接利用为主，间接利用为辅；水质型缺水地区以削减水污染负荷，提高水体水质与生态功能为主要目标，间接利用为主，直接利用为辅。

积极推进城镇污水氮磷、热能和化学能回收利用技术的验证示范和工程应用，提高污水处理设施的能源自给率和综合经济效益；优先采用低能耗、高可靠性的工程技术方案及设备产品，优化城镇污水处理系统的内部碳源利用和外部碳源配置，降低运行过程的能耗、物耗和碳排放量，充分利用城镇污水处理设施的地下、地上空间资源。

3.1.2　总体工艺技术路线的选择

1. 先源头控制，后强化处理

为保障城镇污水高标准处理及利用设施的正常稳定运行，尤其再生水水质安全和资源有效回收利用，应首先控制地表水及地下水、泥砂无机物、有毒有害污染物、难生物降解有机物及潜在的微量新污染物进入城镇污水管网，同时有效控制污水收集与输送过程中有机碳源的损失及有害气体的产生，掌握污水水质构成的变化情况及主要影响因素。

新建、改建、扩建工业企业以及各类工业园区的工业废水，尤其冶金、电镀、化工、印染、原料药制造、光伏、半导体、焦化、石化、制革、化肥、农药、垃圾渗滤液等含重金属或高浓度、难生物降解有机污染物或高氮磷的废水，不应该接入城镇污水管网。

需要着重加强城镇污水处理厂的前端机械预处理与一级处理工艺单元，包括格栅的合理配置、除砂系统的整体改进、初沉池及初沉污泥发酵技术的应用、全工艺过程臭气及产生源的控制等，有效控制悬浮性无机固体组分和惰性漂浮物进入后续的生物处理系统，再进一步强化生物除磷脱氮和深度处理工艺系统的功能。

2. 先优化运行，后工程措施

对于城镇污水处理厂提标改造工程项目，应结合从进水到出水的全工艺流程功能分析与过程诊断，排查可能存在的薄弱节点与时段，优先采用工艺运行模式调整、运行参数优化、季节性或时段性的外部碳源或化学药剂投加等技术方法，节省工程投资，尽量不影响已有工艺构筑物、设备及管线的正常稳定运行。

原有污水处理构筑物及设备能力、池容利用、操作及控制参数存在一定调控空间（余量）时，尽量优先采取非工程改造措施，例如，加强源头控制，工业废水预处理或不再纳入，改变运行模式，优化运行参数，投加化学药剂等，尽可能利用原有的处理构筑物及设备，充分发挥其效能。

采取非工程性的优化运行措施之后，出水水质指标仍然不能满足稳定达标要求或者导致运行能耗物耗明显过高或潜在安全风险时，结合全工艺过程诊断分析结果，再施行污水处理工艺构筑物的工程改造或扩建、设备的更新或更换、控制系统升级等工程措施。

3. 先功能定位，后单元比选

根据处理出水稳定达标和再生利用的水质要求，以及其他资源能源回收利用需求，首先明确城镇污水高标准处理及利用工艺流程所必须具备的净化处理功能、资源能源回收功能及组合模式，论证并形成由不同功能模块组成的基本工艺路线，然后对不同功能模块的实施方式及技术选择进行比选，确定各工艺单元（模块）的设计运行参数及设备配置。

城镇污水处理工艺流程可以是一级处理（预处理）、二级生物处理（强化除磷脱氮与磷酸盐富集）、深度处理（化学混凝、滤料过滤、膜法过滤、气浮除磷）、高级处理（反渗透、纳滤、臭氧氧化、紫外—双氧水联用、活性炭或活性焦吸附）、消毒处理的不同组合与技术设备集成。二级生物处理应充分发挥有机物和氮磷深度去除功能；过滤着重去除悬浮固体和胶体颗粒，以强化后续消毒工艺的功效，必要时投加混凝剂增强过滤和化学除磷功效；高级处理主要满足特殊的高标准水质或功能要求，例如再生水作为水源水的补水。

4. 先内部碳源，后外加碳源

城镇污水处理厂进水碳源不足的主要原因包括化粪池的有机物转化、污水管网内有机物的沉积与生物降解、地表及地下水入渗的稀释与充氧作用等方面，因此，工程设计和运行管理中应首先考虑污水收集系统的完善，挖掘和优化利用内部碳源，开发利用初沉污泥与剩余污泥碳源，优先采用非曝气污泥量比值高的生物除磷脱氮工艺组合或运行模式。

当污水的内部碳源开发及优化利用之后，出水 TN 和 TP 浓度仍然不能满足稳定达标要求时，再考虑补充除磷脱氮所需的外加碳源，并对外部碳源及投加点进行综合比选与试验验证，兼顾氮磷的同时去除，采用醋酸类快速碳源时，可投加到厌氧区，促进一碳多用。

若城镇污水处理厂附近有含醋酸（盐）、乙醇、甲醇等易生物降解有机物的高含碳低含氮无毒性工业废水，例如酒精发酵、啤酒和高糖分食品加工废水时，可优先考虑接入该类废水，不足部分辅以商品碳源，达到协同处理、以废治废和降低处理成本的目的。

5. 先生物强化，后物化辅助

所有城镇污水处理厂都应设置生物除磷的功能模块，即生物池前端的厌氧区，充分发挥生物除磷功能及经济有效的特点，同时考虑到生物除磷效果具有一定的不稳定性和不确定性，尤其是进水水质构成特性（快速生物降解有机物比例）和回流污泥硝酸盐浓度的影响。当采用生物除磷工艺系统并优化运行之后，出水 TP 仍然不能稳定达到所要求的水质标准时，可采用化学除磷辅助方法，包括化学协同除磷与单独混凝沉淀除磷的方法。

污水生物脱氮功能应尽量在生物工艺单元完成，包括需要投加外部碳源的情形。投加外部快速碳源的情况下，通常无需增加生物池的总容积，反硝化过程能在短时间（5～10min）内快速完成。应全流程加强跌水复氧和混合液回流溶解氧浓度的管控，避免溶解氧引发碳源的损耗和反硝化过程的延迟，必要时在好氧区的内回流点之前设置消氧区。

无论何种情况，在城镇污水处理工艺流程中，都应最大程度地保留生物除磷功能，并且尽量发挥反硝化除磷功能，例如，厌氧区与缺氧区保持功能独立与稳定，投加低分子有机酸类外部碳源强化生物脱氮时，宜设置厌氧区的投加点，促进碳源的多功能利用。

溶解性难生物降解有机物、色度、微量新污染物的强化去除，需要依靠臭氧氧化等高级处理方法。对于深度除磷，可采用化学除磷结合气浮、磁分离和膜过滤等技术方法。

6. 先厂内达标，后湿地改善

城镇污水处理厂出水稳定达标后，条件允许时，应因地制宜地接续景观环境湿地系统，主要功能是进一步提升出水的生态安全性，增强生态与景观效果，同时具有一定的水质净化作用，但具体水质指标值的变化较大程度上受湿地类型、季节、环境、动植物生命活动等因素的影响。因此，可作为城镇污水处理厂出水水质进一步提升的保障单元，但不宜作为城镇污水处理厂出水稳定达标的处理设施，出水考核采样点不应后移至湿地系统的出水。以景观功能为主兼顾净化，宜选择表流型人工湿地；以净化功能为主，宜选择潜流型或复合型人工湿地；侧重 TN、硝态氮指标的改善时，建议选择水平潜流或复合人工湿地。

3.1.3　调查验证与技术决策要点

1. 技术决策内容

城镇污水处理厂高标准提标新建、扩建工程项目的技术决策内容包括但不限于：

(1) 论证新建、扩建工程的必要性、主要目标及可达性，包括主要污染物的削减量、出水水质指标和经济社会效益，必要时，包括水质水量季节性或时段性的变动。

(2) 了解当前及未来雨污水管网的建设及运维情况，分析主要泵站及管网节点的水质，分析预测污水来源及水量变化特征、水质构成及影响因素，尤其外部水的入渗情况。

(3) 结合污水水量水质及影响因素的分析预测，预判可能难以稳定达标的出水水质指标及关键影响因素，在某些情况下，还需要考虑污染物的削减总量及时段要求。

(4) 针对稳定达标处理（包括达标排放、再生利用、资源回收等）的难点，提出可行的工艺技术路线及技术措施选择，论证并确定相应的技术方案及工程实施要求。

(5) 开展工程设计及设备配套，土建工程与设备的包段划分与招投标，施工建设及设备安装调试，联合运转调试，以及工艺试运行、运行优化和日常管理。

城镇污水处理厂高标准提标改造工程项目的技术决策内容包括但不限于：

(1) 论证提标改造工程必要性、目标及可达性（污染物削减量、出水水质指标等）。

(2) 分析当前与未来的污水来源及水量变化特征、污水水质构成及影响因素，核实服务范围内的污水产生量及水质偏差原因，特别是水质浓度偏低及季节性变动的原因。

(3) 通过已有处理设施全工艺流程性能测试与诊断分析，剖析未能稳定达标（达标排放、再生水、资源回收等）的水质指标、频率分布及关键影响因素，以及已有处理构筑物及设备的优化提升潜力。

(4) 提出具有针对性和可行性的工艺技术路线及技术措施选择，论证并确定基于技术路线选择的工艺技术方案及单元工艺选择。

(5) 研究确定提标改造期间不影响现有设施正常稳定运行的工程与非工程措施。

(6) 开展工程设计及设备配套，土建工程与设备的包段划分与招投标，施工建设及设备安装调试，联合运转调试，以及工艺试运行、运行优化和日常管理。

2. 源头管控核查

城镇污水处理厂提标建设之前，应开展的源头管控核查，包括但不限于以下内容：

(1) 各类居住小区和公共建筑的生活污水是否依法且规范地接入市政污水管网，建设单位是否按照排水设计方案建设污水管网等设施，是否存在雨污水管线混接的情况。

(2) 是否存在新建、改建、扩建工业企业及工业园区工业废水接入市政污水管网情况。是否存在冶金、电镀、化工、印染、原料药制造、半导体、焦化、石化、化肥、农药、垃圾渗滤液等含重金属或高浓度、难生物降解污染物或高氮磷废水接入市政污水管网情况。

(3) 是否存在地表径流尤其河湖水进入市政污水管网情况，是否存在施工降水或基坑排水进入市政污水管网情况，是否存在垃圾、土壤和生物质流失进入市政污水管网情况。

（4）是否有完善的市政排水管网及其附属设施的运行监管系统，是否建立完善的管网运行维护保障计划并定期开展管网排查和清淤，是否建立有效的厂、站、网调度机制。

3. 水质水量核定

对于城镇污水处理工艺技术路线的合理选择，需要基于进水水质水量及水质构成时空变化的充分掌握和发展趋势的合理预测，并对工艺设计参数的确定进行相应的调整。工程设计建设或提标改造之前，应首先对服务范围内的污水水质水量进行科学合理的预测或重新核定，特别注意初刷（初期）雨水引入后引起的季节性或时段性水量变化。

对于高标准提标改造及扩建项目，需要根据实际运行数据及今后可能出现的变化重新核定，核定值与原设计值存在较大偏差时，应核实产生偏差的原因和处理构筑物的优化潜力，确定采取工程措施的必要性以及前端污水管网系统的改进措施。

通常情况下，有必要对历年的进水水质水量及变化规律进行统计分析，并重点分析最近三年的变化情况，合理预测未来的水质水量及变化特征。

（1）根据城镇污水处理厂服务区域内水质水量的日、月、季变化规律，以及旱季、雨季的变化特征，合理设定进水水质水量及变化系数，必要时开展24～72h连续取样分析，保障水质水量高峰时段的出水稳定达标。

（2）结合区域规划、排水规划，合理确定近远期规模、设施布局、建设时序、工程预留措施与用地等，应保留足够冗余能力，年平均水量运行负荷率宜控制在80%以内。

（3）统计分析当前的进水水质指标浓度分布特性，预测未来的进水水质变化趋势，可以按照BOD_5 60%～70%、SS 60%～70%、总氮90%～95%、氨氮90%～95%、总磷80%～85%的累积概率分布统计值，合理确定进水水质的设计计算值。

4. 主要水质指标

进水水质水量特性分析和出水水质标准确定是工艺技术方案制定的关键环节，是工程投资与运行费用高低、达标可能性及运行稳定性的决定性因素。对于高水质标准的城镇污水高标准处理及利用工程，需要对进水特性进行系统性的监测分析和统计分析。

（1）重点监测化学需氧量（COD）、五日生化需氧量（BOD_5）、悬浮固体（SS）与挥发性悬浮固体（VSS）、总氮（TN）与总凯氏氮（TKN）、氨氮（NH_3-N）、总磷（TP）与溶解磷（SP）、pH、碱度、水温和色度等常规水质指标。

（2）重点统计分析溶解性不可生物降解COD与溶解性快速生物降解COD、溶解性COD比例（SCOD/COD）、BOD_5/COD、碳氮比（BOD_5/TN或COD/TN）、VSS/SS、SS/BOD_5、溶解性不可氨化有机氮等体现水质特性的指标值。

（3）然后结合实际进水水质特性和出水水质指标（排放、再生利用）的差距分析，明确未能稳定达标的主要水质指标及动态变化情况，分析影响稳定达标的主要因素及水质指标间的关联关系，为提出稳定达标工艺技术路线及具体技术措施提供可靠基础依据。

我国城镇污水的水质构成及浓度呈现明显的空间、时间变化特征，因时、因地而异，影响因素多，以COD为例，西部有高达1000mg/L以上的，南方仍然有不少低于100mg/L的。水质浓度及特性需要一厂一议，要考虑季节性变化，不可简单进行重复借鉴和拷贝。

5. 水质水量因素

随着部分大型和超大型城市中心城区的发展建设和功能分区进入相对稳定状态，加上雨水和污水管网系统的逐步完善，污水处理厂进水水质浓度将呈现逐步回升的趋势，其水质构成及比率（BOD_5/TN、SS/BOD_5、BOD_5/TP 等）也相应趋于正常、合理，但大部分城镇仍然处于快速发展阶段，雨污水管网普遍不够完善、运维也不够到位，今后较长时期内，其污水构成及水质特性将继续受各种外部因素的复杂影响，具有较大的不确定性。

目前大部分城镇污水处理厂设计进水浓度偏高，或由于污水管网不完善等原因导致实际进水浓度明显偏低，污水处理设施的功能和潜力没有得到充分发挥，污水处理系统提质增效任重道远。相反，有小部分污水处理厂设计进水浓度偏低，或受到工业废水不正常排放的影响，实际进水浓度或部分水质指标值明显偏高，严重影响稳定运行和出水达标。

还有部分早期设计建设的污水处理厂，采用了符合当时设计规范但不符合当前实际情况的设计参数，比如活性污泥产率取值过低，使生物池的水力停留时间过短，一旦满负荷运行，就会出现诸如剩余污泥产生量超出设备能力、氨氮等出水水质指标超标等问题。

在污水水量方面，随着污水管网的逐步完善，运行负荷率呈现逐年上升的趋势，水量超负荷运行已经成为比较普遍的现象。从国际发展趋势看，初刷（初期）雨水的处理迟早要纳入城镇污水处理厂的服务范围，但不管老厂还是新建项目，目前我国城镇污水处理厂对初刷雨水的协同处理均考虑不足或完全未加以考虑，在城镇污水处理厂设计规模的确定过程中，没能同时明确旱季工程规模和雨季工程规模。

影响城镇污水处理厂运行负荷率的主要因素为：规划建设过程中未能充分调查和合理预测服务范围内的污水量或污染物来源变化；城市规划布局调整，工业企业搬迁改造和水价提高，导致老城区旱季污水量减少，部分新城区或开发区则快速增加；另外雨水与污水管线混接、河水与地下水入渗，均影响污水的流量和水质浓度；冗余能力需要得到保障。

6. 调查验证要求

在进水水质成分较为特殊、复杂或出水水质有特别要求的情况下，例如工业废水比例较高、含难生物降解有机物或有机氮、有机磷的进水，常规生物除磷脱氮工艺技术方案及运行参数难以满足出水稳定达标要求的情况下，非常有必要对城镇污水处理厂服务范围内主要污染源的水质特性或现状进水水质特性进行调查分析，尽量开展现场试验与生产性验证研究，为工艺技术方案的确定提供可靠的基础依据与参数选择。

（1）满负荷运行的污水处理厂。依据新近几年的日平均进水和出水水质数据，运用数理统计方法，分析 COD、BOD_5、SS、NH_3-N、TN、TP 等不同指标的变化特征及概率分布，确定需要特别关注的主要水质指标。对进水水质中的 SCOD/COD、BOD_5/COD、BOD_5/TN、SS/BOD_5、TN 及溶解性不可氨化有机氮组分、TP 及溶解性有机磷组分、色度、水温等水质特性进行分析与统计处理，然后结合当前的全年（至少包含一个冬季）进水和出水水质浓度分布情况，分析稳定达标的主要影响因素。

（2）未满负荷运行的污水处理厂。不仅需要对现状进水水质和出水达标情况进行调查分析，还要对达到满负荷运行时的进水水质和出水达标能力进行预测分析，其调查分析内容与现状满负荷的情况相同。当现状进水水质浓度低于设计值时，应预测满负荷运行的进水水质浓度，并按照预测结果分析稳定达标的难点，确定提标改造的工艺技术方案。进水水质浓度的预测，应综合考虑服务范围内的污水来源构成，主要污染物类型及排放量变化，污水管网系统类型及完善程度等影响因素。对于现状进水水质浓度高于设计值的情形，需首先分析现状水质浓度偏高的原因，结合满负荷运行时可能出现的进水水质变化及导致的稳定达标问题，按照最不利的情况，研究确定提标改造的工艺技术方案及工艺参数。

（3）新建、扩建工程的水质调查分析。对城镇污水处理厂服务范围内的主要排水户和排污口进行水质监测，包括较大的居民区、工业企业、公共建筑及餐饮娱乐设施；对雨水与污水泵站、雨污合流管的排出口和纳污河道等进行主要水质指标的监测；了解服务范围内的地表径流污染情况以及径流污染所产生的氮磷污染物指标值变化情况；调查当地现状污水处理厂的实际进水水质变化和出水稳定达标情况。根据服务范围内的总体规划和排水专项规划，预测污水水质的变化趋势，确定新建工程的设计进水水质及概率分布，旱季和雨季的水质浓度差异。对 SCOD/COD、BOD_5/COD、BOD_5/TN、SS/BOD_5、TN 及溶解性不可氨化有机氮组分、TP 及溶解性有机磷、色度、水温等污水水质特性进行调查分析，为工艺单元选择及工程技术方案选定提供科学依据。

7. 工程模拟试验

在城镇污水处理厂进水水质水量调查分析的基础上，依据出水水质标准及其他方面的要求，确定污水处理功能模块及所需要的处理程度，根据不同污染物指标的去除要求及可能达到的处理程度或浓度值，选择适宜的多种污水处理工艺技术方案（功能模块组合）进行比较分析，提出推荐的污水处理工艺流程及实施方式。进水水质构成较为特殊，影响因素较为复杂，或采用新的工艺技术及设备产品时，应进行工程模拟试验或中试规模的应用验证，以获得可达到的预期运行效能及关键影响因素。

工艺模拟试验至少经历一个冬季，模拟试验或中试验证完成后，应整理原始数据，编写试验研究报告。报告中的主要内容至少包括以下几个方面：进水水量水质的构成及变化特性描述，试验采用的工艺流程及运行参数与环境条件变动情况，主要污染物指标的去除效率及影响因素分析，出水水质指标及稳定达标能力分析，推荐的工艺流程及设计参数与运行控制要求等。如有可能，可结合商业化的工艺模拟软件进行不同场景的对比分析。

8. 运行维护能力核查

城镇污水处理厂的运行调控应在充分考虑配套设备、仪器仪表的配置与维护以及运行管理人员与管控平台水平的基础上，不断提高运行调控的针对性、灵活性、精细化和智能化。对于已有的污水处理厂项目提标建设，需要重点调查研究所有配套设备和仪器仪表的运行、维护及故障情况，以及人员配置与能力建设情况。需要针对城镇污水处理厂运行管理人员的专业知识与技能不足、对污水处理技术原理的了解不深入等导致的运行调控能力有限与运行监测手段欠缺问题，应尽早通过专业技术人才配置、过程培训和智能化管控平台构建等方式，提高城镇污水处理厂的运行管理水平、运行效能及稳定达标保障能力。

3.2　高标准稳定达标处理工艺技术路线

3.2.1　主要功能模块与工艺单元组成

《城镇污水处理厂污染物排放标准》GB 18918—2002 一级 A 及以上标准的城镇污水高标准处理及利用工艺流程包括预处理及强化、强化生物处理、深度处理、高级处理和消毒处理等工艺单元。预处理单元包括机械处理与沉淀处理的组合；强化生物处理包括不同生物处理过程的组合及环境条件的提供，核心是氮磷的深度去除，必要时增加化学除磷药剂和外部碳源的投加；深度处理多数为物理化学方法，必要时与特殊生物处理组合，还包括臭氧（催化）氧化、活性炭吸附、反渗透等高级处理过程。

可以根据表 3-1 所列出的功能模块、工艺单元及典型工艺过程，参照表 3-2 的工艺过程组合模式，进行不同工艺过程的集成应用，提出各自适宜的高标准提标建设工程备选工艺技术方案，结合处理效果稳定性、运行控制灵活性、工程实施可行性、维护管理方便性、投资运行经济性和系统优化整体性的评估分析，经系统性的技术经济综合比较后，确定出技术切实可行、经济指标合理、绿色低碳的工艺技术路线及具体的工程实施方案。

城镇污水高标准稳定达标及再生处理功能模块与工艺单元示例　　表 3-1

功能模块与工艺单元		主要处理功能及工艺单元选择因素
预处理	粗(中)格栅	栅距 10～25mm，去除较粗、较长的漂浮杂物，控制后续工艺过程的堵塞和浮渣形成
	泵房及附属渠道	污水提升、流量均衡与配送，为后续工艺过程提供必要的水头与流量分配
	均衡/调节池	针对工业或小流量污水，为后续工艺过程提供水量水质均衡调节或有毒进水事故性暂存
	细格栅	栅距 1.5～10mm，去除细小漂浮杂物，控制后续工艺过程的堵塞与浮渣形成
	超细格栅	栅距 0.2～1.5mm，去除细微漂浮杂物，控制后续工艺过程的堵塞、浮渣形成与污泥活性降低
	沉砂池	去除粒径 0.2mm 及以上的较粗惰性颗粒，同时尽量去除粒径 0.1～0.2mm 的细小惰性颗粒，控制后续工艺过程的设备磨损、泥砂沉积与污泥活性降低
	初沉池	去除可沉悬浮固体及小部分不可沉悬浮固体，减低后续工艺过程的运行负荷，减少细微泥砂进入后续生物池，提高活性污泥活性，降低能耗和物耗
	初沉发酵池	针对 SS/BOD_5 较高的污水，尽量去除 SS 中的无机惰性组分，保留可生物降解的有机组分，促进悬浮固体有机物组分的溶解与产酸作用，改善进水碳源质量，开发利用内碳源
	厌氧水解池	针对含化工类工业废水、BOD_5/COD 较低的污水，改善污水有机物的可生物降解性能，提高溶解性不易生物降解有机物的转化与最终去除率

续表

功能模块与工艺单元		主要处理功能及工艺单元选择因素
强化预处理	化学絮凝沉淀	在初沉池前端投加化学混凝剂并提供絮凝反应条件，增强SS、胶体和TP的去除能力，形成化学强化一级处理工艺，减轻后续生物处理的运行负荷，或者作为碳分离与捕集方法
	生物絮凝沉淀	AB法A段，水力停留时间30min左右，通过可沉悬浮固体活化，形成较强生物絮凝能力，提高SS、胶体和溶解性有机物去除率，减轻后续处理运行负荷，或作为碳分离捕集方法
	化学生物絮凝沉淀	集成化学絮凝与生物絮凝，在生物絮凝沉淀工艺的前端或生物池内投加化学混凝剂，通过化学与生物联合作用，大幅度降低后续工艺运行负荷，或作为碳磷分离与有机物捕集方法
强化生物处理	预缺氧区	通过回流污泥反硝化脱氮，消除硝态氮对后续生物除磷工艺过程的不利影响，提高内部碳源的有效利用率，节省化学除磷药剂与外部碳源消耗
	厌氧区	通过与后续缺氧区的交替循环，形成反硝化聚磷菌优势生长所需的环境条件；通过与后续好氧区的交替循环，形成聚磷菌优势生长所需的环境条件，发挥生物除磷功能
	缺氧区	通过与后续好氧区的交替循环，形成反硝化和硝化工艺过程所需的缺氧/好氧环境条件，实现生物脱氮及反硝化除磷功能
	碳源投加	针对进水BOD_5/TN偏低、反硝化碳源不足的情况，通过外加碳源及投加点的优化配置，提高生物脱氮及生物除磷能力，通常投加醋酸类快速碳源或含低分子有机酸的酿造废水
	好氧区	完成有机物的充分降解、NH_3-N的生物硝化、磷的生物吸收，以及同步硝化反硝化、污泥稳定化等生物处理功能
	投加填料	针对生物池池容不足或建设用地明显受限的情况，在好氧区的局部投加生物载体填料，强化生物硝化及相应的反硝化能力，可进一步提高非曝气污泥量比值及碳源有效利用率
	除磷药剂	针对仅依靠生物除磷难以稳定达到GB 18918—2002一级A及以上标准的情况，在生物曝气池的后端投加铝盐或铁盐，或者将深度处理的化学除磷浓液返回到生物池，同步进行化学协同除磷
	二沉池	完成活性污泥混合液的固液分离，进行污泥的回流循环；SBR工艺系统没有二沉池，生物反应与沉淀过程在同一个池子内按时间顺序完成
	膜池	替代活性污泥法工艺系统的二沉池，膜生物反应器(MBR)的膜池通过膜过滤方式完成混合液的固液分离，膜池混合液通过较大的回流比返回到前端生物池
	反硝化滤池	适用于二沉出水NH_3-N达标、TN不达标的情况，通过外加碳源，进行深度反硝化和过滤处理；或作为二级生物处理工艺的组成单元
	曝气生物滤池	适用于二沉出水TN达标、NH_3-N不达标的情况，进行后续的生物硝化和过滤处理；或作为二级生物处理工艺的组合单元，通常与反硝化滤池组合应用

续表

<table>
<tr><th colspan="2">功能模块与工艺单元</th><th>主要处理功能及工艺单元选择因素</th></tr>
<tr><td rowspan="8">深度及高级处理</td><td>化学混凝</td><td>强化二级生物处理出水悬浮固体(SS)、胶体颗粒和总磷(TP)的去除，改进后续的沉淀和过滤处理效果</td></tr>
<tr><td>絮凝沉淀池</td><td>通过化学絮凝和沉淀过程，进一步降低处理水的 SS、TP、有机物、色度等水质指标的浓度值，同时保障后续过滤工艺单元的处理效果</td></tr>
<tr><td>砂滤池</td><td>通过石英砂等过滤介质对颗粒物的截留作用，进一步过滤去除 SS、TP 等污染物，同时保障后续的消毒处理效果；运行稳定可靠，但占地和水头较大</td></tr>
<tr><td>机械过滤</td><td>替代砂滤池的过滤处理系统；转盘或滤布过滤模式，占地和水头较小</td></tr>
<tr><td>膜过滤</td><td>替代传统过滤技术，采用微滤膜或超滤膜进行过滤处理，SS 和 TP 截留率高，过滤效果好，占地面积较小，但投资和运行成本较高</td></tr>
<tr><td>反渗透</td><td>主要去除总溶解固体(TDS)，包括 NH_3-N、TN 和 TP 的去除，用于高等级再生水的生产；但投资和运行成本高，浓水处理问题尚未得到有效解决</td></tr>
<tr><td>化学氧化</td><td>用于溶解性难生物降解有机物、色度和微量新污染物的去除，例如，臭氧氧化技术</td></tr>
<tr><td>物理吸附</td><td>用于溶解性难生物降解有机物、色度和微量新污染物的去除，例如，活性炭吸附技术</td></tr>
</table>

城镇污水处理厂提标建设工艺技术路线及单元组合模式示例　　表 3-2

<table>
<tr><th>序号</th><th colspan="5">主要工艺单元及强化技术措施的组合模式</th></tr>
<tr><td>1</td><td rowspan="11">前端市政污水雨水管网系统的建设完善与运维提升、污水污染物的源头管控与水量优化调度</td><td rowspan="11">强化预处理：超细格栅、泥砂去除与分离、高负荷初沉池、初沉发酵池等</td><td rowspan="11">强化生物除磷脱氮工艺系统的技术集成、运行优化与工艺能力提升，采用活性污泥法或纯生物膜法及复合模式</td><td>碳源优化配置及外部碳源投加</td><td rowspan="11">直接过滤
混凝沉淀过滤
磁增强化学除磷
气浮法化学除磷
机械过滤
膜法过滤
反渗透或纳滤
臭氧氧化
活性炭吸附
活性焦吸附
离子交换等</td></tr>
<tr><td>2</td><td>生物除磷强化与化学协同除磷</td></tr>
<tr><td>3</td><td>反硝化除磷与同步硝化反硝化</td></tr>
<tr><td>4</td><td>生物池池容的扩增与比例调整</td></tr>
<tr><td>5</td><td>好氧区投加悬浮填料强化硝化</td></tr>
<tr><td>6</td><td>好氧区悬浮填料＋化学协同除磷</td></tr>
<tr><td>7</td><td>活性污泥浓度提高，或 MBR 膜池</td></tr>
<tr><td>8</td><td>反硝化滤池</td></tr>
<tr><td>9</td><td>纯生物膜 MBBR</td></tr>
<tr><td>10</td><td>曝气生物滤池</td></tr>
<tr><td>11</td><td>主流或旁路厌氧氨氧化</td></tr>
</table>

3.2.2　稳定达标处理工艺单元组合模式

对于城镇污水处理厂提标改造项目，应尽量不影响正常生产运行，原有处理系统的构筑物容量、设备能力、池容空间、操作与控制参数存在一定的可调整调控空间（余量）时，实施提标改造工程之前有必要针对影响稳定达标的主要因素，优先考虑采用非工程措施，例如加强源头控制、改变工艺运行模式、优化运行参数、投加化学药剂等，尽可能利用原有构筑物与设备，避免工程措施对正常生产运行的干扰和额外的工程费用增加。

当采取非工程措施后仍然不能满足稳定达标要求或能耗物耗、运行管理成本过高时，可结合可行的工艺单元和工程技术措施选择，按照稳定达标所要求的水质指标限值和工程实施条件，提出有针对性的工艺单元组合模式、工程技术措施和具体的工程实施方式。

城镇污水处理厂新建扩建工程与提标改造工程的工艺技术选择基本类似，只是工程限制条件及环境影响因素会有所不同。由于工程实施的限制条件相对宽松，尤其是土地与构筑物结构形式方面，可供选择的工艺技术及配套设备产品的范围更广，可形成的组合类型更多，备选工艺技术方案更加多样化，但技术经济性能的对比研究难度也会相应增大。

首先要分析研究进水水质水量变化特性，考虑所选污水处理工艺对进水水质水量及环境条件变化的适应性，然后以稳定达标、节省占地、节能降耗、绿色低碳和低环境影响为核心，综合研究处理效果的稳定性、工艺控制的灵活性、工程实施的可行性、维护管理的方便性、投资运行的经济性、技术设备的兼容性等，参考表 3-1 和表 3-2 提出若干适宜的工艺技术路线及实施方式，经技术经济分析比较，进一步确定工艺流程及设计运行参数。

对于前端的市政污水管网系统，需要着重考虑水质水量波动的平衡调节、泥砂进入的有效控制和碳源有机物损耗的避免，以及外部水（河湖与地下水）的入渗和悬浮固体的沉积。预处理工艺单元需要着重解决进水惰性悬浮固体（漂浮物、泥砂）的去除、峰值流量的削减和碳源质量的改善；二级强化处理单元着重解决有机物和氮磷的高效去除或转化；深度处理及高级处理满足高排放标准或再生水的水质指标要求。

3.2.3 高标准稳定达标处理工艺技术路线示例

由于受生活水平、饮食习惯、自然环境以及地表废弃物、泥砂流失及各种工业废水的影响，城镇污水水质水量构成复杂多变、时空差异大，对于高水质标准的再生处理，需要综合应用物理、化学和生物等工艺过程，以有效去除污水中的固体物、有机物、病原体、重金属、氮、磷以及某些特殊污染物，例如持久性有机污染物、激素等微量新污染物。

在城镇污水高标准处理工艺系统中，最为关键的是有效去除污水中的氮磷等各种污染物，包括微量新污染物，使处理出水或再生水水质能够满足特定用水途径的功能要求和卫生安全保障要求，尤其城镇景观水体与河湖生态环境补水需求，保护公众卫生健康和改善水生态环境质量。必须确保处理出水的 COD、BOD_5、SS、NH_3-N、TN、TP、浊度、色度、粪大肠菌群等水质指标满足相关标准要求，重金属和难生物降解有毒有害污染物必须在工业企业的源头加以严格控制，避免进入城镇污水处理厂。

城镇污水高标准处理工艺单元的不同组合可以构成不同的工艺技术路线及工艺流程。按污水的净化处理程度划分，基本工艺单元包括强化预处理、强化二级生物处理（有机物与氮磷去除）、深度处理（混凝、沉淀、气浮、过滤、消毒）、高级处理（高级氧化、物理吸附、离子交换、反渗透、纳滤、紫外—双氧水等）等，但每个基本工艺单元都有多种可行的实施方式和设备产品选择，实际工程应用中会有多种多样的工艺单元组合模式及工程实施方式，图 3-2 给出了城镇污水高标准（再生）处理工艺单元选择及组合模式示例。

1. 强化预处理＋强化生物处理＋混凝沉淀＋介质/机械过滤＋消毒

（1）适用于一级 A 及以上标准，针对 NH_3-N、TN、TP、COD、SS 等指标。

（2）强化生物处理主要包括预缺氧、厌氧、缺氧、好氧、消氧等单元区的集成。

（3）如果强化生物处理后的 TN、TP 仍未能达标，可适量投加碳源和除磷药剂。

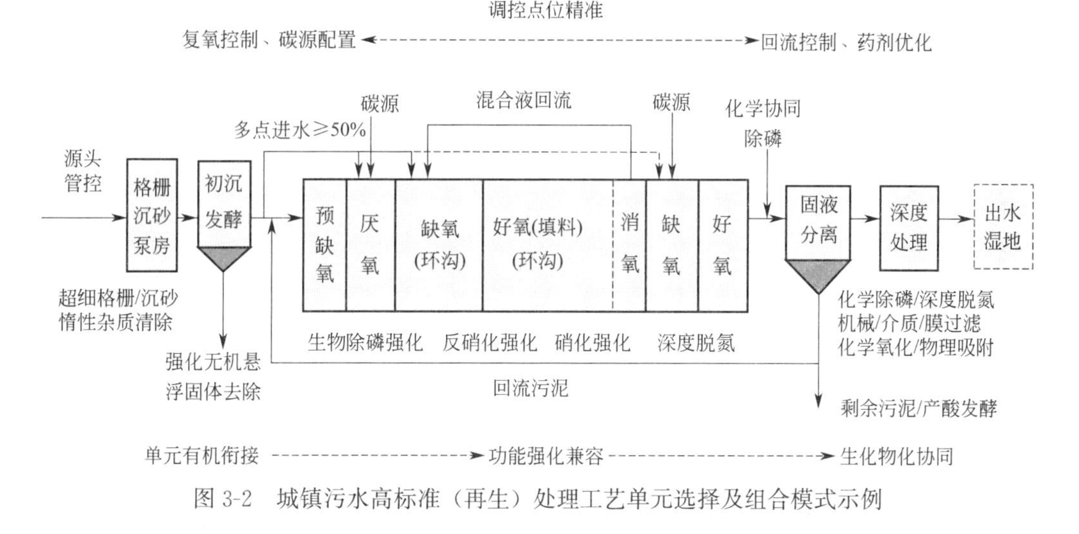

图 3-2　城镇污水高标准（再生）处理工艺单元选择及组合模式示例

（4）在生物池池容受限条件下，可采用部分好氧区投加悬浮填料的强化硝化措施。

（5）一级 A 及以上标准宜采用深床滤池，二沉池出水加药混凝时不宜直接机械过滤。

2. 强化预处理＋强化生物处理＋磁絮凝/高效沉淀/气浮＋介质过滤＋消毒

（1）适用于一级 A 及以上标准，主要针对用地受限以及 TP、TN、SS 等指标。

（2）强化生物处理包括预缺氧、厌氧、缺氧、好氧、消氧、后缺氧、后好氧区等。

（3）可以采用新型气浮工艺单元替代沉淀单元，进一步提升 TP 和 SS 的去除效果。

3. 强化预处理＋强化生物处理＋混凝沉淀/气浮＋深床/反硝化滤池＋消毒

（1）适用于一级 A 及以上标准，主要针对 TP、TN、SS、浊度等指标。

（2）可通过增加滤床的厚度，提升 SS 去除率；采用气浮法可实现 TP 的深度去除。

（3）当生物处理单元强化后无法保障 TN 稳定达标，可启动深床滤池的反硝化功能。

4. 强化预处理＋强化生物处理＋混凝沉淀/气浮＋深床滤池＋臭氧＋消毒

（1）适用于一级 A 以上标准（地标），主要针对 TP、TN、SS、COD、色度等指标。

（2）混凝沉淀可采用高效沉淀池或磁介质增强混凝系统，气浮除磷效果更稳定。

（3）进一步提升溶解性难降解有机物与色度的去除能力，兼顾微量新污染物的控制。

5. 强化预处理＋强化生物处理＋混凝沉淀/气浮＋臭氧氧化＋双膜法脱盐

（1）适用于高品质再生水、水源补充水的生产，以及微量新污染物的控制。

（2）臭氧氧化或活性炭吸附增强溶解性难降解有机物、色度、新污染物的去除能力。

（3）微滤或超滤作为反渗透的预处理，确保进水的淤泥密度指数（SDI）不超过 3。

3.3　典型工艺单元及强化技术措施示例

3.3.1　污水处理工艺单元强化措施

城镇污水处理厂预处理工艺系统的强化技术措施主要包括格栅、沉砂池和初沉池等工艺单元的优化设计和精细化运行维护，根据污水中漂浮物和悬浮物含量、组分、物化特征等，合理选择预处理工艺单元及设备配置，最大限度地去除污水中的惰性杂质、调节水质水量、保留内部碳源及提高进水的可生化性，注意避免跌水复氧导致的进水碳源损耗。

生物处理工艺系统的强化措施要以深度除磷脱氮为基本功能定位，并以此为导向选择相应的工艺技术路线、工艺单元配置、工艺运行参数、设备仪表和药剂类别，选择成熟可靠高效的工艺设备及仪表产品，为工程设施的稳定运行提供基础保障，充分考虑已有研究成果和工程运行经验，尽量减少对现有工程设施正常运行的不利影响，掌握各功能区环境条件与活性污泥性状，适时调整配水、混合、曝气、回流、排泥等工艺操作及参数。

深度处理工艺系统的强化措施要切实保障 TP、SS、TN、COD、色度、粪大肠菌群、浊度等水质指标的稳定达标，根据生物处理单元的难达标因子或水质指标进行深度处理工艺单元的选配及参数确定，NH_3-N 去除应全部在生物处理单元完成，化学除磷单元应尽量后置，有效避免或控制协同化学除磷对生物除磷的不利影响。

城镇污水处理厂常用的工艺单元及强化技术措施汇总并简要说明见表 3-3。

城镇污水处理的主要工艺单元及强化技术措施示例　　表 3-3

单元	工艺技术强化措施及使用条件	对稳定达标处理的贡献
强化预处理	1. 强化格栅与沉砂处理 根据市政污水管网(泵站)的格栅设置情况，后续生物处理和深度处理工艺单元的安全稳定运行要求，合理确定粗格栅、中格栅、细格栅、超细格栅的配置及栅距选择。对于高水质标准的污水处理系统，需要设置或增设超细格栅。 为保护泵、阀门、管道和其他设施，避免损伤和堵塞，进水必须经过格栅和沉砂处理；为防止细长杂物缠绕损坏膜丝，MBR 系统应设置超细格栅；好氧区投加填料或二级处理出水机械过滤时，应设置细格栅或超细格栅。超细格栅和沉砂可去除进水细微惰性漂浮固体与砂砾，减少后续单元运行故障、设备磨损和泥砂沉积	降低污水处理设备、管线和构筑物的运行故障与磨损，提高生物池运行稳定性和污泥活性，保护 MBR 膜组件或膜过滤组件、泥膜复合填料系统、深床滤池和反硝化滤池等，有利于后续工艺过程对氮磷的高效去除
	2. 设置初沉或初沉发酵设施 初沉池可去除 40%以上的进水 SS 及无机组分，有利于提高后续生物处理系统的污泥活性和反硝化速率，增强除磷脱氮能力和运行效率，降低生物池的剩余污泥产率，减少细微泥砂和漂浮物对后续处理工艺及污泥处理处置的不利影响。 进水 SS 浓度较高或 SS 中无机组分含量较高的污水处理厂，为保证生物处理系统的正常稳定运行，应保留、改造或增设初沉池及初沉发酵池等预处理措施，尽量采用较高水力负荷，一般情况下水力停留时间(HRT)可缩短到 0.5～1.0h，设置超越至生物处理单元的管线，提高运行调整灵活性，适应水质水量的季节性变化	增强进水 SS 及无机组分的去除，降低后续生物处理单元剩余活性污泥产率，增加有效运行泥龄和生物量，有利于 NH_3-N 稳定达标和反硝化能力提升；污泥发酵促进内碳源利用及进水碳源质量改善，有利于 TN 去除
	3. 设置厌氧水解设施 进水 BOD_5/COD 偏低(<0.3)，或受化工、制药、印染、制浆废水影响时，建议设置厌氧水解池，利用细菌胞外酶及兼性的水解产酸菌将部分慢速及难以好氧生物降解的有机物转化为可生物降解有机物；生活污水为主的不建议设置	通过难降解和慢速降解有机物的生物降解特性转变，有利于 COD 指标的稳定达标和反硝化速率的提高
	4. 设置水量水质均衡调节池 某些工业废水具有较强酸性或碱性，为防止接纳工业废水的污水处理厂受到不利影响，有必要合理设置调节池或酸碱调控设施；对小型污水处理设施或季节性影响，进水水量水质波动大，需要设置均衡调节池	水质水量的均衡调节有利于工艺系统的稳定运行，能够削减 NH_3-N、TN 等溶解性污染物的峰值浓度变化

续表

单元	工艺技术强化措施及使用条件	对稳定达标处理的贡献
强化生物处理	1. 污水生物除磷脱氮工艺系统选择 优先选用技术成熟、具有回流污泥反硝化强化生物除磷脱氮功能的污水处理工艺系统，例如，改良 A^2/O、多级改良 A^2/O。改良 A^2/O 及其变型工艺系统在厌氧区前端增设预缺氧区，利用小比例进水中的有机物和活性污泥本身有机物内源反硝化去除回流污泥硝酸盐，控制厌氧区快速生物降解 COD 的损失，节省碳源，有利于同时生物除磷脱氮；生物脱氮要求较高时，可以采用多级改良 A^2/O 工艺系统	污水生物处理工艺单元应最大程度去除污水中的有机物、NH_3-N、TN、TP 和 SS，必要时增加化学协同除磷和外部碳源投加，增强氮磷深度去除效果
	2. 调整现有生物池的非曝气污泥量比值 在现有生物池池容满足总泥龄控制要求，曝气区池容或水力停留时间占比有富余的情况下，适度降低曝气区的污泥量占比，提高非曝气区污泥量占比，从而在不影响生物硝化能力及稳定性的情况下，提高反硝化能力和内部碳源利用效率，同时有助于降低曝气能耗，通常情况下非曝气区污泥量占比控制在 0.45 左右为宜	合理控制非曝气污泥量比值，利用相对富裕的曝气区池容，增加缺氧区池容，增强脱氮能力的同时可降低能耗和碳源损耗
	3. 提标改造生物池池容的扩增 当采用优化运行技术后，原有生物池的处理能力仍然不能满足出水水质要求时，具备生物池新增池容占地条件或空间的，可适当扩建生物池的池容或降低进水水量，以达到所需的运行泥龄和停留时间，提高生物处理系统的硝化稳定性和反硝化能力。不建议取消现有全部初沉池系统以增加后续生物池池容的改造方式	通过生物池池容扩增或降低进水量，提高生物系统的设计与运行泥龄，满足生物硝化和反硝化能力及运行稳定性的要求
	4. 提标改造或新建生物池中投加悬浮填料 当采用优化运行技术后，原有生物池脱氮能力仍然不能满足出水水质要求，且新增池容难以实现时，可在生物池好氧区的部分区段投加悬浮填料，生物膜法与活性污泥法相结合形成 IFAS 或 MBBR 工艺系统，优化生物处理系统的微生物组成和数量分布，提高硝化稳定性和相应的反硝化能力（适当扩大非曝气区污泥量占比）	可有效提高冬季低水温条件下的 NH_3-N 硝化能力和稳定性，促进稳定达标，同时可提高非曝气区容积比例，增加 TN 去除量
	5. 增设后置的硝化/反硝化设施 当原有生物处理段采用强化措施后，NH_3-N 和 TN 仍然不能稳定达标时，可在原生物段后增加曝气生物滤池强化 NH_3-N 去除，增加反硝化滤池强化硝态氮去除，但生物滤池运行管理难度较大且前端需要化学强化一级处理，需补充外碳源才能有效反硝化，宜慎重选用；有极限脱氮需求时可设置反硝化滤池或纯膜 MB-BR	曝气生物滤池可有效去除 NH_3-N；外加碳源，反硝化滤池可有效脱氮，脱氮量主要取决于碳源的投加量、类型和质量
	6. 开发或优化内部碳源利用 当反硝化碳源不足时，应首先挖潜和优化利用污水本身的碳源。例如，缩短初沉池停留时间、部分或全部超越，或设置初沉发酵池、初沉污泥发酵池等措施。还可以采取以下措施：将原有工艺改造为带回流污泥反硝化的除磷脱氮工艺系统；增设初沉污泥发酵池，挖掘污泥中的有机物形成溶解性 VFAs；利用厌氧发酵等方法对剩余活性污泥进行破解，释放污泥中的有机碳源，甚至改变除磷菌的类别	提高内部碳源利用、改变碳源配置和改善碳源质量等措施，均有助于提高反硝化速率和能力，有利于出水 TN 稳定达标，还有助于生物除磷能力提升
	7. 优选和投加外部碳源 充分挖潜和优化利用污水内部碳源后，仍不能满足 TN 达标要求时，需要投加外部碳源，包括在生物处理单元投加和反硝化滤池投加。 （1）外部碳源：醋酸、醋酸钠、甲醇等低分子易降解有机物。 （2）因地制宜地利用廉价碳源，特别是高碳且低氮的酿造（发酵）废水、食品加工废水、淀粉废水、酒精废水、糖蜜废水等。 （3）若污水处理厂服务范围内或附近有含醋酸、醋酸盐、甲醇、乙醇（如酒业废水等）等易被反硝化菌利用的高碳源工业废水，应优先利用，放宽纳管水质浓度标准或寻求特定范围及内容的服务协议，不足部分再辅以商品碳源。 （4）通过多点投加模式，包括厌氧区投加，优化外部碳源利用，建议不同类型的碳源交替使用，避免无效菌群的发展。 （5）利用单质硫等还原性无机物，作为自养反硝化的电子供体	弥补反硝化碳源的不足，快速反应的高质量碳源有助于短时间内提高 TN 去除能力，保障出水的稳定达标，但会带来物耗、能耗的相应升高；在厌氧区投加有机酸类外部碳源，可以同时提高生物除磷脱氮效果，一碳多用；利用还原性无机物化学能的自养反硝化，适用于深度脱氮的精处理单元
	8. 化学协同除磷 二级生物处理出水 TP 浓度可以稳定达到 1.0mg/L 左右时，可采用化学协同除磷的方式，在曝气池的末端投加铝盐或铁盐，通常可以稳定达到 GB 18918—2002 一级 A 的标准要求	强化生物处理系统 TP 去除能力与稳定性，但有可能可逆性的影响生物除磷

续表

单元	工艺技术强化措施及使用条件	对稳定达标处理的贡献
深度处理	1. 混凝+沉淀/气浮+过滤组合单元 混凝沉淀作为强化处理手段，主要起到高效去除 SS 和胶体颗粒的作用。通过调整混凝剂的品种和投加量，可同时完成化学除磷过程；增加磁增强混凝分离或气浮替代沉淀过程，提高效率的同时，还能满足深度化学除磷及极限除磷的需求	深度处理以过滤为核心，混凝沉淀为强化措施，通过投加混凝剂增强 SS 和 TP 等指标的稳定达标
	2. 絮凝过滤/微絮凝过滤/直接过滤单元 二级处理出水水质接近 GB 18918—2002 一级 A 标准，但不能稳定达到一级 A 或再生水标准时，可采用絮凝过滤（混凝+过滤）、微絮凝过滤（混合+过滤）或直接过滤。砂滤稳定可靠，但水头损失较大；转盘和滤布过滤水头损失小，但一般不能与化学絮凝联用	通过化学絮凝与沉淀作用，进一步降低 SS、TP、COD 和 BOD_5 等水质指标的浓度
	3. 膜过滤（微滤或超滤）与反渗透（或纳滤）技术 膜过滤处理效果好，但需考虑膜的污染问题和化学清洗设施。膜过滤包括微滤（MF）和超滤（UF），有外压式过滤和浸没式过滤；有脱盐要求时，可采用反渗透（RO）、纳滤（NF）等技术，适合高品质再生水生产	降低 SS、COD、BOD_5、TP 的浓度值，RO 可高效去除溶解性固体（TDS）、TP、TN 和微量新污染物
	4. 高级化学氧化与物理吸附技术 当以上措施仍不能实现 COD 稳定达标，或者需要强化微量新污染物去除时，可采取活性炭吸附或臭氧氧化等措施。特殊情况下可采用投加粉末活性炭作为应急或补充措施。当出水需要脱色或除嗅处理时，可采取臭氧（催化）氧化等技术措施	降低 COD 浓度和色度，消除嗅味，去除微量新污染物，破坏病原体

3.3.2 污水处理工艺过程管控要点

1. 城镇污水收集输送系统管控

城镇新区的规划建设应全面推行雨污分流制排水系统。老城区可适当采用截流式合流制；尽量控制和消除雨污水管道的混接和错接，以及地下水的入渗、河湖水的倒灌、地表水的入流等，加强污水管网系统的检测评估与修复，较彻底的消除污水管线中存在的各种缺陷。如图 3-3 所示，必要时在分流制排水系统的基础上，进一步形成截留雨水管网初刷（初期）雨水及混接污水进入污水管网的半分流制系统，增强污染物的截留与净化处理。

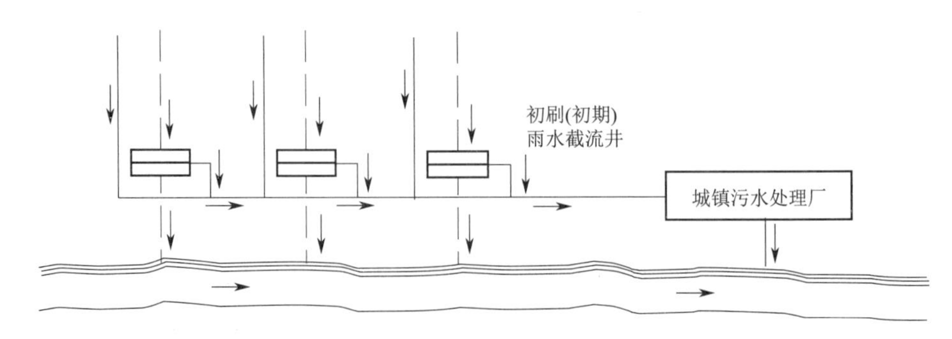

图 3-3　城镇排水的半分流制系统（初刷雨水纳入污水处理厂）

（1）推动雨污分流与初刷雨水净化处理。合流制排水系统的流量、组分浓度及质量负荷的变化幅度均很大。降雨过程的初期，地表污染物和无机物随地表径流大量进入污水管网系统，管道内部水流量的增大使沉积在管道底部的污染物与地表带入的污染物汇聚，导致部分污染物指标特别是悬浮固体和泥砂的浓度快速升高；到降雨过程的中后期，大量雨水并携带溶解氧进入污水管网，会引起进水水质浓度的明显偏低。因此，为确保城镇污水处理系统的正常稳定运行及出水水质的稳定达标，服务范围内的新建区域应采取雨、污分流的排水体制，部分老城区可逐步由合流制向截流式合流制再向分流制转变，同时需要考虑对分流制系统的初刷雨水进行必要的净化处理。

（2）严格执行国家纳管标准及排水许可证制度。接入城镇污水处理厂（尤其后续为再生水厂）的污水水质应严格执行国家相关标准，不得损害污水管网与泵站设施，不得影响正常的输送功能，不得影响城镇污水处理厂安全运行及稳定达标，不得影响污泥处理处置和再生水水质安全。工业废水的纳入是影响城镇污水处理厂出水和再生水水质达标的关键因素。为保证城镇污水处理及再生利用设施的安全运行和水质稳定达标，工业企业和排水户应严格按照现行国家标准《污水排入城镇下水道水质标准》GB/T 31962、《污水综合排放标准》GB 8978 等标准进行预处理。严禁排入腐蚀城市下水道设施的污水；严禁向城市下水道倾倒垃圾、积雪、粪便、工业废渣和排入易于凝集，造成下水道堵塞的物质；严禁向城市下水道排放剧毒物质、易燃、易爆物质和有害气体；医疗卫生、生物制品、科学研究、肉类加工等含有病原体的污水必须经过严格消毒处理；放射性污水不应排入向城市下水道；水质超过标准限值的污水，必须按有关规定和要求进行预处理。

（3）合理确定工业和商业废水的纳管要求。根据城镇污水高标准处理及利用设施安全运行和水质稳定达标的需求，以降低和避免有毒有害物质排入污水管网为最基本要求，允许适度提高污水的碳源浓度，但要尽量控制含氮和含磷废水的排入。

1）严格限制接入含重金属、有毒有害有机物、硝化反应抑制物、含氮杂环化合物（不可氨化有机氮）、难生物降解有机物、含高氨氮或 TN 的工业废水。

2）严格控制接入垃圾渗滤液、豆制品加工、渔业加工、屠宰、油脂加工等高含氮或高油脂废水。

3）进水碳氮比偏低的城镇污水处理厂，需要分析服务范围内设置化粪池的利弊，应及时清掏服务范围内的化粪池并分析研究污水管网中有机物的降解损耗。

4）可适当放宽含优质碳源、碳氮比高的有机废水（发酵酿造、食品加工、糖业、水果、淀粉加工废水）的纳管浓度限值，以提高混合污水的碳氮比和碳源质量。

2. 城镇污水生物处理设施管控

（1）制定完整工艺过程的运行控制方案和操作规程。根据进水水质和水温的变化情况、各工艺单元及设备的调控能力（范围），权衡出水指标要求和运行成本变化，针对可能出现的情况，确定可能出现的场景，制定相应的工艺运行控制方案和操作（控制）措施，以便及时调整工艺运行模式、工艺参数及设备工况，尤其是碳源和除磷药剂的优化调控。

1）出水 SS 异常：判断是活性污泥沉降性能差还是沉淀池工况不佳，或者生物池污泥浓度过高；调整生物池溶解氧浓度分布和运行泥龄，改善污泥沉降性能，污泥体积指数（SVI）尽量控制在 50～100mL/g 的范围内；尽量调整生物池污泥浓度在 3.5～4.5g/L 的范围内；检查二沉池及后续混凝沉淀和过滤系统的运行状况，及时采取回流、反冲洗或化学清洗措施，提高过滤去除效果。

2）出水 TP 异常：判断是生物除磷能力下降还是化学除磷不稳定；调整回流混合液流量及溶解氧与硝态氮，核查实际运行泥龄和进水水质特性，强化生物除磷和反硝化除磷能力；控制污泥处理段排水导致的磷酸盐返混负荷量；分析进水总磷的构成及浓度异常变化，强化初沉池对 TP 的去除；调整化学除磷药剂品种、投加点和投加量。

3）出水 NH_3-N 异常：判断是进水浓度异常、实际运行泥龄不足、水温过低、硝化抑制还是溶解氧或碱度不足，可对应控制进水水质水量波动、调整运行泥龄（污泥浓度）、控制有毒有害抑制物、增加好氧区的供氧量或补充碱度等。

4）出水 TN 异常：判断是进水浓度及组分构成异常、硝化能力下降还是碳源不足，或活性污泥反硝化速率过低；先保证 NH_3-N 完全硝化，出水 NH_3-N 达标情况下，控制合适内回流比及回流液溶解氧浓度，调整生物池的非曝气区比例或溶解氧分布，检查氧化还原电位（ORP），采取多点进水改善碳源分配，必要时投加外部碳源等。

5）出水 COD 异常：先分析进水水质组分及构成比例，确定进水溶解性不可生物降解 COD 的浓度及比例变化，再根据实际情况，采取源头控制、前端预处理、投加粉末活性炭、延长生物池的泥龄或后续化学氧化等技术措施。

（2）控制硝化与反硝化的运行条件。了解和控制生物池的硝化与反硝化环境条件，对某些含工业废水或高 NH_3-N 的污水处理厂，有可能出现碱度不足的情况。当好氧区出口端的剩余总碱度不足 50mg/L（以碳酸钙计）时，应采取补充碱度的措施，包括提高反硝化量以恢复碱度。生物脱氮系统进水 BOD_5 与达标所需 TN 去除量的比值小于 5 且进水 TN 较高时，需要采取外部碳源补充措施，碳源类型和投加量通过生产性测试来确定。为改善冬季低温状态下的硝化与反硝化效果，建议从秋季开始逐步提高污水生物处理系统活性污泥总量，或者 MLSS 浓度，增加实际运行泥龄，累积硝化菌和反硝化菌总量。

1）改变运行模式：污水水温降到 15℃以下时，采用冬季运行模式，提高生物池活性污泥浓度，增加曝气污泥量比值，开启生物池缺氧/好氧过渡段的曝气系统。

2）改变运行参数：增加实际运行泥龄、调整水力停留时间分配等措施增强生物硝化；提高好氧区溶解氧浓度，增强溶解氧对生物絮体的穿透力，维持较高的硝化速率；设备能力允许且缺氧区尚有反硝化潜力时，提高混合液回流比，增加参与反应的反硝化菌总量。

3）投加外部碳源：因碳源不足影响反硝化效果时，适量投加外部碳源。

4）投加悬浮载体填料：因生物硝化池容不足而影响硝化效果时，可在好氧区投加悬浮填料或其他类型微生物附着介质，提高硝化菌的总生物量。

3. 污水再生（深度）处理设施管控

应根据城镇污水再生（深度）处理系统的进水水质波动情况，及时调整工艺运行参数，或对前端生物处理工艺系统提出水质控制（调整）要求，以满足深度处理达标或再生水水质指标要求；保证各工艺单元处理设施运行可靠，并有适量的备用设备或额外运行能力。

在此列举若干工艺运行情况及应对措施。

（1）混凝沉淀工艺运行过程中，及时观察絮凝体形成和沉淀情况，通过烧杯试验及时调整絮凝剂的种类与投加量，并按照进水水质波动情况控制运行水位和水力停留时间。

（2）砂滤工艺运行过程中，实际进水SS、浊度等指标劣于设计进水水质时，应适当降低过滤周期和滤速，增加反冲洗次数，保证出水浊度不高于2NTU。

（3）膜过滤系统出水浊度应小于1NTU。如超过1NTU，应首先检查膜箱是否有泄漏点，是否有污泥进入膜丝内部。如果存在膜滤进水浊度超过5NTU的情况，应检查前端深度处理单元运行情况，适当增加絮凝剂投加量或降低处理水量；同时控制膜过滤的过膜流量，增加反冲洗周期。

（4）温度和膜污染引起产水量变化时，需调整膜组件的过膜压差来补偿，但不可超过规定限值，如果过膜压差过大，需要检查系统是否需要清洗或者更换；如果进水水质发生变化造成膜污染加剧，应调整膜装置冲洗频率，使用错流方式提高滤速并减少回收率，增强预处理程度，降低运行压力，或增加化学清洗频率。

（5）RO装置投入正常运行之后，每一次开机/停机都会带来压力和流量的变化，给膜元件带来机械压力，开机/停机次数一定要尽量减少，正常运行启动也要尽量平稳。RO系统故障主要包括进水TDS升高、水温波动、运行参数调整等因素导致的运行性能变化，膜氧化、密封泄漏和机械故障，膜污染故障等。

（6）再生水用于市政杂用等途径时需要消毒处理，一般采用加氯方式，液氯必须经安全可靠的计量投加装置进行投加，投加装置应能有效地防止倒回水；清水池水力停留时间能保证所要求的接触时间时，投加点宜设在清水池进水管上或进水口处，否则投加点应适当前移；采用二次投加的，前次投加点应根据混合条件正确设置，后次投加点宜设在清水池进水管上或进水口处。氯消毒剂与处理水的接触时间应不低于30min。

（7）再生水在输送到指定用户或储存池前必须达到所要求的水质、水压标准或用户要求。如果没有达到标准，应将处理水废弃排放或者送回设施再进行处理，或者将废弃水输送到独立的排放地点，以及其他要求较低的系统或环境中。

3.4　污水处理系统运行效能诊断与评估

3.4.1　诊断与评估技术方法

为落实“水十条”任务要求，提升城镇污水处理设施的运行效能，整体改善区域水环境质量，我国重点流域、区域陆续制定和发布了明显严于GB 18918—2002一级A标准的主要污染物排放限值。结合水专项课题研究，对各地近年来陆续发布的城镇污水污染物排放标准进行汇总分析，对城镇污水处理工程项目的建设和运行状况进行大范围的系统性调研，普遍呈现出提标建设时间紧、任务重、限期达标的特点，对城镇污水处理厂提标建设（改造）工作的组织实施形式、建设资金与技术人员到位情况提出了较高要求，在工程设计和技术决策过程中，遇到的共性难点为如何快速摸清本底，识别现状问题，提出相应技术可行、经济合理的提标建设对策措施。

在城镇污水处理厂工程广泛运行调研、现场试验研究、工程实践总结和系列研究成果的基础上，中国市政工程华北设计研究总院研发团队构建了如图3-4所示的“四位一体”城镇污水处理运行效能精准诊断评估技术方法，涵盖“问题初筛—难点解析—系统诊断—应用验证”四个紧密衔接、前后依托的诊断步骤，系统提出各步骤的重点目标及实施方案。

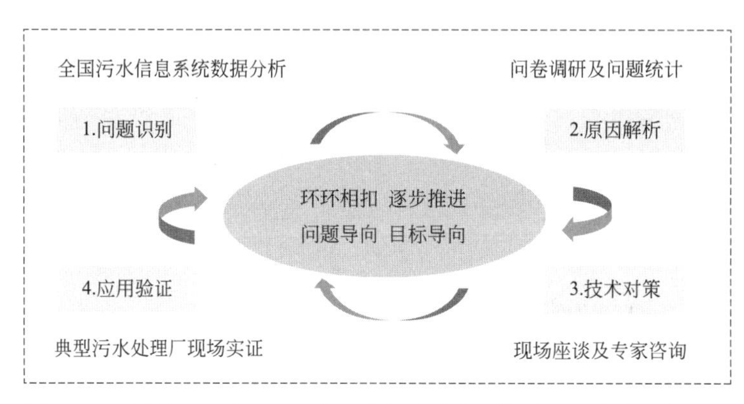

图3-4 城镇污水处理厂“四位一体”系统化精准诊断技术方法框架图

其中，“问题初筛”是建立在全国城镇污水管理信息系统的大数据分析基础之上，通过大数据的概率统计分析模型完成潜在问题的初步筛查。“难点解析”是在问题初步筛查基础之上，进一步结合城镇污水处理厂进出水的日报数据，识别稳定达标影响因素及达标难点。“系统诊断”是在难点解析基础之上，构建“四步法”系统评估方法模型，将进出水水质问题识别与系统运行效能评估相结合，形成系统诊断评估的结果。“应用验证”是在系统诊断基础上，通过典型城镇污水处理厂的模拟试验、运行优化、潜力挖掘等研究，形成高标准提标建设（改造）的整体策略、工艺技术路线及具体工程技术措施。四步法前后相依、逐步递进，提标建设问题逐步逼近，技术改造策略靶向应对，查找出实质性的主要问题及关键成因，相应形成切实有效的工程解决方案。

随着我国绿色低碳国家发展战略的实施，城镇污水收集与处理系统面临着碳减排和出水高标准稳定达标的双重压力。在城镇污水处理厂进水水质水量呈现时空动态波动的条件下，怎样利用现有污水处理工艺过程实现运行效能最优，成为当前和未来污水处理工艺技术发展的重要内容，精细化的运行控制成为稳定达标兼顾节能降耗的重要途径。

研究团队在全国不同地域、不同类型、不同规模污水处理厂生产性试验的基础上，围绕除磷脱氮工艺效能提升开展了系统性的研究，提出基于功能区的工艺要素重构模式，将生物处理系统划分为可独立测试分析的空间或时间功能分区单元组合（预缺氧、厌氧、缺氧、好氧、消氧等分区），并通过构建的精准诊断评估技术方法开展系统化的工程运行参数与性能测试，建立基于工艺过程共性问题的工艺过程精细控制方法，相应形成系列化、标准化的工艺优化方案与工程实施模式。

水专项研究所形成的城镇污水处理工艺过程诊断评估与调控方法，已经纳入江苏、广东等地发布的城镇污水处理厂提标建设指导文件，例如，《江苏省太湖流域城镇污水处理厂提标建设技术导则》《江苏省太湖地区城镇污水处理厂 DB 32/1072 提标技术指引（2018版）》《广东省城镇生活污水处理设施提标建设技术指引》等，为全国城镇污水处理系统提标建设及精细化运行管理提供了技术支撑和参考借鉴。

3.4.2　稳定达标难点问题初筛

“问题初筛”的目标是用较短的时间，对拟提标建设的城镇污水处理厂运行现状进行总体摸底和问题识别。依托全国城镇污水处理管理信息系统（如图3-5所示）上报的城镇污水处理厂进出水月报历史数据，对区域城镇污水水质特征、达标主要影响因素进行初步研判，该管理信息系统从2007年开始运行，经过多次的模块扩展，功能已经比较齐备，到2022年5月，城镇污水处理厂运营项目为6305座，设计规模为3.582亿m^3/d。

采用规模权重分析法，以城镇污水处理规模为权重，通过分析3年以上主要污染物指标的进、出水月均值，判别本区域城镇污水的总体水质变化特征；结合主要水质指标的比率关系统计分析，例如SS/BOD_5（或SS/COD）、BOD_5/TN（或COD/TN）、BOD_5/TP（或COD/TP），初步研判污水处理达标影响因素，支撑后续的污水处理难点解析。

图3-5　全国城镇污水处理管理信息系统网络平台界面

3.4.3　稳定达标难点指标解析

稳定达标处理的“难点解析”是在“问题初筛”的基础上，对目标城镇污水处理厂的进水与出水水质特征及主要达标影响因素的进一步确认和系统性的分析研究。

1. 基于进水分析的主要达标影响因素

对进水COD、氨氮、TN、TP等主要污染物指标的日报数据进行概率统计分析，以90%以上概率值确认该区域的城镇污水水质特征，为后续的提标技术对策提供依据。对进水BOD_5/COD、SS/BOD_5（SS/COD）、BOD_5/TN（COD/TN）、BOD_5/TP（COD/TP）等指标进行统计分析，以90%以上概率值作为达标影响因素判断限值，对达标影响因素进一步确认。如图 3-6 所示，从太湖流域主要城市的 BOD_5/TN 的全年变化特征分析，太湖流域城镇污水处理厂进水碳氮比偏低，碳源不足的现象较为明显，且全年最低月份集中在 8 月和 9 月，不同城市表现特征不同，南京、镇江进水碳氮比总体处于低位。

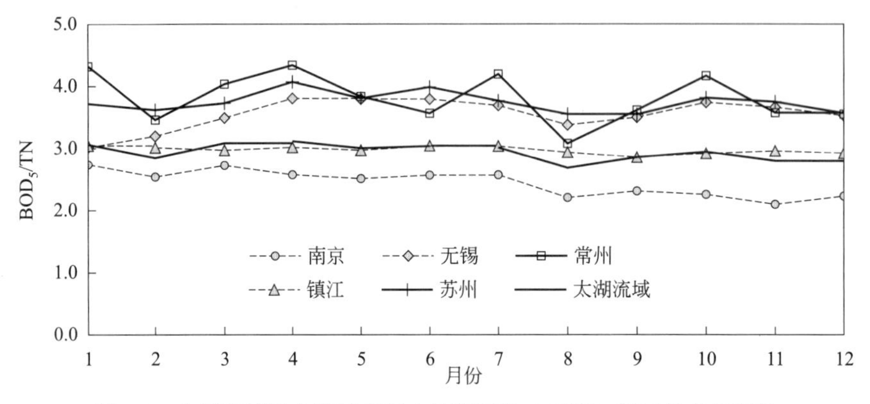

图 3-6　太湖流域及主要城市污水处理厂进水 BOD_5/TN 的月度变化

进一步通过太湖流域城镇污水处理厂 BOD_5/TN 的累积频率分布（如图 3-7 所示）进行分析，65％左右的污水处理厂进水的 BOD_5/TN 在 4 以下，说明大部分污水处理厂进水呈现碳源明显不足的特征且波动范围较大。通过此项数据统计分析，基本可将碳源不足作为该区域城镇污水处理厂后续提标建设难点解析的主要内容。

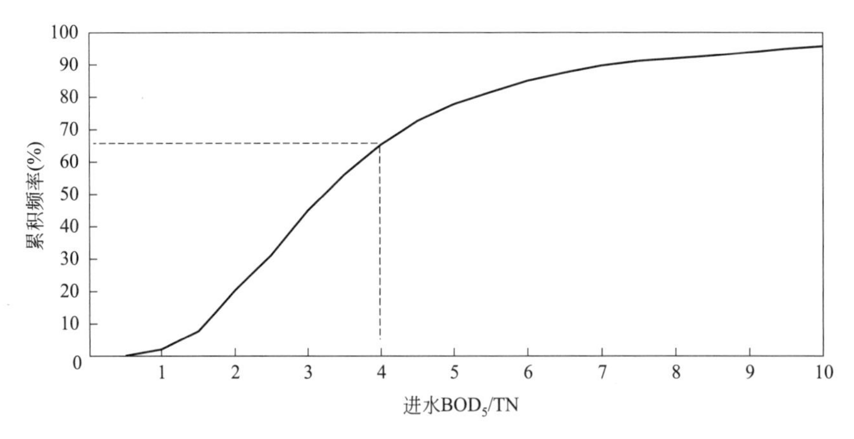

图 3-7　太湖流域城镇污水处理厂进水 BOD_5/TN 全年累积频率分布

2. 基于出水分析的主要达标影响因子

对 COD、NH_3-N、TN、TP 等主要污染物的出水指标值进行概率统计分析，以 90％以上概率的出水浓度对应值与排放标准限值作比对分析，两者的差值超过 20％时，作为主要达标影响因子考虑，为后续系统诊断过程的出水组分解析提供依据。如图 3-8 所示，某污水处理厂出水 TN 浓度均能达到 15mg/L 以下，但按太湖流域城镇污水处理厂出水 TN 浓度≤10mg/L 的最新排放限值要求，则全年仅有 30％左右的天数能够达标，未达标天数比例达到 70％，TN 应作为主要达标影响因子。

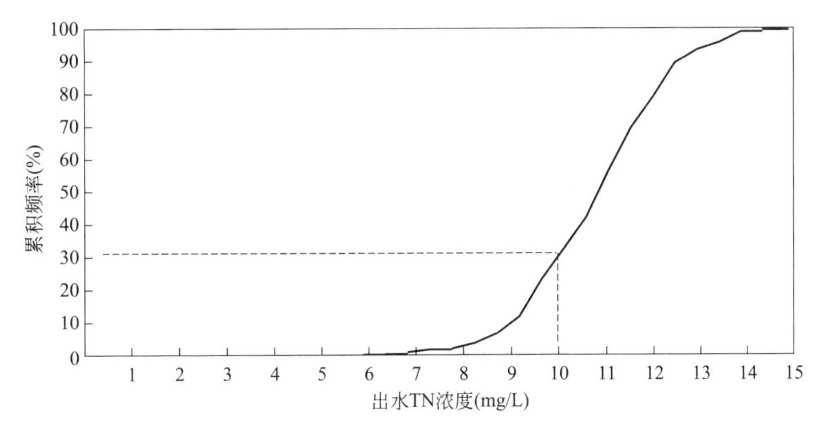

图 3-8 太湖流域某污水处理厂出水 TN 浓度全年累计频率分布

3.4.4 工艺运行效能系统诊断

"系统诊断"是城镇污水处理运行效能的现场测试分析，构建基于出水水质组分测试的达标难点解析、基于功能分区的沿程布点测试、基于工艺过程速率测定的模型分析和基于模拟试验的潜力挖掘的"四步"效能测定法，完成城镇污水处理厂工艺全过程的系统诊断评估，完成"一厂一案"式的提标建设与运行对策研究。"系统诊断"的总体原则为测试的简易性、评估的针对性和对策的实用性。

1. 出水水质组分解析

通过"难点解析"可大致判断稳定达标的主要影响因素，为后续提出具体可行的提标对策，还需进一步完成出水水质组分的测试，完成达标影响因素的细化解析。例如，当确定 TP 是主要达标影响因素时，尚无法直接判断是正磷酸盐，还是悬浮态、胶体类含磷物质导致。通过主要污染物的组分测定与定量核算，可以识别出影响稳定达标的主要污染物指标及组分。以下给出初步判断 COD、TN、TP 等水质指标组分构成的简易解析方法。

（1）出水溶解性 COD 测定值，基本上相当于出水溶解性难生物降解 COD。

（2）出水溶解性不可氨化有机氮浓度为，溶解性 TN 与氨氮、硝态氮的差值。

（3）溶解性难化学沉淀 TP 浓度大致为，溶解性 TP 与正磷酸盐的差值。

以上水质指标测试均为城镇污水处理厂总出水的 24h 混合样。

2. 功能单元沿程布点测试

城镇污水处理厂功能（工艺）单元沿程布点的基本原则为结合各功能单元污染物去除特性，从各功能区功能保障及运行效果评估角度，设置沿程的布点点位，各功能单元沿程布点的测试评估内容及方法见表 3-4。

污水生物处理系统由泥龄、功能单元分布（最终电子受体类型及分布）、水力流态、设备和构筑物形式等要素在时间、空间和实施方式上的不同组合构建而成。构成方式不局限于空间上的功能单元组合如 A^2/O 系列和氧化沟系列，时间上的功能单元组合如 SBR 系列工艺等。基于以上理念，沿程布点测试重点针对功能单元开展，以改良 A^2/O 工艺系统为例，主要功能单元的共性诊断与评估内容见表 3-5。

城镇污水处理工艺全流程沿程布点测试评估内容及方法　　表 3-4

项目	方法	测试与评估内容
预处理系统	现场测试	1. 进水泵提升效能、大小泵匹配情况和自控水平、应对水量波动能力； 2. 格栅级配是否合理，细格栅及超细格栅的拦截效能，是否返混回渣； 3. 沉砂池的实际水力停留时间或表面水力负荷，是否有效出砂，砂水分离器运行效果； 4. 初沉池/初沉发酵池/厌氧水解池运行状态，泥龄/排泥时间控制是否合理，进出水水质改善情况； 5. 进水泵出口、沉砂池出水区、初沉池出水堰等区域是否存在跌水复氧现象
生物处理系统	现场测试及模拟试验	1. 功能区布局及水力停留时间，进水点及内外回流点的布置，设备仪表点位及运行现状； 2. 功能区的可调节能力评估，如好氧区供气量、内外回流泵流量、分点进水及流量等； 3. 污泥性能，如厌氧释磷、反硝化、硝化和耗氧速率，反硝化除磷能力、MLVSS/MLSS、SVI 等； 4. 各功能区氮磷去除效能评估，根据进水水质特性、不同功能区工艺参数、活性污泥能力测试结果，通过物料平衡并对比功能区实际测试数据，评估生物系统的氮磷去除效果及优化潜力； 5. 开展过程模拟试验，如碳源投加强化反硝化、化学除磷药剂投加等试验
深度处理系统	现场测试及模拟试验	1. 梳理各功能区的布局及其污染物去除目标，分析各功能区运行效果； 2. 开展主要功能区生产性测试，结合功能区污染物去除目标进行评估； 3. 必要时开展模拟试验，如高级化学氧化、活性炭/活性焦吸附、磁混凝-分离等对溶解性 COD、色度、TP、SS 等水质指标的去除效果进行试验验证

城镇污水生物处理工艺系统功能单元评估内容与诊断方法　　表 3-5

功能单元		沿程布点	评估内容		诊断方法	
			特征污染物	理化指标	特征污染物核算	理化指标示例
生物处理	预缺氧区	出口	NO_3^--N 缺氧 反硝化程度	DO ORP	NO_3^--N≤1.5mg/L	DO＜0.15mg/L ORP＜－50mV
	厌氧区	进口 出口	NO_3^--N 厌氧 磷酸盐释放	DO ORP	NO_3^--N≤1.5mg/L 正磷酸盐释磷量	DO＜0.15mg/L ORP＜－250mV
	缺氧区	进口 出口	NO_3^--N 反硝化效果	DO ORP	NO_3^--N 反硝化脱氮量	DO＜0.15mg/L ORP＜－100mV
	好氧区	进口 出口	NH_3-N 硝化效果	DO	NH_3-N 去除能力	DO≥1.5mg/L
	泥水分离区	进口 出口	NH_3-N NO_3^--N	DO	NH_3-N 硝化能力 NO_3^--N 反硝化能力	DO≥1.5mg/L
深度处理	强化脱氮区	进口 出口	NO_3^--N 反硝化效果	DO ORP	NO_3^--N 反硝化能力 TN 达标能力 COD 是否增加	DO＜1.5mg/L ORP＜－100mV
	强化除磷区	进口 出口	磷酸盐 TP STP	—	正磷酸盐去除能力 TP 达标能力 STP 去除能力	—

（1）功能单元的效能评估，包括功能区环境的判断和功能效果的核算，功能区环境的判断以理化指标为主，功能效果的核算采用式(3-1)。

（2）沿程布点依据功能单元在时间或空间上的组合方式不同，采用不同的取样方法，如改良 A^2/O 工艺系统等沿空间流程布点，SBR 类工艺系统按时间进程布点。

（3）结合功能单元的前后衔接特性取样，某功能单元的出口即为下一个功能单元进口，某功能停止时间为下一个功能的起始时间，充分利用功能单元时间或空间的连续性。

（4）可采用权重分析法核算各功能单元的污染物去除能力：

$$C_{W}=\frac{C_{进口}+R\cdot C_{外回流}+r\cdot C_{内回流}}{1+R+r}-C_{出口} \tag{3-1}$$

式中 C_{W}——某功能单元特征污染物去除能力，mg/L；

$C_{进口}$——某功能单元入口特征污染物浓度，mg/L；

$C_{外回流}$——某功能单元外回流特征污染物浓度，mg/L；

$C_{内回流}$——某功能单元内回流特征污染物浓度，mg/L；

R——外回流比；

r——内回流比。

（5）功能单元污染物去除能力可用于核算功能单元的污染物去除贡献率，功能单元污染物去除量占工艺系统污染物去除总量的百分比即为去除贡献率。

3. 基于速率测定的模型分析

在沿程布点测试的基础上，进一步开展活性污泥的性能测试，包括活性污泥生物反应速率测定和效能速率耦合分析，支撑功能单元的污染物去除能力核算。

（1）活性污泥生物反应速率测定。目的是评估活性污泥的功能及性能特征，是核算功能单元污染物去除能力的基础，包括比硝化速率、比反硝化速率、比释磷速率、比耗氧速率等，比速率的核算是在反应速率测定的同时，同步测定反应过程中的活性污泥 MLVSS 浓度，核算单位活性污泥浓度的速率值，即反应速率值与 MLVSS 的比值，活性污泥生物反应的比速率类型及测定示例见表 3-6 和图 3-9～图 3-12。

活性污泥生物反应速率测定类型及目的　　表 3-6

速率类型	速率单位	评估目的
比硝化速率	$mgNO_3^-$-N/(gMLVSS·h)	生物硝化性能及能力
比反硝化速率	$mgNO_3^-$-N/(gMLVSS·h)	生物反硝化性能及能力
比释磷速率	$mgNO_4^-$-P/(gMLVSS·h)	厌氧生物释磷性能及除磷能力
比耗氧速率	mgO_2/(gMLVSS·h)	活性污泥的耗氧性能

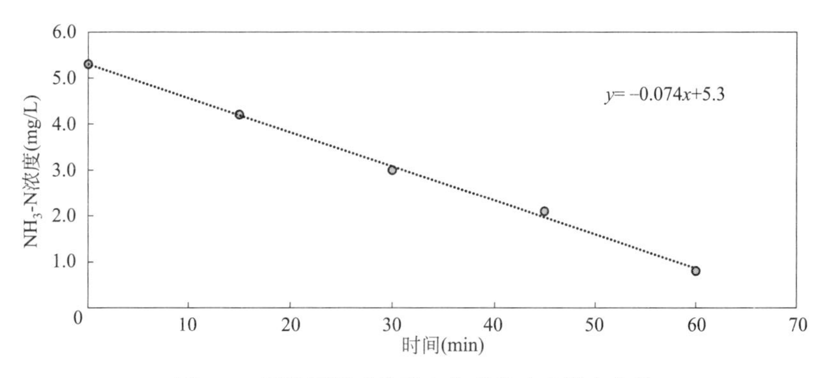

图 3-9　活性污泥系统的生物硝化速率测定曲线

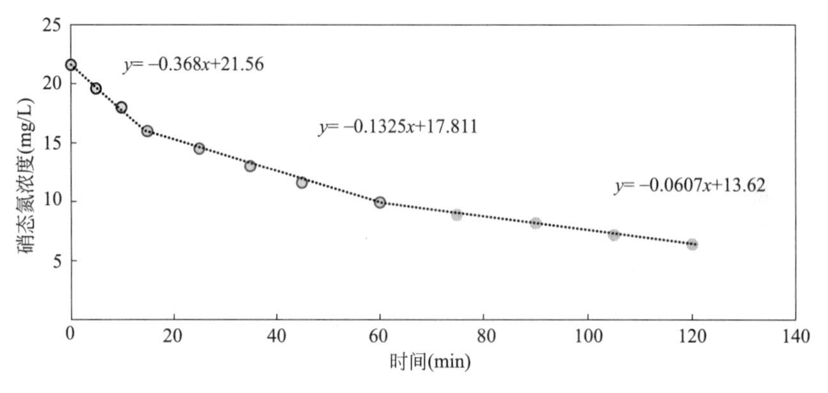

图 3-10　活性污泥系统的生物反硝化速率测定曲线

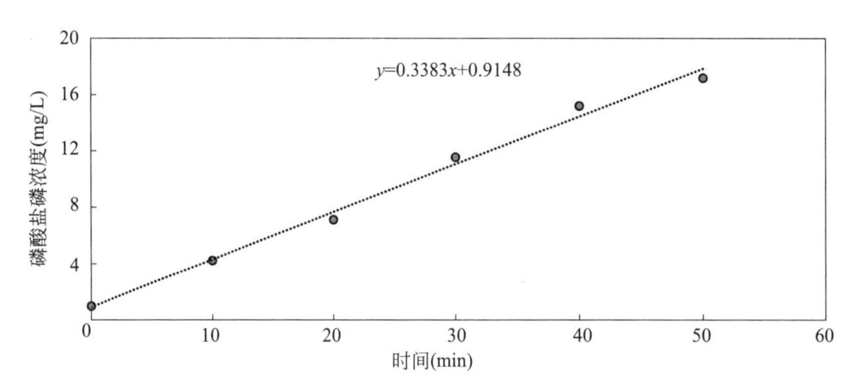

图 3-11　活性污泥系统的厌氧释磷速率测定曲线

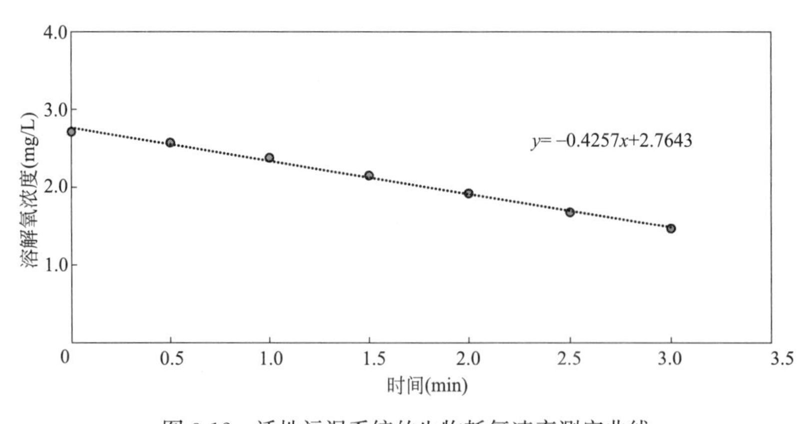

图 3-12　活性污泥系统的生物耗氧速率测定曲线

（2）活性污泥效能分析。综合沿程布点测试和活性污泥生物反应速率测定结果，进行功能单元效能的分析，通过速率测定结果结合功能单元实测 MLVSS 及实际水力停留时间（HRT），核算功能单元的污染物去除能力，与沿程布点测试核算的功能单元污染物实测去除效果比对，判断功能单元的污染物去除潜力，支撑后续基于模拟试验的潜力挖掘。

4. 基于模拟试验的潜力挖掘

结合效能分析结果，以功能单元潜力挖掘为目标，重点围绕脱氮除磷功能提升，开展生物系统硝化能力提升、反硝化能力提升、除磷能力提升等对策分析。

（1）硝化能力提升。结合活性污泥硝化能力影响因素分析，以曝气池混合液为对象，开展基于活性污泥浓度提升、溶解氧优控的硝化能力提升模拟试验。当无法满足要求时，可采取扩容或投加填料方式，扩容量核算参考泥龄及硝化速率测定结果；填料投加量参考填料硝化速率相关参数，例如《水处理用高密度聚乙烯悬浮载体填料》CJ/T 461—2014。需要注意的是，均应采用冬季低温条件下的活性污泥或填料的硝化速率进行核算。如图 3-13 所示，通过活性污泥系统与投加填料后的活性污泥与填料复合系统的硝化能力对比研究，确认通过投加载体填料可明显提升工艺系统的氨氮去除能力，核定投加填料提升生物系统硝化能力的潜力。

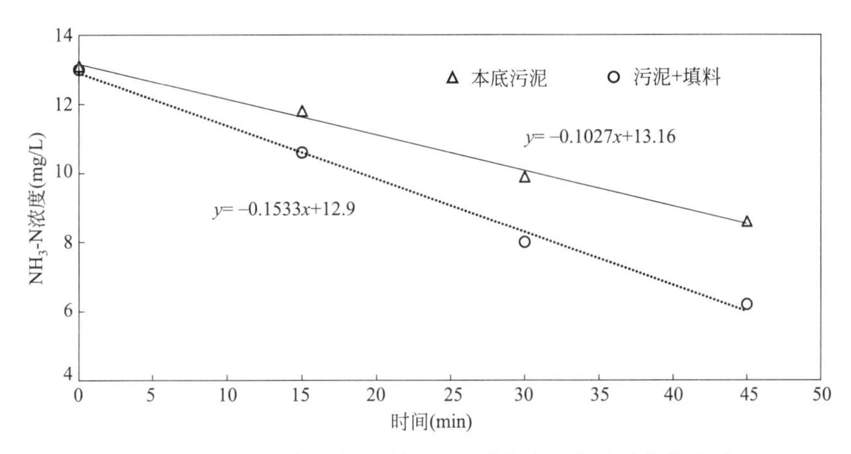

图 3-13　活性污泥与投加填料后的泥膜复合系统的硝化能力对比

（2）反硝化能力提升。结合活性污泥反硝化能力影响因素分析，重点开展外加碳源反硝化、内源反硝化等模拟试验。内源反硝化模拟试验是核算污泥内碳源反硝化能力，如图 3-14 所示，结合测试结果可将传统的预缺氧区改造为内源反硝化区（仅有外回流），或

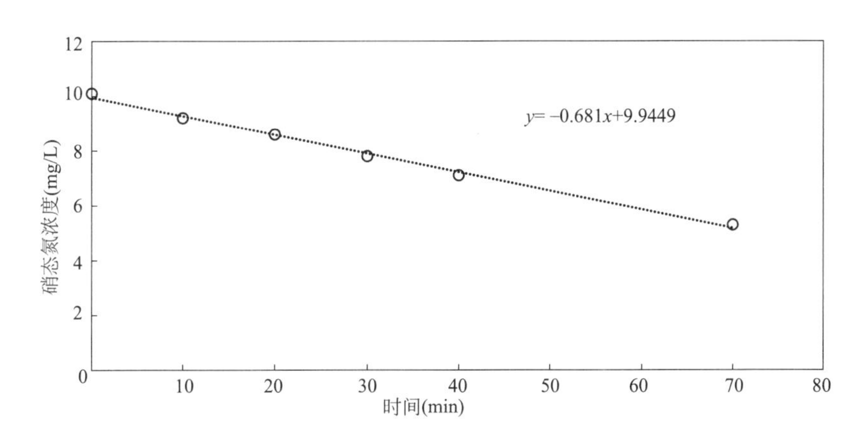

图 3-14　活性污泥系统的内源反硝化能力曲线图

降低内回流比，延长缺氧区的实际水力停留时间，提升利用内碳源的反硝化能力。外加碳源反硝化模拟试验的目的是，核算单位外碳源的硝酸盐氮去除量，结合实际脱氮需求核算外加碳源量，如图 3-15 所示，外碳源一般选用乙酸或乙酸钠。

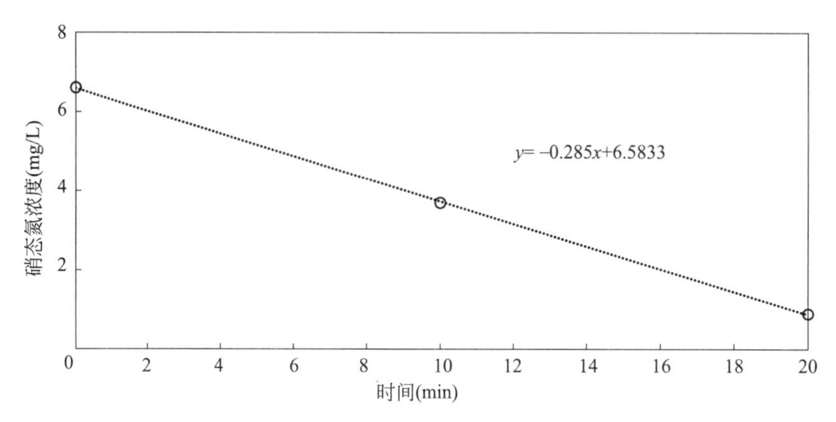

图 3-15　活性污泥系统的外碳源反硝化能力曲线图

经大量工程实测，内回流液 DO 一般为 2～5mg/L，而内回流点一般设置于缺氧区前端，高 DO 回流液与进水混合直接导致碳源的无效消耗，通过投加少量外碳源，在 DO 为 4.5mg/L 和无 DO 两种反应条件下的活性污泥反硝化能力测试可知，理论上 1mg/L 的 DO 对应 0.35mg/L 的 TN 去除能力损失，DO 4.5mg/L 条件下硝酸盐氮的去除量降低 1.58mg/L，模拟试验结果与理论计算相当，如图 3-16 所示。为此，以好氧区末端混合液为研究对象，开展活性污泥耗氧速率测定，核算消氧过程所需时间，提出合理化的消氧区池容建议。

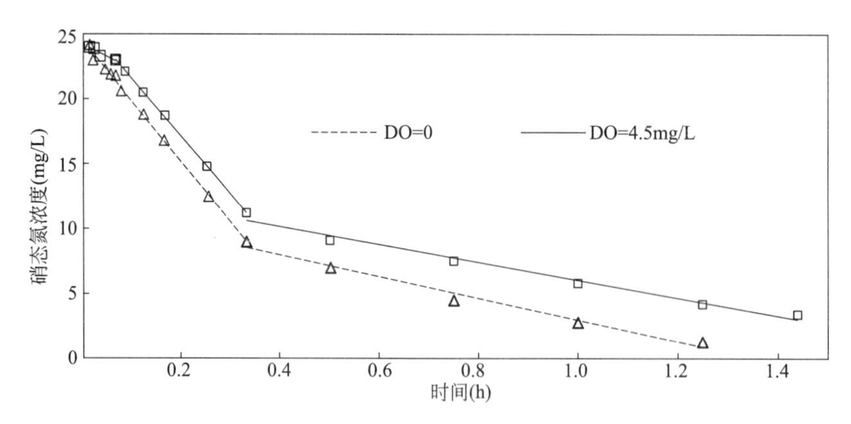

图 3-16　不同 DO 反应条件下的活性污泥反硝化能力对比曲线

（3）除磷能力提升。结合前续出水 TP 组分的分析结果，判断影响 TP 达标的主要影响因素，辅助开展化学除磷试验，建立不同药剂不同投加量的对应磷酸盐去除量模型曲线，以指导实际工程运行优化。图 3-17 为工艺模拟测试过程中二级处理出水投加不同浓度聚合氯化铝（PAC）药剂的磷酸盐去除曲线，通过此图可大致分析去除不同浓度磷酸盐所需要投加的 PAC 药剂量，为化学除磷工艺设计与优化运行提供基础数据支撑。

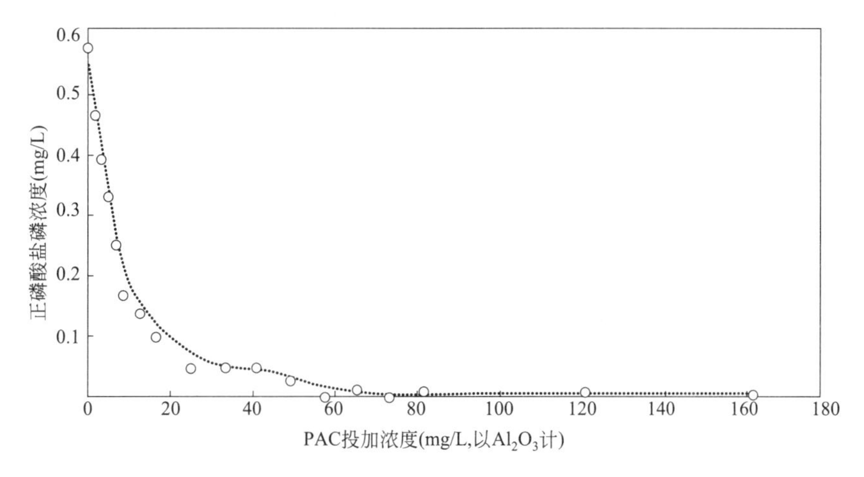

图 3-17　不同 PAC 投加浓度下的磷酸盐去除曲线图

需注意传统协同化学除磷对生物除磷的潜在影响，大量工程测试发现长期过量投加化学除磷药剂会严重影响生物除磷效果。同时化学除磷药剂，尤其铁盐对设备、管道的腐蚀作用明显，对曝气头、仪表的污堵现象比较严重，建议采用后置化学除磷工艺单元为宜。

3.4.5　诊断评估与工程应用验证

应用验证分两个层面，一个层面是现场评估，立行立改；另一个层面是实施必要的工程措施。当采取现场评估，立行立改无法达到提标需求时，通过系统诊断提出技术对策，实施必要的工程措施。现场评估并立行立改的技术对策一般包括投加外碳源强化反硝化、调整污泥浓度、调整曝气量、调整回流比、调整进水分配比例等。工程措施一般包括增加工艺单元、增加池容、投加悬浮填料等。以某城镇污水处理厂提标建设为例说明如下。

1. 问题初筛

案例污水处理厂工程规模 10 万 m^3/d，工艺流程为水解酸化+改良 A^2/O+高效沉淀池+V 型滤池（如图 3-18 所示），出水执行 GB 18918-2002 的一级 A 标准。结合《太湖地区城镇污水处理厂及重点工业行业主要水污染物排放限值》DB 32/1072—2018 的主要污染物指标要求，基于全国城镇污水处理管理信息系统统计数据，分析该处理厂全年进水 BOD_5/TN、BOD_5/TP、SS/BOD_5 等关联指标的月均值变化，结果如图 3-19～图 3-21 所示。

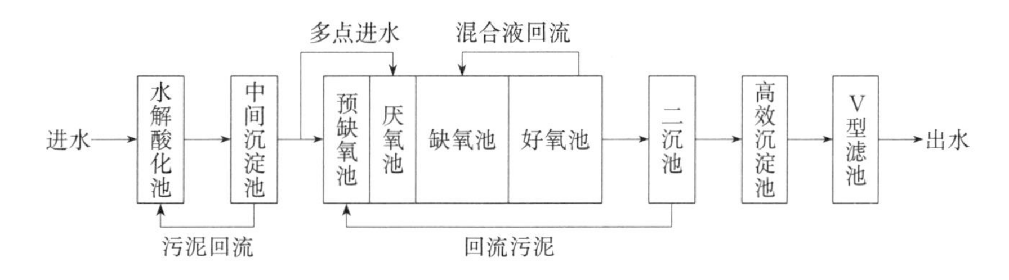

图 3-18　案例污水处理厂工艺流程示意图

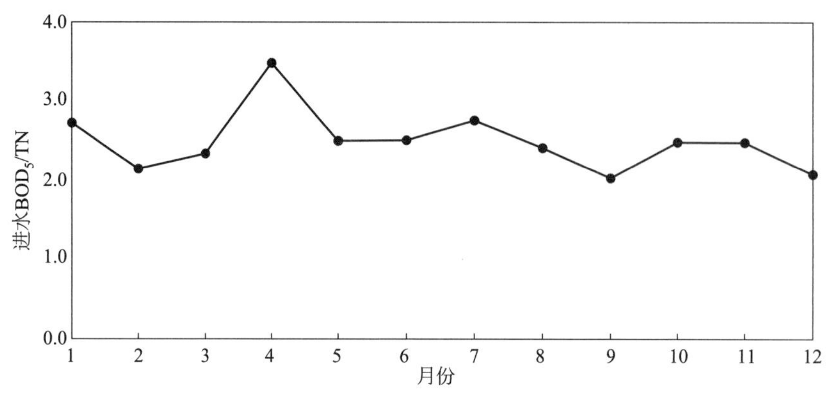

图 3-19 案例污水处理厂进水 BOD_5/TN 的月均值变化

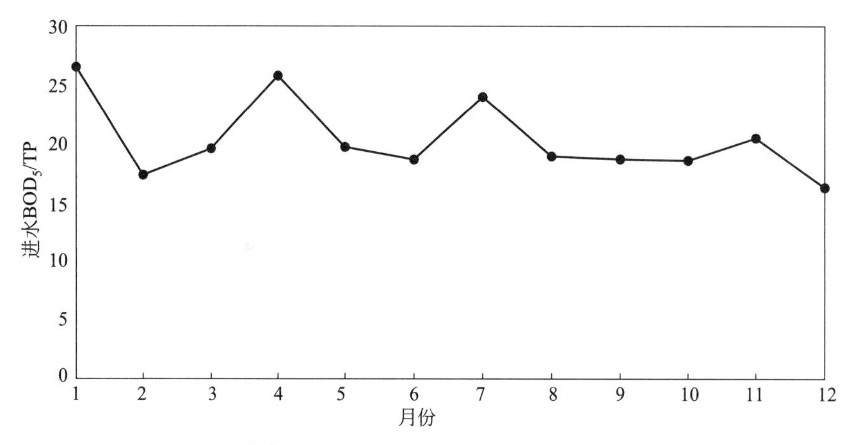

图 3-20 案例污水处理厂进水 BOD_5/TP 的月均值变化

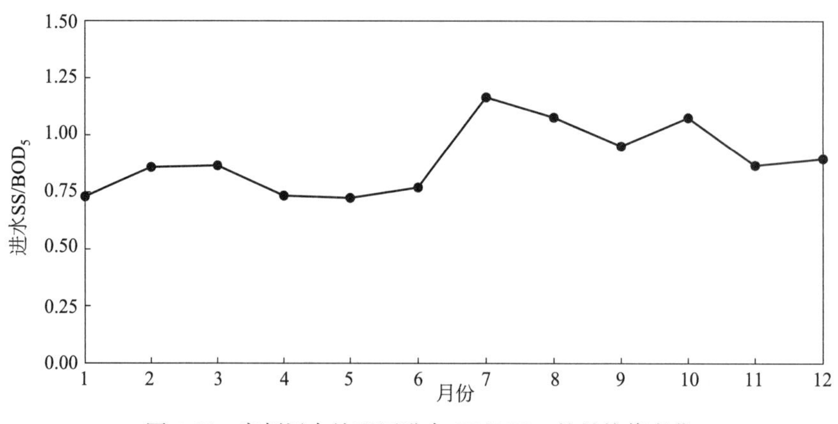

图 3-21 案例污水处理厂进水 SS/BOD_5 的月均值变化

从图 3-19～图 3-21 可以看出，该污水处理厂的进水月均 BOD_5/TN 变化范围为 2.03～3.48，均值仅 2.50，进水碳氮比明显偏低；进水的月均 BOD_5/TP 变化范围为 15～27，均值 20.4，碳磷比值相对偏低，综合分析进水的碳源相对不足。进水的月均 SS/BOD_5 在 0.7～1.2 之间，均值 0.89，初步判定进水悬浮固体无机组分含量处于较正常的水平。

2. 难点解析

（1）达标主要影响因素分析。为进一步确认该处理厂出水稳定达标的主要影响因素，统计分析了进水 BOD_5/TN、BOD_5/TP 等关键指标的日变化特征及累积频率，如图 3-22 和图 3-23 所示，进水 BOD_5/TN 低于 4 的累积频率高达 95.3%，确认进水碳氮比偏低是 TN 稳定达标的最主要影响因素；进水 BOD_5/TP 低于 20 的累积频率为 45.3%，进水碳源不足也同样明显影响生物除磷效果。

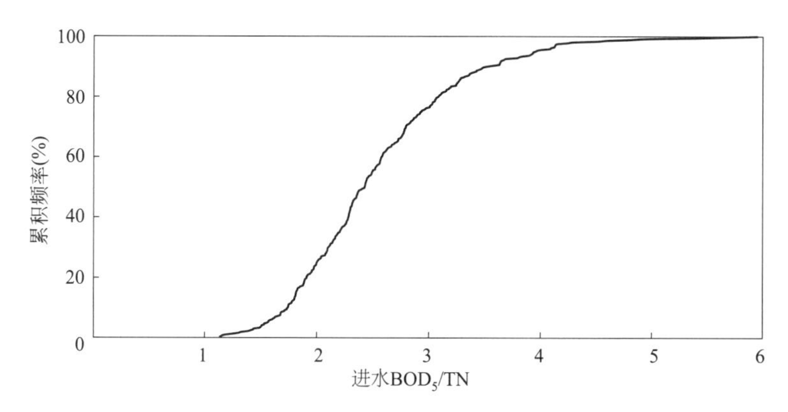

图 3-22　案例污水处理厂进水 BOD_5/TN 的累积频率

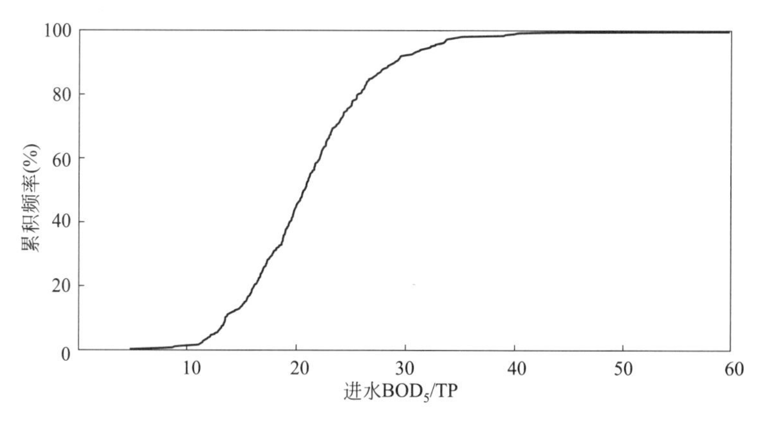

图 3-23　案例污水处理厂进水 BOD_5/TP 的累积频率

（2）达标主要影响因子分析。统计分析出水 TN、COD、TP 等主要指标历史数据的累积频率，如图 3-24～图 3-26 所示。出水 TN 浓度超过 10mg/L 的数据累积频率为 31.7%，出水 TP 浓度超过 0.3mg/L 的数据累积频率仅为 4.7%，出水 COD 浓度几乎全部低于 40mg/L，确认 TN 为稳定达标最关键因子。

3. 系统诊断与应用验证

（1）预处理跌水复氧的控制。跌水复氧导致进水碳源的直接和间接损耗，预处理单元的沿程 DO 浓度如图 3-27 所示，主要复氧点为提升泵出口和沉砂池出口，仅沉砂池出口的跌水就导致生物池进水 DO 浓度高达 3.7mg/L，直接引发进水快速碳源的损耗。

针对预处理单元跌水复氧问题，提出跌水复氧加盖控制技术，在预处理单元进行工程

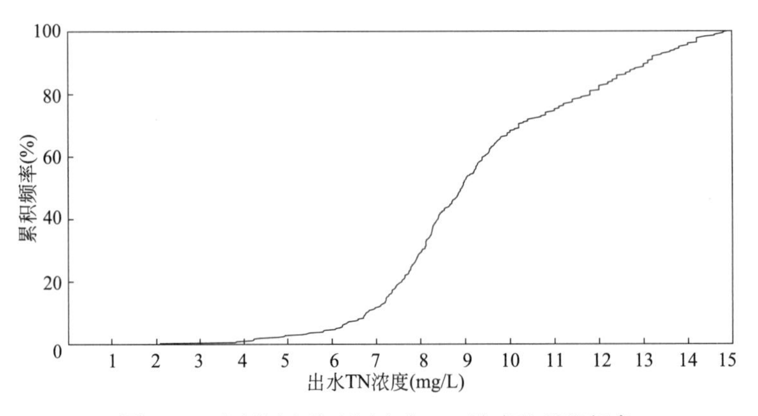

图 3-24 案例污水处理厂出水 TN 浓度的累积频率

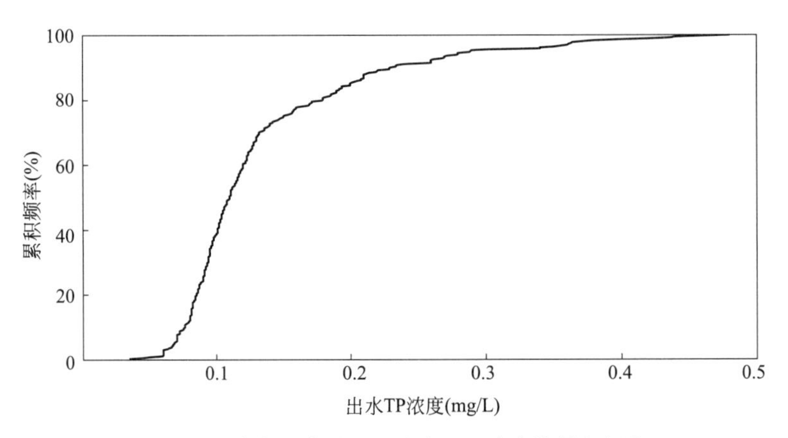

图 3-25 案例污水处理厂出水 TP 浓度的累积频率

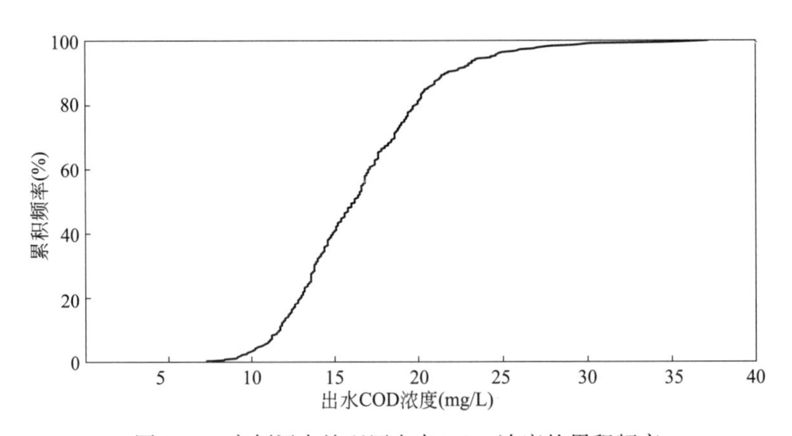

图 3-26 案例污水处理厂出水 COD 浓度的累积频率

应用。对进水提升泵的出水渠实施加盖方式的控氧改造，如图 3-28 所示，进水提升泵出水渠污水 DO 浓度均值由加盖前的 4.15mg/L 降至加盖后的 1.25mg/L，降幅达到 70%。

（2）内回流混合液携带 DO 的控制。污水处理厂生产性测试发现，内回流混合液携带的 DO 会直接导致碳源的无效损耗。如图 3-29 所示，实测内回流点 DO 浓度变化范围

2.55～2.81mg/L，均值 2.89mg/L，结合约 150%的实际内回流比，理论核算内回流混合液 DO 所导致的生物池缺氧区碳源损耗量大致为 4.3mg/L（按 COD 计）。

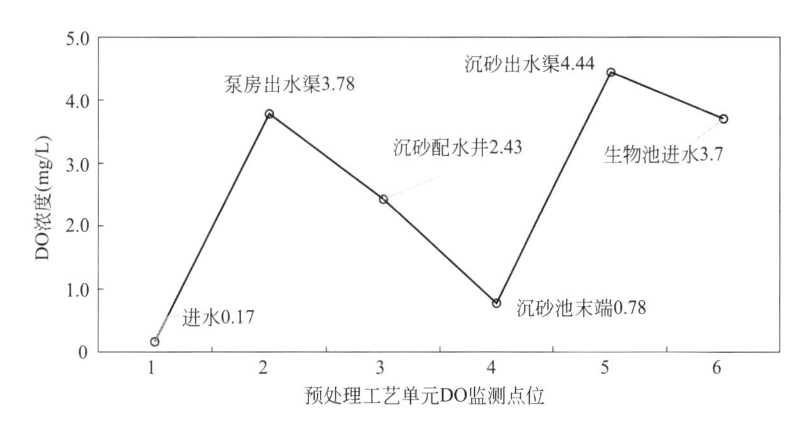

图 3-27　案例污水处理厂预处理单元沿程主要节点 DO 浓度变化

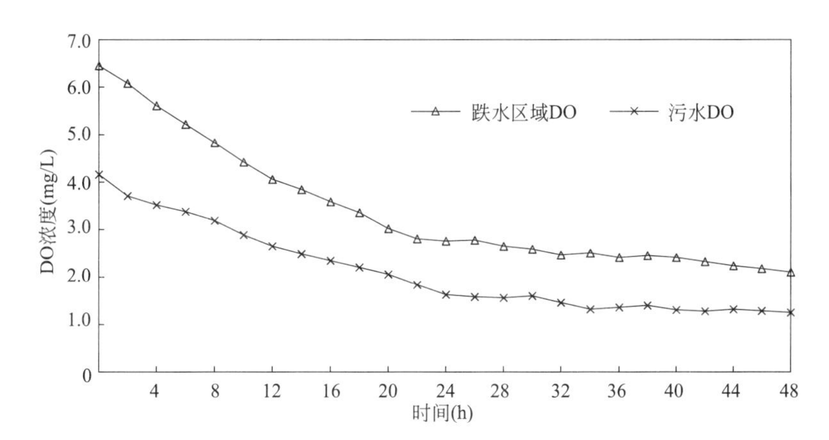

图 3-28　案例污水处理厂进水泵房出水渠加盖控制跌水复氧效果

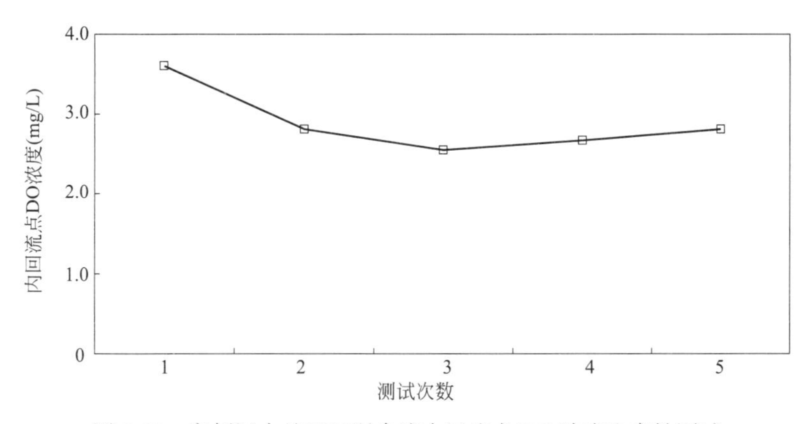

图 3-29　案例污水处理厂混合液内回流点 DO 浓度生产性测试

针对内回流混合液处于高 DO 状态时容易发生碳源损耗的问题，研究提出设置消氧区的控制策略，利用该工程生物池缺氧区与好氧区之间的三角形缓冲区（HRT 为

10min）作为消氧区，实施“好氧区曝气量优化调控＋消氧区”策略，调控后好氧区回流点DO浓度从均值2.62mg/L降至1.65mg/L，通过后续消氧区，DO浓度从均值1.65mg/L进一步降至0.63mg/L，结合300%的内回流比进行核算，可节省碳源量约6mg/L。

（3）内碳源开发利用，强化生物脱氮。通过反硝化速率测试，确认活性污泥的内源反硝化能力较强，结合预缺氧区HRT设计值1.5h现状，预缺氧区调整为仅接纳回流污泥的内源反硝化模式，回流污泥硝态氮平均浓度为8mg/L，预缺氧区的出水硝态氮浓度可降到1mg/L以下，利用内碳源生物脱氮，节省进水碳源，用于后续的缺氧区，如图3-30所示。

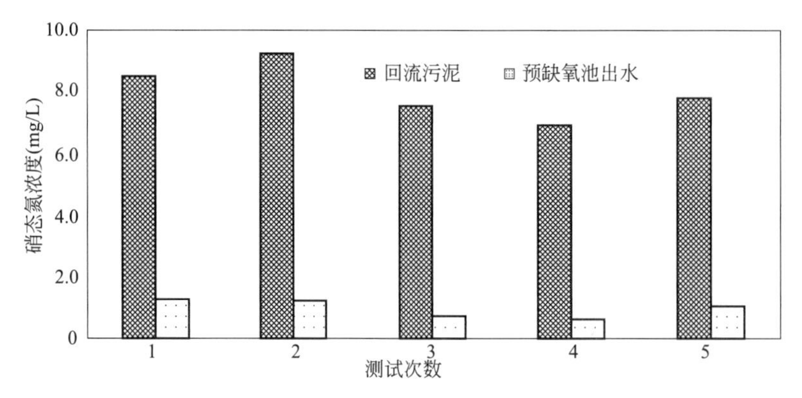

图3-30　案例污水处理厂回流污泥与预缺氧区出水硝态氮浓度对比

（4）反硝化除磷实现“一碳两用”。为诊断工艺系统的生物除磷性能，对生物处理系统沿程主要节点的正磷酸盐浓度进行生产性测试，如图3-31所示，厌氧区正磷酸盐浓度（以P计）为6.6mg/L，生物释磷的能力较强，同时发现缺氧区的正磷酸盐浓度有明显下降，存在一定的反硝化除磷现象。

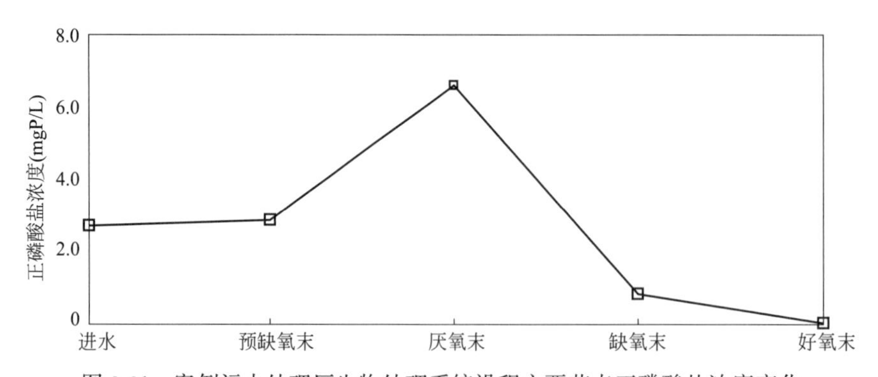

图3-31　案例污水处理厂生物处理系统沿程主要节点正磷酸盐浓度变化

为此，进一步开展了缺氧区反硝化除磷的静态模拟试验，如图3-32所示，1h内正磷酸盐和硝态氮浓度分别下降1.84mg/L和2.95mg/L，结合污泥浓度测定，由此核算污泥反硝化除磷速率为1.13mgP/(g VSS・h)。

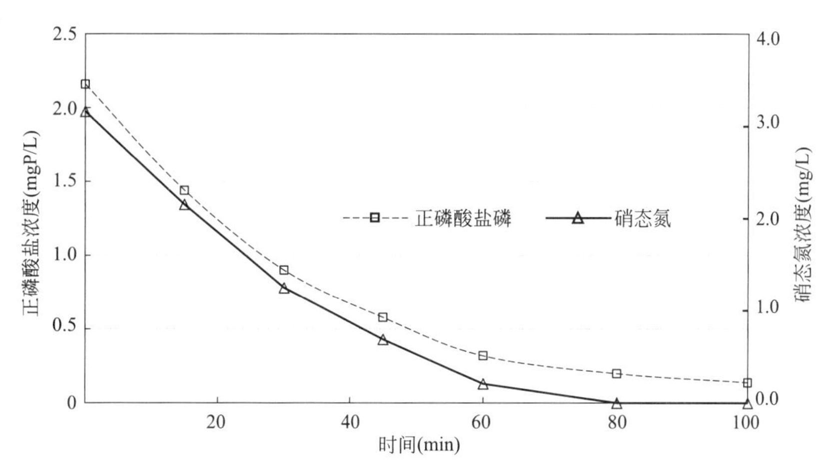

图 3-32　案例污水处理厂缺氧区反硝化除磷模拟试验

4. 效益分析

通过案例污水处理厂系统化精准诊断与运行优化调控，有效识别运行现状问题，结合生产性试验测试和模拟试验研究，制定运行优化策略，通过实施形成以下效益：

（1）进水 DO 浓度均值由控制前的 4.15mg/L 降至 1.25mg/L，相应节省碳源约 3mg/L。

（2）内回流 DO 浓度均值由调控之前的 2.62mg/L 降至 0.63mg/L，结合内回流比 300%进行核算，可节省碳源量 6mg/L。

（3）预缺氧区调整为仅回流污泥的内源反硝化模式，回流污泥硝态氮平均浓度 8mg/L，预缺氧区出水降到 1mg/L 以下，利用内碳源反硝化脱氮，可节省碳源 20mg/L 以上。

通过系统诊断评估与优化措施的工程应用，提升了生物处理系统的脱氮除磷效能，同时节省碳源，按 10 万 m^3/d 的处理规模核算，节省的碳源量约为 2.9 t/d，按乙酸钠每吨 3500 元核算，可每日节省外部碳源投加费用万元以上。

第 4 章　城镇污水深度除磷脱氮工艺及构成要素

4.1　污水氮磷来源构成与深度去除途径

4.1.1　生物除磷脱氮功能微生物群体

1. 功能微生物群体的选择机制

在城镇污水生物除磷脱氮工艺系统中，无论是活性污泥法还是生物膜法，或者两者的组合与集成，其生物处理过程都是由各种类型的生物群体通过各式各样的生物化学反应过程来完成的。这些生物群体包括细菌、真菌、藻类、原生动物和后生动物等，与特定的环境要素构成一个相互关联、相互影响、相互依存、有特定群体结构的复杂微生态系统。

其中，各种类型的功能微生物群体在特定环境条件下构成一个相互作用、自动调节和相对平衡的微生物生态体系，具有特定的群体结构、功能和特性，能够对污水水质特性、工艺运行条件和环境影响因素的变化做出相应的响应，维持生态体系及功能的相对平衡，或者在变化的环境下建立新的动态平衡，进而影响有机物和氮磷去除功能的宏观表征。

在活性污泥法工艺过程中，功能微生物群体的选择与动态平衡机制如图 4-1 所示。

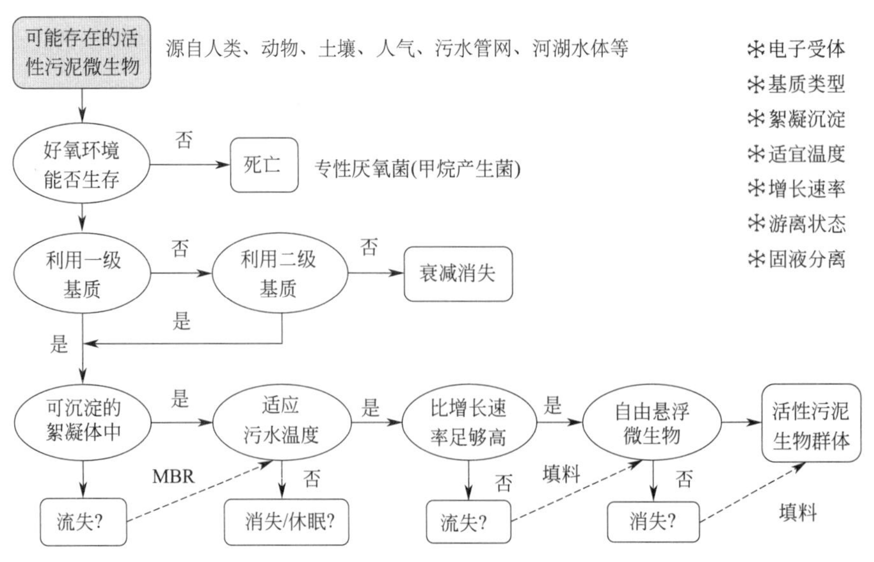

图 4-1　活性污泥法工艺过程中的微生物选择机制及主要环境影响因素

在活性污泥法工艺系统中，构成微生物群体生存压力和最终选择的主要因素包括最终电子受体的类型及利用能力，可获得的有机物、氨氮（NH_3-N）、硫化氢（H_2S）等初级基质及其代谢所产生的次生基质或衰亡生物量的利用能力，是否具有自身絮凝沉淀特性，在环境温度下能否生存及增殖，增殖速率的高低，以及是否具有自由悬浮能力等。如果采用膜生物反应器（MBR）或悬浮载体填料，微生物的絮凝沉淀特性就不是影响因素了。

按所需的碳能源（电子及还原力供体）的差异，参与污水生物除磷脱氮工艺过程的功能微生物群体可以简单化地划分为：

（1）异养菌。化能有机营养菌，利用有机物作为营养和能源，通过复杂或简单有机物的分解代谢获得能源和生物合成所需的中间体，包括直接代谢初级基质或者代谢初级基质所产生的次生基质。城镇生活污水中有机物（碳水化合物、蛋白质、脂类）是占比最高的碳能源供体，因此，能够利用这些类型有机物的异养菌是数量明显占优的一个类别。

（2）自养菌。利用二氧化碳或碳酸盐作为唯一碳源。其中，化能无机营养菌通过还原性无机物（NH_3-N、H_2S、Fe、S等）的氧化过程获得增殖所需的能量与还原力。例如，氧化NH_3-N的硝化菌群体，通常由亚硝酸菌和硝酸菌组成，存在溶解氧时才能增殖，厌氧和缺氧状态下均不能增殖；光能自养菌直接利用特定波长的太阳光能进行生物合成，例如蓝细菌、红硫细菌和绿硫细菌等。厌氧氨氧化菌（Anammox）则是一类能够利用亚硝酸盐为最终电子受体、完成NH_3-N氧化、最终转化产物为氮气的特殊菌群。

2. 生物除磷脱氮功能微生物

城镇污水处理系统中的活性污泥是有机污染物迁移转化和氮磷营养物去除的主体，其生物活性的高低及变动从本质上决定了活性污泥系统的处理能力，而活性污泥中微生物群落的结构分布特征在一定程度上决定了相应功能微生物的数量与活性。

根据分类学基本原理，分类层次越高，该层次内细菌的种类越多，菌群之间的相似性越小。差别较大的细菌在门、纲分类水平上都可归属于同一分类单元。因此，需进一步从科、属的分类水平考察功能微生物的分布情况，以准确反映污水处理系统实际运行过程中功能微生物的差异性，但目前的研究深度和广度还远远不够。

从当前工程实际应用的角度考虑，将复杂过程简单化处理，可按城镇污水处理系统中异养菌对硝态氮（NO_3^- 与 NO_2^-）的利用能力，将其划分为反硝化菌和非反硝化菌。

（1）反硝化菌。通常是兼性厌氧菌，能够利用硝态氮作为最终电子受体，在好氧和缺氧状态下均可以利用快速生物降解有机物（通常用rbCOD表述）进行产能和合成代谢，实现菌群的增殖，厌氧状态下能进行有机物的水解、转化以及存储，但不能实现增殖。

（2）非反硝化菌。通常是专性好氧菌，不能利用硝态氮作为最终电子受体，在好氧状态下利用快速生物降解有机物进行产能和合成代谢，实现菌群的增殖，缺氧和厌氧状态下能进行有机物的水解、转化以及存储，但一般不能实现增殖。

根据城镇污水处理系统中微生物对磷酸盐的超量吸收、胞内存储及去除能力，可以将其简单划分为聚磷菌和非聚磷菌：

（1）聚磷菌（PAOs）。聚磷菌的种属分布较广，在厌氧/好氧（Anaerobic/Oxic，A/O）交替循环工艺过程的厌氧阶段，能够利用细胞内的聚合磷酸盐（聚磷，Poly-P）产生能量

（以ATP形式），吸收外部的快速生物降解有机物并以聚羟基脂肪酸酯（PHA）的形式存储起来，同时释放细胞内过量的正磷酸盐，但不发生细胞的增殖。随后，具有反硝化能力的聚磷菌（反硝化聚磷菌），能够在后续的缺氧和好氧过程中，利用存储的有机物进行产能代谢和细胞增殖，并利用所产生的能量超量吸收细胞外部的正磷酸盐，在胞内合成并存储聚磷。那些不具备反硝化能力，只能在好氧的状态下进行产能代谢、细胞增殖和磷酸盐超量吸收的，属于非反硝化聚磷菌。

（2）非聚磷菌。在厌氧/好氧或厌氧/缺氧/好氧（Anaerobic/Anoxic/Oxic，A^2/O）交替循环工艺过程的厌氧阶段，能够进行有机物的水解和产酸发酵，细胞不增殖。好氧状态下可利用快速生物降解有机物进行增殖。缺氧状态下是否利用快速生物降解有机物进行增殖取决于能否利用硝态氮进行反硝化。作为聚磷菌主要竞争者的聚糖菌（GAOs），在厌氧状态下也能通过糖原代谢进行快速降解有机物的吸收和储存，不利于聚磷菌的功能表达。

硝化细菌包括形态互异的杆菌、球菌和螺旋菌，属于专性好氧菌，包括氨氧化菌（AOB）、亚硝酸盐氧化菌（NOB）和氨氧化古菌（AOA），在生物圈的氮循环和污水净化过程中扮演着非常重要的角色。硝化细菌大多数为专性化能自养型，例如亚硝化单胞菌、亚硝化螺菌、亚硝化球菌、亚硝化叶菌、硝化刺菌、硝化球菌等。少数为兼性自养菌，例如维氏硝化杆菌的某些品系。

（1）氨氧化菌（AOB）。能够在好氧状态下将氨氮氧化为亚硝酸盐并获取所需的能量，同化无机碳化合物合成细胞物质进行生长，生长过程缓慢，在自然界和污水的氨氮氧化过程中至关重要，对污水中的有毒物质、有机负荷、pH、温度、DO、污泥固体停留时间、水力停留时间等参数的冲击都很敏感，是影响生物脱氮工艺过程稳定性的主要微生物。

（2）亚硝酸盐氧化菌（NOB）。能够在好氧状态下将亚硝酸盐进一步氧化为硝酸盐并获取所需的能量，同化无机碳化合物合成细胞物质进行生长，其环境影响特性与氨氧化菌基本类似，主要分布在硝酸杆菌属、硝化刺球菌属、硝化球菌属和硝化螺菌属。

近年发现的全程硝化菌（*Comammox Nitrospira*），具有AOB和NOB的共同功能，能够独自完成氨氮氧化为硝酸盐的全过程。

（3）氨氧化古菌（AOA）。利用铵态氮氧化产生细胞所需的能量进行化能无机自养生长的、独立于AOB进化分支外的进化类群。在氧化铵态氮获得细胞能量的同时，能固定二氧化碳，可以耐受缺氧环境条件，还具有一定的异养特征，能在营养物质匮乏、低pH和低溶解氧条件下占硝化反应的主导地位，适应能力和温度范围远大于AOB，是地球生态系统初级生产者和深海海域等缺氧环境中氨氧化的优势微生物类群。

（4）厌氧氨氧化菌（AnAOB）。能够利用亚硝酸盐为电子受体，将氨氮氧化为氮气，以无机碳作为合成细胞生物量的唯一碳源，生长缓慢、世代周期长，广泛存在于自然和人工生境中，由于明显缩短了氮素的转化过程，在污水生物脱氮和地球氮循环中具有重要作用，对外部环境敏感，基质浓度、温度、pH、DO及有机物等生态因子对其生理生化活动的影响较为明显。富集培养物呈亮红色外观，性状黏稠，含有较多的胞外多聚物。

4.1.2 磷酸盐的来源构成与极限去除

1. 磷的循环及人类活动影响

磷的地质生态学循环对地球生态系统及其演变过程具有重大影响，由于风化、淋溶、微生物活动等自然作用，陆地岩石和土壤中的部分磷酸盐进入河流水体并最终汇入海洋；进入海洋食物链的磷酸盐随衰亡生物体沉入海洋深处或底部，一部分在海洋生态系统中持续循环利用；其余部分可在海洋深处沉积岩中凝结成磷酸盐结核，部分可与 SiO_2 凝结，转变为硅藻的结皮沉积层，进一步形成磷酸盐矿床，永久埋存于海洋深处沉积物中，直到海洋地质活动使其暴露于水面，再次进入大循环。通过海鸟捕食和人类捕捞活动，海洋中的小部分磷酸盐返回陆地，但与陆地每年流失并进入海洋的磷酸盐量相比，数量极其有限。

在上述大循环过程中，还包含两个陆地上的局部小循环，即陆地生态系统磷循环和水生生态系统磷循环。陆地岩石的地质生态学过程中，形成土壤并向土壤提供大量的磷酸盐，微生物和植物从土壤中吸收可生物利用的磷酸盐，动物通过食物链逐级获得所需的磷酸盐，陆地生物体衰亡分解，磷酸盐重新回到土壤中。陆地生态系统的磷酸盐，小部分通过地表径流进入河湖水体，通过藻类和水生植物吸收进入水生食物链，水生生物体衰亡分解，磷酸盐重新溶入水中，小部分可能直接沉积于湖库的深水底泥，更多的是归入大海。

随着人类社会及经济的发展，明显加速了磷酸盐流失并汇入大海的过程，矿山和土地资源的高强度开发，尤其开采磷矿石，人工制造和使用磷肥、含磷的农药和洗涤剂，大面积且长期的水土流失，向水体环境排放大量未经处理或处理后的含磷工业废水和生活污水，加上种植和养殖业废弃物的不当处置与流失，对自然界的磷循环构成了重大影响，严重破坏了陆地磷循环系统的相对封闭性和水生生态系统的相对磷平衡，造成陆地湖泊水体的富营养化和海洋近岸区域赤潮现象的频繁发生。

2. 城镇污水中磷的赋存形态

城镇污水中的磷酸盐按物理分离特性可划分为溶解态磷和颗粒态磷，按化学形态特性可划分为正磷酸盐、聚合磷酸盐、天然有机物的含磷组分和人工合成的有机磷化合物（含碳-磷键）。正磷酸盐能够与铁、铝、钙等金属离子反应，形成金属磷酸盐沉淀物。聚合磷酸盐由磷酸经过缩合聚合而成，包括偏磷酸盐、直链磷酸盐和超聚磷酸盐等。在较高水温、较低 pH 或微生物作用下，聚合磷酸盐可水解为磷酸盐。城镇污水的水温偏低、pH 中性偏微碱，部分聚合磷酸盐会保持较稳定的状态，单纯化学除磷的效果往往不够理想。

磷酸盐是生物体及生命活动的关键化学组分，尤其能量代谢、信号传导和生物遗传等方面，天然有机物含磷组分主要包括核酸及其衍生物、磷脂和植酸，其中核酸由四种核苷酸构成生命的密码序列，核苷酸由碱基、核糖和磷酸构成，例如，腺苷三磷酸（ATP）是由腺嘌呤、核糖和 3 个磷酸基团连接而成，ATP 水解时能释放出较高能量，在细胞能量赋存与代谢中起主要作用。生命体及其有机含磷组分的衰亡分解会相应释放出磷酸盐组分。

有机磷化合物主要来源于人工化学合成，尤其有机磷农药行业，包括杀虫剂、杀菌剂和其他药剂，例如对硫磷、敌百虫、敌敌畏、内吸磷、马拉硫磷、乐果等杀虫剂，稻瘟净、克瘟散等杀菌剂，以及含磷灭鼠剂、脱叶剂、不育剂、生长调节剂、杀线虫剂、除草剂等。由于含有碳—磷键或特殊结构的磷酸衍生物，部分人工合成有机磷化合物难以生物降解，也难以化学沉淀除磷，需要通过强氧化分解后，才可能生物降解和化学沉淀去除。

天然水和污水中，磷几乎都以正磷酸盐、聚合磷酸盐（焦磷酸盐、偏磷酸盐、多磷酸盐）和有机结合磷（如磷脂等）的形式存在。城镇污水中的磷酸盐主要来源于人类活动的排泄物、废弃物和工业污水，含磷食品添加剂和含磷洗涤剂的大量使用；还有一部分来自农业生产和园林绿化过程的化肥、农药、废弃物及分解产物的流失，大气的干湿沉降物。城镇污水溶解性难生物降解、难化学沉淀的有机磷浓度较低，但影响水质稳定达标。

3. 城镇污水中磷的去除途径

在城镇污水处理工艺过程中，磷酸盐的去除途径主要有以下 4 类：

（1）形成无机磷酸盐沉淀物。利用污水中存在的和外部投加的金属盐（铁盐、铝盐和钙盐）形成金属磷酸盐沉淀物，其反应过程、残留浓度和处理效果主要受 pH 和金属盐/TP 摩尔比的影响，与后续的沉淀和过滤方式也密切相关，形成的沉淀物构成较复杂。

（2）结合到生物体及有机物中。通过生物氧化与合成作用，使磷酸盐赋存形态发生变化，成为生物体及代谢产物的组成部分，例如磷脂、核苷酸、DNA、RNA、ATP 等。

（3）转化为聚磷菌的胞内聚合磷酸盐。通过聚磷菌的优势生长，形成高含磷量的活性污泥，以胞内聚磷的方式超量吸收和聚积磷酸盐。

（4）其他去除方式。特定条件下丝状菌对磷酸盐的超量吸收和胞内积累，藻类生长对磷酸盐的吸收与利用，植物根系对磷酸盐的吸收与化学沉积等。

污水生物除磷的基本原理如图 4-2 和图 4-3 所示。在活性污泥法污水生物除磷工艺系统中，通过厌氧状态和好氧状态在时间或空间上的交替循环，使生物处理系统中的聚磷菌群体能够在快速生物降解有机物的竞争中取得明显优势，在活性污泥生物体中聚集和存储大量的聚合磷酸盐（聚磷），然后通过排出高含磷量剩余活性污泥的方式，获得低含磷量的净化处理出水，通常可达到 1.0mg/L 以下的浓度水平。

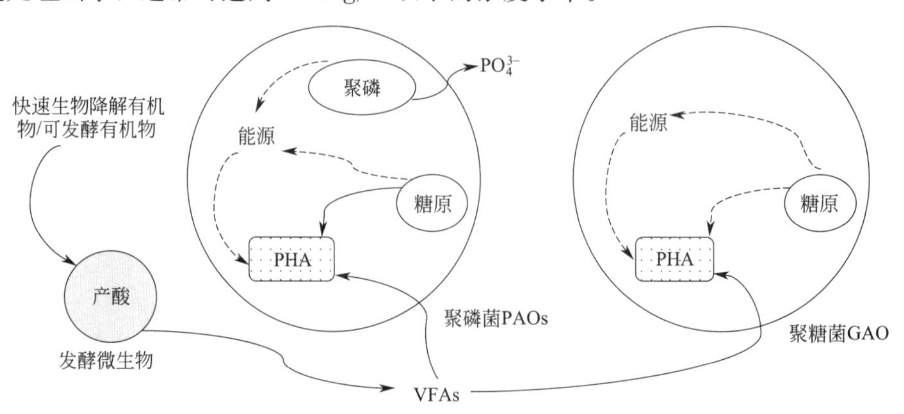

图 4-2　污水生物除磷系统厌氧状态下聚磷菌与聚糖菌对基质（VFAs）的竞争

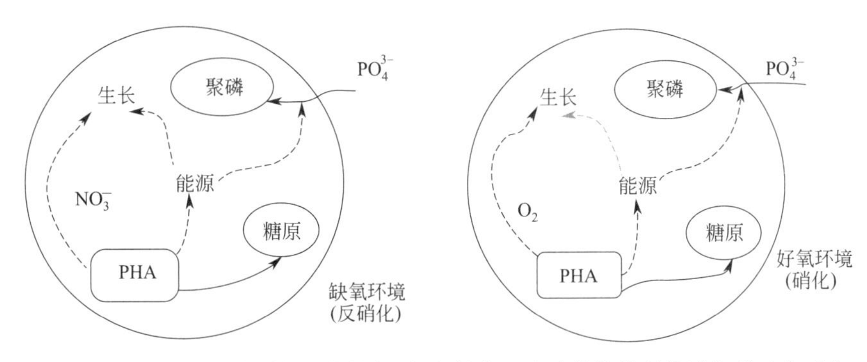

图 4-3　污水生物除磷脱氮系统缺氧/好氧状态下聚磷菌的能量代谢与磷酸盐吸收

在污水生物除磷（脱氮）工艺系统的厌氧区中，兼性厌氧细菌通过产酸发酵将溶解性有机物转化成挥发性低分子有机酸（VFAs），聚磷菌吸收来自原污水或厌氧区产生的 VFAs，将其同化成胞内的碳能源存储物，聚羟基脂肪酸酯（PHA），所需的能量来源于聚磷的水解和细胞内糖的酵解。胞内磷酸盐含量升高后，在细胞内部 ATP/ADP 调节机制的作用下，一定会扩散到外部环境，液相中的磷酸盐浓度相应升高，表现为磷酸盐的厌氧释放。厌氧区实际上起到聚磷菌“生物选择器”的作用，使聚磷菌群体在处理系统中能够得到选择性的优势增殖，同时还一定程度上起到抑制丝状菌增殖、控制污泥膨胀的作用。

在污水生物（脱氮）除磷系统的缺氧区和好氧区，聚磷菌通过 PHA，包括聚 β-羟丁酸（PHB）和聚 β-羟基戊酸（PHV）的氧化代谢产生能量及还原力，一方面进行磷酸盐的吸收和聚磷合成，在细胞内以聚磷形式存储，以聚磷酸高能键形式捕积和存储能量，将磷酸盐从液相中去除；另一方面利用形成的还原力和能量，合成新的聚磷菌细胞并存储糖原，产生富磷活性污泥，这一循环过程的关键因素是污水中快速生物降解有机物含量以及不同菌群之间对基质的竞争，包括非聚磷反硝化菌和聚糖菌对 VFAs 的竞争性利用。

磷酸盐的厌氧释放分为有效释放（一次释放）和无效释放（二次释放）。有效释放是聚磷菌吸收和储存 VFAs 等低分子有机物这一耗能过程的偶联过程，是生物除磷工艺必须具备的和增强的。而无效释放则不伴随着低分子有机物的吸收和储存，是微生物内源损耗、pH 变化和毒物作用等方面因素引起的非期望的磷酸盐释放，属于污水生物除磷（脱氮）工艺运行过程中需要尽量避免出现的反应过程，尤其要避免低 pH 的冲击影响。

在污水生物除磷（脱氮）系统的厌氧反应区中，随着可吸收和存储的 VFAs 的快速消耗，磷的有效释放量不断减少，水力停留时间越长，无效释放的比例越高，造成后续缺氧和好氧区中磷酸盐的总体吸收能力降低，吸收不完全。因此，厌氧区的水力停留时间不是越长越好，一般情况下宜控制在 1.5h 以内。此外，还要尽量避免低 pH 冲击负荷和过长的好氧水力停留时间，以免造成聚磷的酸性水解、聚磷菌的衰减以及生物除磷能力的丧失。

在污水生物除磷（脱氮）系统中，影响出水溶解磷浓度的主要因素为进入厌氧区的快速生物降解 COD/TP 和回流污泥硝酸盐含量。单位快速生物降解 COD 所形成的生物除磷能力约为 0.10mgP/mgCOD，而单位硝酸盐氮可导致的快速生物降解 COD 损失量约为 6mgCOD/mgNO_3^--N。因此，进水水质及 COD 构成特性的分析是工艺设计计算的重要环节，回流污泥硝酸盐浓度的控制和碳源的合理配置是工艺设计和运行管理的关键所在。

4. 城镇污水中磷的极限去除

城镇污水除磷工艺过程包括生物除磷和化学除磷，生物除磷工艺系统的出水 TP 浓度通常可以达到 1mg/L 左右，在某些进水水质环境条件下可以达到 0.5mg/L 以下；增加化学协同除磷，出水 TP 浓度可稳定达到 0.5mg/L 以下；后续采用气浮与过滤工艺组合，甚至可以达到 0.05mg/L 的浓度水平。对于二级排放标准，采用生物除磷即可满足要求。对于一级 B 排放标准，可以生物与化学除磷相结合，协同化学除磷可以作为首选，容易实施，管理简单，可降低化学药剂消耗量。对于一级 A 排放标准，除了可以采用协同化学除磷，还可以在生物除磷脱氮之后采用混凝沉淀过滤的深度处理方法。对于总磷低于 0.3mg/L 的指标要求，可以采用强化混凝沉淀过滤的组合工艺过程，比如磁混凝、深床过滤等。对于出水总磷浓度 0.1mg/L 以下的指标要求，可应用气浮与滤池的组合。对于含溶解性不可化学沉淀磷化合物的水质条件，需考虑臭氧氧化等前处理手段，以改善含磷组分的化学沉淀效能。

4.1.3 氮组分的来源构成与极限去除

1. 氮的循环及赋存形态

自然界中的氮主要以惰性气体形态（N_2）留存于大气中，氮的循环以大气中的氮气为起点和终点，以闪电固氮为主要途径，将大气 N_2 转变为氮氧化物（NO_x），通过降水到达地表，形成硝态氮，进入土壤与水体；自然环境中的少数微生物和藻类能固定大气中的氮，形成铵态氮，用于生物体及含氮有机物合成，这是一个高耗能、慢速但普遍存在的过程。硝态氮和铵态氮被土壤和水体中的微生物和植物利用，进入食物链进行传递，作为传递过程和衰亡分解过程的代谢产物，会释放出有机氮（蛋白质、氨基酸、尿素）和氨氮组分。

自然界中的氮循环主要通过固氮、同化、氨化、硝化、反硝化和厌氧氨氧化等作用来实现。固氮和同化作用形成的生物体及代谢产物中，含氮有机物组分能够被氨化细菌分解，形成铵态氮或氨态氮，地表环境中的铵盐或氨在硝化细菌的作用下氧化成硝酸盐，缺氧状态下硝酸盐可被反硝化细菌还原成亚硝酸盐并进一步还原成分子态的氮气。

城镇污水中氮的以有机氮、氨氮、亚硝酸氮和硝酸氮 4 种形式存在，有机氮和氨氮为主，主要来源为生活污水、工业污水和地表径流。化肥、焦化、洗毛、制革、印染、食品与肉类加工、石油精炼等行业排放的污水含氮量高。地表径流中的氮主要来自地表降水中的氮氧化合物、地表固体废弃物和垃圾收集站渗滤液，以及园林绿化肥料流失等。

2. 城镇污水中氮的去除途径

在污水生物脱氮系统中，氮的生物转化过程如图 4-4 所示。颗粒性不可生物降解有机氮通过活性污泥生物絮凝作用成为活性污泥惰性组分，然后通过排出剩余活性污泥从工艺系统中去除；颗粒性可生物降解有机氮组分（蛋白质等）通过水解转化为溶解性可生物降解有机氮（氨基酸等）。溶解性可生物降解有机氮通过异养细菌的氨化作用转化为NH_3-N，其中尿素可迅速水解成碳酸铵。有机氮和NH_3-N中的小部分用于活性污泥微生物的生物合成，通过剩余污泥外排加以去除。在好氧状态下，硝化菌将NH_3-N氧化为硝态氮，缺氧状态下反硝化菌将硝酸盐异化还原成气态氮（N_2），从水中除去。在特定环境条件下，厌氧氨氧化菌能转化亚硝酸盐和氨氮为N_2。溶解性不可生物降解有机氮，随处理出水排出，决定工艺系统处理出水的有机氮浓度。

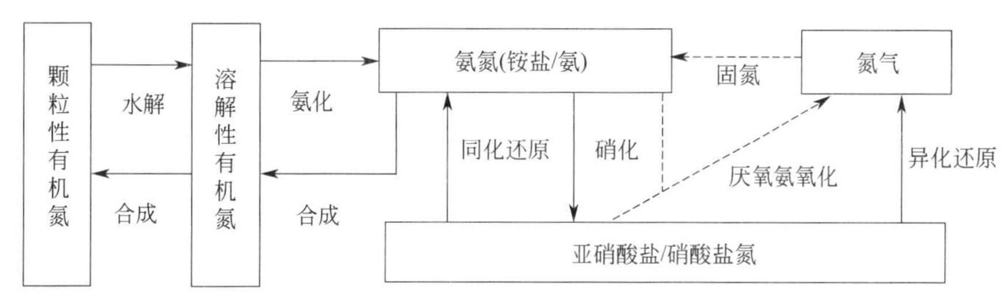

图4-4　污水生物脱氮工艺系统中氮的生物化学转化过程

硝化菌主要是化能自养菌包括氨氮氧化菌和亚硝酸氧化菌等，是专性好氧菌，其中亚硝化螺菌能适应低溶解氧环境，存在溶解氧的条件下才能增殖，厌氧和缺氧状态下不能增殖，而其衰减死亡过程在厌氧、缺氧和好氧状态下均会发生。因此，生物池的非曝气区污泥量比值越大，越不利于硝化能力的保持和稳定，但非曝气区污泥量比值过小会影响反硝化能力和碳源有效利用率。异养硝化菌能够利用有机碳源生长，同时将含氮化合物硝化生成羟胺、亚硝酸盐、硝酸盐等产物，多数还能反硝化，将硝化产物转化为含氮气体。

反硝化菌主要是异养菌，兼性厌氧，能够在缺氧和好氧状态下利用快速生物降解有机物进行增殖；厌氧状态下可以进行颗粒性有机物的水解和溶解性有机物的酸化（发酵），但通常不能增殖；部分反硝化菌同时也是聚磷菌，缺氧和好氧状态下会出现磷酸盐的吸收，厌氧状态下会出现磷酸盐的释放。非反硝化菌类别的异养菌，通常为好氧菌，在好氧状态下利用快速生物降解有机物增殖；厌氧和缺氧状态下可以进行颗粒性有机物的水解、溶解性有机物的酸化（发酵），但不能增殖。脱氮硫杆菌是专性自养和兼性厌氧菌，好氧状态下将硫单质和硫化物氧化为硫酸盐，厌氧状态下硝酸盐作为电子受体自养反硝化。

3. 城镇污水中氮的极限去除

城镇污水生物脱氮系统中的硝化作用主要受硝化菌比增长速率、运行泥龄、水温、曝气污泥量比值、剩余碱度和溶解氧等因素的控制，对重金属和硝化抑制剂等有毒有害物质高度敏感。活性污泥中的硝化反应控制可以分成不硝化、部分硝化和完全硝化三种情况，其中部分硝化属于不可控制的高度不稳定过程，需要尽量避免出现；完全不硝化与生物脱氮的目标背道而驰，因此，活性污泥系统的硝化功能只能按完全硝化的方式来设计。对于生物硝化，尤其氨氮的极限去除，泥龄是最关键且最可行的调控参数。此外，生物池进水水质水量的均衡调节也有利于出水瞬时样的稳定达标，生物池流态也需要加以关注。

在冬季低水温的地区，需要适当增大活性污泥系统的泥龄，以保障冬季的硝化能力及运行稳定性。在已投产的污水处理厂中，可以在夏末秋初逐步提高生物池的活性污泥浓度，提高实际运行泥龄，使冬季能够维持较高的活性污泥及硝化菌浓度，抵御低水温条件对硝化的不利影响，春季后再逐步降低生物池活性污泥浓度，实施动态的调控。

当污水生物处理系统按硝化设计时，不管从生物脱氮角度还是降低能耗角度，处理系统都必须具备一定的反硝化能力，所需的反硝化程度根据排放标准或具体水质要求确定。出水 TN 和 TP 均有要求时，根据 TN 和 TP 要求综合考虑所要达到的反硝化程度。出水 TN 无要求但出水 TP 控制较严时，可根据除磷要求考虑反硝化程度，主要目的是消除回流污泥硝酸盐对生物除磷的不利影响，同时兼顾能耗。反硝化能力的主要影响因素包括进水碳氮比、碳源特性、生物池泥龄及非曝气污泥量比值、污泥活性微生物占比、水温等。

城镇污水生物脱氮系统在内部碳源充足或外加碳源的情况下，总氮可以稳定达到 GB 18918—2002 一级 A 标准（15mg/L)，优化内部和外部碳源配置可以稳定达到 10mg/L 的地方排放标准，甚至 5mg/L 的超高标准要求。对于 3mg/L 以下的极限脱氮要求，一般要在强化二级处理系统之后设置反硝化滤池等深度脱氮工艺单元，所需碳源投加量较大。主流厌氧氨氧化或主流系统旁路厌氧氨氧化的开发与应用，有望大幅度降低极限脱氮的碳源需求量。

4.2 活性污泥产率构成要素及计算方法

在城镇污水除磷脱氮工艺系统的设计计算中，泥龄是最为关键的设计参数，设计取值通常为 15～20d，相应的生物池污泥浓度设计取值一般为 3.5～4.5g/L，而在随后的生物池容积的设计计算中，活性污泥产率是最重要的设计参数。长期以来，大多数设计单位会采用《室外排水设计规范》GB 50014—2006（现行版本为《室外排水设计标准》GB 50014—2021）中提供的泥龄法和污泥产率建议值进行生物池的容积设计，用污染物容积负荷、污泥负荷、水力停留时间等工艺参数进行辅助设计。还有一些设计单位和设计人员，主要参考德国 ATV-A 131 标准（现行版本为 2016 年修订的 DWA-A 131）中的计算方法，或者基于国际水协 IWA 活性污泥数学模型的计算方法进行设计计算，以及多种计算方法的相互校核。

例如，中国市政工程华北设计研究院从 20 世纪 80 年代中期就开始吸纳 IWA 活性污泥数学模型和德国 ATV-A 131 的计算方法，结合我国室外排水设计规范相关规定，进行相互校核计算，然后确定一个认为比较符合实际又能被业内专家认可的活性污泥产率取值范围 0.8～1.0kg MLSS/kgBOD_5。虽然不是很精准，但基本避免了明显过低或过高的情况。

由于活性污泥产率的计算方法多样，加上主要影响参数的建议取值范围较大，同样的进水水质和环境条件，不同设计单位确定的生物池容积和剩余污泥量大相径庭。有一些污水处理厂，由于活性污泥产率计算结果过于偏离实际，取值明显偏低，导致运行泥龄明显低于设计值，生物脱氮工艺运行达不到设计要求，影响出水水质达标和实际运行能力。

在此，依据 IWA 活性污泥数学模型进行污泥产率基本公式的推导，综合德国 ATV-A 131 标准，对几种常用的活性污泥产率计算式进行回顾和分析比较，结合前面章节有关我国城镇污水水质特征的讨论，分析这些计算式的主要影响因素及局限性，并针对我国城镇污水的水质特点，提出相应的活性污泥产率计算方法，供工程设计和运行管理人员参考。

4.2.1　IWA 活性污泥数学模型方法

根据国际水协会（IWA）活性污泥数学模型（ASM1）的基本理论及假设，可以认为活性污泥中的挥发性固体组分（VSS）为异养菌表观产量、自养菌表观产量和惰性挥发性固体的累积产量之和。活性污泥中的挥发性固体（相当于有机组分）产量，可用下式表述：

$$X_V = X_H + X_A + X_E + X_{IV} \quad (4\text{-}1)$$

式中　X_V——污泥挥发性悬浮固体浓度，kg VSS/m^3；

X_H——污泥活性异养菌浓度，kg VSS/m^3；

X_A——污泥活性自养菌浓度，kg VSS/m^3；

X_E——微生物内源衰减产生的惰性有机物浓度，kg VSS/m^3；

X_{IV}——进水颗粒性不可生物降解有机物累积浓度，kg VSS/m^3。

通过稳态条件下的物料平衡推导，异养菌及其内源衰减产物的表观产率表达式为：

$$Y_{H+E,OBS} = Y_H(1 + f_E b_H \theta_c)/(1 + b_H \theta_c) \quad (4\text{-}2)$$

式中　$Y_{H+E,OBS}$——异养菌及内源残留物的表观产率系数，$kgVSS/kgBOD_5$；

Y_H——异养菌最大产率系数，$kgVSS/kgBOD_5$；

f_E——内源呼吸残留系数，0.2kgVSS/kgVSS；

θ_c——生物池活性污泥泥龄，d；

b_H——异养菌的内源代谢衰减系数，d^{-1}。

通过稳态条件物料平衡，自养菌（硝化菌）生物量的表观产率表达式为：

$$Y_{A+E,OBS} = Y_A(1 + f_E b_A \theta_c)/(1 + b_A \theta_c) \quad (4\text{-}3)$$

式中　$Y_{A+E,OBS}$——自养菌及内源残留物表观产率系数，$kgVSS/kgNH_3\text{-}N$；

Y_A——自养菌最大产率系数，$kgVSS/kgNH_3\text{-}N$；

b_A——自养菌内源代谢衰减系数，d^{-1}。

活性污泥中的惰性挥发性固体来源于进水，其产率系数表达式为：

$$Y_{IV} = f_{IV} SS/BOD_5 \quad (4\text{-}4)$$

式中　Y_{IV}——活性污泥中进水惰性挥发性固体累积产率，$kgVSS/kgBOD_5$；

f_{IV}——进水悬浮固体（SS）中惰性挥发性固体所占比例，%。

活性污泥中非挥发性固体（固定性组分）来源于进水，其产率系数表达式为：

$$Y_{FS} = f_{FS} SS/BOD_5 \quad (4\text{-}5)$$

式中　Y_{FS}——活性污泥中固体性固体组分累积产率，$kgMLSS/kgBOD_5$；

f_{FS}——进水悬浮固体（SS）中固定性固体组分所占比例，%。

实际工程应用中，通常考虑进水SS中的固定性组分全部进入活性污泥中，合并式(4-2)～式(4-5)，得到活性污泥总产率的表达式为：

$$Y_{T,OBS}=Y_{H+E,OBS}+Y_{A+E,OBS}+Y_{IV}+Y_{FS} \quad (4\text{-}6)$$

活性污泥挥发性组分比例定义为 f_V，相应表达式为：

$$f_V=(Y_{H+E,OBS}+Y_{A+E,OBS}+Y_{IV})/(Y_{H+E,OBS}+Y_{A+E,OBS}+Y_{IV}+Y_{FS}) \quad (4\text{-}7)$$

上述产率计算式较好地反映了活性污泥固体（MLSS）及挥发性组分（MLVSS）的变化过程及泥龄与温度的影响，不足之处在于未考虑生物聚磷的额外污泥产量，另外，对活性污泥固定性组分（FSS）在工艺系统内的变化过于简单处理。尤其早期工程项目中，部分设计人员通常先计算污泥MLVSS产量，然后设定一个 f_V 值来计算活性污泥MLSS量。

对于欧美发达国家，城镇污水悬浮固体无机组分含量较低，生物池活性污泥的 f_V 比值较高且相对稳定，一般0.7以上，计算结果非常接近实际运行情况。而我国城镇污水水质在时间、空间上存在高度不确定性，影响因素众多，进水悬浮固体FSS组分比例普遍偏高，活性污泥的 f_V 值变化大且普遍偏低，按设定 f_V 值的方法来计算城镇污水处理系统的活性污泥产量时，f_V 取值往往偏大，计算结果会相应偏低，从而影响工艺参数的精准确定。

4.2.2 德国DWA-A 131计算方法

1991年德国污水技术协会（ATV）发布了修订版的协会标准ATV-A 131《5000及以上人口当量一段活性污泥法设计规程》，2000年新合并组建的德国水、污水和废弃物处理协会（ATV-DVWK）发布了升级版的ATV-A 131《一段活性去污泥法设计规程》。2004年ATV-DVWK确定启用新的英文简称DWA，用于加入国际水协会（IWA）和欧洲水资源协会（EWA），此后，2016年发布的DWA-A 131，对2000年版本作了较大篇幅的修编，明确活性污泥法污水处理设施以COD负荷为设计基础，不再使用传统的 BOD_5 指标，同时增加和丰富了有关COD组分分析、数学模型、构筑物细化设计计算等方面的内容。

1. 德国ATV-A 131（2000年版）计算方法解析

德国ATV-A 131的相关规定，活性污泥产率计算分为两个组成部分，第一部分为进水有机物（按 BOD_5 计）和SS去除所形成的污泥产率，该部分污泥产率的计算式如下：

$$Y_{c,obs}=Y_H+0.6SS/BOD_5-(1-f_E)b_HY_H\theta_cF_T/(1+0.17\theta_cF_T) \quad (4\text{-}8)$$

$$Y_{c,obs}=0.75+0.6SS/BOD_5-(1-0.2)\cdot 0.17\cdot 0.75\cdot\theta_cF_T/(1+0.17\theta_cF_T) \quad (4\text{-}9)$$

其中 F_T 为温度 T 的变化系数，可以通过式(4-10)求得：

$$F_T=1.072^{(T-15)} \quad (4\text{-}10)$$

ATV-A 131活性污泥产率计算式将异养菌产率系数 Y_H 的默认值确定为0.75，内源呼吸残留物产率系数 f_E 默认为0.2，异养菌衰减系数 b_H 默认为0.17。该式考虑了进水

SS 对污泥产率的影响，基于德国实际情况，给定进入活性污泥并累积的惰性悬浮固体比值为 0.6。

第二部分为除磷过程产生的污泥量，生物除磷过程的额外污泥产率为：

$$Y_{p,obs}=3.0kgSS/kgP \tag{4-11}$$

生物除磷产生的污泥量定为 3.0kgSS/kgP。化学磷沉淀产生的污泥取决于药剂类型和剂量，可定为 2.5kg SS/kg 铁盐，4.0kgSS/kg 铝盐，石灰除磷则为 1.35kgSS/kg 氢氧化钙。

一般城镇污水的 TP/BOD_5 为 2%～6%，这里取值 3.3%，由于除磷产生的污泥量可确定为 3～4kgSS/kgP，以单位 BOD_5 计，除磷过程的污泥产率系数约为 $0.1kgSS/kgBOD_5$。

由于自养菌占活性污泥总量的比例很低，ATV-A 131 中的活性污泥产率计算式中未加以考虑，予以忽略。因此，可以将德国 ATV-A 131 的活性污泥总产率计算式简化为：

$$Y_T=Y_{c,obs}+0.1 \tag{4-12}$$

为了解析不同进水 SS/BOD_5 及泥龄对 ATV-A 131 活性污泥产率计算结果的影响，以泥龄为横坐标、污泥产率为纵坐标，模拟活性污泥总产率 Y_T 随污泥泥龄的变化情况，温度 20℃时的模拟结果如图 4-5 所示。

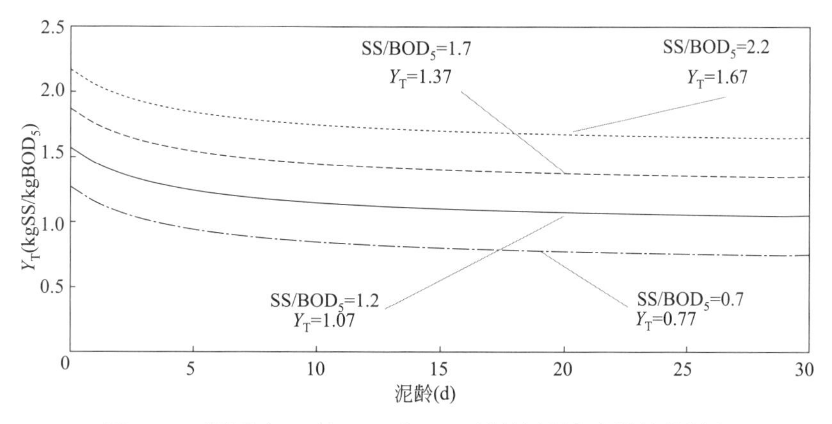

图 4-5　不同进水 SS/BOD_5 对 ATV 活性污泥产率计算的影响

从图 4-5 可以看出，根据德国 ATV 计算式得出的污泥产率随泥龄增加而降低，泥龄 0～5d 之间，活性微生物内源损耗明显，污泥总产率快速下降，泥龄超过 5d，总产率变化幅度变小，超过 20d，总产率基本不变，此时，内源损耗已接近最高值。SS/BOD_5 越高，污泥产率 Y_T 越高。当泥龄 20d，进水 SS/BOD_5 分别 0.7、1.2、1.7 和 2.2 时，Y_T 值分别为 $0.77kgSS/kgBOD_5$、$1.07kgSS/kgBOD_5$、$1.37kgSS/kgBOD_5$ 和 $1.67kgSS/kgBOD_5$，进水 SS/BOD_5 对污泥产率 Y_T 有明显影响。

2. 德国 DWA-A 131（2016 年版）计算方法解析

2016 年版 DWA-A 131 的工艺计算全面吸纳 IWA 活性污泥数学模型的原理，并且全部基于 COD 浓度，不再继续采用 BOD_5；活性污泥法的污泥由有机物（COD）生物降解过程中产生的固体（X_H，X_E）、进水中的惰性固体（X_{IV}，X_{FS}）和除磷产生的固体组成（X_{IP}）。

由进水COD生物处理过程产生的污泥组分包括：降解过程所形成的生物量（X_H）、生物群体内源衰减形成的惰性残留物（X_E）、进水惰性颗粒COD截留（X_{IV}），相当于：

$$X_V=X_H+X_E+X_{IV} \tag{4-13}$$

$$X_H=Y_HC_B/(1+b_H\theta_cF_T) \tag{4-14}$$

$$X_E=0.2X_H\theta_cb_HF_T \tag{4-15}$$

$$X_{IV}=C_{IV}/1.33 \tag{4-16}$$

进水中可生物降解COD（C_B）的产泥系数确定为$Y=0.67$g/g（降解每1g COD形成的生物量COD），15℃时的衰减系数b_H为$0.17d^{-1}$。进水惰性颗粒COD构成惰性挥发性污泥组分的系数为1/1.33。考虑进水SS中的固定组分（X_{FS}）含量，污泥总产量（X_T）为：

$$X_T=X_H+X_E+X_{IV}+X_{FS}+X_{IP} \tag{4-17}$$

对于除磷污泥产量的计算，生物除磷工艺过程每去除1g磷可产生3gTS（干物质）。同步协同化学除磷产生的污泥固体量，取决于化学药剂的种类和加药量，计算方法与ATV-A 131给出的基本相同。

4.2.3 室外排水设计标准计算方法

1.《室外排水设计规范》GBJ 14—87（1997年修订版）

对于活性污泥法，按GBJ 14—87的第6.6.2条规定，曝气池的容积，按污泥泥龄计算：

$$V=24Q\theta_cY(L_j-L_{ch})/1000N_{wv}(1+K_d\theta_c) \tag{4-18}$$

式中 V——曝气池的容积，m^3；

Q——曝气池的设计流量，m^3/h；

L_j——曝气池进水BOD_5，mg/L；

L_{ch}——出水BOD_5，mg/L；

θ_c——设计污泥泥龄，d；

K_d——衰减系数，d^{-1}；20℃的常数值为0.04～0.075；

Y——污泥产率系数，kgVSS/kgBOD_5；在20℃时，有机物以BOD_5计时，其常数为0.4～0.8。如处理系统无初次沉淀池，Y值必须通过试验确定；

N_{wv}——曝气池内混合液挥发性悬浮固体平均浓度，gVSS/L；

N_w——曝气池内混合液悬浮固体平均浓度，g/L。

按GBJ 14—1987的第6.6.3条规定，处理城市污水的曝气池主要设计数据宜按GBJ 14—1987中的“表6.6.3”采用，该表推荐的曝气池内混合液悬浮固体N_w取值为延时曝气2.5～5.0g/L、普通曝气1.5～2.5g/L，污泥负荷为延时曝气（包括氧化沟）0.05～0.1kg/(kg·d)、普通曝气0.2～0.4kg/(kg·d)。GBJ 14—87中未规定或明确如何确定

N_{w}与N_{wv}之间的量化关系，也未涉及生物脱氮除磷工艺系统。

2.《室外排水设计规范》GB 50014—2006

《室外排水设计规范》GB 50014—2006，是我国城镇污水处理厂工艺设计的主要技术依据文件。GB 50014—2006第6.6.11条规定，当以去除碳源污染物为主时，生物反应池的容积（V），可按下列公式计算，包括污泥负荷法、污泥泥龄法。

$$V=24QY\theta_{c}(S_{o}-S_{e})/1000X_{V}(1+K_{d}\theta_{c}) \tag{4-19}$$

式中 S_{o}——生物反应池进水BOD_5，mg/L；

S_{e}——生物反应池出水BOD_5（当去除率大于90%时可不计入），mg/L；

K_{d}——挥发性悬浮固体衰减系数，d^{-1}；

Y——污泥产率系数，$kgVSS/kgBOD_5$；宜根据试验资料确定，无试验资料时，一般取为0.4～0.8；

X_{V}——生物反应池内混合液挥发性悬浮固体平均浓度，$kgVSS/m^3$；

θ_{c}——设计污泥泥龄，d，其数值为0.2～15；

K_{d}——衰减系数，d^{-1}；20℃的数值为0.04～0.075。

对于生物脱氮系统，按照其第6.6.18条规定，缺氧区容积，可按下列公式计算：

$$V_{n}=(0.001Q(N_{k}-N_{te})-0.12\Delta X_{v})/K_{de}X \tag{4-20}$$

$$\Delta X_{v}=yY_{t}Q(S_{0}-S_{e})/1000X \tag{4-21}$$

好氧区容积，可按下列规定计算：

$$V_{o}=QY_{t}\theta_{co}(S_{0}-S_{e})/1000X \tag{4-22}$$

式中 V_{n}——缺氧区容积，m^3；

V_{o}——好氧区容积，m^3；

X——生物反应池内混合液悬浮固体平均浓度，gMLSS/L；

N_{k}——生物反应池进水总凯氏氮浓度，mg/L；

N_{te}——生物反应池出水总氮浓度，mg/L；

ΔX_{v}——排出生物反应池系统的微生物量，kgMLVSS/d；

K_{de}——脱氮速率，$kgNO_3\text{-}N/(kgMLSS\cdot d)$；

θ_{co}——好氧区设计污泥泥龄，d；

K_{d}——衰减系数，d^{-1}；20℃的数值为0.04～0.075；

S_{o}——生物反应池进水BOD_5，mg/L；

S_{e}——生物反应池出水BOD_5（当去除率大于90%时可不计入），mg/L；

Y_{t}——污泥产率系数，$kgMLSS/kgBOD_5$；宜根据试验资料确定，无试验资料时，系统有初次沉淀池时取0.3，无初次沉淀池时取0.6～1.0；

y——MLSS中MLVSS所占比例。

GB 50014—2021的第6.10.3条规定，剩余污泥量ΔX，按污泥龄计算：

$$\Delta X=VX/\theta_{c} \tag{4-23}$$

按污泥产率系数、衰减系数及不可生物降解和惰性悬浮物计算：

$$\Delta X = YQ(S_o - S_e) - K_d V X_V + fQ(SS_o - SS_e) \tag{4-24}$$

式中 θ_c——污泥泥龄，d；

f——SS的污泥转换率，宜试验资料确定，无试验资料时可取0.5～0.7gMLSS/gSS；

S_o——生物反应池进水 BOD_5，kg/m^3；

S_e——生物反应池出水 BOD_5，kg/m^3；

SS_o——生物反应池进水SS浓度，kg/m^3；

SS_e——生物反应池出水SS浓度，kg/m^3；

Y——污泥产率系数，$kgVSS/kgBOD_5$，20℃时为0.3～0.8；

X——生物反应池内混合液悬浮固体平均浓度，gMLSS/L；

X_v——生物反应池内混合液挥发性悬浮固体平均浓度，gMLVSS/L；

N_k——生物反应池进水总凯氏氮浓度，mg/L；

N_{te}——生物反应池出水总氮浓度，mg/L。

在GB 50014—2021的表6.6.18中提出的缺氧/好氧生物脱氮主要设计参数参考值中，污泥浓度 X 为2.5～4.5g/L，污泥龄 θ_c 为11～23d，污泥产率 Y 为0.3～0.6$kgVSS/kgBOD_5$，仍然未明确如何确定 X 和 X_v 之间的量化关系，或者说MLSS中MLVSS所占比例。

3.《室外排水设计规范》GB 50014—2006（2011、2014、2016年版）

活性污泥法生物脱氮除磷设计计算的相关内容，与2006年版相比基本未变。例如：第6.6.18条中，污泥总产率系数 Y_t，宜根据试验资料确定；无试验资料时，系统有初次沉淀池时取0.3$kgMLSS/kgBOD_5$，无初次沉淀池时取0.6～1.0$kgMLSS/kgBOD_5$。第6.6.20条中，A^2/O工艺，污泥产率系数 Y 的参考值为0.3～0.6$kgVSS/kgBOD_5$，污泥浓度为2.5～4.5gMLSS/L。关于MLSS与MLVSS的量化关系，仍然没有予以明确，未给出建议值。

4.《室外排水设计标准》GB 50014—2021

基于国家标准规范管理规定的调整，《室外排水设计标准》GB 50014—2021代替了《室外排水设计规范》GB 50014—2006（2016年版），2021-10-01实施。按照最新版第7.6.17条（相当于GB 50014—2006第6.6.18条）的规定，缺氧区容积，可按下列公式计算：

$$V_n = (0.001Q(N_k - N_{te}) - 0.12\Delta X_v)/K_{de}X \tag{4-25}$$

$$\Delta X_v = YQ(S_o - S_e)/1000 \tag{4-26}$$

好氧区容积，可按下列规定计算：

$$V_o = QY_t\theta_{co}(S_o - S_e)/1000X \tag{4-27}$$

式中 V_n——缺氧区容积，m^3；

V_o——好氧区容积，m^3；

Q——生物池进水流量，m^3/d；

X——生物反应池内混合液悬浮固体平均浓度，gMLSS/L；

N_k——生物反应池进水总凯氏氮浓度，mg/L；

N_{te}——生物反应池出水总氮浓度，mg/L；

ΔX_v——排出生物反应池系统的微生物量，kgMLVSS/d；

K_{de}——脱氮速率，$kgNO_3$-N/(kgMLSS·d)；

θ_{co}——好氧区设计污泥泥龄，d；

K_d——衰减系数，d^{-1}；20℃的数值为 0.04～0.075；

S_o——生物反应池进水 BOD_5，mg/L；

S_e——生物反应池出水 BOD_5（当去除率大于 90%时可不计入），mg/L；

Y——污泥产率系数，kgVSS/kgBOD_5；宜根据试验资料确定，无试验资料时，可取 0.3～0.6；

Y_t——污泥产率系数，kgMLSS/kgBOD_5；宜根据试验资料确定，无试验资料时，系统有初次沉淀池时取 0.3～0.6，无初次沉淀池时取 0.8～1.2。

对生物脱氮工艺（A/O、A^2/O）推荐的污泥产率 Y 参考值均为 0.3～0.6kgVSS/kgBOD_5。一方面给出的生物池污泥产率参考值范围较大（相差 2 倍），有无初沉池的差异也挺大（2 倍以上）；另一方面，关于 MLSS 与 MLVSS 的量化关系，仍然未给出建议值。

5. 对 GB 50014 的若干分析

从 2006 年版本开始，生物池容积的确定主要通过计算活性污泥 MLVSS 产量，除以设定的生物池 MLVSS 浓度得出。初始计算式中没有直接考虑进水 SS 固定性组分的影响，也没有直接考虑活性污泥内源代谢残留物对活性污泥产生量的影响。GB 50014—2006 给出的普通曝气、阶段曝气、吸附再生曝气和合建式完全混合曝气的生物池活性污泥浓度建议值是混合液总悬浮固体浓度（MLSS），而不是计算公式中的 MLVSS。MLVSS 与 MLSS 之间的变换系数 f_v 到底如何确定，GB 50014 规范（标准）的后续文本仍然未作说明，实际工程应用中存在取值偏高的情况。

根据式(4-19) 可得出，其 MLVSS 的产率系数计算式为：

$$Y_{v,obs}=Y/(1+K_d\theta_c) \tag{4-28}$$

$Y_{v,obs}$ 为 MLVSS 表观产率系数，对于参数 Y，GB 50014—2006 将其定义为污泥产率系数，给出建议值 0.4～0.8kgVSS/kgBOD_5，后续版本生物脱氮工艺建议值 0.3～0.6kgVSS/kgBOD_5。与基于 IWA 活性污泥模型的计算过程相比，式(4-28) 相当于将活性污泥中的异养菌生长、自养菌生长和惰性挥发性悬浮固体累积统一考虑为挥发性悬浮固体产生。

GB 50014—2006 将 K_d 简单定义为衰减系数，未指出衰减主体，但可以分析得出 K_d 指的是 MLVSS 的总体衰减，给出的 K_d 取值范围为 0.04～0.075d^{-1}。当污水中的惰性挥发性悬浮固体含量极少时，Y 接近 Y_H，K_d 接近 b_H，GB 50014—2006 给出的 Y 参考值接近 Y_H，此时 K_d 值应该接近 b_H，但给出的参考值不到 b_H 值的一半，两者存在较为明显的差异。

当污水中的惰性挥发性悬浮固体含量比例较高时，Y 值超过 Y_H，GB 50014—2006 给出的生物脱氮工艺上限值是 0.6kgVSS/kgBOD$_5$，此时 K_d 远远低于 b_H，K_d 参考值为 b_H 一半时较为合理。无试验资料时，国内设计规范（标准）提供的活性污泥产率计算式的参数取值难度较大，给出的参考值取值范围过大。

为了分析 K_d 不同取值及泥龄变化对 GB 50014—2006 的 MLVSS 产率计算结果的影响，以泥龄为横坐标，MLVSS 产率为纵坐标，Y 按 0.65kgVSS/kgBOD$_5$，K_d 分别取 0.05、0.07 和 0.09，按 GB 50014 导出的计算式，模拟 $Y_{v,obs}$ 随泥龄的变化情况，结果如图 4-6 所示。

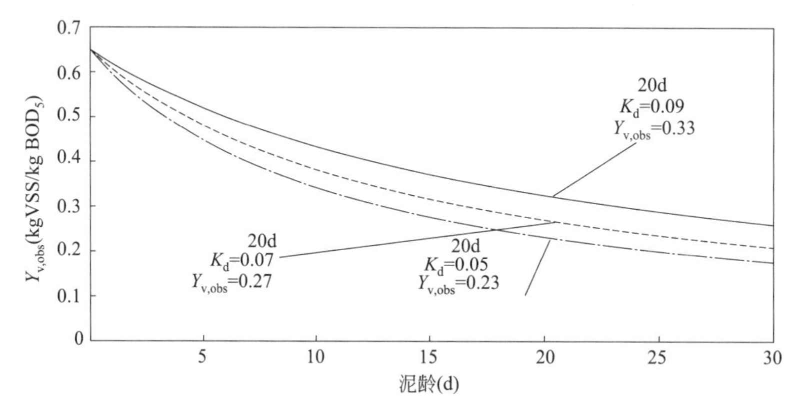

图 4-6　挥发性悬浮固体（MLSS）产率 $Y_{v,obs}$ 值随泥龄变化情况

从图 4-6 中可以看出，$Y_{v,obs}$ 随泥龄增加而下降，泥龄越长下降速度越慢。对比不同 K_d 下的 $Y_{v,obs}$ 可知，衰减速率系数 K_d 越大，$Y_{v,obs}$ 越低。泥龄为 20d，K_d 为 0.05、0.07 和 0.09 时，$Y_{v,obs}$ 分别为 0.33、0.27 和 0.23，最大值为最小值的 1.43 倍。

活性污泥 MLVSS 产率系数还需要通过式(4-29)，才能转换为活性污泥总产率 Y_T。

$$Y_T = Y_{v,obs}/f_v \tag{4-29}$$

从式(4-29) 可以看出，当 $Y_{v,obs}$ 确定后，Y_T 计算值的大小几乎取决于 f_V 的取值高低，早先的设计规范和手册推荐的 f_V 值为 0.7～0.75，然而目前我国城镇污水处理厂活性污泥的实际 f_V 值多数为 0.5 左右，某些不设初沉池的污水处理厂其 f_V 值甚至低至 0.3 以下，造成按单位 MLSS 表述的耗氧速率和反硝化速率极低。

为了分析不同 f_V 取值对 GB 50014—2006 活性污泥 MLVSS 产率计算结果的影响，以泥龄为横坐标，MLSS 产率为纵坐标，Y 设定为 0.65kgVSS/kgBOD$_5$，K_d 分别取 0.05、0.07 和 0.09，根据式(4-29)，模拟 Y_T 随泥龄的变化情况，结果如图 4-7 所示。

从图 4-7 中可以看出，由于 f_V 取值不同，活性污泥的产率计算结果差别很大，f_V 越小，污泥产率计算值 Y_T 越高。泥龄为 20d，f_V 分别取值 0.3、0.5 和 0.7 时，Y_T 计算值分别为 1.08、0.54 和 0.33，差异十分明显。因此，f_V 的取值对 Y_T 计算结果有决定性的影响，或者说进水无机悬浮固体组分是污泥产率和污泥活性的重要影响因素，而 GB 50014—2006 对 f_V 如何取值并未加以论述，容易造成污泥产率的设计计算结果出现较明显的偏差。

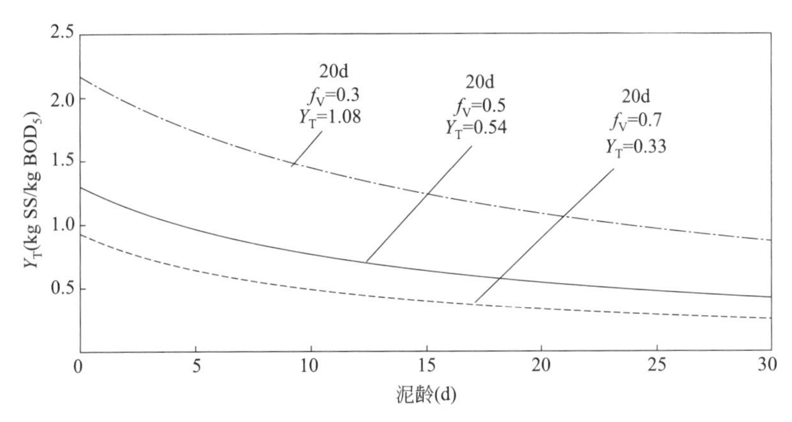

图 4-7 不同 f_V 取值对活性污泥总产率 Y_T 计算值的影响

4.2.4 活性污泥产率计算方法比较

1. 对关键参数 b_H 与 K_d 的分析

参数 b_H 为异养菌的内源损耗衰减系数，实际为表观衰减系数，20℃时，IWA 数学模型 ASM 提供的普通异养菌衰减系数为 $0.24d^{-1}$，聚磷菌衰减系数 $0.04d^{-1}$。根据德国 ATV-A 131 污泥产率计算式，15℃时，异养菌综合衰减速率确定为 $0.17d^{-1}$。异养菌衰减速率可以通过呼吸法或反硝化速率法等技术测得，在传统内源呼吸理论中，不考虑活性污泥微生物死亡后，细胞体及其体内基质作为其他细胞生长基质的再利用过程，而是将微生物的衰减统一为一个过程，即微生物细胞通过自身氧化代谢提供维持基础生命活动所需的能量。

与传统内源呼吸理论不同，“死亡—再生”内源呼吸理论与活性污泥微生物的生长和衰减两种过程有关，微生物衰减增加氧（或硝态氮）的消耗，总生物量减少，微生物死亡分解产生的有机物水解后被其他还存活的微生物用于生物合成，产生新的生物体，即生物再生作用，此过程所产生的惰性颗粒态组分不再参与生物反应。传统理论和“死亡—再生”理论中描述微生物衰减的途径不同，涉及的相关化学计量系数的意义和数值也相应不同。

在国内设计规范（标准）的计算式中，K_d 应该理解为 MLVSS 的总衰减系数，活性污泥 MLVSS 中包含普通异养菌、聚磷菌、不可生物降解挥发性悬浮固体等。根据德国 ATV-A 131 的污泥产率计算式，普通异养菌表观衰减系数 b_H 取 0.17。活性污泥中惰性挥发性悬浮固体在 MLVSS 中的比例记为 f_{IV}，那么活性污泥中惰性挥发性悬浮固体量 X_{IV} 为：

$$X_{IV}=X_V f_{IV} \tag{4-30}$$

活性污泥中的挥发性悬浮固体由可生物降解部分 X_{BV} 和惰性部分组成：

$$X_V=X_{BV}+X_{IV} \tag{4-31}$$

将式(4-31) 代入式(4-30) 中，得到：

$$X_V = X_{BV} + X_V f_{IV} \tag{4-32}$$

$$X_V = X_{BV}/(1-f_{IV}) \tag{4-33}$$

$X_{BV} \approx X_H$，因此，式(4-33) 可以变为：

$$Y/(1+K_d\theta_c) = Y_H(1-f_{IV})/(1+b_H\theta_c)+f_{IV} \tag{4-34}$$

通过整理，得到 K_d 的表达式：

$$K_d = (Y+Yb_H\theta_c-Y_H+Y_Hf_{IV}-f_{IV}-b_H\theta_cf_{IV})/(\theta_cY_H(1-f_{IV})+\theta_cf_{IV}+b_H\theta_c{}^2f_{IV}) \tag{4-35}$$

根据式(4-35)，当进水悬浮固体的固定性组分所占比例较低时，$Y \approx Y_H \approx 0.6$，取 $f_{IV}=0.2$、$b_H=0.17$、$\theta_c=15$d 时，可以计算出 $K_d=0.053$。

2. 不同计算方法的适用性比较

Y_H 为普通异养菌和聚磷菌的综合产率系数，虽然产率系数 Y_H 是否受温度的影响存在一些争议，但目前普遍接受的观点是受温度的影响很小，工艺计算中基本上可忽略不计。假设 $Y \approx Y_H$，Y_H 取 0.65kgVSS/kgBOD_5。基于 IWA 数学模型的计算式和国内设计规范计算式存在一定的换算关系，b_H 值确定后，K_d 可以通过式(4-35) 算出。以下选取国内设计规范的污泥产率与德国 ATV 计算结果进行对比。

无初沉池的污水处理系统，生物池进水的 SS/BOD_5 较高，而且波动范围较大；对于有初沉池污水处理系统，初沉出水 SS/BOD_5 一般在 1.5 以下。在此分别选择生物池进水 SS/BOD_5 为 0.7 和 1.7，先采用德国 ATV 表达式计算活性污泥表观产率。

国内设计规范污泥产率表达式中的 K_d 取 0.05，初沉池出水即生物池的进水 SS/BOD_5 为 1.5 左右，生物池实际 f_V 约为 0.5；当进水 SS/BOD_5 较低时，生物池 f_V 升高，国内早期设计规范与设计手册中推荐的 f_V 为 0.7～0.75；因此，分别选取 0.5 和 0.75 进行模拟。

在不同泥龄下，GB 50014 和德国 ATV 的污泥产率计算结果汇总于图 4-8。可以看出，按照国内设计规范推荐的活性污泥挥发性固体比例 $f_V=0.75$，计算的污泥产率最低，参照污水处理厂实际运行情况，选取 $f_V=0.5$，泥龄为 20d 时，污泥产率计算结果为 0.65kg DS/kg BOD_5。当 $f_V=0.5$，进水 SS/BOD_5 为 1.7 左右，泥龄 20d 时，德国 ATV 污泥产率计算值为 1.37kgDS/kg BOD_5。可见，此种情况下，德国 ATV 表达式计算的活性污泥产率比依据国内设计规范的计算结果要高出一倍。

如果活性污泥产率计算结果及取值偏高，那么设计的生物池容积就会偏大，实际运行泥龄要高于设计泥龄，会导致水力停留时间过长，不仅造成工程投资和运行费用的浪费，而且容易造成污泥老化及污水处理效率相应降低的问题。

如果活性污泥产率计算结果及取值偏低，就会造成实际运行泥龄低于所需的设计泥龄，特别是计算结果远低于实际需求时，会由于实际运行泥龄过短引起生物硝化功能的不稳定或丧失，同时实际运行过程中反硝化污泥量明显低于设计值，也易造成反硝化效果不理想，碳源的有效利用率降低，造成 NH_3-N 和 TN 去除能力的严重不足。

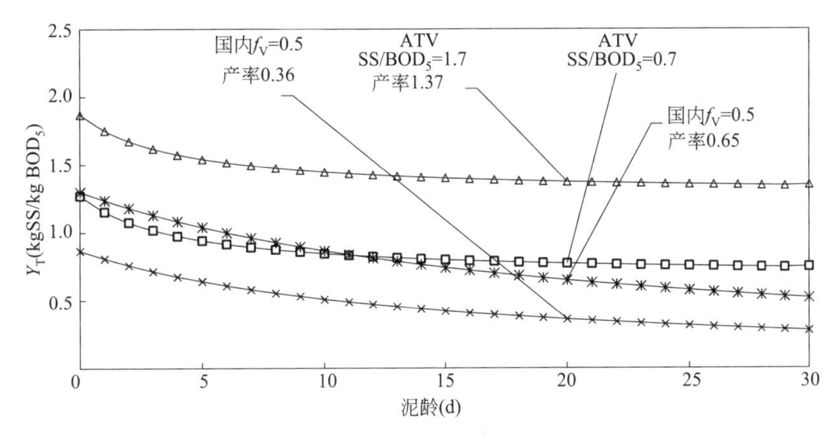

图 4-8　依据 GB 50014 和德国 ATV 131 的活性污泥产率计算结果对比

以无锡芦村污水处理厂的试验观测数据为例，按照 f_V＝0.5 和泥龄 20d，国内设计规范活性污泥产率计算结果为 0.65kgDS/kgBOD$_5$；生物池进水 SS/BOD$_5$ 为 1.2～1.7，泥龄 20d，按 ATV 计算的污泥产率为 1.2～1.37kgDS/kgBOD$_5$。芦村污水处理厂一期和二期工程实测的活性污泥产率约为 0.95kgDS/kgBOD$_5$，可见，按国内设计规范的活性污泥产率参考值或计算结果明显偏低，而德国 ATV131 的计算结果明显偏高。

IWA 活性污泥数学模型将活性污泥及污水组分进行了详细划分，很好地模拟了挥发性组分（VSS）的变化过程，但对进水 SS 的影响考虑不足，好在国际上大部分咨询（设计）机构都将进水 SS 的固定性组分直接纳入污泥产生量。国内设计规范将活性污泥 MLVSS 视为整体，简化了计算过程，但由于 MLVSS 内的微生物组分和惰性挥发性组分的降解变化机理明显不同，导致 K_d 取值难以合理确定，给出的污泥产率参考值偏小或范围偏大。

此外，我国以前的设计规范和设计手册未考虑生物池进水 SS/BOD$_5$ 对 f_V 的明显影响，仅推荐 f_V＝0.7～0.75，而我国城镇污水的 SS/BOD$_5$ 普遍偏高且季节性变化幅度大，这就意味着，设计规范中确定的计算方法不够切合实际，在不少情况下容易出现偏差。

德国 ATV 计算方法吸收了 IWA 模型 VSS 模拟的优点，以进水 SS 和 BOD$_5$ 为变量，考虑了进水 SS 对污泥产率的影响，但未体现 SS/BOD$_5$ 影响污泥产率的机理，仅根据德国经验取 0.6 的固定比例值，没有考虑活性污泥固定性组分的同步变化，在进水 SS/BOD$_5$ 偏高的情况下，容易造成计算结果及取值的偏高。在最新的德国 DWA-A 131（2016 年版）中，完全改用基于 IWA 数学模型的方法，产率计算值容易偏高的问题得到了解决。

我国地域辽阔，城镇污水水质浓度及构成变化大，水质特征因地、因时而异，SS/BOD$_5$ 普遍偏高且变化幅度大，IWA、ATV 和国内设计规范中的活性污泥产率计算方法均难以充分反映我国城镇污水处理系统的活性污泥产率实际变化情况，需要进一步系统研究 SS/BOD$_5$ 等因素的变化特征以及对活性污泥产率的影响机理与定量关系。

对于我国城镇污水除磷脱氮工艺系统的设计计算，需要建立基于 SS/BOD_5 及污泥固定性组分“衰减”变化的活性污泥产率计算模型，既考虑 SS/BOD_5 的影响，也考虑固定性组分存在同步“衰减”的可能性，使活性污泥产率计算结果及取值更切合实际。

4.2.5 全组分衰减的污泥产率计算

IWA 活性污泥数学模型（ASM）中建立的活性污泥挥发性固体组分表达式，较好地解决了该组分的计算问题。在 1 号模型 ASM1 中，将源自进水的和生物处理过程产生的惰性悬浮固体有机组分视为不同的组成部分（X_{IV} 和 X_E），但由于测定时很难区分，ASM1 之后的模型将其作了合并。在 3 号模型 ASM3 中，则引入了悬浮固体组分，一定比例的悬浮固体组分在系统中累积，成为活性污泥的构成组分。

在此，采用 f_V 来表述悬浮固体固定性组分对活性污泥构成的影响，推导其表达式。首先将 ASM1 挥发性悬浮固体预测模型中的 8 个反应过程简化为异养菌生长和衰减、自养菌生长和衰减，并引入活性污泥固定性组分同步“衰减”的概念。

活性污泥组分相应简化为：活性异养菌 X_H，活性自养菌 X_A，慢速生物降解有机物 X_S，微生物内源衰减产生的惰性有机物 X_E，惰性挥发性悬浮固体 X_{IV}，固定性组分 X_F。

活性污泥总产生量 X_T 按下式计算：

$$X_T = X_H + X_A + X_S + X_E + X_{IV} + X_F \tag{4-36}$$

挥发性悬浮固体产生量 X_V 按下式计算：

$$X_V = X_H + X_A + X_S + X_E + X_{IV} \tag{4-37}$$

相应地，活性污泥挥发性悬浮固体比例 f_V 可按下式计算：

$$f_V = X_V / X_T$$

$$f_V = (X_{H+E} + X_{IV} + X_A + X_S)/(X_{H+E} + X_{IV} + X_A + X_S + X_F) \tag{4-38}$$

活性污泥的固定性组分 X_F 主要来自进水悬浮固体，进水悬浮固体可划分为慢速生物降解有机物组分 X_{Si}、惰性挥发性固体组分 X_{IVi} 和固定性组分 X_{Fi}。

在生物池活性污泥泥龄较高的污水除磷脱氮系统中，进水 X_{Si} 几乎完全生物降解或转化。X_{IVi} 为不可生物降解的惰性有机物，与微生物内源代谢产物一起在活性污泥系统中累积。假定 X_F 来自进水固定性组分 X_{Fi} 的累积，并认为该组分在生物处理系统中存在一定的“衰减”变化，并且这个过程可能与活性污泥微生物的内源衰减过程相关。

为进一步分析固定性悬浮组分在活性污泥系统中的变化，设定：

（1）生物池内活性污泥中的 X_S 接近 0。

（2）进水中惰性挥发性固体 X_{IVi} 在系统中不发生变化。

（3）进水悬浮固体固定性组分在系统中存在“衰减”，定义其衰减系数为 K_F。

这样，式(4-38) 就可以简化为：

$$f_V = (X_{H+E} + X_{IV} + X_{A+E})/(X_{H+E} + X_{IV} + X_{A+E} + X_F) \tag{4-39}$$

将进水 [BOD_5]、[SS]=[BOD_5]$f_{S/B}$、[TKN]=[BOD_5]/$f_{C/N}$ 等表达式代入并

整理：

$$f_V=\frac{Y_{H+E}+f_{IVi}f_{S/B}+Y_{A+E}/f_{C/N}}{Y_{H+E}+f_{IVi}f_{S/B}+K_F f_{Fi} f_{S/B}+Y_{A+E}/f_{C/N}} \tag{4-40}$$

式中　Y_{H+E}——异养菌生长及内源衰减产物的综合产率系数；

Y_{A+E}——自养菌生长及内源衰减的综合产率系数；

f_{IVi}——进水悬浮固体中不可生物降解有机物比例；

f_{Fi}——进水悬浮固体中固定性组分的比例；

K_F——活性污泥固定性组分在生物处理过程中的衰减系数。

通过进水 K_F、$f_{S/B}$、$f_{C/N}$、f_{IVi} 和 f_{Fi}，以及 ASM1 中的基本参数，即可计算出活性污泥系统中的活性污泥 f_V，其中 K_F 值的变化特征有待进一步研究确定。

考虑固定性悬浮固体的“衰减”，建立活性污泥产率预测模型表达式：

$$Y_{T,obs}=Y_{H+E}+Y_{A+E}/f_{C/N}+f_{IVi}\, f_{S/B}+K_F\, f_{Fi}\, f_{S/B} \tag{4-41}$$

我国城镇污水处理厂，经过试验研究，在除磷脱氮工艺系统中，初步确定 K_F 为 0.6～0.8。对于进水 $f_{S/B}$ 为 1.5～2.5 的城镇污水处理厂，K_F 可以选定 0.7 左右。理论分析判断，K_F 值的变化应与活性污泥系统的泥龄变化和进水悬浮固体的固定性组分相关，有待于进一步深入研究与工程验证。试验研究初步探明，活性污泥固定性组分的衰减机理为：

（1）活性污泥固定性组分与挥发性悬浮固体组分存在同步衰减过程。

（2）活性污泥固定性组分的损失主要源于进水微生物及活性污泥微生物衰减过程中出现的胞内无机物的流失。

（3）进水可沉降悬浮固体固定性（无机）组分在生物池内出现的离散与沉降现象。

活性污泥悬浮固体在内源衰减过程中 f_V 呈现较为快速的上升阶段和缓慢下降的阶段，由于活性污泥活性组分的衰减导致絮体结构及微环境的改变，部分非挥发性固体比例高、粒径相对较大的颗粒快速沉降导致 f_V 的上升；对缓慢下降段的试验及模拟发现，固定性组分与挥发性悬浮固体衰减成一定的比例，即固定性组分与挥发性组分存在同步衰减过程。

通过动态活性污泥浓度增长试验发现，活性污泥固定性组分的衰减在进入污水生物处理系统后立即发生，结合无机固体的 X 射线衍射和粒径分析，判断无机固体在系统内未发生明显的物理化学变化。推测固定性组分的增加与衰减是活性污泥絮体凝聚进水悬浮固体挥发性与固定性组分、内源代谢导致污泥絮体固定性组分流失、微生物胞内无机组分的释放和吸收等因素导致的综合结果。

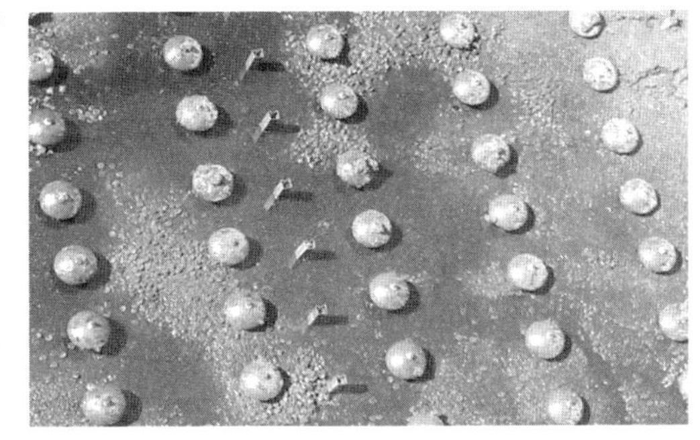

图 4-9　细微泥砂在污水处理厂生物池中的沉积

这一衰减过程还与活性污泥絮体中粒径相对较大的可沉降无机悬浮固体的沉降分离有关，实际上，这也是导致许多城镇污水处理厂生物池底部出现大量泥砂沉积（图 4-9）

的主要成因。早先的许多氧化沟系统出现沉泥现象，一直被认为是表曝机的功率不够或推进效果不好，但实际上与细微泥砂沉积的关系更大一些。

4.3 污水深度除磷脱氮工艺流程及构成

4.3.1 生物处理工艺的构成要素

在我国城镇污水处理厂工程设计、建设和运行管理中，所应用的污水处理工艺技术众多，类别繁杂，发达国家已经应用的，基本上都有应用案例，发达国家没有应用的，也能找到工程案例。由于实际工程中的影响因素众多，运行成效各异，很难直接从工艺技术方案的商业性名称中判断其适用性和性能优劣。通过总结分析已有的工艺技术方案，可以发现，不管工艺技术方案有多复杂、商业名称有多特别、广告宣传多奇效，其构成要素在本质上都是相同的。通过以下 5 个构成要素及其实施方式的梳理总结，可以分析判断一个工艺技术方案的基本功能、运行特征、限制因素、适用范围和可能出现的运维问题。

（1）污泥泥龄。污水生物处理工艺系统的设计、运行泥龄，以及功能微生物群体在工艺系统内的生长特性与滞留能力。

（2）电子受体。生物反应池内各种电子受体的供给方式与时空分布特征，即厌氧、缺氧和好氧状态的维持与相互转变，影响功能微生物的生存与生理生化活动。

（3）流态分布。生物反应池内的整体水力流态与微观分布特征，影响水质水量的时空均衡，更影响各种物料的传递过程与分布状况。

（4）污泥维持。活性污泥混合液的固液分离及污泥回流方式选择，影响生物反应池内污泥总量的调控、功能微生物的浓度水平及生物反应速率。

（5）物理实施。各种构筑物、设备和产品，尤其是曝气/混合设备的选择和布置。

上述 5 个构成要素在时间、空间和实施方式上的不同组合模式，可以构成各种各样的污水生物处理工艺流程、技术方案和工程实施模式，有些是具有独特优势或功能特征的，有些则可能是不实用或功能不完整的，甚至是不可行的。

表 4-1 给出了城镇污水生物处理技术方案工艺构成及实施方式的示例分析。

城镇污水处理典型技术方案的工艺构成与实施方式示例分析　　表 4-1

城镇污水处理典型技术方案	工艺过程类别	泥龄（d）	最终电子受体类型与时空分布	生物反应池水力流态	混合与曝气设备选择	固液分离方式
普通活性污泥法	有机物	3～6	好氧	推流或完全混合	鼓风或机械	二沉池
A/O 生物除磷	有机物 磷	3～6	厌氧/好氧状态的空间循环交替	推流为主 局部完全混合	推进器 鼓风曝气	二沉池
A/O 生物脱氮	有机物 氮	10～15	缺氧/好氧状态的空间循环交替	推流为主 局部完全混合	推进器 鼓风或机械	二沉池
A^2/O 除磷脱氮	有机物 磷、氮	10～15	厌氧/缺氧/好氧的空间循环交替	推流为主 局部完全混合	推进器 鼓风或机械	二沉池

续表

城镇污水处理典型技术方案	工艺过程类别	泥龄(d)	最终电子受体类型与时空分布	生物反应池水力流态	混合与曝气设备选择	固液分离方式
改良 A^2/O(回流污泥反硝化)	有机物磷、氮	10～20	缺氧/厌氧/缺氧/好氧的空间循环交替 进水分流,内回流	推流为主 局部完全混合 或局部循环流	推进器 鼓风或机械	二沉池
CARROSEL 氧化沟	有机物氮	10～15	缺氧/好氧的空间循环交替(动态)	循环流	机械或鼓风	二沉池
ORBAL 氧化沟	有机物氮	10～15	缺氧/好氧的空间循环交替(动态)	循环流多级串联	机械或鼓风	二沉池
CASS 或 CAST	有机物磷、氮	10～15	厌氧/缺氧/好氧空间及时间循环交替	完全混合	鼓风曝气	
厌氧池+氧化沟	有机物磷、氮	10～20	厌氧+缺氧/好氧或缺氧/厌氧+缺氧/好氧的空间循环交替	完全混合与循环流的串联交替	推进器 机械或鼓风	二沉池

在这 5 个构成要素中，生物池的污泥泥龄和电子受体供给方式是污水生物处理工艺的最核心组成部分，是污泥产生量、生物反应池容积和出水水质的决定性因素。

生物反应池内的水力流态及分布特征则明显影响处理系统的物料传递与分布，进而影响其运行特性和出水水质的稳定性，表现为污染物的微观去除机理在工程尺度上所呈现的明显变异，对生物硝化和反硝化性能的影响尤为明显。

固液分离方式的选择对生物处理系统的运行控制灵活性和污泥浓度的维持有较大的影响，独立的二沉池设置有利于工艺灵活调节和稳定运行；膜生物反应器（MBR）的应用，可以提高功能微生物的滞留能力和生物量浓度。

工艺设备产品类别和构筑物形式的选择是污水处理工艺流程及设计理念实体化的具体手段，对于污水生物处理设施的日常运行管理、功能调整和成本费用均具有较大的影响，需要确保系统的安全、稳定和高效运行，具备故障诊断和自响应能力。

1. 泥龄与功能微生物滞留能力

在污水生物处理系统中，某种有机物或还原性无机物（电子供体、氢供体）能否得到生物氧化以及生物降解率的高低，取决于系统内是否存在相应的能够氧化分解该物质的功能微生物群体及其滞留数量。在活性污泥系统中，相应功能微生物的存在与否及数量主要取决于系统的运行泥龄、特定功能微生物的比生长速率及滞留能力。污水中存在各种各样的有机物和还原性无机物，其对应的降解微生物在生态位上既有重叠之处，更有差异之处，不同类型微生物的可利用基质类型有所不同，比生长速率也高低不一，对有机物或还原性无机物的氧化分解速率也相应如此。

在长泥龄的活性污泥系统中，微生物种类多，多样性明显，能够形成稳定性好的微生物群体生态结构，有利于慢速和难生物降解有机物的降解以及 NH_3-N 的氧化，提高各类污染物的降解率。但泥龄过长时，活性污泥中的固定性组分含量升高，活性有机组分含量降低，自我絮凝能力下降，不利于功能微生物群体的滞留和固液分离。微生物在污水处理系统中的滞留特性，对污水的水质净化效果有很大的影响。慢速生长的微生物，其自身一般缺乏足够的絮凝沉淀能力，使其个体细胞呈游离状态，容易从处理系统中流失。因此，需要注意增强这些功能微生物在系统中的滞留能力，而不仅仅是泥龄。

目前有若干种技术方法可以强化功能微生物群体的滞留，一是增强活性污泥的絮凝附着性能，这就要求尽量降低进水无机悬浮固体对活性污泥组分及产生量的影响；二是提供微生物附着生长的物理界面或内部空间，例如在生物反应池中增加填料，形成生物膜；三是提供物理截留，例如 MBR 中的膜过滤组件，将微生物全部保留在生物反应器内。

根据去除对象和运行泥龄的不同，活性污泥系统可大致划分为以下几个类别：

（1）高负荷活性污泥系统。泥龄一般 0.5～2d，以 BOD_5 和 SS 为主要去除对象，BOD_5 去除率 40%～75%，属于不完整的生物处理系统，出水水质波动较大，游离细菌多，一般作为两段活性污泥法的前段，比如 AB 法 A 段，或者生物硝化的前处理，很少单独使用。

（2）中负荷常规活性污泥系统。泥龄一般 3～6d，以 BOD_5 和 SS 为主要去除对象，在生物反应池前端设置厌氧区可实现生物除磷和控制污泥膨胀，BOD_5 去除率 85%以上；但夏季有可能出现明显的生物硝化反应，导致曝气池供氧不足以及二沉池的反硝化浮泥。

（3）中低负荷活性污泥系统。泥龄一般 7～15d，以 BOD_5、SS、NH_3-N 和硝态氮为主要去除对象，可前置厌氧区实现生物除磷。TN 去除要求较高时，为了确保硝化与反硝化能力，泥龄需要提高到 15d 左右。

（4）低负荷活性污泥系统。泥龄 15～25d，以 BOD_5、SS 和氮磷为去除对象，满足较高的 TN 去除要求，NH_3-N 的硝化比较彻底。一般来说，泥龄越长，污泥稳定化程度越高，生物硝化功能越稳定，但单位活性污泥量的反硝化速率会相应降低。

（5）超低负荷（延时）曝气系统。泥龄 25d 以上，运行负荷很低，污泥基本上达到好氧稳定，NH_3-N 的硝化非常彻底，内源反硝化速率很低，污泥絮体比较细小和分散。

污泥泥龄和污泥负荷之间存在一定的相关性，但两者之间存在本质的差别。对应特定的处理对象和水质要求，一般需要等同的泥龄及微生物滞留能力。不同水质环境条件下或不同工艺技术方案中，由于生物反应池的进水水质特性往往存在较明显的时空差异，即使泥龄相同，其活性污泥产生量和活性污泥组成也可能出现较明显的差异，对应的污泥负荷率也就明显不同，以 MLSS 作为计量基础时尤为明显。

欧美国家城镇污水处理厂的活性污泥 MLVSS/MLSS 可以达到 0.7 以上，而我国大部分城镇污水处理厂的活性污泥 MLVSS/MLSS 在 0.3～0.5 之间。这说明在污水生物除磷脱氮或泥龄较长的系统中，一般不宜采用污泥负荷率进行工艺设计和运行管理控制，也不宜简单用 MLSS 来表达生物量，需要更精准、精细的工艺设计与运行方法。

2. 最终电子受体供给方式及时空分布

在城镇污水生物处理系统中，最终电子受体主要包括溶解氧、硝态氮、硫酸盐和二氧化碳等，其代表性的还原反应产物分别为水、氮气、硫化氢和甲烷等。溶解氧一般通过鼓风曝气或机械曝气的方式提供，鼓风曝气是主流方式，机械曝气的占比在持续降低。硝态氮（亚硝酸盐、硝酸盐）是曝气状态下 NH_3-N 生物氧化的产物，或者来自污水本身，尤其工业废水和地表径流。硫酸盐来源于污水本身，二氧化碳主要来自有机物的分解代谢。

根据参与生物化学反应的最终电子受体类型和功能微生物类群，可以把污水生物处理系统中的微生物群体生存环境划分为好氧（有溶解氧）、缺氧（无溶解氧、有硝态氮）和厌氧（无溶解氧、无硝态氮）3 种基本状态类型。厌氧状态下的生物化学反应过程更为复杂，参与反应的最终电子受体类型更多，可以进一步划分为完全厌氧、兼性厌氧和暂时厌氧 3 种细分状态。在污水生物除磷脱氮工艺系统中，厌氧状态定义为既没有溶解氧存在也没有硝态氮存在，缺氧状态定义为没有溶解氧存在但有硝态氮存在。但在污水生物处理的实际工艺过程中，不同状态之间的界限是难以明确界定和定量控制的，也就难以充分反映处理系统内部的真实情况与实时转变。为此，在污水生物除磷脱氮系统的运行特性分析中，需要结合氧化还原电位的监测与调控，并且引入微环境及其动态变化的概念。

活性污泥微生物个体非常微小，属于微米级，影响其生存和活动状态的物理、化学和生态环境空间也同样是微小的，可以称其为微环境。由于活性污泥本身的特殊絮体结构及复杂构成，宏观环境的小变化会导致微环境的急剧变化，进而影响微生物个体的活动状况，形成微生物活动的群体效应，甚至出现一些比较特殊的现象。例如，生物池曝气状态下的硝态氮去除（同步硝化反硝化），属于微环境的溶解氧不均匀分布，形成反硝化条件。同步硝化反硝化就是这种现象的宏观表观，在这种情况下，表观溶解氧浓度已经很难表述功能微生物所处的环境状态，采用氧化还原电位（ORP）来表述更为合适。

表 4-2 为污水处理过程中最终电子受体与典型工艺过程的示例说明。

污水生物处理过程中的最终电子受体与典型工艺过程示例　　表 4-2

生存环境状态划分		最终电子受体	参与反应的主要功能微生物类群	典型生物处理工艺过程
厌氧	完全	CO_2、硫酸盐、低分子有机物	专性厌氧菌（甲烷菌，主导） 兼性厌氧菌（产酸菌、硫酸盐还原菌）	污水或污泥厌氧消化
	兼性	低分子有机物、（硫酸盐）	兼性厌氧菌（产酸菌、硫酸盐还原菌） 专性厌氧菌（甲烷菌，少量）	污水厌氧水解与产酸发酵
	暂时	有机聚合物（PHB 等）	兼性厌氧菌（产酸菌/反硝化菌） 好氧菌（聚磷菌、硝化菌）	污水生物除磷或厌氧选择器
缺氧		硝酸盐/亚硝酸盐	兼性厌氧菌（反硝化菌/聚磷菌） 好氧菌（聚磷菌、硝化菌）	污水生物脱氮除磷
好氧		溶解氧	好氧菌（聚磷菌、硝化菌） 兼性厌氧菌（反硝化菌/聚磷菌）	污水生物脱氮除磷

活性污泥系统中决定微环境分布的影响因素包括：可利用基质（有机物、NH_3-N）和最终电子受体（溶解氧、硝态氮）的浓度及质量传递特性，菌胶团的结构特征，各类功能微生物的分布和活动状况等。例如，好氧微环境，由于好氧菌的剧烈活动，耗氧速率高

于氧传递速率时，就变成厌氧或缺氧微环境；同样，由于溶解氧和硝态氮的扩散，厌氧微环境也可转化成好氧或缺氧微环境。微环境所处的物理、化学和生物活动状态不断变化，并且相互影响，是多种因素相互作用与叠加的动态结果。

当活性污泥混合液中的表观溶解氧值较高时，有足够的溶解氧传递到菌胶团的内部，从整体看，好氧微环境占主导地位，氧化还原电位（ORP）值较高，但仍然会存在一定数量的缺氧和厌氧微环境（ORP 值低）。由于受菌胶团结构的影响，溶解氧和硝态氮在菌胶团内部的传递速率不同，即使处于曝气状态，菌胶团内部也可能处于缺氧或者厌氧状态。

3. 生物池水力流态及曝气混合设备选择

生物池的水力流态分成 3 种基本类型，推流式、完全混合式和循环流式，近年来，新建、改建的污水处理厂生物池中，存在这些基本流态的不同组合，单一流态的越来越少。循环流（环沟型）实际上是推流和完全混合的特殊组合，有利于削减进水水质水量的峰值变化及其对出水水质的影响，厌氧区和缺氧区多数为这种流态，好氧区采用的比例也在提高。

生物池中水力流态的分布与所选择的曝气/混合设备类型及空间布置方式密切相关。池型构造及空间布置决定基本流态及其组合类型。曝气/混合设备主要起供氧和混合作用，以满足活性污泥代谢作用的耗氧需求，并维持活性污泥处于悬浮状态，其运行状况会影响基本流态的实现和保持，目前微孔曝气器与水下推进器的应用最为常见。

厌氧区和缺氧区的混合功能一般由机械推进器或搅拌器来实现，好氧区则通过空气扩散或机械曝气的方式达到混合效果。在实际运行中，供氧与混合的动态平衡是重要的运行管理控制环节。随着出水 TN 排放标准的提高，生物池的总水力停留时间越来越长，非曝气区容积占比也越来越大，非曝气区推进器的总能耗及占比也相应上升，在污水处理厂节能设计中已经成为不可忽视的组成部分，在运行模式上也有进一步改进的空间。

空气扩散曝气属底部曝气，形成竖向的混合推动力及紊流条件，生物池的宏观水力流态一般趋向于推流模式；而机械曝气多数属于表面曝气，形成水平切线方向或垂直切线方向的混合推动力及紊流条件，生物池的水力流态一般趋向于完全混合或者循环流模式（氧化沟系统）。实际工程中可以采用不同水力流态及曝气/混合设备的灵活组合，以实现特定的污水处理功能及水质控制要求。

4.3.2 工艺单元选择与组合模式

1. 污水水质浓度和出水水质标准

我国城镇污水水质浓度和出水水质标准总结见表 4-3。各项进水水质指标之间的实际比例关系，特别是碳氮比、碳磷比、SS/BOD_5，具有非常明显的时空波动性和不确定性，并影响污水处理工艺系统的选择和处理效果，表中的数值仅为举例说明，实际工程设计中需要密切结合当地的实际情况，综合考虑各方面的影响因素及其时空变化特征。

城镇污水典型水质浓度（中间值）划分及出水水质标准（mg/L）　　表 4-3

污水浓度与标准分类	COD	BOD_5	SS	TN	NH_3-N	TP
超高浓度	＞1000	450	550	115	80	16
高浓度	750	325	400	80	55	12
中等浓度	450	200	250	50	35	8
低浓度	225	100	125	25	20	4
超低浓度	100	50	70	15	10	2.5
二级排放标准	100	30	30	—	25(30)	3.0
一级 B 标准	60	20	20	20	8(15)	1.0
一级 A 标准	50	10	10	15	5(8)	0.5
典型地方标准	30	5	5	10	1.5(3)	0.3

2. 除磷脱氮工艺流程及工艺单元组合

根据前述的我国城镇污水水质浓度划分和出水水质标准，结合污水除磷脱氮的基本原理和已有工艺流程的性能，提出如表 4-4 所示的城镇污水除磷脱氮工艺流程及单元工艺组合建议，供工艺技术路线决策参考。由于全国各地的城镇污水水质水量变化特征和环境条件差异很大，即使同一污水处理厂，其进水水质水量的季节、月、日和时变化也是明显的。因此，实际污水处理工艺流程的选择与调整也必须是因地而异、因时而异的，工艺单元的组合模式要充分考虑整体工艺流程的运行调整灵活性，以及后续的运行优化与技术改造。

城镇污水处理基本工艺流程及工艺单元组合示例　　表 4-4

污水浓度	二级排放标准	一级 B 标准	一级 A 标准及地方标准
超低浓度	PS/CEPT/BEPT	CEPT+BF	CEPT+BF+CPR+SF
低浓度	PS+CAS/BNR_1	PS+BNR_1+(CPR)	PSF+BNR_2+(CA)+CPR+SF(UF)+
中等浓度	PS+BNR_1	PS+BNR_2+(CPR)	PSF+BNR_3+(CA)+CPR(AF)+SF(UF)
高浓度	PS+BNR_2	PS+BNR_2+(CPR)	PSF+BNR_4+(CA)+CPR(AF)+SF(UF)
超高浓度	PS+BNR_2	PS+BNR_3+(CPR)	PSF+BNR_4+(CA)+CPR(AF)+SF(UF)
注释	PS:初沉池； CEPT:化学强化一级处理； BEPT:生物强化一级处理； PSF:初沉发酵池及初沉污泥产酸； BF:生物膜/生物滤池(硝化及反硝化)； CAS:常规活性污泥法； CPR:化学协同除磷或化学混凝沉淀除磷； ( ):依据进水水质和出水限值进行选用		BNR_1:中短泥龄(6～10d)的生物除磷脱氮系统； BNR_2:中长泥龄(10～15d)的生物除磷脱氮系统； BNR_3:长泥龄(15～25d)或泥膜复合的除磷脱氮系统； BNR_4:长泥龄(20d～)或泥膜复合多级除磷脱氮系统； CA:投加外部碳源(低分子有机酸类产品或无毒废液)； SF:滤料过滤(深床滤池、反硝化滤池等)； UF:膜法过滤,或 MBR 工艺系统； AF:强化除磷(磁强化混凝、气浮分离等)

对于超高浓度城镇污水，达到一级 A 及以上标准的难度较大，需要设计泥龄 20d 左右的生物除磷脱氮和后续深度处理系统，所需的碳氮比较高，BOD_5/TN 不宜低于 5，否则需要考虑外加碳源的措施。生物处理单元考虑多级改良 A^2/O 或改良 Bardenpho 工艺系统，为减小占地，生物池的好氧区可以采用泥膜复合的 IFAS/MBBR 工艺系统，或采用 MBR 工艺系统。对于中等浓度和高浓度城镇污水，达到一级 A 及以上排放标准，需要着重强化生物系统氮磷去除能力，多级改良 A^2/O 工艺系统、改良 A^2/O 工艺系统或者其他等效工艺系统应成为工艺流程的关键组成部分，但具体实施方式和设备选择可以是多种多

样的。对于一级A标准，深度处理采用常规化学混凝沉淀和介质过滤，通常就可以满足要求。对于更高的标准，需要考虑磁混凝或气浮等强化除磷措施，必要时增加臭氧氧化等高级处理措施。

4.3.3 主体工艺设备选型及成套

1. 设备选型及成套的原则

（1）系统性要求。根据工艺流程中各单元特征和具体功能要求，选配单元设备并优化组合，使成套设备满足整个处理系统的功能要求，提升运行成效，最大化投入/产出比。成套化选型的要求主要表现为整个流程中设备选择与配置的完整性、单元之间的兼容匹配性、监控系统的可靠性，以及污水处理系统与污泥处理系统之间的协同性，以保证整个处理系统的运行安全稳定、灵活调整和高效可控。表4-5列出了城镇污水处理厂水线的主要工艺单元设备，其中：粗细格栅、沉砂池和初沉池（或者高负荷的快速沉淀池）是必备工艺单元，生物处理和深度处理系统的设备选择则有多样性的组合模式。

城镇污水处理厂水线的工艺单元设备示例　　表4-5

工艺单元	工艺构筑物		对应的处理设备
拦污	格栅间	粗格栅 细格栅 超细格栅	格栅除污机:平板式、内进流式、回转式、阶梯式、移动式、弧形、高链式、钢丝绳式、直立式、爬式、筒式、旋转滤网等
			配套设备:输送机、压榨机、破碎机、打包机等
沉砂池	平流式 旋流式 曝气式	长方形 圆形 方形	吸砂机:行车式气提、行车式泵吸、旋流式除砂机等
			刮砂机:螺旋式、链板式、链斗式、行车式、提耙式、悬挂式等
			配套设备:砂水分离器、洗砂装置、一体式风机、空压机等
初次沉淀	初沉池	平流 辐流	刮泥机:行车式、链板式
			刮泥机:中心传动、周边传动、搅拌器等
			配套设备:排泥泵
二次沉淀 固液分离	二沉池 或膜池	平流式	吸泥机:行车式(虹吸式、泵吸式)
			刮泥机:行车式、链板式
		辐流池	吸泥机:中心传动或周边传动(虹吸、泵吸、水位差)
			刮泥机:中心传动刮泥机、周边传动刮泥机
		MBR池	膜组件:中空纤维膜、平板膜、陶瓷膜
			配套设备:污泥回流泵
生物 处理	曝气池 (连续、 序批式、 填料)	鼓风曝气	微孔曝气器:盘式、球式、钟罩式、平板式、软管式等 配套鼓风系统(磁悬浮、空气悬浮、多级、单级等),含除尘,清洗装置等
		表面曝气	立轴式表曝机:泵型叶轮、倒伞型叶轮、平板型
			卧轴式表曝机:转刷、转碟(盘)
		水下曝气	水下曝气机:泵吸式、射流(自吸式、供气式)、螺旋推进式
		水下搅拌	水下搅拌机:潜水搅拌机、潜水推进器(高速、低速)
		其他	滗水器:旋转式、虹吸式、套筒式
			填料:悬浮填料、固定填料等

（2）关联性要求。在污水处理设备的成套化选型中，不同工艺单元设备的可选类型及品种很多，必须兼顾前端和后续工艺单元的功能要求、能力匹配和设备形式，考虑满足处理系统的整体功能要求、整体效能最大化、单元设备相互兼容和效能强化（叠加）的设备形式及其组合，以获得最大的运行效能、运行灵活性和稳定可靠的处理效果。在提标改造项目中，还要充分发挥已有设备的效能，同时兼顾低碳节能降耗的目标要求。

1）以鼓风曝气系统的选择为例，生物池能耗费用在直接运行成本中所占比例最高，如何在保障供氧条件下，降低运行能耗，需要考虑不同运行工况时的节能措施。目前大多数污水处理厂采用微孔曝气系统，主要由微孔曝气器、风机和控制系统组成。实际运行中如何实现节能效果，与曝气系统中关键设备（风机规格、数量，控制阀门等）应对不同工况下的控制精度、可控范围和处理效果是密切关联的，设备之间更是相互关联、相互影响。如图 4-10 所示，通过实时监测溶解氧（DO）和 NH_3-N 的动态变化情况，精细控制曝气量是工程应用的发展趋势。

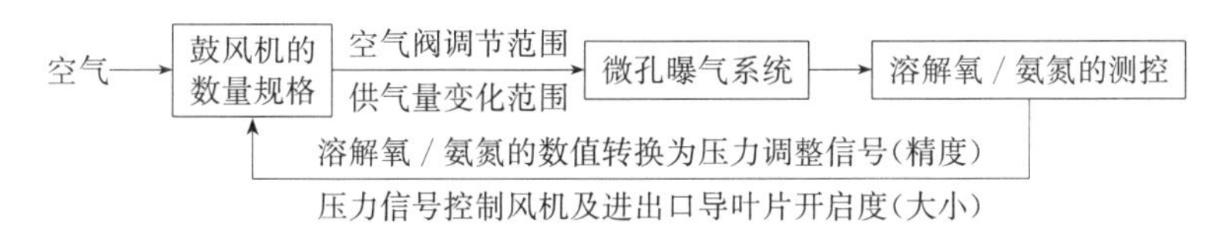

图 4-10　城镇污水处理厂鼓风曝气系统的运行调节示意图

2）对于风机的总体可调节能力，往往强调高效微孔曝气器和高速离心鼓风机，却容易忽略相关联的梯级配置和配套设备，例如风机台数及单机能力配置、曝气系统分组设置、空气调节阀与在线溶氧仪（氨氮仪）等设备，在系统运行时一个设备出现不协同，就会在实际运行中无法获得预期的节能效益。另外，不同厂家的风机性能及导叶片开启度不同，这就要求空气调节阀的调节范围及灵敏度必须与之配套，同时 DO 或 NH_3-N 传感器的数值变化与压力信号的转化，都是相互关联的，否则难以起到有效调节空气供给量的作用。

3）对于污泥处理设备的关联匹配，对于确定的污水处理工艺流程，污泥处理设备应作相应的选择。例如，前置的预处理格栅的规格选定、是否设置初沉池，以及污泥处理单元形式和设备配置，都是有影响的。初沉污泥的含固率相对较高，通常为 15％～25％，二沉污泥的含固率较低，仅达到 4％～10％，如果有初沉池，根据进水 SS 的成分特征，建议初沉池和二沉池的污泥处理设备分别选型。初沉污泥可采用带式脱水机，避免单独采用离心脱水机，或脱水之前要进行破碎；二沉污泥可采用带式或离心脱水机。多数情况下，浓缩后的初沉污泥可与二沉污泥一同脱水或高干度脱水。需要高干度脱水的情况下，可以采用板框压滤机、脱水干化一体化板框压滤机等。

（3）特殊性考虑。对于特定规模、池型、基础环境条件等特殊情况，污水处理设备的选择可能受到不同类型的限定和约束，在兼顾设备成套化的前提下，需要考虑适应实际情况（占地受限、地质条件差、地下水位浅）的特殊设备类型、数量及性能要求。

1）对于选定的污水处理工艺单元组合，由于一些特殊限定条件，直接影响设备的选择。例如，由于场地条件所限，生物池要将厌氧、缺氧和好氧区合建，同时为满足结构要求，池子必须是特定形状的，在设计中考虑这样的构筑物布置，就难以保证两组池的厌氧、好氧和缺氧区能够互用。因此，需要在设备选择和布置上创造条件，在缺氧区中配置微孔曝气器和推进器兼顾好氧功能，好氧区增加搅拌器兼顾缺氧功能，使工艺运行调整灵活度增加。每组可以在不影响池子运行条件下进行曝气器分组提升或维修，提高生物池利用率。在运行中不会因为某个曝气器有问题，而造成全池放空检修，影响全负荷正常运行。

2）提标改造项目受占地制约时，可以根据实际情况采取措施强化生物脱氮效果，增加搅拌器、闸板、渠道闸等，使生物处理工艺单元的运行方式及流态均有所改变，能更好地适应实际需要。当生物池的处理能力需要提高且池子已经无法扩容时，可以通过添加悬浮填料、调整原有设备的布置形式和增添设备等技术措施来解决问题。

2. 工艺设备选型的影响因素

城镇污水处理厂工程设计及设备成套的影响因素很多，在设计选择中要结合工程特点，因地制宜，确定安全可靠、经济适用、高效低耗的工程设计方案，选择运行稳定的成套设备。成套选型与工艺设计最为密切相关，工艺流程的确定基于进水水质特性、出水标准和影响工艺效能的环境条件。当前以生物除磷脱氮（改良 A^2/O 等）为核心的工艺流程，按照工艺单元中厌氧、缺氧、好氧的不同组合方式（空间与时间），以及构筑物的结构设计、设备产品的选择、处理系统的操作管理方式与运行性能，已经形成各种组合模式。工艺流程及工艺单元组成选定之后，需要根据项目的具体实施条件，选择适用的成套设备及运行控制模式，其中最为关键的主体工艺设备是生物处理系统的曝气供氧与混合设备。

（1）排水系统的影响。在不同排水体制的雨、污水管网中，雨、污水中所包含的漂浮物和颗粒物的种类、大小和变化特征是不同的。如果前端的雨、污水收集系统中没有设置拦污设备，污水处理厂内的粗格栅选型就必须慎重对待，否则设备选型不当，就会影响污水处理厂的正常运行，最为典型的状况就是污水提升泵的严重损毁。与此同时，还要注意同等功能新技术、新设备的工程应用，见表 4-6。

排水体制对粗格栅设备选型的影响分析（案例仅供参考）　　表 4-6

案例项目	A厂:混流系统	B厂:分流制系统	C厂:合流系统
格栅类型	耙式格栅	回转式格栅	高链式格栅
设备特点	去除污水中较大漂浮物和悬浮物;安装深度可以较大	对粗大漂浮物和悬浮物去除有难度,尺寸小的效果好	能够去除粗大漂浮物和悬浮物;安装深度可以较大
设备选择	合流制与分流制共存,合流制为主;考虑到系统中会有部分较粗大的漂浮物出现	大部分为分流制,已有几个提升泵站,且设置了粗格栅,较粗大的漂浮物已在前端去除	完全合流,考虑初期雨水处理能力,雨水中出现较粗大漂浮物的频率较高,尤其是生物碎片
其他	要求安装精度较高,检修平台在渠道底部,维护不方便	设备检修时不影响正常运行,安装与维护相对简单	要求安装精度较高,无水下运动部件,检修较为方便

（2）初期运行负荷的影响。按照设计规范的相关规定以及节省工程投资的普遍要求，

如果没有特殊的工艺设计要求，大多数设计规模 10 万 m^3/d 以下的污水处理厂，污水处理构筑物按两组布置即可，当某一组出现运行故障时，另外一组可以短时间超负荷运行。但目前我国城镇雨、污水收集系统普遍不够完善，一些污水处理厂运行初期进水量不足、后期严重超负荷，污染负荷受雨水的影响明显，实际运行负荷率相差较大。因此，在工程设计阶段，必须充分了解服务范围内雨、污水管网系统的现状、建设和规划情况，特别是污水管网系统与污水处理厂建设期的匹配，见表 4-7。

城镇污水处理厂运行负荷率对曝气设备选择的影响分析　　表 4-7

案例项目	A 厂	B 厂	C 厂
初期负荷率	20%左右	50%以下	70%左右
初期进水量	8000～16000m^3/d	20000～40000m^3/d	40000～60000m^3/d
单组处理量	20000m^3/d	—	—
生物处理池	2 组，每组 2 列，可单独运行；管网建设滞后，初期水量低，可造成泥龄过长，生物系统运行维持困难；增加生物池的组数可保障初期运行	2 组，每组 4 格（SBR 系列），按序批反应周期调整排序要求，可保持进水连续，池数相对较多，周期调整比较灵活	2 组；初期运行负荷较高，在保障运行稳定安全的前提下，处理系统按正常 2 组运行模式运行，可降低工程总投资和成本
混合系统	搅拌器、推进器	搅拌器和穿孔管	推进器＋低氧曝气
曝气系统	曝气转蝶＋推进器	微孔曝气＋高速离心风机	微孔曝气＋高速离心风机＋推进器
考虑因素	初期水量偏小，变化大，可选择表曝器，根据运行的池子独立调整，同时池中设有推进器，可以根据需要开启表曝器数量，推进器辅助，保证混合液处于悬浮状态	厌氧选择器狭长，单靠搅拌和推进器，会出现污泥沉淀；穿孔管曝气辅助，避免污泥淤积和影响效果；好氧池微孔曝气器，充氧效率高，节能降耗	管式微孔曝气器，分段布置，中间设置推进器，保障生物池能处于推流和环流的混合态；每组微孔曝气器单独控制供气量，运行控制比较灵活

（3）对污泥处理工艺的影响。城镇污水处理厂的进水水质特点和污水处理系统的设备选型，对后续污泥处理工艺选择有明显的影响，选择不当会影响污泥处理效果，同时也会加速污泥处理设备的损耗，见表 4-8。

污泥脱水设备对前端预处理设备选型的影响分析　　表 4-8

案例项目		A 厂	B 厂	C 厂
污泥处理工艺		浓缩脱水一体离心机	重力浓缩＋离心脱水机	重力浓缩＋污泥消化＋脱水
水质特点		城市污水 70%生活＋30%工业	工业区混合污水 90%造纸＋10%生活	城市污水 60%工业＋40%生活
设备选择	细格栅	细栅过滤器：去除较小漂浮和悬浮物，避免将碎小布条、树枝等带入沉砂池造成搅拌桨损坏，同时避免进入后续污泥脱水离心机缠绕转鼓	回转式格栅＋纤维回收机：造纸废水含有细小纤维，可再回收利用，采用特制纤维回收机，即可回收利用，同时减少纤维进入污泥系统形成团状纤维球堵塞污泥离心机通道	在沉砂池后设置阶梯细格栅，栅条间距小，截物率高，可以将进入曝气沉砂池的纤维状漂浮物去除，避免进入污泥厌氧消化池，缠绕搅拌器，堵塞污泥泵；预曝气后可析出水中的纤维状物质
	沉砂池	旋流沉砂池：占地小，除砂效率高，减少砂粒对离心脱水机转筒、螺旋等处的磨损	造纸废水本身基本不含砂，无需沉砂处理；厂外有生活污水调节池，可有效解决除砂问题	曝气沉砂池：工业污水所占比例高，需要去除油脂；避免油脂进入污泥厌氧消化系统，影响处理效果

（4）区域性的温度差异。我国地域广阔，不同区域的冬季气温和水温相差很大。对于寒冷地区和冬季低水温地区，在选择曝气与混合设备时，既要考虑氧利用率与混合效果，也要兼顾保温效果、设备运行的稳定性与可靠性。格栅、刮泥机等间歇运行设备需考虑保温、防冻、加热和除霜等措施，间歇运行设备通常还需要采取精准的控制手段和措施。

（5）占地与地质条件限制。用地严格受限和地质条件较差的地方，要根据可用地大小，确定合适的处理方案及池形构造，选择适用的配套设备产品；地质条件较差的场地，应结合基础处理方案，选择合适的处理构筑物形式，然后再确定对应的设备产品形式。填海造地和地下污水处理厂，则需要考虑很多相关因素，而不仅仅处理工艺本身，例如结构形式、设备检修、设备防腐、电器防爆、安全防护、景观协同等方面有时更为重要。

（6）其他可能出现的情况。建设和运行资金情况、未来运行人员的技术水平等也是重要影响因素；项目所在地及附近其他污水处理厂的建设运行情况可以作为借鉴因素。

3. 污水预处理主体设备

主要包括格栅、沉砂、提升和初沉池设备等。

（1）机械格栅。主要去除污水中的漂浮物，以保证后续处理工段和设备正常运行。一些污水处理厂在格栅或泵房之前还设有机械粉碎设备。常用的格栅按适用深度分为两大类，适用于泵前格栅的有三索式格栅除污机、高链式格栅、回转式齿耙格栅等；适用于泵后的格栅有内进流格栅、阶梯格栅、栅条过滤器、弧型格栅、回转式齿耙格栅等。近年来，不同类型的超细格栅均得到了很好的工程应用。

（2）提升设备。污水和污泥均需要提升，污水通常采用潜水泵，效率高、噪声低、安装和维修简便，管路简单；污泥通常采用不易堵塞的螺杆泵、转子泵、渣浆泵等。

（3）沉砂设备。曝气沉砂池通过向池内注入空气，使污水沿池长方向旋转前进，从而产生与主水流垂直的横向恒速环流，通过调节空气量控制旋流速度，截留和清洗无机砂砾，通常设置吸砂桥及刮浮渣设施、排砂泵、鼓风系统和砂水分离器。旋流沉砂池利用机械力或水力控制旋流流态和流速，加速砂砾的沉淀，有机物留在污水中，一般设置搅拌设备、排砂设备以及配套的砂水分离器。

（4）初沉池设备。传统初沉池主要去除污水中的悬浮固体，特别是无机组分，有利于后续生物处理段净化功能的有效发挥和设备安全，提高生物反应池效率。根据进水条件和实际运行需要，可以优化运行方式，调整初沉池表面负荷，使其处于合适的运行工况。随着提标改造和排放标准的提高，传统初沉池通过简单改型后，可以发挥多种效能，通过缩短水力停留时间可以减少碳源流失，提高生物脱氮的效率。初沉池宜采用辐流式池形，根据池子直径大小、污泥性质和排泥量不同，可以选择辐流式沉淀池中心传动垂架式刮泥机、双周边传动吸泥机、辐流沉淀池半桥式周边传动刮泥机、中心传动悬挂式刮泥机。通常采用半桥式刮泥机就可以达到去除效果，但全桥式刮泥机更为稳定可靠。

（5）初沉发酵池设备。仅是在刮泥桥或池子上增加低速推进器，可以根据运行工况的需要，灵活调整推进搅拌器的推进方向、高度和转速，提高处理功效。初沉池也可采用矩形池构造，节省占地。

4. 生物反应池主体设备

生物反应池由厌氧、缺氧和好氧区的不同时空组合而成，实际工程应用中可以根据当地条件、实际需要和设计决策者的偏好，采用多种组合形式的池形构造。根据所需运行控制条件，采用的工艺设备也有相应的差异，主要设备为鼓风机、曝气系统和搅拌（推进）器。曝气系统包括鼓风曝气（由鼓风机和底部曝气器组成）和机械曝气。

（1）鼓风机。根据进入生物池的水量和污染物浓度，控制生物池各区段的溶解氧（DO）和氧化还原电位（ORP）等参数，提供所需气量和混合强度。常用的有离心鼓风机、罗茨鼓风机、空气悬浮或磁悬浮鼓风机等；附属设备为空气过滤器和消声装置。

（2）鼓风曝气。按水中气泡大小，分为微孔、中孔、大孔曝气。微孔曝气器的孔径通常小于 180μm，包括不同形状的管式、盘式和不同橡胶材质的膜曝气器；中孔曝气器孔径通常大于 200μm，以刚玉曝气器为代表；大孔曝气器以穿孔、散流、喷射、螺旋等曝气形式为代表，直接应用时氧的传质效率不高，20 世纪 80 年代之前应用较多，目前较少。

（3）机械曝气。通常采用曝气转碟、曝气转刷、立式表曝机和曝气搅拌机。曝气转刷（碟）和立式表曝机，主要通过将水抛入空中与空气接触，空气中的氧气迅速溶入水中，达到充氧的目的。曝气搅拌机，将机械曝气和水下搅拌机合二为一，运行中根据需要可关闭曝气功能，用作单独的搅拌功能。

（4）混合设备。有潜水搅拌器、推进器、穿孔管搅拌等。潜水搅拌器使污水与活性污泥充分接触，污泥絮体不沉淀。推进器主要维持水流前进速度，达到紊流状态，使污泥絮体不沉淀。穿孔管曝气具有曝气和搅拌作用，通常用于需要预曝气的平衡（调节）池或其他类型反应池中。

（5）池形构造。按池子组合方式划分，主要有以下类型：单独设置厌氧区、缺氧区和好氧区；单独设置厌氧区，缺氧区和好氧区可合建；厌氧区与缺氧区合建，池容可以相互调整，好氧区则单独设置。按生物池中的水力流态划分，有完全推流式、推流＋混流式、完全混合式；按外形构造划分，有方形、圆形和组合形；按池深划分，通常为 3～10m 不等，其中 5～7m 最为典型，地下式污水处理厂多数为 6～8m。

（6）设备选择。生物池构造不同，设备选用也有所不同。厌氧区和缺氧区通常采用推进器或搅拌器，个别采用穿孔管；与好氧区合建时，混合设备与好氧区设备需要通盘考虑；好氧区为鼓风曝气且与缺氧区合建时，一般采用鼓风曝气＋推进器的方式，也可采用机械曝气、机械曝气＋推进器方式。实际应用中，池形构造和设备组合多种多样，主要取决于实际需要和设计决策者的经验与偏好。

（7）MBR 处理系统。要比较膜的寿命、规格大小，组件品质、清洗系统，电耗、药耗，充分考虑占地、建设及运行成本，以及出水水质后做出选择，但规模不宜过大，并且要高度关注膜污染和低温条件下过膜通量明显衰减的问题。

5. 二沉池主体设备

二沉池分离活性污泥，使净化处理水得以澄清。主要有辐流式、平流式、斜管式和竖流式沉淀池。通常采用辐流式和平流式沉淀池，斜管沉淀池用于占地紧张的情况，竖流式沉淀池的适用范围较小，早先有应用，目前已经少见。

（1）辐流式沉淀池。根据池底构造形式采用刮泥机或刮吸泥机，主要设备为刮（吸）泥桥、进水整流设施、撇渣挡板、出水堰板等；确定单池直径时需要考虑风力吹动对沉淀效果的影响；另外，沉淀池内异重流的控制也很重要。

（2）平流沉淀池。抗冲击负荷能力较强，主要设备为行车式刮泥机或链式刮泥机、刮渣设施、集水槽等。但对配水均匀性和池体土建施工精度要求高，因此国内采用的相对较少，但在建设用地紧张时和地下污水处理厂中应用比例较高。

（3）竖流式沉淀池。适用于小规模厂，抗冲击负荷能力较弱，池内无机械设备。

6. 初沉污泥产酸发酵系统

（1）污泥收集设备。在活性初级池、静态浓缩池和两段式发酵池的浓缩池中，与传统初沉池和重力浓缩池相比，保持着较深的污泥层和较高的污泥浓度。集泥设备设计应能容纳附加的转矩负载。污泥收集设备的电机和机械必须有防腐涂层或采用不锈钢材质。

（2）初沉污泥泵送。活性初沉池的污泥固体含量一般较高（4%～5%），多数使用螺杆泵或柱塞泵。静态发酵池或完全混合发酵池，一般以较高的速率泵送，固体含量低于0.5%，可以使用螺杆泵；由于污泥固体含量较低，仍可以使用叶轮离心泵。

（3）发酵污泥泵送。活性初沉池、静态发酵池或两段式发酵池的浓缩池的发酵污泥，固体含量2%～10%，通常高于6%。为了确保发酵池污泥层没有“鼠洞”，污泥泵必须能够容纳低流速和较高固体含量，可以采用螺杆泵和旋转叶片泵。

（4）污泥粉碎或过滤。粉碎机通常用于粉碎破布、塑料和其他碎片，避免这些物料堵塞污泥泵或管路。还可以通过过滤装置来去除污泥中的碎片。由于碎片和浓缩污泥有可能阻塞管线，粉碎或过滤处理对于保障发酵池的稳定运行至关重要。

（5）发酵上清液泵送。富含挥发性脂肪酸（VFAs）的发酵液回流到进水或初级出水中，然后进入除磷脱氮工艺。一般需要发酵液泵、管线和阀门，并且考虑发酵液投加能力的控制以及防止挥发性脂肪酸的挥发。可采用变频控制不堵塞离心泵。发酵液中含有固体，倾向于采用凹槽式叶轮离心泵。

（6）混合搅拌器。完全混合池和两段式发酵池/浓缩池中，混合能量应足以防止固体沉淀到池底和在表面形成稳定的浮沫层，但也不能过大以避免形成旋涡和空气夹带进入发酵池。建议使用速度可调的低速混合搅拌器，能量输入为8～10W/m^3。

（7）浮渣去除。静态发酵池和两段式发酵池的浓缩池，需要设置辐流式浮渣刮板和收集装置。收集的浮渣送到浮渣浓缩器，或者与其他处理设施收集的浮渣一起进入污泥厌氧消化工艺。完全混合式发酵池，浮渣的堆积会产生问题，可使用带喷嘴的泵送混合系统，破坏发酵池表面的浮渣层。

（8）臭气控制。发酵池单元最好加盖，顶部空间空气通过化学处理系统净化，控制气味，可采用二级和三段式化学净化系统。通过生物池扩散曝气系统进行回流也是可行的。

7. 污泥处理主体设备

城镇污水处理厂污泥处理工艺流程一般包括污泥浓缩、污泥消化、污泥脱水等工段(单元)，涉及的机械设备数十种，关键的主体工艺设备包括污泥泵、污泥浓缩设备、污泥厌氧消化设备、污泥脱水设备、污泥干化及焚烧设备等，其选型与污水处理厂的整体功能要求和工艺单元选择密切相关。

4.4　除磷脱氮系统功能微生物群体响应

城镇污水处理厂生物处理工艺单元的核心是活性污泥系统，各类微生物群体各司其职，并通过特定的功能微生物群体来完成有机物降解、生物硝化与反硝化、生物除磷等工艺过程，意味着微生物的群体结构和数量分布在很大程度上决定或影响着污染物去除能力及处理效果，分析研究活性污泥微生物的群体结构特征和功能属性，以及与工艺过程、地域类型和水质特性的关系，具有理论意义与实际价值。活性污泥法应用广泛、运行稳定，已有上百年历史，但对处理系统中的微生物群体组成与分布特征知之甚少，长期以来对其微生物的研究都依赖微生物的形态特征、生理生化和分离培养技术，这些方法不仅耗时耗力，而且污水生物处理系统中的绝大多数功能微生物（尤其细菌）无法通过传统的培养技术进行准确可靠的分离鉴定，对活性污泥微生物群体结构多样性的认识一直十分有限。

直到 20 世纪 90 年代分子生物学技术开始应用于污水生物处理的微生物学研究之后，荧光原位杂交技术（FISH）、变性梯度凝胶电泳（DGGE）、高通量测序技术等一系列不依赖于纯培养技术的应用，才使得分析污水处理系统中微生物群落组成、监测群落结构的动态变化以及鉴定功能菌群的研究成为可能。目前，在污水处理系统中最常用的微生物群落结构分析技术是 16S rRNA 基因克隆文库的方法，这使得很多系统中含量较少的细菌以及非培养细菌也能被检测出来，有力推进了活性污泥微生态系统菌群分布特征的整体性揭示。

4.4.1　活性污泥的菌群分布特征

活性污泥由多种好氧、兼性厌氧和少量厌氧微生物群落及其代谢产物与进水中携带的有机物、无机固体等混凝交织在一起，形成了外观呈黄褐色的絮状物质，具有较高的生物多样性和活性，是活性污泥处理工艺的功能主体。菌胶团是活性污泥的核心物质，微生物类群范围十分广泛，由细菌、放线菌、真菌、藻类、原生动物和后生动物等多种微生物群体组成一个小生态体系，成为污水处理的主要功能单元。大多数情况下，细菌在污水处理中起着关键作用，具有较强的絮凝吸附和分解有机物的能力，活性污泥体系中存在着复杂的细菌种群结构，在成熟且运行正常的活性污泥中，每毫升活性污泥含细菌数目可达 1×10^{9} 个。污水处理厂的工艺运行条件和进水污染物性质等多重因素决定了活性污泥微生物的菌群结构特点，而活性污泥菌群结构多样性以及优势菌群之间的相互作用也决定了污水处理厂生物处理功能的稳定性，群落的改变常常影响污水处理厂的处理效率与出水水质。

早期对于活性污泥菌群的研究主要依赖光学显微镜和传统分离培养方法，采用传统方法发现的活性污泥优势菌群主要有动胶杆菌属（*Zoogloea*）、丛毛单胞菌属（*Comamonas*）、不动杆菌属（*Acinetobacter*）、螺菌属（*Spirillum*）、产碱杆菌属（*Alcaligenes*）、短杆菌属（*Brevibacterium*）、黄杆菌属（*Flavobacterium*）和假单胞菌属（*Pseumdomonas*）等。由于传统分离方法所采用的培养基具有选择性，与真实环境有一定差异，培养的细菌数量占活性污泥微生物总数还不到15%，难以对活性污泥微生物的种群结构特征进行完整分析。

近年来，诸多学者借助分子生物学及生物信息学等技术手段，对城镇污水处理厂中的活性污泥微生物群落结构、多样性和丰度特征开展了大量的研究工作，进一步证实大部分正常运行的活性污泥系统中都存在变形菌门（Proteobacteria）、拟杆菌门（Bacteroidetes）两种菌群。绿弯菌门（Chloroflexi）、厚壁菌门（Firmicutes）、酸杆菌门（Acidobacteria）、绿硫菌门（Chlorobi）、放线菌门（Actinobacteria）、硝化螺菌门（Nitrospira）等也是活性污泥系统中常常被检测到的细菌种群。

诸多研究表明，在门水平上变形菌门所占比例最多，是传统城镇污水处理厂中的优势细菌，大多数在生物脱氮、生物除磷及诸多污染物降解过程中起重要作用的微生物，均归属于变形菌门。拟杆菌门和绿弯菌门是继变形菌门之后被发现的优势菌门，普遍存在于污水处理厂生物池并行使重要作用，其中拟杆菌门在大部分污水处理厂也占有相对较高的丰度，尤其在污泥厌氧消化样品中检出率较高，其主要功能为降解纤维素、多糖等物质，在污水处理系统中主要分担降解COD、促进含氮物质利用的功能作用，而绿弯菌门是生物处理过程中常见的菌种，在降解碳水化合物和营养物质方面发挥着重要的作用。

2014～2017年，中国市政工程华北设计研究总院有限公司研究团队对江苏、山东、河北等地8座污水处理厂进行了活性污泥样品的调研取样与分析。活性污泥样品在门水平的细菌群落组成分析结果如图4-11所示。

通过Miseq高通量分析结果发现，8座污水处理厂共计375个活性污泥样品的群落结构，在门分类水平上具有较高的多样性，主要包括变形菌门（Proteobacteria）、拟杆菌门（Bacteroidetes）、绿弯菌门（Chloroflexi）、绿硫菌门（Chlorobi）、浮霉菌门（Planctomycetes）、厚壁菌门（Firmicutes）、TM 7菌门和酸杆菌门（Acidobacteria）等，大多数样品仍以变形菌门、拟杆菌门、绿弯菌门的微生物为主，三者的相对丰度比例分布范围分别为15%～59%、13%～49%和2%～25%。

变形菌门中的α-、β-、γ-和δ-变形菌纲（α-、β-、γ-和δ-Proteobacter）是4类经常出现在活性污泥样品中的细菌，β-变形菌纲作为变形菌门丰度最大的类群，也是活性污泥中重要的一类菌群，对脱氮除磷和其他许多污染物的去除都起着重要作用。通过对活性污泥样品的变形菌门微生物的分布特征进行分析，见表4-9，所有样品中β-变形菌纲（β-Proteobacter）是变形菌门丰度最大的菌群，其最大比例约占总细菌量的27.35%～42.22%。除此之外，γ-变形菌纲（γ-Proteobacter）和α-变形菌纲（α-Proteobacter）也占有较高的

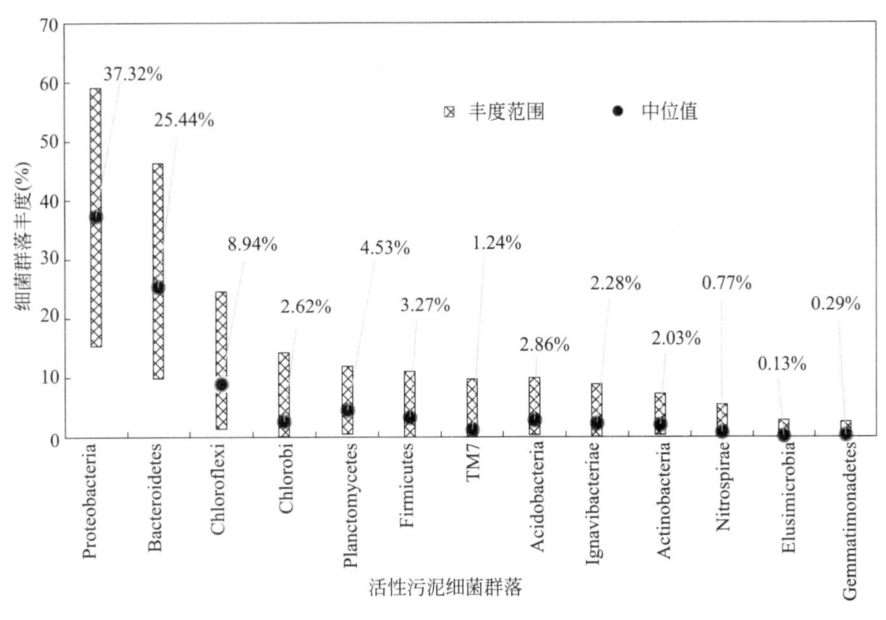

图 4-11　各活性污泥样品在门分类水平上的细菌群落组成

丰度比例，最大比例分别占总细菌量的 11.28%～38.68%和 9.54%～18.32%，而 ε-变形菌纲（ε-Proteobacter）微生物丰度相对较低，最大丰度比例不超过 2%，且在很多样品中未检出。通过与国内外相关文献分析结果对比发现，在门和纲的分类水平上，大多数污水处理厂活性污泥样品的细菌群落结构分析结果相似，主要是由于门和纲水平上的分类范围较广、生物信息量较少，运行条件不同的污水处理厂活性污泥的细菌群落结构差异性不大。

活性污泥样品中变形菌门微生物的分布比例（%）　　表 4-9

分类	α-proteobacter	β-proteobacter	δ-proteobacter	ε-proteobacter	γ-proteobacter
A	4.52～18.32	5.39～25.49	0.74～6.44	0.01～1.91	4.49～10.38
B	2.39～10.00	8.59～42.22	1.00～11.10	0.00～0.33	5.64～27.95
D	3.45～10.87	5.95～30.57	1.47～5.81	0.00～0.22	4.51～19.24
E	2.73～11.13	3.87～27.35	0.88～9.80	0.00～0.28	4.94～18.63
F	2.37～11.32	10.51～26.99	0.45～6.21	0.00～0.15	5.05～15.82
G	5.38～10.99	3.80～27.13	1.65～7.36	0.00～0.07	11.85～38.68
H	3.51～9.54	9.75～31.86	1.42～6.91	0.00～0.27	6.10～14.39
J	2.53～10.58	11.65～34.57	0.99～3.18	0.00～0.51	5.63～11.28

注：根据最新分类要求 β-proteobacter 为从属于 γ-proteobacter 的一个目。

4.4.2　功能菌群分布特征及比例

随着分子生物学研究手段的快速进步，对城镇污水处理厂功能微生物的研究也逐渐从宏观走向微观。在污水处理工艺过程中，国内外研究者对活性污泥中功能菌群的关注度着重聚焦到具有生物脱氮除磷功能作用的细菌类群。

1. 硝化细菌

传统理论认为氨氮的生物硝化作用需要两组不同类别的微生物分两步完成，即氨氧化细菌（Ammonia-oxidizing bacteria，AOB）先将氨氮氧化为亚硝酸盐，而后通过亚硝酸盐氧化菌（Nitrite-oxidizing bacteria，NOB）将亚硝酸盐氧化成硝酸的过程，这个过程是一个复杂的生物化学过程。

氨氧化细菌（AOB）主要分布在亚硝化单胞菌属（*Nitrosomonas*）、亚硝化球菌属（*Nitrosococcus*）、亚硝化螺菌属（*Nitrosospira*）以及亚硝化叶菌属中的细菌。大量研究证明，活性污泥中AOB约占总菌群丰度的1%～3%，大多数具有硝化功能的活性污泥中，被检测出的氨氧化细菌的优势菌属是亚硝化单胞菌属，而亚硝化螺菌属也会在城市污水处理厂中检测到，有学者研究表明其在活性污泥系统中可能起着非常微小的作用，有研究者发现亚硝化螺菌属（*Nitrosospira*）更适合在较低氨负荷的污水中生存，而亚硝化单胞菌属（*Nitrosomonas*）、亚硝化球菌属（*Nitrosococcus*）更易在较高氨负荷的污水系统中发现。氨氧化细菌均是化能自养型细菌，生长速度极其缓慢，并且对温度、pH等外界环境条件的变化非常敏感。由于这些缺陷，使其难以与异养型细菌竞争。因此，在活性污泥体系中氨氧化过程成为整个生物脱氮过程的限速步骤。

亚硝酸盐氧化细菌（NOB）主要分布在硝酸杆菌（*Nitrobacter*）、硝化刺球菌属（*Nitrospina*）、硝化球菌属（*Nitrococcus*）和硝化螺菌属（*Nitrospira*）。在大多数具有硝化功能的活性污泥中，优势的亚硝酸盐氧化菌为*Nitrospira*属的细菌，而由于该菌不可培养，*Nitrobacter*曾一度被认为是活性污泥中最重要的硝化菌，但后来发现其大多出现在人工驯化的反应器体系中，在城镇污水处理厂活性污泥中的数量并非很多，原因可能是其更适应较多亚硝酸盐存在的环境。实际上硝化螺菌属（*Nitrospira*）与其他NOB不同，其归属比较特别，单独属于硝化螺菌门（Phylum Nitrospira），而其他大多数NOB则属于变形菌门。NOB与AOB的生长特性较为相似，生长缓慢且生长条件难于控制，很难在实验室条件下进行分离和纯培养。在活性污泥絮体或者生物膜中，NOB的空间位置往往是与AOB相邻的，这也反映了两种功能种群的互利共生效应。

传统的两步硝化过程理论，在过去超百年的时间里一直被广泛认知和应用，但在2015年底Daims等、Van Kessel等在英国《自然》杂志上同日发表的两篇文章刷新了这一传统认知，一度成为行业焦点。完全氨氧化微生物（Complete Ammonia Oxidizing Bacteria或Comammox Bacteria，简称CAOB）被发现是一类能够直接将氨氮转化为硝态氮的微生物。Comammox细菌已经在污水处理设施、自然湿地、水体沉积物和土壤等各种生境中检测到。Comammox细菌的发现扩展了学术界对于硝化过程的理解，科学家通过与NCBI数据库比对，发现之前也有大量高度相似的基因序列。Comammox细菌属于硝化螺旋菌门（Nitrospirae），具有完全氨氧化能力，可由一种微生物催化完成氨氮氧化成硝酸盐的过程，其生长特性和生理活性受DO、pH和温度等因素的显著影响。未来还需要更深入了解其生理、生态特性，在污水处理及氮素循环中的贡献，更大发挥其在污水处理中的应用潜力。

2. 反硝化细菌

反硝化作用的实现主要是由反硝化细菌将硝酸盐或亚硝酸盐还原成氮气或氮氧化物的过程。污水处理中存在的大部分反硝化菌是异养菌，在细胞生长和反硝化过程中需要有机碳源。与硝化细菌不同的是，反硝化细菌在分类学上没有专门的类群，目前发现的反硝化菌种类繁多且数量巨大，包括50多个属，130多个种。绝大多数反硝化细菌集中分布在变形菌门，其中β-变形菌纲中的*Thauera*、*Azoarcus*等菌属中的细菌以及α-变形菌纲中的*Rhodobacter*和*Hyphomicrobium*中的菌群都具有反硝化功能，经常出现在污水生物脱氮除磷装置，并成为活性污泥中的优势种属。*Beggiatoa*、*Thioploca*等被发现具有积累硝酸盐的特殊能力，细胞内硝酸盐的浓度可比环境中高数千倍，被认为具有独特的反硝化功能。

硝化和反硝化被认为是两种相反的生理功能，兼有固氮和脱氮（反硝化）功能的菌株普遍存在，广泛分布于*Rhodobacter*、*Hyphomicrobium*、*Azoarcus*、*Pseudomonas*中。具有氨氧化功能的亚硝化单胞菌属（*Nitrosomonas*）被认为是典型的硝化细菌，近年来也被检出具有反硝化能力。硝酸杆菌（*Nitrobacter*）菌株具有亚硝酸盐氧化能力，同时也被检出具有硝酸盐还原能力。由此可以推论，这些酶促反应过程具有一定的可逆性。

由于在污水处理过程中兼具氮类污染物和COD去除的重要作用，反硝化菌在活性污泥中具有高度的多样性和丰度，研究者借助高通量测序技术开展反硝化菌研究，陆续发现了大量具有反硝化功能的菌种。反硝化细菌大多是兼性厌氧菌，当O_2存在时会阻碍硝态氮作为电子受体，为了保证反硝化过程的顺利进行，必须保证良好的缺氧条件。因此，传统理论认为反硝化是一个严格厌氧的过程，但Robertson等在20世纪80年代首次发现好氧反硝化细菌并证明好氧反硝化酶系的存在，随后好氧反硝化细菌逐渐得到较广泛关注。

3. 聚磷菌

除磷是污水处理过程中非常重要的一个环节，生物强化除磷（EBPR）工艺系统可以在不使用化学药剂的情况下起到良好的磷酸盐去除效果。这主要依赖于聚磷菌（*Phosphate accumulating organisms*，PAOs）的特殊生理生化特性。在厌氧状态下分解胞内的聚磷用于存储碳源有机物，在好氧状态下分解存储的有机物产生能量用于过量吸收胞外磷酸盐，最终通过排放含有大量聚磷颗粒的剩余活性污泥来达到除磷的目的。聚磷菌是一类表现出厌氧释磷、好氧超量吸磷的异养型细菌群体的统称。

早期科学家尝试采用传统的分离方法从生物强化除磷（EBPR）工艺系统中分离鉴别聚磷菌。1975年，Fuhs和Chen等人成功分离了γ变形菌纲的*Acinetobacter*聚磷菌，一直被认为是城市污水处理厂负责除磷功能的优势菌种。但实际上起主要作用的聚磷菌一般很难以单菌株存在，Wagner和Crocetti等采用分子生物学技术分析活性污泥时，发现*Acinetobacter*在EBPR系统中的丰度占比非常低，并非主要聚磷菌，只是由于使用传统的分离培养方法时，这种细菌更易于被分离培养出来，并不能说明其在生物除磷过程中起主要作用。Bond等利用16s rRNA克隆的方法对比了能够去除磷酸盐和不能去除磷酸盐的活性污泥种群结构的差异，发现归属于 β-变形菌纲亚纲中的红环菌属（*Rhodocyclus*）细菌大量存在于具有生物除磷功能的活性污泥中。

Hesselmann 等将这类细菌命名为 *Candidatus* Accumulibacter phosphatis。Hesselmann 和 Crocetti 进一步验证了 *Candidatus* Accumulibacter phosphatis 的代谢方式与聚磷菌的代谢模式吻合，并通过化学染色法发现厌氧/好氧循环过程中的 *Candidatus* Accumulibacter phosphatis 细胞内含有聚磷（poly-P）和聚羟基脂肪酸酯（PHA），其主要使用氧和硝酸盐作为电子受体。从此，*Candidatus* Accumulibacter phosphatis 一直被视为 EBPR 系统中最主要的聚磷菌，直到 2000 年左右，Maszenan 等、Hanada 等从活性污泥中分离出具有聚磷能力的 *Tetrasphaera* 菌属，并确认为是一种新型 PAOs，这一发现解释了一些未设传统前置厌氧区的侧流 EBPR 系统也能实现高效生物除磷的原因，也拓展了研究者对 PAOs 菌属种类的认知，随着对 *Tetrasphaera* 菌属的研究越来越多，大大推进了对传统生物脱氮除磷理论的进一步完善。

在活性污泥系统中，还有一些微生物在缺氧状态下可以利用硝态氮作为电子受体完成磷酸盐过量吸收过程，这类具有缺氧除磷功能的微生物被称为反硝化聚磷菌（Denitrifying phosphate-removal bacteria，DPB）。一般情况下主要存在于细菌中，在放线菌中也有少量报道。近年来，反硝化聚磷菌的研究成为污水生物处理技术领域的研究热点，陶厄氏菌属（*Thauera*）、不动杆菌属（*Acinetobacteria*）等都陆续被发现具有反硝化除磷作用。

4. 功能菌群研究实证

依托国家水专项课题研究，采用 Miseq 高通量测序技术，对国内若干城镇污水处理厂活性污泥功能微生物的分布特征、优势功能微生物类群及分布比例等进行测试分析，发现各污水处理厂的活性污泥优势菌属大多数为具有脱氮除磷功能的微生物。其中腐螺旋菌科（Saprospiraceae）、黄单胞菌科（Xanthomonadaceae）、丛单胞菌科（Comamonadaceae）、厌氧绳菌科（Anaerolineaceae）的非培养和未分类微生物为主要的优势菌。而亚硝化单胞菌属（*Nitrosomonas*）、硝化螺菌属（*Nitrospira*）、陶厄氏菌属（*Thauera*）、*Candidatus Accumulibacter phosphatis*、*Dechloromonas*、*Rhodobacter* 、*Tetrasphaera* 等为最主要的脱氮除磷功能微生物。其中，硝化过程中起重要作用的亚硝化单胞菌属（*Nitrosomonas*）最高丰度占比为 3.69%，硝化螺菌属（*Nitrospira*）最高丰度占比为 4.16%，反硝化菌陶厄氏菌属（*Thauera*）最高丰度占比为 11.48%，除磷菌中的 *Candidatus Accumulibacter phosphatis* 和 *Tetrasphaera* 最高丰度占比分别为 2.63%和 5.08%。

各污水处理厂活性污泥样品中的优势种属比例有所差别。腐螺旋菌科（*Saprospiraceae*）在各厂活性污泥样品中均占有明显的优势地位，其中 A、B、E、F、G、H、J 厂均是优势微生物，该菌属于拟杆菌门，在已有研究的活性污泥样品中具有高度多样性和丰富度，能够与其他异养细菌建立良好的共生关系，可将蛋白质等可生物降解的大分子物质水解成小分子有机物质，供其他异养细菌利用，曾在以亚硝酸盐为电子受体的反硝化除磷系统中被发现为优势均属；厌氧绳菌科（*Anaerolineaceae*）在 B、D、G 厂中占有较高比例，在D厂活性污泥微生物中占有明显优势，厌氧绳菌科作为绿弯菌门的代表菌科，不仅具有反硝化功能，还能够有效降解污水中的碳水化合物；丛单胞菌科（*Comamonadaceae*）在各污水厂所占比例相对比较稳定，丛单胞菌科在污水处理厂活性污泥系统的检出率较高，对污水中的有机物、氨氮和亚硝氮都有一定的降解作用，生长繁殖受碳源和氮源的影响较大。黄单胞菌科（*Xanthomonadaceae*）在A、F、G、H厂含有较高比例，该菌科是具有去除污水中磷污染功能的微生物。各厂活性污泥样品的优势菌属和功能菌属分布特征见表4-10。

各厂活性污泥样品的优势菌属和功能菌属分布特征（%）　　表4-10

名称	主要功能	A	B	D	E	F	G	H	J
Saprospiraceae	有机物降解	1.35～18.61	3.14～20.73	2.47～9.52	3.08～25.88	2.67～37.61	2.55～16.39	8.12～25.46	5.95～27.52
Anaerolineaceae	反硝化、厌氧甲烷氧化	0.57～6.87	0.66～10.13	1.40～14.33	0.29～3.45	0.41～6.89	1.78～10.23	0.92～7.93	3.72～8.43
Xanthomonadaceae	脱氮好氧颗粒污泥	0.68～10.75	1.20～8.74	0.56～8.57	0.50～9.12	0.16～12.27	0.55～11.72	0.65～14.36	1.50～5.97
Cytophagaceae	有机物降解	0.43～2.04	0.88～6.76	0.02～1.26	0.43～4.89	0.06～2.22	0.25～1.39	0.03～0.64	0.60～3.48
Comamonadaceae	构成菌胶团、反硝化	2.14～12.41	3.71～20.72	2.72～11.57	1.32～13.16	3.75～14.85	0.45～10.36	2.93～13.79	2.67～13.80
Dechloromonas	氨氧化、反硝化除磷	0.06～0.55	0.30～10.78	0.23～3.34	0.07～2.71	0.17～3.62	0.01～5.31	0.35～7.89	0.21～2.10
Nitrosomonas	亚硝化过程	0.19～2.48	0.01～0.55	0.12～4.29	0.05～3.09	0.03～0.27	0.02～1.19	0.33～1.41	0.48～3.69
Nitrospira	硝化过程	0.28～1.95	0.00～1.49	0.10～2.75	0.12～0.87	0.29～4.16	0.19～1.75	0.50～2.53	0.21～1.14
Thauera	反硝化脱氮	0.79～11.48	0.35～7.12	0.32～6.02	0.22～1.35	0.20～3.81	0.00～1.32	0.05～1.86	1.23～6.06
Pseudomonas	亚硝酸盐氧化菌	0.04～0.41	0.00～0.39	0.0～0.25	0.02～0.77	0.00～0.15	0.00～0.25	0.01～0.13	0.00～0.12
Rhodobacter	反硝化脱氮	0.35～7.21	0.34～4.79	0.54～5.22	0.47～7.25	0.23～3.38	0.15～4.24	0.13～3.19	0.44～2.87
Accumulibacter phosphatis	除磷微生物	0.00～0.05	0.14～1.32	0.00～0.33	0.02～2.63	0.10～1.23	0.02～0.72	0.05～1.07	0.00～0.13
Tetrasphaera	除磷微生物	0.05～1.11	0.10～1.37	0.00～0.90	0.11～5.08	0.00～1.12	0.00～0.21	0.02～1.35	0.00～0.79
Zoogloea	菌胶团主要微生物	0.04～1.31	0.01～1.13	0.00～0.29	0.00～0.06	0.00～0.63	0.00～1.41	0.06～0.88	0.08～2.09
Flavobacterium		0.03～4.69	0.00～2.19	0.01～1.23	0.02～1.65	0.03～3.75	0.00～0.58	0.03～1.29	0.00～0.16
Acinetobacter		0.04～0.63	0.00～1.06	0.00～0.40	0.03～0.69	0.00～0.19	0.00～0.23	0.03～0.31	0.00～0.05
Clostridium	聚糖菌	0.00～0.39	0.00～0.41	0.00～0.38	0.00～0.24	0.01～0.23	0.01～0.37	0.00～0.18	0.00～0.20
Cloacibacterium	去除有机物	0.00～0.28	0.01～0.26	0.03～0.21	0.01～0.29	0.03～0.08	0.02～0.10	0.03～0.42	0.00～0.07

注：*Saprospiraceae*、*Anaerolineaceae*、*Xanthomonadaceae*、*Cytophagaceae*、*Sphingobacteriales*、*Comamonadaceae* 均为科水平名称，在属水平这类微生物为非培养或未分类，其他名称均为属水平名称。

4.4.3 不同环境条件的响应特性

污水处理系统的稳定性、污染物去除效率等与活性污泥微生物群落结构及其动态变化密切相关。进水水质、工艺条件、运行参数等均是影响其微生物群落结构、功能菌群比例的重要因素，在不同环境条件下会形成依赖于环境条件的活性污泥微生态系统，而随着环境条件变化，微生物生态系统也会产生应对响应机制。研究者在单因素水平或实验室可控条件下对微生物的动态变化和功能特征开展了广泛研究，但在工程层面，活性污泥微生物群落结构受到多种复杂因素的影响，很难考察单一环境因素对活性污泥的影响作用。

研究结果表明，活性污泥微生物群落的动态响应机制受气候条件变化的影响明显。污水处理系统长时间在低温条件下，微生物群落的多样性和活性将会下降，且温度对微生物活性的影响作用往往大于对群落结构的影响，这也是很多城市污水处理厂在冬季低水温条件下运行稳定性下降、污染物去除效果不理想的重要原因。动态复杂环境条件下，活性污泥除磷脱氮功能微生物具有一定的季节性变化与分布特征。正常情况下，亚硝化单胞菌属和亚硝化螺菌属是污泥中重要的氨氧化细菌，在低温环境中，亚硝化螺菌属要比亚硝化单胞菌属有更强的耐受性。与 AOB 相比，AOA 更能适应温度的剧烈变化。

在水专项课题研究过程中发现，活性污泥种群结构具有明显的季节性变化特征，脱氮功能菌（AOB、NOB 和反硝化菌）的丰度夏季小于冬季，聚磷菌丰度的变化特征则与之相反。活性污泥系统除磷脱氮性能呈冬季明显降低的季节性变化特征。活性污泥系统的除磷脱氮性能与功能微生物分布特征相互响应，也呈明显季节性变化特征。与夏季（22～25℃以上）相比，虽然脱氮功能菌（AOB、NOB 和反硝化菌）的丰度值在冬季较高，但由于微生物的活性受低温的影响下降明显，冬季（12～17℃及以下）的活性污泥硝化、反硝化和厌氧释磷速率均较低，分别为夏季的 10%～30%、30%～70%和 30%～60%。冬季条件下活性污泥的生物除磷脱氮性能受到不同程度的影响，参见图 4-12～图 4-14。

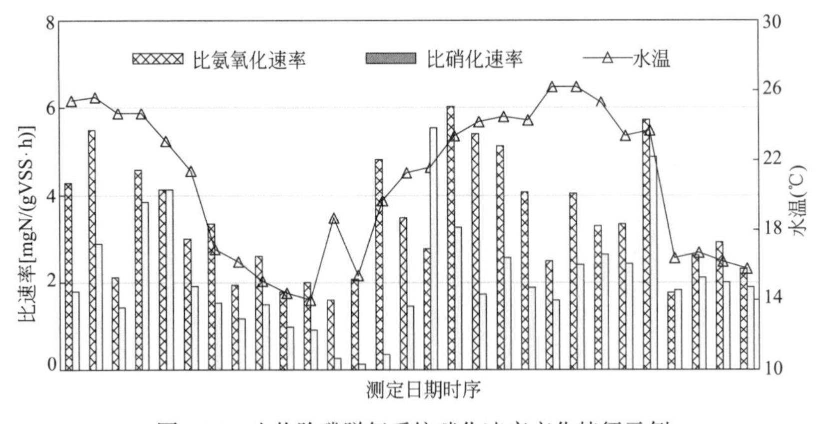

图 4-12 生物除磷脱氮系统硝化速率变化特征示例

活性污泥菌群结构与实际功能定位有着密切关系。同一污水处理厂不同处理单元（厌氧池、缺氧池和好氧池）中活性污泥细菌微生物群落结构相似，微生物群落结构较为稳

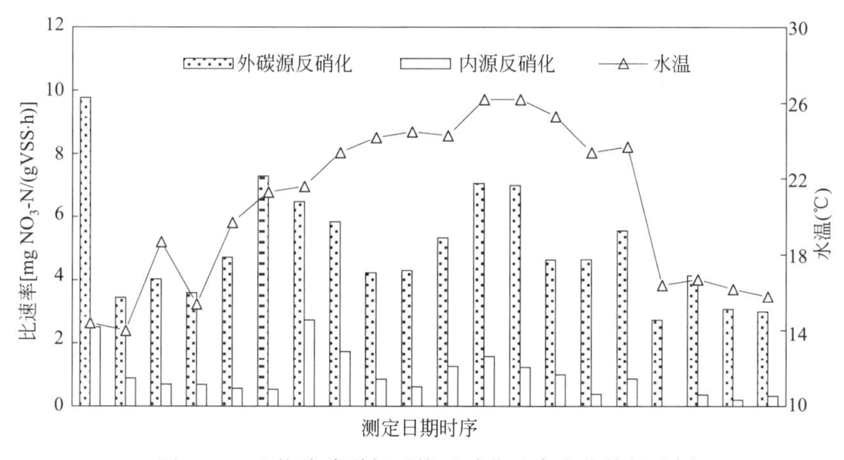

图 4-13　生物除磷脱氮系统反硝化速率变化特征示例

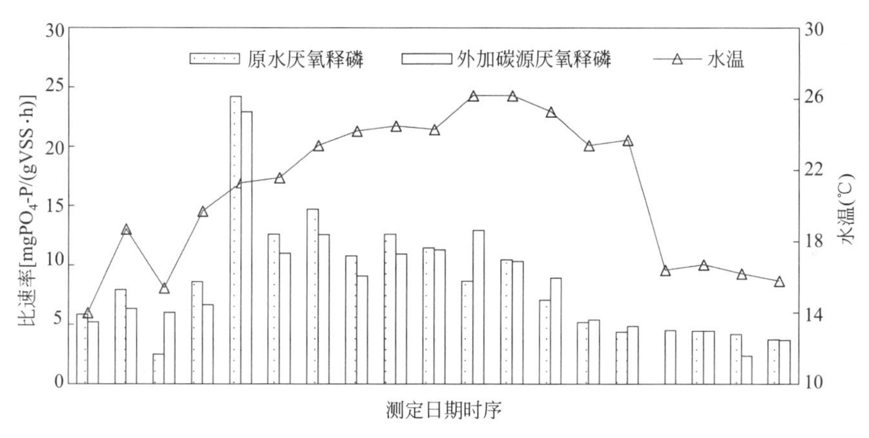

图 4-14　生物除磷脱氮系统厌氧释磷速率变化特征示例

定。由于污水处理过程中活性污泥一直处于流化状态下，经厌氧池、缺氧池和好氧池后到二沉池又回流部分至厌氧池形成一个大的循环体系，因此，各部分的微生物种群组成基本相似。但不同功能区的运行条件和功能作用存在一定差异，如溶解氧（氧化还原电位）的控制等，发挥主要功能的优势微生物是不完全相同的。在对同一污水处理厂不同功能区活性污泥中脱氮除磷功能微生物的对比研究中发现，厌氧区、缺氧区与好氧区池容比例等也影响除磷脱氮功能微生物在活性污泥中的生物群落构成，不同功能区的 AOB 和 NOB 在活性污泥总细菌中占比的排序为好氧区＞厌氧区＞缺氧区，且随着非曝气区停留时间的延长而降低，反硝化菌为缺氧区＞厌氧区＞好氧区，聚磷菌为厌氧区＞好氧区＞缺氧区。

活性污泥的群落结构与污水处理厂进水中污染物浓度和类型密切相关。不同微生物群落结构组成对底物的亲和力、代谢活性和抗冲击能力是不同的，从而选择富集特定的优势种属，这也是污水处理厂进水水质影响群落结构的主要原因。一般情况下，在氨氮浓度较高的污水中，亚硝化螺菌属（*Nitrosomonas*）为优势菌群；硝化细菌（*Nitrobacter*）中的硝化螺旋菌属（*Nitrospira*）对亚硝酸盐亲和性高，能在亚硝酸盐浓度较低的环境中快速繁殖；氨氧化古菌（AOA）对氨亲和性高，能在氨浓度低的环境中富集；氨氧化细菌（AOB）对氨的代谢能力强而富集在氨浓度较高的污水中。

生物膜—活性污泥复合系统具有选择性富集微生物的特征。在好氧区投加悬浮填料，形成生物膜—活性污泥复合系统，主要富集 AOB 和 NOB 而较少富集反硝化菌与聚磷菌，实现除磷脱氮功能微生物在悬浮相与附着相中的分别赋存，且冬季低水温条件下悬浮填料对 AOB 和 NOB 的富集更为明显。好氧区投加悬浮填料形成的生物膜—活性污泥复合系统的冬季低水温硝化能力较活性污泥系统明显增强。生物膜—活性污泥复合系统通过好氧区硝化菌挂膜生长和选择性富集，明显增强活性污泥系统的冬季低水温硝化能力，其冬季硝化速率提高至夏季的 50%～70%，较活性污泥系统提高 1 倍以上，明显提高工艺系统的总氮去除能力和碳源利用效率；温度从 30℃降低到 10℃，复合工艺系统氨氮去除效果较为稳定，膜相在低水温时仍能保持较稳定的氨氧化速率，且对氨氧化速率的贡献率更高；生物膜在高负荷状态下具有更强的稳定性，提高了复合系统的抗冲击和功能恢复能力。如图 4-15 所示。

功能微生物优势种属的区域变化特征不明显，但相同工艺类型的活性污泥群落结构具有明显的相似性，不同工艺类型的活性污泥群落结构相似度较低。

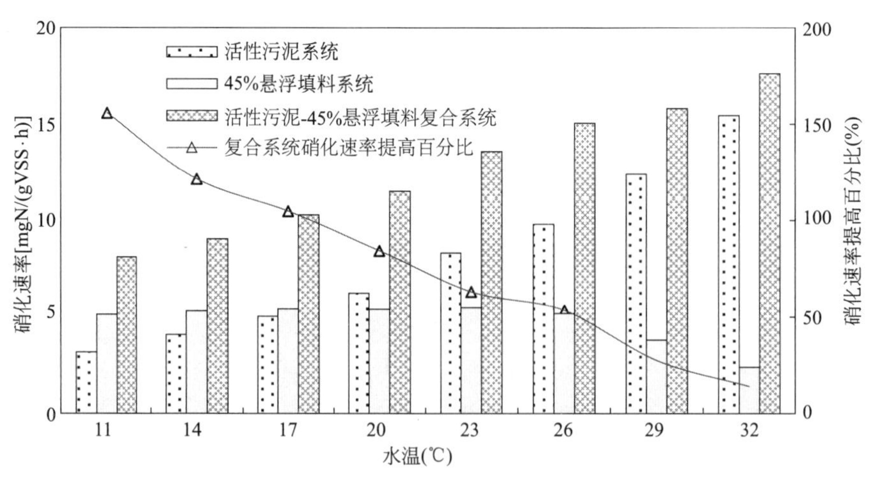

图 4-15　泥膜复合生物除磷脱氮系统硝化速率变化特征示例

4.4.4　污泥膨胀与生物泡沫控制

活性污泥系统的成功运行取决于活性污泥的絮体结构。对于采用活性污泥法处理工艺的城市污水处理厂，污泥膨胀和生物泡沫是运行管理过程中存在的难题之一，特别容易在强化营养物去除的污水处理工艺中发生。由于膨胀而导致的系统泥水分离困难、处理能力下降和出水水质不达标等问题常常威胁着污水处理厂的正常运行，并且一旦发生，很难快速找到成因，也需要较长的时间才能恢复到正常状态。一般情况下，当活性污泥的体积指数 SVI 大于 150mL/g 时，则认为系统已经发生污泥膨胀。污泥膨胀一般分为两种类型，一种是由于丝状菌过度繁殖导致，另一种是由于活性污泥菌胶团细菌分泌大量的高黏性物质引起。从国内外研究者报道来看，90%以上的活性污泥膨胀都是由丝状菌过度繁殖引起的，而 *Candidatus* Microthrix parvicella 是公认的引起污泥膨胀的主要丝状菌类型。

活性污泥微生物主要由菌胶团细菌、丝状菌和游离细菌组成。理想的活性污泥絮体需要在丝状菌与菌胶团之间保持动态平衡，适当的丝状菌数量对维持活性污泥的絮体结构稳定是非常重要的。活性污泥絮体由丝状菌形成骨架结构，菌胶团细菌通过多糖等物质附着其上，形成稳定的絮凝体结构。此时的絮凝体沉淀性能良好，丝状菌和菌胶团细菌之间相互竞争，相互依存，絮体中存在的丝状菌有利于保护絮体已经形成的结构并增加其强度，使污泥絮体具有良好的沉降性能，以便达到较好的泥水分离效果，保持高的净化效率，降低出水悬浮物的浓度。但在污泥膨胀诱因的诱发下，丝状菌与菌胶团的细菌竞争中，丝状菌对营养物质的摄取能力较强，大量的丝状菌从污泥絮体中伸出较长的菌丝体，菌丝体之间互相接触架桥并形成构架结构，阻碍了污泥絮凝体的沉降，导致絮体松散、破碎，造成严重的污泥膨胀，破坏活性污泥絮体的稳定性。

对引起污泥膨胀的丝状菌类型的鉴定和不同环境条件下微生物菌群的解析已有大量的研究，但是城市污水处理系统中丝状菌污泥膨胀的发生机制还未得到确定性的结论，尤其污泥膨胀的发生对生物脱氮除磷功能菌群的影响还有待进一步探索。通过研究引起活性污泥膨胀的丝状菌类型，从微生物生态学的角度探究脱氮除磷功能菌群分布的变化特征，掌握污泥膨胀的影响机制及控制策略，为提高污水生物除磷脱氮系统的实际效能及运行稳定性提供相应理论依据，对把控污泥膨胀阶段的处理效果具有指导意义。

1. 污泥膨胀和生物泡沫的发生机制

低 DO、低 F/M、低 pH、高硫化物等均是丝状菌污泥膨胀的诱因，但丝状菌膨胀对温度具有较强的敏感性，低水温（低于 15℃）和低污泥负荷（低于 0.1kgBOD_5/kgMLSS/d）运行时活性污泥系统容易引发污泥膨胀及生物泡沫。冬季水温低于 15°C 和污泥负荷低于 0.1kgBOD_5/kgMLSS/d 时，进水中脂类物质增加使微丝菌群体的密度变小，污泥上浮速度加快，丝状菌的长菌丝从絮体中伸出摄取更多营养物质，在厌氧/缺氧/好氧交替的生物除磷脱氮工艺系统中对低分子有机酸底物的竞争优势更加明显，同时将溶解性的长链脂肪酸和油酸以碳源形式利用，并直接储存在胞内，在厌氧区储存随后在好氧区利用，污泥沉降性能受到破坏，SVI 值迅速上升，即发生污泥膨胀。

在许多国家的污水处理厂中微丝菌都是引发污泥膨胀和泡沫的主要菌种，大量测试研究表明，在好氧/厌氧区交替的工艺系统中，较活性污泥中其他细菌微丝菌具有更强的竞争优势。目前为达到脱氮除磷目的，大多数污水处理厂均采用 A^2/O 或厌氧池+氧化沟等厌氧区置于好氧区之前的处理工艺系统，这可能与微丝菌在好氧/厌氧交替的系统中较活性污泥中的其他细菌具有更强的底物竞争优势有关。除此之外，微丝菌受温度和污泥负荷等条件的影响明显，通常在冬季低温季节和低负荷条件下具有比菌胶团细菌更强的繁殖优势。研究近年来频繁发生污泥膨胀和生物泡沫的 5 座城市污水处理厂，利用显微镜形态学鉴定与革兰氏染色（Gramstain）、奈瑟氏染色（Neisserstain）的方法，对污泥膨胀、非膨胀期的丝状菌类别以及种群结构的动态变化进行解析，发现引发污泥膨胀及泡沫的优势丝状菌为微丝菌（*Microthrixparvicella*）。

图 4-16 给出了城镇污水处理厂污泥负荷、水温与 SVI 值关联关系的示例。

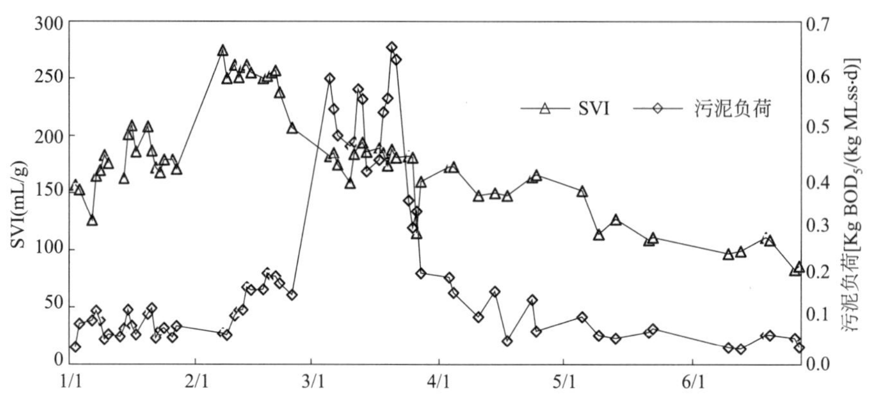

图 4-16 污水生物除磷脱氮工艺系统污泥负荷、水温与 SVI 关系

具有生物脱氮除磷功能的污水处理系统常常受到污泥膨胀的困扰，Andreasen 等人通过研究丹麦 100 多个脱氮除磷系统的污泥沉降性能，发现采用脱氮除磷工艺系统后的污泥沉降性能变差。Blackbeard 等人对南非的污水处理厂调查时发现，与不进行脱氮除磷的活性污泥系统相比，脱氮除磷系统出现污泥膨胀和生物泡沫的比例更高。具有除磷工艺的污水处理厂，污泥的沉降性能相对较好，主要是因为聚磷菌的存在增加了污泥絮体的相对密度，而具有反硝化功能的污泥沉淀性能较差。

研究者们还发现在具有脱氮除磷功能的污水处理厂，选择器对于控制丝状菌的数量有一定作用，但对于阻止污泥膨胀来说作用不大。早期以除碳为目标的传统活性污泥系统，污泥膨胀的发生主要是由于处理系统起始端碳源浓度梯度的缺乏，因此，采用加设“选择器”的方式有效控制了许多系统的污泥膨胀问题。但随着活性污泥系统功能的逐步完善升级，且在生物脱氮除磷的污水处理系统中，选择器很难有效控制丝状菌的大量繁殖。

2. 污泥膨胀及生物泡沫微生物菌群响应特征

通过对比分析非膨胀期污泥、膨胀期污泥和生物泡沫中的脱氮除磷功能微生物群落结构的动态变化规律，探究其对污泥膨胀的影响机制，可以为保障城市污水生物除磷脱氮系统的实际效能及运行稳定性提供理论支撑。

正常期和膨胀期活性污泥优势菌群均为变形菌门，生物泡沫优势菌群为变形菌门及放线菌门。正常期和膨胀期活性污泥在不同分类水平下群落结构对比分析表明，在门水平下菌群结构未有明显变化，优势菌为变形菌；在变形菌纲水平下微生物百分含量排序依次为β-变形菌纲＞γ-变形菌纲＞α-变形菌纲＞δ-变形菌纲＞ε-变形菌纲，且大多数活性污泥在氮磷等污染物去除中起重要作用的功能菌属于β-变形菌纲，测序结果发现污泥膨胀期β-变形菌纲丰度高于非膨胀期。

膨胀期活性污泥和生物泡沫在不同分类水平下群落结构对比分析表明，生物泡沫优势菌群为变形菌及放线菌，微丝菌的过度增殖是引起放线菌丰度升高的主要原因。丝状菌相对丰度呈现出非膨胀期污泥低于膨胀期污泥，低于泡沫的规律趋势。

微丝菌增殖有助于脱氮功能菌在活性污泥絮体上的附着和生物除磷。通过高通量测序及速率试验解析活性污泥系统菌群结构特征及脱氮除磷能力，结果表明，生物泡沫菌群结构与活性污泥相似，说明泡沫中附着大量功能菌。

一定程度的污泥膨胀及生物泡沫对氮磷去除效能无不利影响，丝状菌受控参数 SVI 值由 100mL/g 提高到 200mL/g，可适度利用以强化氮磷去除。从形态学特征分析，主要是由于丝状菌具有较大的比表面积，对污水中的污染物具有更强的降解能力，形成的网状捕捞结构能够更好地吸附细小的悬浮物质。

利用发生机制和微生物菌群响应特征也可以解释观察到的运行特征，通过膨胀期和非膨胀期系统对 COD、TN、NH_3-N 和 TP 的去除率比较，可以看出，污泥膨胀对生物系统的处理效能无显著影响，适度的污泥膨胀和生物泡沫，反而一定程度提高了系统的氮磷整体去除效果。当 SVI 高于 200mL/g 时，可采用提高污泥负荷的方式，控制微丝菌过度生长。

通过短期内将污泥负荷提高至 0.16kgBOD_5/（kgMLSS・d）以上，可快速有效降低 SVI 值，达到控制微丝菌生长的作用，以避免由此产生的污泥膨胀和生物泡沫。

如图 4-17 和图 4-18 所示，通过混合液与生物泡沫硝化、反硝化速率的测定，加入泡沫后的速率高于本底混合液速率，证实泡沫中附着大量脱氮功能菌，与高通量分析测试结论一致。如图 4-19 所示，正常运行的活性污泥中存在大量聚磷菌，而污泥膨胀期聚磷菌的数量急剧减少，但除磷效率并没有降低；通过奈瑟氏染色对活性污泥染色观察，发现在膨胀期的活性污泥体系中微丝菌本身可以储存大量的聚磷颗粒。

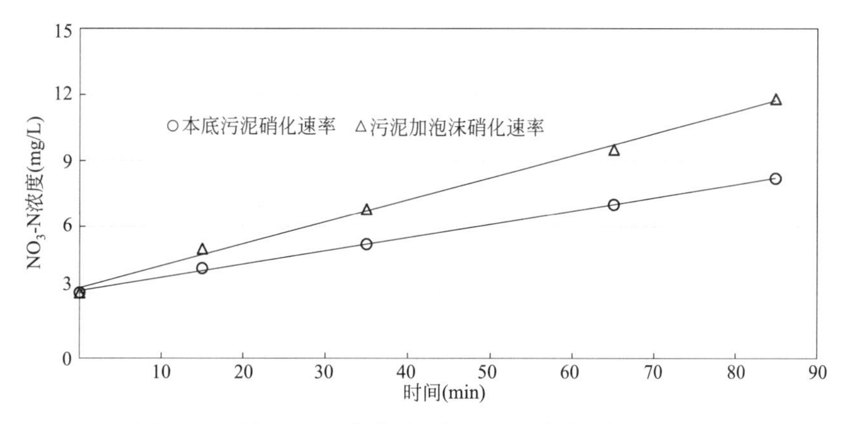

图 4-17 活性污泥丝状菌对生物处理系统硝化能力的影响

在笔者调研的数十座城镇污水处理厂中发现，70%以上的污水处理厂曾出现过或一直出现污泥膨胀和生物泡沫问题。一旦发生，大多数污水处理厂运行管理人员由于担心影响出水水质达标，都会采取降低运行负荷等措施，减轻或者消除这一现象。

而根据项目研究发现的适度膨胀和泡沫对氮磷去除效能无不利影响，丝状菌中的微丝菌及形成的泡沫附着作用有助于氮磷去除，颠覆污泥膨胀及生物泡沫对生物除磷脱氮不利的传

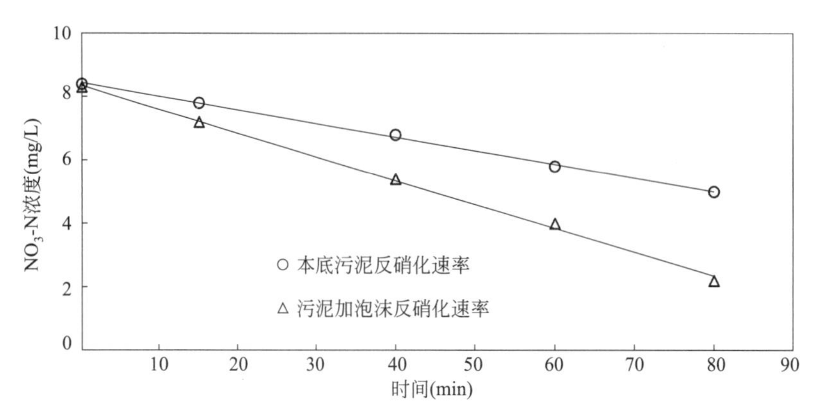

图 4-18　活性污泥丝状菌对生物处理系统反硝化能力的影响

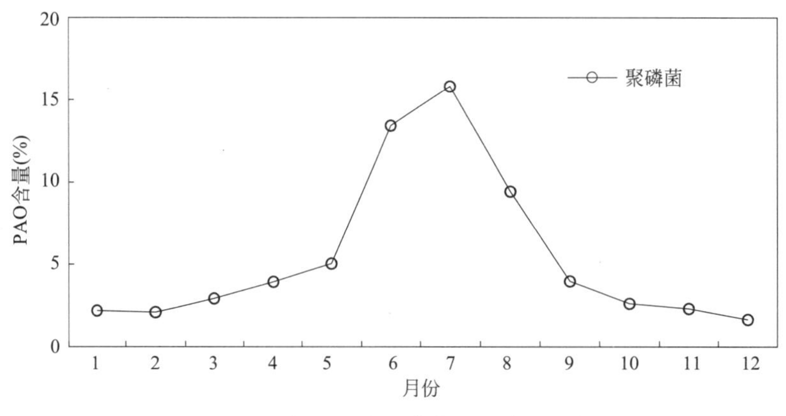

图 4-19　活性污泥中聚磷菌的百分含量变化

统认知。例如，济南某污水处理厂发生过度膨胀时，通过短期排泥提高污泥运行负荷，将原有污泥负荷从 0.1kgBOD_5/(kgMLSS·d) 以下提高到 0.16kgBOD_5/(kgMLSS·d) 以上，打断微丝菌的营养物摄入，有效抑制微丝菌的过量繁殖，此后再逐渐减低污泥运行负荷。

第5章　城镇污水预处理与碳氮磷分离工艺单元

在城镇污水处理工艺过程中，为避免管线堵塞、泥砂沉积和设备损伤，保障整个工艺系统的正常稳定运行，减轻后续处理工艺单元的运行负荷，消除惰性漂浮物、泥砂和悬浮物的不利影响，通常在污水生物处理工艺单元的前端设置相应的预处理工艺单元，主要包括机械格栅、沉砂池和初沉池等常规工艺单元设施。由于我国城镇污水的漂浮物和悬浮物含量变化幅度较大，来源构成比较复杂，形状多种多样，外形尺寸（粒径、长度、宽度、厚度）的跨度较大，包括分米级、厘米级到微米级，每个预处理工艺单元及配套设备的选择，均会直接影响后续工艺单元及设备的运行成效、稳定性和可靠性。

为满足“双碳”目标下城镇污水高标准处理与资源化利用的要求，尤其人民群众日益提升的对人居生态环境质量改善的需求，随着城镇污水处理厂一级A及以上水质标准的实施，集约化、精细化的污水处理新工艺和新设备在工程中的应用越来越多，对污水预处理功能提出了更高的要求。在不断提升机械格栅对漂浮物的截留范围与清除效率的同时，还需要增强不同粒径砂砾尤其细微泥砂的分离与去除，同时改变传统初沉池的单一沉淀功能及运行模式，强化其协同发酵、水解酸化和无机固体分离能力。在某些情况下还要考虑不同类型强化一级处理技术的应用，通过碳氮磷组分的适度分离，优化工艺全流程的单元及设备选择，同时为引入新型的氮磷去除与深度处理工艺技术提供运行保障。

5.1　格栅单元及配置

格栅单元通常采用不同构造形式与功能的机械格栅，用于筛滤并截留可能堵塞水泵机组及管道阀门的各种各样漂浮物，以保证后续处理单元及设备的正常稳定运转，同时减少生物处理系统浮渣的形成。按照格栅的栅条间隙或栅板孔洞孔径的不同，一般可分为粗格栅、中格栅、细格栅和超细格栅等类型。粗格栅或中格栅通常安装在污水提升泵房前端的进水渠道或集水井的进口处，细格栅通常安装在经污水泵提升后的出流渠道上或沉砂池的出口端，这些格栅均用于截留污水中不同尺寸的漂浮物和尺寸相对较大的悬浮固体。

随着人们生活水平的不断提高和日常生活方式的明显改变，进入城镇污水处理厂的各种细小线性漂浮物和片状漂浮物呈现逐渐增多的趋势。例如，污水中的织物细纤维、毛发、包装纸、塑料碎片、橡胶制品、果皮果壳、蔬菜碎皮、木屑木块等越来越多。其中有相当一部分的丝状、片状或细小的漂浮物及悬浮颗粒，通常能够穿越前述的粗、中两道格栅，容易在后续工艺单元中造成设备与管线的缠绕及堵塞。

近年来，随着城镇污水高标准处理与再生利用需求的日益增加，尤其新型处理工艺单元和设备产品的工程应用，对格栅的功能和使用范围提出了新的要求。例如，需要在生物处理、深度处理、回流污泥等单元的进口端或出口端设置新型格栅装置，拦截更细小的漂浮物和悬浮颗粒；格栅的间隙（孔径）由原先常见的 5～25mm 扩展到 1.5～25mm 的范围，间隙或孔径更小的超细格栅应需而生，新设备产品的开发与市场发展迅速。格栅的安装位置也发生了一些变化，不再限于生物处理工艺的前端。

5.1.1 格栅原理与配置

1. 技术原理

随着城镇污水高标准处理及再生利用需求的增加，城镇污水处理厂进水水质的波动性变化，以及污水及污泥处理工艺的改进和功能提升，机械格栅的种类也越来越多，但绝大部分机械格栅仍由以下几个关键部分组成：

（1）筛滤系统。格栅的核心单元，常见形式为孔板、编织网和栅条等。

（2）清渣系统。不同类型栅板及运行模式，对应不同的栅渣清除系统。

（3）清洗系统。细格栅和超细格栅，配置栅空隙冲洗系统，防止堵塞。

（4）栅渣系统。为便于栅渣的转运，配备栅渣的输送及压榨脱水系统。

2. 格栅配置

随着城镇污水处理厂一级 A 及以上标准的实施，新型除磷脱氮技术、节能型膜生物反应器（MBR）等新型处理工艺的应用，以及污水处理厂运行管理精细化发展的需要，格栅的规格和应用范围均发生了变化，各处理单元可能需要设置格栅的位置如图 5-1 所示。

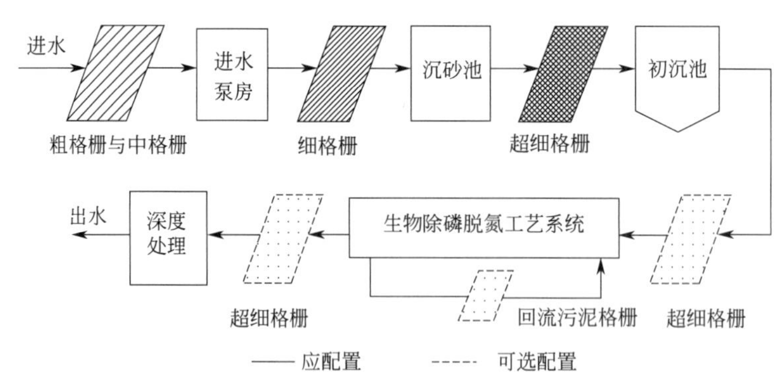

图 5-1 城镇污水处理系统不同类型及规格格栅的设置位置示意图

粗格栅（第一道格栅）间隙大小的选定，取决于厂外污水管网提升泵站和格栅的设置情况。如果入厂的污水全部来自厂外提升泵站直接转输的污水，那么厂内的粗格栅（第一道格栅）间隙一定要与厂外管网提升泵站的格栅间隙相匹配，此时配置中格栅为宜。

中格栅的设置通常基于以下两种情况：其一是粗格栅间隙大且漂浮物含量高，为降低后续细格栅的运行负荷而设置；其二是进入污水处理厂的全部污水，均通过厂外泵站粗格栅的筛滤，然后直接在厂内设置中格栅，不再设置粗格栅。

细格栅通常位于沉砂池的前端，或位于微孔曝气生物池构筑物之前，其间隙根据前端的粗、中格栅间隙和后续处理工艺单元的要求来确定。而超细格栅主要取决于生物处理或深度处理工艺单元的特定要求，可以位于生物处理之前、中间或之后。采用对悬浮物有特殊要求的工艺单元，应结合现场实际情况确定格栅类型及设置位置，必要时可非标定制。

5.1.2　格栅类型与特征

目前国家相关设计标准（规范）中明确的格栅类型和规格，已经无法全部体现城镇污水处理厂工程中实际使用的情况。随着污水高标准处理和资源化利用对污水处理工艺要求的不断提升，以及对污泥处理处置系统的日益关注，不同处理工艺单元对格栅单元形成了不同的工程应用技术要求。实际上，这不仅仅是为了水线，以往设置了污泥厌氧消化池的工艺系统也经常出现设备缠绕和堵塞等问题，只是一直不被关注，或者由于难以解决而被放弃。按照格栅间隙（孔径）的不同，机械格栅分为粗格栅、中格栅、细格栅和超细格栅等类型，并具有不同类型的内部构造及配套系统，其主要功能及用途简述见表 5-1。

机械格栅的类型划分与主要用途　　表 5-1

格栅类型	格栅间隙(d)	安装位置及用途
粗格栅	50mm≤d≤250mm	多安装于污水管网泵站或者污水处理厂进水泵房之前，用于去除大块的杂物、漂浮物、生物体，保护污水泵、污泥泵等管线设备及后续处理单元的稳定运行
中格栅	10mm≤d≤50mm	在厂外污水管网污水转输或前方泵站已经使用粗格栅的情况下，厂内可直接采用中格栅；设置在进水泵房或沉砂池前，用于去除中等尺寸的杂物和漂浮物，保障后续工艺单元及设备的稳定运行
细格栅	1.5mm≤d≤10mm	一般置于沉砂池前端或之后，用于去除较细小尺寸的杂物和漂浮物，保障后续工艺单元及设备的稳定运行；此栅距也适用于回流污泥格栅的设置
超细格栅	d≤3mm	一般置于膜法工艺单元之前，或高排放标准污水处理厂深度处理过滤单元的前端，用于去除污水中细微杂物、漂浮物，保障后续处理单元正常运行；近年来，应用范围拓展至回流污泥系统，用于筛除活性污泥中的缠绕物和惰性颗粒物等杂质

机械格栅按构造形式的演变可分为链式平面格栅、高链式格栅、钢丝绳牵引式格栅、阶梯式格栅、转鼓式格栅、内进流式格栅和平板式格栅一体机等类型。其中，链式平面格栅、高链式格栅、钢丝绳牵引式格栅的工程应用较早，一般用于粗格栅和中格栅系统，格栅间隙通常 10mm 以上，其应用场景、使用条件、设计考虑和运行控制均较为成熟，在相关设计及设备产品手册中均有较详细的介绍。

阶梯式格栅、转鼓式格栅、内进流式格栅和平板式格栅一体机的格栅间隙覆盖范围较大，且栅板可以采用栅条、孔板、编织网等模式，一般用于细格栅和超细格栅设备。近年来，随着出水水质标准的提高和再生水需求的增加，细格栅和超细格栅已有非常广泛的工程应用。已有的大量应用实例表明，这些新型格栅明显提升和改变了传统格栅的用途和效能，具有各自的技术特点和优势。以下主要从适用条件、设计考虑和运行管理等方面对内进流格栅、转鼓式格栅、阶梯式格栅和平板式一体化格栅做进一步的分析讨论与总结。

5.1.3 内进流式格栅

如图 5-2 所示。内进流式格栅基本构造为，网板放置于固定框架中，在电机驱动下连续旋转，待筛滤的污水从格栅的中部开口进入，从内向外通过两侧的网板进行杂质过滤。随着格栅网板的不断旋转，淤积在网板内侧的栅渣随网板被提升到栅渣排放区，由格栅顶部的冲洗水将栅渣冲洗至收集槽中，经槽内螺旋输送系统送至压榨脱水装置脱水后外运。

内进流式格栅采用与过水渠道同方向的设计原理，过水通量不受渠道宽度的限制，仅取决于过水断面的长度，对于现有过水能力不足的格栅改造而言，不失为一种不错的选择。栅板一般为孔板式结构，呈回转式运行模式。区别于传统格栅，内进流式格栅为污水全拦截模式，污水经过栅板才能进入栅后水渠，不存在栅上物再次进入栅后水渠的可能性，因此，正常情况下不会出现栅渣的泄漏现象。

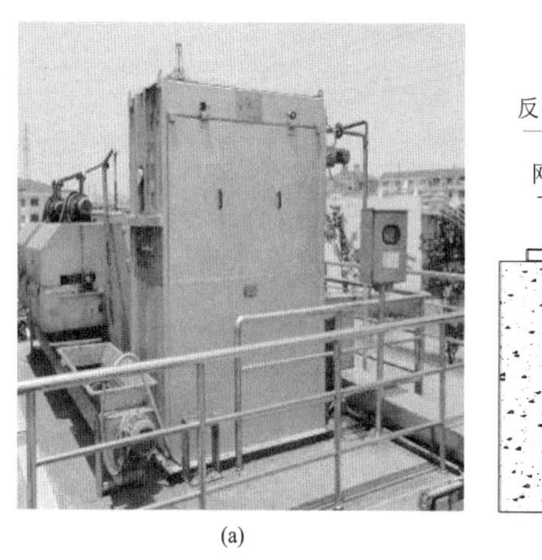
(a)

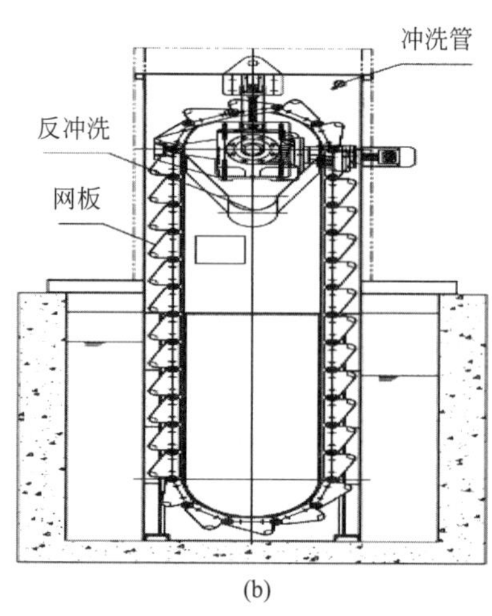

(b)

图 5-2 内进流式污水格栅系统

(a) 内进流格栅实物；(b) 内进流格栅结构图

1. 适用条件

内进流式格栅一般作为细格栅或超细格栅，设置于沉砂池或初沉池的前后，也可用于后续的生物处理和污泥处理工段。内进流格栅的过水通量不受渠宽的限制，仅取决于过水断面长度，因此，特别适合预处理段占地条件受限条件下的改建、扩建项目。

2. 设计考虑

(1) 合理选择栅隙和台数，原则上应设置 2 台以上，并考虑无人值守冗余。

(2) 平行于渠道安装，与渠道两侧的间距需满足滤出水的过流量需求。

(3) 作为 MBR 或深度处理配套超细格栅时，栅板孔径 0.75～1.5mm。

(4) 进水油脂类较多且作为细格栅时，应设置于沉砂池之后。

(5) 格栅安装时，应考虑与渠道两侧空隙间的密封处理。

(6) 清渣系统应包括中压或高压反洗系统和内置毛刷。

(7) 格栅外部宜设置观察孔，方便查看内部运行状况。

3. 运行管理

（1）应设置自动运行和手动运行模式，方便维护检修。

（2）正常情况下全自动控制、间歇反洗，反洗系统不宜频繁启动。

（3）格栅表面累积的油脂类物质应及时清理，保证格栅过水能力。

（4）污泥脱水回流液应回流至格栅出口，减少回流液污泥引起堵塞。

（5）启动后，注意坚硬杂物，发现异常立即停机排除故障，再恢复运行。

（6）任何检修之前，必须切断和锁住格栅主电源并确保检修时不被启动。

5.1.4 转鼓式格栅

转鼓式格栅具有过滤、清渣、反洗、栅渣输送和压榨脱水等功能。如图 5-3 所示，按栅间隙或孔径等方面的要求制成鼓形栅筐，栅板有孔板、栅条和编制网等形式。污水从栅筐前部流入，经栅筐过滤后流出，栅渣截留于栅筐内侧。当栅筐内外的水位差达到设计限值时，栅筐在驱动装置驱动下旋转，启动反冲洗系统，一般采用中压或高压水力冲刷，栅筐内侧设置清渣毛刷。在水力冲刷和毛刷的综合作用下，栅渣落入栅渣槽内，由槽内的螺旋输送装置送至压榨脱水系统，经压榨脱水后，栅渣外运处置。

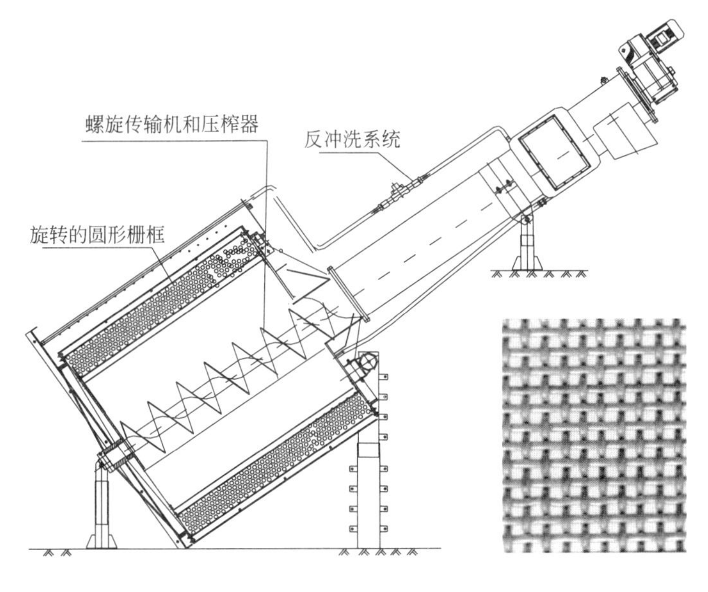

图 5-3 转鼓式细格栅系统结构图及栅网实物

1. 适用条件

转鼓式格栅通常用于细格栅和超细格栅系统，一般安装在沉砂池之前或之后，还有用于深度处理过滤工艺单元的前端，以及用于回流污泥的筛滤处理等。

2. 设计考虑

（1）合理选择栅隙间距和台数，考虑格栅的日常维护和故障维修所需，原则上应配置 2 台以上，以保证工艺系统连续稳定运行，如果考虑全厂无人值守，需增加冗余台数。

（2）当进水中缠绕物、颗粒物较多时，格栅的栅板不宜采用楔形焊接网，宜选用孔板式和编制网结构的栅筐，这样可以减少缠绕堵塞问题的出现。

（3）格栅安装角度与水流方向形成约45°夹角。

（4）作为MBR或深度处理工艺系统配套时，栅板孔径宜采用0.75～1.5mm。

（5）栅筐前后的设计水位差不宜过大，并采用水位和时间双控的运行模式。

（6）清渣系统包括中压或高压反洗系统和内置毛刷，应能保障对栅筐表面截留颗粒物和缠绕物的有效剥离和清洗。

3. 运行管理

（1）应设置自动和手动两种运行模式，方便维护和检修。

（2）正常情况下全自动控制、间歇反洗，但反洗系统不宜频繁启动。

（3）相对于设计值，当进水流量较小时，水位差会长时间低于设定值，系统自动由时间继电器控制，设定运行1～2min、停机4～5min。为保证冲洗效果，反冲洗泵在格栅停止运行30s后再停止反冲洗泵的运行，反冲洗泵一般由浮球液位开关进行运行保护。

（4）进水流量较大时，栅前后水位数据波动较大，转鼓格栅容易频繁起停，应将转鼓格栅的起动水位差设定值设置到较大值。

（5）当进水中油脂类物质较多时，细格栅宜设置在具有除油设施的沉砂池之后，格栅表面累积的油脂应及时清理，以保证格栅的持续过水能力。

（6）污泥脱水回流液应回流至格栅出口，避免回流液对格栅的堵塞。

（7）每次旋转反洗后，栅筐的停止位置应较之前旋转180°，栅筐水面以上部分截留颗粒物和缠绕物可通过风干后反洗剥离。

（8）启动后，必须注意坚硬杂物，发现异常，应立即停机排除故障，再恢复运行。

（9）做任何检修之前，必须切断和锁住格栅的主电源，确保检修时不被启动。

（10）当需要检修或停电等原因长期不运转时，筛网内部和表面、集渣槽及螺旋压榨机有可能出现不同程度的堵渣和集渣，需要采用高压水枪进行冲洗。

5.1.5 阶梯式格栅

如图5-4所示，阶梯式格栅主要由减速机、动栅片、静栅片、偏心旋转机构和栅渣输送压榨机等部件组成，具有过滤、清渣、栅渣输送及配套压榨脱水等功能。阶梯格栅的栅网呈阶梯状排列，栅片为偏心旋转机构，在减速机的驱动下，动栅片相对于静栅片自动交替运动，使被拦截的漂浮物交替由动、静栅片承接，逐步上移至卸料口。格栅顶部设置刮渣板，栅渣输送至刮渣板处时，由刮渣板截留到刮渣板的下部渣槽，渣槽内部设置螺旋输送系统，将栅渣输送到压榨脱水系统，脱水后外运处置。阶梯格栅的过水断面面积较大，可减小运行水头损失，但占地面积也较大。为了防止栅渣回滚，一般推荐45°～60°的倾斜角。为了减少占地，有些设计使用了钩形阶梯格栅，安装倾斜角可达到75°。大部分都在进水槽上方设计铰链点，以便格栅在操作平台上的移动。

1. 适用条件

具有受安装深度影响较小的特征，阶梯式格栅可用于粗格栅、中格栅和细格栅，作为

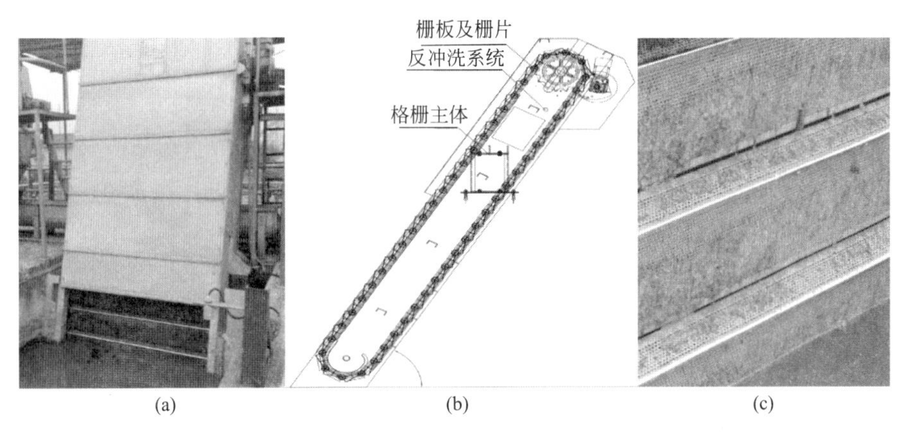

(a)　(b)　(c)

图 5-4　阶梯式栅板格栅系统及外形结构

(a) 阶梯式格栅实物；(b) 阶梯式格栅结构图；(c) 阶梯式格栅栅板及栅片实物

中格栅和细格栅使用时，一般设置在沉砂池的前、后位置。

2. 设计考虑

(1) 合理选择栅隙间距和台数，原则上应配置 2 台以上，如果考虑全厂无人值守，需要增加冗余台数。

(2) 应设置自动运行和手动运行模式。

(3) 根据进水水质，合理选择栅板结构，粗、中格栅的栅板多选用栅条式，细格栅和超细格栅采用回转式，栅板多选孔板式，以强化缠绕物和颗粒物去除。

(4) 作为深度处理系统的配套超细格栅时，栅板孔径宜采用 1～1.5mm。

(5) 格栅安装角度设计为水流方向与格栅成约 60°的夹角。

(6) 刮渣板应保障对栅隙表面截留颗粒物和缠绕物的有效剥离，在格栅循环运行过程中减少截留后栅渣的漏失。

3. 运行管理

(1) 格栅运行过程中，如发现栅板层之间的间歇过大，出现颗粒物直接漏过现象时，应及时维修，保证格栅的截留效果。

(2) 进水中油脂类较多，格栅表面累积油脂时，应及时清理。

(3) 污泥脱水回流液应回流至格栅出口，减少回流液对格栅的堵塞。

(4) 启动后，注意坚硬杂物，发现异常立即停机排除故障，再恢复运行。

(5) 任何检修之前，必须切断和锁住格栅电源，并确保检修时不被启动。

5.1.6　平板式格栅一体机

平板式格栅一体机是集过滤、清渣、反洗、栅渣输送及压榨脱水功能于一体的新型格栅，装置体积较小，对不同安装场地的适应性强。如图 5-5 所示，平板式格栅一体机采用固定栅板的过滤形式，避免过滤断面移动造成的磨损和撕裂，栅板采用孔板式结构，污水依靠重力通过栅板后栅渣被截留于栅板表面，实现污水的全拦截筛滤处理，栅渣由刮渣板推至栅渣收集槽后经压榨脱水排出格栅。

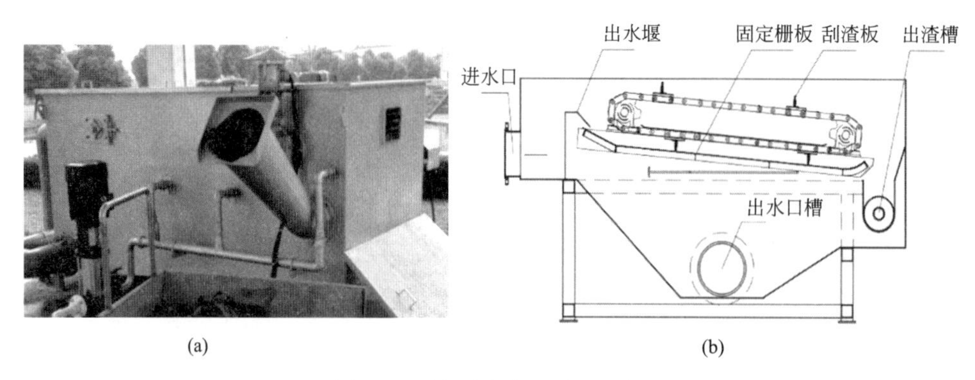

(a)　　(b)

图 5-5　平板式格栅一体机系统

(a) 平板式格栅一体机实物；(b) 平板式格栅一体机结构图

1. 适用条件

适用于大中型污水处理厂生物处理系统活性污泥拦污格栅，也适用于中小型污水处理厂或一体化污水处理设施（规模小于 $5000m^3/d$）的预处理格栅。

作为回流污泥拦污格栅时，仅对部分回流污泥或活性污泥混合液进行筛滤，逐步“净化”生物处理系统中的缠绕物及颗粒物，格栅能力与过流污泥量所含缠绕物及颗粒物含量有关，不受污水处理规模的影响。

2. 设计考虑

(1) 设置自动运行和手动运行模式，方便维护检修。

(2) 作为污水生物系统拦污格栅时，可设置于回流污泥泵房等位置。

(3) 栅板平面尺寸、孔径及安装方式，根据实际需求选择。

(4) 过滤栅板与水平面的夹角为 3°～5°，角度可根据现场需要调整。

(5) 尽量利用构筑物间的水头高差，节省污水提升的能耗。

(6) 刮渣系统根据污水杂质特性，选择毛刷式、橡胶板式或其组合式。

(7) 刮渣系统应设置调速装置，依据实际过水通量或栅渣累积量进行调节。

(8) 栅板安装方式应考虑便于更换。

(9) 螺旋压榨脱水系统底部过水孔应满足及时将压榨水排出的需求。

3. 运行管理

(1) 定期巡视检查设备运行状况，发现问题及时排除。

(2) 根据实际过水通量及栅板表面的栅渣累积情况，调整刮渣速度。

(3) 定期检查格栅内部的栅渣累积，若出现栅渣堆积，应及时清理。

(4) 发现格栅表面油脂类物质累积，应及时清理，保证格栅过水能力。

(5) 污泥脱水回流液应回流至格栅出口，避免格栅的堵塞。

(6) 启动后，注意坚硬杂物，发现异常立即停机排除故障，再恢复运行。

(7) 任何检修之前，必须切断和锁住格栅主电源并确保检修时不被启动。

5.2　沉砂及砂水分离

城镇污水在收集和输送过程中会混入不同粒径和密度的无机颗粒，沉砂池的主要功能是去除污水中密度和粒径较大的无机颗粒。污水处理厂外的除砂系统通常位于污水管网的提升泵站之前，而污水处理厂内的除砂系统一般位于进水泵房之后、初沉池之前。除砂工艺系统可以减轻后续沉淀池和生物池的运行负荷，避免泥砂在生物池中的沉积，显著改善污水生物处理和污泥处理系统的运行环境条件，增强运行安全性和持久性。

《城乡排水工程项目规范》GB 55027—2022 指出，污水预处理应保证对砂粒、无机悬浮物的去除效果，根据《室外排水设计标准》GB 50014—2021 对沉砂池定义，沉砂池应按去除密度 2.65t/m^3、粒径 0.2mm 以上的砂粒进行设计。设置沉砂池可以避免后续处理构筑物和机械设备的磨损，减少管渠和处理构筑物内的沉积，避免重力排泥困难，防止对生物处理系统和污泥处理系统运行的干扰。沉砂池的工作原理是以重力分离为基础，通过控制沉砂池中的水体流速，使得密度大的无机颗粒下沉，而有机悬浮颗粒能够随水流带走。沉砂池的类型包括曝气沉砂池、旋流沉砂池、平流沉砂池和竖流沉砂池等。

在城镇污水处理厂实际运行中，经常出现砂粒在后续处理工艺单元尤其生物池中的沉积，对污水和污泥处理过程造成不利影响，同时还导致机械设备的磨损和管道的堵塞，以及污水生物处理系统污泥活性的明显下降和能耗物耗的上升。

目前的城镇污水除砂及洗砂系统，对粒径大于 0.2mm 的砂粒有较强的去除能力，但对粒径 0.1～0.2mm 的砂粒去除能力比较有限，对粒径小于 0.1mm 的砂粒去除效果很差。因此，除砂及洗砂系统的功能有待进一步改进，以增强 0.2mm 以下砂粒的去除效果。

5.2.1　沉砂类型与特征

沉砂池以重力和旋流离心力为分离基础，使相对密度大的无机颗粒下沉，相对密度小的有机悬浮颗粒随水流而走，达到去除污水中无机砂粒的效果。目前广泛使用的沉砂池为曝气沉砂池、平流沉砂池和旋流沉砂池。早期应用的竖流沉砂池，除砂效果较差，运行管理不便，已经很少使用，目前标准规范中也没有相关内容。

沉砂池是城镇污水处理厂不可缺少的预处理工艺单元，相关标准规范、设计手册中给出了 3 种代表性沉砂池的技术参数，但实际使用情况并不相同。传统的平流沉砂池由于效率较低、环境状况较差、占地较大等原因，在 20 世纪 90 年代之后少有采用，但近年来，随着技术设备的较大改进和地下式污水处理厂的兴起，平流沉砂池的应用开始渐多。

曝气沉砂池的除砂效率高，有机物分离效果好，应用最为广泛，目前最新设计标准规定曝气沉砂池的水力停留时间宜大于 5min，实际工程应用中通常为 5～10min，有研究表明曝气沉砂池水力停留时间大于 9min 时，可有效提升无机砂粒的去除效率。曝气沉砂池的预曝气作用有利于除臭，但容易导致过度复氧，消耗进水中的快速碳源，影响后续生物除磷脱氮效果。因此，需要特别注意曝气量以及进出水井跌水复氧作用的控制。

旋流沉砂池随着20世纪90年代国外政府赠贷款污水处理项目的实施而引进，认为占地面积小、除砂效率高，但在实际应用中，池内的旋流速度对进水渠道的流速控制要求比较高，而我国城镇污水处理厂进水水量波动大，导致多数旋流沉砂池的实际除砂效果不太理想，特别是设计规模过度超前的，实际运行效果普遍不好。

因此，实际工程应用中需合理选择池型及工艺参数，注意运行过程的动态优化调整。

5.2.2 曝气沉砂池

如图5-6所示，曝气沉砂池的内部构造为矩形长池，池底一侧有一定的坡度，坡向另一侧的集砂槽。曝气装置设于集砂槽一侧，距池底0.6～0.9m，提供空气搅拌（曝气）条件，使水流在池中形成前进方向上的水平流动（流速一般0.1m/s，不得超过0.3m/s）和横断面上的旋转运动，池内水流形成螺旋状前进的流动状态。在过水断面的中心处旋转速度最小，周边最大，空气量要足以保证池中污水旋流速度达到0.25～0.4m/s，通常选用0.4m/s。

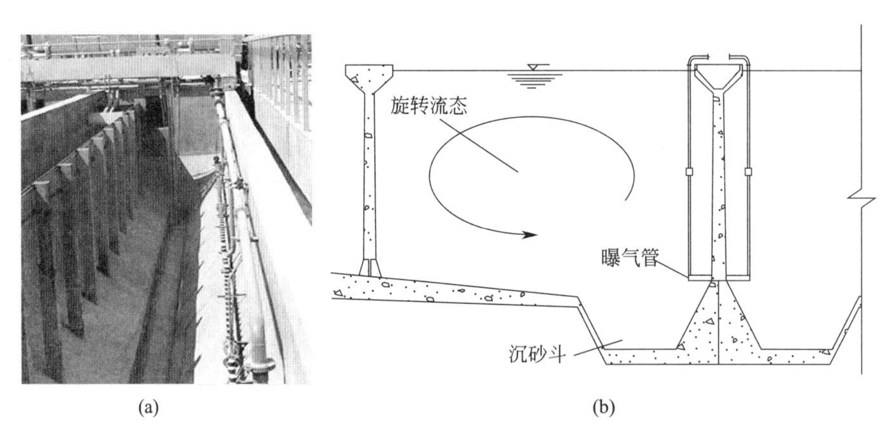

图5-6 曝气沉砂池及内部结构示意图

（a）曝气沉砂池实景；（b）曝气沉砂池结构图

由于水流旋流前进所产生的离心力，使污水中无机颗粒间的互相碰撞与摩擦机会增加，把砂粒表面附着的有机物磨去。把密度相对较大的无机物颗粒甩向外侧并下沉，密度相对较小的有机物旋至水流的中心部位随污水流走。集砂槽中的沉淀砂粒可采用机械刮砂，空气提升器或泵吸式排砂机的方式排出。根据进水油脂含量，必要时设置除油或隔油设施。

曝气沉砂池可以把沉砂中的有机物含量降低到5%及更低程度，但曝气形成的充氧作用会导致污水溶解氧含量较高，对后续污水生物除磷脱氮效果有一定程度的影响。近年来，曝气沉砂过程的充氧程度及其影响已经有所研究，另外，如何提高0.2mm以下粒径的砂粒去除，也是重要的研究开发方向。

1. 适用条件

适用于各种城镇污水处理厂，尤其进水悬浮颗粒有机组分含量较低、无机组分含量较高，以及进水中含有少量油脂、表面活性剂或浮渣的污水处理厂。

2. 设计考虑

(1) 测定进水中无机颗粒的粒径分布，作为设计参数选择依据。

(2) 有条件时，依据水力学流态模拟，确定水平流速、旋转流速、曝气量及水力停留时间等工艺参数。

(3) 通常按最大设计流量设计计算。

(4) 综合考虑除油、除浮渣和沉砂，建议水力停留时间 5～10min，如果后续未设置初沉池，尽量取高限值，如兼有预曝气功能，停留时间取 10～30min。

(5) 沉砂池数量不得少于 2 座，按并联方式设计运行。

(6) 池形构造应尽可能避免出现死角、偏流和短流情况。

(7) 对于地下、半地下式污水处理厂等对通风和除臭要求较高的工程项目，尽量采用链条刮砂或螺杆排沙的形式取代传统的刮砂桥。

(8) 选用链条刮砂机时，应注意施工质量和安装精度，避免出现电机偏轴、链条断裂等情况。

3. 运行管理

(1) 定期检查池底积砂情况，积砂严重时应及时通过抓砂斗进行清理。

(2) 根据实际出砂情况调整运行参数，检查吸砂及洗砂能力，保证效果。

(3) 定期检查和维护沉砂池各附属设施的运行情况。

(4) 定期清理池上浮渣。

(5) 定期记录排砂量，并测试出砂的含水率及有机成分含量。

4. 臭气控制及封闭方式

随着除臭要求的提高，对曝气沉砂池顶部进行封闭成为趋势，主要有以下几种方法：

(1) 橡胶板密封，应用最广泛，封闭效果较好，但材质较软的橡胶板易老化导致密封效果不佳，材质较硬的橡胶板随刮砂桥前后移动时阻力较大。

(2) 折叠塑料板，随刮砂桥移动而折叠或舒展，封闭效果较好，但容易卡阻并造成沉砂池停运。

(3) 刮砂桥全部封闭在沉砂池中，封闭效果好，但容易被臭气侵蚀，造成设备损坏。

(4) 采用平流式沉淀池的刮泥机作为刮砂机代替沉砂池刮砂桥，刮砂机底部刮砂，顶部设刮渣板，该方法可实现曝气沉砂池的全部封闭，仅在顶部开安装检修孔即可。

(5) 采用螺旋输送机取代刮砂桥，在沉砂池刮砂槽底部放置螺旋输送机，输送砂粒并采用砂泵提砂，曝气沉砂池可实现全部封闭，仅在顶部设置螺旋输送机的安装检修孔。

5. 粒径小于 0.2mm 砂粒去除研究

(1) 水力停留时间 (HRT)：HRT 越长，出砂的细砂比例越大；在砂粒沉降过程中，粗砂粒首先沉降，HRT 较短时，大部分细砂尚未沉降就随水流带出沉砂池，因此可以利用出砂中 0.2mm 以下细砂所占比例来判断沉砂池运行效果。

（2）曝气量：考虑细砂去除和降低充氧量，水平流速小于 0.1m/s 时，通过试验可以确定最佳曝气量对应的最高砂粒去除效率。

（3）排砂系统：两台提砂泵同时排入排砂槽容易造成顶托和溢流，影响除砂效果，需要调整泵排砂时间和方向。接入砂水分离器的排砂管堵塞影响除砂效果。

5.2.3 平流沉砂池

如图 5-7 所示，污水在流经重力沉砂池的过程中，较粗的砂粒自由沉淀到沉砂池的底部，同时夹带少量有机物，而粒径细小的砂粒和悬浮固体随污水流出。平流沉砂池通过控制进入的污水流速，污水在沉砂池内沿水平方向流动的过程完成砂粒的沉淀，具有构造简单、无机颗粒截留效果好的优点，但分离的砂粒中通常夹杂有 15%左右的有机物，使沉砂的后续处理难度有所增加，可配备洗砂机使排砂有机物含量低于 10%，甚至低于 5%。

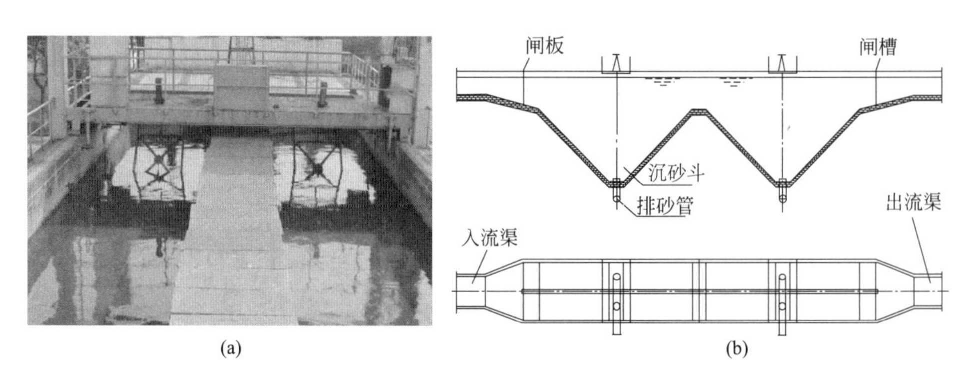

图 5-7 平流沉砂池系统及结构示意图

（a）平流沉砂池实景；（b）平流沉砂池结构图

平流沉砂池平面通常为长方形，主体部分为加宽加深的明渠，由入流渠、沉砂区、出流渠、沉砂斗等部分组成，两端设有闸板，控制水流流速，池底设置 1～2 个贮砂斗，下接排砂管。为提高除砂效果，停留时间 3～5min 为宜。通常机械刮砂，重力或水力提升排砂。

平流沉砂池占地面积较大，贮砂池中的有机物易腐化，影响周围环境质量，在地上式的大中型城镇污水处理厂中应用不多。但由于其池体结构简单，机械设备少，工程投资和运行费用较低，在一些总包工程项目中，出于工程投资考虑，还偶有采用。在地下式污水处理厂的设计建设中，基于整体布局和运行维护等方面的考虑，有较多的工程应用。

1. 适用条件

适用于地下式污水处理厂，以及进水中无机颗粒含量相对较低的污水处理厂。

2. 设计考虑

（1）测定进水中无机颗粒的粒径分布，作为设计参数选择依据。

（2）依据水力学流态模拟，可较为准确地确定流速及停留时间。

(3) 通常按最大设计流量计算构筑物的尺寸。

(4) 池内流速0.15～0.3m/s，停留时间一般1～5min，最高时流量时不应小于30s。

(5) 有效水深0.25～1.0m，低于1.2m，每格池宽不小于0.6m，超高不小于0.3m。

(6) 池数不得少于2座，池底坡度为0.01～0.02。

(7) 污水量变化大时，应考虑流速范围，进水端设置消能和整流措施。

(8) 注意所分离砂粒的堆放和处置方式，避免或减少有害气体排放与散逸。

3. 运行管理

(1) 连续记录每天排砂量，测试含水率及有机成分含量，优化运行模式。

(2) 根据实际出砂情况调整运行参数，检查吸砂及洗砂能力，保证除砂效果。

(3) 定期检查和维护沉砂池各附属设施的运行状况。

(4) 定期检查池底的积砂情况，积砂较严重时，应及时清理，并调整排砂周期。

(5) 定期清理沉砂池的池面浮渣与浮油。

5.2.4 旋流沉砂池

旋流沉砂池通过机械力控制水流的流态和流速，加速砂粒的沉淀并使有机物随水流带走，占地小，稳定运行状态下除砂效果好，但对流态和流速的稳定控制有较高的要求。如图5-8所示，旋流沉砂池由流入口、流出口、沉砂区、砂斗、涡轮驱动装置和排砂系统组成。污水沿流入口的切线方向流入沉砂区，通过旋转的涡轮叶片带动水流呈环流流动，砂粒呈螺旋形运动，促进有机物与砂粒的分离。

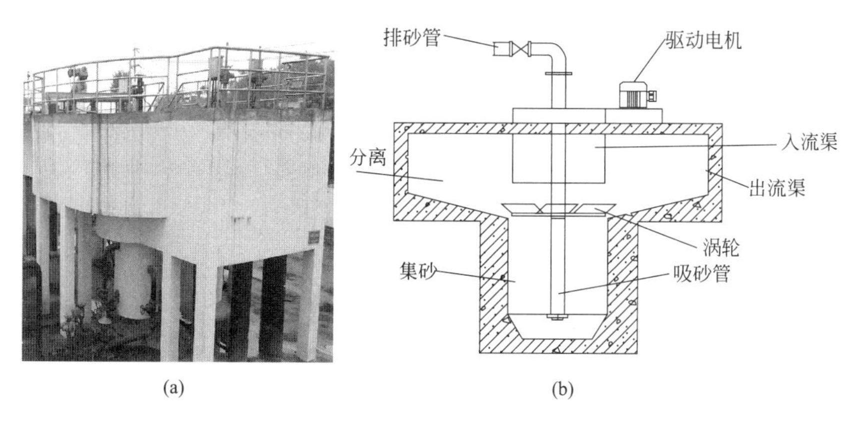

图5-8 旋流沉砂池系统及工作原理

(a) 旋流沉砂池实物；(b) 旋流沉砂池结构图

基于所受离心力的差异，相对密度较大的砂粒被甩向池壁，在重力作用下沉入砂斗，密度较小的有机物，在沉砂池中间部位与砂粒分离，有机物随出水旋流带出池外。通过调整转速，可以达到最佳的沉砂效果。砂斗内的沉砂可以通过空气提升泵、排砂泵等方式排除，为防止砂砾板结，可在沉砂池砂斗底部设置与气提除砂共用气源的气洗装置，再经过砂水分离，达到清洁排砂的质量标准要求。

1. 适用条件

适用于土地资源较紧张、进水量波动相对较小的污水处理厂。

2. 设计考虑

(1) 测定进水中无机颗粒的粒径分布，作为设计参数选择依据。

(2) 有条件时，依据水力学流态模拟，确定流态和流速等工艺参数。

(3) 通常按最大设计流量计算，水力停留时间不宜过长，建议 1～3min。

(4) 进水水量波动较大时应考虑调整进水渠道过水断面以控制进水流速。

(5) 根据除砂效果，调整搅拌速率及桨叶的高度与角度。

(6) 慎重选择沉砂池的提砂与除砂方式，确保除砂系统稳定运行。

(7) 沉砂池数量不得少于 2 座，按并联方式设计运行。

(8) 考虑设置除臭系统，减少有害气体的排放。

3. 运行管理

(1) 定期检查池底积砂情况，及时清理池底积砂。

(2) 根据实际出砂情况调整运行参数，检查吸砂及洗砂能力。

(3) 定期检查和维护沉砂池各附属设施的运行情况。

(4) 采用气提气洗除砂系统时，气提气洗时间及周期间隔根据现场实际状况调整。

(5) 定期记录排砂量，测试出砂含水率和有机成分含量，优化运行方式。

(6) 进水量变化大时，观测进水渠道水流速度，保证池中水流旋流速度。

4. 粒径小于 0.2mm 砂粒去除研究

(1) 进水量：进水量合适的情况下，0.1～0.2mm 砂粒的去除率可以达到 80%以上，进水量明显超过设计水量时去除率会很低，甚至不到 10%。

(2) 搅拌桨转速：搅拌桨转速对砂粒去除率影响相对较小，在试验条件下，转速 7r/min（线速度 0.33m/s）时除砂效果最好，0.1～0.2mm 砂粒去除率达到 90%。

(3) 搅拌桨高度：转速一定的条件下，当轴向搅拌桨距池底高度降低时，其产生的轴向环流强度会相应增强，有利于延长砂粒的运行路径，便于砂粒在底部的捕集，砂粒去除率相应有所提高。当高度进一步降低时，搅拌桨产生的轴向流对池体砂粒作用较强，易使沉入池底的砂粒重新卷入到水中。

(4) 气洗强度：气洗强度对砂粒去除率的影响要大于气洗时间。气洗强度为 10L/(m^2·s)，沉入积砂斗的 0.1～0.2mm 砂粒去除率小于 80%，强度降低至 5L/(m^2·s) 时，0.1～0.2mm 砂粒去除率始终在 90%以上，气洗时间对去除率的影响不明显。

5.2.5 快速砂水分离器

沉砂池出砂系统排出的是砂水混合液，需要通过砂水分离器进行砂水分离，分离过程中相互摩擦可以进一步将砂粒表面的有机物剥离，通过出水进入后续工艺单元。目前常见的是螺旋式砂水分离器，如图 5-9 所示，由输送螺旋、U 形槽、沉沙箱、溢流堰和出砂口组成。砂水混合液进入沉砂箱，砂粒沉入锥底后经螺旋输送从出砂口排出，螺旋输送过程中剥离的砂粒表面有机组分则随出水溢流进入后续工艺单元。

目前市场上也存在利用旋流、附壁、搅拌等原理设计的洗砂、分砂一体化装置。

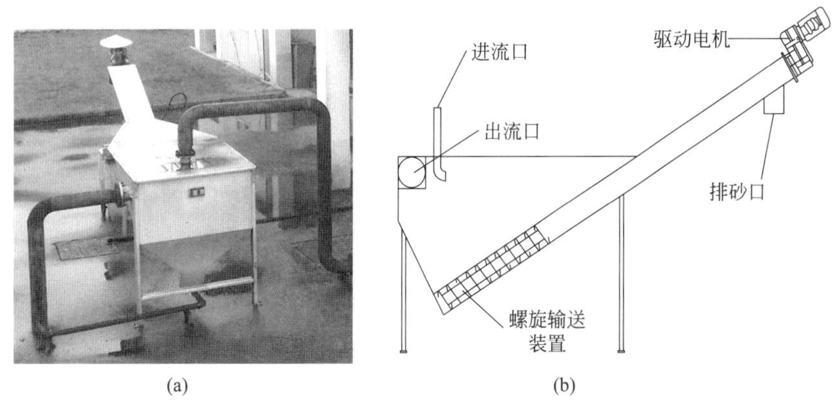

图 5-9　砂水分离系统及工作原理

（a）砂水分离器实物；（b）砂水分离器结构图

砂水分离器一般作为沉砂池的配套单元，砂水混合液通过沉砂池的排砂系统进入砂水分离器，虽然砂粒表面的有机组分在沉砂池中会有部分的去除，在砂水分离器中依然可以适当延长螺旋输送的时间，进一步将砂粒表面的有机组分剥离，分离出的有机物随出水排入后续单元，可以减少预处理系统的碳源损耗。

5.3　初沉池及速沉池

5.3.1　功能要求与原理

1. 功能要求

初沉池是设置在生物处理构筑物之前的重要预处理构筑物，通过物理沉淀去除污水中大致 40%～60%的悬浮固体（SS），包括细微泥砂，同时去除大致 20%～25%的 BOD_5 和 COD，以及部分 TP 和少量 TN，降低后续生物处理工艺单元的运行负荷。当进水水质水量波动较大或受到冲击时，还能起到关键性的缓冲作用，有利于后续工艺单元的稳定运行。

20 世纪 90 年代之前，国内城市污水处理厂基本上都设置初沉池和污泥厌氧消化池。20 世纪 90 年代中期之后，随着氧化沟、SBR 等工艺技术的引进，以及出于占地、投资、运维、污泥处理处置等理由，许多污水处理厂工程放弃了初沉池的设计、建设与运行。但由于我国城镇污水收集系统不完善，进水水质构成复杂，水质水量变化大，不同于发达国家的污水水质，这些没有设置初沉池的处理厂，达到设计规模之后，生物处理单元容易出现泥砂的沉积，活性污泥 MLVSS/MLSS 的偏低，实际运行泥龄低于设计泥龄等不利情况。

进水悬浮固体无机组分含量高和碳氮比偏低是我国城镇污水普遍存在的水质特点，影响因素众多，短时期内难以消除，对氮磷的稳定达标处理和运行能耗有较大的影响。但传统初沉池在有效去除进水 SS 的同时，亦同步去碳源有机物，加剧后续生物处理的碳源不足。如果取消初沉池，又会导致大量细微泥砂及无机悬浮固体进入生物处理单元，导致活性污泥的活性组分比例下降，剩余污泥产率升高，以及设备与仪器仪表的严重磨损。

这就需要对传统初沉池的性能和结构进行改进，以适应新的发展需求。近年来，初沉池的改进主要有 3 类：其一为改变初沉池单一沉淀功能，强化协同发酵，将 SS 有机组分水解酸化为溶解性有机物；其二为初沉污泥的单独发酵处理，转化为挥发性有机酸（VFAs），补充生物脱氮所需的碳源；其三为大幅度缩短初沉池水力停留时间，通常缩短到 0.5～1.0h，还可以缩短到 0.25h，成为速沉池。水力停留时间缩短也同样适合第一和第二类改进。

2. 技术原理

按照污水中悬浮颗粒的凝聚性能和浓度差异，沉淀过程可分为以下 4 种。

（1）自由沉淀：在水中悬浮颗粒浓度较低（小于 50mg/L）的情况下，沉淀过程中，颗粒之间处于互不干扰状态，各自单独沉淀，呈直线轨迹下沉，沉淀全过程中颗粒的物理性质，如形状、大小及密度等均不发生变化。

（2）絮凝沉淀：水中悬浮颗粒浓度虽然不太高（50～500mg/L），但沉淀过程中足以出现悬浮颗粒间的互相絮凝，并因互相聚集增大而加快沉降，沉淀全过程中颗粒的质量、形状和沉淀速度都在变化，实际沉淀速度难以理论计算，需要试验测定。

（3）区域沉淀（成层沉淀）：悬浮颗粒浓度比较高（500mg/L 以上），颗粒的沉降过程已经受到周围其他颗粒的明显影响，颗粒间的相对位置基本保持不变，形成整体性的共同下沉过程，与澄清水之间有清晰的泥水分离界面。

（4）压缩沉淀：在高浓度悬浮颗粒的沉降过程中，由于悬浮颗粒浓度很高，颗粒相互之间已挤集成团块结构，互相接触，互相支承，下层颗粒间的水在上层颗粒的重力作用下被挤出，污泥得到压缩性的浓缩。

初沉池的工作原理就是利用悬浮固体的重力作用和上述 4 种类型的沉淀过程。细微无机泥砂颗粒以自由沉淀为主，速度快，一般 15min 即可基本完成。含有一定比例有机物的悬浮颗粒，在初始自由沉淀之后会发生一定的絮凝作用，沉降速度相对较低，一般需要 30～60min 沉淀时间；有机物为主的细微悬浮颗粒，相对密度较小，难以形成自由沉淀，但在水力混合作用下，能够产生一定的絮凝沉淀过程。

5.3.2 初沉池类型与特征

按沉淀池内的水流方向不同，初沉池可分为平流式、辐流式和竖流式。如图 5-10 所示的平流初沉池，采用链条式刮泥机。如图 5-11 所示的辐流式初沉池采用中心进水，池内水流为辐流流态，污水首先进入池体中心管，经整流板整流后均匀地向四周辐射，上清液由沉淀池四周的出水堰收集并溢流而出；污泥沉降到池底，由刮泥机或刮吸泥机刮到沉淀池中心的集泥斗，再通过重力或排泥泵排出。竖流沉淀池仅适于小规模使用，近年很少使用。

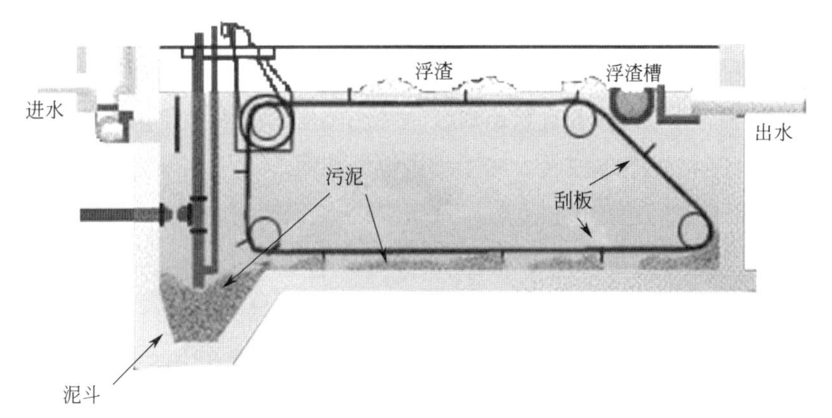

图 5-10　平流式初沉池工作原理示意图

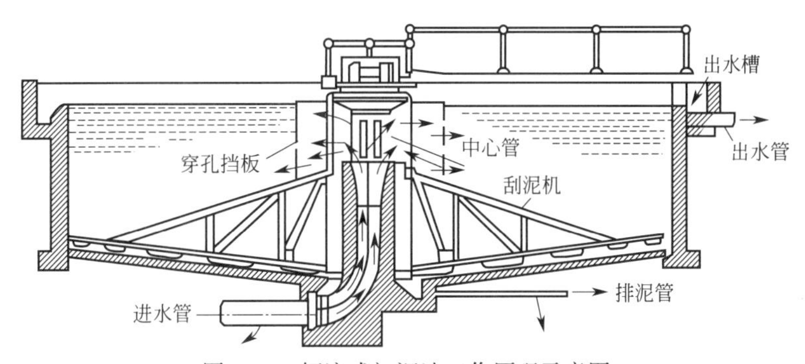

图 5-11　辐流式初沉池工作原理示意图

从强化细微泥砂及悬浮固体无机组分去除、降低有机固体流失的角度考虑，可大幅度降低初沉池的水力停留时间并提供一定的水力旋流作用，构成如图 5-12 所示的高负荷初沉（发酵）池。经过格栅和沉砂池处理后的污水，经进水系统均匀布水，通过池内推进器的推动作用，污水呈现缓慢的上向流动和水平方向的旋流运动，有利于无机组分含量较高、密度相对较大的悬浮固体沉降到池底，作为沉淀污泥排出，无机组分含量较低、密度相对较小的悬浮固体可以随出水进入后续的生物处理工艺单元。

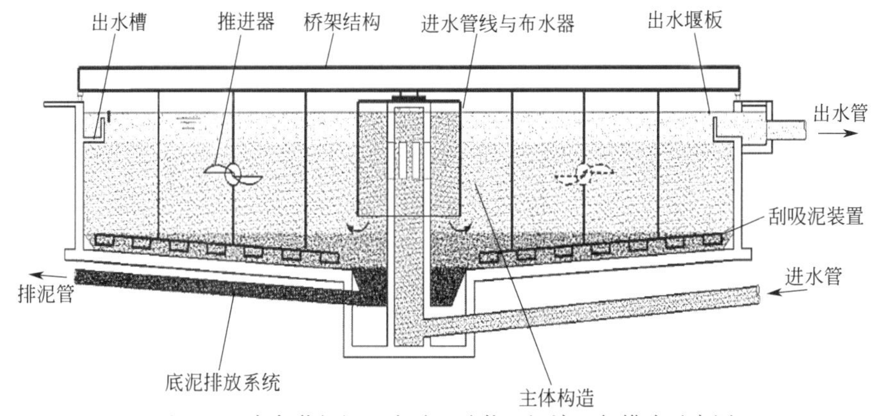

图 5-12　高负荷初沉（发酵）池物理沉淀运行模式示意图

5.3.3 设计与运行考虑

初沉池可以采用辐流式或者平流式，适用于不同规模和不同水质条件的城镇污水处理厂。存在进水悬浮固体无机组分含量偏高、碳氮比偏低，进水悬浮态 TP 及 TN 所占比例较高，进水水量水质波动范围较大，或工程建设用地明显不足、需要扩容等情况时，建议至少采用高表面负荷率的运行模式，或者采用高表面负荷率的初沉（发酵）池设计。

1. 设计考虑

（1）按日最大流量设计，常规初沉池表面负荷为 1.5～3$m^3/(m^2 \cdot h)$，水力停留时间不小于 1.5h；高表面负荷模式，表面负荷为 3～5$m^3/(m^2 \cdot h)$，水力停留时间为 0.5～1.5h；特殊情况下，水力停留时间可缩短至 0.25～0.5h，起速沉池作用，主要去除细微泥砂颗粒。

（2）池数不少于 2 座，正常并联运行，水力学设计应允许超负荷运行。

（3）高负荷初沉（发酵）池模式，可以考虑配置水下推进器，在刮泥机桥架或池壁上安装，混合动力强度 0.15～1W/m^3 可调，高度和角度尽量可调。

（4）撇渣口的设计不宜过小，排渣管的管径适当放大，排渣管路角度大于 135°弯曲，便于导出浮渣，浮渣设施应考虑便于提升和外运。

（5）出水堰的设置应考虑施工时可达到的平整精度，降低短流出水可能性。

（6）池底坡度不低于 0.05，建议机械排泥，采用重力排泥时应加大排泥管的管径。

（7）采用机械排泥时污泥区容积可按 3～5d 污泥量计算；采用重力排泥时污泥区容积不大于 2d 污泥量，静水头不小于 1.5m，排泥管的管径加大，不小于 200mm。

（8）条件允许下，沉淀池进出水宜考虑与前后处理单元，既能并联也能串联运行，提高进水水质水量波动过大时的处理效果和稳定性。

2. 运行管理

（1）定期巡视初沉池的运行状况，发现问题及时排除。

（2）主体设备及配套设施应注意水上、水下交界面可能出现的腐蚀情况。

（3）当进水 SS 很低时，可超越初沉池运行，或者按照速沉池的模式运行。

（4）当出流 BOD_5/TN 明显降低时，提高水力负荷，缩短水力停留时间。

（5）采用间歇排泥时，根据排泥浓度合理控制排泥次数和排泥时间，防止排泥管堵塞；采用连续排泥时应注意观察污泥浓度变化，及时调整排泥量。

（6）注意推进器、浮渣刮板、浮渣斗及挡板运行状况，发现问题及时修复。

（7）注意各沉淀池的出水量是否均匀、出水堰是否被浮渣封堵。

（8）注意刮泥、刮渣、排泥设备是否运行异常，检查部件是否松动。

（9）排泥管道至少每月冲洗一次，防止泥沙、油脂等在管道内尤其是阀门位置造成淤塞，冬季增加冲洗次数，定期将初沉池排空，彻底检查和清理。

（10）定期巡视初沉池的出水、出泥状况，结合监测数据调整搅拌器；水下推进器推进方向与刮泥机的运行方向相反，有助于表面浮渣的收集。

5.4 初沉发酵池（PSF）

5.4.1 基本原理

如图5-13所示，初沉发酵池（Primary Sedimentition/Fermention）主要基于辐流式沉淀池的内部结构和运行模式，通过结构、功能和运行模式的改造，形成集进水悬浮固体无机组分去除和初沉污泥水解发酵于一体的改进型初沉池系统。低速推进器作为关键设备，为污泥层提供低功率密度的推动力，一般安装在刮吸泥机的桥架上，也可以安装在池壁上。

经过格栅和沉砂池机械预处理后的污水，先进入初沉发酵池的偏底部，由进水系统形成较均匀的布水条件，然后通过上向流的水力流态，穿过初沉发酵池的悬浮污泥絮体层，进行生物水解与酸化，悬浮污泥层由低速推进器提供低强度混合条件加以维持，悬浮污泥层处于缓慢的混合与旋转运动状态，完成进水悬浮固体和胶体的生物絮凝和微生物活化过程，形成具有较强生物絮凝和沉淀性能的悬浮污泥絮体，连续补充悬浮污泥层。

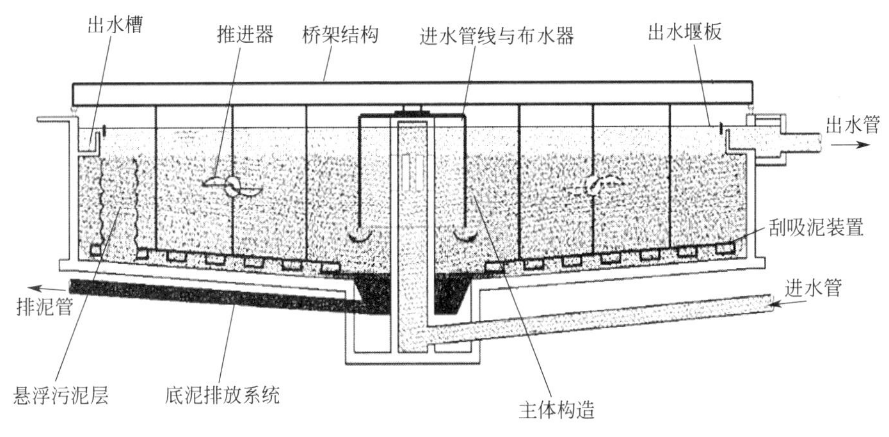

图5-13 初沉发酵池（PSF）预处理系统运行原理与结构示意图

在悬浮污泥絮体层中，持续进行颗粒态固体有机物的液化（溶解）、大分子有机物的水解、单体有机物的分解与酸化，然后通过旋流条件下的重力沉淀作用在初沉发酵池的上部形成固液分离区，进行可沉悬浮固体与水解发酵产物的分离，形成的发酵上清液包含悬浮固体液化所形成的细微悬浮固体和酸化作用形成的挥发性有机酸（VFAs），作为预处理系统的出水。所形成的无机组分含量较高的悬浮固体颗粒下沉到反应池的底部，连同悬浮污泥絮体层的剩余污泥，由反应池底部的刮吸泥装置和底泥排放装置排出反应池，进行必要的后续处理与处置。

初沉发酵池区别于传统初沉池的主要特点为：

(1) 改变污泥的絮凝沉降特性：采用专门的低速推进装置，使池内形成较厚的悬浮污泥层，高密度与低密度的悬浮固体相对分层，以无机颗粒为主、密度较大的颗粒位于池体泥层的底部区域，以有机成分为主、密度相对较小的污泥絮体，随着初沉发酵池出水进入后续的生物处理工艺系统。

（2）提升悬浮污泥层的泥位：污泥泥位明显高于传统初沉池，设计泥位按照不低于总池深的80％考虑，以提高中低密度有机成分进入后续生物处理系统的比例；在泥位明显升高的同时，意味着可沉悬浮固体（初沉污泥）在池体内的固体停留时间明显延长，促进污泥絮体的厌氧发酵过程，部分与无机悬浮固体黏附在一起的有机物通过厌氧发酵得以脱离，进入后续生物处理工艺系统，而部分慢速生物降解有机物能够通过厌氧水解酸化过程，转变为易生物降解有机物，改善后续生物处理的碳源质量。

（3）降低总体水力停留时间：传统初沉池水力停留时间一般为2～3h，而初沉发酵池的设计水力停留时间为0.5h左右，一般不超过1.0h，可以较大程度地节省占地面积，降低工程建设成本，同时还避免因过长水力停留时间所导致的碳源过度损失和污泥在沉淀池底部出现板结难以排出等问题。

5.4.2 运行模式

初沉发酵池可按生物水解发酵、生物絮凝沉淀和物理沉淀3种模式运行。悬浮污泥层高度和污泥浓度通过推进器搅拌强度（功率与速度）的调整进行灵活的控制，以达到不同程度的水解酸化和固体分离效果，适应不同时段的进水水质水量变化，使工艺运行灵活性提高，工程造价和运行成本降低。

初沉发酵池按生物水解发酵模式运行时，在一个反应池内同时完成进水悬浮及胶体颗粒的液化分解，复杂和高分子有机物的水解，有机物的产酸发酵，以及固体残留物与发酵产物的分离，使污水的水质构成发生较明显的变化，有利于改善后续生物除磷脱氮效果，提高活性污泥的有机组分含量和生物活性。

初沉发酵池按生物絮凝沉淀模式运行时，推进器的混合强度和排泥量加大，悬浮有机固体的分解率相应降低，主要进行悬浮固体和胶体的生物絮凝和微生物活化作用。按物理沉淀模式运行时，相当于高负荷运行的普通初沉池，推进器停止运转或间歇性运转，悬浮污泥层的泥位大幅度降低，排泥量增大。

按水解发酵模式运行时的污泥固体停留时间为1～5d，以池内基本不产生甲烷气体为控制上限，出水挥发性脂肪酸（VFAs）含量达到最高值为最佳控制目标。水力停留时间一般控制在0.5h，最长不超过2h，取决于进水SS和水温条件。

初沉发酵池预处理效果大致为：进水SS分解率15％以上、VFAs浓度和出水VSS/SS提高20％以上，在降低出水悬浮固体无机组分含量的同时，提高优质碳源（VFAs）的比例，有利于提高生物处理单元的污泥活性和除磷脱氮效果。

5.4.3 适用条件

当存在以下条件或若干条件时，建议采用初沉发酵池：

（1）污水收集系统以合流制为主，或者纳入无机悬浮固体含量高的排水。

（2）进水 SS 浓度在 150mg/L 以上，且 SS 中无机固体组分所占比例较高（例如 VSS/SS 低于 0.55，或 SS/BOD_5 高于 1.2）。

（3）污水碳氮比偏低，例如，生物池进水 BOD_5/TN 低于 4.0。

（4）污水处理厂的建设用地或提标改造用地明显不足。

（5）污水中的悬浮态 TN 和 TP 所占比例较高。

（6）进水水量、水质波动较大。

5.4.4 设计与运行考虑

1. 设计要点

（1）初沉发酵池水力停留时间为 0.5～1.0h，最长不超过 2.0h；表面水力负荷为 3～5$m^3/(m^2 \cdot h)$，建议取高限值。

（2）悬浮污泥层固体停留时间控制在 3d 左右，根据水温在 1～5d 内调整；条件允许设计泥位控制系统，实时监测池内泥位，控制最佳泥龄。

（3）潜水推进器在全桥式或半桥式刮吸泥机上安装，或者池壁安装。

（4）潜水推进器混合功率密度的调控范围为 0.15～1.0W/m^3。

（5）尽量采用排泥泵排泥；若重力排泥，排泥管路适当加大，以免堵塞。

（6）撇渣口设计不宜过小，排渣管管径适当放大，排渣管路角度最好大于 135°弯曲便于导致出浮渣，浮渣处置设施应考虑便于提升外运。

（7）水下推进器推进方向与刮泥机运行方向相反，有助表面浮渣收集。

（8）池底坡度应不低于 0.05，建议采用机械排泥；污泥区容积可按 4d 污泥量计算；排泥管直径不应小于 200mm。

（9）条件允许下，沉淀池进出水应考虑与上下处理单元，既能并联也能串联运行，提高进水水质水量波动大时的运行效果稳定性。

（10）若增加除臭设施，除臭加盖后应不影响推进器的正常检查和维修。

2. 运行控制

初沉发酵池的运行控制类似于初沉池，主要增加潜水推进器和泥位的控制。需要定期巡视出水和出泥状况，结合监测数据调整推进器运行状态。

（1）水力停留时间尽量控制在 0.5～1.0h，进水量不足时会大于 1.0h，可根据进水流量和 SS 浓度，改变进水流量分配，相应调整水力停留时间。

（2）固体停留时间控制在 1～5d 范围，可根据进出流的 BOD_5/TN 变化进行调整；出流 BOD_5/TN 不应出现大幅度降低，否则应改变运行参数，或者直接超越至后续的生物处理系统。

（3）悬浮污泥层泥位应不低于有效水深的 60%，以保证对进水悬浮固体的有效截留、分解与产酸发酵。

（4）水下推进器的搅拌强度控制在 0.15～1.0 W/m^3 范围，可根据泥位要求和实际搅拌效果优化调整，池内出现紊流状态时应马上降低搅拌强度。

（5）采用间歇排泥时，应根据排泥浓度合理控制排泥次数和排泥时间，防止排泥管堵塞；采用连续排泥时，应注意观察污泥浓度，及时调整排泥量。

（6）主体设备及配套设施应考虑水上、水下交界面的腐蚀问题，加强巡视与维护，发现问题及时处理。

（7）根据水质水量变化情况，必要时可按高负荷初沉池模式运行。

（8）注意搅拌器、浮渣斗、浮渣刮板与浮渣斗挡板运行状况，及时调整修复。

（9）注意各池的出水量是否均匀、出水堰是否被浮渣封堵，及时调整修复。

（10）排泥管道至少每月冲洗一次，防止泥沙、油脂等在管道和阀门处淤塞，冬季应当增加冲洗次数；定期（每年一次）将初沉池排空，彻底清理检查。

5.5 生物絮凝强化一级处理（BEPT）

5.5.1 工艺开发与发展

20 世纪 70 年代中期，联邦德国亚琛工业大学 Bohnke 教授集成传统两段法和高负荷活性污泥法的优点，发明了如图 5-14 所示的吸附/生物降解工艺（Adsorption/Biodegradation Process，简称 AB 法），在 20 世纪 80 年代初开始在德国和奥地利等国家工程应用，主要用于城市污水处理厂的改扩建和新建工程。

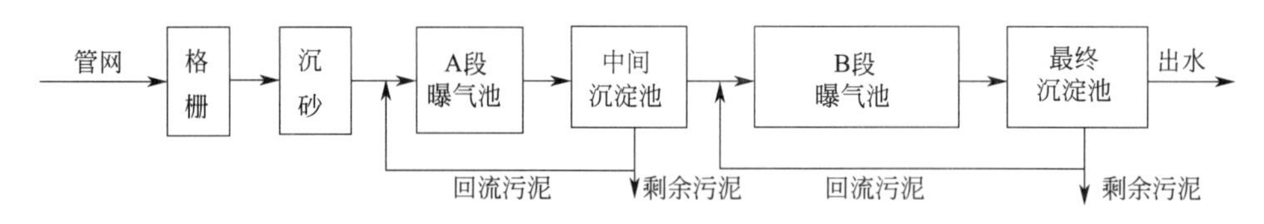

图 5-14 AB 法工艺流程示意图

进入 20 世纪 90 年代后，欧洲各国制订了较为严格的磷氮排放标准，使该工艺技术的进一步推广应用失去市场基础。由于磷氮去除能力不如专门的除磷脱氮工艺，部分 AB 法污水处理厂进行了工艺改造，例如 B 段改为生物除磷脱氮或脱氮工艺，增加化学除磷，以提高全流程的氮磷去除能力。我国山东泰安污水处理厂生物处理采用的就是 AB 法 A 段＋改良 A^2/O 工艺流程，青岛海泊河污水处理厂的 AB 法 B 段预留了除磷脱氮升级改造的用地。

但这并不意味着 AB 法是过时和被淘汰的技术，在氮磷去除要求不太高的地区，AB 法仍然具有很强实用性和先进性。20 世纪 90 年代，该技术的研究和应用在我国得到了重视和延续，通过技术引进、消化和创新改进，形成了自己的技术特色，发现 A 段的主要作用是可沉悬浮固体生物活化、生物絮凝吸附和部分生物氧化，先后有 30 多座城市污水处理厂应用了该技术，部分处理厂的 B 段采用生物除磷脱氮工艺，取得了较好的节能和减排效果。

进入 21 世纪，我国全面实施氮磷排放控制，AB 法新增工程很少，部分已建工程进行了除磷脱氮改造。值得强调的是，AB 法污水处理厂基本上都建设了污泥厌氧消化系统。当前高度重视污水资源化能源化利用，结合侧流和主流工艺厌氧氨氧化技术的新发展，AB 法尤其是作为强化一级处理的 A 段，具有良好的碳氮分离功能，有了重新回归的发展趋势。

5.5.2　工艺机理与特性

试验研究和生产性测试结果表明，在 20～30min 短停留时间空气混合（曝气）反应池与沉淀池构成的生物强化一级处理工艺系统（Biologically Enhanced Primary Treatment，简称 BEPT，即 AB 法 A 段）中，进水可沉悬浮固体得到生物活化，形成具有絮凝沉降性能和较高耗氧速率的活化污泥，对不可沉悬浮固体具有良好的絮凝吸附去除能力，是污水中的天然生物絮凝剂。这种生物絮凝能力的形成与强弱，主要受污泥生物活化程度的影响，而污泥的生物活化程度与曝气时间、负荷率和污泥浓度有关。在一定时间范围内，曝气池水力停留时间越长，生物絮凝效果越好，但继续加长到 1.0h 以上时，会出现污泥絮体的游离化和分散化，随着分散絮体和游离细菌的增加，生物絮凝和固液分离效果呈现下降的趋势。

在短水力停留时间的曝气条件下，不可沉悬浮固体与进水可沉悬浮固体的结合以及生物活化，使污泥混合絮体的 SVI 值高于进水可沉悬浮固体，SVI 值一般由 30 左右上升到 50 左右，能够保持较好的沉降分离性能，只是上清液不太清澈。由于水力停留时间短，生物氧化所导致的溶解性有机物去除比较有限。在随后的沉淀池中，悬浮污泥层的网捕和过滤作用很重要，污泥絮体的均一化、合适的污泥浓度和流速有助于改善固液分离效果。这种以进水可沉悬浮固体活化、生物絮凝作用为主的 BEPT 系统，对进水 SS 和 COD 有可观的去除效果，但对磷氮的去除作用非常有限。

1. 原污水的微生物活性

城镇污水中大量微生物的存在和活性是 A 段成功运行的重要保证。从某污水处理厂的进水渠连续取 24h 水样，测定污水 COD、SS、pH 和耗氧速率。测定结果表明，污水本身存在相当强的生物耗氧能力，平均耗氧速率（OUR）接近 4mg O_2/(L·h)。

为确证污水中的微生物活性，将污水经滤网去除杂物，收集可沉悬浮固体，用沉降上清液配成 MLSS 为 1430mg/L 混合液，在水温 18.9℃，DO 2～2.4mg/L 状态下连续曝气，测定 OUR、沉淀 1h 上清液 SS 和 COD 浓度。原污水可沉悬浮固体有较高 OUR。随曝气时间增加，OUR 不断下降，不可沉 COD 的降低相当明显，但溶解性 COD 的降低不明显。这表明进水可沉悬浮固体对溶解性有机物的降解能力较低，但曝气之后可促进不可沉悬浮固体的絮凝去除。试验过程观测到 SVI 值不断升高，显微镜观测表明，这可能系可沉悬浮固体中的微生物增殖和不可沉悬浮固体的絮凝，是可沉悬浮固体内部结构松散化所致，是可沉悬浮固体和不可沉悬浮固体在曝气状态下相互作用并形成生物絮体的结果。

2. A 段污泥对有机物的去除

A 段污泥与原污水混合，连续曝气，测定 OUR 和 COD，试验结果表明，A 段污泥对溶解性 COD 的去除能力也比较有限，主要发生在前 60min，此后变化甚小，但 OUR 值却没有因为 COD 去除的停止而降低，基本上保持平稳。对不可沉悬浮固体的絮凝吸附去除有较高的初始速率，前 200min 内均有去除，但速率趋小，200min 后几乎不去除。

3. B 段污泥对有机物的去除

为了对比 A 段污泥和污水可沉悬浮固体的生物活性及 COD 去除能力，考察 A 段失效后 B 段污泥能否马上适应进水水质变化及相应的降解性能，将 B 段污泥分别与原污水和原污水沉降 1h 上清液混合后曝气，测定 OUR、SS 和 COD。原污水与 B 段污泥混合后，初始几分钟内 COD 迅速下降，随后缓慢下降。这一特征与 OUR 的变化明显不同步，说明生物氧化降解过程与有机物的去除过程受不同的因素制约，可以认为有机物去除由絮凝吸附和吸收等过程完成，而生物降解过程则由所吸收的有机物的降解和有机固体（微生物）的稳定化组成。絮凝吸附作用越强，生物好氧降解过程和去除过程之间越不同步。

4. 不同污泥的对比研究

为验证各段污泥的活性差异，同时取进水可沉悬浮固体、A 段污泥和 B 段污泥，测定 OUR 值和 COD 去除性能。三者 OUR 值差别不大，但如图 5-15 和图 5-16 所示，B 段污泥对 COD，尤其是溶解性 COD 的去除能力明显大于 A 段污泥和原污水可沉悬浮固体。进水可沉悬浮固体的 OUR 值虽然大于 A 段污泥，但 COD 去除能力却明显小于 A 段污泥。

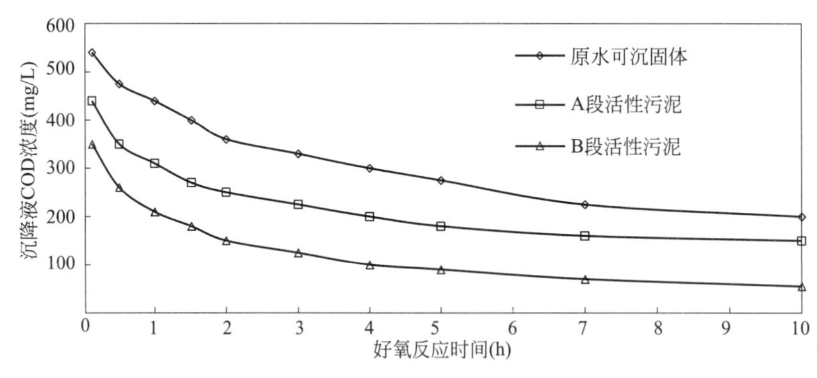

图 5-15　AB 工艺系统不同区段污泥的 COD 去除能力

5. 生物絮凝作用机理分析

根据 IWA 活性污泥模型对有机物组分的划分，可以认为溶解性快速生物降解有机物组分的存在是 A 段初始阶段 OUR 高和溶解性 COD 快速去除的原因。颗粒性不可生物降解和慢速降解组分的絮凝吸附去除是初始反应阶段高去除率的成因。慢速生物降解部分，尤其难以絮凝吸附的溶解性慢速降解部分的存在是处理系统最终出水水质随水力停留时间（泥龄）变化的根本性原因，泥龄及水力停留时间越长，慢速降解组分彻底降解的可能性越大。

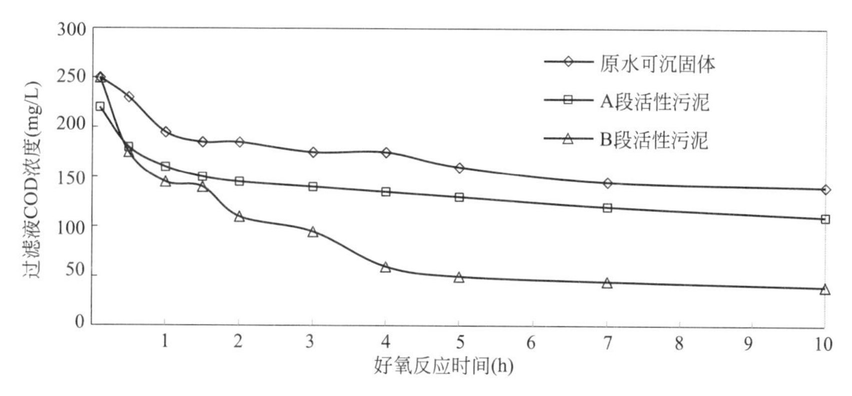

图5-16　AB工艺系统不同区段污泥的溶解性COD去除能力

A段污泥负荷一般大于2.0kg BOD_5/(kg MLSS·d)，泥龄0.5d左右，这种短泥龄特性对微生物群体组成具有选择作用。较高级具有核膜的单细胞和多细胞真核微生物，世代时间通常大于泥龄，在A段中难以生存。世代时间大于几个小时的原核微生物也难生存，但有可能通过生物絮凝滞留下来。只有快速增殖的原核微生物才能在A段生存并占优势。

Bohnke教授认为，AB法把污水处理厂、沟道、人类联系在一起，形成“人类—沟道—处理厂”污水净化系统，处理厂是其中一个环节，要达到最佳处理效果，就必须考虑前面两个环节的状况，沟道中流入A段的细菌量就不能忽视。由泥龄表达式可以看出，外源进入的生物量直接影响泥龄大小。污水直接进入A段，起到很大的外源微生物补充作用。

进水悬浮固体及微生物对A段的补充，明显增加了混合液的酸碱缓冲能力，具体原因如下：其一是部分微生物被破坏死亡后释放的细胞成分属于有效的缓冲介质；其二是进水中的有机和无机组分具有酸碱平衡能力，如氨基酸、碳酸钙；其三是污水中存在的碳酸盐缓冲体系能产生明显的缓冲作用，所以A段的抗冲击负荷能力较强。

6. 生物絮凝的工艺特性分析

A段微生物的外源补充性、选择性和适应性是其重要特性，A段的去除作用不仅有别于初沉池，而且有别于常规活性污泥系统，主要包括以下几个方面：

(1) 可沉悬浮固体的较完全去除：这一点与初沉池的作用类似，其差异是初沉池沉淀过程中进水可沉悬浮固体未发生质和量的明显变化；而在A段中，可沉悬浮固体得到生物活化，絮体结构有所变化，并与不可沉悬浮固体絮凝在一起。

(2) 不可沉悬浮固体的絮凝去除：去除率受可沉悬浮固体生物活化程度影响，与曝气时间、污泥负荷和污泥浓度有关。在一定时间内，泥龄和曝气时间越长絮凝效果越好，但过长的曝气时间可导致污泥微生物的游离化，生物絮凝能力下降。对于中沉池，泥层的网捕和过滤作用很关键。

(3) 溶解性有机物的吸收和生物氧化：随着进水可沉悬浮固体的活化，溶解性有机物得到部分降解，新合成的菌体可黏附于可沉悬浮固体上；不可沉悬浮固体与进水可沉悬浮固体的结合，使混合絮体 SVI 高于进水可沉悬浮固体并保持良好的沉降性能；但 A 段微生物种类较单一，世代时间短，仅快速降解有机物得到去除，有机物的生物氧化去除有限。

根据 OUR 测定结果，A 段的耗氧与基质的去除同步性较差，可以认为 A 段污泥的耗氧主要由两部分组成：其一是溶解性有机物好氧氧化并转化为微生物体，这是 OUR 波动和初始高 OUR 的主要成因；其二是微生物自身的内源呼吸，其作用程度取决于微生物浓度。典型城市污水的 A 段 BOD_5 去除率约为 50%。就占比来说，可沉悬浮固体约 50%，不可沉悬浮固体约 25%，溶解性有机物约 25%，也就是非生物降解性的去除量约占 3/4。

就 MLSS 组成来说，可沉悬浮固体所占比例高于 50%。可沉悬浮固体的存在及活性对另外两种成分的去除有重要的影响。实际上可沉悬浮固体的活化及其对溶解性组分的生物降解，在污水管网中就已存在和不断发生，这导致进水可沉悬浮固体具有较高的耗氧速率，A 段的作用仅是进一步强化原污水的微生物活性和生物絮凝作用，并有效地实现固液分离。

5.5.3 设计与运行考虑

1. 主要设计运行参数

由于进水水质水量通常明显波动，而污泥回流量相对恒定，A 段的瞬时污泥负荷波动通常很大。从提高生物絮凝吸附作用的角度，应使进水可沉悬浮固体得到充分的生物活化。A 段泥龄为 0.3～1.0d 较合适，污泥负荷为 2～6kg BOD_5/(kg MLSS・d)，设计常取 3～4kg BOD_5/(kg MLSS・d)。污泥负荷过高不利于充分利用进水微生物的活性，过低不利于后续的固液分离。污泥浓度也有较大的波动，设计值通常选用 2.0～3.5g/L。一般情况下，水力停留时间设计值不宜低于 25min。

B 段污泥负荷控制取决于出水水质要求，仅考虑去除一般有机物去除，泥龄取 5d 左右即可，如考虑硝化和进一步提高 COD 去除率，选用 10～15d；如考虑较高的生物反硝化率，则选用 15～20d。考虑有机物去除和硝化时，A 段和 B 段的负荷分配是尽可能提高 A 段去除，以降低 B 段负荷，从而提高处理程度或降低池容。对于不希望出现硝化的系统，夏季应提高污泥负荷或使 A 段短时失效，提高 B 段污泥负荷，避免硝化菌增殖。

对于有生物除磷脱氮要求的工艺系统来说，A 段运行负荷的灵活调节相当重要，碳氮比高的情况下可以适度提高 A 段的去除率，偏低时降低 A 段的有机物去除率或 A 段兼氧运行。为了方便 A 段和 B 段的运行负荷调节，工艺设计应有足够的灵活性，如超越和兼氧运行，以及污泥回流量和剩余污泥量的调节等。

2. 溶解氧的控制

A 段可按好氧或兼性厌氧状态运行。当 A 段以兼性厌氧状态运行时，可出现 A 段出水 BOD_5/COD 高于进水的现象，并认为这是 A 段转化难降解物质的结果，能提高污水的可生化性。试验研究和生产性运行表明，兼性厌氧条件下，某些微生物能通过厌氧分解和不完全降解氧化等方式，使好氧状态下难生物降解的有机物转化成好氧状态下可生物降解的有机物，从而提高处理系统的COD去除率，但这种转化具有不确定性，不是稳定可靠的。

在实际运行中，A段溶解氧浓度的变化相当明显，尤其水质水量波动较大的情况下。生产性运行表明，A段溶解氧控制在0.3～0.5mg/L的水平，仍能获得高效稳定的处理效果。但在夏季，水温升高，耗氧速率进一步增大，易造成中沉池厌氧浮泥，需要提高供氧量。

5.6 化学絮凝强化一级处理（CEPT）

5.6.1 工艺原理与构成

1. 工艺原理

早在19世纪末，西方国家就广泛采用化学方法去除有机污染物，但随着污水生物处理技术的发展，其应用逐渐转少。到20世纪80年代，随着污水除磷的需要，化学处理重新得到重视，但基本上都是和二级生物处理相结合，或者用于深度处理。自20世纪90年代以来，随着新型、高效、复合型化学混凝剂的不断推出，特别是市场价格的持续下降，加上越来越严格的总磷控制标准，化学处理受到普遍关注，经历了发展→停滞→再发展的过程。

城镇污水中的颗粒粒径一般为0.01～100μm，物理沉淀适用于10μm以上粒径，化学混凝适用于0.1～10μm的粒径，活性污泥适用粒径范围最广。污水中小于0.1μm的有机物视为溶解态的，不能通过化学混凝去除，但多数可以生物降解和转化；大于0.1μm的非溶解性组分在活性污泥法系统中能够得到很好的去除，包括絮凝捕获、生物转化或氧化分解。

在污水化学处理工艺中，通过投加化学混凝剂及助凝剂，如金属盐（铁盐、铝盐）和高分子量有机聚合物，使污水中细微颗粒和胶体发生凝聚和絮凝，同时沉淀污水中的某些溶解性成分，如磷酸盐和金属离子。在后续的沉淀池中，沉淀过程加速，固液分离效果得到改善，从而增强污水中SS、COD、BOD_5和磷酸盐的沉淀去除。

就污水化学强化一级处理（Chemically Enhanced Primary Treatment，CEPT）技术发展过程来说，试验研究和工程实践表明，下列途径可以提高处理系统的运行效率和可靠性，同时降低药剂消耗和处理费用：

（1）针对特定污水的水质特性，筛选处理效果稳定、性能价格比高的药剂。

（2）通过回流提高反应物浓度，改善混合与絮凝条件，灵活调节速度梯度。

（3）提高反应物浓度，采用空气或机械混合，提高抵抗水质水量波动能力。

（4）通过污泥回流，充分利用先前生成的金属氢氧化物，提高药剂利用率。

（5）提高污泥浓度，形成网捕过滤泥层，强化分散SS和细微沉淀物的去除。

根据上述改进途径，污水化学絮凝沉淀处理的实施方式经历了多种改进。最早采用水力或机械搅拌，无污泥回流；然后是机械搅拌，带污泥回流；之后与二级生物处理结合，化学协同除磷；以及与生物絮凝处理相结合的复合工艺系统。

2. 工艺构成

如图5-17所示，在化学强化一级处理（CEPT）中，包括快速混合区和絮凝反应区。污水首先进入快速混合池，投加化学混凝剂，快速充分混合，污泥絮体和金属磷酸盐沉淀物很快形成，在随后的絮凝反应池中，保持絮体和沉淀物的相互结合和不断增长，使其沉降性能不断提高，然后在沉淀池完成固液分离。混凝剂与污水的混合也可以在进水管道、泵房、渠道、计量槽、跌水等部位进行，但运行效果不如专门设置的混合池。在絮凝反应池末端投加少量聚丙烯酰胺（PAM）高分子聚合物，有助于进一步改善絮凝和沉淀效果。

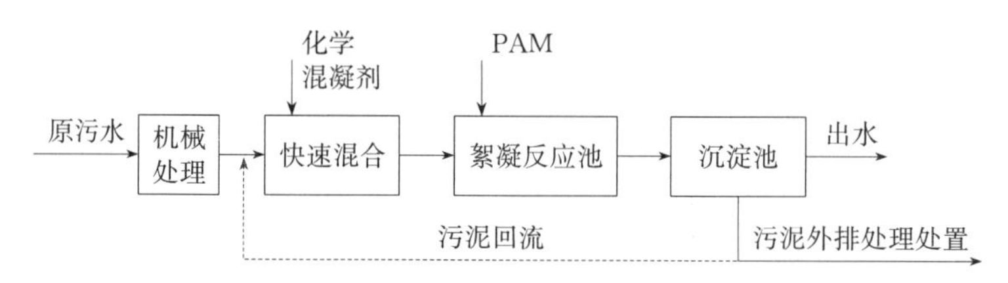

图5-17　污水化学强化一级处理工艺(CEPT)流程示意图

5.6.2　混合与絮凝方式

污水化学混凝沉淀中常见的混合与絮凝方式包括水力、机械和空气曝气。

1. 水力方式

水力混合与絮凝反应方式在给水处理中比较常见，在污水深度处理中也有应用，但在原污水的化学絮凝沉淀处理中极少使用。与饮用水源水和污水二级生物处理出水相比，经过机械预处理后的原污水SS浓度仍然相当高且黏度大，加上水质水量明显波动，水力混合比较难适应，水头损失较大，运行控制比较困难，所需的药剂投加摩尔比变化范围也较大。

2. 机械方式

在污水化学混凝处理中，机械混合絮凝反应的效果要优于水力方式，工程实施比较简单，运行调控比较容易，处理效果稳定可靠，但单机的混合（搅拌）能力有限，适合于中小型污水处理厂。如用于大型污水处理厂，所需的单元构筑物数量和装机台数多，运行控制较复杂，日常维护工作量较大。

3. 空气曝气方式

曝气混合方式在污水生物处理系统化学协同除磷中有广泛的应用，除磷药剂一般投加在曝气池末端，在活性污泥的共同作用下，生成的金属磷酸盐细微沉淀物结合到活性污泥中，出水TP可以稳定达到0.5mg/L以下，所需摩尔比为1.0左右。

如图5-18所示，在投加除磷药剂的CEPT系统中，通过鼓风曝气提供化学絮凝反应所需的速度梯度，其优点是运行控制与工艺调节相对简单，日常运行维护工作量较小。另一重要特性是，这种处理系统可以按多种模式运行，根据进水水质水量和季节变化，在多种运行模式中灵活切换，在满足处理要求的前提下，降低药剂消耗、污泥产率和运行费用。

图5-18 CEPT工艺系统中的空气混合絮凝反应池（香港昂船洲）

5.6.3 设计与运行考虑

1. 化学混凝药剂选择

磷酸铁沉淀物在pH5.5时溶解度最低，磷酸铝沉淀物在pH6.5时溶解度最低。在污水深度处理中，铁盐形成的絮体较密实，含水率低于铝盐污泥，但在CEPT中，两者差别不大。铁盐的腐蚀性强，出水色度较高，聚铁对SS的去除效果较差；硫酸亚铁或酸洗废液需要氧化预处理（加氯）转化成高价铁离子，才能发挥絮凝作用。

在CEPT中，影响污泥含水率的主要因素是药剂投加量，金属氢氧化物所占比例越大，含水率越高。投加摩尔比越大，金属氢氧化物所占比例越大。因此，药剂消耗量的降低不仅节省药剂费，而且减少污泥生成量，提高污泥的含固率。三氯化铁、硫酸铝和聚铁均有较好的去除效果，但聚铝的效果最好，与PAM复配时，药剂消耗量会有较明显的降低。

2. 设计运行参数

按化学絮凝模式运行时，仅提供适当强度的混合，在快速混合池投加药剂，在絮凝池慢速混合状态下复配投加PAM，改善絮凝效果，降低药剂投加量，能耗与机械混合相近。

在空气或机械混合区进行快速混合，速度梯度G=200～300N·s/m^2，水力停留时间0.5～1.0min，在该区投加药剂，完成药剂快速混合与均匀扩散。

在絮凝反应区进行慢速混合，速度梯度G=70～40N·s/m^2，水力停留时间20～25min，完成磷酸盐的化学沉淀反应与絮凝反应。

以化学絮凝沉淀为主的单纯CEPT，对SS、COD、BOD_5有较好的去除效果，但除磷要求较高时所需投药量会明显增加。对城镇污水化学絮凝沉淀，可达到的去除率为：SS 70%～90%、BOD_5 40%～60%、COD 30%～60%、TP 70%～90%。

5.7 化学生物强化一级处理（CBEPT）

20世纪90年代，水环境污染日趋严重，但污水处理设施的工程建设投资严重短缺。

在此情况下，污水强化一级处理技术的研究和工程应用得到广泛关注。不少业界人士提出，近期先建设一级半污水处理厂，通过化学强化一级处理或生物絮凝吸附强化一级处理，以较少的工程投资和运行费用削减较大的污染负荷，待经济条件具备时再建设完整的二级生物除磷脱氮工艺系统。这种分阶段的建设方案具有实际应用价值。对于低浓度城镇污水的高标准处理，采用“CBEPT＋生物膜法脱氮除磷”，目前仍然是可行的技术选择。另外，随着厌氧氨氧化技术的突破和主流工艺应用的就绪度提升，CBEPT 工艺系统可用于前端的碳氮磷分离预处理，为低氨氮浓度污水的厌氧氨氧化处理提供基础环境条件。

5.7.1 工艺原理与构成

1. 工艺系统的构成

在短停留时间的空气搅拌及供氧作用下，污水可沉悬浮固体能够得到活化，是具有较好絮凝沉降性能的天然絮凝剂，对不可沉悬浮固体有很高的去除率。与此同时，污水中的 Al^{3+}、Fe^{3+} 和 Mg^{2+} 有 90%以上被去除，起到重要絮凝作用。对于强化一级处理，采用空气混合絮凝反应和污泥回流可以较有效地利用前述改进工艺性能的途径，利用外加的化学絮凝沉淀剂和污水中的天然生物絮凝剂，达到经济有效地高程度去除磷酸盐和 SS，中等程度去除 COD 和 BOD_5 的作用。

如图 5-19 所示，这种以化学絮凝沉淀作用为主、生物絮凝作用起重要辅助作用的工艺过程称为化学-生物强化一级处理工艺（Chemically & Biologically Enhanced Primary Treatment，简称 CBEPT）。CBEPT 工艺系统由絮凝反应池、沉淀池、污泥回流和空气混合（鼓风曝气）系统构成。污水经过机械预处理后进入絮凝反应池，投加化学药剂，进行空气混合絮凝反应，实现化学—生物联合絮凝和沉淀反应，然后在后续沉淀池完成固液分离。投加的化学药剂包括金属盐混凝剂和聚丙烯酰胺（PAM）助凝剂。

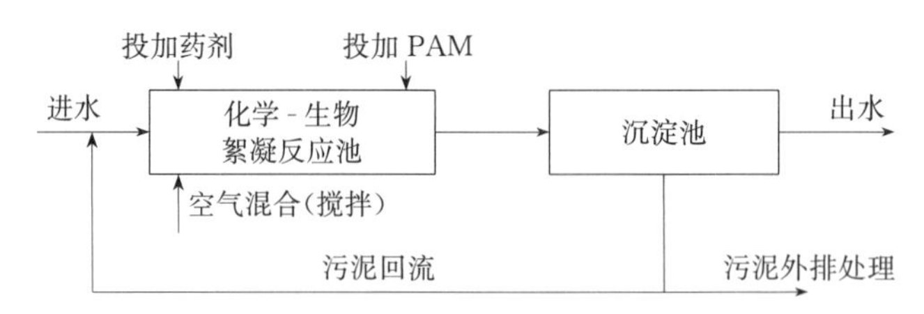

图 5-19 化学-生物絮凝沉淀法强化一级处理（CBEPT）

快速混合时间为 1min 左右，采用机械混合或空气混合。絮凝反应池水力停留时间按生物絮凝反应控制（30min 左右），沉淀池的停留时间为 1.5h 左右，污泥回流比根据实际需要在一定范围内调节，可以通过生产性运行进行优化。化学药剂投加量主要根据进水磷浓度和除磷要求进行确定，PAM 为 0.1～0.5mg/L。

2. 工艺原理与特性

将化学絮凝与生物絮凝相结合，以化学絮凝为主，生物絮凝为辅，可以取长补短，达到处理效果稳定、降低药剂消耗量、减少污泥产生量和降低成本的目的。通过化学絮凝沉淀、生物絮凝和不完全的氧化作用，可以达到的去除率为 COD 60%～80%、BOD_5

60%～80%、SS 80%～90%、TP 75%～90%、TN 25%左右。

以空气混合絮凝反应和污泥回流为特征的 CBEPT 工艺系统具有下列特点：

(1) 与单纯的 CEPT 相比，具有污泥回流的 CBEPT 可以节省药剂 20%以上；药剂消耗量减小和生物氧化作用，使污泥固体产生总量减少 20%以上。

(2) 以某城市污水试验为例，CEPT 药剂投加量为 Al∶P 摩尔比（3～4）∶1；聚铝与 PAM 复配，Al∶P 摩尔比为 2.6∶1；而 CBEPT 的 Al∶P 摩尔比为（1.5～2）∶1，复配 PAM 有助于进一步降低药剂投加量和污泥含水率。

(3) 在采用空气混合絮凝反应的情况下，可按 CEPT、CBEPT、BEPT 3 种强化一级处理方式运行，以适应不同时期水质水量的变化，运行灵活性提高。

CEPT 化学除磷所需药剂投加量为 Al^{3+} 或 Fe^{3+} ∶P 摩尔比 3∶1 以上，需要过量投加的原因之一为原污水中的其他组分与药剂发生非除磷的“竞争性”化学絮凝沉淀；原因之二为 Al^{3+} 与 Fe^{3+} 的磷酸盐沉淀物颗粒小、分散程度高，通常与污水中难以沉淀的悬浮固体结合在一起，如果没有絮凝作用就难以沉淀。需要投加过量的药剂，生成大量具有强絮凝吸附能力的金属氢氧化物，使悬浮固体和分散金属磷酸盐沉淀物能得到有效的絮凝沉淀去除。

在 CBEPT 工艺系统中，化学絮凝、生物絮凝与部分生物氧化促进悬浮颗粒与金属磷酸盐沉淀物的凝聚以及污水中溶解性有机组分的转化（去除），减少非除磷的“竞争性”化学絮凝沉淀，且不再需要投加明显过量的药剂来生成大量的氢氧化铝或氢氧化铁以保证絮凝作用，使药剂消耗量减少，Al^{3+} 或 Fe^{3+} ∶P 摩尔比为 1.5～2.0。如果生物处理程度提高，药剂投加量可进一步减少，在活性污泥系统化学协同除磷的摩尔比可以降低到 1.0～1.5。

在 CBEPT 工艺系统中，通过污泥回流和保持较高的反应池污泥浓度，生成的氢氧化铝或氢氧化铁回流到反应池后，可以继续与磷酸盐反应生成沉淀物，降低药剂消耗量；污泥回流可以加快絮体的形成和增长，加上污泥浓度的提高，可以在后续沉淀池中迅速形成污泥层，增强网捕过滤作用，改善分散性悬浮物和金属磷酸盐细微沉淀物的沉淀分离去除效果，污泥回流还可以提高污泥密度。

在空气混合絮凝反应情况下，增加污泥回流和生物絮凝作用可以改善絮凝反应条件，这是因为混合絮凝反应的效果取决于 $G \cdot C \cdot t$ 值［G：速度梯度；C：反应池悬浮颗粒（污泥）浓度；t：絮凝反应时间］。在 CBEPT 运行方式中，反应池中的污泥浓度为 1000～4000mg/L，是无污泥回流的 CEPT 工艺系统的 5～20 倍。

在单纯 CEPT 工艺系统运行模式中，投药量与进水浓度变化的协调和同步控制比较困难，比如最佳投药量为摩尔比 3.0 时，如果投药量低于此值，则不能达到预期处理效果，如果超出此值，则药剂浪费。进水磷浓度往往是高度不稳定和波动的，而这种波动值又难以连续预测，在实际运行中只能设定一个投加值，而这个设定的投加值一般情况下只能依据最高平均值或最高值确定，这就必然导致药剂的浪费。

而 CBEPT 工艺系统反应池污泥浓度较高，对进水水量和水质浓度的变化有明显的缓冲作用，处理系统内的实际金属离子∶P 摩尔比可以得到较有效控制，缓解了药剂投加量与水质浓度变化不协调和难以控制的问题，连续投药的投药量可以根据进水磷浓度平均值和最佳摩尔比确定，从而减少药剂的浪费。

5.7.2 工艺设计与运行参数

如图 5-20 所示，CBEPT 工艺系统实际上是 CEPT 工艺系统与 BEPT 工艺系统的有机结合，可根据进水水质变化情况和预处理出水的水质要求，灵活转换运行操作模式，选择偏向生物絮凝沉淀处理或者化学絮凝沉淀处理。空气混合可以强化进水 SS 的生物活化和絮凝，反应池污泥浓度越高，供氧越充足，活化效果就越好。根据实际需要，污泥回流比可以在 10%～50%范围内调节，使絮凝反应池的悬浮固体浓度在 1.0～4.0g/L 范围调整，按优化方式运行。但 CBEPT 运行模式的能耗，要高于机械混合和单纯空气混合的 CEPT 模式。

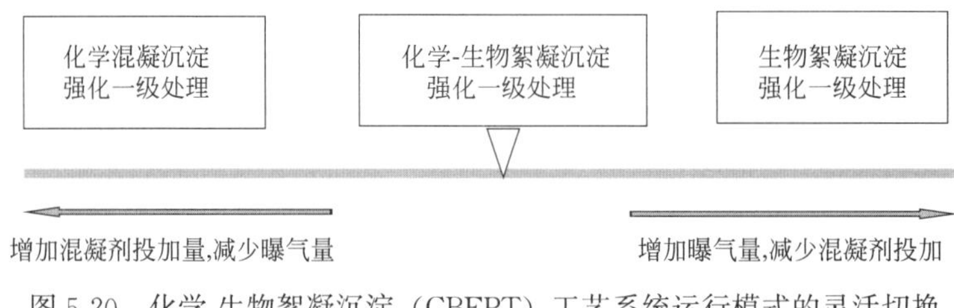

图 5-20 化学-生物絮凝沉淀（CBEPT）工艺系统运行模式的灵活切换

絮凝反应池前端反应区水力停留时间 10～15min，回流污泥所含药剂与磷酸盐继续反应，同时进行生物活化和氧化；快速混合区停留时间约 0.5min，投加药剂，控制速度梯度 300m/(s·m) 左右；絮凝反应（慢速混合）区停留时间 10～15min，速度梯度 70～40m/(s·m)。在絮凝反应慢速混合区出口端与沉淀池之间，利用跌水混合，投加 PAM 0.1～0.3mg/L，改善分散性絮体的固液分离效果，降低污泥含水率，提高排放污泥浓度。

在进水有机物浓度较低、进水磷酸盐浓度很低的情况下，可以按 BEPT 模式运行，通过提高污泥回流比，强化活化污泥的生物絮凝和生物氧化，在不投加化学药剂（聚铝）的情况下，就可满足污水的预处理要求，必要时投加少量的 PAM。

第6章　城镇污水生物处理工艺单元及强化技术

6.1　生物除磷脱氮工艺技术

6.1.1　工艺单元及组合模式

城镇污水生物处理工艺系统由泥龄、功能区（电子受体）分布、水力流态、固液分离方式等要素组成，不同的构成方式形成了目前常用的主要工艺系统类型。然而，不管是哪种类型，均应具备相对独立的功能分区（预缺氧、厌氧、缺氧、好氧等），例如，改良A^2/O工艺系统是功能区在空间上相对独立的排列组合，而SBR工艺系统是功能区在时间上相对独立的排列组合，不管哪类工艺系统，其功能区设置均应满足其独立性和可操控性，否则，功能区的稳定控制将不易实现，功能区强化措施也不易实施。因此，从污染物去除特别是除磷脱氮功能实现的角度，按照功能区为基本单元的构建模式，对生物处理工艺系统进行划分。

1. 除磷脱氮工艺系统的功能单元组成

污水生物处理工艺系统以提高生物处理特别是除磷脱氮效能、降低池容浪费和能耗、提高碳源利用效率为主要目标，工艺系统的功能单元主要包含：预缺氧区、厌氧区、反硝化除磷区、缺氧区、好氧区、消氧区、后缺氧区、后好氧区与固液分离区等，如图6-1所示。

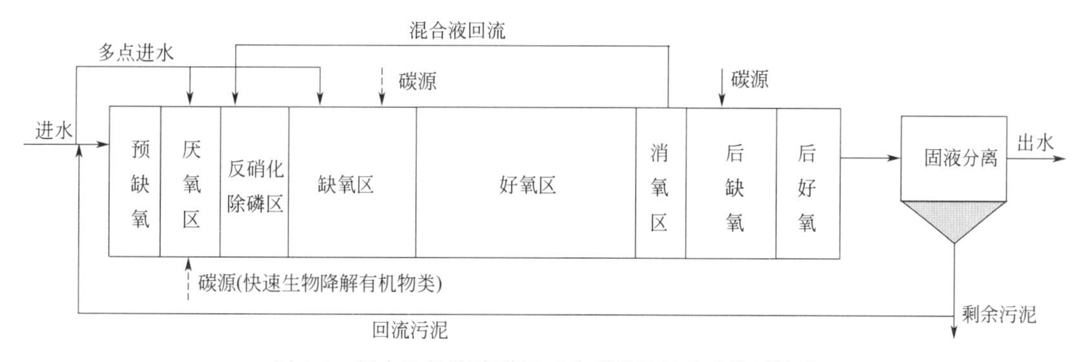

图6-1　污水生物除磷脱氮工艺系统的基本功能区构成

(1) 预缺氧区。当厌氧区进水的硝态氮浓度偏高时，厌氧区的溶解性有机物尤其VFAs会被反硝化菌快速用于反硝化脱氮，同时高硝态氮含量也会提高厌氧区的氧化还原电位（ORP），影响厌氧区聚磷菌的有效释磷效果。因此，在厌氧区前端设置具有反硝化功能的预缺氧区，利用内碳源及部分进水碳源实现回流污泥硝态氮的去除，进入后续厌氧区的硝态氮浓度尽量控制在1.5mg/L以下；预缺氧区的进水比例一般为0～30%，水力停留时间一般为0.5～1.5h；进水点和污泥回流点应避免出现跌水复氧现象，控制DO浓度小于0.15mg/L。

（2）厌氧区。主要功能是聚磷菌的有效厌氧释磷，保障生物除磷效果。DO和硝态氮会优先消耗快速碳源，对有效厌氧释磷产生不利影响。工艺设计和运行中，应使进入厌氧区的DO和硝态氮最小化，厌氧区DO浓度小于0.15mg/L，硝态氮浓度小于1.5mg/L。需要根据进水水质特性和工艺性能的变化，灵活调整功能区的运行模式，例如，采用协同化学除磷导致生物除磷受到明显抑制时，厌氧区可按缺氧区运行。进水采用淹没出流方式，避免跌水复氧现象；设计水力停留时间一般为1～1.5h，不宜时间过长，否则会产生无效释磷。氧化还原电位（ORP）宜控制在－250mV以下，尽量配置在线ORP测试仪进行持续观测和关联分析。

（3）反硝化除磷区。反硝化除磷的工程条件是聚磷菌细胞在厌氧区存储较多的聚-β-羟丁酸（PHB），同时尽量控制有机物和溶解氧的浓度。实际工程中可考虑在缺氧区前部位置设置1～2h水力停留时间或缺氧区池容1/4左右的反硝化除磷区，仅接纳厌氧区出流及经消氧后的好氧区末端混合液，不接纳反硝化脱氮的进水或外加碳源；进水或外加碳源直接进入后续缺氧区内。为强化反硝化除磷效果，总体提升碳源利用率和脱氮除磷效果，以生物除磷为主的污水处理厂应尽可能地将原水或外加碳源投加到厌氧区，提升有效厌氧释磷过程中形成并存储PHB的能力，通过优化设计和参数选择来整体强化反硝化除磷效果。

（4）缺氧区。主要功能是反硝化脱氮，设计水力停留时间一般不宜低于4h，设计池容不宜超过缺氧区与好氧区总池容的40%，当采用悬浮填料强化硝化或MBR工艺系统时，缺氧区池容占比可超过40%，内回流比一般为100%～300%，尽量提高非曝气区容积比例，利用进水中的内部碳源进行反硝化。必要时再投加外碳源，但缺氧区的水力停留时间不宜缩短，多数情况下也没有必要增加；进水碳源充足且缺氧区HRT足够时，可通过提高内回流比来提高工艺系统脱氮效果。进水碳源不足时，增加内回流比会降低缺氧区的有效水力停留时间，降低生物脱氮效率，可通过投加外碳源来提高脱氮效率。设置在线ORP仪和硝酸盐氮测定仪，对缺氧区的运行环境进行实时监控，有助于及时调整工艺运行参数；宜采用对进水水质波动缓冲能力较强的完全混合或循环流池型（氧化沟流态）。

（5）好氧区。主要功能是有机物去除、生物合成、硝化反应和磷酸盐好氧吸收。设计水力停留时间不宜低于生物段总停留时间的50%，一般为6～10h；DO浓度宜控制在中段2mg/L以下、末端1.0mg/L以内；低水温季节，可通过提高DO和污泥浓度，增强系统的硝化能力；曝气量分布宜进行分区控制与精准曝气，考虑管路布置与渐减曝气相匹配。可通过增加好氧区容积提高硝化效果，不具备新增池容条件时，可通过投加悬浮填料提高硝化效果；宜在混合液回流点前设消氧区，降低回流混合液DO对缺氧区反硝化的影响；应结合进水氨氮浓度变化、水温变化情况等动态调整好氧区曝气量，条件允许时可在好氧区后段安装氨氮在线仪表，有效监测硝化效果，指导曝气系统运行。宜在缺氧区与好氧区之间设置可按好氧/缺氧切换运行的过渡区，同时安装推流/搅拌器和曝气器，在低水温季节，可调整为好氧运行模式，以便于提高生物硝化效果；宜采用对进水水质波动缓冲能力较强的循环流或完全混合池型，综合考虑池型、推进/搅拌、曝气等对水力流态的影响，防止混合液返混至缺氧区；应定期分析好氧区 DO、氨氮及其他工艺控制指标，评估好氧区的运行效果。

（6）消氧区。主要功能是形成低 DO 环境的内回流区，消除活性污泥好氧硝化液内回流至缺氧区或直接进入第二缺氧区所造成的碳源损耗，以及对内源反硝化过程及反应速率的不利影响。消氧区一般设置于混合液内回流点的前端，需要设置水下推进器或采取等效的运行控制措施；消氧区设计水力停留时间 0.5～1.0h 为宜，末端（内回流点前）的 DO 宜控制在 0.5mg/L 以下，尽量在消氧区的末端设置 DO 或 ORP 在线仪表进行监控。

（7）后缺氧区。主要功能是进一步强化反硝化脱氮，提高出水水质标准。当出水 TN 浓度要求小于 10mg/L 或去除率要求超过 75%时，可设置后缺氧区，主要利用外部碳源实现该区域的强化脱氮。后缺氧区设计水力停留时间 1.5～2.5h 为宜，一般采用推流模式，最好分成 2 格，或者直接接续消氧区（按此模式时水力停留时间可以缩短到 0.5～1.0h）；碳源投加点设置于后缺氧区的中后段，投加量结合出水 TN 及硝态氮浓度优化调整；在运行过程中，应定期检测后缺氧区的前端和后端硝态氮和磷酸盐，评估后缺氧区的碳源投加效果。

（8）后好氧区（脱气区）。主要功能是恢复好氧微生物活性，进一步去除残余氨氮和有机物，以及通过氮气的脱除避免二沉池浮泥等，设计水力停留时间一般为 0.5h 左右，DO 浓度宜控制在 2mg/L 以上，后好氧区不宜设置混合液内回流点。

（9）固液分离区。主要功能是实现泥水分离，主要类型有二沉池、MBR 膜池和序批式反应沉淀池。二沉池是生物处理系统最主要的固液分离单元。需要注意的是，二沉池在雨季高水量、冬季高污泥浓度等情况下存在出水 SS 超标的风险，主要原因是雨季进水水量及悬浮固体超负荷冲击，导致二沉池的实际水力停留时间过短或固体通量过大，沉淀效果受影响；冬季低水温时段，大部分处理厂通过提高污泥浓度来保障处理能力，当二沉池的固体通量与高污泥浓度不够匹配时，沉淀效果会受到影响。因此，设计二沉池时，应考虑这些影响因素，适当降低表面负荷或增加水力停留时间，水力表面负荷通常采用 0.6～0.7$m^3/(m^2 \cdot h)$，后端接续混凝沉淀工艺单元时二沉池表面负荷可以适当提高，采用 0.8～1.0$m^3/(m^2 \cdot h)$。在运行过程中，应定期巡视配水和出水是否均匀、泥面高度、是否产生浮泥、刮吸泥排及泥管道设备运转等情况，并及时进行工艺运行工况的调整。

2. 典型工艺单元组合模式

污水生物处理系统中的运行泥龄和电子受体分布是工艺构成的核心部分，直接影响活性污泥产生量、生物池容积和出水水质；生物池水力流态则影响物料传递与分布，进而影响运行特性和出水稳定性，对硝化反硝化的影响尤为明显；固液分离方式选择对运行控制灵活性和污泥浓度维持的影响较大；工艺设备类别和构筑物形式选择是工艺的实体化实施。

上述要素在时间、空间和实施方式上的不同组合，构成各种类型的生物处理工艺技术。这些工艺系统应具备独立的功能分区（预缺氧、厌氧、缺氧、好氧等），运行模式可调控，运行参数和效果可监控，不同功能区的组合能够强化不同功能区的污染物去除能力，具有工艺运行稳定性、可靠性和灵活性，并为后续的提标建设留下升级改造的空间。

图 6-1 和图 3-2 提供了城镇污水生物处理工艺系统较完整的功能区组成示例。实际工程应用中，可以根据不同的进水水质条件、出水水质目标和技术经济等方面的综合考虑，合理选取其中的功能区单元，形成适用于不同工程条件的工艺单元组合模式。典型的污水生物处理系统功能区或工艺单元组合模式见表 6-1。

城镇污水生物处理工艺系统的功能区组合模式示例 **表 6-1**

序号	功能区组合模式示例
1	预缺氧区+厌氧区+缺氧区+好氧区+消氧区+后缺氧区+后好氧区+二沉池
2	预缺氧区+厌氧区+缺氧区+好氧区+消氧区+后好氧区+二沉池
3	预缺氧区+厌氧区+缺氧区+好氧区+消氧区+膜池(MBR)
4	预缺氧区+厌氧区+缺氧区+好氧区+消氧区+后缺氧区+膜池(MBR)
5	预缺氧区+厌氧区+缺氧区+好氧区+消氧区+缺氧区+好氧区+二沉池

6.1.2 工艺过程主要影响因素

我国大部分城镇污水的碳氮比偏低，反硝化所需的碳源不足，部分地域冬季低水温的持续时间较长，严重影响着出水水质指标特别是 TN 和氨氮的稳定达标。

1. 污水 BOD_5/TN 是影响生物脱氮效果的最重要因素

异养反硝化菌进行厌氧呼吸时，以硝态氮为最终电子受体，有机基质为电子供体和氢供体，其反硝化过程需要消耗碳源有机物。考虑微生物细胞合成代谢和好氧内源呼吸的碳源消耗量，单位硝态氮去除的 BOD_5 消耗量一般为 5.0～5.5，因此，出水 TN 稳定达标所需的碳源量主要取决于需要反硝化去除的 TN 浓度及好氧区污泥量比值。

进水 TN 浓度越高，按出水 TN 浓度≤15mg/L 进行达标考核时，所需的进水 BOD_5/TN 也越大。如果进水 TN 浓度较低，例如 30mg/L 以下，达标所需的 TN 去除率只要达到 50%以上即可，即使进水 BOD_5/TN 较低（3.0 左右），出水 TN 浓度也能稳定达标。

如果进水 TN 浓度较高，例如 50mg/L 以上，BOD_5/TN 又不高，例如 4.0 以下，就需要外加碳源才能达到出水 TN 浓度≤15mg/L 的稳定达标效果。外加碳源可采用甲醇或低分子有机酸。由此也可以看出，全国一刀切的排放标准是不合理的，应因地因时而异。

对于初沉池的设置，除了考虑 SS 的去除，也要考虑初沉处理后 BOD_5/TN 的变化，在某些情况下，例如进水悬浮固体无机组分占比很低，可不设初沉池或缩短初沉池的水力停留时间，以避免生物池进水的 BOD_5/TN 降低过多，影响生物脱氮效果。

2. 生物除磷效果取决于快速降解有机物含量及聚磷菌群构成

在 TP 浓度变化的表观层面，生物除磷由磷酸盐的释放和吸收这两个相互关联的生物学过程组成。聚磷菌在厌氧状态下释放磷酸盐，这是聚磷菌吸收溶解性快速生物降解有机物（rbCOD）并在菌体内转化为PHB的缘故。在好氧状态下，聚磷菌增殖并过量吸收磷酸盐，在胞内大量存储聚磷。磷酸盐释放时若无rbCOD在菌体内的转化与储存，则聚磷菌在进入后续的好氧或缺氧环境中并不能超量吸收磷酸盐，因此，属于无效释磷。

生物脱氮和生物除磷都需有机物，在有机物不足，尤其是溶解性快速生物降解有机物不足的情况下，反硝化菌与聚磷菌之间争夺碳源，会竞争性地抑制磷酸盐的释放行为。但在一定环境条件下，如果反硝化聚磷菌占据优势，聚磷菌对碳源的利用并不会明显影响后续的反硝化脱氮效果，可以实现一碳多用。

3. 污水 BOD_5/TP 是影响生物除磷效果的重要因素

若生物池进水的 BOD_5/TP 过低，聚磷菌在厌氧区释磷时释放的能量不能很好地用于吸收和贮藏溶解性可生物降解有机物，将会影响该类细菌在后续好氧区对磷酸盐的吸收，从而使出水磷浓度升高。一般情况下，如果 BOD_5/TP 达到20以上时，或者rbCOD/TP达到10以上，可以取得较好的生物除磷效果。

4. 回流污泥硝态氮浓度过高会明显影响生物除磷效果

若进水TN浓度高，BOD_5/TN 低，则难以完全脱氮而导致系统中存在较高的残余硝态氮，即使污水 $BOD_5/TP \geqslant 20$，其生物除磷效果也将受到明显影响，需要采取消除回流污泥硝态氮或提高整体生物脱氮效果的措施，降低对生物除磷的影响程度。例如，具有较明显优势的回流污泥反硝化除磷脱氮工艺系统，就是通过回流污泥反硝化来较大程度地消除硝态氮对生物除磷的不利影响，但进入生物处理系统的碳源数量和质量仍然非常关键。

5. 某些特殊情况下碱度和 pH 也是重要的影响因素

一般来说，聚磷菌、反硝化菌和硝化菌生长的最佳pH在中性或弱碱性范围内，当pH偏离最佳值时，反应速度会逐渐下降。在污水生物处理系统中，碱度起着缓冲pH变化的作用。工程运行实践表明，为使好氧池pH维持在中性及以上，池中剩余总碱度不宜小于70mg/L。pH过低会抑制生物硝化，并且导致聚磷菌细胞内聚磷的“酸溶”现象，严重破坏聚磷菌的生物除磷能力及稳定性。

根据生物硝化过程的化学平衡，可以计算出每克 NH_3-N 氧化成硝酸盐氮需消耗7.14g碱度（按 $CaCO_3$ 计）。同理，反硝化过程中每还原1g硝酸盐氮成氮气（N_2），理论上可回收3.57g碱度，去除1g BOD_5 可产生0.3g碱度。因此，出水中的剩余总碱度可按下式计算：剩余总碱度＝进水总碱度＋0.3×BOD_5 去除量＋3×反硝化脱氮量－7.14×NH_3-N 硝化量；美国EPA推荐的还原1g硝酸盐氮回收碱度量为3g。

如果需要硝化的 NH_3-N 浓度较高，生物池可布置成多段的缺氧/好氧组合。在第一个好氧区仅氧化部分 NH_3-N，消耗部分碱度，经第一个缺氧区回收碱度后再进入第二个好氧区消耗部分碱度，第二缺氧区回收碱度，以此类推。通过这种方式可以减少进水碱度的需要量。必要时，投加外部化学药剂以补充碱度的不足。

6. 城镇污水处理系统生物除磷能力的大致估算

在污水生物除磷脱氮系统中，影响出水溶解磷浓度的主要因素为进入厌氧区的进水

rbCOD/TP 和回流污泥硝酸盐含量。单位 rbCOD 的生物除磷能力大致为 0.10gP/gCOD，而厌氧区入流中每克 NO_3^--N 的消耗会导致大约 6g rbCOD 的损失。因此，进入厌氧区的硝酸盐浓度的控制是工艺设计和运行管理的关键。因此，在前端设置预缺氧区或把部分厌氧区改造为预缺氧区，可在较大程度上消除回流污泥硝酸盐对生物除磷的不利影响。

6.1.3 工艺设计与运行要点

1. 一般要求

生物除磷脱氮系统需要具备相对独立的厌氧、缺氧、好氧区以及回流污泥反硝化区，功能分区要明确、协调。需要特别注意的是，采用分格的推流池型构造，功能区界限清晰，可控性好，但缓冲进水氮浓度波动的能力稍差；完全混合与循环流池型的功能区变动幅度大、界限不清晰，但缓冲水质水量波动的能力较强。

工艺设计运行中尽量做到带入缺氧区的溶解氧量最小化，任何来源的溶解氧都会消耗用于反硝化的碳源有机物，并且延缓反硝化反应过程的启动与进行；进入厌氧区的溶解氧和硝态氮也应最小化，任何来源的溶解氧和硝态氮都会快速消耗聚磷菌所需的快速生物降解有机物，影响生物除磷效果；另外，在允许范围内，生物系统活性生物量尽量最大化。

设置回流污泥反硝化区和多点进水方式，利用 10%～50%进水中的有机物和活性污泥本身为碳源（内源反硝化），可去除回流污泥所携带的硝态氮，改进生物除磷效果。采用多点进水的工艺设计，可根据进水水量水质和环境条件变化，灵活调整运行方式及控制参数。

2. 关键设计参数

大多数生物处理系统可采用以下参数：泥龄 15～20d，污泥浓度 3.5～4.5g/L，预缺氧区水力停留时间（HRT）0.5～1.5h，厌氧区 HRT 1.0～1.5h，缺氧区 HRT 不小于 4h，根据所需反硝化量计算。混合液回流比 100%～300%，污泥回流比 100%～150%。好氧区溶解氧浓度分区控制，其中硝化液回流区控制 0.5mg/L 以下，好氧区末端不低于 2.0mg/L。

（1）活性污泥产率系数宜根据进水水质特性及试验确定；无试验数据时，有初沉池可采用 0.6～0.8kgMLSS/$kgBOD_5$，无初沉池采用 0.9～1.2kgMLSS/$kgBOD_5$；建议按基于全组分“衰减”的产率计算方法核算，详见第 4 章。

（2）宜在缺氧区与好氧区之间设置缺氧/好氧可切换区，同时配置推进器与曝气装置，用于缺氧区与好氧区容积比例的季节性调整，强化生物脱氮效果及节省能耗物耗。

（3）二沉池表面负荷宜采用 0.6～0.7m^3/(m^2·h)，后续设置化学除磷时可适度提高。

（4）在提标改造工程建设中，可将厌氧区前端部分改造成回流污泥反硝化区，形成改良 A^2/O 工艺系统，改善有效厌氧释磷与生物除磷效果。

（5）进水 SS/BOD_5 偏高，碳源不足时，生物池前端宜设置初沉发酵池，控制无机悬浮固体进入后续生物池，同时改善进水碳源质量，提高反硝化速率。

3. 外部碳源投加

出现以下情况时，需要考虑外部碳源投加装置的设置。

(1) 对于已运行的污水处理工程，出水 NH_3-N 稳定达标，但 TN 不能稳定达标。

(2) 对于新建污水处理工程，生物处理系统进水 BOD_5 与达标所需 TN 去除量的比值小于 5，或进水 BOD_5/TN<4。

(3) 进水 BOD_5/TN≥4.0，但进水 TN 浓度过高，例如日平均 50mg/L 以上。

通过外加碳源可以提高反硝化能力和反应速率，适用于碳源不足和冬季低温运行情况。外加碳源包括甲醇、乙酸、乙酸盐、酒业废水、食品加工废水等。其中，甲醇、乙酸类为高质量的快速碳源，但甲醇有一定的适应期，且存在一定的安全风险。

外碳源选择应考虑以下因素：反硝化速率的提高幅度，反硝化菌需要的适应期，毒性、稳定性，货源充足性，运输便捷性及价格等。应因地制宜地利用廉价碳源，例如酒业废水、食品加工废水、糖蜜废水等。当反硝化池池容受限时，宜投加易生物降解的快速碳源。

碳源投加量（以 COD 计）根据所需去除的硝态氮量，按 3～5 倍计算，条件允许时可结合实际运行工况，按照式(6-1) 进行计算。过量投加既影响出水水质又增加成本；投加点宜设在反硝化区入口端或前端的厌氧区。如果单位硝态氮去除的碳源消耗量超出范围，需要对工艺过程进行检查，例如混合液回流及携带溶解氧情况。

$$M=10Q(N_{去除量}+0.35krO_{内回流})/(\alpha K_C C)$$

式中　M——外加商业碳源的量，kg/d；

Q——污水量，万 m^3/d；

$N_{去除量}$——需外加碳源强化去除的 TN 量，mg/L；

0.35——单位 DO 导致硝酸盐氮去除减量；

k——影响常量，根据模拟实验，工程中可取 1.2～1.4；

r——内回流比；

$O_{内回流}$——内回流液进入缺氧池时的 DO 浓度，mg/L；

α——快速降解有机物硝态氮去除能力系数，mgN/mg COD；

K_C——碳源的 COD 当量，g COD/g 碳源；

C——碳源的有效成分含量。

为确保污水处理厂瞬时出水 TN 浓度达标，进行 TN 去除量核算时，建议增加 2mg/L 的安全余量，即：$N_{去除量}=N_{出水}-N_{标准}+2$。快速降解有机物的硝态氮去除能力系数，根据实际测试的快速碳源（如冰醋酸、乙酸钠）的反硝化速率及去除量核算，如不具备测试反硝化能力时，取值范围为 0.10～0.15mgN/mg COD，通常可取 0.12mg N/mg COD。

4. 运行控制要点

(1) 冬季水温低（特别当水温低于 12℃）影响生物脱氮功能时，应根据具体情况，优先采取提高活性污泥浓度和溶解氧浓度的运行优化措施；条件允许时，也可采用投加悬浮填料或商业化硝化菌的措施。

（2）进水碳源不足，不能满足生物脱氮要求时，应首先调整工艺运行模式，合理利用内碳源，其次才考虑投加外碳源；条件允许时，可利用食品和发酵行业高碳源废液废水。

（3）厌氧区溶解氧浓度宜控制在 0.1mg/L 以下，缺氧区 0.15mg/L 以下；硝化回流液溶解氧浓度应控制在 0.5mg/L 以下；在混合液回流比较大的情况下，应严格控制其溶解氧浓度，越低越好。由于低浓度区间的在线溶解氧测定数据通常不够准确，条件允许时，尽量采用氧化还原电位（ORP）对厌氧区和缺氧区的运行环境进行监控。

（4）采用多点分流进水方式时，应灵活调整各点的进水量，一般来说，季节性调整即可，以优化生物除磷和反硝化的碳源分配。

（5）进水碳氮比（BOD_5/TN）偏低，碳源严重不足时，先通过初沉污泥发酵补充内碳源，再考虑投加外部碳源。

（6）尽量避免出现以下情况：厌氧区或好氧区的水力停留时间过长，初沉污泥和二沉污泥的混合储存，剩余污泥回流到初沉池，以及二沉池的泥层过厚。

6.2 节能型膜生物反应器技术

6.2.1 工艺单元的基本构成

膜生物反应器（Membrane Bio-Reactor，MBR）采用膜分离技术代替传统二沉池进行活性污泥混合液的固液分离。MBR 可与各种生物处理工艺单元相结合，用以强化生物处理功能或能力，包括与生物除磷脱氮（Biological Nutrient Removal，BNR）工艺单元的结合，使其具有更高的处理效率、更好的出水水质、更小的占地面积。近年来，随着排放标准或水质要求的提高，膜组件价格和能耗的逐步降低，BNR—MBR 除磷脱氮工艺系统得到越来越多的工程应用，但也出现了 MBR 运行能耗过高、冬季过水通量明显衰减等问题，需要进一步优化与改进。

1. 膜分离单元构成

MBR 工艺系统最常用的是低压过滤膜组件，主要包括微滤膜（孔径通常 0.1～0.4μm）或超滤膜（孔径 0.01～0.1μm）。根据膜组件的放置方式，膜分离系统分为浸没式和管式两种。浸没式将膜组件放在生物池内，管式将膜元件装填在膜管内，再设置膜架放置膜管。

应用于浸没式系统的膜主要包括中空纤维膜（HF）和平板膜（FS）两种。根据过滤的推动方式，又可将 MBR 工艺系统膜组件划分为：压力驱动，安装在反应器外部的管道加压系统；真空驱动，安装在反应器内部的浸没式驱动系统。采用中空纤维膜或平板膜的浸没式膜系统，可在较低的压力（或真空驱动）条件下运行，更适应污泥固体含量的变化，尤其适合于城镇污水处理设施，一般寿命周期内的成本较低，是目前最为常用的类型。

浸没式 MBR 工艺系统包含活性污泥生物处理、二沉池固液分离和三级处理所具备的功能，所有功能在一个或多个池子内完成。多数情况下，浸没膜组件生物池（MBR 池）与前端生物反应池是分离的，通过 MBR 池混合液的回流将活性污泥送回到前端的生物池中。

2. BNR—MBR 工艺特征

MBR 膜池单元可以与各种传统的和新近发展起来的生物除磷脱氮工艺技术（例如 A/O、A^2/O、改良 A^2/O、氧化沟、SBR 等）相结合，形成各种组合工艺流程，在强化生物除磷脱氮方面形成下列潜在优势。

（1）膜可以把全部功能微生物截留在生物池内，改变微生物的滞留特性，保持较多的硝化菌和聚磷菌生物量，有利于氮磷的去除，但惰性悬浮固体组分也会被截留。

（2）污水处理系统内可以维持较高的活性污泥浓度，同时促进硝化/反硝化、反硝化除磷及内源反硝化过程。

（3）膜组件对胶体磷酸盐具有良好的截留作用，可进一步降低出水 TP 浓度。

（4）在平均活性污泥浓度较高的运行模式下，可以减少处理系统的占地。

3. 典型 BNR—MBR 工艺组合模式

（1）A/O—MBR 工艺系统。如图 6-2 所示，由 MBR 膜池和 A/O 生物脱氮工艺单元组合而成，将好氧池或好氧池的一部分换成膜池。NH_3-N 的硝化主要发生在好氧池和膜池，有机物的去除主要在缺氧池，内源消耗主要在好氧池和膜池，膜池混合液回流到好氧池的前端（相当于第一级污泥回流），以消耗浓度过高的溶解氧，然后好氧池混合液再回流至前端缺氧池（相当于第二级污泥回流）进行反硝化。与传统的生物脱氮工艺相比，A/O—MBR 由于膜的高效截留特性，世代周期较长的硝化菌能在反应器系统中得到全部截留而富集，使硝化反应可以充分完成，具备更强的生物脱氮潜力，但能耗和所需碳源量会相应升高。

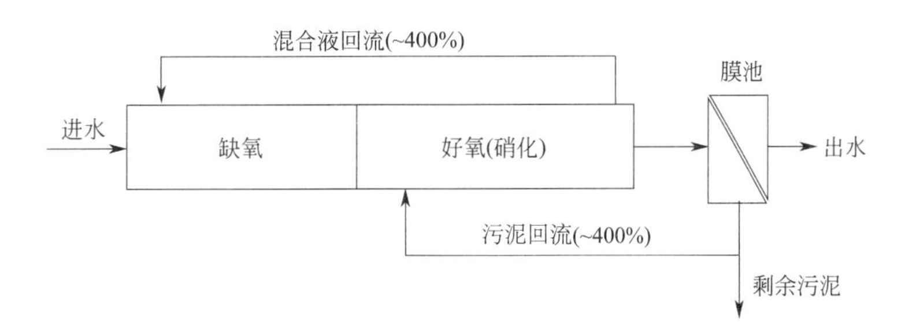

图 6-2　A/O—MBR 脱氮（除磷）工艺系统

（2）A^2/O—MBR 工艺系统。MBR 膜池可以采用分建式或一体式。在如图 6-3 所示的分建式系统中，设置 3 个回流系统：一个是膜池混合液回流至好氧池前端，消耗多余的溶解氧；另一个为好氧池末端的混合液回流到缺氧池前端，进行反硝化脱氮；还有一个是缺氧池末端的混合液回流至厌氧池前端，形成生物除磷能力。在分建式的系统中，也可以设置 2 个回流，膜池混合液直接回流到缺氧池的前端。

（3）改良 A^2/O—MBR 工艺系统。膜池可以采用分建式或一体式，在如图 6-4 所示的分建式系统中，设置 2 个回流系统：一个是膜池混合液回流至好氧池前端和预缺氧池，预缺氧池消耗溶解氧和硝态氮，保障后续厌氧池的稳定运行；另一个为好氧池末端混合液回

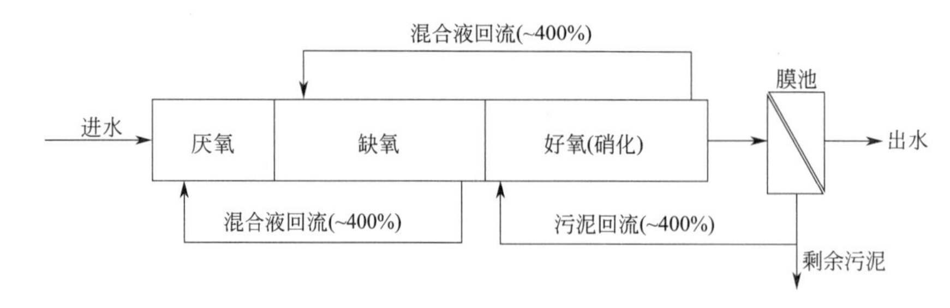

图 6-3　A^2/O—MBR 除磷脱氮工艺系统

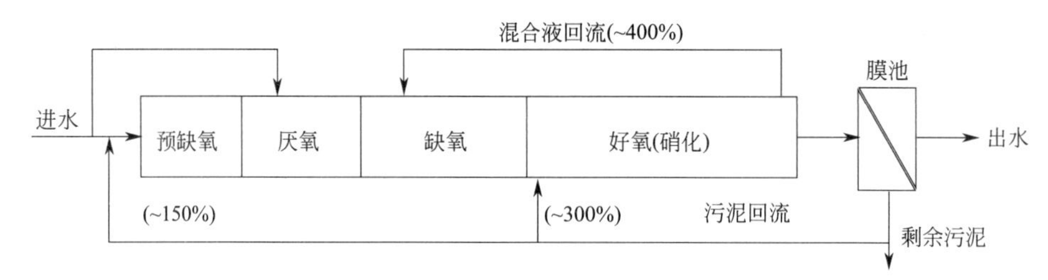

图 6-4　改良 A^2/O—MBR 除磷脱氮工艺系统

流到缺氧池前端，反硝化脱氮。

（4）3A—MBR 工艺系统：如图 6-5 所示，由厌氧池、前缺氧池、好氧池、后缺氧池和膜池组成。污水首先进入厌氧池，进行厌氧释磷；之后进入前缺氧池，反硝化脱氮，同时部分反硝化聚磷菌利用胞内 PHA 进行反硝化除磷；随后进入好氧池，硝化菌去除进水中的氨氮，聚磷菌通过吸磷去除磷酸盐；接下来进入后缺氧池，利用高污泥浓度内源反硝化促进总氮深度去除；最后进入膜池，通过膜分离保障出水水质。后缺氧池的设置使脱氮效果提升，后缺氧池内污泥胞外多聚物的分解，降低了混合液的膜污染潜势，有利于减轻膜污染。

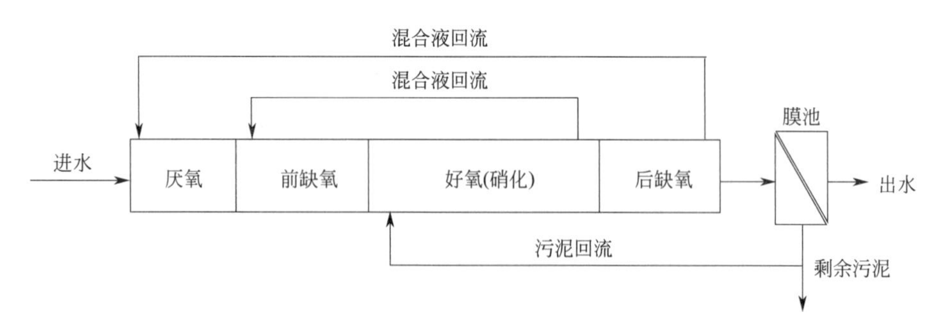

图 6-5　A/A/O/A—MBR 强化脱氮除磷工艺系统

6.2.2　工艺设计考虑

1. 工艺适用条件

当新建（扩建）污水处理厂需要同时除磷脱氮，且用地受限、出水水质要求高或有再生利用要求、经济条件允许时，可采用与 BNR 工艺单元相结合的 MBR 工艺系统。对于已有的生物除磷脱氮工艺系统，必要时，也可以改造为 BNR—MBR 工艺系统，以提高其处理能力与除磷脱氮效果。完整的 MBR 污水处理工艺系统包括预处理、悬浮生长生物处理、膜分离、后处理和污泥处理处置。除磷脱氮功能设计仍然是工艺设计的核心部分，膜组件及配套设备系统的合理设计是稳定运行的关键，一般预处理工艺单元中需要设置间隙或孔径 1mm 左右的超细格栅，对后续的膜组件及其他设备进行保护。

2. 生物处理系统设计

生物处理系统的设计主要取决于进水水质特性和出水水质要求，所有工艺布局都包含曝气、回流和混合等工艺过程，MBR 工艺系统的生物处理设计与其他工艺系统的生物处理设计没有本质的差别。

（1）泥龄（SRT）。对于具有生物脱氮要求的 MBR 系统，需要根据硝化菌的比生长速率以及好氧硝化区或非曝气区的污泥量比值来确定系统的总泥龄。由于 MBR 系统的污泥浓度取值相对较高，同样池容的情况下，MBR 系统的泥龄要高于其他工艺系统。需要注意的是，虽然较长的泥龄有利于硝化菌的生存和稳定生长，但同时会导致生物池中所产生的溶解性微生物代谢产物积累，加速膜的污染，导致出水水质变差和膜通量的衰减。在 MBR 系统的设计中，一般采用 20d 左右的总泥龄，在 3A—MBR 系统中，泥龄可达 30～40d。

（2）污泥浓度（MLSS）。在设计计算生物反应池的容积时，需要先选取一个污泥浓度（MLSS）值。由于后续通过膜过滤来实现泥水分离，通常可以选取较高的 MLSS 值。但过高的污泥浓度会使混合液的液膜厚度和污泥黏滞度增大，降低氧的传递效率；另外，溶解性微生物代谢产物的积累也会导致膜通量的降低，进而影响出水水质和产水量。城镇污水的浓度相对较低，膜池宜选取相对较低的污泥浓度（6～8g/L），有的膜池污泥浓度也可进一步提高，如 3A—MBR 系统实际案例中膜池污泥浓度可控制在 8～12g/L。由于受各级回流的影响，污泥浓度在厌氧区、缺氧区中会有一定的差异，通常先确定膜池的活性污泥浓度，然后根据各级回流比来进一步推算其他各区段的污泥浓度。

（3）水力停留时间（HRT）。由于 MBR 工艺系统的污泥浓度设计取值较高，以 SRT 为基础计算确定的生物池容积相对较小，以中低浓度污水为例，HRT 一般为 8～12h，其中厌氧池 HRT 为 1～1.5h，缺氧池与厌氧池的总 HRT 大于 4h。如果有较高的硝化和反硝化要求时，过短的 HRT 将难以保证处理效果，HRT 宜设计得稍长一些（12h 以上），3A—MBR 系统实际案例的总 HRT 可达 16～20h。

（4）进水方式。对于采用厌氧、缺氧和好氧等单元操作的除磷脱氮系统生物池，建议采用两点或多点进水方式。在生物池前端设置进水分配渠道，原水进入分配渠道后按照一定比例分配到厌氧区和缺氧区，或者预缺氧区，各区的分配比例可以根据进水水质条件和出水水质要求进行灵活调节。

（5）回流方式。对于 MBR 工艺系统，往往将硝化液回流和污泥回流合并，因此，回流比会高于传统除磷脱氮工艺系统。大比例的回流会影响生物系统各区段溶解氧和污泥浓度等参数，因此，需要加强 MBR 工艺系统回流位点及回流量的运行控制。一般来说，膜池的混合液先回流至好氧区或预缺氧区（脱氧区），再由好氧区回流硝化液至缺氧区，最后由缺氧区回流到厌氧区。对于设单回流系统且无专门脱氧区的MBR系统的缺氧区，其容积必须相对较大（占生物池总容积20%～40%），以弥补反硝化效率降低所带来的不利影响。

3. 膜系统设计与布局

尽管市场上的膜组件及其构造类型多种多样，但是固液分离的原理其实都是一样的。通过跨膜压差来抽取膜滤液，通过污泥回流来控制污泥浓度，通过作用于膜表面的剪切力及定期的化学清洗进行膜的清洗，恢复其通量。

（1）膜组件的类型。对于城镇污水处理，工程设计规模相对较大，考虑到膜组件运行环境、污泥浓度控制、除磷脱氮对DO的控制要求以及节能降耗等方面的需求，一般采用负压抽吸的浸没式系统。

（2）膜材料和孔径。膜材料决定膜制品的性能及使用寿命，目前用在MBR中的膜材料普遍采用经过改性而具有稳定亲水性的有机膜，主要包括PE、PS、PES、PVDF等材料，其中PVDF应用最多。在MBR工艺系统中通常采用超滤膜或微滤膜，目前大多数膜组件采用0.02～0.4μm的膜孔径。

（3）膜通量。膜通量是膜分离单元中最主要的工艺参数，是指单位时间内单位膜面积的透过水量。对于城镇污水处理MBR系统，膜通量一般为0.5$m^3/(m^2 \cdot d)$，最高时可达0.75$m^3/(m^2 \cdot d)$。膜通量的选取还应考虑污水处理规模，当全厂采用MBR系统时，应适当增加膜的面积。温度变化对膜通量会产生影响，在确定膜通量设计取值时需要考虑水温对膜通量的校正系数。冬季低温时，膜通量的下降比较明显。

（4）膜系统的布局。考虑到膜的清洗和检修等维护需求，膜池通常需要分组设置，浸没式膜池宜设置成多组并联的方式，在单组膜池内可以串联几组膜组件，但串联的数目不宜过多，以免进水布水、空气擦洗和抽吸出水出现不均匀问题。

4. 膜污染的控制

膜污染的控制对于维持MBR系统的产水能力是至关重要的。通常采用物理和化学的方法对膜进行清洗，膜污染的基本控制要求包括以下几个方面。

（1）预处理。对污水处理厂进水进行充分的机械预处理是保障MBR系统正常运转的必备条件，机械预处理设备主要包括格栅、初沉池和其他清理设备。从国内外已建成的较大规模MBR工程来看，必须在传统的机械预处理系统基础上增加超细格栅，格栅孔径为0.75～2mm，主要防止碎石块和纤维状物质流经膜组件。超细格栅通常安装在6mm细格栅的下游，一般位于渠道头部或初沉池之后。其他措施包括膜池的加盖处理，或膜池混合液回流至生物池的过程中进行细格栅过滤处理。

虽然MBR不一定需要专门的初沉处理，但与其他活性污泥法工艺过程一样，初沉处理之后可以较大幅度降低总曝气能耗，减小生物池的容积需求。初沉池不但能够沉淀去除无机悬浮固体和有机碎屑，而且同时撇除浮渣和漂浮物。如果工艺流程中设置初沉池，膜组件厂商对超细格栅的要求就相对不那么严格。另外，MBR系统的运行条件对泡沫菌的生长会比较有利，需要考虑泡沫清理装置的设置。

（2）膜的清洗。膜的清洗系统分为清水反洗和化学清洗两大类。化学清洗按清洗频率可分为维护性清洗与恢复性清洗。这三个类别的清洁手段是相辅相成的，其组合使用可提高膜的综合利用效率。目前多数工程采用自动化程序控制这些清洗过程。

清水反洗采用的是连续的空气擦洗，通过中气泡或粗气泡曝气，在膜表面形成高强度的剪切流，有的还辅以间断的清水反冲洗。空气擦洗系统一般组合在膜组件中，也可以单独配置。空气擦洗会导致 MBR 能耗的明显上升，近年来，许多厂商对此进行了改进，例如采用间歇擦洗、低通量时低气量擦洗或两者的组合等。典型擦洗气量为 0.1～0.6$Nm^3/(m^2 \cdot h)$。

维护性化学清洗采用较低浓度化学药品，清洗频率较高（周期为 1～2 周），清洗持续时间较短（1～2h）。恢复性化学清洗，采用较高浓度化学药品，清洗频率较低（周期为 6～12 月），清洗持续时间较长（8～12h）。化学清洗药剂分为酸洗和碱洗两类。酸洗（草酸、柠檬酸）能够清除膜丝表面的无机物，碱洗（次氯酸钠）能够灭活膜丝表面的微生物。膜污染清洗模式包括“先酸后碱”“先碱后酸”2 种模式，前者清洗效果优于后者，采用草酸代替常用的柠檬酸可以提升清洗效果，在碱洗药剂中加入少量络合剂、表面活性剂等清洗助剂，形成复合清洗药剂，能够进一步提高膜污染清洗效果，从而提升膜系统运行稳定性。

（3）工作周期。MBR 系统按一定的产水周期运行，抽滤一段时间后需要进行释压或反冲洗操作，全过程自动运行，一般历时 5～15min。因此，在保证一定产水量的前提下，需要控制滤液的抽、停时间。例如，采用释压模式时，先抽吸 8～12min，然后停抽 30～120s，释放真空，但保持曝气，清除膜污染物，恢复膜通量。抽滤—释压是 MBR 的常规运行模式，但一些膜系统，例如中空纤维膜系统，还可以按反冲洗模式运行。此种模式中，停止抽吸的同时，利用抽滤液进行反冲洗 30～60s。

6.2.3　运行控制要点

MBR 工艺系统的膜池运行控制要素包括水位、曝气量、清洗、检测等方面。

（1）应保持操作条件的稳定，经常变化会加速膜的污染过程，导致膜的堵塞。

（2）膜池水位不能太低或太高，太低，露出的膜会吸空膜丝导致膜丝变形损坏，太高则会溢流。因此，需要正确调整系统进水量和产水量，确保膜池液位处于工作水位范围内。

（3）定期检查与膜组器连接的风管、水管的密封性，防止漏风或漏水，保证各池和各膜组器曝气的均匀性。

（4）膜组器表面有积泥时，应查清积泥的原因并进行水力清除；不能使用高压水清洗，以免膜丝断裂。

（5）应严格按照膜组器供应商的要求操作，包括控制膜擦洗的曝气量、在线化学清洗和离线化学清洗，防止膜污染。

（6）定期进行膜丝检测，以指导膜系统的清洗维护、运行参数正常设定与调整等。

（7）注意控制活性污泥浓度，确保膜池 MLSS 在合理范围内，防止膜组器的不可逆快速污染，以及曝气效率的降低。

（8）注意观测和记录膜通量的衰减情况，特别是冬季低温条件下的衰减。

（9）采用由水质监测—过程模拟—自动控制构成的 MBR 膜池—生化池联动优化曝气系统，在保障出水水质的前提下，提高 MBR 工艺的能源利用效率，实现 MBR 系统的能耗节省。

6.3 悬浮填料强化硝化工艺系统

当前，我国城镇污水处理厂普遍面临着提标建设升级改造土地空间短缺、低温季节硝化速率低、日常运行受水质波动影响等实际问题，如何采取技术或工程措施解决上述问题，保证城镇污水处理系统的稳定运行，成为近年来污水处理行业急切解决的关键技术难题，并产生了若干与之相关的单元工艺强化技术，在污水生物处理系统的曝气池局部空间投加悬浮填料形成泥—膜复合工艺系统从而强化生物硝化能力就是其中之一。

6.3.1 工艺技术原理

污水生物脱氮包括下面 3 个基本过程：

（1）同化过程，污水中的一部分 NH_3-N 或有机氮被同化为新细胞物质。

（2）硝化过程，硝化菌将 NH_3-N 氧化为硝态氮（硝酸盐和亚硝酸盐）。

（3）反硝化过程，反硝化菌通过异化还原过程将硝态氮转化为氮气。

污水中 NH_3-N 的生物硝化是生物脱氮的必要步骤，因而硝化系统就成为实现生物脱氮不可或缺的组成部分，必须采取各种措施来确保硝化功能的完全实现。生物填料技术就是通过投加生物载体填料提高原有生物处理系统的硝化能力，对污水除磷脱氮工艺系统的硝化单元进行强化，进而提高污水处理系统的整体生物脱氮效能。

生物填料是具有生物附着和富集功能的生物膜载体。向活性污泥系统的曝气区投加一定数量的生物填料，通过功能微生物特别是硝化菌在填料上的附着生长，促进系统内微生物特别是硝化菌的富集，使功能微生物同时以悬浮态活性污泥和附着态生物膜共存于同一系统中，提高原有活性污泥系统特定功能微生物的有效生物量和生物活性，进而提高污染物的转移转化能力，特别是硝化能力。

同时，借助生物填料对硝化菌的富集作用，促进硝化菌与反硝化菌，以及硝化菌与聚磷菌赋存场所的相对分离，突破现有污水除磷脱氮系统对非曝气区污泥量占比的限制，并缓解硝化菌与聚磷菌的泥龄矛盾，进一步通过改进回流、加强排泥、投加碳源等措施，可以提高整个系统的生物除磷脱氮能力及运行稳定性。

生物填料在污水处理工艺流程中主要发挥以下 3 种硝化强化作用：

（1）单一的强化硝化作用。在常规活性污泥系统中，将生物池的部分曝气区改造成生物填料区，填料表面有利于增殖缓慢的硝化细菌的生长与滞留，形成富集大量硝化菌的生物膜，增强污水处理系统的硝化能力与冬季运行稳定性。

（2）提高脱氮能力为目标的强化硝化作用。在强化脱氮的污水处理工艺流程中，设置缺氧区和好氧区，将好氧区的全部或部分改造成悬浮填料强化硝化工艺系统，增强硝化能力与运行稳定性，同时有助于提高缺氧区的容积比例或污泥量比例，通过增加混合液回流，达到同时提高缺氧区生物脱氮能力的目的。

（3）提高脱氮除磷能力为目标的强化硝化作用。在强化除磷脱氮的污水处理工艺流程中，设置预缺氧区、厌氧区、缺氧区和好氧区，将好氧区全部或部分容积改造成悬浮填料强化硝化系统，提高硝化和反硝化能力，同时有助于生物除磷能力的增强，如图 6-6 所示。

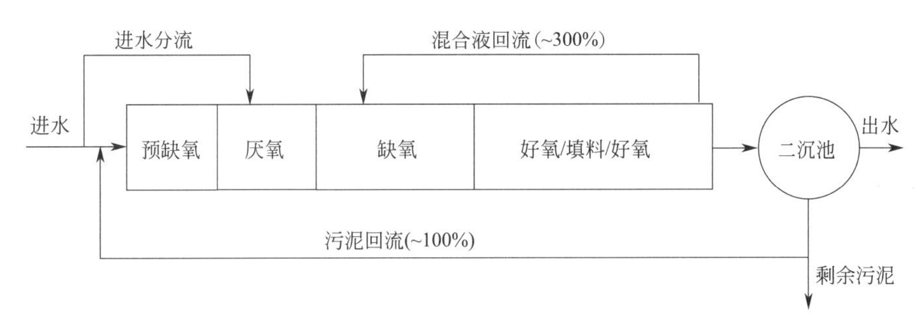

图 6-6　生物除磷脱氮工艺流程中投加生物填料强化硝化能力

6.3.2　工艺系统功能特征

1. 生物填料类型

城镇污水生物处理系统中投加的生物填料类型很多，有用于强化生物硝化的，也有用于强化生物反硝化的，还有用于强化厌氧水解的，功能各有不同。从池内位置和流态来看，可以分为固定填料和悬浮填料。如图 6-7 所示，国内常用的固定填料有蜂窝填料、弹性填料、软性填料、半软性填料及组合填料等。

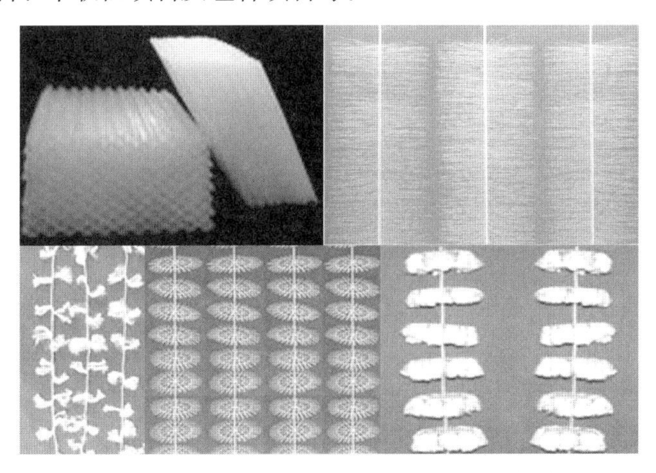

图 6-7　城镇污水生物处理工艺过程中常用的固定填料形式

这些类型的填料各有特点和适用范围，均有一定的工程应用。在城镇污水处理工程中出现的主要问题为堵塞、结团和布气布水不均匀，影响处理效果和稳定运行。另外，固定填料通常需要安装在辅助支架上，填料安装、更换不够方便，从而影响了这些类型填料在城镇污水处理厂新建和提标改造工程中的广泛应用。

近年来，悬浮填料由于其密度接近于水、无需固定支架、可直接投放且在生物池中可随曝气搅拌悬浮于水中并全池均匀流化、能耗相对较低以及管理方便等特点，受到了较为广泛的关注，在一些城镇污水处理厂提标改造和新建工程中得到大规模的应用，已成为最具有发展前途的填料类型。目前研究者和厂商已经开发出材质、结构、形状和尺寸各有不同的多种类型悬浮填料并投放市场，常见的有环状填料、柱状填料、多面空心球均质填料、内置式填料、多空旋转球形填料等（如图 6-8 所示）。纯材质多为自然色，也有添加辅料和色剂进行改性的，产品质量不一。在城镇污水处理项目中，柱状悬浮填料的工程应用最为广泛和成功。

图 6-8　城镇污水生物处理工艺过程中常用的悬浮填料形式

行业标准《水处理用高密度聚乙烯悬浮载体填料》CJ/T 461—2014 适用于自然色、纯材质的高密度聚乙烯悬浮载体填料，主要应用于城镇污水生物除磷脱氮系统，提高冬季低温环境条件下的硝化能力及运行稳定性，按悬浮填料的有效比表面积主要分为 A 类填料、B 类填料和 C 类填料（见表 6-2、图 6-9）。填料有效表面积为空心圆柱筒内表面和内部构型的表面积及空心圆柱筒外部受保护褶皱处的面积。

各类高密度聚乙烯悬浮填料的有效比表面积　　表 6-2

填料类型	有效比表面积 SV(m^2/m^3)
A 类填料	350≤SV≤500
B 类填料	500<SV<800
C 类填料	800<SV≤1200

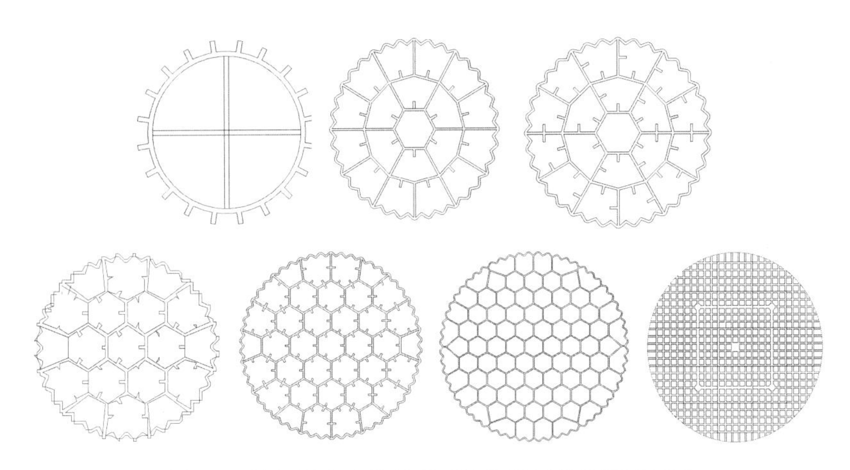

图6-9 城镇污水生物处理系统悬浮填料外形示例图

2. 主要功能与特点

综合考虑固定填料和悬浮填料的性能、特点和工程应用状况，本节将以自然色高密度聚乙烯柱状悬浮填料作为典型代表作进一步的分析与讨论。

(1) 强化硝化功能。在污水生物处理系统的曝气池投加悬浮填料作为功能微生物附着生长场所，促进功能微生物特别是世代时间长的硝化菌的富集培养，形成移动床生物膜反应器（Moving Bed Bio-film Reactor，MBBR）系统，或者固定膜—活性污泥复合（Integrated Fixed-film Activated Sludge，IFAS）系统，以提高生物量特别是硝化菌的生物量，实现好氧工艺单元硝化能力的强化，乃至整个生物除磷脱氮系统的功能强化。

(2) 突破非曝气区所占容积比例限制。硝化菌属专性好氧菌，在缺氧或厌氧环境条件下不能保持正常的生长增殖活动，从而导致硝化菌在非曝气区的损失。因此，在活性污泥系统中，为保证硝化功能的稳定实现，需要控制非曝气区在整个生物处理系统中所占的容积或污泥量比例，对于常规生物除磷脱氮系统，一般不得高于0.5。如果高于0.5，硝化过程就容易处于高度不稳定状态。

投加悬浮填料后，由于好氧生物膜对硝化菌的附着与富集，并且一直滞留在好氧区，能够在相当程度上弥补或消除硝化菌在非曝气区的损失，因而可以突破非曝气区所占容积比例不大于0.5的限制，甚至可以高达0.6～0.7。在强化曝气区硝化功能的基础上，通过增大非曝气区的容积比例和内回流比，可以进一步强化生物处理系统的反硝化脱氮功能，同时提高碳源有效的有效利用率。

(3) 缓解生物脱氮与生物除磷的泥龄矛盾。在污水生物除磷脱氮系统中，硝化菌增殖缓慢，需要较长的污泥龄以满足其生长需求。磷酸盐的去除需要通过剩余污泥的排除来实现，生物除磷效率的高低直接与剩余污泥的排除量密切相关，缩短泥龄有助于改善生物除磷效果，在工艺设计过程中需要合理选定泥龄。投加生物填料后，由于硝化菌的附着与富集作用，使硝化菌和聚磷菌的功能区位在一定程度上得到空间上的分离，通过合理的填料投加工艺系统设计，能够缓解甚至解决生物除磷与脱氮之间的泥龄矛盾。

(4) 提高抵御水质水量动态变动的能力。活性污泥系统投加生物填料后，通过污水处理功能微生物的附着与富集，能够很大程度上提高处理系统的有效生物量，当进水水质水量出现较大波动时，有助于维持处理系统的运行稳定性，并在污水水质水量冲击过后能够较快速地得到恢复。

3. 工艺系统构成要素

采用悬浮填料进行污水除磷脱氮系统的改造或新建，需要满足以下条件：

(1) 悬浮填料在生物处理系统活性污泥混合液中呈流化状态，局部循环流动，且不随水力冲刷作用而流失。

(2) 悬浮填料要易于挂膜，不脱落，能够有效富集所需的功能微生物（硝化菌、厌氧氨氧化菌等），普通硝化系统的生物膜为较薄的棕黑色，厌氧氨氧化的为褐红色。

(3) 对工艺构筑物和水下设备要有抗磨损的保护措施，比如不锈钢隔网，并考虑增加保护装置后导致的局部水力流态的改变。

(4) 系统中需要设置悬浮填料的回流及拦截装置，以保证填料不流失到后续的工艺单元中，并且不出现局部性的大量堆积。

(5) 对于系统的整体设计，应考虑水下设备检修和清池时填料转输的技术措施。

用于城镇污水处理厂工艺技术改造时，结合原有污水处理工艺系统（A^2/O、氧化沟和 SBR 等）所形成的不同流态（推流、沟道循环和完全混合），通过原有生物池及曝气设备的改造，混合与推动设备的改造或增设，悬浮填料拦截装置和局部保护装置的设置，可以形成相应的悬浮填料强化硝化工艺系统。如图 6-10 所示，主要由生物处理构筑物、悬浮填料、曝气设备、水力推进设备、拦截装置以及水下设备保护装置 6 个要素构成。

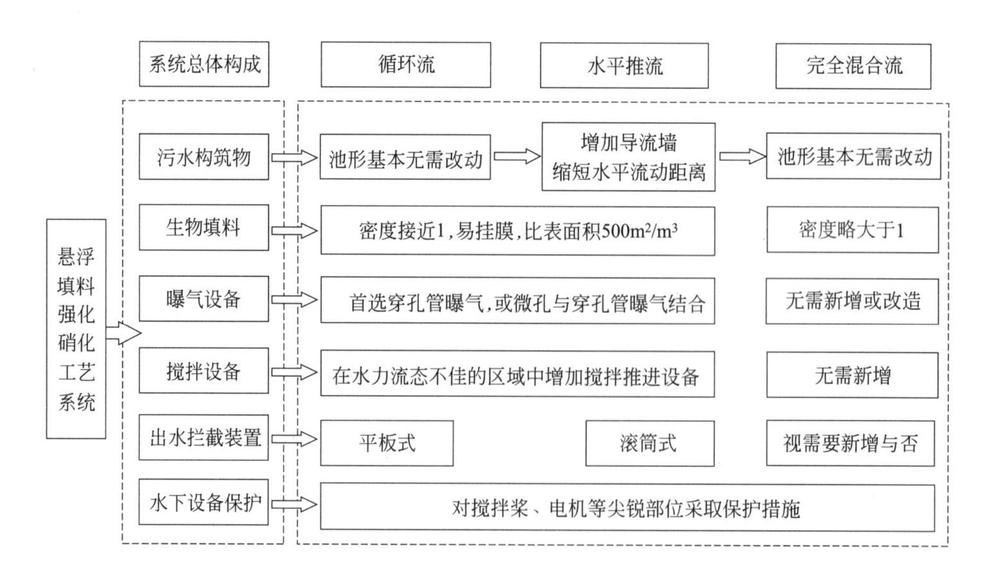

图 6-10 悬浮填料强化硝化工艺系统的构建模式及构成要素

根据处理功能的不同，可进一步划分为填料选型与填充、曝气供氧、填料流化和填料拦截与过水保障 4 个功能单元（子系统）。目前，悬浮填料强化硝化工艺系统主要应用于推流为典型流态的改良 A^2/O 工艺流程和循环流为特征的氧化沟工艺流程（曝气方式主要为底部曝气），取得了良好的工程应用效果，积累了丰富的实践经验，并且持续进行改进与提升，但在 SBR 和表面曝气氧化沟中的工程应用尚少，实践经验还比较缺乏。

4. 节能降耗潜力

一般认为，投加生物填料特别是悬浮填料后，由于填料流化需要增大空气曝气量、曝气强度以及增设水力推进设备，会造成处理系统运行能耗的较大幅度上升。也有研究认为，投加生物填料后，通过穿孔管曝气和水力推进设备的合理配置，非但不会导致能耗的大幅度升高，反而由于悬浮填料与穿孔曝气的协同作用，悬浮填料对气泡进行不断的切割，提高了氧的转移效率，在一定程度上降低了曝气量和能耗水平。但生物膜系统通常需要较高的溶解氧浓度以保证传质效果，因此，就溶解氧的控制来说，悬浮填料强化硝化工艺系统具有可挖掘的节能降耗潜力。例如，实际运行过程中，溶解氧浓度可以进行季节性的调整。

6.3.3　工艺设计与运行要点

1. 适用条件

当采取城镇污水处理厂采用优化运行措施后，由于好氧区的池容不足或冬季低水温导致出水 NH_3-N 和 TN 仍然不能稳定达标，且新增池容存在困难时，可进行工程技术改造，在生物池的好氧区投加悬浮填料，增强其硝化能力及相应的反硝化能力。对于新建工程，土地严重受限的情况下，也可以采用悬浮填料工艺系统。

2. 主要设计考虑

（1）悬浮填料选型。所选用悬浮填料应满足功能微生物附着性好、有效比表面积大、孔隙率高、寿命长的原则性要求。悬浮填料应具有合理的形态构造，在保证水力流态前提下，有效比表面积不低于 $500m^2/m^3$，空隙率不低于 90%，外观结构保证填料具有一定剪切作用。对于强化硝化工艺系统，推荐采用外表呈齿状、圆筒状外形、具有一定边缘锐度和适量突起毛刺的悬浮填料，不建议采用球状构造的悬浮填料。悬浮填料应具有适当的密度、一定的亲水性能、高稳定性、高流化特性、刚性弹性兼备和带正电等性能特点；建议选用主材质为高密度聚乙烯（HDPE）且含有微量亲水性添加剂的悬浮填料。根据不同处理工艺的要求选用合理密度的填料，一般宜选用密度略小于水的悬浮填料（0.94～0.97g/cm^3）。填料应具有良好的生物附着性（即挂膜特性），挂膜周期为 2～3 周，附着的强化硝化有效微生物量不小于原系统 1.5 倍，挂膜湿密度为 1.0g/cm^3，硝化能力达到 0.35kgNH_3-N/(m^3·d) 以上。

（2）悬浮填料投加。填料投加量的计算，应根据进水和出水水质要求，以及挂膜试验所确定的表面负荷或有效生物量。悬浮填料有效比表面积不宜低于 $500m^2/m^3$，投加比率（容积）宜控制在 20%～50%的范围，不宜过高，否则将对系统运行控制带来不利影响。

无试验验证数据时，好氧区的 NH_3-N 容积负荷 0.05～0.15kgNH_3-N/(m^3·d)，填料区的 NH_3-N 负荷可按投加填料前的 NH_3-N 负荷的 2 倍［即 0.1～0.3gNH_3-N/(m^3·d)］计算，表面硝化负荷宜为 0.5～2.0gNH_3-N/(m^2·d)。填料可在好氧区前中部、中部和中后部投加，也可满池投加。投加区域应根据进出水水质和工程改造条件等因素确定，与好氧区末端至少保持 10～20m 的距离，同时不宜过于靠近好氧区的前端，填料区要设置隔网。

（3）处理构筑物。保障悬浮填料充分流化的处理构筑物型式主要包括循环流动池型和微动力混合池型两种，这 2 种池型均可保障悬浮填料的充分流化。其中，循环流动池型是通过在处理构筑物的转弯处设置导流墙及水下推进器（搅拌功率＞4W/m^3）等技术措施构建而成，同时需采取防护措施避免悬浮填料对推进器叶轮、电缆等的影响；微动力混合池型不再使用推进器，而是通过曝气的不均匀布置及整体进出水流态的布置，实现池内悬浮填料的均匀流化。二者相比，后者更节省推进器的投资成本及运行电耗。

1）一般来说，对于新建工艺系统，宜以微动力混合池型为主；对于改建工艺系统，则需要根据具体池型合理布置，通过对曝气系统、推流搅拌系统、池体升级优化与它们之间的相互配合，实现悬浮填料在池体内无水力死角的自然流化和不堆积。

2）对于已有推流式构筑物，可以通过选择处理构筑物适当的长宽比或设置弧形的导流墙，形成环流流态来增强流动性，从而解决投加填料时出水末端拦截格网处填料堆积拥堵以及水力死区的问题；采取减小长宽比的方式增加悬浮填料在池宽（水流的垂直水平方向）方向上的水平分布，降低水平推流流速的影响，可以减轻悬浮填料在出水端的堆积问题。对于循环流态，沟型基本无需变动，长宽比保持不变；对于推流流态，应在沿水流动方向适当位置增加导流墙，将原有的推流流态处理构筑物隔墙打通并增设弧形导流墙，图 6-11 为某污水处理厂生物池改造的实例。

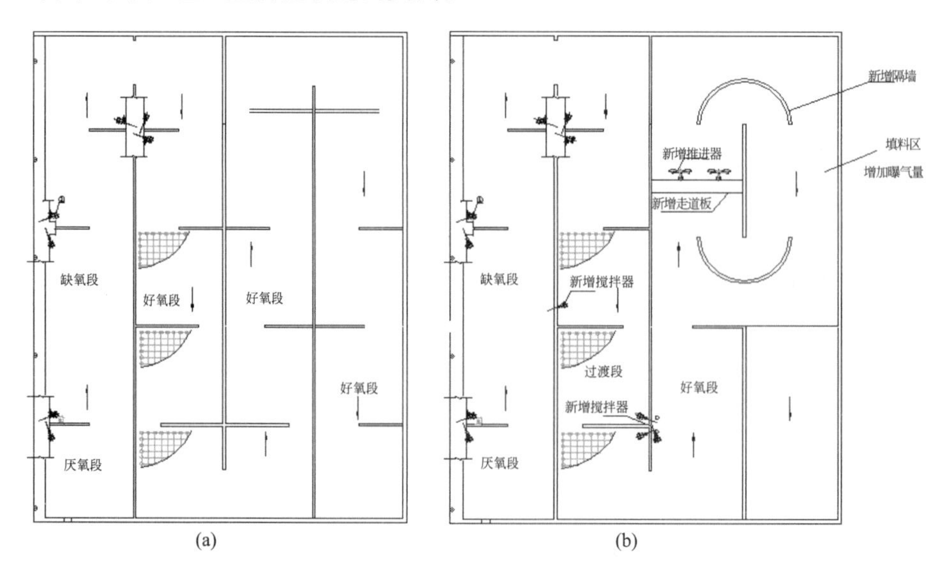

图 6-11　悬浮填料强化硝化工艺系统的循环流动池型设计示例

（a）改造前；（b）改造后

3）适度减小长宽比，一般保持在 2∶1～4∶1 范围，当不满足长宽比要求（2∶1～4∶1）时，应增设导流隔墙和弧形导流墙，强化悬浮填料的循环流动；对于原有处理构筑物存在的水力死区，通过设置导流墙或弧形倒角的技术途径予以消除，以降低悬浮填料在拦截格网处的堆积拥堵可能性，促进悬浮填料的良好流化和正常运行。

（4）微动力混合池型。通过池内进出水流态、曝气、池型的综合设计，实现填料在池内的流化。由于不再采用推进器带动流化，故称为微动力混合池型。与循环流动池中悬浮填料在平面循环流动不同，微动力混合池型中，悬浮填料主要是在曝气的作用下纵向循环流动（如图 6-12 所示）。通过合理布置进出水方向，降低池内行径流速，同时曝气优化布置，在系统内部形成池内上部自出水端指向进水端、池内下部自进水端指向出水端的内循环。对于微动力混合池型的应用，核心是需要平衡气速和水的行径流速，确保悬浮填料良好的流化效果。微动力混合池型的优点是节能，局限性是对于填料投加区域的几何尺寸等有特殊要求，但通过投加区域的合理规划，可满足绝大多数升级改造的池型要求，适用范围广。

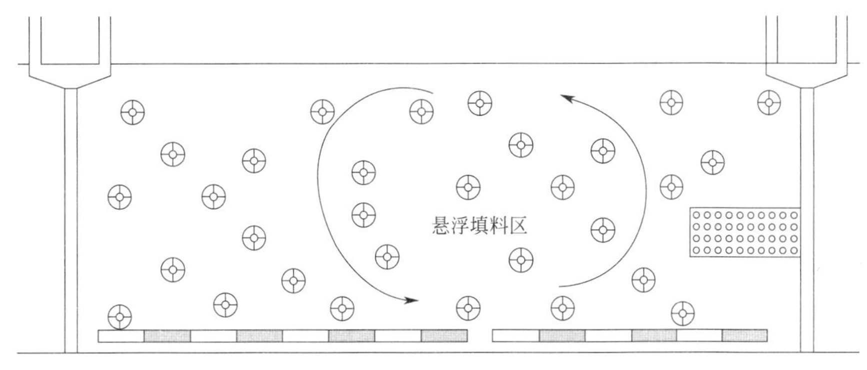

图 6-12　悬浮填料工艺系统微动力混合池型的运行原理图

（5）曝气装置。悬浮填料投加区应根据需要增设曝气装置，考虑到目前常用的微孔曝气对填料翻滚流化的推动作用不足，通常采用穿孔管曝气的方式对悬浮填料循环流动强化硝化工艺系统进行曝气充氧，通过悬浮填料上下翻滚流化对空气气泡的切割作用，提高系统的氧转移效率。考虑到现有污水处理厂的曝气管路布置，可采用穿孔曝气和现有微孔曝气相结合的方式，二者比例可根据污水处理厂的实际情况，并结合填料填充率的高低，通过设计计算和技术经济比较后择优确定。

一般采用穿孔管曝气的管路布设。当采用穿孔管曝气与微孔曝气协同的管路布设时，应在工艺系统的起始端布设微孔曝气，以增强对该区域溶解氧的供给能力与强度，穿孔管曝气则在整个工艺系统区域内均匀布置，并在末端填料拦截格网处增加穿孔管曝气的管路布置。穿孔管曝气一般为对称分布，阀门单控，管线安装与水流方向保持一致。曝气量根据进水水质水量计算，曝气强度根据进出水水质和悬浮填料填充率确定，一般在 4.5～6.0$m^3/(m^2 \cdot h)$ 或 7～12m^3/m 曝气管的范围内。宜采用分区控制的曝气量控制模式，并且对填料区末端 10～20m 范围内的曝气量单独控制。图 6-13 为悬浮填料区曝气系统布设的实例图片。

图 6-13 生物池悬浮填料区曝气系统的布置与运行实景

（6）搅拌与水力推进设备。水下推进器的叶片要外形轮廓线条柔和，不损坏填料，桨叶外边缘线速度小于 5m/s。鉴于填料投加会磨损水下推进器的桨叶和电机等尖锐部位，需要对水力推进器及叶片进行材质、形状的选择以及表层的特殊处理。一般采用球墨铸铁衬筋强化聚氨酯或不锈钢材质并具有抗磨损层的三叶香蕉型潜水式水力推进器。水下推进器应设置在水流方向上较长距离点处和水流方向改变前一段距离处，一般在曝气池中部水平流速小于 0.1m/s 处设置，安装位置的纵向距离接近其直段推进长度的 2/3；功率密度不宜小于 $4W/m^3$，并在水流转弯处设置导流墙。填料区末端 10～20m 范围内，安装水下搅拌装置，功率密度为 $2.0W/m^3$ 左右。应采取措施，避免填料对推进器叶轮、电缆等部件的磨损。

（7）隔离拦截装置与过水保障。悬浮填料的投加区与非投加区之间应设置拦截格网，格网与水流方向大致呈小于 30°的倾角。如图 6-14 所示，常用的拦截格网包括平板式、滚筒式和平板-滚筒组合式。隔离拦截装置的主要技术参数包括格网材质、成孔结构、孔径大小、开孔率、设计安装事项、适用范围等，参见表 6-3 给出的若干示例。

(a)　(b)　(c)

图 6-14 悬浮填料工艺系统常用隔离拦截装置形式

(a) 平板式；(b) 滚筒式；(c) 平板-滚筒组合式

悬浮填料隔离拦截装置的性能参数　　表 6-3

装置类型	平板式	滚筒式	平板-滚筒组合式
直径(mm)	—	1500～2000	1500～2000
成孔结构	圆形冲孔	圆形冲孔/方形编织网结构	圆形冲孔
孔径大小	比所选悬浮填料的直径小 8～10mm		
开孔率	50%左右		
材质	不锈钢,AISI 304		
适用范围	填料区设置在好氧池中部或前中部;循环流动,侧向流出水	推流池型的正向流出水方式;无法安装平板式拦截格网的情况	平板式拦截格网出水面积不足的情况
设计安装注意事项	格网与隔墙间距(50～100cm);焊接结实、无缝隙、无裂纹;设计安装合理,有效防止纤维物造成的堵塞	拦截格网与导流墙间距(100～200cm),拦截格网数量与位置;焊接结实、无缝隙、无裂纹;有效防止纤维物造成的堵塞	—

隔离拦截装置的选择，应保证所需的过水断面面积，通常根据过水孔洞的流速取值计算，视现有池型结构而定。循环流动池型的侧向流出水方式，可选择平板式拦截格网；推流池型的正向流出水方式（出水洞）或无法安装平板式拦截格网，可选择滚筒式拦截格网；当采用平板式拦截格网出水断面面积不足时，可选择平板—滚筒组合式拦截格网。

为防止填料在拦截格网处堆积堵塞，保证填料的充分流化和出水区过水断面的畅通，格网处和池壁处均应设置穿孔管曝气冲刷系统。采用外形具有一定边缘锐度和适量突起毛刺的悬浮填料，通过适当的曝气设计，在填料拦截区保持一定的曝气强度，避免悬浮填料流化运动过程中出现过度的排队上爬问题，同时利用尖锐突起对堵塞格网的纤维杂质类堵塞物进行切割和水流冲洗，有效防止格网孔隙的堵塞，形成格网自清洗功能（如图 6-15 所示）。

图 6-15　悬浮填料在拦截格网处的排队冲刷与自清洗作用

3. 运行控制

(1) 填料挂膜与系统启动。尽量在温度适宜的时段进行挂膜和系统启动，可以在悬浮填料工艺系统中直接进行生物膜培养和硝化菌富集。选用具有一定亲水性能、有效比表面积 500m^2/m^3 及以上的悬浮填料，结合连续或间歇运行的不同工艺类型，在悬浮填料快速挂膜工况控制条件下（见表 6-4），通过填料区硝化性能和 NH_3-N 去除效果的连续跟踪监测，以及填料附着生物膜的镜检观察，进行填料挂膜与系统启动。当目测填料表面已明显挂膜，镜检可见菌胶团附着在填料表面并出现钟虫等微型动物，硝化速率测定值达到要求时，可以判定填料挂膜与系统启动完成，膜的厚度大小不能作为判断是否成功挂膜的标志。

对于改良 A^2/O、除磷脱氮氧化沟等连续运行的工艺系统，在表 6-4 所述工况控制条件下，经过 2～3 周的启动运行之后，基本上可以完成填料的挂膜培养，填料区可达到较好的硝化效果。对于 SBR 等间歇运行工艺系统，经过 1 个月以上的启动运行一般也可以完成悬浮填料的挂膜培养，也可利用现有连续流运行工艺系统进行悬浮填料的挂膜培养，再向 SBR 工艺系统中直接投加已经完成挂膜培养的悬浮填料，缩短挂膜培养周期，提高挂膜效率和系统的运行稳定性。

悬浮填料快速挂膜工况控制条件　　表 6-4

流态类型	MLSS (mg/L)	填料填充率 (%)	DO 浓度 (mg/L)	曝气强度/流化强度 [$m^3/(m^2 \cdot h)$]	营养物要求
循环流态	2000～3000	10～60	2～5	5	城镇污水，自然挂膜，无特殊要求
完全混合		10～40			

（2）填料区溶解氧控制。填料区的溶解氧（DO）浓度应适当提高，宜控制在 2.5mg/L 以上，冬季最好在 3.5mg/L 以上。好氧区末端 10～20m 范围内，曝气量宜单独控制，目的是控制混合液回流的 DO 浓度低于 1.5mg/L，最好在 0.5mg/L 以下。结合悬浮填料的流化状况和 DO 分布均匀性分析，可以进行工艺系统的曝气控制、管路运行故障的判断和排除；通过阀门的合理设置和调节，确保曝气均匀度和悬浮填料的充分流化。

（3）搅拌与水力推进设备管理。需要做好搅拌与水力推进设备的日常维护与管理，通过定期检查、系统巡视等途径监测搅拌与水力推进设备的运行，进行故障的判断与排除，并确保好氧区末端 10～20m 范围内水下搅拌的正常运行，防止泥砂及污泥的沉积；同时，要注意搅拌与水力推进设备的叶片磨损、锈蚀与防护以及搅拌电机的安全运行。

（4）填料拦截格网维护管理。注意检查填料拦截格网的锈蚀和完好情况，观察、评价格网处悬浮填料堆积情况，并采取调整不同部位的曝气强度等措施减少填料在拦截格网处的堆积和拥堵，避免水力拥堵导致拦截格网的破损及填料外溢。在发生故障导致工艺系统停止运行之后，进行重新启动之时，要严格按照先启动曝气设备后开启水力推进设备的步骤正确操作，避免填料堆积造成系统运行的紊乱。

（5）填料区管理与监测。为保证填料区强化硝化系统的正常稳定运行，当进水 NH_3-N

负荷提高或水温降低时，可结合出水水质适当延长硝化时间或提高填料投加量，同时将 DO 浓度提高到 4.0mg/L 左右。通过 DO 实时监测、系统硝化速率监测、出水水质监测以及填料分布均匀性监测评价，掌握工艺系统的运行状况，根据监测结果对影响系统稳定运行的问题进行分析，并采取适当的技术手段予以解决。

（6）填料转输与再投加。对悬浮填料强化硝化工艺系统进行排空性故障检修时，可以采用悬浮填料的转输设备来完成悬浮填料的抽出、转输和再投加，减轻操作人员的劳动强度，提高抽出与转输效率，加快工艺系统运行故障排除和系统恢复运行。对于新建或新改造项目，也可以通过转输已正常运行工程项目中的部分悬浮填料，达到快速启动的效果。

6.4　生物滤池强化脱氮工艺系统

生物膜法是非常传统的污水处理技术，在欧美国家得到了广泛的工程应用。生物滤池是生物膜法的代表，早在 20 世纪 70 年代，我国就已经在城市污水处理中引入生物滤池技术，但由于生物滤池在实际运行过程中容易出现布气不均、堵塞和环境卫生较差等问题，影响了其在我国的推广应用。最近十几年，随着污水处理理论和技术的新发展，生物滤池在我国城镇污水处理中得到了一些新应用。针对生物滤池存在的问题和工程实际需求，科技人员在传统生物滤池技术的基础上不断改进，开发出许多新型的生物滤池系统，例如曝气生物滤池（BAF）、反硝化滤池以及厌氧生物滤池（AF）等，在国外各类污水处理中均有成功应用。其中，曝气生物滤池和反硝化滤池比较适合一小部分城镇污水处理厂的升级改造，能够在一定程度上解决 NH_3-N 和 TN 的稳定达标问题。

6.4.1　工艺技术演变

在生物滤池系统中，以颗粒状填料及其附着生长的生物膜为主要处理介质，发挥生物代谢、物理过滤、生物膜和填料物理吸附等作用，以及反应器内食物链分级捕食作用，实现不同污染物在同一单元反应器内的联合去除。基于不同的处理功能，生物膜中的功能微生物群体分别为异养好氧菌和自养硝化菌、缺氧反硝化菌和厌氧菌，各自完成不同的代谢功能。

曝气生物滤池属于好氧生物膜法工艺系统，20 世纪 80 年代末在欧美发展起来，是生物降解与过滤截留相结合的一种高效低耗污水处理方法。这种方法是在滴滤池的基础上发展而来，并借鉴快滤池的形式，在一个单元反应器内同时完成污染物的生物氧化和固液分离的功能。首座曝气生物滤池于 1981 年诞生在法国，随着污水处理厂出水水质要求的提高，20 世纪 90 年代初得到较大的发展，在世界各地推广应用。例如，法国得利满、德国菲力普穆勒和法国 OTV 等公司都把曝气生物滤池作为主流技术产品在世界各地推广，以曝气生物滤池为主体工艺的污水处理厂有 100 多座，主要分布在欧洲和北美地区。曝气生物滤池的应用范围逐步扩大，包括生活污水和工业污水处理，以及污水的深度处理。

大部分学者认为曝气生物滤池综合了过滤截留、生物接触氧化和微生物食物链分级捕食等方面作用，其原理是利用生长在反应器内滤料上的生物膜，进行微生物氧化分解、滤料及生物膜的吸附截留、沿水流方向形成的食物链分级捕食以及生物膜内部的微环境变化。

反硝化滤池属于缺氧生物膜法，包含好氧层和缺氧/厌氧层，缺氧/厌氧层的存在给生物膜带来新的净化功能，同时也带来一些不利影响。在该层生息着厌氧/兼氧微生物，其代谢产物需要通过好氧层排出，这样就会增加好氧层的负荷，给好氧层内的好氧微生物正常代谢带来不利影响。缺氧/厌氧层的存在也给生物膜的净化作用带来正面影响。由于缺氧/厌氧代谢产物的排放通过，一定程度上降低了好氧层的附着力，使好氧层易于脱落而不断更新。

在好氧层内可产生硝化反应，形成的硝态氮容易进入缺氧/厌氧层，进行反硝化脱氮。当生物膜法不曝气或者没有强制通风的情况下，形成厌氧/缺氧工艺条件。在进水碳源充足且含有硝态氮（回流）的条件下，污水与介质表面的缺氧生物膜接触，硝态氮作为最终电子受体被微生物利用，反硝化生成的氮气从池顶排出。池中生物膜不断进行新老更替，老化生物膜脱落后随上升气流从池上部流出池外，完成污水中氮的生物去除过程。

反硝化滤池已经有多年的工程应用历史，早期被当作具有反硝化作用的 BAF，近年来随着该工艺在污水处理厂升级改造和再生水深度处理中的应用，以及与 BAF 的显著区别，才作为一种工艺技术单独提出。20 世纪 70 年代，在欧美等发达国家，反硝化滤池用于生物脱氮和去除颗粒悬浮物，例如，佛罗里达的 East Central Regional 再生水厂，引入反硝化滤池系统以提高出水水质，用于后续的人工湿地补水，改善地下水的水质。

在我国，反硝化滤池用于一级 A 稳定达标或再生水处理，有关研究多侧重于工艺影响因素方面。目前，已有无锡市芦村污水处理厂四期工程、合肥市王小郢污水处理厂深度处理工程、石家庄市桥东污水处理厂一期工程等提标建设工程，为了对出水进一步进行生物脱氮处理，而采用了反硝化滤池，可采用的外部碳源包括甲醇、乙醇和乙酸钠等。

6.4.2 工艺技术类型

生物滤池的形式，在进水方式、填料选择和使用功能等方面会各有不同，例如：上向流生物滤池和下向流生物滤池，悬浮填料生物滤池和浸没填料生物滤池，去碳曝气生物滤池、硝化曝气生物滤池、反硝化生物滤池、水源水预处理曝气生物滤池和组合曝气生物滤池等。

1. 曝气生物滤池

近 20 多年来，曝气生物滤池发展迅速，技术产品类型不断推陈出新，曾先后出现过 BIOCARBON、BIOFOR、BIOSTYR、BIOPUR、COLOX、DeepBed 等形式，其中 BIOCARBON、BIOFOR、BIOSTYR、BIOPUR 是现代曝气生物滤池的若干典型运行模式，在世界范围内都有应用。目前曝气生物滤池则多采用 BIOFOR 和 BIO—STYR 的形式。

BIOSTYR是法国OTV公司的注册水处理技术产品，采用具有新型轻质填料特征的BIOSTYRENE（主要成分聚苯乙烯，密度小于1g/cm^3）而得名。BIOSTYR为上向流，微生物附着在颗粒滤料上。污水通过滤料，污染物被滤料表层上的生物膜降解转化，同时，溶解态有机物和特定物质也被去除，产生的污泥保留在滤层中，只让净化水通过，这样可在一个密闭反应器中达到完全的生物处理而不需在下游设置二沉池进行固液分离。

BIOSTYR的水头损失随过滤进程而增长，与运行时间成正相关。水头损失达到极限值之时，需要反冲洗以恢复滤池处理能力。BIOSTYR不形成表面堵塞层，运行时间相对长一些。滤池底部设有进水和排泥管，中上部是填料层，厚度一般为2.5～3.5m，为防止滤料流失，滤床上方设置装有滤头的混凝土挡板，滤头可从板面拆下，不用排空滤床，方便维修。挡板上部空间用作反冲洗水的储水区，其高度根据反冲洗水头而定，该区内设有回流泵，将滤池出水泵至配水廊道，继而回流到滤池底部实现反硝化。在不需要反硝化的系统中，则没有该回流系统。填料层底部与滤池底部的空间留作反冲洗再生时填料膨胀之用。滤池供气系统分两套管路，置于填料层内的工艺空气管用于工艺曝气，并将填料层分为上下两个区：上部好氧区，下部缺氧区。根据不同的原水水质、处理目的和要求，填料层的高度可以变化，好氧区、厌氧区所占比例也可有所不同。滤池底部的空气管路是反冲洗空气管。

BIOFOR是广东得利满水务工程有限公司第三代生物膜反应池。采用上向流，待处理水自滤池底部流至顶部，整个过滤过程在持续正压条件下进行。主体反应池结构为，气水混合室在底部，其上为滤板和专用长柄滤头、承托层、滤料，曝气器位于承托层内，提供微生物新陈代谢所需的溶解氧。使用专门的Biolite生物滤料，为确保获得高生物膜浓度和较大截留能力，并加长运行周期，对孔隙率、密度、硬度和耐磨损度等都进行了相应的规定。同时采用特制的曝气头供氧，节约能源，使用安全，易于操作和维护。运行过程中，空气和水流为同向流，使流体完全均匀地分布。反冲洗程序一般为全自动控制，主要步骤包括快速沉淀、气洗、气/水冲洗、漂洗。反冲洗通过运行时间、压力损失、质量参数、浊度等参数进行开启。

曝气生物滤池的主要特征为：①同步发挥生物氧化和物理截留作用；②运行过程中通过反冲洗去除滤层中截留的污染物和脱落的生物膜；③可模块化结构设计，为紧凑化、设备化及扩建提供有利条件；④较高的处理效率，出水水质较好，能耐受较高负荷；⑤氧转移和利用效率较高；⑥生物相沿水流方向呈空间梯度分布特征，具有灵活性。

曝气生物滤池也存在着一些不足之处，例如，运行过程中需要定期反冲洗，增加了系统的复杂性和操作难度，并且对前端预处理的要求较高；产生的污泥稳定性较差，处理处置比较困难；同步生物除磷效果不好，一般需要化学除磷。

2. 反硝化滤池

反硝化滤池是集生物脱氮与过滤功能为一体的处理单元。在运行过程中，在投加甲醇、乙醇、葡萄糖、乙酸、工业废物等外加碳源作为电子供体的情况下，以水中硝态氮为最终电子受体，在缺氧环境下异化还原成氮气而去除。

反硝化滤池系统的安装维护较简单，运行费用较低；微生物生长代谢快，硝酸盐的去除效果较好。但微生物的附着数量有限，硝酸盐的去除负荷受到限制，所需反应时间较长；由于异养菌生长繁殖快，剩余污泥产量相对较高，会影响出水水质；另外，碳源的投加量需要严格控制，否则会导致碳源不足时的亚硝酸盐积累，或者投加过量时的浪费与成本费用增加。采用的滤料一般比普通滤池的滤料粒径大，例如，2～4mm 的石英砂，滤层厚度 1.8m 以上，以避免窜流或穿透，即使前段处理工艺发生污泥膨胀或异常情况也不会使滤床发生水力穿透。滤料有良好的悬浮物截留功效，在反冲洗周期区间，每平方米滤面最低能截留 5kg 的固体悬浮物，延长了滤池工作时间，减少反冲洗次数，并能应对峰值流量等异常情况。

滤池的配水布气系统是成功运行的关键，配水布气的均匀程度不仅直接影响滤池的反冲效果、滤料上多余和增厚的生物膜及截留在滤层的悬浮物的清除能力，同时影响运行效率和运行费用。反冲洗是生物滤池恢复过滤和更新生物膜的最关键环节，配水系统则是其核心部位。为了保障布水和布气均匀，滤池底部平整度要高，可采用气水分布块，反冲洗水量少且均匀，一般为 2%～4%。填料一般采用 2～4mm 石英砂，强度、球形度等都要有严格的要求，质地坚硬，不流失或损耗，不需替换或补加。

生物反硝化期间，氮气在反应池内聚集，污水被迫在滤料空隙中的气泡周围绕行，缩小了滤料的表面尺寸，增强了微生物与污水的接触，提高了处理效果。但气泡的聚集会增加水头损失，在反冲洗进行之前的系统运行区间需定时驱散气泡。

6.4.3 工艺设计与运行要点

1. 适用条件

曝气生物滤池最先开发时用于二级和三级处理，而目前该工艺系统已经可以和多种预处理工艺系统配合直接进行生化处理，并且能够达到较高的排放水质标准。当原有生物处理段采用强化措施后 NH_3-N 仍然不能达标、用地受限时，提标改造可以考虑在生物处理段后增加曝气生物滤池，确保 NH_3-N 稳定达标。曝气生物滤池不宜作为最终控制出水的手段，为控制出水 SS 达到一级 A 及以上标准，后续通常还需要增加过滤处理。当原有生物处理段采用强化措施后 TN 仍然不能达标、用地受限时，可以考虑在生物处理段后增加反硝化滤池，在进入设施前或过程中补充必要的外加碳源，确保出水 TN 的稳定达标。

2. 设计运行考虑

（1）一般要求。必须在滤池中连续测定溶解氧（DO）数值，并加以控制调节；要定期根据填料损耗程度和处理水质状况，适当补充滤料。

（2）曝气生物滤池。容积负荷宜根据试验确定，无试验资料时，一般为 0.3～0.8kgNH_3-N/(m^3 · d)，水力负荷为 3～6m^3/(m^2 · h)，需氧量为 0.4～0.8kgO_2/kg-BOD_5；宜气水联合反冲洗，空气强度为 10～15L/(m^2 · s)，反冲水强度为 4～8L/(m^2 · s)；单池通常矩形，单侧配水配气，纵横长度比 1∶1.2～1∶1.5，配气在滤池长边进行；运行周期通常为 24～48h。

（3）反硝化滤池。一般采用石英砂，有效粒径为 2～4mm，密度为 2.5～2.7g/cm^3，厚度为 1.5～2.0m；硝态氮负荷为 0.5～0.8kg/(m^3·d)，低水温取低值；根据进水 TN、水温等因素确定水力负荷，一般为 96～192m^3/(m^2·d)，空床接触时间为 15～30min。

1）应适时适当强度的反冲洗，去除老化生物膜，恢复生物膜活性，宜采用气水反冲洗，反冲洗水量一般为处理水量的 2%～4%，气冲流量为 15～25L/(m^2·s)，4～6min，然后气水反冲，气量为 15～25L/(m^2·s)，水量为 3～4L/(m^2·s)，10～20min，反冲洗周期 12～24h。

2）反硝化滤池中产生的氮气需通过水冲扰动来定时驱除，可短时关闭某一反应池进水，瞬间泵入反冲洗水，将聚集的气泡驱散排出池外，防止水头损失过大，影响反冲洗周期，扰动的频率从每 2h 一次到 4h 一次不等，水冲流量为 3～4L/(m^2·s)，历时 2～4min。

3）应结合反硝化滤池挂膜时间和进水水质变化情况，提前启动反硝化滤池的反硝化功能，保障出水的稳定达标，夏季提前挂膜时间不低于 2 周，冬季不低于 1 个月。

4）反硝化滤池需检测进出水硝态氮，按所需去除量投加碳源，防止投加过多或过少。

6.5　工艺过程精细化控制措施

结合我国城镇污水处理厂工艺运行状况的调研分析，在典型污水处理厂运行特性诊断与评估的基础上，识别我国城镇污水处理厂工艺运行的主要共性难题为进水碳源严重不足、功能区效能相对低下、深度处理保障能力不足等，围绕以上问题，从工艺系统 DO 控制、生物系统脱氮除磷功能提升、深度处理氮磷强化去除保障等探讨工艺过程精细控制策略。

6.5.1　预处理系统跌水复氧控制

1. 问题识别

选择某污水处理厂预处理系统，DO 测试点有较明显水力落差和显著紊流流态的点位，分别在跌水前及跌水后的汇水区内设置监测点，如图 6-16 所示，选取的 8 个 DO 测试点分别为粗格栅进口、进水泵房出口、沉砂池进水口、沉砂池出水口、细格栅出口、初沉池出水口、汇水井、生物段进水口，沿程测试 DO 浓度和 ORP 值。

测试结果如图 6-17 所示，进水泵房出水口、沉砂池出口、细格栅出口和汇水井为预处理段的主要跌水复氧点，DO 浓度均在 2mg/L 以上，高值可达 7.2mg/L，从 DO 和 ORP 变化曲线可知，沿程 DO 浓度和 ORP 值呈正相关。

2. 机理初探

选取主要跌水复氧点中的进水泵房出口进行跌水复氧成因分析，选定跌水过程的 5 个测试点，分别测试水柱表层和内部的 DO，结果如图 6-18 所示，复氧点（即 DO 突变点）为跌水末端气水充分混合段，而水柱表层和内部在跌水中间过程中基本上不出现复氧效果。

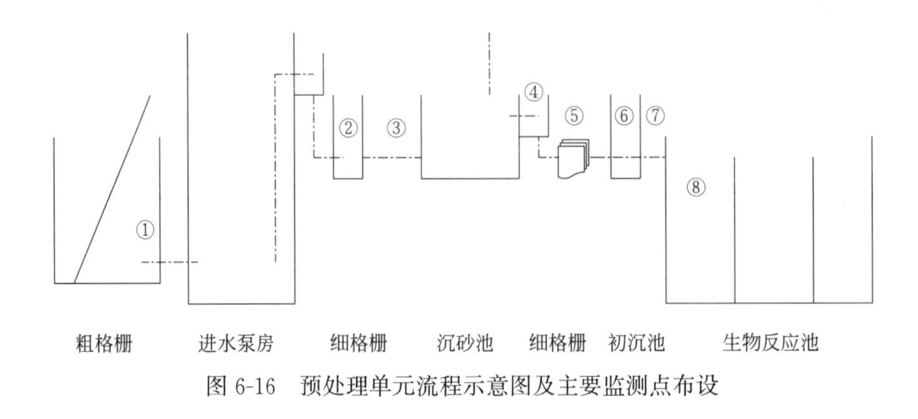

图 6-16　预处理单元流程示意图及主要监测点布设

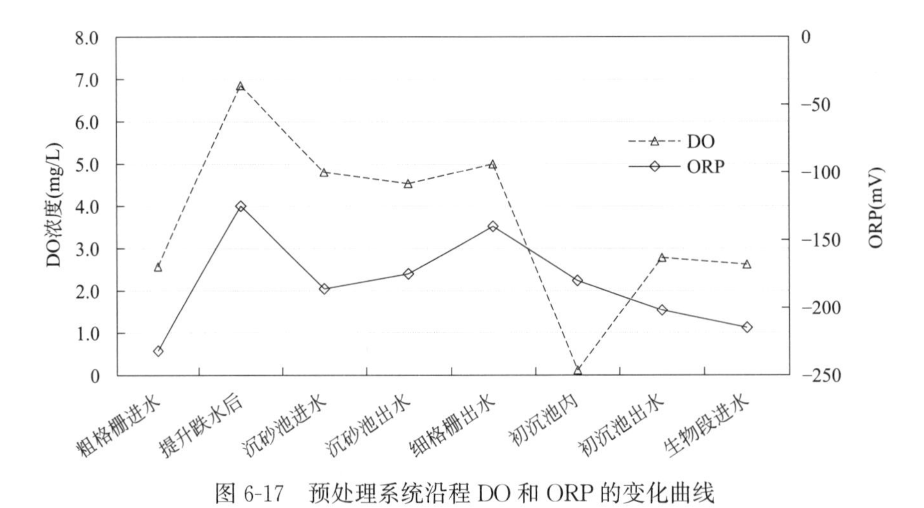

图 6-17　预处理系统沿程 DO 和 ORP 的变化曲线

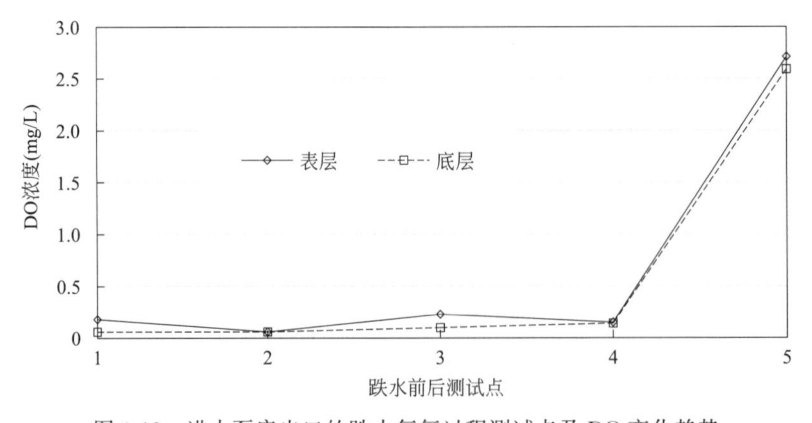

图 6-18　进水泵房出口的跌水复氧过程测试点及 DO 变化趋势

尽管跌水过程中无明显的复氧现象，但水柱周边的空气在摩擦力作用下沿水流方向运动，空气在水柱与围墙之间的区域内形成较明显的旋流场。如图 6-19 所示，在池顶不封闭的情况下，所形成的空气旋流场可加速渠道内气体与渠道周边空气的交换流通，使新鲜空气不断注入跌水渠道内，与污水快速混合；在水柱跌落至渠道内的瞬间，受冲击力作用的影响，局部区域的水体表面张力平衡被破坏，氧的传质阻力降低。两种因素的综合作用加速了气水混合，使溶解氧浓度增加。

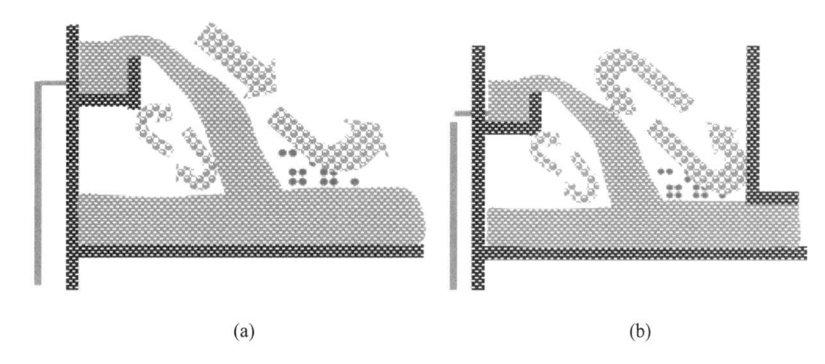

图 6-19　跌落瞬间快速复氧机理示意图

（a）传统跌水；（b）污水预处理单元跌水

此外，跌落瞬间形成的波浪和水花使气水接触面增大，同样会加速复氧过程。

3. 控制策略

通过试验研究与验证，跌水复氧可以采用加盖抑制空气流通、双层加盖、斜板缓冲等方式加以控制和减缓。如图 6-20～图 6-22 所示。

（1）跌水面加盖抑制空气流通工程方案。根据跌水复氧理论，为限制跌水区域周边空气与外界空气交换，条件允许的情况下，可在新建或改造工程的跌水区域进行加盖处理，如图 6-20 所示的两种加盖模式，使跌水区域周边形成相对低氧环境，降低跌水过程复氧量。

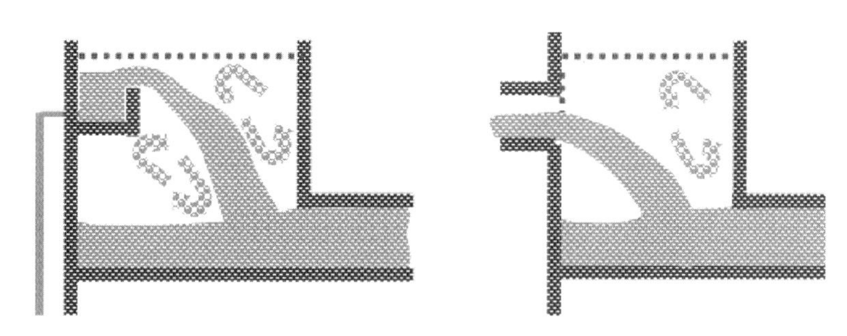

图 6-20　跌水面加盖抑制空气流通的复氧控制

（2）基于工程除臭的双层加盖复氧控制方案。如图 6-21 所示，在传统单层除臭加盖的基础上，在跌水堰上 10～20cm（具体尺寸根据最大水量时的堰上水位高度确定）处另行设置具有较好密封效果的复氧控制盖板。该盖板可采用工程塑料、玻璃钢、防腐碳钢等材料，周边加装柔性密封材料。正常情况下，除臭盖板和复氧控制盖板之间将处于富氧状态，甚至达到与周边空气相同的氧含量，而复氧控制盖板下则始终保持低氧环境，这样即使复氧控制盖板下的空气处于高度紊流状态，也不会出现明显的复氧现象。

（3）基于跌水扰动的斜板缓冲复氧控制方案。如图 6-22 所示，考虑大部分污水处理厂初沉池或水解池加盖进行跌水复氧控制存在一定的实施难度，提出斜板缓冲控制措施，

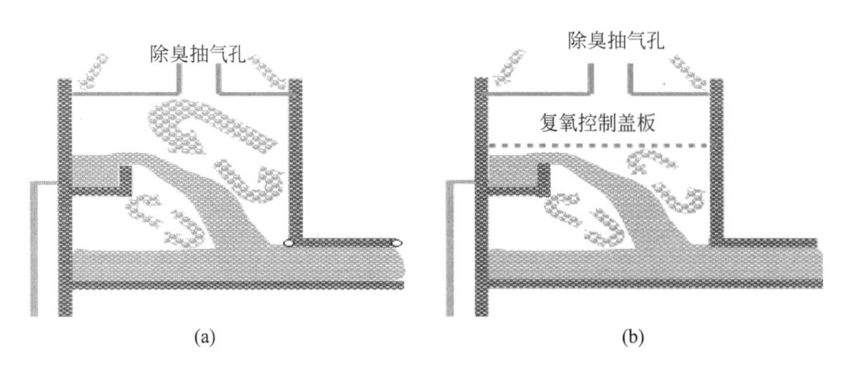

图 6-21　基于除臭的双层加盖跌水复氧控制方案
（a）单层盖的气体流态；（b）双层盖的气体流态

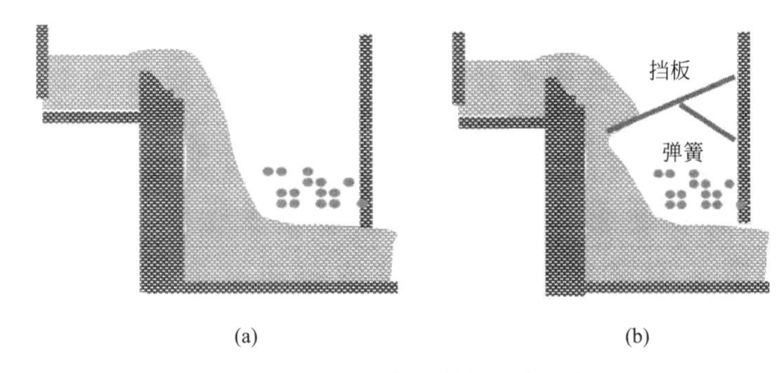

图 6-22　挡板缓冲复氧控制方案示意图
（a）实施斜板缓冲前；（b）实施斜板缓冲后

即在出水堰的下部设置挡板，挡板右侧采用合页固定在池壁上，挡板下设置柔性耐腐蚀弹簧。

采用三角堰出水时，可在挡板左侧贴近池壁处安装密封橡胶。采用柔性弹簧可以确保较小的水力冲击即可开启挡板，降低水流冲击对挡板的磨损，并避免挡板上方形成深水层，导致发生二次跌水复氧现象。正常进水时，挡板下形成相对密闭的区域，可有效阻断空气流通，从而消除复氧现象。

6.5.2　内回流 DO 控制强化脱氮

1. 问题识别

城镇污水处理工程设计中通常将混合液内回流泵安装于好氧池末端，而为避免低溶解氧导致二沉池污泥反硝化上浮，多数污水处理厂将好氧池末端混合液中 DO 浓度控制在较高水平。选择太湖流域 6 座典型一级 A 排放标准的城镇污水处理厂（分别记为 A、B、C、D、E、F）开展内回流混合液 DO 问题分析，污水处理厂工艺类型、回流形式和缺氧池入口内回流混合液的 DO 多日平均值见表 6-5。从表 6-5 中的数据可知，内回流携带大量 DO 导致缺氧区入口高 DO，必然导致缺氧区不缺氧，缺氧区池容利用率下降，同时内回流携带的高 DO 与缺氧区进水混合直接消耗进水碳源，进一步加剧碳源不足。

缺氧池入口 DO 测试及脱氮能力消减量核算　　　　**表 6-5**

厂名	工艺类型	流态特征	混合液回流形式	缺氧池入口 DO (mg/L)	TN 去除能力下降核算(mg/L)
A	卡鲁塞尔	环沟型	穿墙泵	2.86	1.00
B	A^2/O	推流式	离心泵	2.60	0.91
C	奥贝尔	环沟型	穿墙泵	3.50	1.23
D	A^2/O+MBR	(类)环沟型	组合	2.93	1.03
E	A^2/O+MBBR	推流式	离心泵	2.89	1.01
F	倒置 A^2/O	推流式	穿墙泵	4.21	1.47

根据反硝化脱氮理论，在污水生物处理系统所发生的有机物降解和反硝化反应中，溶解氧和硝态氮均可作为电子受体，与污水中的有机物发生氧化还原反应。根据氧化还原反应原理，当溶解氧和硝态氮同时存在时，每 1mol 的溶解氧将使 0.8mol 的硝酸盐氮失去反硝化机会，也即每 1mg 的溶解氧将减少 0.35mg 的硝酸盐氮去除量。

2. 控制策略

选择太湖流域不同工艺类型的城镇污水处理厂，研究确定最佳消氧点，并通过现场取样测试该点的混合液消氧能力，以确定满足实际工程运行条件的有效停留时间，为消氧区工艺单元参数的选择提供试验基础。

为避免混合液运输过程中相关指标发生变化，上述测试均在现场通过带密封和搅拌功能的反应器（烧杯）完成。混合液自好氧池取出后快速倒入反应器中，密闭搅拌并连续测试混合液 DO 的变化情况。为确保模拟实验与工程结果吻合，向烧杯中倾倒混合液时，严格规避跌水复氧问题。选择太湖流域典型污水处理厂的内回流混合液进行消氧能力测试，各厂好氧池末端处于回流泵上方的混合液 DO 浓度分别在 5min、10min 和 15min 后的降低值统计结果见表 6-6。从表 6-6 中数据可以看出，被选污水处理厂好氧池末端的污泥表现出一定的耗氧活性。污水处理厂好氧池末端混合液在 15min 时间内的耗氧量基本可达到 2mg/L 以上。一般情况下，可作为污水处理厂好氧池末端消氧池设计参数确定的核算依据。

太湖流域典型污水处理厂好氧池混合液消氧能力测试　　　　**表 6-6**

污水处理厂	5min DO 下降量(mg/L)	10min DO 下降量(mg/L)	15min DO 下降量(mg/L)
A	0.66	1.30	1.98
B	1.23	2.06	2.63
C	1.16	2.24	3.12
D	1.04	2.01	2.82
E	1.38	2.71	3.77

不同工艺类型和好氧区池型可参照图 6-23 所示的消氧区设置理念灵活设置。该技术方法应用的最大优势在于，不增加原有池容，只是在好氧区最末端通过设置隔墙，合理分

割消氧区和好氧区，分别实现 DO 控制目标。在这种情况下，消氧区内可能出现硝化不充分的问题，但不会影响整个工程运行效果；虽然好氧区池容减小，但由于混合液总量也相应降低，因此池体内的实际停留时间并没有改变，仍具有与原好氧池同样的功能。

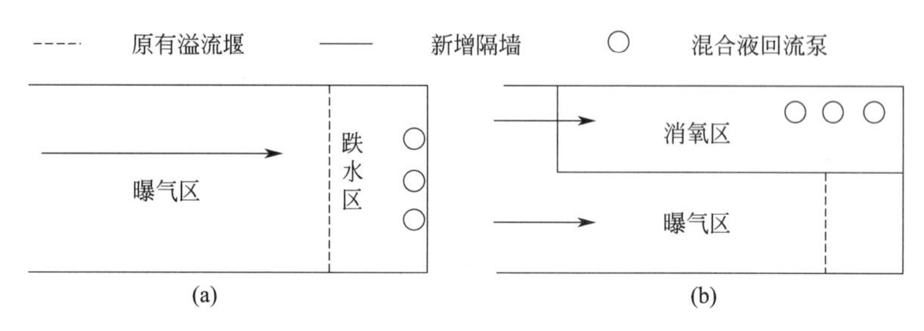

图 6-23　生物池好氧曝气区设置消氧区的设计理念

(a) 原好氧池末端；(b) 设置消氧区的好氧池末端

3. 工程措施

结合前述控制策略研究成果，为进一步降低回流混合液所携带溶解氧对缺氧池反硝化脱氮效果的影响，工程设计中应在内回流混合液进入缺氧池/区前，增设短停留时间的消氧池，并遵循以下原则。

(1) 不增加现有好氧池总池容，仅通过设置隔墙等形式，在好氧池最末端单元区内分离出两个独立的区域，其中一个作为消氧池，设置搅拌器，安装回流泵，一个仍作为好氧池，按传统的曝气方式设计；两个功能区的 DO 自由控制。

(2) 根据水量平衡计算，在这种设计方案中，使分隔出的好氧池区域内的混合液流量始终保持在 $(1+R)Q$ 水平，其中 1 代表出水，R 代表污泥回流比（剩余污泥忽略不计）；虽然池容缩小，但总水量相应降低，实际停留时间不变，甚至延长。

(3) 消氧区的理论停留时间通常为 30～40min，在内回流比为 200%的情况下，可实现 1.5～2.0mg/L 的消氧能力；MBBR、MBR 工艺，或生物系统停留时间较长时取较大值。

(4) 为避免跌水复氧对内回流混合液 DO 的影响，消氧区不再设置明显的跌水区域，但根据工程需要，好氧池末端仍可按跌水设置。

6.5.3　强化活性污泥内源反硝化脱氮

1. 问题识别

大量研究结果表明，厌氧池内过高的硝酸盐浓度将影响厌氧释磷效果。常规一级 A 排放标准城镇污水处理厂出水硝酸盐氮浓度通常高达 10mg/L 左右，如果直接回流到厌氧池，必将与进水中的小分子有机物快速反应，导致快速碳源的损失，总体上影响脱氮除磷效果。为此，国内外学者很早就提出在厌氧池前设置一定停留时间的预缺氧池或预反硝化池，使回流污泥与部分原水在此先行完成反硝化反应，去除回流污泥中的硝酸盐氮，降低回流污泥硝酸盐对厌氧释磷的影响，并合理优化碳源的使用。目前，该工艺方法已经成为我国城镇污水处理厂的推广技术，在行业内得到广泛应用。

污水处理厂实际运行过程中存在一个不容忽视的问题，即高温季节二沉池经常出现反硝化浮泥现象。实际工程中出现上述问题的污水处理厂，要么是好氧池末端溶解氧偏低，要么是外回流比过低，其表观特征表现为二沉池 DO 浓度偏低。这说明，虽然污水经过长时间的强化生物处理，有机污染物基本得到矿化稳定，但活性污泥中仍存在一定量的可生物降解有机物，或内源代谢有机物，当其在二沉池底部沉降浓缩后，仍具备继续进行反硝化脱氮过程的碳源条件，在二沉池底部 DO 浓度适合的情况下，仍可发生反硝化脱氮反应。

国内外前期研究结果表明，污水处理厂内源代谢产物的比反硝化速率通常可以达到原水碳源比反硝化速率的 20%左右。结合我国城镇污水处理厂普遍存在的 C/N 偏低的实际情况，这部分碳源不失为一种可以发掘的污水处理系统内部碳源。

2. 内源反硝化能力测试

选取 6 座城镇污水处理厂的回流污泥进行内源反硝化能力的测试，相关污水处理厂回流污泥的内源反硝化性能及特征值见表 6-7 和图 6-24。根据国内外城镇污水处理厂活性污泥早期比反硝化速率测定结果，结合大规模污水处理厂生产性测试，城镇污水处理厂进水碳源（非快速碳源）的比反硝化速率通常为 0.05～0.15g NO_3^--N/(gMLVSS・h)，据此可测算以内源反硝化产物作为碳源的比反硝化速率约为 0.4～1.2mg NO_3^--N/(gMLVSS・h)。

根据表 6-7 的测试结果，各被测污水处理厂的比内源反硝化速率测定值在 0.5～0.7mg NO_3^--N/(gMLVSS・h) 之间，与预测结果一致。但是我国多数城镇污水处理厂的比内源反硝化速率范围位于国外数据范围的下限区间，可能与我国城镇污水处理厂进水无机组分含量高导致活性污泥 MLVSS/MLSS 比值偏低有关。

不同工艺系列回流污泥泥质及内源比反硝化速率特征　　表 6-7

污水处理厂	测试温度(℃)	回流污泥 MLVSS(g/L)	生物系统 MLVSS(g/L)	MLVSS/MLSS	内源比反硝化速率 [mgNO_3^--N/(g MLVSS・h)]
A	17.4	3.71	1.84	0.71	0.45
B	18.5	4.28	1.98	0.55	0.50
C	26	4.36	1.94	0.51	0.57
D	16.6	4.01	2.21	0.67	0.68
E	22	3.6	2.54	0.48	0.72
F	18.2	4.67	2.09	0.58	1.10

3. 内源反硝化工程方案

在实际工程条件允许的情况下，可考虑在回流污泥进入厌氧区或其他处理构筑物前，设置 2～3h 停留时间的回流污泥内源反硝化区，如图 6-25 所示。

根据图 6-25，回流污泥首先进入内源反硝化区，再进入后续的厌氧区或其他工艺单

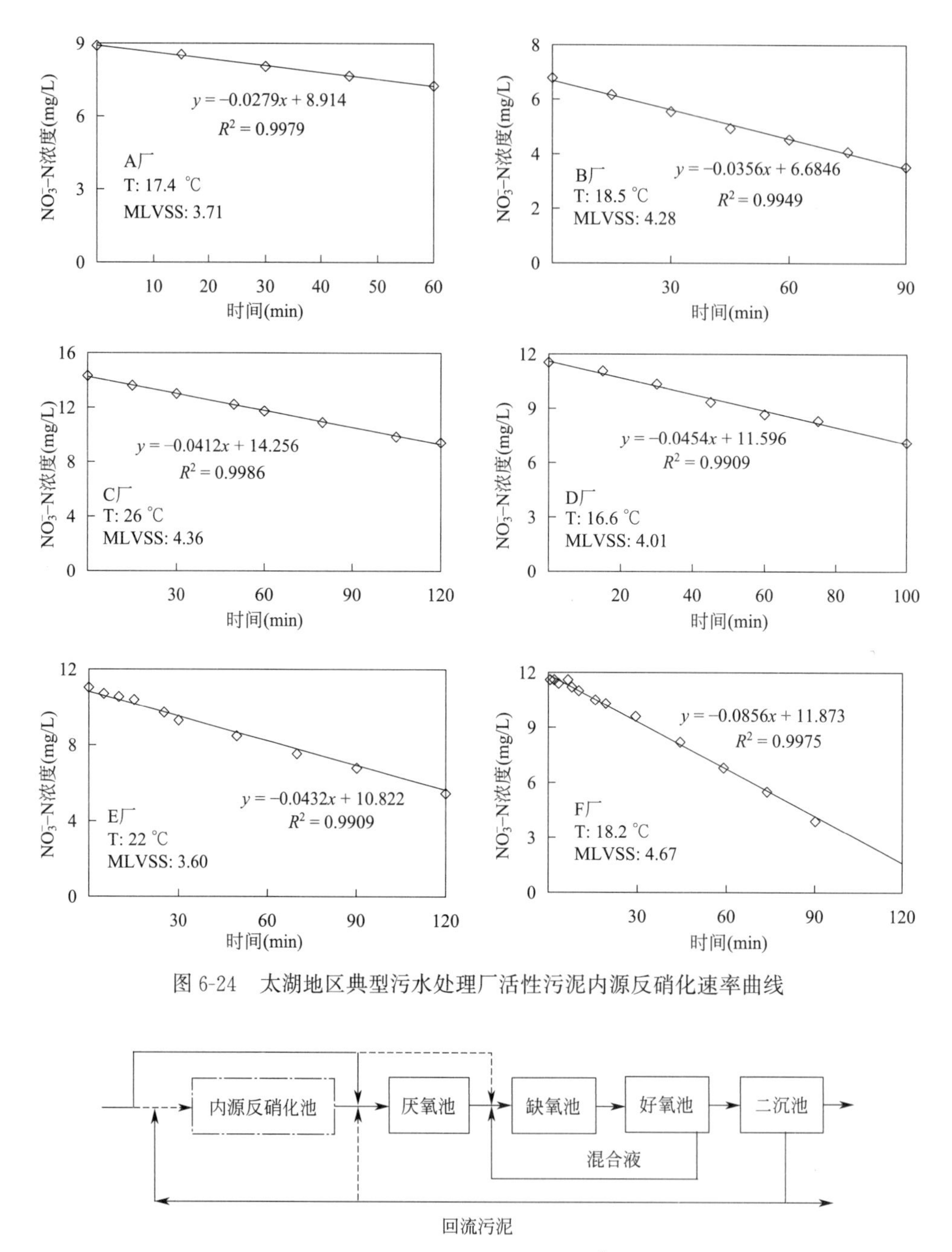

图 6-24　太湖地区典型污水处理厂活性污泥内源反硝化速率曲线

图 6-25　基于回流污泥内源反硝化的 A^2/O 工艺流程

元。可有效降低回流污泥中的 DO 及硝酸盐浓度，避免其对进水碳源的消耗，提高厌氧释磷效果，强化整个生物处理单元的功能。

工程设计上，可根据精细化运行管理的实际需要，采用大小泵或变频泵与定速泵组合的形式，实现污泥回流比的实时调节；通过配泥系统，将超出内源反硝化池处理能力的部分回流污泥直接超越并配送至厌氧池。工程运行过程中，根据二沉池的实际运行情况和内源反硝化池硝酸盐浓度，合理调整回流比，实现最佳的运行效果。

为有效提升内源反硝化池冬季运行效果，确保低温季节其功能正常发挥，可在内源反硝化池内预留 10%～30%的进水；当回流污泥反硝化速率相对较低时，适当降低回流比或通过加入原水的方式，提高内源反硝化池的运行效能，确保出口硝酸盐浓度不超过 1.5mg/L，以确保后续厌氧池功能。

设置内源反硝化池，一定程度上增加了生物系统的内源代谢量，在提高整个系统脱氮除磷效率的同时，对活性污泥也可以起到一定的减量作用。根据工程经验，采用该工艺技术后，污水生物系统的有机组分含量将降低 2%～5%。因此，对于进水 VSS/SS 相对较低的城镇污水处理厂，暂不推荐该工艺方法。

6.5.4 耦合反硝化吸磷的强化同步脱氮除磷

1. 基本理论

反硝化除磷主要是反硝化聚磷菌利用硝态氮作为最终电子受体，利用厌氧释磷过程存储的 PHB 为电子供体，进行反硝化生物脱氮的同时完成磷酸盐的吸收过程。既可以解决反硝化脱氮对碳源的需求问题，也能解决好氧吸磷过程对氧的需求问题，实现“一碳多用”和供氧节能。A^2/O 及其改良工艺的缺氧池是反硝化除磷过程最容易形成的主要区域。针对我国城镇污水处理厂普遍存在的低 C/N、高能耗的突出问题，结合 A^2/O 及其改良工艺缺氧池的实际运行情况，采取强化反硝化除磷功能的工程措施不失为一种可选的解决方案。

2. 反硝化除磷模拟验证

基于反硝化吸磷的基本理论和缺氧池的设计反应条件，当缺氧池中同时存在硝态氮和溶解氧时，专性好氧除磷菌群在与反硝化除磷菌群竞争中容易占据优势，好氧磷吸收成为主反应；当缺氧池中存在小分子有机物时，反硝化菌群及厌氧释磷菌群均可能成为优势菌群，将在一定程度上抑制反硝化除磷菌群功能的发挥。不同的水质特征和工艺条件下，缺氧池内各功能菌群可能存在明显的相互竞争。基于此，针对缺氧池内反硝化除磷的潜在影响因素，通过基于生产性工艺系统活性污泥的 3 组模拟实验进行验证性研究。

模拟试验初始硝酸盐氮为 3.42mg/L，正磷酸盐为 5.01mg/L，无外碳源，不曝气。试验 1 表现为硝态氮和磷酸盐浓度的同步降低，具有明显的反硝化除磷反应特征。试验 2 表现为硝态氮浓度快速降低，而磷酸盐浓度升高，具有明显的反硝化脱氮和厌氧释磷反应特征。试验 3 表现为硝态氮浓度升高而磷酸盐浓度降低，表现为曝气所引起的硝化和好氧吸磷的特征。

根据试验结果，在污水处理厂实际运行过程中，可考虑采取以下工程措施提升反硝化除磷效果：降低缺氧池的原水配水量，改变配水方式，以控制缺氧池的碳源输入量；在好氧池末端设置一定停留时间的消氧区，降低内回流混合液的 DO 浓度，以消除 DO 对缺氧池内反硝化除磷效果的影响。

3. 反硝化除磷工程方案

影响反硝化除磷功能的工程因素主要包括进入反硝化除磷单元的碳源和溶解氧情况。

据此，可考虑按图 6-26 所示，在缺氧池前设置反硝化除磷池。

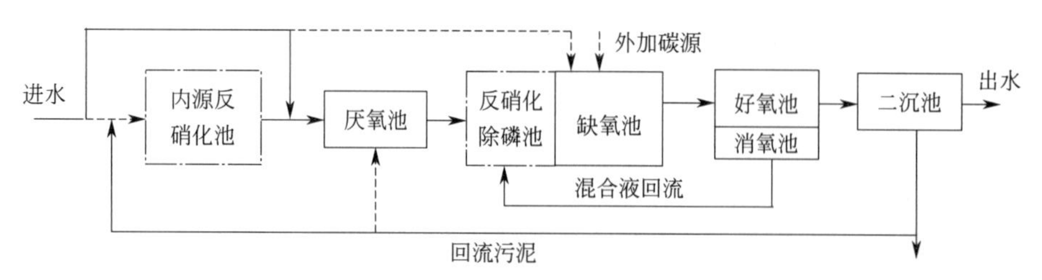

图 6-26 基于反硝化除磷功能强化的除磷脱氮工艺技术路线

根据反硝化除磷的工程原理和影响因素，工程实施方案要点如下：

（1）在好氧池混合液内回流段设置消氧池/区，以有效去除内回流混合液溶解氧对反硝化除磷的影响，提高反硝化除磷工艺单元的运行效率。

（2）在不增加原有池容的情况下，通过进水点调整和运行方式优化，将原缺氧池分割成反硝化除磷池和缺氧池两部分，使内回流混合液和厌氧池混合液直接进入反硝化除磷池，而原水或外加碳源进入后段缺氧池内。

（3）原则上反硝化除磷池停留时间宜不小于 2h，或按原缺氧池一半的容积设计。

（4）在工程运行过程中，考虑将原水全部投入到厌氧池内，强化厌氧释磷效果，提高厌氧污泥的 PHB 含量。

6.6 厌氧氨氧化技术

厌氧氨氧化工艺是厌氧氨氧化菌（Anammox）在厌氧状态下以进水 NH_4^+ 为电子供体，以短程硝化产物 NO_2^- 为最终电子受体，将 NH_4^+ 和 NO_2^- 转变为氮气（N_2）的生物氧化还原过程。该生物脱氮工艺过程能够较大幅度节约曝气供氧能耗，无需外加有机碳源，且剩余污泥产量较小。但厌氧氨氧化菌生长缓慢，对环境及温度条件要求较苛刻，目前厌氧氨氧化技术主要在污水处理厂侧流、畜禽养殖废水、垃圾渗滤液等高氨氮、低碳氮比废水的脱氮处理中得到较为成功的应用。在主流市政污水处理领域的应用尚不成熟，仍然处于工程验证阶段，如何实现工艺的快速启动和持续稳定运行是厌氧氨氧化实际工程应用的关键所在。

6.6.1 侧流厌氧氨氧化

侧流厌氧氨氧化技术主要是指采用厌氧氨氧化处理污泥厌氧消化沼液，包括消化池上清液、消化污泥脱水液等。厌氧消化沼液具有 COD 浓度高、温度较高、可生化性差、氨氮浓度高、脱氮碳源严重不足等特点，这种相对高温、高氨氮的水质特征较适合采用厌氧氨氧化技术，目前侧流方式已实现工程化，世界上的成功运行工程案例已达到 100 多座。

1. 工艺形式

厌氧氨氧化技术实施形式包括悬浮污泥系统、颗粒污泥系统和生物膜系统，悬浮污泥系统的运行负荷相对较高，而颗粒污泥和生物膜法则较容易富集厌氧氨氧化菌。基于厌氧氨氧化和亚硝化耦合方式的不同，可采用两段式和一体式工艺实施模式。一体式占地小，反应器结构简单，但控制难度较大，两段式较容易实现优化控制，但易产生毒性抑制。

2. 工艺启动

通过培养生物膜和接种颗粒污泥等方式，均可以将厌氧氨氧化菌截留在反应器内，实现工艺快速启动。接种污泥可采用好氧硝化污泥、反硝化污泥、厌氧消化污泥及活性污泥等，直接接种含有厌氧氨氧化菌的污泥或载体填料，可以大幅度降低启动过程的耗时。

反应器启动负荷的控制也直接影响工艺的启动，系统内的有机基质含量过高会抑制厌氧氨氧化反应。启动初期 NH_4^+ 和 NO_2^- 浓度应分别控制在 1000mg/L 和 100mg/L 以下，为避免氨的抑制，可将出水进行回流。启动初期需要使系统处于低 DO 的环境状态，可以根据实际情况，采用间歇曝气方式。低温环境启动时间长，为加速启动可以对系统进行加热。

3. 预处理要求

污泥厌氧消化液中除氨氮浓度比较高外，还有较高的 TP、SS 和 COD，极易对厌氧氨氧化反应过程和脱氮效果产生不利影响，预处理需去除这些污染物，降低其对厌氧氨氧化菌活性的影响，提高整体处理效率。通常厌氧氨氧化的进水氨氮浓度控制在 1500mg/L 以下，COD/TN 需小于 2，进水 SS 需保持在 400mg/L 以下。

4. 工艺设计运行要点

（1）厌氧氨氧化工艺的主要参数包括 HRT、DO、容积负荷等，这些均受到进水水质和工艺形式等因素的影响，取值范围较大。HRT 最长可达到 5～6d，最短至 20h 左右；容积负荷从 0.01～10kgN/(m^3 · d) 的范围都可见到；悬浮污泥系统的 DO 一般低至 0.2～0.3mg/L，生物膜工艺系统的 DO 浓度较高，通常在 1.5mg/L 左右。

（2）厌氧氨氧化菌最适宜的生长温度为 35℃左右，低温环境生长较为缓慢，由于系统反应所需的温度较高，实际应用中必须考虑环境条件和所需的能耗。

（3）pH 对厌氧氨氧化的影响主要来自它对微生物和基质的影响，pH 宜控制在 6.5～8.5 范围，最适 pH 为 8 左右，实际运行中应避免出现 pH 冲击现象。

（4）对于两段式悬浮污泥系统，可以通过控制较低的泥龄，实现对 NOB 的淘汰。对于一体式或生物膜工艺系统，由于厌氧氨氧化菌细胞产率极低，工艺过程的泥龄越长越好。

（5）将 DO 控制在较低的水平，可以抑制 NOB 的活性，维持 AOB 和厌氧氨氧化菌的活性。悬浮污泥系统的 DO 一般低于 0.5mg/L，生物膜法系统 DO 较高。由于 DO 的变化受传质过程影响，为避免出现过度曝气，可以监测曝气量，并用于运行过程的调控。

（6）在线监控技术对于厌氧氨氧化工艺系统尤为重要。监控指标一般包括 pH、DO、NH_4^+-N 浓度，也可以通过电导率差值，间接推测总氮去除情况，为防止过高 SS 对工艺运行效果的影响，还可以在线监测 SS。

（7）为确保厌氧氨氧化工艺系统的高性能和高处理量，应尽量避免系统内氮的累积。

NH_4^+-N 浓度过高，出现游离氨的抑制时，及时降低进水 pH 可缓解抑制。出现 NO_2^- 抑制时，若抑制较轻，可采取降低进水流量的方式解除抑制；受 NO_2^- 抑制相对较重时，可以先用清水将残余基质洗出反应器，再以低浓度进水，逐渐恢复系统。

5. 工程案例

天津津南污泥处理厂污泥高浓度厌氧消化脱水液厌氧氨氧化处理工程，规模 1000m^3/d，采用两段式部分亚硝化/厌氧氨氧化（PN/A）工艺流程（如图 6-27 所示）。

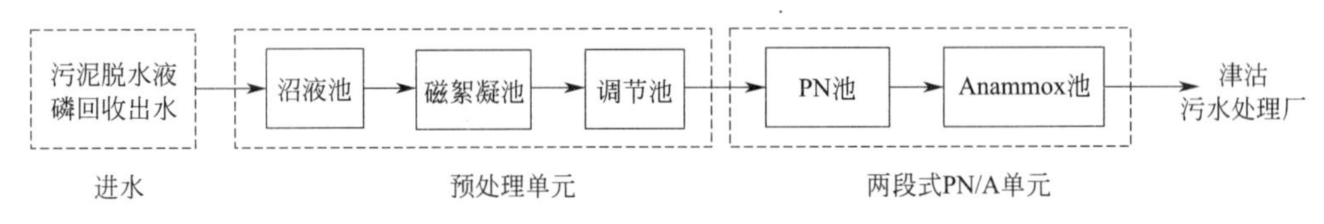

图 6-27　天津津南污泥处理厂两段式 PN/A 工艺流程

高浓度厌氧消化污泥首先经过板框高压隔膜脱水机进行脱水处理，产生的污泥脱水液经磷回收处理工艺单元后进入两段式 PN/A 厌氧氨氧化工艺单元。脱水液首先进入沼液池，再依次进入磁絮凝池、调节池、PN 池和 Anammox 池，出水进入津沽污水处理厂进行后续处理。PN 池和 Anammox 池均为序批式运行模式，有效体积均为 1800m^3。PN 池接种污泥为来自 A/O 工艺污水处理厂，Anammox 池接种污泥来自 AnAOB 扩培装置和养猪场脱氮污泥。两段式 PN/A 工艺运行温度通过加热器控制在 35℃。

津南污泥处理厂工程规模的侧流厌氧氨氧化工艺启动和运行特性研究结果表明，接种活性污泥可成功启动部分亚硝化（PN）反应器，其出水 NO_2^--N/NH_4^+-N 为 1.1 时，可实现厌氧氨氧化系统的快速启动与稳定运行。PN 出水的 NO_2^--N/NH_4^+-N 过高会造成厌氧氨氧化系统的运行不稳定和厌氧氨氧化菌的抑制。在进水 TN 为 821±102mg/L，进水氮负荷为 0.16g/(L·d) 的运行条件下，该工艺系统可实现 86%的稳定脱氮率。Anammox 菌株主要包括 *Ca. Brocadia*、*Ca. Kuenenia* 和 *Ca. Jettenia*。

出水 NO_2^--N 浓度 35mg/L 可作为 Anammox 系统稳定运行的上限控制浓度。当 Anammox 反应器出水的 NO_2^--N 超过此浓度时，需要降低 PN 反应器的曝气量，以降低 PN 反应器出水的 NO_2^--N/NH_4^+-N，相应减少出水 NO_2^--N 的浓度。

6.6.2　主流厌氧氨氧化研究

城市污水主流厌氧氨氧化是指将厌氧氨氧化脱氮技术应用到城市污水主体工艺中进行脱氮处理。目前主流技术在工程化方面尚不成熟，运行实践中具有许多较为突出的问题，例如菌种难富集、反应器启动周期过长，对进水水质条件敏感、需要稳定的预处理，工艺系统运行控制复杂、稳定性差等，因此，走向可靠的工程实践阶段仍需较长的路要走。

1. 工艺形式

工艺的应用形式主要存在以下两种：一种是单级厌氧氨氧化工艺，进水中直接包含氨氮和亚氮；另一种为同时富集短程硝化菌（AOB）和厌氧氨氧化菌，AOB 在好氧条件下氧化进水中多半氨氮，同时生成亚硝态氮以满足厌氧氨氧化的基质需求。其中，厌氧启动需控制进水的基质比满足厌氧氨氧化反应需求，另外，需控制搅拌转速尽量减轻复氧作用，维持工艺系统的厌氧环境条件。由于实际污水中氮素多以氨氮形式存在，很少直接存在亚硝态氮，所以同时富集 AOB 与厌氧氨氧化菌的应用前景更加广泛。为缩短启动时间，可采用高温高氨氮的废水进行培养，氨氮浓度可维持在 200mg/L 以上，水温控制在 25～30℃，同时需根据系统亚硝态氮积累情况调整系统的 DO 水平，保证系统亚硝态氮浓度不高于 50mg/L。

2. 工艺启动

厌氧氨氧化工艺系统的核心菌种厌氧氨氧化菌生长缓慢且倍增时间通常为 7～29d，导致厌氧氨氧化工艺在工程应用过程中启动时间较长，探索工艺快速启动方法，缩短工艺启动时间对于厌氧氨氧化工艺的工程应用至关重要。在没有菌源条件下，可接种普通污水处理厂好氧池的活性污泥，或者利用经过厌氧发酵后的厌氧污泥作为接种污泥（污泥浓度控制在 4000mg/L 左右）经培养驯化后完成启动过程；为缩短启动时间，也可以在反应器中投入培养成功的颗粒污泥或挂膜成熟的生物填料直接启动厌氧氨氧化工艺系统。

3. 进水水质要求

厌氧氨氧化工艺的功能微生物均为自养菌，且对进水水质环境条件较为敏感，因此，需确定厌氧氨氧化工艺适宜的进水边界条件。常规厌氧氨氧化工艺运行过程中的主要控制参数包括 SS、BOD_5、氨氮浓度等。

（1）悬浮固体。SS 主要为进水中所含的不溶性颗粒以及胶体类物质，进水 SS 过多会导致系统污泥浓度上升，排泥量增大，进而导致厌氧氨氧化菌无法有效富集，另外，胶体类物质会吸附于功能菌表面，阻碍传质。维持系统稳定运行的进水 SS 需低于 400mg/L。

（2）氨氮浓度。当进水氨氮浓度较低时，由于系统游离氨无法保证对于全程硝化菌（NOB）的抑制，进而造成系统短程硝化效果崩溃，厌氧氨氧化所需的基质配比不佳，最终影响处理效果。为了维持亚硝化的稳定性，进水 NH_4^+-N 浓度需保持在 30mg/L 以上。

（3）BOD_5/TN。有机物进入厌氧氨氧化系统会造成异养菌相对丰度的上升，从而破坏自养系统微生物平衡。因此，厌氧氨氧化工艺系统进水有机物应尽可能控制在较低水平，通常进水 BOD_5/TN 宜保持在 2 以下。

4. 工艺设计运行要点

（1）基于厌氧氨氧化的自养脱氮工艺系统可分为两段式（PN/A 两级系统）和一体式（CANON 单级系统）两种。

（2）两段式亚硝化区停留时间为 1～5h，厌氧氨氧化区停留时间为 2～6h，一体式水力停留时间为 2～6h。采用活性污泥工艺或泥膜混合工艺时，为实现 NOB 的淘洗，系统 SRT 可控制在 4～6d。生物反应池除了絮体活性污泥外，还可以颗粒污泥或载体填料的形式富集培养功能微生物，投加悬浮填料时，填料填充比为 30%～50%。

（3）PN/A 系统关键控制参数在于 PN 段需保证合适的短程硝化水平，以保证厌氧氨氧化段进水基质比合适。运行过程中，通过 PN 段出水 NH_4^+-N/NO_2^--N 水平调整系统曝气，维持系统 DO 浓度为 0.5～3.5mg/L，保证 $1 \leqslant NH_4^+\text{-N}/NO_2^-\text{-N} \leqslant 1.5$。厌氧氨氧化段采用 MBBR 反应器时，池内搅拌气转速可控制在 20～60r/min，以保证系统处于正常流化状态。

(4) CANON 系统关键控制参数在于控制系统亚硝酸氮积累，保证系统短程硝化效果适宜，同时也需保证 DO 不会对生物膜内层的厌氧氨氧化菌造成抑制，CANON 系统运行过程中需控制系统 $NO_2^-\text{-N} \leqslant 30mg/L$，控制系统 DO 浓度为 0.5～2.5mg/L。

(5) 自养脱氮系统由于存在 AOB 和 anammox 两种功能微生物，对于进水碱度的需求及最适 pH 均不相同，其中短程硝化为耗碱反应过程，而厌氧氨氧化为产碱反应过程，运行过程中需抑制亚硝酸盐氧化细菌的生长。为保证系统的稳定运行，建议 CANON 系统的 pH 保持在 7.5～8.5，PN/A 系统的 PN 段 pH 控制在 7.9～8.2，A 段的 pH 控制在 7.5～8.0。

(6) 对于 MBBR 反应器，曝气是核心所在。一方面曝气承担生物膜的传质、传氧功能，另一方面，曝气导致悬浮载体填料流化是避免悬浮载体堵塞的途径，所以曝气的强弱关系到生物膜活性的表达。主流自养脱氮工艺系统的曝气强度（反应器单位底面积的曝气量）应控制在 $3 \sim 8m^3/(m^2 \cdot h)$。曝气方式主要涉及穿孔管曝气和微孔曝气，穿孔管曝气主要保证流化作用，辅助供氧，微孔曝气主要保证供氧能力，辅助流化，城市污水自养脱氮系统两者的比值一般控制在 1～2。

(7) 需要从细微的改进开始，积极行动，期待更广泛的研究探索和工程实践。

第7章 城镇污水深度处理单元及强化

城镇污水深度处理工程设施的设计建设与运行管理，必须确保处理出水的化学需氧量（COD）、五日生化需氧量（BOD_5）、悬浮固体（SS）、氨氮（NH_3-N）、总氮（TN）、总磷（TP）、粪大肠菌群、色度、浊度、溶解性固体（TDS）等常规水质指标满足相关质量标准的要求。随着城镇污水处理厂出水排放标准、再生水水质标准和接纳水体水环境质量要求的不断提高，对城镇污水深度处理工艺单元的功能要求还包括溶解性难生物降解有机物的去除，环境内分泌干扰物、药物和个人护理品等新污染物的去除，使出水水质能够满足高排放标准，或特定用水途径的再生水功能需求和卫生安全保障要求。这就需要系统性地增强混凝、沉淀、过滤、消毒等传统深度处理工艺单元的效能，而每个基本工艺单元都有多种类型的工艺技术、实施方式和设备产品选择。因此，实际应用中需要依据深度处理的进水水质条件、出水水质要求、自然环境特征和技术经济条件等因素，在多种多样的深度处理工艺单元组合和工艺流程中进行比选和优化，并与前端的生物处理系统紧密协同。

7.1 深度处理工艺流程

7.1.1 主要去除对象

城镇污水深度处理工艺单元位于二级生物处理之后，常规去除对象主要指二级生物处理出水中的悬浮固体、可絮凝胶体、磷酸盐以及部分溶解性有机物。二级生物处理出水的水质成分与天然水体有明显的差异，构成悬浮固体的物质大多为生物处理过程所产生的微生物絮体（活性污泥碎片、生物膜残屑）及其代谢产物与分泌物，通常是带负电荷的亲水胶体，其表面存在的极性基团能够吸收大量的极性分子，使其外围包覆一层薄薄的水层。

二级生物处理出水的水质浓度波动范围较大，SS通常为10～30mg/L，COD为15～30mg/L，TP为0.3～1.0mg/L。为便于深度处理工艺单元的选择，充分了解二级生物处理出水的共性特征、颗粒特性、有机物及含磷污染物的组分及特性是十分必要的。

1. 二级生物处理出水中的颗粒特性

大多数城镇污水处理厂二级生物处理出水的颗粒粒径呈现出幂分布特征，有研究表明，一般情况下粒径5～10μm、10～15μm和30～40μm的颗粒，数量级为20000个/mL、14000个/mL和1000个/mL。当粒径大于1μm时，颗粒分布和粒径的关系方程如下：

$$dN/d(d_p)=A(d_p)^{-\beta} \tag{7-1}$$

式中　N——某一粒径范围内的颗粒数量，个/mL；

d_p——粒径范围内的平均粒径，μm；

A——表示经验常数；

β——表示经验常数。

每一组不同粒径的颗粒服从不同的去除机理。小于 1μm 的颗粒通过扩散传递，较大的颗粒通过重力传递，更大的颗粒通过截留或者被筛孔截留。Tchobanoglous 等人认为活性污泥法出水中的粒径分布是双峰的。新鲜水和污水中大于 1μm 的粒径分布是双参数的分布模型，这里指数表示粒径与总颗粒数、表面积、体积和光散射系数的关系。当 β 值大于 3 时表示较小粒径的颗粒占大多数，反之亦然。但 Adin 等人在活性污泥法出水、滴滤池出水和氧化塘、污水塘中均未发现双峰分布特征，可能是幂分布或者是指数分布。

不同处理出水的颗粒粒径分布（PSD）状况如图 7-1 所示。

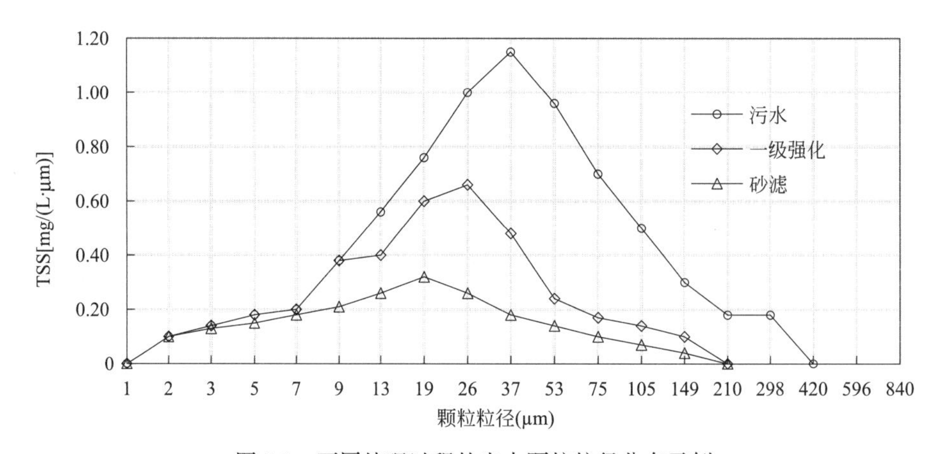

图 7-1　不同处理过程的出水颗粒粒径分布示例

图 7-1 中的曲线基本符合幂分布和指数分布，$r^2>0.88$。大多数情况下，幂分布比指数分布要准确一些，但是也不能排除后者的应用。颗粒体积分布（PVD）通过 PSD 计算得到，首先假定颗粒形状是球形，直径等于粒径范围内粒径测量值的对数平均值。

PSD 在污水过滤处理中非常重要，该指标有助于监测颗粒脱落和过滤穿透。不同的粒径范围，其过滤效率也不同，5～10μm 的颗粒（例如隐孢子虫、贾第鞭毛虫），如果没有投加化学药剂将很难去除，过滤后出水的 PSD 比原水更符合幂函数关系。

幂函数中的系数可指示过滤过程：$r>0.90$ 说明过滤正常工作；$r<0.90$ 说明滤池不在正常工作状态（已经穿透）；β 值反映过滤性能，过高说明滤池在初始过滤状态，下降说明滤池向穿透阶段进行，较低说明滤池具有较低的过滤性能或已经穿透。

不同污水处理过程产生的颗粒，形态和组成也不同。活性污泥法出水的颗粒一般较为细小，呈椭圆形。不同的处理工艺系统，影响颗粒表面的化学组成，通过扫描电子显微镜（SEM）分析得出：作为对比的水库水颗粒成分随季节而变化，一般颗粒表面为硅，而活性污泥的表面为氯、硅和钙，氧化塘水中颗粒的表面为钾、磷和钙。

2. 电动势

二级生物处理出水中的有机物基本来自微生物絮体和难以生物降解有机物，大部分颗粒是带负电的胶体，互相排斥，形成稳定状态。负电颗粒吸引正电离子，形成双电层模型。表面电动势 ζ 电位可作为定量方式，可将颗粒分成三个稳定区：0～－7mV 低电动势，稳定性低；－10～－15mV 中电动势，趋向于絮凝；＞－20mV 高电动势，趋于稳定。活性污泥法出水的 ζ 电位为－10～－20mV，一般天然水体 ζ 电位为－15～－25mV，如果被有机物污染，ζ 电位可达－50～－60mV，这说明二级生物处理出水的颗粒间作用力不如天然水体的高，存在一定的絮凝倾向。但二级生物处理出水和金属盐、聚合物等混凝剂形成的絮凝体强度和稳定性较差，主要成因是出水中含有大量的菌胶团碎片，絮体颗粒不密实。

3. 有机物与致色物质组分

城镇污水处理厂二级生物处理出水中除颗粒态物质以外，还存在大量呈现为溶解态的物质，如溶解性有机物、胶体、超胶体等。溶解性有机物（DOM）是一种高度异构的混合物，在污水深度处理过程中是需要重点关注的物质，也是污水再生利用的主要限制因素。部分有机物因携带致色基团而呈现黄色或者浅黄色，或者其他颜色，引起色度的升高，通常认为致色物质可能来源于微生物的代谢产物和难生物降解的腐殖酸类物质。

在 21 世纪初，根据污水中 DOM 不同的荧光特性，有研究人员将有机物分为类腐殖酸、类富里酸、类微生物代谢物、类芳香族组蛋白Ⅰ和类芳香族蛋白Ⅱ这五类，如今大多数研究人员都采用这样的分类规则。在此基础上，一些基于溶解性有机碳（DOC）和致色物质的亲疏水性、分子量分布、光学特性、官能团识别，甚至是分子构成之间的关系，都成为有机物和致色物质组分解析的有效识别方法。

在“十三五”水专项课题研究中，研究人员通过构建以树脂分级为核心，结合三维荧光（EEM）、高效液相排阻色谱（HPSEC）、X 射线光电子能谱（XPS）等分析方法体系，对二级生物处理出水的有机物及色度组分的荧光特性、分子量分布和官能团分布进行深入了解，明确了有机物和致色物质的亲疏水性来源，不同组分含量与分布特征的相关性，更加精确地识别城镇污水中难生物降解有机物及致色物质的主要化学特性。

如图 7-2 所示，试验研究表明，二沉池出水中溶解性难生物降解有机物的来源主要为疏水酸性物质（HPOA，33％）和亲水性物质（HPI，47％），其中 HPI 的 DOC 含量要高于 HPOA；色度的主要来源同样为 HPOA（25％）和 HPI（20％），其中 HPOA 的色度贡献度要高于 HPI。在所有荧光有机物中，类富里酸类物质和类腐殖酸类物质是主要的荧光组分，也是主要的黄色致色物质，集中分布在 HPOA 中。

通过 XPS 碳谱分析，可以将生物处理出水中的有机物的官能团分为芳香碳（Aromatic）、脂肪碳（Alphatic）、醚、酚碳氧单键/碳氮键（C-O/C-N）、羰基碳（C＝O）和羧基碳（-COOH）。如图 7-3 所示，XPS 分析结果表明，芳香碳和脂肪碳构成了二级生物处理出水中难生物降解有机物的分子骨架。羧基（-COOH）和羰基（C＝O）的比例与荧光强度和色度呈现出负相关性，而 C-O/C-N 与荧光强度和色度呈现出良好的正相关性。

XPS 氮谱的进一步分析表明，吡咯/吡啶酸结构可能是污水呈黄色的主要原因。

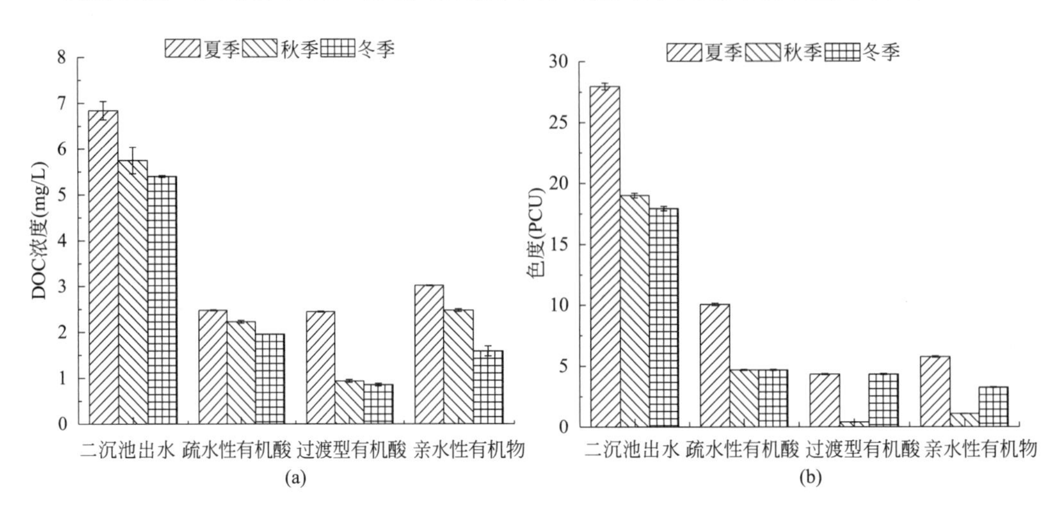

图 7-2　城镇污水处理厂二沉池出水的有机物及致色物质分布示例

(a) DOC；(b) 色度

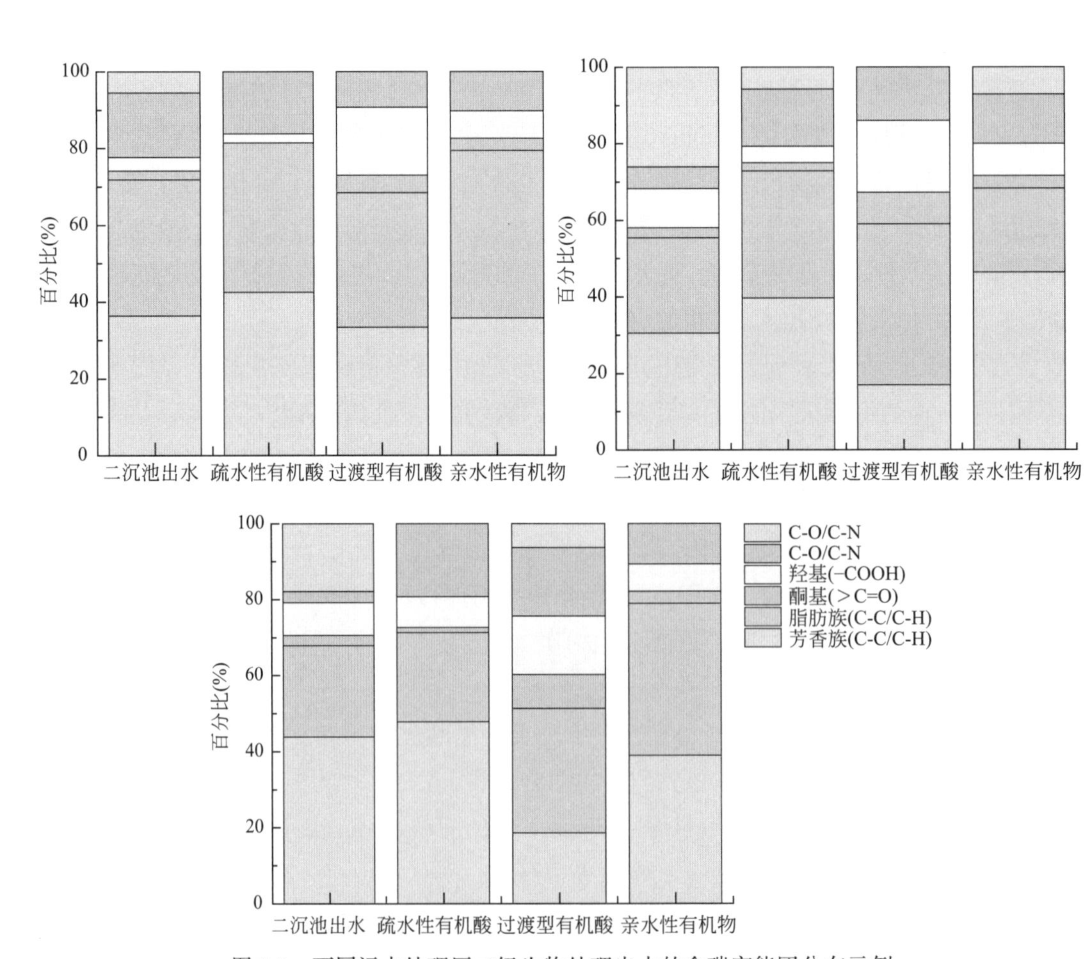

图 7-3　不同污水处理厂二级生物处理出水的含碳官能团分布示例

4. 正磷酸盐及其他含磷组分

二级生物处理出水中的含磷组分主要以颗粒态磷、有机磷、聚磷酸盐和正磷酸盐等形式存在，正磷酸盐通常占 50%～60%。化学除磷的基本原理就是通过投加混凝剂形成不溶性的金属磷酸盐沉淀物，然后通过固液分离将磷酸盐沉淀物从水中除去。采用铝盐和铁盐等混凝剂的混凝过程中，一般伴随着化学除磷的效果。

混凝剂中的金属盐类对正磷酸盐有显著的去除效果，如铁盐和铝盐等。建立描述金属磷酸盐生成的化学方程相当重要，但这些沉淀物的确切组成目前还不太清楚，比较广泛采纳的沉淀物经验分子式为 $Me_rH_2PO_4(OH)_{3r-1}$。其化学反应方程式可用下式表达。

$$Me_rH_2PO_4(OH)_{3r-1}(s) = rMe^{3+} + H_2PO_4^- + (3r-1)OH^- \quad (7\text{-}2)$$

虽然其他阳离子在沉淀过程中也起一定的作用，但该分子式并未考虑 Fe 和 Al 以外的金属阳离子。计量系数 r 的取值差异较大，有文献报道为 1～2，也有文献报道取值 0.8。

铝盐或铁盐投加到二级处理出水中，投加量与水中残余溶解磷浓度的关系如图 7-4 所示。在出水磷浓度较高的“计量反应区”内，磷的去除量与铝盐或铁盐的投加量成正比关系；出水磷浓度低的“平衡反应区”内，磷的浓度几乎不随铝盐或铁盐投加量的变化而变化，趋于稳定。处于计量区内的投加量，形成的除磷效果往往较差，这是因为形成的磷酸盐沉淀以胶体或细小颗粒状态存在，沉淀或过滤效果差。只有达到平衡区的投加量之后，才会形成良好的沉淀及网捕作用，沉淀物聚集成较大颗粒，获得较理想的化学除磷效果。

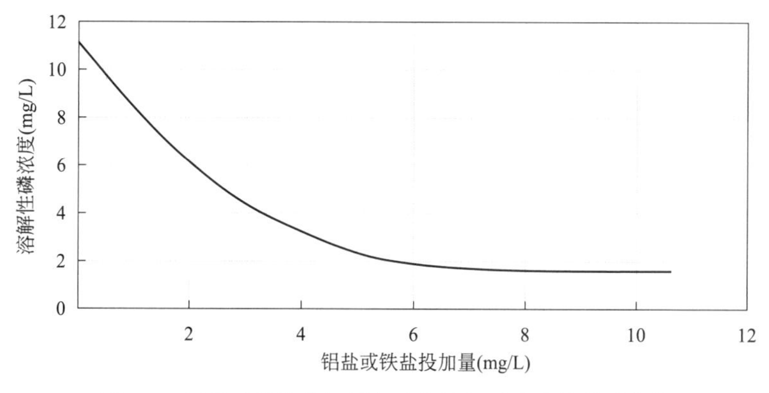

图 7-4　铝盐或铁盐投加量与残留溶解磷浓度的关系曲线

铝盐和铁盐在形成沉淀时要消耗一定碱度。投加 1mg 硫酸铝，生成 0.26mg 氢氧化铝，同时消耗 0.5mg 碱度（以碳酸钙计）；投加 1mg 硫酸铁，生成 0.5mg 氢氧化铁，消耗 0.75mg 碱度。对于低碱度或未经反硝化处理的二级处理出水，设计时要考虑碱度下降问题。

在溶解态的含磷组分中，除正磷酸盐之外，有机磷组分也是不容忽视的。通过铝盐絮凝法进行富集，并经 ^{31}P 核磁共振（NMR）检测（如图 7-5 所示）可知，有机磷组分主要为磷酸单酯，同时检出少量磷酸二酯和膦酸酯成分。不同组分的占比为：正磷酸根（89.3%）>磷酸单酯（7.0%）>膦酸酯（2.7%）>磷酸二酯（1.0%）。磷酸单酯为有机磷的主要成分，其在有机磷组分中的占比为 65.4%，其次为膦酸酯（25.3%），磷酸二酯占比为 9.3%。

在富集 30L 的水样中，测定结果表明，无机磷含量为：正磷酸根（85.2%）>焦磷酸盐（2.3%）；有机磷占溶解性总磷比例为：磷酸单酯（9.0%）>磷酸二酯（1.8%）>膦酸酯（1.7%）。同样，磷酸单酯仍然属于有机磷的主要成分，其占比高达 78.1%，其次分别为磷酸二酯 11.0%、膦酸酯 10.9%。

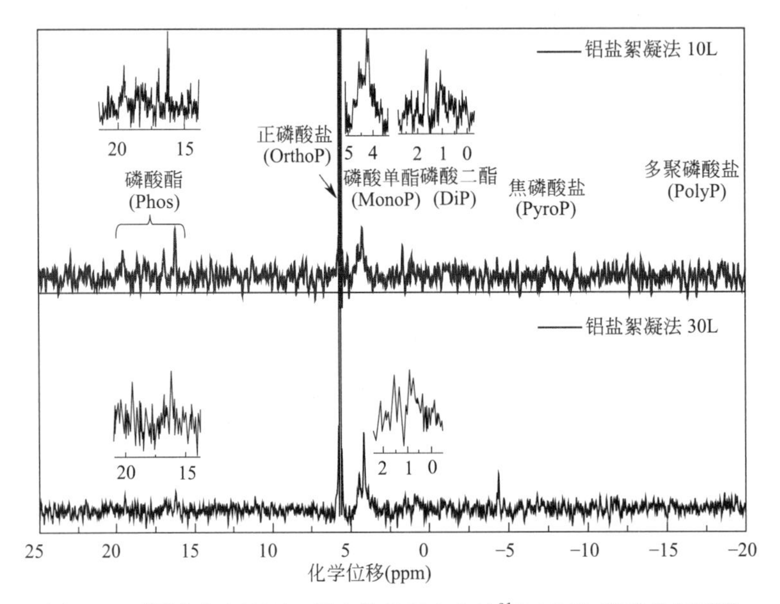

图 7-5 不同富集方法下二级生物处理出水的^{31}P NMR 核磁共振图谱

7.1.2 工艺流程分类

城镇污水深度处理及其强化工艺单元存在不同的组合方式，可形成不同的工艺流程。具体工程应用中需要结合处理出水排放要求或再生水水质要求，考虑工艺实施可行性、整体流程合理性、工程投资与运行成本以及运行管理简便程度等多方面因素，同时结合后续再生水主要用途或出水排放去向，合理选择工艺单元组合，形成适宜的工艺技术路线和工艺流程。图 7-6 为比较常用的城镇污水深度处理工艺单元及应用方式示例。

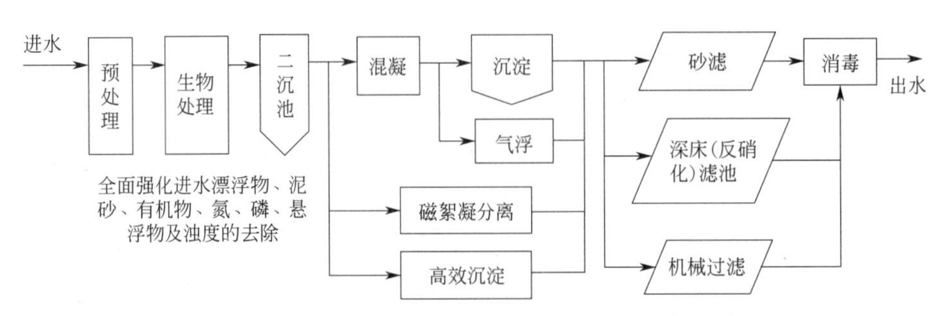

图 7-6 城镇污水处理厂深度处理及强化工艺单元示例

混凝沉淀是深度处理的基本工艺单元，沉淀分离过程可以采用气浮方式进行替代，或通过磁絮凝分离、高效沉淀分离等方式进行能力增强或效率提升；后续的介质或机械过滤选择主要取决于出水水质要求及项目实施条件。以下为深度处理工艺流程的若干示例。

1. 混凝＋沉淀＋砂滤或机械过滤＋消毒

此深度处理工艺流程的关键单元是过滤单元，适用于需要进一步去除SS和TP的情况，如对出水中的SS指标要求较高时，可考虑机械过滤的方式，但其运行受助凝剂投加的影响较大，混凝阶段的药剂种类需谨慎选择。经此工艺流程处理的出水，可实现悬浮物70％以上、磷酸盐60％以上的去除率。消毒单元为可选单元，取决于卫生学指标要求。

2. 混凝＋沉淀/气浮（磁絮凝、高效沉淀）＋砂滤或机械过滤＋消毒

此深度处理工艺流程的关键单元是混凝沉淀单元的强化，过滤为功能保障单元，适用于单纯投加絮凝剂形成的絮体密度较小、不易沉降的情况，可在混凝工艺单元中增加磁粉、石英砂以及泥渣回流等技术措施，增强絮体的重力沉降效果；或者采用新型气浮工艺系统，替代重力沉淀分离单元，进一步提升TP和SS的去除效果和效率。

3. 混凝＋沉淀/气浮（磁絮凝、高效沉淀）＋深床（反硝化）滤池＋消毒

此深度处理工艺流程的关键单元为深床过滤工艺系统，通过适度增加滤床深度和改变滤料的构造及粒径，进一步提升SS及絮体颗粒的去除率，降低处理出水的浊度和TP浓度；当出现生物处理单元强化后仍无法保障TN稳定达标时，可启动深床滤池的反硝化功能，通过适量投加外部碳源，确保出水TN指标的稳定达标。

7.2 混凝沉淀及强化

混凝沉淀工艺单元一般在污水深度处理工艺流程的最前端，通过投加化学絮凝剂使二级生物处理出水中的胶体颗粒脱稳，相互聚集，形成较大颗粒而有利于固液分离去除，同时其中的金属离子与水中磷酸盐形成不溶性的磷酸盐沉淀，然后利用重力沉淀、气浮等固液分离工序进行去除。

7.2.1 功能定位

混凝工艺过程分为混合和絮凝两个阶段，由细微颗粒和胶体形成更大的可沉或可过滤的絮体粒子，在两个单元操作过程中完成。在快速混合装置中，絮凝剂投加到待处理水中，发生凝聚作用并开始形成主絮体粒子，随后在絮凝池中逐渐增长，相互碰撞并结合在一起形成更大的粒子。在絮凝反应过程中，需要保持絮体颗粒凝聚在一起并促使其持续增长。因此，絮凝反应池中的水力流速不应超过0.3～0.4m/s，并且逐步递减，但末端的紊流强度应恰好足以保持絮体的悬浮状态，且不发生絮体的解体现象。

在压缩双电层、吸附—电中和、吸附架桥和沉淀网捕四种混凝过程胶体脱稳机理中，吸附—电中和、沉淀网捕对二级生物处理出水的混凝过程起主要作用。当pH为3～5时，颗粒脱稳和聚集主要通过吸附—电中和作用，高价正电离子水解产物和负电胶体颗粒发生反应，遵循化学计量关系，如果投加过量时就会出现胶体电荷变号的现象，并引起出水浊度值的上升。当 pH 为 6～9 时，超过计量值的化学絮凝剂会快速形成氢氧化物沉淀。在这种情况下，浊度的去除主要通过沉淀网捕作用。根据出水的浊度去除率数据，当絮凝剂超过某一投加量时，并未出现最高浊度去除率值，而是出现一条渐近线，不断靠近某一数值。

沉淀是在重力作用下，将密度大于水的悬浮（絮体）颗粒从水中分离出去的方法。在絮体颗粒的沉淀过程中，粒径、形状和沉降速率都会持续发生变化。絮凝沉淀物总体上呈现为层状沉淀，有较明显的固液分离界面，形成清水区、过渡区和压实区。随着沉淀的继续，过渡区的高度下降，清水区和压实区的高度不断上升，压实区内颗粒缓慢下沉的过程就是悬浮固体压实的过程。后期会产生压缩现象，絮体颗粒聚于沉淀池的底部，互相支撑和挤压，发生进一步的压缩性沉降。

混凝和沉淀是污水深度处理工艺流程中的传统工艺单元。以二级生物处理出水为再生水原水的处理工艺中，混凝沉淀常用来去除水中的悬浮物质、部分溶解性的无机盐和难以沉淀的胶体物质。在出水以 GB 18918—2002 一级 A 标准稳定达标为目标的深度处理工艺流程中，混凝沉淀工艺系统用来保障出水中的 SS 和 TP 指标不超过所要求的标准限值。

当处理出水的 SS 和 TP 标准提高后，该单元需结合生物处理单元的潜在不达标因子或指标进行单元功能的强化，以减少絮凝剂和助凝剂的投加量，提高固液分离效率。一般混凝单元采用污泥回流、加磁粉以及气浮等技术措施强化混凝沉淀效果，提高出水水质。

7.2.2 工艺参数

1. 混凝过程

混凝可分为混合和絮凝两个阶段。两个阶段的水力条件有所区别。混合过程要求将药剂快速、均匀地扩散于水体，需要对水体进行强烈搅动。但是二级出水中大多为生物絮体，结构松散，混合搅拌强度一般控制在 $500s^{-1}$，时间为 30～60s。

混合方式有管道混合、水力混合、机械搅拌混合以及水泵混合。水力混合虽然设备简单，但难以适应水量和水温等条件的变化，已很少采用。管道混合和水泵混合省掉构筑物，但水泵混合需要泵体和絮凝池相距很近，管道混合效果较好，但受水量变化影响较大。机械混合可以适应水量和水温等因素的变化，但需要增加机械混合设备和相应的构筑物。在实际工程中，混合方式应根据工艺布置、进水性质和混凝剂种类等因素综合选定。

美国 EPA 污水处理厂设计手册中规定了快速混合阶段的机械搅拌器的搅拌功率：

$$P=\rho K_{T} n_{0}^{3} D^{5} / g \tag{7-3}$$

式中 ρ——液体密度，kg/m^3；

n_0——转数，r/s；

D——叶轮直径，m；

g——重力加速度，m/s^2；

K_T——经验值。

K_T 值与搅拌器形状、尺寸、导流板数量及其他因素有关，取值范围见表 7-1。

不同类型搅拌器的 K_T 值　　**表 7-1**

搅拌器种类	叶片形状和数量	K_T
螺旋桨	平板式浆板，3	0.32
螺旋桨	3	1.00
叶轮	水平叶轮，6	6.30
叶轮	弧形叶轮，6	4.801
叶轮	6	4.00
扇形叶轮	6	1.65
水平浆板	6	1.70
带护罩的叶轮	弧形叶轮，6	1.08
带护罩的叶轮	带定子，无导流板	1.12

机械混合池的池容和数量可根据混合时间、搅拌器尺寸和处理水量计算：

$$V=QT/n \tag{7-4}$$

式中　Q——设计流量，m^3/s；

T——混合时间，s；

n——混合池数量，个。

混合池数量根据设计流量进行选择，流量较大时需设置多个混合池，以保证药剂和水混合均匀。一般采用方形或圆形，考虑施工难度，方形较多。池深和池宽比 1∶1～3∶1。

絮凝过程的搅拌强度不宜过高，理想的絮凝池搅拌强度是随着絮凝颗粒粒径的增大而逐级递减，絮凝池 G 值应从 150～200s^{-1} 降至 5s^{-1}，甚至更低。不同絮凝形式的 G 值变化差异很大。一般可从 80s^{-1} 逐级递减至 10s^{-1}，甚至更低，机械式絮凝池一般不超过 3 级，设有沉淀工序的絮凝池，絮凝时间为 10～20min；隔板絮凝的转折处 G 值较高，不易达到较低 G 值；漩流絮凝的 G 值变化范围较小；接触絮凝的絮凝过程在滤池内进行，一般 G 值可以控制在 20～75s^{-1}。

絮凝时段的水力停留时间，对于不同工艺条件有不同的要求。后续设有沉淀工序的絮凝池，一般为 18～25min；接触絮凝的水力停留时间一般为 15～20min。

机械絮凝池是利用电动机经减速装置驱动搅拌器对水进行搅拌，水流的能量消耗来自搅拌机的功率输入。搅拌主要采用浆板式搅拌器。搅拌浆板的功率可通过下式计算。

$$P_i=1.45\times10^{-4}C_D l\rho k^3 n^3(r_2^4-r_1^4) \tag{7-5}$$

$$P=\sum_{i=1}^{m}P_i \tag{7-6}$$

式中　ρ——液体的密度，kg/m^3；

n——浆板转数，r/s；

l——浆板长度，m；

r_2——叶轮半径，m；

r_1——叶轮半径与降板宽度之差，m；

C_D——阻力系数；

k——相对速度和线速度的比值；

P_i——单个桨板的输入功率值，kW；

P——总输入功率值，kW。

如果桨板的宽度远远小于转动半径时，可用式(7-7) 表示功率值：

$$P=5.79\times10^{-4}C_DA\rho k^3r^3n^3 \tag{7-7}$$

水温对混凝的影响不容忽视。温度降低，水的黏度相应增大，颗粒的布朗运动强度减弱，不利于颗粒的脱稳和聚集；胶体颗粒之间的水化作用相应增强，需要消耗更多的电解质，才能降低 ζ 电位，使颗粒聚集；另外，无机混凝剂的水解是吸热反应过程，温度降低不利于混凝剂水解。尤其是硫酸铝，水温下降 10℃，水解速度常数约为原来的 1/2～1/4，水温 5℃左右时，硫酸铝的水解极其缓慢。

2. 混凝剂选择和投加

污水深度处理通常选择金属盐类混凝剂。常用的有聚合氯化铝（PAC）、硫酸铝、氯化铁、硫酸亚铁以及聚合氯化铝铁等。可采用台架试验，通过测定 SS、浊度、COD 和 TP 等水质参数，确定二级出水混凝处理的最佳投加量。以 PAC 为例，一般最佳投加量为 8～10mg/L(以 Al_2O_3 计)。为了改善絮凝体性能，可以投加少量的助凝剂，比如聚丙烯酰胺、氯等。投加量不宜过大，一般 0.5mg/L 左右，对于沉淀或过滤出水的水质有明显改善。

对于不同的混凝剂，pH 的影响程度不同。铝盐和铁盐之类的无机盐混凝剂，受 pH 的影响程度要明显大于聚丙烯酰胺类聚合物。一般来说，铝盐去除浊度的最佳 pH 为 6.5～7.5，除磷为 6～6.5，除色度为 4.5～5.5。铁盐去除浊度的最佳 pH 为 6.0～8.5，除磷为 4.5～5.0，除色度为 3.5～5.0。当原水 pH 未处于最佳去除的范围时，需要增加混凝剂的投加量。尤其以除磷为目的时，要达到相同的去除效果，pH 过高或过低都会增加混凝剂用量。

3. 沉淀过程

常用的沉淀池有平流式、竖流式、辐流式和斜管（板）式，平流式沉淀池造价较低，带有机械排泥设备，一般适用于大中型处理厂，但占地面积较大；竖流式适用于小型处理厂，占地面积较小，排泥较方便，但沉淀效果较差；辐流式沉淀池效果好，但施工和维护管理较复杂，一般用于大型处理厂；斜管（板）式适用于各种规模的处理厂，而且沉淀效率高，池体小，但是斜管（板）耗材较多，老化后需要更换，需要设机械排泥装置。

平流沉淀池的沉淀时间为 2.0～4.0h，水平流速 4.0～12mm/s；在采用铁盐或铝盐絮凝剂时，表面水力负荷不宜超过 $1.25m^3/(m^2\cdot h)$，按最大时流量计算不超过 $1.6m^3/(m^2\cdot h)$。在构筑物的设计上，应控制平流沉淀池的长深比不超过 10∶1，长宽比不超过 4∶1，有效水深一般为 3.0～3.5m，超高 0.3～0.5m。

斜管（板）沉淀池的上升流速宜为 1.0～2.0mm/s，对于有污泥回流的，可以适当提高至 2.0～3.0mm/s，可根据各污水处理厂二级生物处理出水的水质不同，通过试验确定。斜管长度一般为 800～1000mm，采用 50°～60°的斜管倾角，侧向流板间距 50～150mm，下向流板间距 35mm，斜管上部清水区高度不宜小于 1.0m，下部布水区高度不宜小于 1.5m。排泥设备可采用重力穿孔管或机械排泥，积泥区高度应根据沉泥量和沉泥浓缩程度确定。

4. 高效沉淀分离

高效沉淀是传统混凝沉淀工艺的一种改进方式，主要利用絮凝池内积聚的泥浆与水中的杂质颗粒相互接触、附着（吸附），然后通过池内设置的斜管分离器重力分离，以达到泥水分离的目的。实际工程应用中一般将混凝反应、沉淀、浓缩、污泥回流和剩余污泥排放等不同功能设计为一体，针对二级生物处理出水形成的絮体松散、密度低、沉降效果差的情况，通过污泥回流的方式进行絮体凝聚与沉淀能力的增强，能够形成较大、较密实的絮体及泥浆层，在沉淀区能够完成快速沉淀，在提高处理效率的同时还能保证出水水质。

如图 7-7 所示，高效沉淀池由絮凝反应区、推流区、沉淀区、浓缩区、污泥回流和剩余污泥排放系统组成。混凝反应部分由搅拌混合区和推流式反应区串联组成，采用机械方法进行均匀搅拌，目前常用是螺旋式叶轮搅拌机；同时通过污泥回流达到所期望的反应区悬浮固体浓度。一般情况下混凝剂投加量为 3～5mg/L（以 Al_2O_3 计），助凝剂采用 PAM，投加量最大为 1mg/L，混合时间为 1～1.5min，絮凝反应时间为 8～15min。

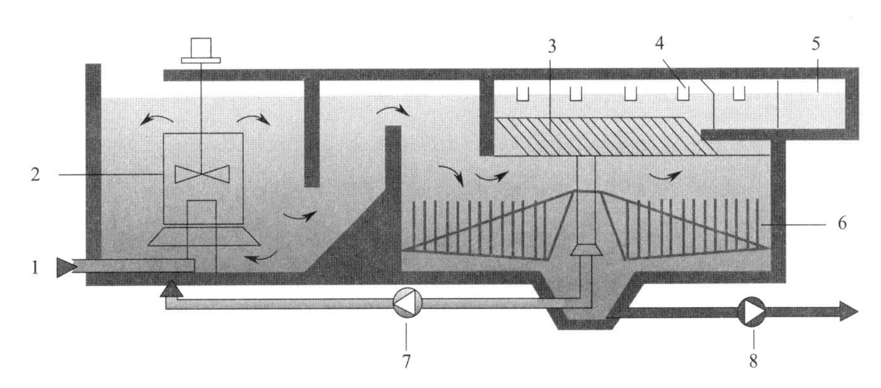

图 7-7 高效沉淀池工艺系统示意图

1-进水；2-反应器；3-斜管；4-集水槽；5-出水；6-浓缩耙；7-污泥回流；8-排泥

一般采用斜管沉淀方式，在沉淀区的内部设置异向流斜管；在集水区内的每个集水槽底部设有隔板，把斜管部分分成若干单独的水力区，保证在斜管下面的水力平衡。在斜管的下部，絮凝的絮状物沉积并浓缩成上、下两层，上层为循环污泥，下层为浓缩污泥。斜管沉淀池的上升流速一般为 3.0～6.0mm/s，污泥回流比采用 3%～6%，斜管（板）长度一般 900～1500mm，斜管倾角为 60°。

5. 磁絮凝分离

与常规混凝沉淀工艺过程相比，磁絮凝分离在常规混凝沉淀工艺系统中增加了磁粉投加，在絮凝反应过程中混凝絮体与磁粉有效结合，显著增加混凝絮体的相对密度，可明显加快絮体的重力沉降速度。在实施方式上，以传统混凝沉淀池为基础，增加磁粉加载反应池、高剪切器、磁分离器等构筑物及设备。如图 7-8 所示，在实际工程应用中，整个磁絮凝分离工艺系统包括混合池、絮凝反应池、澄清池以及磁粉回收装置等。

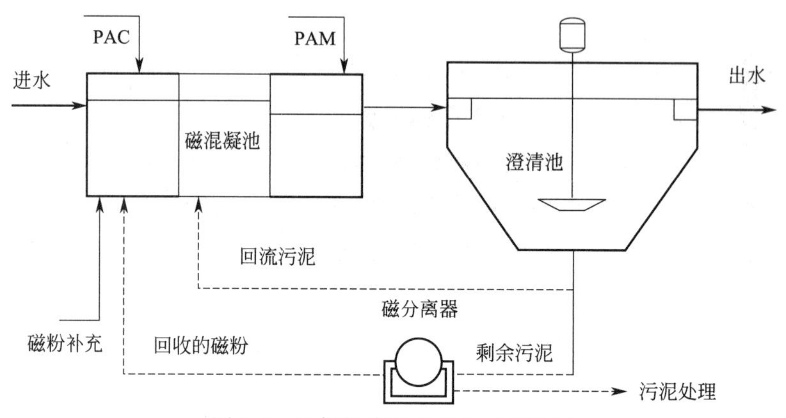

图 7-8　磁絮凝分离工艺单元示意图

磁絮凝分离的混合和絮凝反应阶段，在传统混凝基础上增加磁粉的投加，一般采用机械搅拌，反应时间 10～20min，磁粉相对密度为 5.2～5.3，投加量通常为 5mg/L；沉淀阶段，由于投加磁粉后，混凝过程中磁粉被絮体包裹有助于絮凝体的形成，缩短了絮凝时间并在沉淀池中起到加速沉降的作用，因此设计表面负荷可提高至 $20\sim40m^3/(m^2\cdot h)$。沉淀污泥经过磁鼓对磁粉进行回收，一般磁粉回收率为 99%以上，分离后的剩余污泥排出。磁絮凝分离工艺系统并不增加水头损失，因此，较适合大水量的悬浮物去除和化学除磷，也适合现有污水处理厂混凝沉淀工艺系统的改扩建和污水一级化学强化处理。

6. 气浮截留

需强化去除 SS 和 TP 时，为保障后续过滤工艺处理效果和运行稳定性，可设置气浮设施替代沉淀分离。气浮分为溶气和曝气气浮两类，污水处理中的气浮工艺系统通常采用效率较高的溶气气浮。溶气气浮按工艺类型又分为全溶气流程、部分溶气流程和回流加压溶气流程，污水深度处理一般采用回流加压溶气气浮，包括溶气、释气、黏附、气浮分离四个工序。如图 7-9 所示，气浮池包括混凝区、絮凝区、气浮区、压力溶气及释放系统。

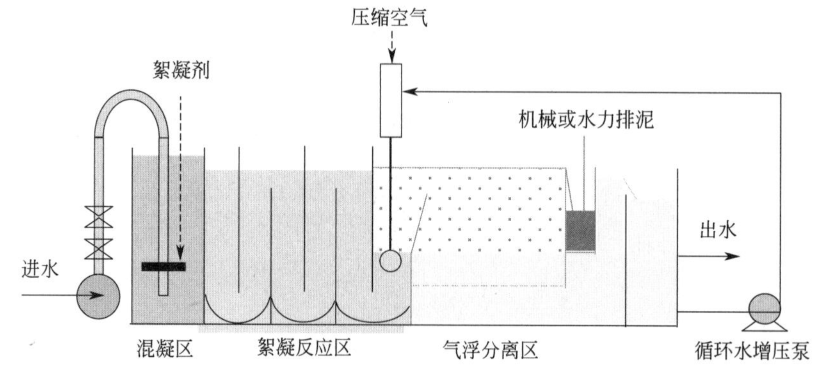

图 7-9　污水深度处理的气浮工艺单元示意图

气浮装置一般分为平流式、竖流式和综合式三种类型，通常结合占地、投资和模拟试验结果等因素加以确定。如图 7-10 和图 7-11 所示，污水深度处理一般选取矩形高速气浮或浅层气浮，占地面积相对较小，可架空、叠装或设置于建筑物之上。

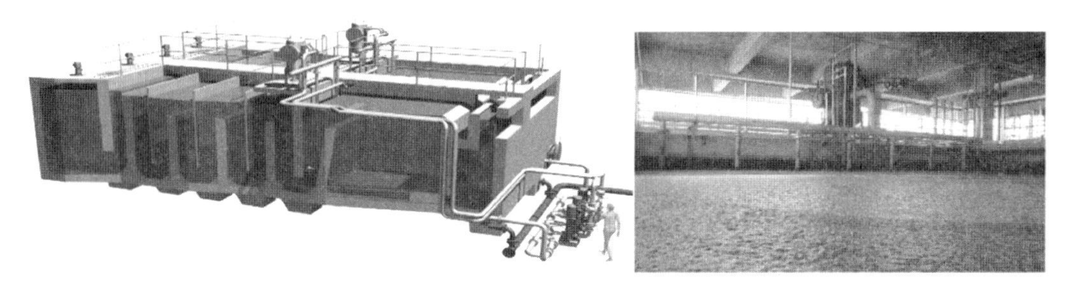

图 7-10　污水深度处理高速气浮工艺系统示例

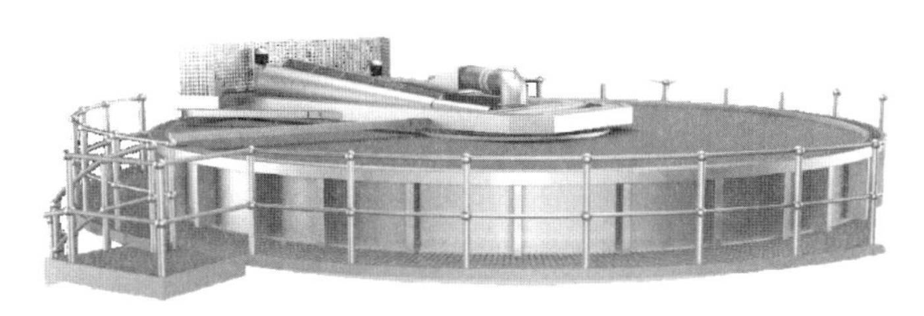

图 7-11　污水深度处理浅层气浮工艺系统示例

气浮装置的运行负荷宜通过试验或生产性运行测试来确定。一般情况下，矩形高速气浮的运行负荷可参考采用 18～28m^3/(m^2 · h)，水力停留时间为 10～12min；浅层气浮的运行负荷可采用 15～20m^3/(m^2 · h)，水力停留时间 2～4min。溶气水泵回流比设置范围 10%～20%。气浮进气压力确保高于 0.6MPa，防止回流水出现逆流堵塞气管。系统停机维护时，必须先关闭水泵，最后关闭空气阀门，防止回流水逆流堵塞气管。

化学除磷混凝剂（PAC）的加药量主要取决于进水 TP 浓度、组分构成及出水水质要求，一般情况下投加量为 10～50mg/L，絮凝反应时间 3min；助凝剂（PAM）加药量一般为 0～0.5mg/L，反应时间为 5min。加药量需根据水质情况同步微调，自动化运行，机、电、仪实现一体化控制。在工艺运行中，应尽量降低 PAM 的投加量，减少潜在环境影响。

7.2.3　运行要点

1. 混凝沉淀

混凝沉淀运行过程中应定期检测进水水质，结合烧杯实验，确定药剂的投加量、种类和顺序，并在运行中调整优化。絮凝池内部结构虽然不是很复杂，但在絮凝过程中，如果不正确维护，絮凝池内可能会出现一些故障和问题，需要及时发现和排除，保证正常运行。一些常见故障往往可以通过出水水质或者矾花形成等易于观察的现象来判断。因此，有必要定时观测絮凝池和出水处的絮凝效果及絮体状态，絮体颗粒应具备较好沉降性能。

在絮凝反应过程中，运行管理人员应注意运行负荷的变化不宜超过设计值的15%，同时要严格控制运行过程中的水位变化幅度，保证混合效果。需要采集经投药后的絮凝池水体水样，定时进行搅拌试验或目测絮凝池出口处的絮体状态，应尽量保障絮体颗粒与水的分离度大，且大小均匀、大而密实。

不同形式的沉淀池在运行过程中需要控制的重点有所不同，平流式沉淀池需要严格控制运行水位，水位宜控制在最高允许运行水位和其下0.5m之间；采用排泥车排泥时，每日累计排泥时间不得少于8h，采用其他形式排泥的，可依具体情况确定；沉淀池的出口应设质量控制点，浊度指标宜控制在规定的数值以下；平流式沉淀池的停止和启用操作应尽量减少滤前水的浊度波动；两组高程不一的平流沉淀池在启用恢复水位时，应通过沉淀池出口的连通管向被恢复池注水，当两组池水水位一致后，方可打开该池的进水阀门。

斜管、斜板沉淀池运行时，穿孔管式的排泥装置必须保持快开阀的完好、灵活，排泥管道的畅通，排泥频率应每8h不少于一次，穿孔管径在300mm以下的排泥频率酌情增加；启用斜管（板）时，初始的上升流速应缓慢，防止斜管（板）漂起；斜管（板）表面及斜管管内沉积产生的絮体泥渣应定期用0.25～0.30MPa的水枪进行冲洗；对斜管、斜板沉淀池絮凝的水样进行搅拌、试验或目测，每小时不少于一次，其出口浊度宜控制在规定数值以下。沉淀池宜采取避光措施，减少藻类滋生。当藻类较多时，可采用机械或药剂控制。

沉淀池在运行过程中可能会出现一些异常情况，导致出水浊度的升高，比如工艺控制条件不合理，表现在表面负荷过大或者水力停留时间过短；出水堰板溢流负荷过大，堰板不平整或者沉淀池设计不合理，有死区；入流温度或浊度变化太大，形成密度异重流；进水整流板设置不合理或损坏，风力引起出水不均匀；或者由于排泥不及时，池内积砂或浮渣太多；设备本身故障原因也可能堵塞排泥管，影响刮泥机和排泥泵的正常工作。

应定时检查电机、变速箱、搅拌装置及其运行情况，定期加油、紧固、润滑，做好环境和设备清洁工作；按计划要求维护、检修机械、电气及仪表自控等设备仪表，并做好金属部件的防腐。

2. 高效沉淀池

高效沉淀池的污泥回流比直接影响絮凝反应池内的污泥浓度，进而影响工艺运行效果，因此需要结合工艺设计参数进行合理控制；积泥泥位是确定排泥频次及时间的主要参数，需要结合实际生产运行情况，合理及时地排除高效沉淀池、配水池内的积泥。

斜管冲洗周期宜为每月2次，当斜管内可见矾花时需要及时冲洗。设置有自动冲洗装置的，应定期检查喷嘴出水压力和冲洗效果，如果发现异常，应及时维修维护。

人工冲洗前，应开启放空，待液位降到斜板以下时可开始冲洗，控制冲洗压力，勿损伤斜管，在冲洗过程中顺着斜管方向冲洗，依次冲洗斜管、水槽、墙壁以及钢梁；汲水槽内用长柄木刷刷洗汲水槽内的绿苔，再用水冲洗；冲洗结束后，开启进水阀门进水，用进水冲带池底淤泥，开启刮泥机，注意刮泥机运行情况，将泥水从放空管道放出，此时观察进水廊道，控制好液位不要没过斜管，10～15min左右可关闭进水；待池内水放空后，再次开启进水阀门，正常进水，加药、加氯。

如遇到淤泥过多，可反复用进水多冲洗几次，冲洗时间不宜过长，以防没过斜板；如正常进水后仍有淤泥上浮，需要再次重复上述步骤进行冲洗。

高效沉淀池放空后，需要抽出底部死角存泥，并检查刮板完好度、清除泥斗、管道、排泥泵内杂物，确保排泥路径的畅通。

3. 磁絮凝分离

一般情况下磁粉宜选择含铁量大于66%、粒径100目左右，无其他杂质的Fe_3O_4颗粒。运行过程中应选择适宜的搅拌强度，搅拌强度过低，会导致磁粉下沉且不能与矾花充分结合；搅拌强度过高，会导致矾花被打碎。控制磁粉回收泵排放的剩余污泥量在1%～4%，从而使系统的污泥浓度不低于500mg/L，维持较高污泥浓度可快速生成大而密实的矾花。

在磁絮凝分离系统的运行现场可用下述方法快速检查污泥和磁粉浓度：将混凝池排出的混合液倒入1L刻度的烧杯，沉淀10s时大部分絮体应沉至杯底，否则应补充磁粉；沉淀10min后污泥体积应为总量的5%左右，通过磁粉回收泵的排量来调控系统内的污泥浓度。

磁粉损耗过高时应检查磁粉质量、磁粉回收设备运行情况，沉淀池出水跑泥也会造成磁粉流失。防止磁粉将污泥管道堵塞，如果发生堵塞，可以通过反冲的方法加以疏通。

4. 气浮分离

气浮池设置的主要目标是强化SS和TP的去除，尤其TP的深度去除。为确保高排放标准污水处理厂气浮池的运行效能，实际运行中应合理调控PAC、PAM等药剂的投加量，同时尽量将PAM投加量控制在0.5mg/L以下，降低PAM对生态环境的潜在不利影响。

为降低除磷药剂投加成本，应结合气浮池的进水水质，合理确定除磷药剂的类型及动态投加量。可通过气浮池进水口设置在线TP仪，实时指导除磷药剂的动态投加；或者通过历史数据积累，创造基于自学习过程的智能投加条件。

气浮池出水的DO浓度通常较高，实际运行中应关注其出水DO对后续反硝化滤池等工艺单元生物脱氮效能的不利影响，避免不必要的碳源损耗。

7.3 介质过滤及强化

过滤是污水深度处理工艺流程中的把关性环节，主要通过截留或筛滤作用，较彻底地去除水中呈分散悬浊状态的无机质和有机质粒子，包含各种浮游生物、细菌、滤过性病毒、漂浮油和乳化油等，从而显著降低水中悬浮物质、有机物和营养盐的含量，确保出水水质达到水质标准或特定功能要求。进入过滤单元的原水可以是二级生物处理出水、混凝沉淀（气浮）出水或者是絮凝反应出水。按照过滤方法的不同可分为介质过滤和机械过滤。本节主要介绍以石英砂、无烟煤或硅藻土等多孔材料的床层为介质的过滤方法。

7.3.1 功能定位

介质过滤过程中，水流通过滤料空隙，悬浮颗粒截留在滤料的表面，是一个包含多种影响因素的复杂过程，一般认为包括迁移、附着和脱离三个阶段，水中杂质颗粒经过脱离流线和滤料接触、滤料表面的物理和化学附着（吸附）等去除过程进行分离。因此，介质过滤一般可用于处理二级生物处理出水、混凝沉淀（气浮）出水或絮凝反应出水，过滤出水可作为最终产品水，例如再生水，也可作为某一中间环节。在深度处理工艺流程中，过滤是承接混凝沉淀和消毒、膜过滤或高级氧化工艺的中间工艺过程，强化混凝出水的净化处理效果，保证后续处理单元如消毒、活性炭吸附、离子交换和膜处理系统的处理效率和运行安全性，其主要作用体现在以下几个方面：

（1）待过滤处理水进入滤池，流经滤料层，某些粒径大于孔隙尺寸的颗粒首先被截留在顶层的滤料空隙中，形成主要由截留物组成的薄膜，起主要的过滤介质作用，然后通过截留或筛滤作用，进一步去除水中的生物絮体和胶体，降低悬浮物含量和浊度值。

（2）滤料层可看作是一个多层沉淀池，当进水通过滤层时，大量的滤料颗粒提供足量的沉淀面积，只要水流的速度适宜，其中的悬浮杂质就会向沉淀面沉降。

（3）滤料表面对水中的污染物具有凝聚和附着（吸附）作用，滤料具有较大的比表面积，与微小污染物颗粒之间有明显的物理附着（吸附）过程，水流在滤层孔隙中曲折流动，杂质颗粒和滤料有更多的接触机会，过滤过程对颗粒物的接触絮凝起到一定的作用。

（4）通过上述机理的共同作用，滤料过滤可强化去除混凝过程产生的絮凝体，降低水中有机物、无机物和营养盐含量，同时降低出水浊度，并具有一定的微生物去除能力。

（5）可以作为预处理设施，保证后续处理设施，包括消毒、活性炭吸附、离子交换和膜处理等工艺过程的运行安全性和处理效率。

随着城镇污水排放标准或再生水水质标准的提高，对处理出水的 SS 和 TN 浓度均提出较高的控制要求。因此，常规介质过滤的功能需要进一步提升，如通过增加过滤深度和反硝化功能设置，使其兼具生物脱氮及过滤功能，保障出水 SS 的充分去除，亦可在 TN 不达标的情况下通过补充外部碳源进行反硝化，达到深度脱氮的目的。但如果出现处理出水 TN 不达标的情况，还是应该首先对生物处理单元进行功能分析与过程诊断，然后有针对性地进行工艺运行模式调整和运行参数优化，充分发挥生物处理工艺过程的脱氮效能。

7.3.2 工艺参数

在城镇污水高标准处理和再生利用工程项目中，常见的介质过滤形式为砂滤池和深床（反硝化）滤池。在整个处理工艺流程中，滤池不仅是后续消毒工序的前处理需要，也是某些特定用途的需要。因此，在工程设计过程中首先要考虑后续工艺的进水水质要求、用水户的水质要求，以及相关的水质标准要求；然后还要考虑过滤过程所能够达到的去除效果、工艺控制、可操作性、排放水的处理和处置、能量来源、空间要求、操作人员的卫生和安全等方面。过滤单元设计前，一般需要进行台架或烧杯试验，分析研究原水水质特性和流量。缺乏试验数据时，应参考具有相近原水特性的实际工程项目的设计及运行参数。

1. 砂滤池

滤池的设计应满足三个基本条件：过滤水的水质应满足后续工艺或者再生水用户的要求；保证滤池连续运行的可靠性，可以通过单位压降下滤池去除SS的总量这一参数来评价；滤池过滤能力或滤池清洁程度，可以通过冲洗前后的滤池运行参数变化值来评价；在滤池的前端，应设有备用管道，以便在进水浊度连续一定时间超过允许的数值时，进水不进入滤池单元，经过备用管道转移或者储存。

（1）预处理要求。由于原水中含有较多有机物和微生物，在滤池内部可能会出现较严重的生物生长。微生物生长的程度和进水水质、滤料类型、冲洗效率、滤池运行时间以及预加氯程度有关。在没有预加氯的情况下，滤池运行周期可能会从几天缩短到几小时。严重的生长也可能由于生物的剥落，引起滤池出水浊度的波动。

在滤池出现微生物严重繁殖的情况下，采取原水加氯等预处理措施，可以暂时引发生物膜的剥落，相应降低滤池的水头损失，但这样的处理会导致滤池出水出现一定时段的SS浓度升高，生产的再生水可能不符合水质要求。因此，最好在原水中连续进行预加氯，这样就能有效控制微生物在滤料内的繁殖。预加氯会导致悬浮物去除效果的轻微降低，对浅层滤池的影响尤其明显，因此，预加氯对于浅层滤池的运行不太适合。预加氯对活性炭滤池基本没有效果，氯或氯胺会被表层活性炭吸附，不能有效发挥作用。

（2）滤速和反冲洗周期。滤速是滤池设计的最重要参数，取决于滤池进水水质、滤层组成和过滤周期等。重力滤池双层滤料可以选择5～15m/h，单层滤料滤池宜为4～6m/h，均质滤料滤池滤速宜为4～7m/h，反冲洗周期为12～24h。前端设置沉淀池的情况下，滤池的滤速可采用6～8m/h，反冲洗周期为24～30h。

（3）过滤水头损失。滤池总水头损失来源于管道、阀门、仪表、弯头、配水系统、滤料和滤料表面沉积物等位点。过滤过程中，滤层中的沉积物不断增加，滤层的水头损失必然发生变化。滤池过滤运行采用恒速和变速两种方式，前者滤速恒定，滤池的水头损失逐渐增加，直至反冲洗开始；后者水头损失在整个过滤周期内不变，滤速逐渐下降直至反冲洗开始。一般情况下滤池的水头损失为0.5～1.4m时较为正常，对于重力滤池最终水头损失一般为2～3m、压力滤池一般为8～10m时，需要进行反冲洗操作。

（4）滤料选择。均质滤料滤池通常采用石英砂，硬度不低于7，均一度在1.2～1.4范围内，滤料层厚度可采用1.0～1.5m，粒径为0.9～1.2mm；双层滤池的滤料可采用无烟煤和石英砂。滤料层厚度，无烟煤宜为300～400mm，石英砂为400～500mm；粒径分别为0.8～2.0mm和0.2～0.8mm；微絮凝过滤的滤料层深度通常1.1～1.3m。

（5）反冲洗。由于二级生物处理出水中粘附性强的物质较多，用于再生处理的滤池一般采用气水反冲洗方式。气水反冲洗目前有三种运行方式：气冲洗，低流量水冲洗；气水同时反冲洗，低流量水冲洗；气冲洗，气水同时反冲洗，最后水冲洗。

1）采用第一种方式时，气的冲洗强度可取36～72m/h，水冲洗强度为10～20m/h；采用第二种方式时，气水同时冲洗时，气冲洗强度为50～90m/h，水冲洗强度为10～15m/h；

单独水冲洗强度为35～40m/h。采用第三种方式时，单独气冲洗强度，气水同时冲洗时，气冲洗强度为36～72m/h，水冲洗强度为10～15m/h，单独水冲洗强度为15～30m/h。

2）气冲洗最有效的阶段是在前2min，但是从运行可靠角度考虑，气冲洗时间应延长一些，一般为2～5min。单独水冲洗时间根据冲洗排放水的浊度来确定，为防止初滤水水质较差，影响出水水质，一般水冲洗时间为5～15min。气水共同冲洗时的时间为2～5min。总的冲洗时间控制在10～25min。

3）滤池反冲洗后，5min内的初滤水宜从反冲洗管道排放，避免影响出水水质。冲洗废水总体积一般是滤池流量的3%～5%。设计时可考虑单独处理冲洗废水，如果冲洗废水经过固液分离，可直接返回滤池进水端；否则需要返回上游处理单元，如二沉池进水端。

2. 深床（反硝化）滤池

在城镇污水深度处理中应用较广泛的传统砂滤池，主要是借鉴给水处理中的V型滤池。在污水深度处理工程实际运行经验总结的基础上，结合高标准稳定达标的处理需求，在滤料选择、滤料厚度、运行模式等方面对传统砂滤池进行了构造改进和功能提升，形成了如图7-12所示的深床（反硝化）滤池工艺系统。

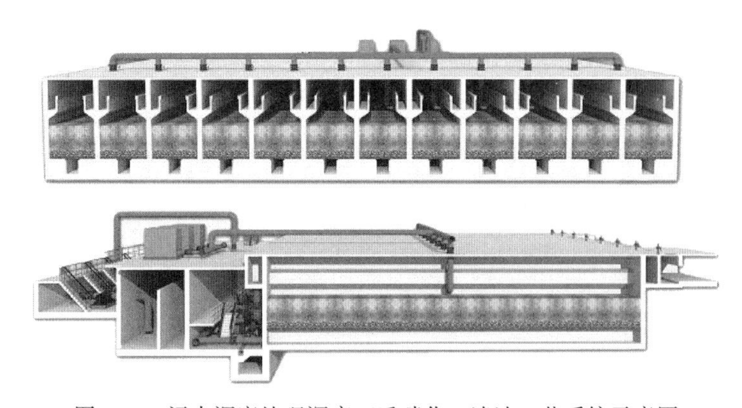

图7-12　污水深度处理深床（反硝化）滤池工艺系统示意图

深床（反硝化）滤池是专门用于污水深度处理的砂滤池，生物脱氮及过滤功能可以合二为一，滤料采用特殊规格及形状的石英砂，既是过滤滤料又是挂膜介质，高深度的滤床厚度可以避免窜流或穿透现象，介质有较好的悬浮物截留功效和固体物负荷高的特性，明显延长滤池的过滤周期，减少反冲洗次数，并能应对峰值流量或处理厂污泥膨胀等异常情况。由于固体物负荷高、床体深，因此需要高强度反冲洗，一般采用气、水协同的方式。

深床（反硝化）滤池通过调整运行模式兼具生物脱氮功能。冬季生物处理系统反硝化速率降低时，对出水TN的稳定达标可起增强作用。此时，深床滤池作为反硝化固定生物膜反应器，滤料作为反硝化菌的挂膜介质，通过投加适量外部碳源，同时去除硝态氮和悬浮物。反硝化反应期间，氮气在反应池内聚集，污水被迫在介质空隙中的气泡周围绕行，会缩小介质的表面尺寸，增强微生物与污水的接触，相应提高处理效果。

深床（反硝化）滤池一般采用2～3mm石英砂滤料，滤料厚度通常为1.8～2.5m，一般出水 SS 低于 5mg/L 以下；用于过滤时，滤速为 5～7m/h，用于反硝化时，滤速可适当降低；采用气水联合反冲洗方式，气洗强度为 $55\sim110m^3/(m^2\cdot h)$，水洗强度为 $12\sim15m^3/(m^2\cdot h)$，一般每天反冲洗 1 次，若所处理的水质较差，可适当增加反冲洗的次数。

7.3.3 运行要点

各类滤池均应在过滤后的位点设置质量控制点，每年做一次 20%总面积的滤层抽样检查，含泥量不应大于 3%并记录归档。运行中应尽量保证全年滤料流失率在许可范围内。

新建或运行一段时间停用后复用的滤池，在使用前，滤料层应连续反冲洗 2 次以上，将滤料冲洗清洁，同时观察滤层表面的平整度。若承托层或配水系统堵塞，会造成滤料表面局部凸起；若承托层局部塌陷，会造成滤料表面局部下凹。此时，应及时检查和立即停止运行，进行必要的修复，避免滤层过滤不均匀使出水水质下降。正常运行过程中也要经常注意滤料的清洁程度，如果发现滤料结泥球，可从以下几个方面查找原因：原水污染物浓度过高，冲洗强度不够，配水系统不均匀。需要根据实际情况，针对以上原因采取对应措施，确保出水水质符合规定要求。

滤层中若存有气体，反冲洗时会有大量气泡自液面冒出，即产生了气阻。气阻可以使滤池水头损失增加过快，或者滤层产生裂缝，产生水流短流、造成漏砂与跑砂，滤池在滤干或者放空后都应该做排除空气工作，采取一定措施消除气阻。

过滤运行时应注意观察出水水质和滤层表面，看是否有漏砂现象。若有，可能是配水系统不均匀，使承托层松动，此时应及时检查并停池修复。滤池初用或冲洗后上水时，池中的水位不得低于排水槽，严禁暴露砂层。

当滤池连续运行多年，或者滤池含泥量显著增多，泥球过多并仅靠改善冲洗已无法解决；冲洗后砂面凹凸不平，砂层逐渐降低，出水中携带大量砂粒；砂面裂缝太多，甚至已脱离池壁；配水系统堵塞或者管道损坏，造成严重冲洗不均匀等情况发生时，滤池应停止运行并进行大修。滤池大修的内容应为：将滤料取出清洗，并将部分予以更换；将承托层取出清洗，损坏部分予以更换；对滤池的各部位进行彻底清洗；对所有管路系统进行完全的检查修理，水下部分做防腐处理。

定期放空滤池进行全面检查，检查内容包括过滤及反冲洗后滤层表面是否平整、是否有裂缝，滤层四周是否有脱离池壁现象，并设法检查承托层是否松动；检查滤池池壁及排水槽表面的卫生情况，定期清除生长的藻类，保持池壁和排水槽的清洁；滤头或者配水孔眼也应经常检查，发现堵塞应立即清洗。

需要做好测量和记录工作。滤池正常运行时，应记录进水的流量、温度、滤速、每池工作周期、每次冲洗强度及历时和冲洗出水含砂量；每天应测定进出水的 COD、BOD_5 和 SS，进出水浊度最好在线连续检测。

1. 砂滤池

滤池在正常过滤状态下，滤床的淹没深度不得小于1.5m，平均滤速宜控制在10m/h以下，滤后水浊度不应超过规定的数值范围，当水头损失达到1.5～2.5m或者滤后水浊度超过规定数值时，应进行反冲洗。

污水深度处理用滤池，在滤池翻修或者更新更换时，可以视出水用途选择是否进行消毒处理。如果出水用于较为高级的用途，如水源补充、直接接触性景观娱乐，居民杂用，可将新滤料消毒后使用。如果用于农业灌溉、市政杂用等对水质要求不太高的场合，可以不进行浸泡，但是为了防止滤池在运行过程中微生物大量繁殖后堵塞滤料，影响正常运行，可在滤前加入少量氯。

实际运行中有等速和变速过滤两种控制方式，取决于滤池的形式。变速过滤无论从工作周期还是出水水质的角度来看，均优于等速过滤，变速过滤的运行管理比等速过滤方式较麻烦，需要对每一个滤池的滤水量变化和总进水量进行平衡。需要遵循严格的操作规程和管理方法，否则容易造成运行不正常、滤池工作周期缩短、过滤水水质变坏等问题。

因此，在正常过滤状态下，应严格控制滤池的进水浊度，在进水和出水管道处一般安装在线浊度测定仪，连续监测进、出水浊度，便于发现问题及时排除；控制过滤速度，刚经过冲洗周期的滤池，滤速应尽可能小一些，运行一段时间后（视具体情况而定，一般为1～2h）再调整为规定滤速；运行中滤层以上水位应尽量保持高一些，不应低于三角配水槽；运行中不允许产生负水头，也不允许空气从放气阀、水头损失仪、出水闸阀等处进入滤层。当水头达到一定数值时即应反冲洗。

反冲洗是滤池运行管理的重要环节。为了充分清洗滤料层中吸附的积泥杂质，需要一定的冲洗强度和冲洗时间。二级生物处理出水中的微生物及其分泌物吸附力很强，单纯依靠水流冲洗效果不够好。因此，在原有冲洗工艺基础上进行改进，增加了表面扫洗和采用气水联合反冲洗。表面扫洗是利用高速水流对表层滤料的强烈搅动加强接触摩擦，提高冲洗效果，一般有固定式和旋转式两种。气水联合反冲洗是利用气流搅动滤料，增加滤料表面间的摩擦，将附着的污垢松动，然后再用水冲洗，将污垢带出滤池。

冲洗滤池前，水位应降至距砂层200mm左右时，关闭滤水阀，开启洗水管道上的放气阀，待残气放完后进行滤池冲洗。

2. 深床（反硝化）滤池

滤池运行前须检查相关配套设备设施是否处于待运行状态，需要特别关注的是进水阀、排水阀、反冲洗气阀、反冲洗水阀、反冲洗排液阀是否处于正常状态，确保滤池的正常运行，避免发生不必要生产故障和安全隐患；同时，还需关注滤池的运行液位、反冲洗废液池液位以及反冲洗水源供应是否处于正常合理范围内。

新装滤料或刚刚更换、补充滤料的滤池，为确保滤池的过水量，避免新装滤料杂质造成出水水质异常，在使用前需清洗2～3次，针对滤料含渣量较大的可适当增加清洗频次。

结合进水浓度波动和季节性变化特征，制定深床（反硝化）滤池的反硝化功能启动策略，保障深度系统有效发挥反硝化脱氮能力。反硝化功能启动时应关注进水DO对脱氮效能的不利影响，可采取好氧区曝气量调控、二沉池跌水复氧控制等全过程复氧控制措施。

深床滤池的气洗时间宜控制在 3～5min，气水混合洗时间宜控制在 15～20min，水洗时间宜控制在 2～5min，单个冲洗周期宜控制在 20～30min，冲洗频次宜控制在 1～2 次/d，反洗时间应根据滤池运行情况进行调整。

根据硝态氮在线仪表进行实时监控和指导生产，合理调整加药量、反冲洗、驱氮频次。单组滤池的驱氮时间宜控制在 0.5～1min，驱氮的频次宜控制在 2～4 次/d。

7.4　机械过滤

机械过滤系统的研发初衷是替代砂滤池，降低反冲洗操作和减少反冲洗水量，简化滤池的运行。目前国内城镇污水处理厂提标建设中实际应用较多的机械过滤产品为纤维转盘滤池和转盘式微过滤器，分别采用外进水和内进水的进水模式。纤维转盘滤池通常采用的滤布材质为一定厚度的尼龙纤维丝并固定在 PE 格网上，转盘式微过滤器则采用不锈钢丝网、聚酯丝网等材质。

7.4.1　功能定位

纤维转盘滤池或转盘式微过滤器可作为砂滤池的替代工艺单元，适用于用地较紧张、水力高程有限、有过滤要求的新建、扩建和改造污水深度处理工程。当二级生物处理出水的 SS 浓度不超过 20mg/L 且 TP 含量较低，或者对出水 TP 不作要求时，可以直接进入机械过滤环节，不需要混凝、沉淀等预处理单元。纤维转盘通常采用一定厚度尼龙纤维丝滤布，聚酯纤维作为绒毛支撑体，标称孔径为 10μm，但由于随机编织，滤布的孔径并非绝对精确，在运行初期过滤精度可能要比标称的大，运行一段时间后出水 SS 或浊度有一定下降。

如图 7-13 所示，纤维转盘滤池主要由过滤转盘、反冲洗系统和排泥系统构成。一般每套设备的过滤转盘数量为 1～12 片，直径 2m 或 3m，每片过滤转盘分成 6 小块，每块由聚丙烯材料注塑成型，一个框架，上面覆以高强度的滤布及衬底，滤布的密实度及厚度根据污水性质选定。滤布—框架的装配构造能使每一个分片都可以不使用特殊工具就轻易从中心管道上移开，并允许在装置的顶端移动和更换滤布。过滤转盘安装在中空管上，通过中空管收集滤后水。反冲洗系统由反抽吸装置、电动阀门和水泵组成，排泥系统由电动阀门和水泵组成，反洗和排泥共用水泵。

纤维转盘在过滤过程中对悬浮物的截留主要发生在滤布表面，而介质过滤通常发生在 0.3～2.1m 的滤床内部。滤布的密度和厚度可根据进水水质与出水要求来选择，厚度可以达到约 5mm，获得 3～5mm 的有效过滤深度，除形成表面过滤外，也产生一定程度的深度过滤。滤布层可使固体粒子在有效过滤厚度内与过滤介质充分接触，将超过尺寸的粒子截获，滤布的有效深度还能够存储捕获的粒子。

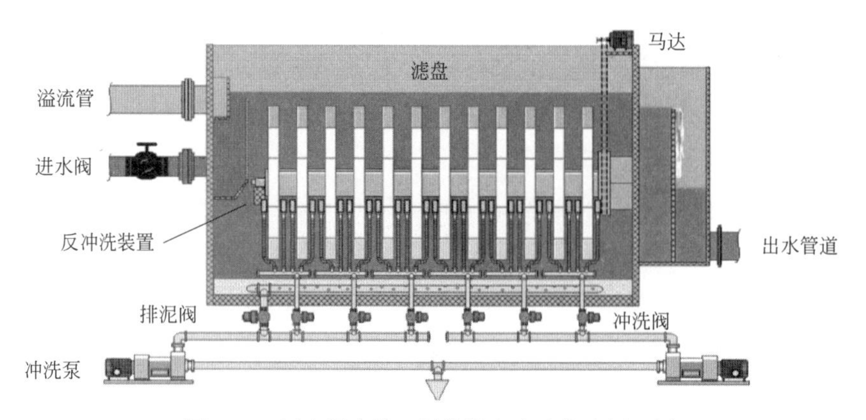

图 7-13 污水深度处理纤维转盘滤池构造原理图

7.4.2 工艺参数

1. 纤维转盘滤池

外进水模式的纤维转盘滤池的运行过程包括过滤、反冲洗（负压抽吸）和排泥 3 种状态。污水重力流进入纤维转盘滤池，过滤转盘全部或者部分浸没于水中，通过孔径为 10μm 的转盘滤布进行过滤，滤后水由中空管收集并通过重力流由溢流槽排出。在过滤过程中，滤盘处于静止状态，部分污泥吸附于滤布外侧，逐渐形成污泥层。

随着滤布上污泥的积聚，过滤阻力增加，滤池水位逐渐升高。池内压力传感器监测液位变化，到达清洗设定值（高水位）时，PLC 启动反冲洗过程。过滤转盘以 0.5r/min 速度旋转，抽吸泵负压抽吸滤布表面，吸除积聚的污泥颗粒，转盘内的水自里向外被同时抽吸。冲洗水量一般为处理水量的 1%～3%，瞬时反冲面积 0.25m^2，占有效过滤面积的 1%；反冲洗周期 1～2h（视水质水量情况），转盘反洗转速 0.5r/min。

反冲洗为间歇过程，清洗时，2 个转盘为一组，通过自动切换抽吸泵管道上的泵进行控制。一个完整的清洗过程中，各组的清洗交替进行，其间抽吸泵连续工作。当进水 SS 瞬时超标，池内液位短时间到达反洗液位的情况下，同时启动 2 台反冲洗泵，对 2 组过滤转盘（4 个转盘）进行反冲洗，直至反冲洗周期恢复正常。清洗时，滤池仍然保持连续过滤。

纤维转盘滤池的过滤转盘下设有斗形池底，污泥在池底的沉积可减少滤布上的污泥量，延长有效过滤时间，减少反洗水量。经过某一设定的时间段，PLC 启动排泥泵，通过池底穿孔排泥管将污泥回流至厂区排水系统。排泥间隔时间及排泥历时均允许调整。

清洁滤布的水头损失为 0.5～1.0cm，当更多颗粒物在滤布表面或者内部累积后，水头损失随之增大。根据水头损失的变化情况，进行反冲洗。最终的水头损失值通常都设得比较低，约为 0.3～0.5m，滤池运行需要的水头为 0.75～1.2m。

大多数转盘滤池过滤速度可达到 14～16m/h，一般设计滤速为 8～10m/h，在不投加化学药剂的情况下，滤池进出水浊度如图 7-14 所示。投加化学药剂，去除率可提高

50%～70%，但为防止滤料粘连及失效，需要对化学药剂种类、投加量、投加持续时间进行优化选择。

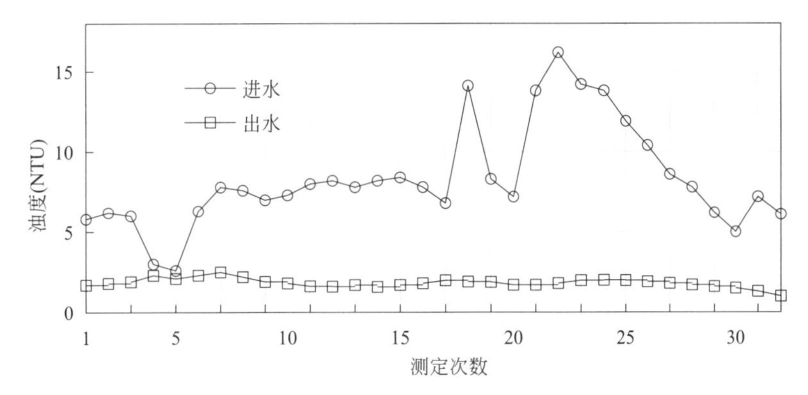

图7-14　不投加化学药剂的纤维转盘滤池进出水浊度

2. 转盘式过滤器

如图7-15所示，内进水运行模式的转盘式微过滤器，通常采用部分淹没方式，材质多为编织聚酯滤布，孔径为10μm，转盘可以是平的，也可以是有褶皱的，褶皱越多盘过滤的表面积越大；另一种滤布为方孔网状物滤布套在不锈钢盘上，方孔尺寸为10～100μm。

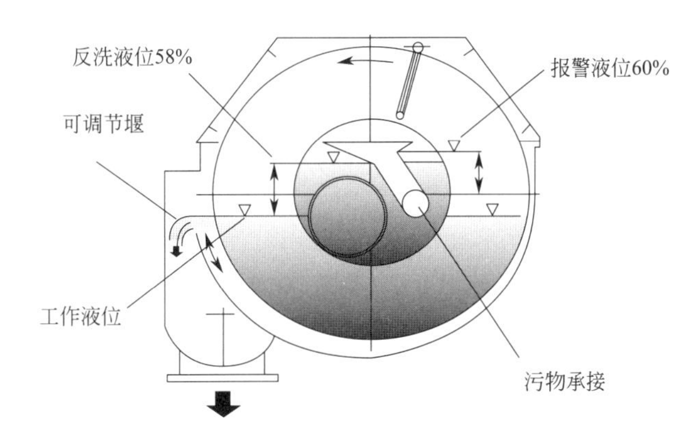

图7-15　转盘式微过滤器的工作状态示意图

与纤维转盘滤池相反，进水在重力作用下从滤池中央的收集槽进入滤池内部。安装在转盘两侧的滤布将颗粒物分离，滤出液从转盘外侧流进入出水收集罐。在正常的运行过程中，转盘有50%～60%的部分被淹没，随着更多颗粒物在滤布表面累积，滤池水头损失逐渐增加，当到达设定值时，或水位达到设定值时，转盘开始转动，启动反冲洗程序。

滤出液被泵抽到反冲洗喷头或者管嘴，在转盘转动时将截留的固体洗脱到收集槽中，反冲洗水排放比例为1%～5%。由于采用连续运行，不用设立反冲洗排放水存储池。干净滤层的水头损失和完全淹没式的转盘滤池差不多。滤池最终水头损失值为0.3～0.6m，滤池运行需要的水头通常为0.75～1.3m。

过滤器采用不锈钢材质时，水头损失较高，但最大设计滤速可以达到30m/h，平均滤速为12m/h，此外，此种滤池的转盘可连续转动且转速可调。

这类过滤器的过滤速度可以达到14～16m/h，一般设计过滤速度是8～10m/h。过滤盘垂直摆放后，可以在较小空间内提供较大的过滤表面积。

7.4.3 运行要点

系统正常工作时为全自动运行，其控制系统采用可编程序控制器（PLC）控制，分为手动、自动、远程三种控制方式。每格滤池配置1台触摸屏以便实地调整滤池运行和反洗参数，集中控制各滤池的电动阀门及反洗水泵及旋转电机。

纤维转盘滤池或转盘式微过滤器的运行过程中，一般采用液位和时间两种控制方式。液位控制模式中，主水箱内液位到达设定液位时开始抽吸，此液位可根据实际情况调整。时间控制模式中，根据进水水质及实际运行情况确定，负压抽吸间隔为100min，每次抽吸20min。实际工程中，抽吸时间和抽吸间隔均可调整，多数项目运行周期为40～120min。

排泥周期采用时间控制模式，排泥间隔为8h，排泥时间为0.5min，排泥时间及排泥间隔均可灵活调整。

各格滤池配备一台压力传感器以便监视滤池运行液位和控制反洗。在自动运行状态下，滤池一般根据设定的时间和滤池运行液位控制反洗，两种情况的任何一种达到设定值即进行反洗。本地PLC还预留了与上位机通信接口，将各台设备的运行状况上传至中控以便对其进行远程监控。

正常运行工况下无需特殊维护措施，仅需对电机、水泵等常规设备进行润滑维护。如滤布破损等需要更换，则需工人关闭进入该池的闸门，放空后对滤布进行更换。

7.5 消毒处理

消毒是污水处理中保护公众健康最为关键的工艺单元。随着水资源的消耗、人口密度增加以及居民健康保障要求提升，水资源重复利用的需求持续增加，消毒单元也变得更加重要。消毒的主要目的是利用物理或化学方法杀灭污水中的病原体微生物，防止对人类及畜禽的健康产生危害或对生态环境造成污染。城镇污水深度处理后，细菌的相对含量大幅度减少，但其绝对值仍然很可观，并可能存在病原微生物。在某些时段或再生利用时，必须进行杀菌消毒，以满足再生水标准中的细菌学指标要求。

7.5.1 选择原则

消毒方法可分为物理法和化学法两类。物理法是利用热、光波、电子流等来实现消毒作用。化学法主要通过向水中投加化学消毒剂以实现消毒目的。常用的化学消毒剂有氯及其化合物、各种卤素、臭氧等。城镇污水处理厂和再生水厂应用较多的消毒方式为氯消毒、臭氧氧化和紫外消毒。消毒方式的选择，需根据地区季节变化、污水处理厂出水水质、再生利用需求、受纳水体水质、下游水体用途等综合判断。进行不同方式比较时，消毒效果、工艺可靠性、环境影响及经济性等，都是评判依据，表 7-2 为不同消毒方式的对比。

几种常见消毒方式比较　　表 7-2

需考虑的因素		液氯	二氧化氯	臭氧	UV
需要的处理时间		30min	≤30min	5～10min	30～60s
投加量①(mg/L)		2～20	5～10	1～3	30～40②
浊度是否影响消毒效率		否	否	有时	是
生物灭活效率	细菌灭活效率	高	高	高	高
	病毒灭活效率	中等偏下	中等	高	高
	隐孢子虫灭活效率	否	否	是	是
	贾第虫灭活效率	否	是	是	是
消毒副产物	生成 THM(三卤甲烷)	是	否	有时	否
	生成氧化有机副产物	有时	有时	是	有时
	生成卤代有机副产物	是	否	有时	否
	生成无机副产物	否	是	有时	否
	生成生物可降解有机物	有时	有时	是	否
经济性	运行费用	中等偏下	中等	中等偏上	中等偏下
	投资(小规模到中等规模)	中等	中等	高	中偏下
	投资(中等规模到大规模)	中偏下	中偏下	高	中偏上③
	占地面积	大	较小	小	小
	维护工作量	大	较小	大	小
	操作技能要求	低	最高	最高	高
是否可作为后消毒剂		是	有时	否	否

①各种药剂的投加量受所消毒水的水质、水量以及其他因素的影响较大；
②UV 投加量按照射剂量计，单位为 mW/cm^2；
③有时 UV 消毒的成本要低于氯消毒或二氧化氯消毒，这主要是因为土建投资差别较大。

城镇污水再生处理与利用过程中可进行消毒的工艺点位包括：在进入再生水管网前，必须消除水中病原体的致病作用；再生水进入管网后，到达用水点之前，需要维持一定的消毒剂量，以防止可能出现的病原体危害或某些类群再生长的危险。由于城镇污水再生利用于市政杂用对管网末端的余氯有较严格的要求，因此，一般应选用加氯消毒或二氧化氯消毒。在需要长距离管道输配水时，通常需要选择具有后消毒功能的加氯消毒或二氧化氯消毒，以保证再生水在管网停留的过程中不会出现微生物恢复活性及繁殖的危险。

2008 年 Leong 等人开展了一项污水消毒工艺的调查并分析了消毒工艺的发展趋势。这项调查涉及 4450 家政府投资的污水处理企业，设计规模均大于 $3600m^3/d$。其中，采用氯消毒的约 75%，是最常用的消毒工艺。但近 20 年来，加氯消毒的使用率已经开始下降，氯气消毒的下降最为明显，而采用次氯酸溶液消毒的有较明显上升。与此同时，采用次氯酸钠就地发生设备的消毒工艺，在一些政府投资的污水处理项目中变得切实可行。

20 多年来，紫外消毒工艺的应用取得迅速增长，占总比例的 21%，其中超过 40%的紫外消毒设施建成于2001年以后。虽然臭氧消毒已经是一种成熟的消毒工艺，在给水行业得到广泛应用，但目前仅小部分再生水企业（低于1%）采用臭氧消毒。2021年江南大学研究团队针对全国59座城镇污水处理厂的抽样调研表明，目前污水消毒方式主要包括次氯酸钠、紫外+次氯酸钠、二氧化氯和紫外，其中次氯酸钠消毒方式的处理厂数量为31座，紫外+次氯酸钠消毒的数量为14座，二氧化氯消毒的为5座，紫外消毒的为4座，占比分别为52.5%、23.7%、8.5%和6.8%，涉及次氯酸钠消毒方式的城镇污水处理厂数量占比高达76.3%。

2020年初新型冠状病毒感染疫情暴发，为严防新型冠状肺炎病毒通过污水传播扩散，2020年2月生态环境部印发了《关于做好新型冠状病毒感染的肺炎疫情医疗污水和城镇污水监管工作的通知》，明确要求“地方生态环境管理部门要督促城镇污水处理厂切实加强消毒工作，结合实际，采取投加消毒剂或臭氧、紫外线消毒等措施，确保出水粪大肠菌群数指标达到《城镇污水处理厂污染物排放标准》GB 18918—2002要求”。疫情期间，各地积极落实该通知要求，为确保出水粪大肠菌群数稳定达标，一些原设计紫外消毒方式的污水处理厂临时增设次氯酸钠投加设施，通过组合消毒强化出水消毒效果；部分污水处理厂由于缺少消毒接触池，通过出水管道混合实现消毒剂与出水的混合接触；部分采用次氯酸钠消毒的污水处理厂将有效氯投加量由原来的1.5mg/L增加至4～5mg/L。

在可持续发展受到高度重视的当今，这种理念在消毒工艺的取舍中也开始得到体现，即采用持续发展、高效低投入的消毒替代工艺。可接受的消毒替代工艺不仅要求具有审慎的工艺技术视角以满足通常的消毒需要，更需要满足水处理项目的经济、社会、环境要求。可持续的消毒工艺应体现资源的最大化利用，如能源、土地、施工、药品等，能源需求、生态足迹、药品的使用都应尽可能减量化。同时也应考虑消毒处理对接纳水体水质的影响和处理出水的再生利用。例如，对处理量和药剂投加量进行优化调整，降低药剂投加量和储藏量的同时，减少残余物、副产物形成，并降低对接纳水体的二次影响。可采用全生命周期评价理论，对不同消毒工艺进行比较，通过对生态影响、总投资、处理效果等方面的分析比较，选择出切实可行的可持续消毒工艺及设备产品。

7.5.2 工艺参数

城镇污水处理厂和再生水厂应用较多的消毒方式为氯消毒、臭氧氧化和紫外消毒，氯消毒一般以氯气、二氧化氯或次氯酸盐做消毒剂。氯气消毒虽然在部分污水处理厂仍在使用，但其运输、使用和储存过程中都存在一定的安全风险。因此，近年来在污水处理领域的市场份额逐步降低，但仍不失为大型城市污水处理及再生利用系统中一种可选的消毒方式。本节结合前期应用研究成果，主要介绍三种常见方式的前处理要求和主要技术参数。

1. 前处理要求

城镇污水处理厂二级或三级处理出水的许多水质参数会对后续消毒性能产生一定的影响。目前已知的能影响消毒性能的污水特征主要包括颗粒物和溶解性物质的类型和浓度、有机物或无机还原性物质的种类和浓度，以及目标微生物微粒共生体的性质和程度等。

表 7-3 是污水（处理水）水质对 UV 消毒、氯消毒和臭氧消毒影响的总结。

水质对 UV 消毒、氯消毒和臭氧消毒影响的对比　　　表 7-3

污水水质	UV 消毒	氯消毒	臭氧消毒
氨氮	无影响或很小	与氯结合形成氯胺，降低消毒效果	无影响或极低影响，高 pH 下可发生化学反应
BOD、COD 等	无影响或很小	BOD 和 COD 中含有的有机物能增大氯的需求量，干扰程度主要取决于有机物的官能团和化学结构	
硬度	影响能吸收 UV 的金属盐溶解性，导致碳酸盐在石英套管上沉积	无影响或很小	
腐殖质	UV 射线的强吸收体	降低氯的效率	影响臭氧分解速率和需求量
铁	UV 射线的强吸收体	无影响或很小	
亚硝酸盐	无影响或很小	被氯氧化	被臭氧氧化
硝酸盐	无影响或很小	无影响或很小	降低臭氧效率
pH	能影响金属和碳酸盐的溶解性	影响次氯酸和次氯酸根之间的分配比例	影响臭氧的分解速率
TSS	UV 吸收体并对所嵌入细菌产生屏蔽	对内嵌细菌形成屏蔽	增大臭氧需求量并对内嵌细菌形成屏蔽

只有化学消毒剂透过细胞壁，或 UV 射线直接照射到细菌上时，才能有效破坏细菌，而水中的浊度或悬浮固体能对细菌产生屏蔽作用，因此水的浊度或悬浮固体浓度应该尽量低。当浊度或悬浮固体浓度较高时，为达到某一特定消毒指标所需的消毒剂用量也要提高；而对于固定的浊度或悬浮物固体浓度，存在一个相应的消毒极限，当趋于消毒极限时，即使消毒剂量大幅度增加，也很难进一步降低水体中微生物的个体数量。

另外，污水的成分复杂，其中的部分有机物、无机物和微生物体，尤其是一些工业成分对紫外线具有一定的吸收作用，从而降低了水体中紫外线的透射率。许多杂质还会使石英套管表面结垢，而这些污垢通过机械方法是难以去除的，因此会降低紫外线透过灯管传输到水体中的能力，即降低紫外剂量，从而影响系统的消毒性能。

而且，污水中的部分物质能与所投加的化学试剂发生反应，将消毒剂转化为不具备消毒能力的物质，或消毒能力较差的物质，在一定程度上也会降低整体消毒能力。

为确保消毒的效果，污水（处理水）消毒前至少应达到表 7-4 规定的水质要求。

消毒前的基本水质要求　　　表 7-4

消毒方法	SS(mg/L)	BOD_5(mg/L)	浊度(NTU)	氨氮(mg/L)	pH
氯消毒	＜20	＜20	＜10	氯胺反应	6.0～9.0
二氧化氯	＜20	＜20	＜10	无影响	6.0～10.0
臭氧消毒	＜10	＜20	＜5	＜1	6.0～9.0
UV 消毒	＜10	＜20	＜5	无影响	无影响

不论采用哪种消毒方法，如果希望达到高要求的病原体去除效率，例如每 100mL 水

中的埃希氏大肠菌浓度低于10个，就必须确保消毒前水的浊度小于2NTU。加氯消毒时如果存在氨，就会发生氯胺反应，其消毒能力低于氯化消毒；然而，这可以减少有毒副产品的生成量。因此，所需加氯量与水中氨的浓度有很大关系。

2. 氯消毒

氯消毒的目的是使病原微生物失去活性。氯消毒是应用最早，也是技术最成熟的水处理消毒工艺。已经具有先进的生产设备和相对完善的产品供应渠道。小批量生产的成本较高，很难实现现场制备，因而其运输和储备装置增加了运行的费用。

氯消毒一般采用氯气或次氯酸盐。不同微生物对氯的抵抗能力递减顺序是：细菌芽孢、原生动物孢子、病毒、细菌营养体。在现行的分析方法中，氯消毒的效率是由大肠杆菌的灭活情况来衡量的，因此只能保证病原细菌营养型的灭活。由于氯或消毒副产物对水中的有机体具有毒害作用，并可能对人体有致癌作用，因此，在氯消毒设备的设计和运行时需要十分慎重，以保证最大可能灭活细菌，而处理出水中余氯浓度最小。

（1）消毒剂种类。无论采用氯气、二氧化氯，还是次氯酸盐，均会在水中发生水解或离解反应，形成HOCl、OCl^-等，统称游离有效氯，在pH小于5时，主要是次氯酸，当pH大于10时，主要以次氯酸根的形式存在。对于特定的微生物，不同存在形式的氯将影响其灭活作用所需的剂量。表7-5为美国和我国一些研究机构对不同目标微生物达到99%灭活率所需氯消毒剂量的试验研究结果。从表中可以看出，对于肠道细菌、肠道病毒、阿米巴包囊和芽孢的灭活，Cl_2和HOCl的效率明显高于结合氯和氯胺，但氯消毒会产生大量副产物，而氯胺消毒基本无副产物。因此，如何控制氯消毒过程中氨和胺类的含量，以及如何将氯胺消毒控制在最佳的工艺水平，是值得深入研究的问题。

不同氯形式灭活99%目标微生物的有效剂量要求　　表7-5

氯的存在形式	达到99%灭活率的最低有效氯浓度(mg/L)			
	肠道细菌	肠道病毒	阿米巴包囊	芽孢
HOCl	0.02	0.002～0.4	10	10
OCl^-	2	20	1000	>1000
NH_2Cl	5	100	20	400
Cl_2(pH 7.0)	0.04	0.8	20	20
Cl_2(pH 8.0)	0.1	20	50	50

（2）有效氯投加量。有效氯投加量是城镇污水处理厂和再生水厂出水消毒工艺的重要设计运行参数，《室外排水设计标准》GB 50014—2021规定“污水厂出水加氯量应根据试验资料或类似运行经验确定；当无试验资料时，可采用5～15mg/L，再生水的加氯量应按卫生学指标和余氯量确定”。在常温（25.5℃）和静置接触30min的试验条件下，某典型城镇污水处理厂滤池出水不同有效氯投加量（0.5～2.5mg/L）下的消毒烧杯试验研究结果（见表7-6）表明，随着有效氯投加量的增加，滤池出水消毒效果增强，消毒后粪大肠菌群数呈明显降低趋势，当有效氯投加量2mg/L时，滤池出水消毒后粪大肠菌群数即

可由初始的47000个/L降至100个/L，稳定低于一级A标准的粪大肠菌群数限值（1000个/L）。

常温静置下有效氯投加量对滤池出水消毒效果的影响（烧杯试验）　　表7-6

试验条件	有效氯投加量(mg/L)	消毒后粪大肠菌群数(个/L)	备注
常温25.5℃ 静置30min	0.5	27500	滤池出水粪大肠菌群数 4.7万个/L、氨氮0.2mg/L
	0.75	13000	
	1.0	8850	
	1.5	1800	
	2.0	100	
	2.5	0	

（3）混合条件。混合过程是次氯酸钠消毒的重要影响因素，《室外排水设计标准》GB 50014—2021中规定“次氯酸钠消毒后应进行混合和接触”，实际工程中次氯酸钠溶液一般投加在推流式接触池前端，主要通过水力作用实现次氯酸钠与滤池出水的充分混合。

在27℃和接触时间30min的试验条件下，某城镇污水处理厂滤池出水不同混合条件（静置和搅拌）和有效氯投加量下的烧杯试验结果（见表7-7）表明，混合条件对滤池出水的次氯酸钠消毒效果影响显著，搅拌条件下的消毒效果明显优于静置条件下的效果。常温搅拌接触30min，有效氯投加量0.75mg/L即可确保滤池出水消毒后的粪大肠菌群数稳定达到一级A标准；而常温静置接触30min，确保滤池出水消毒后粪大肠菌群数稳定达到一级A标准的有效氯投加量为2mg/L。

常温不同混合条件和有效氯投加量下滤池出水消毒结果　　表7-7

试验条件	有效氯投加量(mg/L)	消毒后粪大肠菌群数(个/L)	备注
常温27℃、 静置30min	1.5	1100	滤池出水粪大肠菌群数 5.9万个/L,氨氮0mg/L
	2	50	
	2.5	0	
常温27℃、 搅拌30min	0.5	900	烧杯试验 搅拌转速100r/min
	0.75	0	
	1	10	

（4）接触时间。接触时间是消毒工艺工程的重要设计参数，《室外排水设计标准》GB 50014—2021规定“二氧化氯、次氯酸钠或氯消毒后应进行混合和接触，接触时间不应小于30min”。在常温、搅拌和一定有效氯投加量下，某城镇污水处理厂滤池出水不同接触时间下的消毒烧杯试验结果（见表7-8）表明，接触时间对滤池出水次氯酸钠消毒效果影响显著，随着接触时间的增加，滤池出水消毒后粪大肠菌群数总体上呈明显降低趋势，为确保滤池出水消毒后粪大肠菌群数稳定达到一级A标准，有效氯投加量0.5mg/L下需要的接触时间为20min，而有效氯投加量0.75mg/L下需要的接触时间至少可降至10min，均明显低于现行《室外排水设计标准》GB 50014—2021规定的接触时间要求。

搅拌下接触时间对滤池出水次氯酸钠消毒效果的影响　　表 7-8

试验条件	有效氯投加量(mg/L)	不同接触时间下的粪大肠菌群数(个/L)				备注
		0min	10min	20min	30min	
烧杯试验 24℃，搅拌	0.5	39000	1000	450	400	初始氨氮 1.2mg/L
	0.75	39000	150	10	0	

3. 臭氧消毒

臭氧具有较强的氧化能力，在水中发生氧化还原反应，产生氧化能力极强的单原子氧（·O）和羟基（·OH），瞬间分解水中的有机物、细菌和微生物，实现消毒目的。

（1）臭氧消毒系统的选材。臭氧的腐蚀性较强，除了金和铂以外，几乎对所有的金属都具有腐蚀作用，但含铬铁合金基本上不受臭氧的腐蚀。因此，通常使用含 25%铬的铁合金（不锈钢），主要有 316 和 305 不锈钢，制造臭氧发生设备和加注设备中与臭氧直接接触的部件。臭氧对非金属也具有很大的腐蚀作用。在臭氧发生设备和计量设备中，不能使用普通橡胶做密封材料，而必须使用耐腐蚀的硅橡胶或耐酸橡胶，如氯磺烯化聚乙烯合成橡胶、聚四氟乙烯等。另外，也可以考虑选用混凝土构筑物。

（2）还原性物质浓度。臭氧是一种强氧化性物质，很容易与水中的多数还原性物质发生氧化还原反应，从而降低有效的消毒能力。水中含有大量还原性物质时，必将影响最终的消毒效果。

（3）温度和 pH。温度和 pH 是影响臭氧消毒效果的两个主要因素，这主要体现在两个方面：其一是臭氧在水中的溶解度受水温的影响较大。臭氧是一种气体，与其他气体一样，在水中的溶解度也遵循亨利定律。另外，温度和 pH 也会影响臭氧在水中的分解速度。臭氧在水中的分解速度随着温度的增加和 pH 的升高而提高。

（4）臭氧投加量。臭氧多数为现场空气或氧气制备，因此所生成气体中纯臭氧的含量较低，一般重量浓度在 3%～20%之间。水中溶解的臭氧量更低。水中臭氧较低的溶解度大大降低了其消毒能力，而且由于反应活性较高，所有的臭氧残留物都能快速扩散，从而进一步降低了水中的含量。

（5）接触反应时间。臭氧发生系统产生的气体通过一定的方式扩散到液体中，并在臭氧接触器内与液体全面接触，实现预期的反应。臭氧接触器是臭氧消毒作用的主要场所。对于不同的反应，所需的臭氧接触时间不同，通常情况下为 1～12min。在需要可靠的病毒灭活率的场合，通常需要维持 0.4mg/L 的剩余臭氧浓度达 4min。由于水中除细菌外，还有许多能与臭氧发生反应的物质，多数为一些还原性物质，因此实际操作中一般维持臭氧消毒的接触时间为 10min。

4. 紫外线（UV）消毒

随着紫外线（UV）技术的发展以及对紫外消毒的逐步认识，紫外消毒在污水处理和再生水利用领域的应用越来越广泛。美国国家环境保护局于 1970 年完成第一个污水紫外消毒示范工程，到 1986 年时有 50 多个城镇污水处理厂使用紫外消毒，处理能力一般小于

4000m^3/d，到 1990 年已经有 500 多个厂选用紫外消毒。目前国内采用紫外消毒的污水处理厂也越来越多，总的来看，比较适合高排放标准处理出水和再生水的消毒。

(1) 污水水质水量。在处理水质和照射条件相同的情况下，紫外灭菌效果随处理水量的增大而减小。这主要是因为水量增大的同时也缩短了紫外照射时间，即降低紫外照射剂量所致。一般情况下，应对处理水量进行测定，以确定所需的灯管数量。

1) 由于紫外线以电磁辐射光谱的形式存在，其消毒效力基本不受 pH、水温、碱度和总无机碳等化学水质参数的限制，但影响紫外传播或 UVT 值的水质指标会影响消毒效果，例如硬度、SS 和颗粒物尺寸等。

2) 硬度对紫外灯套管的清洁和效用具有一定影响，水中的钙、铁等物质会在石英套管表面结垢，降低紫外传输效率。铁、亚硫酸盐、亚硝酸盐以及苯酚等对紫外有吸收作用。紫外消毒对出水 SS 非常敏感，SS 增高，所需剂量相应提高。

3) 如图 7-16 所示，颗粒物尺寸对污水紫外消毒有重要影响，粒径小于 10μm 时，紫外线能够完全穿透，实现灭活；粒径 10～40μm 时，紫外线也能穿透，但粒径越大所需紫外剂量也越大；粒径大于 40μm 时，紫外线难以完全穿透，即使较高的紫外剂量也不一定能达到预期的消毒效果。污水中的部分病原微生物容易藏身于具有屏蔽作用的大颗粒内部，消毒效果受到影响。因此，实际工程中需要对二级生物处理出水进行必要的过滤处理，去除颗粒物和胶体，改善消毒效果。

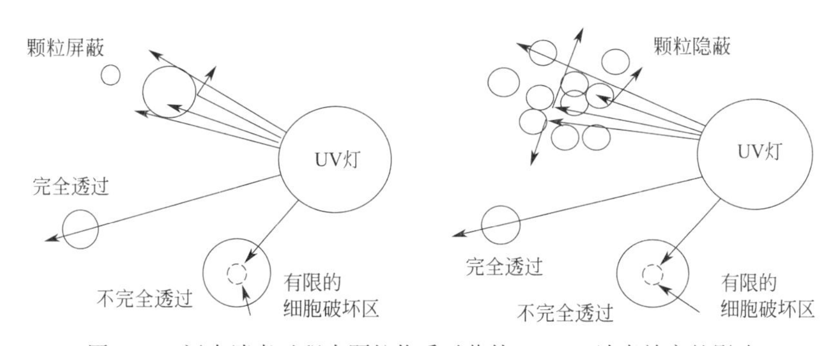

图 7-16　污水消毒过程中颗粒物质对紫外（UV）消毒效率的影响

(2) 有效紫外剂量。紫外消毒的效果由照射后存活的病原微生物数量或微生物总数来确定，而病原微生物或微生物群体的去除量则取决于该微生物可以获得的紫外消毒系统辐射的 253.7nm 波长紫外线的紫外剂量，即微生物接收到的有效紫外剂量。

1) 对于城镇污水处理厂出水中给定的微生物，一定紫外剂量下的去除率是一个相对恒定值（见表 7-9），而且系统中微生物的存活量随紫外剂量的增加而逐渐减小，达到某一剂量后，微生物存活量基本趋于稳定，图 7-17 为不同紫外剂量下总大肠杆菌数的变化曲线。

2) 紫外线对微生物的灭活程度与 UV 剂量直接相关，城市污水处理厂二级出水紫外消毒的 UV 剂量国际标准为 30～40mW・s/cm^2，但是当污水再生利用对水质要求较高时，紫外剂量往往可以达到 140mW・s/cm^2 甚至更高。

微生物不同灭活率所需的 UV 剂量 表 7-9

微生物类别	不同灭活率所需的 UV 剂量(mW・s/cm²)			
	90%	99%	99.99%	100%
大肠杆菌	3	6	12	—
伤寒杆菌	4	3	1.6	—
枯草杆菌芽孢	10	20	40	—
金黄色葡萄球菌	3	6	12	—
白喉杆菌	5	10	20	—
结核杆菌	5.1	10	20	—
黑曲霉孢子	150	300	600	—
流感病毒	1	2	<5	6.6
破伤风病毒	—	—	—	22
溶血性链球菌	—	—	—	5.5
大肠杆菌噬菌体	—	—	—	6.6

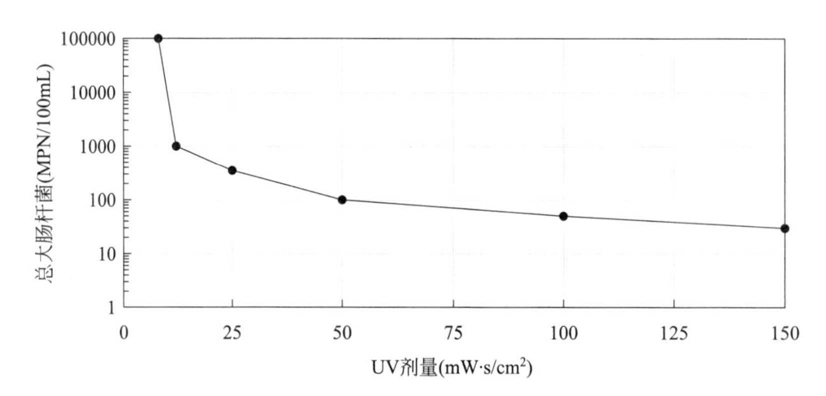

图 7-17 污水消毒处理不同 UV 剂量下总大肠杆菌的存活量

(3) 紫外灯的输出与老化。新灯管的紫外输出主要指一根新灯管在经过 100h 运行磨合期后的紫外输出功率。输出功率大小受灯的类型以及输入电压大小等因素的影响。UV 灯管在使用过程中会逐渐老化，紫外输出也会随时间而衰减。灯管的老化系数定义为灯管在寿命周期结束时的紫外输出与新灯管紫外输出之比。目前市场上多数灯管的紫外老化系数在 50%左右，个别厂家的紫外老化系数可以达 80%。

(4) 灯管表面结垢系数。城镇污水的成分复杂，运行过程中容易在灯表面结垢，影响系统的消毒性能。因此，为避免结垢对消毒性能的影响，必须在系统剂量计算中考虑结垢系数问题。结垢系数一般与灯管的清洗方式有关。通常情况下可以选取以下结垢系数：人工清洗为 0.7，纯机械清洗为 0.8，机械加化学清洗为 1.0。

7.5.3 运行要点

1. 氯消毒

加氯消毒的接触池通常采用狭长的长方体结构，并在池中加入纵向或其他形式的导流板，以及必要的快速搅拌装置，以增强水力推流作用并确保消毒剂在处理水中的快速搅拌均匀。对于以清水池作为接触池的情形，建议新建清水池采用推流式池型设计，现有非推流式清水池强化混合效果或适当增加有效氯投加量。

加氯消毒具有长时间维持消毒剂余量的能力，如利用管道或其他设施进行消毒，这些设施可以视为处理工艺的一部分，但必须达到规范中规定的消毒接触时间。有研究表明，出厂水余氯为0.4mg/L时，在管道8km处检测出的余氯量为0.1mg/L，而氯胺的维持能力更强，相同条件下11km处仍可以保持0.1mg/L的余氯量。

液氯消毒的效果与水温、pH、接触时间、混合程度、浊度、干扰物和有效氯含量有关，应根据试验或实际运行测试确定加氯量。对于生活污水，可参考下列数值：一级处理水消毒的加氯量为15～30mg/L，二级处理水消毒的加氯量为5～10mg/L，三级或深度处理的投加量可进一步降低，但一般控制在5mg/L以上，根据现场试验确定具体数值。

采用加氯消毒处理工艺，要求接触时间不低于15min，处理水中的游离余氯量不低于0.5mg/L。在有效氯投加量4mg/L时，某城镇污水处理厂深度处理单元滤池出水不同接触时间的余氯和游离余氯变化如图7-18所示。当城镇污水处理厂消毒系统改造受限等导致消毒系统进水非滤池出水时，建议结合烧杯试验合理确定有效氯投加量。

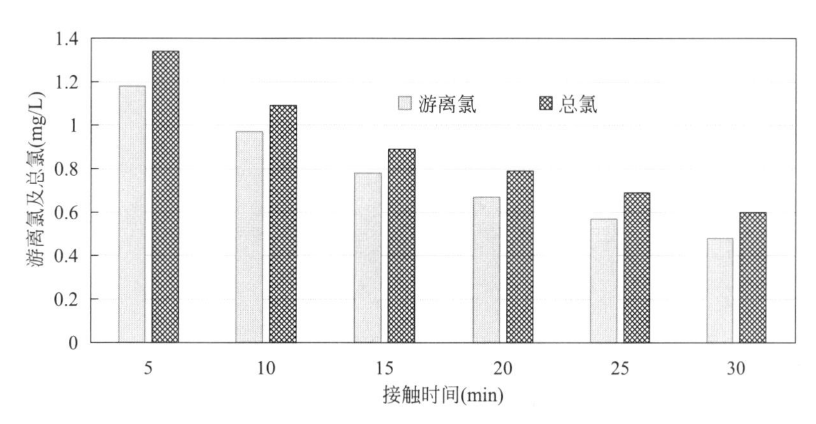

图7-18 有效氯投加量4mg/L下滤池出水不同接触时间的余氯浓度变化

根据全国56座一级A及以上排放标准城镇污水处理厂消毒设施的运行数据，单独次氯酸钠消毒的31座处理厂的有效氯投加量为0.5～11.3mg/L，平均有效氯投加量为3.69mg/L，14%的处理厂有效氯投加量超过6mg/L。结合某城镇污水处理厂滤池出水次氯酸钠消毒试验研究，在搅拌和接触时间≥10min下，有效氯投加量0.75mg/L即可确保滤池出水消毒后的粪大肠菌群数（0～150个/L）稳定达到一级A标准（限值1000个/L）。考虑一定的工程安全系数，结合试验验证，对于一级A及以上标准城镇污水处理厂单独次氯酸钠消毒系统，建议接触时间≥10min下滤池出水消毒的优化有效氯投加量为1mg/L。

为确保水质水量波动下处理出水的粪大肠菌群数指标值稳定达标、节省消毒剂投加成本和降低出水生态安全风险，次氯酸钠消毒系统宜设置精确加药控制系统，包括消毒单元进水在线流量计、消毒单元出水在线余氯仪等关键仪表的配置。投加泵应采用变频隔膜计量泵，大小流量泵组合配置，以提升水质水量波动下消毒剂投加流量的调控弹性。商品次氯酸钠溶液宜避光、加盖密封保存，尽量缩短现场储存时间，以最大程度减小现场储存过程中有效氯含量的衰减。为节省消毒剂投加成本，条件许可时可充分利用周边化工等工业企业产生的含次氯酸钠的工业副产品，但不可影响出水 COD 等水质指标的稳定达标。

在公众卫生健康需要额外加强保护或公众可能会接触到再生水中残存病原体的情况下，必须提供比标准更高的 CT 值（消毒剂浓度与有效接触时间的乘积），以减少病原体的数量。

由于余氯对水生生物具有强烈的毒性效应，氯消毒的余氯量受到受纳水体的制约。1971 年美国加利福尼亚州首先规定采用加氯消毒的污水处理厂必须设置脱氯措施，余氯控制在 0.1mg/L 以下。美国国家环境保护局规定，自 1990 年起所有加氯消毒的污水处理厂氯消毒池末端和脱氯后的氯残余量分别控制在 1mg/L 和 0.1mg/L 以下。而多数欧洲国家，尤其是德国通常不允许污水处理厂出水加氯消毒。

因此，直接以再生水作为景观环境或接触性娱乐用水的补充水源时，必须首先考虑余氯对人群和水生生物的毒性影响，根据水体的再生水稀释能力，严格控制管道末端的余氯量，必要时，应在深度处理工艺的后端增加脱氯工段。

2. 臭氧消毒

臭氧发生器是臭氧消毒系统的核心，其主要作用是生产消毒工艺所需的臭氧气体。臭氧的产生方式一般包括：高压放电法、电化学法、光化学法、射线辐射法和光电弧电离法，其中最常用的是高压放电法和射线辐射法。臭氧发生器的备用率一般应大于 30%，备用的方式有设备台数备用与设备发生能力备用两种方式。

臭氧与水在接触器内反应后，从接触器排气管排出的气体中仍含有一定的臭氧，这些含有残余臭氧的气体一般称臭氧尾气。这部分臭氧量约占臭氧总量的 1%～5%。这些气体释放到环境大气，必将对环境和人体造成一定的损伤，因此需要必要的监测和处理。美国和日本规定工作环境容许的臭氧浓度为 0.1mg/L（体积比），我国卫生部 1973 年规定的排放标准为 0.3mg/L。尾气处理部分与其他部分之间是相对独立的，其主要作用是及时有效的消除使用过程中产生的过量臭氧气体，以保护周围环境、人员和设备。

目前可采用的尾气处理方法有高温加热法和催化剂法等。在 350℃温度下，臭氧能在 1.5～2s 内 100%分解，因而高温加热法相对安全可靠，但同时也增大了设备投资和运行能耗；催化剂法所需的设备投资和运行费用相对较低，但处理效果受水质、环境质量等因素的影响大，安全稳定性差，且需要定期更换催化剂。

臭氧发生器现场和臭氧使用现场都应设置在线臭氧浓度监测装置，监测位置包括：发生器出口臭氧浓度、接触反应池上部尾气浓度、接触池下部水中臭氧浓度、臭氧车间和尾气车间环境空气中的臭氧浓度。当环境臭氧浓度超过 0.1mg/L 时，系统应自动报警，超过 0.2mg/L 时应自动关机，停止运行。

3. 紫外线（UV）消毒

紫外消毒系统运行过程中需要考虑的问题主要包括系统监测和警报、灯的清洗、灯的使用寿命以及相关部件的更换和维护等。

就紫外消毒系统的正常运行以及最终稳定的出水而言，对运行参数的连续监测是至关重要的。应对下列参数进行连续监测：进水的流速、UV透射率、浊度以及紫外消毒区的液位，紫外消毒系统中每个紫外消毒单元的状态、每个紫外灯的状态、每个紫外消毒单元至少一个探头测得的UV强度、灯的运行时间、UV剂量、UV控制系统通信线路的状态、清洗系统的状态、到下一个清洗周期的时间、紫外系列的输入、输出以及有效功率。

对UV剂量进行连续监测，其前提是确定每个紫外消毒单元应提供的UV剂量上下限。首先根据认可的UV剂量计算方法计算每个紫外消毒单元所需的平均UV强度；根据液体流速和紫外反应器有效池容计算平均接触时间。平均UV强度计算过程中需要考虑液体流量、UV透射率、紫外灯输出功率以及灯寿命等因素。计算出平均UV强度和平均接触时间后，就可计算所需的平均UV剂量。而后选取适当的保险系数，确定UV剂量的上下限。如果平均UV剂量低于下限或高于上限的时间超过3min，就应自动启动报警系统。

为保护职工和周围居民的健康，所有运行中的紫外消毒系统都必须设置报警系统。应记录所有紫外系统的控制器警报信息，将其显示在操作界面上，并注明事故发生的时间和日期，自动记录事故原因、时间和日期等各种情况。根据重要性不同，可以设置高优先级报警系统和低优先级报警系统。再生水厂没有值班人员的情况下，自控系统可以根据报警系统的报警信号自动控制系统的运行。当出现高优先级报警信号时，自控系统直接干预系统的运行，而出现低优先级报警信号时，一般不会直接改变系统的运行状态，但一些应急措施会启动。运行人员可以根据报警信息做出相应的控制和预防措施。

高优先级报警系统一般包括：临近的两个或两个以上的紫外灯故障；系统中5%以上的紫外灯出现故障；UV强度探头、透射率探头、UV剂量探头读数低于低低设定值；进水SS超过设定高高值；反应器水位超过最高水位或低于最低运行液位等。

低优先级报警系统主要包括：单个紫外灯故障（且系统紫外灯故障数量不超过5%）、UV强度探头或透射率探头读数低于低设定值、进水SS读数超过高设定值、UV运行剂量低于低设定值等。

大量污水处理厂的运行实践表明，不论采用什么类型的紫外灯管，不论运行温度如何，紫外消毒系统运行一段时间后，灯管的石英套管表面都会结垢，从而降低紫外能量的输出。因此需要对石英套管进行清洗，去除表面污垢，恢复表面清洁和紫外透光性，保证紫外消毒系统的消毒性能。各种生产厂家要求的灯管清洗频率不同，有的平均每星期清洗一次，有的一年清洗一次，但大部分一个月清洗一次。

清洗方式分为两大类：人工清洗和自动清洗。人工清洗是将灯管从明渠中取出，用清洗液喷淋到管套上，然后用棉布擦拭清洁；或将几个紫外灯模块放到移动式清洗罐中，用清洗液同时搅拌清洗，清洗罐中带有曝气搅拌装置。当灯管数量较多时，也可一次性将整个灯组从明渠中吊出来，放入固定的清洗池内进行清洗液清洗。池内同样带有曝气搅拌装置。这种方式比较适用于小型或中型污水处理厂。

自动清洗可分为纯机械自动清洗和机械加化学自动清洗。纯机械自动清洗实际上是用铁氟龙环频繁地来回刮擦套管表面，以减缓套管表面积累的污垢。这种清洗方式，清洗头磨损快，寿命短，一般半年到一年需更换一次，维护所需劳动强度较大，清洗成本较高。

机械加化学自动清洗系统则是在清洗头内部装有清洗液，在清洗头机械刮擦套管表面的同时，通过清洗头内的清洗液去掉难以刮擦去除的污垢。机械加化学自动清洗头寿命在5年左右，清洗效果较好。机械加化学自动清洗系统选用的清洗液通常为磷酸盐（pH=2），如果处理不当，会进入后续系统中，但由于用量较少，释放到处理水体中的磷酸盐量一般小于10^{-7}mL/L，因此不会造成二次污染问题。

紫外线消毒系统需要定期更换的部件主要包括灯管、镇流器和石英套管等，具体更换要求为：灯管使用寿命一般在8760～14000h之间，每年约需更换37%的灯管；镇流器使用寿命3年，每年约更换20%；石英套管使用寿命5年，每年约更换10%。

第8章　城镇污水深度净化与资源化工艺单元

在城镇污水高标准处理与资源化利用过程中，对深度净化处理工艺单元的功能要求，除了常规有机物和氮磷污染物的进一步深度去除之外，还包括溶解性难生物降解有机物和色度的去除，环境内分泌干扰物、药物和个人护理品等新污染物的去除，溶解性总固体（TDS）及某些特定离子的去除，使出水水质能够满足高标准排放要求，或满足再生水利用及生态安全保障要求。一些高级处理工艺技术单元，如膜过滤、高级氧化、物理吸附、离子交换、纳滤、反渗透等，也纳入到污水深度处理工艺流程中。

8.1　膜法过滤

膜是分离两相和作为选择性传递物质的屏障，在水处理领域常用于脱盐、软化、去除溶解性有机物、色度和颗粒物等工艺过程，其商业化应用已经有几十年的历史，积累了较丰富的经验。本节主要涉及微滤（MF）、超滤（UF）、纳滤（NF）膜在深度处理工艺中的功能定位和设计运行要点，所涉及内容基于现有的膜技术和产品。目前膜技术仍然处于快速发展阶段，新技术产品不断推出，其中某些理论和技术参数会有新的变动和改进。

8.1.1　功能定位

膜过滤一般用于用地紧张、出水水质要求较高或出水再生利用的场景。与普通介质过滤相比，膜过滤过程具有孔径均匀、过滤精度高、孔隙率高、滤速快以及在过滤过程中无介质脱落等优点，出水水质非常稳定。在城镇污水深度处理工艺流程中，微滤和超滤可以作为反渗透和纳滤工艺的预处理单元，也可以作为整个工艺流程的最后处理单元，去除水中悬浮物质、胶体颗粒、绝大部分细菌、大部分病毒和部分分子量较大的有机物。

1. 微滤与超滤

按照孔隙的大小，膜过滤可分为微滤和超滤，由于膜孔径不同，所截留的颗粒粒径也有所不同。具体选择膜工艺及产品时，应充分考虑各分离工艺的去除范围和膜分离特性。应保证在最合理成本的基础上选择最合适的膜工艺及产品。首先要确定工程的目标和水质处理要求，通过膜过滤单元原水水质和产水水质的对比分析，可以确定去除程度，去除效果，同时考虑膜工艺单元与预处理单元、后处理工艺单元的关联关系及相互影响。

微滤是一种与常规粗滤十分相似的膜分离过程，滤膜具有比较整齐、均匀的多孔结构，孔径范围为0.05～5μm，常见的为0.1～0.2μm，主要用于悬浮液和乳浊液的截留分离。操作压力一般小于0.3MPa，典型操作压力为0.1～0.2MPa。微滤的基本原理为筛网状过滤，以压力为推动力，依靠膜对过滤介质的筛分过滤进行分离。在静压差的作用下，小于膜孔的粒子通过滤膜，大于膜孔的粒子则截留在膜面上，使不同尺寸的组分得以分离。对于大于膜孔径的颗粒，在膜表面还可以通过吸附方式截留，对于小于膜孔径的颗粒，可以通过膜表面的架桥作用以及在膜内部网络中的截留作用而去除。

超滤的分离机理与微滤相似，同样以筛分作用为主。超滤膜多为不对称结构，由一层极薄的表皮层和较厚的多空层组成，前者起分离作用，后者起支撑作用。筛分理论认为，膜表面具有无数的微孔，这些不同孔径的膜孔截留分子直径大于孔径的溶质和颗粒，达到相应的分离效果。另外，膜表面的化学特性在分离过程中也起到一定的作用。

超滤的操作压力一般为0.1～0.5MPa，截留分子量为500～500000Da，相应孔径近似为50～1000Å，比微滤膜的孔径要小，不但可以去除微滤膜能够去除的所有物质，也能去除大部分病毒和部分分子量较大的有机物。当再生水或排放水质有特殊要求时，超滤可以作为微滤的替代单元，作为再生水处理的最后单元，或反渗透（RO）的预处理单元。

表8-1给出了微滤和超滤膜分离过程的主要去除范围。

不同膜分离过程的去除范围　　表8-1

膜分离过程	主要去除范围
微滤(MF)	有机物，颗粒物(悬浮物、浊度、细菌、部分病毒、蛋白质、胶体等)
超滤(UF)	有机物，颗粒物(悬浮物、部分胶体、细菌、病毒、蛋白质)，无机物(经过化学混凝或者调节pH，磷、硬度、金属离子等)

2. 膜过滤方式

膜过滤设备的运行方式分为浸没式和压力式。前者采用抽吸的方式，将原水透过膜面进行过滤操作，例如，目前常见的CMF-S（Continuous membrane filtration-submerged）系统，属于浸没式连续微过滤膜装置。后者则采用压力的方式将原水压过膜面进行过滤操作，主要有外压式和内压式两种类型。

（1）压力式膜过滤系统（CMF）。采用中空纤维超滤膜或微滤膜为中心处理单元的系统，在净化水的过程中，处理液以一定的流速通过膜表面，水分子在一定的压力驱动下透过膜，而悬浮物、胶体、大分子有机物及微生物等则被阻截，从而达到净化分离的目的。被拦截的杂质在膜壁外表面逐渐聚积，不断引起水透过膜壁的水流阻力。定期通过空气或水强力清洗，定时将聚积在膜壁外表面的杂质清除掉，减缓了膜表面水流阻力的增加，以保持系统连续稳定的运行。目前已广泛应用于市政给水和再生水处理及应用、工业给水和废水处理及回用、海水淡化、饮用水净化等多个领域。

（2）浸没式膜过滤系统（SMF）。将开放式膜组件组成的膜单元浸没在膜池当中，采用负压抽吸或重力虹吸的方式进行膜过滤。膜系统装填密度高，运行能耗低，大大简化了控制系统和膜区占地，特别适合于大型水处理工程。在城镇污水处理厂改扩建工程中，可将原有的砂滤池改造成为膜池，在不增加土建占地和投资的情况下实现膜法改造。

目前从出水水质稳定性和再生利用卫生安全等方面考虑，逐渐形成以超滤膜为核心的浸没式和压力式膜过滤技术，膜过滤装置逐渐选用全部国产化的膜组件。

3. 纳滤及膜组件

纳滤膜表面大多数荷电，对无机盐的分离受化学势的控制，受电位梯度的影响，因此，纳滤膜与电解质间的静电作用是膜截留溶解性盐类的主要影响因素，而对于中性不带电的物质分离则是膜微孔的分子筛网作用。电解质离子的电荷强度不同，造成膜对离子的截留有所差异。在含有不同价态离子的多元体系中，膜对不同离子的选择性不同，不同离子透过膜的比例也不相同。对于多数纳滤膜，阴离子截留率的递增顺序为：硝酸根、氯根、氢氧根、硫酸根和碳酸根；阳离子截留率的递增顺序为 H^+、Na^+、Ca^{2+}、Mg^{2+}、Cu^{2+}。

纳滤的过程机理目前还不明确，存在纳滤膜是有孔膜还是均质无孔膜的分歧。多数认为，纳滤膜存在许多纳米级毛细管通道。Wijmans 等认为，膜孔径很小的状态下膜过滤传质机理处于孔流机理和溶解—扩散模型之间的过渡状态，两者的区别在于膜孔（传质通道）存在的持续时间。在溶解—扩散膜中，随着构成膜材料高分子链间自由体积波动的状况而出现传质通道，渗透物就是沿着此通道扩散通过纳滤膜。

在孔流膜中，形成的膜孔相对固定，位置和通道的大小也没有明显的波动，膜孔越大，持续时间越长，膜表现出孔流的特性。膜孔的位置和大小相对固定的为永久性膜孔，随机改变的为暂时性膜孔，超滤膜中的孔为永久性的，反渗透膜中的孔为暂时性的，而纳滤膜的孔介于两者之间，属于过渡态的孔。

纳滤膜主要材质有醋酸纤维素、聚砜、聚酰胺和聚乙烯醇等，聚酰胺复合材料应用最广泛。大多数纳滤膜为多层薄膜复合体，不对称结构，具有较厚的支撑层，厚度 100～300μm，提供孔状支撑；支撑层之上为薄表皮层，厚度仅 0.05～0.3μm。薄表皮层主要起分离作用，也是水流通过的主要阻力层。

纳滤膜组件构型包括螺旋卷式、管式、平板式和中空纤维式。卷式膜的膜面积较大，造价较低，但操作过程中膜间隙之间易堵塞。管式膜在单位体积中的膜面积较小，造价稍高，但防阻塞性能较好，清洗方便。平板式膜易产生浓差极化现象，引起膜污染，但清洗方便，一般用于小型选膜实验中。中空纤维式膜的填充密度较大，但膜的清洗难度较大。

与管式膜和平板式膜相比，卷式膜具有较高的填充密度；与中空纤维式膜相比，卷式膜对进水预处理要求稍低，而且膜通量大于中空纤维式膜。因此，目前常用于 NF 的为卷式膜组件，中空纤维膜组件也占据一定的市场份额。

8.1.2 主要工艺参数

无论采用压力式还是浸没式的膜过滤装置，膜组件的排列、水回收率、膜通量以及操作压力是主要设计运行参数，而温度、进水水质（浊度、粒径等）对参数的选择和装置运行影响很大，在进行工艺设计时需要充分考虑。

1. 主要影响因素

（1）运行温度。温度升高会引起进水（原料液）动力黏度的下降，膜通量随之上升；

反之，膜通量会下降。因此，即使同一膜过滤装置，其冬季和夏季的产水量会有较大的差异。对于不同的膜材质，温度的影响也不相同。有研究表明，在允许的运行温度范围内，温度每升高 1℃，相应产水量可增加 2.15%。低水温会成为关键性的影响因素。

（2）进水水质。膜装置运行一定时间后会形成相应的膜阻力，包括纯净膜阻力和滤饼层阻力。前者属于膜本身的特性，后者与进水（原料液）成分和膜组件的物质传递特性密切关联。由 Kozney 方程可以得到，同粒径组成的不可压缩滤饼的阻力方程为：

$$R_c=\overline{R}_c L=\frac{180(1-\varepsilon_c)^2}{d_p^2\varepsilon_c}L \tag{8-1}$$

式中 $\overline{R}_c$——滤饼层特征阻力，m^{-1}；

d_p——沉积颗粒直径，m；

L——滤饼厚度，m；

ε_c——滤饼空隙率，%。

从式(8-1) 可以看出，滤饼层阻力随着颗粒粒径的下降而上升。在过滤初期，膜表面附着的颗粒较多，滤饼层厚度增加较快，膜阻力增长速度也较快；随着过滤进程，颗粒附着或沉积的速率减慢，滤饼层厚度的增加速度趋缓，达到一个较稳定的数值。滤饼层的厚度与料液的性质和流动条件的关系较小，主要与系统的操作压力有关，压力决定滤饼层的压实程度。由膜阻力的变化可知，在经过反冲洗或化学清洗过程之后，运行之初的膜通量增长很快，之后增长逐渐趋于缓慢，并达到一个相对稳定的数值。当系统需要维持膜通量不变的情况下，就相应需要增加操作压力来克服膜阻力的增长，也就是说，系统的过膜压差按照膜阻力的增长特性而改变。

（3）进水污染指数（FFI)。FFI 用来表示进水所受污染的程度，也用来监控膜过滤装置的工作性能，与 RO 系统中使用的 SDI 指标相似。FFI 定义为每单位膜通量一定的情况下膜阻力上升的速率。进水中的总固体物、固体物大小及有机成分的含量都影响 FFI 值的大小，其计算公式为：

$$\mathrm{FFI}=\frac{(R_2-R_1)\times N\times A\times 1000}{V_{(R_1\rightarrow R_2)}} \tag{8-2}$$

式中 R_1——过滤周期内初始膜阻力值，m^{-1}；

R_2——过滤周期最终膜阻力值，m^{-1}；

V——过滤周期内的滤水总量，m^3；

N——膜单元中膜的数量，个；

A——单膜有效过滤面积，m^2/个。

FFI 总的变化趋势为上升，在实际运行中，二级处理出水通常经过预处理后才进入膜过滤装置。因此，水中的污染物浓度较低而且变化不大，FFI 值在短时间内的变化很小。经过长期运行数据的积累，可以得到比较符合理论要求的变化趋势。

（4）进水浊度变化。浊度可以用来评价进水水质对膜过滤装置的影响，而且浊度容易实现在线测定，可以很快反馈给运行维护人员。通常情况下，进水浊度增加，膜过滤装置的产水量下降，浊度过大时会引起膜元件的堵塞。为此，需要检查预处理装置的运行情况或采用错流过滤的运行方式。

（5）流速的变化。流速对膜通量的影响不像温度和运行压力那样明显，但流速过大时反而会导致膜组件的通量下降，这主要是因为流速过快时压力损失增加所致，而流速过慢则会影响膜分离的质量，容易形成浓差极化。因此，在运行管理过程中需要合理控制进水的流速，使其处于给定的运行范围内。

2. 预处理要求

原水进入膜装置之前一般需要预处理。预处理工艺应依据原水水质、膜材质和膜装置的要求来选定，其主要作用是调整进水水质，使膜装置的功能得到更有效的发挥，同时预防膜的结垢、堵塞和污染等情况，尽可能延长膜的清洗周期，进而延长膜的使用寿命。

（1）预处理必要性。大部分二级处理出水的有机物和 SS 含量过高，一般不能满足直接膜过滤的水质要求，需要预处理。常用的方式有加酸、加阻垢剂、加消毒剂、混凝、沉淀、过滤和石灰软化等。不同类型膜装置对进水的预处理要求不尽相同，依据厂商说明。

二级生物处理出水的 SS 浓度一般在 10～30mg/L 之间，形成 SS 的物质大多为沉淀池没有沉淀下来的微生物絮体及其代谢产物。浊度一般在 5～50NTU 之间，形成浊度的物质包括微生物絮体、胶体和溶解性高分子有机物，其粒径较小，直接膜滤的去除效果不够明显，并且容易在膜表面形成难以清洗干净的黏性滤饼，水中极少量粒径大于 100μm 的颗粒进入膜装置后，容易堵塞膜孔，造成膜的频繁清洗，缩短使用寿命。因此，二级生物处理出水进入膜过滤装置之前一般需要预处理。

微滤膜和超滤膜对进水的要求低于纳滤和反渗透膜，一般情况下，只要保证进水浊度低于 5NTU 即可。因此，有的二级生物处理出水经过直接介质过滤就可作为 MF 和 UF 的进水。用于 MF 或 UF 预处理的前端保安过滤装置，其主要作用就是防止粒径大于 100μm 的颗粒进入膜装置，以保护膜元件。

常用的保安过滤器有带状过滤器或筛网过滤器，规格为 100～500μm。主要由过滤材料和压力容器构成。过滤材料是主要部件，有筛网和滤布，一般采用金属或有机高分子聚合物。压力容器可用碳钢、不锈钢或者硬质工程塑料制成。采用碳钢时需要采取防腐措施，例如涂覆环氧树脂。过滤器的数量和容积根据进水流量和 MF 或 UF 装置的数量来确定，一般采用一对一的配置。

当二级生物处理出水有机物、微生物和溶解性盐类浓度较高时，如果直接膜过滤，MF 或 UF 膜的清洗周期会大大缩短，频繁清洗将缩短膜组件的寿命，这就需要预处理。如果对再生水或排放水的 TP 控制要求较高，而且 MF 或 UF 作为工艺流程的最后处理单元时，需要在膜过滤之前进行混凝处理或调节 pH，使水中溶解磷和细微磷酸盐沉淀聚集成较大的颗粒，便于膜过滤去除。

（2）预处理方法。在膜过滤前投加无机金属混凝剂，可以使水中溶解磷形成不溶性磷酸盐沉淀，然后过滤去除。进水 pH 过高或过低均需要加以调节，以尽可能达到最佳混凝条件。硫酸铝的最佳混凝 pH 为 6～6.5，铁盐为 4.5～5.0。pH 不在最佳范围，混凝剂投加量就需要增加。pH 的调节还要考虑膜的材质，不同膜材质的 pH 耐受力不同，醋酸纤维素为 pH 5～6，否则会出现膜的水解，而聚酰胺类复合膜耐受力则较强。

二级生物处理出水中投加混凝剂后，形成的颗粒粒径范围增大，为了防止较大颗粒进入膜装置，必须在混凝之后进行过滤或沉淀处理，以降低水中较大颗粒的浓度。二级生物处理出水的微生物浓度较高，直接过滤的去除效果较差，投加混凝剂后，去除效果能够得到改善。但水中仍然残留部分微生物，在膜表面被截留后会继续繁殖，形成难以清除的生物黏垢，因此，需要投加少量的消毒剂，抑制微生物的繁殖。

根据不同的膜材质选择不同的消毒剂，可使用的消毒剂包括氯、二氧化氯、氯氨和臭氧。对耐氧化剂的醋酸纤维膜，可在进水管道中加氯，加氯量应保证预处理管道中保持 0.5～1.0mg/L 的自由余氯。对不能耐受氧化剂的聚酰胺膜，可以在水中按照化学计量关系投加氨和氯，形成氯氨以消除自由余氯对膜的氧化。

消毒剂的投加点一般设在 MF 或 UF 的进水管道上，如果前端有过滤或混凝预处理，也可投加在过滤或混凝之前，起助凝作用并保护过滤器免受微生物污染。还可以采用臭氧和 UV 作为抑制微生物的手段。臭氧的氧化性比氯高，低浓度臭氧就能够很快杀死微生物，但需要考虑构筑物的防腐和臭氧尾气的处理问题。

纳滤主要用于去除水中高分子有机物和高价电解质离子，为了最大程度发挥膜组件的功能，确保使用年限，通常规定 NF 膜的进水 SDI 不超过 5，浊度不超过 1 NTU，有的膜组件，如聚酰胺类还要求进水 pH 和氧化剂含量不得超过规定的限定值。预处理主要用来降低进水的结垢倾向，去除 SS，抑制微生物繁殖，调节 pH。常用预处理方法有混凝沉淀砂滤、消毒、过滤器过滤、加酸、石灰软化等。由于传统预处理工艺的出水不够稳定并具有较明显的结垢倾向，目前倾向于采用 MF 或 UF 等膜过滤作为 NF 的预处理。

（3）进水水质。进水可采用重力自流进水，也可采用压力提升，进水宜均匀分配至各个膜池，进水宜采用自动闸门或自动阀门调节水量。进水水质宜达到以下要求：pH 6～9、水温为 10～40℃、动植物油＜30mg/L、矿物油＜3mg/L。

3. 设计处理量与膜组

设计处理量应保障规定年限内的最高日处理量，并应考虑季节和温度的影响，预测污水处理厂全年不同水温条件下的污水处理需求规律，确保满足污水深度净化处理需求。正常设计水温不宜低于 15℃，在正常设计水温条件下，膜过滤系统的设计处理量应达到工程设计规模的要求；过滤单元的最低设计水温不宜低于 5℃，在最低设计水温条件下，膜过滤单元的处理量可低于工程设计规模，但应满足实际处理量的需求。确定设计处理水量后，系统的膜组件数量 N，可根据以下计算式估算，计算结果四舍五入取整数。

$$N=\frac{1000\times Q}{F\times S\times P} \tag{8-3}$$

式中 N——系统膜组件数量，支；

1000——立方米与升的单位换算系数；

Q——设计产水流量，m^3/h；

F——设计通量，L/（m^2·h）；

S——单支膜组件的有效膜面积，m^2；

P——系统设计产水回收率，%。

系统膜组数量U，按式(8-4)计算：

$$U=N/n \tag{8-4}$$

式中　U——系统膜组数量，台（套）；

N——系统膜组件数量，支；

n——单台（套）膜组中膜组件的数量，支。

根据计算出的系统膜组数量U，按下列规则确定系统的膜组配置：

(1) 若计算出的膜组数量为整数，可直接从膜供应商的膜组配置表中选择；

(2) 若计算出的膜组数量不为整数，余数不大于膜组件总数量的5%时，宜增加膜组件设计通量，减少膜组件数量确定膜组配置；

(3) 余数大于膜组件总数量的5%时，宜重新选择膜组配置。

4. 膜组件或元件排列

若干卷式膜元件串联在一起组成一个膜组件，组件内膜元件的数量决定系统的回收率，串联越多，系统回收率越高，但为了保证每个膜元件上的流态基本一致，降低末端膜元件承受的压力，串联的数量不宜太多，可参考厂商提供的参数值。需要较高的回收率时，可以分段排列。如图8-1所示，压力式中空纤维膜组件一般并联排列在固定的框架中，膜组件上下均有管件互相连接，进水、出水和浓水管道之间采用环氧树脂和密封圈互相隔开，防止交叉和污染出水水质；浸没式中空纤维膜组件将其完全浸没于膜池之中，通过液位的压差结合抽吸泵负压抽吸产水，所需的运行能耗较低，特别适合砂滤池的升级改造。

图8-1　压力式和浸没式中空纤维膜过滤装置示例

在各种类型的膜过滤组件中，中空纤维膜以其无可比拟的优势成为最主要的形式，其运行方式分为浸没式和非浸没（压力）式。按致密层所处的位置，中空纤维滤膜又可分为内压膜、外压膜及内外压膜3种。外压式的进水流道在膜丝之间，膜丝存在一定的自由活动空间，因而更适合于原水水质较差、SS含量较高的情况。内压式的进水流道是中空纤维的内腔，为防止堵塞，对进水的颗粒粒径和含量都有较严格的限制。

膜过滤装置的运行有全量过滤（死端过滤）和错流过滤两种模式。全量过滤时，进水全部透过膜表面成为产水；而错流过滤时，部分进水透过膜表面成为产水，另一部分则夹带杂质排出成为浓水。全量过滤的能耗和操作压力较低，运行成本也更低一些；而错流过滤则能处理SS含量更高的流体。具体操作形式选择，需要根据进水中的SS含量来确定。

对于某一膜过滤装置，无论采用全量过滤，还是错流过滤，不仅需要考虑进水中的SS含量，还应该考虑装置的临界通量。针对某种进水水质，每个膜装置都存在临界通量，在运行过程中应保持运行通量处于临界通量之下，根据通量和进水水质选择合适运行方式。根据进水水质初步确定以上工艺参数之后，可以依据单个膜组件或膜元件的膜通量、回收率和承受压力值，确定膜组件或膜元件的数量，然后进行排列组合。

5. 膜通量

无论是微滤还是超滤，膜通量均受到系统压力、运行温度和进水水质的影响。一般情况下，在允许的系统操作压力范围内，膜通量随着压力的升高呈线性增长，但是当压力达到某一临界值，膜通量曲线开始出现拐点，增长幅度减小，此后如果继续提高压力，膜通量几乎不再增长。这主要是因为过高的压力将膜压密，堵塞膜的透水孔造成的。

运行温度对膜通量的影响也是影响整个过滤过程的主要因素。在允许的操作范围内，膜通量随着运行温度的升高而增加，一般每升高1℃，膜通量相应增加2.15%。不同膜材料及膜构型的温度系数有所不同，在设计时应按照膜生产厂家提供的温度系数进行计算。

正常设计水温条件下，浸没式膜处理工艺的膜通量宜采用20～60L/(m^2·h)，压力式膜处理工艺的膜通量宜采用40～120L/(m^2·h)。需要对冬季低水温膜通量进行校核。另外，进水污染物浓度对膜通量也有一定影响，而且分子量越大的物质对膜通量的影响也越大。

6. 水回收率

微滤膜装置一般采用全量过滤运行方式，清洗用水量决定装置水回收率，清洗周期越长，回收率越高。清洗周期主要取决于进水水质和预处理程度。二级处理出水经过混凝沉淀和消毒预处理，清洗周期要比直接过滤延长2倍以上，反冲洗周期为40～60min，化学清洗周期为250～300h；而直接过滤反冲洗周期为20～30min，化学清洗周期为200～250h。

提高预处理程度可以延长膜的使用寿命，降低膜的损耗，但增加预处理成本。回收率的确定应基于整个工艺流程的权衡，在保证出水水质和出水量的前提下，选择最经济的工艺流程和最佳回收率。微滤膜装置的回收率取值一般按85%～95%进行考虑。

超滤膜装置可以采用全量过滤或错流过滤，全量过滤对进水水质的要求比错流过滤的要高。进水浊度低于5NTU时，可以采用全量过滤；5～15NTU时，两种运行方式均可；超过15NTU时，宜采用错流过滤。卷式超滤膜组件的回收率一般为15%～20%，中空纤维超滤膜组件的回收率为40%～50%。整个装置的回收率一般控制在80%～90%范围，如果要达到更高的回收率，就需要采用多级处理或者一级多段处理系统。膜装置的回收率确定之后，可根据产水量要求，得到膜装置的设计规模以及需要采用的预处理措施。

7. 操作压力

系统操作压力需要满足膜系统的水力压差、连接管道损失以及系统的净运行压力。一般微滤和超滤膜的渗透压对于系统的操作压力来说，可以忽略不计。微滤膜操作压力一般为 0.1～0.21MPa，超滤为 0.14～0.52MPa。浸没式微滤的膜操作压力较低，采用负压抽吸方式出水，可有效降低系统的操作压力，一般为 0.020～0.1MPa，能耗有较明显的降低。

8. 过滤周期和清洗

膜过滤装置的清洗方式包括气水冲洗和化学清洗。冲洗可采用过滤水，也可用压缩空气，或气水联合使用，冲洗强度取决于膜纤维的强度和运行方式。化学清洗分为酸性清洗和碱性清洗，运行过程中可根据进水中污染物性质和膜元件内结垢的成分，选择清洗液的种类。微滤和超滤通常采用反冲洗和化学清洗两种方式来缓解膜污染。

反冲洗一般有气反冲洗、水反冲洗和气水反冲洗 3 种方式。化学清洗是在单纯清洗已经不能恢复膜的运行参数时采用。一般采用气冲—水冲，或只用水冲的清洗方式，气冲之前需要将膜体内的水排空，一般采用较低压力的空气将膜体内的液体排空，然后用较高压力的空气吹脱膜表面上的污垢，再用大量水冲洗，排出膜装置外。

对大多数微滤装置，单独采用水冲洗时，水反冲洗周期为 20～50min，反冲洗时间 1～3min；采用气水反冲洗时，冲洗周期为 20～50min，总冲洗时间 1～3min，气冲时间一般持续 6～8s，水冲时间一般为 20s。超滤装置一般采用水反冲洗，冲洗周期 30～180min，冲洗时间 30～60s，如果冲洗效果不好，可以适当延长冲洗时间。一般在冲洗水中投加消毒剂，例如氯、双氧水和次氯酸钠，有利于膜污染的控制。消毒对于膜系统运行十分重要。

微滤和超滤膜装置的化学清洗主要去除冲洗过程无法去除的污染物，如无机金属离子、有机物和微生物等。化学清洗周期和清洗剂种类需要根据膜表面上的化学物质而定，常用的化学药剂和清洗方式见表 8-2。

膜过滤装置常用的化学清洗剂和消毒剂　　表 8-2

化学药剂	浓度	需要处理的主要污染物
H_2O_2	100～500mg/L	微生物
Cl_2	100～400mg/L	微生物
甲醛溶液	0.5%	微生物
NaClO	5～10mg/L	微生物
O_3	0.1～0.2mg/L	微生物,胶体
柠檬酸或草酸	0.5%	防止无机金属离子,如铁、锰
EDTA 和表面活性剂	10～100mg/L	有机物、胶体

对于有机物和微生物污染物，可采用碱性清洗剂和表面活性剂；对于无机金属离子，

可采用酸性清洗剂。MF膜化学清洗周期通常为200～500h，UF膜为24～48h，清洗周期的确定可参考膜的运行参数，例如，膜阻力值、进水与出水压力差。

浸没式MF膜装置的运行周期一般为过滤操作20～90min，气水反洗30～60s，循环往复。气水反洗通过低压空气振荡擦洗和滤过水为水源的反洗协同作用来完成，主要去除膜表面附着的污染物或杂质（细菌、藻类、胶体、SS等）。

反洗水在反洗水泵的驱动下，由中空纤维膜内腔向外反向透过滤膜膜壁，将沉积在膜表面的污染物冲落。在水反冲洗的同时，用低压空气对膜丝外表面（污染表面）进行振荡擦洗，强化反冲洗效果，然后反洗水重力排放至反冲洗废水槽。

浸没式膜滤系统还配有化学增强反冲洗（CEB）系统和化学清洗系统，用以定期清除膜面的累积污染，完成膜过滤性能的有效恢复。在进行N次工作周期后，针对膜丝表面用物理方法清洗不掉的污染物采取化学增强反洗的方式去除。

化学清洗药剂建议如下：当污染物为微生物时，采用500～1000mg/L的NaClO；当污染物为无机结垢物（氢化物、氢氧化物、不溶盐）时，采用0.1%～0.5%HCl；当污染物为油脂时，采用MHO专用试剂浸泡30～60min；当污染物为不溶性离子（Fe^{2+}、Ca^{2+}、Mg^{2+}、Ba^{2+}等）时，药剂采用1%～2% EDTA(Na_2)；当污染物为胶体时，采用10%～20%NaCl。

9. 排放水处理处置

MF和UF的反冲洗水浊度、微生物和有机物含量一般是进水的几倍甚至十几倍，如果直接返回到再生处理工艺系统的前端，会加重进水负荷。如果不进行处理，可以返回污水处理厂二沉池进水端；如果经过过滤或相应处理，可以直接返回膜处理工艺预处理单元的前端。

超滤系统的浓水与预处理工艺有关，如果预处理中投加混凝剂或经过混凝沉淀处理，则浓水中主要含有微小的颗粒物；如果预处理采用直接过滤的方式，则浓水中除微小颗粒外，还有一些高分子量有机物。浓水的主要处置方式包括直接排入水体、排入市政污水管道、过滤处理后返回系统、混凝过滤后再返回系统等。

8.1.3 运行控制要点

1. 设备启动

膜组件首次投运时，应将膜组件内保护液冲洗干净，注意起始产水量应控制在设计水量的30%～60%左右运行，24h后再增至设计产水量，这样有利于膜通量的长期稳定。开始启动应该为手动，但是一旦所有的流速和压力、时间被设置后，装置应该转为自动。装置转为自动后，PLC系统可以有效监控系统的运行。

启动前首先检查进水管路，排除所有的灰尘、油脂和金属碎屑等，并对进水管路进行清洗，同时检查管路是否泄漏；监测进水水质是否符合膜装置的进水要求；检查所有零部件和化学药剂是否齐全；检查预处理运行是否正常；检查电路系统和管道连接系统。上述一切检查正常后，需要马上投入运行时方可打开膜元件（组件）的包装进行安装，在安装前应绘制膜元件（组件）安装位置示意图，按照示意图的标注正确安装膜元件（组件）。

2. 正常运行

日常运行状态主要指系统处于正常过滤状态，一般均采用位于现场和中央控制室的PLC和变频器实现自动控制，但是需要定期校正仪器仪表、报警器和安全保护装置是否失灵，并进行防腐和防漏维护。

定时巡查膜过滤单元的运行是否正常平稳，如有运转明显异常的地方，应及时分析产生原因并解决。定时开启压缩空气储槽的排放点排水，是为了保证压缩空气的干燥。

设备需要进行化学清洗时，系统会自动给予操作员提示，由操作员手动启动清洗程序。但每天应关注连续微滤单元的过滤阻力值，及时启动化学清洗。

在除正常滤水以外的状态，如反冲洗、化学清洗、完整性测试等过程中停机，均会中断正在进行的操作，使设备处在非正常的状态下，对设备不利。

停机时间不得大于5d，因为离线时间过长，会导致细菌过度滋长。最好能保证48h内至少运行1h，如果须停机较长时间，微滤膜需要采用专用药剂进行浸泡保存。

膜过滤单元在化学清洗暂停状态下不允许排空，否则充满单元内的药液会流失，它既会使化学清洗失效，又会造成污染和化学伤害。设备停机时，单元内部为充满水的状态，维修时将连续微滤单元的水排空，以避免维修时单元内水外溢造成伤害。

3. 膜的清洗

膜污染是指在膜过滤过程中，水中的微粒、胶体粒子或溶质大分子由于与膜存在物理化学相互作用或机械作用而引起的在膜表面或膜孔内吸附、沉积造成过滤孔径变小或堵塞，导致膜通量衰减的现象。

在实际运行过程中，需要控制几个关键运行参数，当控制运行参数达到以下条件之一后系统会自动进入反冲洗状态：过滤时间达到预设值，在预定时间内过膜压差达到或超过最高允许值，膜阻力值超过预设值。

反冲洗的方式包括气冲洗，水冲洗和气水联合冲洗，可根据厂家提供的资料和膜纤维材质而定。一般用于处理二级生物处理出水的膜过滤装置常用气水反冲洗方式，可以将膜表面附着的污垢冲洗干净。反冲洗之后，膜的各项参数均得到很大程度的恢复，但是气水冲洗在膜体上留下许多气泡，为了使膜能在最佳过滤状态下工作，膜孔和膜壁必须是完全湿润和充满液体，所以需要经历再湿润阶段，这一阶段大约持续30～50s，就是将压缩空气注入纤维膜外部，给膜体内水加压，以赶走膜孔内的空气，反冲洗之后一般至少进行一次再润湿过程，在过滤状态中也能手动启动再润湿程序。

当物理清洗效果不佳时，出现以下情况之一时便需要进行化学清洗：标准化产水量下降超过规定要求，标准化过膜压差达到规定数值，系统运行时间达到规定范围。日常运行时应随时测量和记录膜组件的产水量、过膜压差等运行参数，并换算成标准数值进行比较。

根据针对的污染物不同，可将化学清洗分为酸性和碱性化学清洗两种。两者的区别是所用的清洗液的性质不同，适用的范围也不同。当进水中有机物含量高，可能引起滤膜受到有机物污染。并且当条件有利于生物生存时，一些细菌和藻类也将在膜组件中繁殖，由此引起生物污染，此时应采用碱性清洗液清洗；当进水中金属离子含量较高，或者进水中悬浮物质含量较高时，对膜的进水侧造成非有机物污染，可采用酸性清洗液清洗。

一般运行过程中，2～3 次碱性清洗后方进行 1 次酸性清洗。在实际应用过程中，可根据膜制造厂家提供的参考资料和具体进水水质确定化学清洗的种类和周期，保证膜性能的恢复。

4. 膜的更换

当膜的运行时间达到规定的使用寿命或在使用中造成损坏，化学清洗不能恢复其功能时，应对膜进行更换。新膜投入运行前，应按要求进行调试和验收。运行管理人员应进行相关的专业技术、安全防护、紧急处理等理论知识和操作技能培训，熟悉处理工艺、设施和设备的运行要求与技术指标。

5. 停机保护

膜过滤单元停运时应对膜组件进行停运保护。按停运时间分为短期停运和长期停运，短期停机的时间通常为小于 7d，长期停机的时间通常为大于或等于 7d。

如果系统需要短期停机，应该将膜元件（组件）贮存在清洗溶液中，清洗溶液的浓度和种类可以根据膜元件（组件）的类型和厂家提供的资料而确定。在停机前进行物理清洗，如有必要进行在线化学清洗，用化学清洗液浸泡膜元件（组件），并进入延时浸泡状态后，通过膜装置控制屏按下停机键；采用耐氯材料的膜组件，可以使用次氯酸钠药液浸泡，浓度控制在 30～100mg/L，以防止生物菌滋生污染膜组件。

如果膜装置需要长期停机，就必须将膜元件（组件）贮存在保护液中，保护液的种类和浓度可参考厂家提供的资料。每隔一定时间需要重新启动膜装置，并且进行在线化学清洗，化学清洗结束后，重新启动膜装置，然后重新配制保护液浸泡膜元件。贮存期满之后，可进行一次在线化学清洗，然后系统正常启动，投入运行。

8.2 反渗透（RO）

反渗透在污水高标准处理工艺流程中，主要用于二级出水的深度处理。当出水用于水源补充水或者其他特殊用途，可使用反渗透工艺。反渗透在二级出水深度处理中的作用主要是降低水中溶解性盐类的浓度，降低水的硬度，使得出水的电导率和碱度显著降低。

8.2.1 功能定位

渗透是流体通过半渗透膜时发生的自然过程。由于溶剂通过膜的速度比溶质快，因而形成溶剂和溶质的分离。溶剂流动的方向由其化学势决定，化学势是压力、温度和溶液浓度的函数。在压力和温度相同的情况下，浓溶液的化学势高于稀浓液，溶剂流动方向是从浓液向稀溶液，当达到动态平衡时的压力为溶液的渗透压。

如果在浓溶液侧外加压力且压力大于渗透压时，浓溶液的化学势会低于稀浓液，溶剂向稀溶液方向流动，这是渗透过程的相反过程，称为反渗透（RO）。RO 分离过程由于膜性质和溶质性质的不同而异。污水再生处理过程中，主要是非荷电膜对盐水溶液的分离机理。解释 RO 膜分离的理论很多，其中较早提出的氢键理论，提出 RO 膜材料应是亲水性的、水在膜中的迁移主要是扩散，但是只能针对醋酸纤维素膜的部分反渗透现象加以解释。其后提出的优先吸附和溶解扩散理论目前影响较大。

根据 Gibbs 吸附方程，溶质属于负吸附，水是优先吸附。因此，在膜与溶液界面附近，溶液浓度急剧下降，在膜表面形成一层极薄的纯水层。纯水层的厚度与膜的表面性质相关；在 RO 膜表面存在着毛细小孔，当毛细孔的直径为纯水层厚度的 2 倍时，可以得到最大的产水率和脱盐率。不同膜材质具有不同的临界孔径。

根据上述理论，考虑到浓差极化的影响，相应的 RO 过程传质方程为：

$$J_W = A(\Delta P - \sigma \Delta \pi) \tag{8-5}$$

$$J_S = \frac{D_{AM}}{K\delta}(C_b - C_2) \tag{8-6}$$

式中　J_W——溶剂的渗透通量，mol/(cm^2 · s)；

J_S——溶质通量，mol/(cm^2 · s)；

A——纯水透过速率，mol/(cm^2 · s · MPa)；

$\Delta\pi$——溶液的渗透压，MPa；

ΔP——膜两侧的操作压力，MPa；

σ——膜对特定溶质的截留系数；

C_b——溶质在膜的料液侧膜表面上的浓度，mol/cm^3；

C_2——溶质出水浓度，mol/cm^3；

D_{AM}——溶质向膜的扩散系数，cm^2/s；

K——溶质在膜与溶液间的分配系数；

δ——膜厚度，cm。

反渗透单元用于去除生活污水的盐类成分与溶解性有机物，一般位于深度处理工艺流程的末端，其对前处理的要求较高，通常采用微滤或者超滤膜作为预处理单元，保证进入 RO 装置的 SDI 不高于 3，这种“双膜法”工艺过程，提供安全、卫生、稳定的供水保障，工艺中投加的化学药剂少，对环境的影响小，将城镇污水处理厂出水经深度净化处理进行再生利用，是解决水资源短缺的一条有效途径。

在 RO 运行过程中，原水通过高压泵提升到一定压力，输送至 RO 装置的进水口，渗滤水和浓水不断排出，大部分溶解性物质截留在浓水中，遵循如下物料平衡计算。

进水中溶质的量等于产水和浓水溶质的量之和：

$$Q_1 C_1 = Q_2 C_2 + Q_3 C_3 \tag{8-7}$$

式中　Q_1、C_1——分别为进水的水量和溶质浓度，mol/m^3；

Q_2、C_2——分别为产水的水量和溶质浓度，mol/m^3；

Q_3、C_3——分别为浓水的水量和溶质浓度，mol/m^3。

从中可以得到处理出水的脱盐率（SR）表达式：

$$SR = \frac{C_1 - C_2}{C_1} \times 100 \tag{8-8}$$

Q_2 和 J_W 的关系为：$Q_2 = J_W \times S$，其中 S 表示反渗透膜的表面积。

从上述公式中可以看出，系统水的回收率会影响脱盐率和产水量。当系统的水回收率提高时，出水的溶质浓度降低，相应引起溶质通量的增加，同时，会引起渗透压的增加，要维持相同的渗透通量，就必须增加运行的压力。

8.2.2　主要工艺参数

RO 膜装置主要包括预处理单元、RO 单元、后处理单元和各种辅助设备。RO 装置的设计要充分考虑系统性能的要求和进出水水质，尤其是以下几个因素：

（1）原水水质对 RO 系统稳定运行的影响，如果达不到要求，就需要考虑预处理措施。

（2）无论进水水质如何波动，都要保证出水水质满足再生水用户的要求。

（3）能够有效清洗膜表面的污垢，恢复膜的运行参数。

采用 RO 膜装置对二级生物处理出水进行脱盐时，如果水中无机盐含量较高（例如，滨海盐碱地区），可选用聚酰胺膜。膜前需要加氯防止膜内微生物繁殖时，应选择化合氯，保证水中余氯不超过膜所能承受的剂量。水中溶解性有机物含量较高时，可选用抗污染的醋酸纤维素膜。

二级生物处理出水 pH 在 6～9 范围内，温度 10～30℃，经过前端处理后，可能会有一些波动，但均在聚酰胺膜和复合膜允许的范围内，在选择时基本上可以不考虑这两个因素的影响。如果采用醋酸纤维素膜，则需要考虑 pH 的调节设施。

1. 进水要求

反渗透膜系统的工艺设计及其计算取决于将要处理的原水和处理后产水的用途，因此，必须首先详细收集工艺系统的设计资料及原水分析报告，掌握水源的种类和水质情况以及水质变动情况。

2. 水回收率

系统的水回收率对工程投资和运行费用有很大的影响。对于渗透通量已经确定的 RO 系统，要求的进水流量由水回收率来决定。因此，原水供水系统、预处理规模和其他辅助设备的处理规模，都是根据 RO 系统的水回收率来确定的。在一定范围内提高水回收率，可以降低所需的处理水量和相应的药剂费用。

但是，水回收率受到出水水质、浓水流量和浓水浓度的制约。水回收率提高后，若维持系统操作压力不变，出水水质会相应下降，而浓水流量的下降，可能会引起浓差极化现象严重。因此，一般膜生产厂家均提供最低浓水流量和流速，供设计时参考。

在确定水回收率时，要参考水中的溶解盐浓度和难溶盐浓度，包括硫酸钙、钡盐、锶盐以及二氧化硅。当总溶解固体（TDS）值在 1000mg/L 左右时，系统的水回收率可以达到 90%；TDS 在 5000～7000mg/L 时，系统水回收率取值范围为 60%～65%。对于大型 RO 系统的回收率通常受到难溶盐结垢倾向的限制，也就是受到浓水最大浓度的限制，一般系统水回收率超过 75%时，出水水质将急剧下降。

单个膜组件或者膜元件的回收率也不同。单个卷式膜元件的回收率大约为 10%，中空纤维式膜组件为 30%。RO 膜装置生产供应商均提供 RO 膜组件的最大回收率，在设计时应严格遵守。表 8-3 列出了某厂家对膜组件的最大水回收率的规定。

RO 膜组件的最大回收率示例　　表 8-3

卷式膜元件	技术参数						
8221HR	膜元件数	1	2	3	4	5	6
	最大回收率(%)	16	29	38	44	49	53
8231HR	膜元件数	1	2	3	4	—	—
	最大回收率(%)	20	36	47	55	—	—

3. 渗透通量

渗透通量的确定受到膜的固有特性、水质、水温、压力以及膜污染等制约因素的影响。在 RO 系统的工艺设计中，要充分考虑这些因素可能产生的不利影响。表 8-4 为两个不同公司若干规格膜元件的允许膜通量值示例。

不同进水与不同规格 RO 膜元件的允许膜通量示例　　表 8-4

RO 膜元件规格	产水量(m^3/d)			
D 公司产品	RO/UF	软化后井水	软化后地表水	地表水
ϕ2.5″×40″	2.7	2.3	1.9	1.9
ϕ4″×40″	8.3	6.8	6.1	5.6
ϕ8″×40″	34	28	25	22
H 公司产品	RO 渗透水	井水	河水	市政污水
ϕ4″×40″	6.1～9.1	5.1～6.1	3.0～4.0	2.4～3.6
ϕ4″×60″	9.1～13.6	7.7～9.1	4.5～6.4	3.6～5.5
ϕ8″×40″	25～37	21～25	12～17.2	10～15
ϕ8″×60″	40～60	34～40	20～28	16～24

直径 4 英寸的膜元件用于产水量较小的情况，直径 8 英寸的膜元件用于产水量较大的情况。在给定膜组件数量的前提下，要提高渗透通量，必须提高运行压力。在实际运行中，依靠提高运行压力来获得较高的渗透通量，将会导致膜表面的污染速度加快，缩短清洗周期。渗透通量的提高应该通过合理的预处理和膜组件的排列组合来获得。

在操作压力和处理规模已经确定的情况下，渗透通量随温度的升高而升高。在系统设计中，应按照最不利条件（进水最低温度）计算渗透通量，或安装原水加热装置，提高进水温度。一般来说，温度每下降 1℃，产水量下降 3%左右。RO 系统的渗透通量通常是恒定的，温度发生变化后需要调节进水压力来弥补水通量的改变。溶质通量也会随之改变，温度越高，溶质通量越大。

另外，还要考虑渗透通量的衰减。醋酸纤维素膜的年衰减率为10%左右，复合膜为5%左右。同样，膜的溶质通量也会上升，醋酸纤维素膜和复合膜的年增长率分别为20%和10%左右。厂商通常会提供其产品的允许渗透通量，供设计时参考使用。针对不同的进水水质，膜通量的取值范围会有所不同。

4. 操作压力

RO装置的实际运行压力可由下式表达：

$$P=P_{N}+P_{pea}+P_{h}/2+\Delta\pi \tag{8-9}$$

式中 P_{N}——系统净运行压力，MPa；

P_{pea}——渗透水压力，MPa；

P_{h}——水力压差，MPa；

$\Delta\pi$——平均渗透压，MPa。

通过上式进行操作压力的计算较为烦琐，通常在20℃水温条件下，TDS不超过600mg/L时，操作压力取值约按1.2～1.5MPa；TDS 3000mg/L左右时，操作压力取值约按3.5～4.0MPa；TDS 35000mg/L左右时，操作压力取值约按5.5～6.0MPa。

5. 膜材质与连接

根据进水含盐量、进水污染可能、所需系统脱盐率、产水量和能耗要求、膜元件生产厂家的技术要求来选择膜元件。膜元件的材质都是高分子有机聚合物，绝大部分为醋酸纤维素类和芳香聚酰胺类。醋酸纤维素膜是20世纪50年代由Loeb和Sourirajan发明的，目前主要通过相转化法制作，具有不对称结构，表层为1000～2000Å的活性表层，可以阻止盐分的透过，里层为水渗透性很高的多孔支撑层。

醋酸纤维素膜的不对称结构，使其在较高运行压力（超过2.0～3.0MPa）下会发生压密现象，导致膜的水通量降低。当运行压力超过3.5MPa时，压密会十分严重。压密现象通常发生在运行的初期，而且是不可逆的。运行压力和温度越高，压密的速度也越快。

纤维素膜虽然制作成本较低，但容易受微生物的侵蚀而降解，使膜的脱盐率下降。另外，在酸性和碱性条件下容易水解，还原成纤维素和醋酸，随着水温的升高，水解速度会加快。为了克服纤维素膜的缺陷，又开发了芳香聚酰胺膜。

芳香聚酰胺类非对称膜的断面孔结构为类针状大孔，比纤维素膜的水通量高，盐通过率低。该膜不易受到微生物的侵蚀，不易水解，可在pH4～11范围内运行。但该膜容易受到余氯和其他氧化剂的侵蚀，最高运行温度不超过40℃。

复合膜是20世纪80年代研制的，属于非对称膜。但与前述非对称膜的制备方式不同，复合膜的致密层与支撑层分别制备，而不是同时形成，致密层和支撑层的膜材料分别由两种聚合物制成。一般先制成多孔的支撑层，然后用不同方法在支撑层的膜表面形成极薄的致密层，致密层厚度1000～2000Å，或者几百Å。

目前商品RO复合膜的支撑体多为聚砜、聚酰胺、聚亚胺酯和其他聚合物，致密层多为芳香聚酰胺类高分子。从复合膜的制备来看，具有以下优点：

(1) 选择不同膜材料制备致密层和多孔支撑层，使各部分功能达到最佳化。

(2) 制成的致密层非常薄，透水量远远大于非对称的反渗透膜。

(3) 与纤维素膜相比，复合膜不容易水解，可以在 pH 2～11 范围内运行。

(4) 抗微生物侵蚀的能力较强，而且能够抵抗膜的压密。

(5) 可以在较低的工作压力下运行，相应节省动力费用。

RO 膜主要有平板膜、管式膜和中空纤维膜 3 种构型，由这些膜构型可以组成板框式、管式、卷式、毛细管式和中空纤维式膜组件，通常为中空纤维式和卷式。商品化的卷式膜组件长度一般为 1～1.5m，直径为 10～20cm。为了达到较高的回收率，通常将多个膜元件串联安装在一个压力容器中。从第一个组件出来的浓水作为下一组件的进水，以此类推，最后一个组件的浓水排放，每个组件的渗透液进入中心收集管，作为出水排出压力容器。通常 3～6 个膜组件联合组成单个压力容器，在正常设计运行条件下，可以达到 50%左右的回收率。卷式膜组件可用于处理各种类型的进水，包括海水、苦咸水以及城镇污水。

膜组件之间的连接方法包括并联和串联。串联时原水依次经过全部膜组件，并联时需要对原水进行分配。串联和并联的数量取决于膜装置的处理水量。实际设计中，根据进水水质情况将一定数目的膜组件并联成一个模块。

为了达到一定的水回收率，可将数个模块分段串联，前一段的浓水作为后一段的进水。如果进水浓度较高或者要求出水浓度较低，可将模块分级串联，前一级的出水作为后一级的进水。在水处理中一般采用 2～3 级，更高的级数失去经济优势。

二级生物处理出水的总溶解性固体（TDS）浓度相对较低，一般采用一级 RO 就能达到处理要求。当原水 TDS 浓度较高，或者污水管道经常受到海水或者苦咸水的侵袭时，一级分段 RO 很难得到稳定的出水水质，可采用多级 RO 系统，但级数一般不超过 2 级。

6. 膜组排列

卷式膜组件由多个卷式膜元件串联而成，中空纤维式膜组件指纤维束装配在压力容器中组成的工作单元。膜组件是反渗透装置的基本单元。膜组件的排列组合是否合理，对膜装置的使用寿命有很大影响。

排列要达到的目的为：使水流处于湍流状态，降低结垢倾向；使系统内的压差降至最低；达到最低浓水流量的要求。

为了使系统达到设计水回收率，同时保持进水中系统的每个组件都处于大致相同的流动状态和操作压力，需要将装置内的膜组件按照倒锥形分段排列，段内并联、段间串联。每根反渗透膜的进水量不超过允许最大值，也不得小于允许最大值的 25%。常用的排列方式有系数法和倒推法。

(1) 系数法。一般来说，每个 40 英寸（约 101.6cm）长的膜元件平均回收率为 10%左右，也就是说，水流经过 1m 长可达到 10%的回收率。流经长度和回收率的关系见表 8-5。

流经长度和膜组件回收率关系 表 8-5

6m长的膜组件				4m长的膜组件				
系统回收率(%)	50	75	87.5	系统回收率(%)	40	64	78.4	87
流经长度(m)	6	12	18	流经长度(m)	4	8	12	18

因此，要达到60%回收率，就需要2段4m长的膜组件；而要达到75%回收率，就需要2段6m长的膜组件。但是，由于每段承担的回收率不同，所以膜组件的数量不同。当系统回收率为75%时，第一段的回收率是第二段的2倍，因而膜组件总数的2/3布置在第一段，其余1/3布置在第二段。这样根据各段膜数量占总数的倍数的方法，就是系数法。

(2) 倒推法。计算之前需要首先了解系统的运行压力、最小浓水流量或者最小浓水与渗透水流量的比率，后者在膜产品手册中都有规定，一般60英寸（约152.4cm）长的膜组件的最小浓水-渗透水流量比率为4∶1，当原水有严重结垢倾向时，可选择9∶1。而系统运行压力数值在计算前需要假设一个数值，然后计算最后一段的膜元件数量，最后段的进水为倒数第二段的浓水，依次类推计算下去，得出各段的膜元件数量，就是倒推法。

(3) 核算。采用系数法或者倒推法得到膜的排列方式后，需要对每个膜元件进行最小浓水流量、操作压力、进水流量和回收率的核算，各项指标均不应超过膜生产厂家提供的限定值。如果有的膜元件不符合要求，需要对排列形式稍作调整，直到符合所要求的压力和回收率，并同时满足各限制要求为止。

实际工程应用时，利用上述两种方法可以估算出工艺流程参数，同时还要充分考虑各种运行参数对RO装置的影响以及膜生产厂家的设计参数，保证RO膜的经济安全运行。

7. 膜组数量

将膜元件数量 N_e 除以每支压力容器可安装的元件数量，就可以得出圆整到整数的压力容器的数量 N_v。

$$N_v = N_e / V_e \tag{8-10}$$

式中 N_v——压力容器数量，支；

V_e——每支压力容器可安装的元件数量，支。

由多少支压力容器串联在一起就决定了段数，而每一段都有一定数量压力容器并联组成，段数是系统设计回收率、每一支压力容器所含元件数量和进水水质的函数。系统的水回收率越高，进水水质越差，系统就应该越长，即串联的元件就应该越多。例如，第一段使用4支6元件外壳，第二段使用2支6元件外壳的系统，就有12支元件相串联；一个三段系统，每段采用4元件的压力外壳，以4∶3∶2排列的话，也是12支元件串联在一起。

相邻段压力容器的数量之比称为排列比，例如第一段为4支压力容器，第二段为2支压力容器所组成的系统，排列比为2∶1，而一个三段式的系统，第一段、第二段和第三段分别为 4 支、3 支和 2 支压力容器时，其排列比为 4∶3∶2。当采用常规 6 元件外壳时，相邻两段之间的排列比通常接近 2∶1，如果采用较短的压力容器时，应该减低排比。

另一个确定压力容器排列的重要因素是第一段的进水流量和最后一段每支压力容器的浓水流量，根据产水量和回收率确定进水和浓水流量，第一段配置的压力容器数量必须为每支 8 英寸（约 20.3cm）元件的压力容器提供 8～12m^3/h 的进水量，同样，最后一段压力容器的数量必须使得每一支 8 英寸（约 20.3cm）元件压力容器的最小浓水流量大于 3.6m^3/h。

根据设定的单位面积产水通量、水回收率、水温变动范围、研究讨论膜组件的排列方式，设计计算压力、流量。可使用膜元件生产厂家提供的反渗透设计软件来完成。

8.2.3　运行控制要点

1. 运行前的准备

在 RO 膜系统调试和运行过程中，不应关闭渗透水管路上的阀门，若关闭阀门，将会 RO 膜系统产水侧产生背压，导致膜元件不可恢复的损坏，引起系统透盐率的增加。但是，系统停机期间，经化学清洗并充满保护液后，应关闭渗透水管路上的阀门，以隔绝空气，保持系统的清洁和抑制细菌生长繁殖。

在 RO 系统重新启动前，应将产水和浓水管路上的阀门充分打开。

2. RO 装置调试

调试工作开始后，首先利用低压水流，冲洗反渗透压力容器及 RO 装置的有关部件。安装人员按照水流方向依次推入压力容器内，装在膜元件和压力容器两边端板上的密封圈应涂上甘油或硅基胶等润滑剂，对于直径为 8 英寸（约 20.3cm）的膜元件，最好两个人在两端抬起，再将其推入压力容器内，以防因膜元件太重而扭伤员工。

RO 装置在使用前，应使用符合 RO 进水水质的水（不加阻垢剂）冲洗膜元件，冲洗过程依据厂商提供的资料进行，使产水中不含有保护液残留。有的厂商建议，当膜元件装入压力容器后，首先用原水以设计操作压力冲洗至少 4h，以便将总有机碳（TOC）浓度降至 50ppb 以下。

根据 RO 装置的脱盐率、水回收率、流量等要求，调节 RO 装置的各有关参数，同时对使用的仪器、仪表再做必要的校正。

3. RO 系统启动与停用

当 RO 系统调试工作结束，各项准备工作已完毕；进水符合 RO 装置的要求，pH、温度、游离氯含量以及 SDI 值等均在规定范围内时，可进行 RO 系统的启动。

RO 装置停用之前，应首先排空装置内残存的出水，然后关闭出水阀门，停止高压泵的运行，然后低压冲洗 RO 设备一段时间，使含有氯的进水充满 RO 装置后关闭进水阀门。

如果需要较长时间停机，比如不超过 7d 时，应采取以下停机保护措施：用 pH 为 5.5 左右、游离氯为 0.1～0.5mg/L 的水冲洗系统，并且充满整个装置。一旦整个系统内充满该溶液，便立即关闭所有的进出口阀门，确保系统充满氯化水。

如果RO系统停机超过7d时，应采取以下停机保护措施：用0.5%～0.7%的甲醛溶液（pH调整到5～6）冲洗系统，检测RO装置的浓水中含有0.5%的甲醛时，冲洗过程即可结束。冲洗流速与装置的清洗流速相同时，冲洗时间约30min。当系统中充满甲醛溶液时，关闭所有的进出水阀门。系统停机超过30d时，应重新更换浸泡溶液，重复上述步骤。

4. RO系统运行

启动RO装置之前，需要进行一系列的检测，检测通过之后方可启动运行。首先是进水的检测，如果预处理的原水水质变化较大，则需要对原水水质进行全面分析，余氯、浊度和SDI是必须检测的项目。此外，还要检测RO进水的流量、SDI、浊度、温度、pH、电导率和细菌指标，在进行上述操作之前，装置的进水阀门需要调节到手动位置。然后进行系统构造的检查，包括电气、管道安装和连接、化学药剂投加装置和膜元件的正确安装。

膜元件的安装和连接可参考厂商安装手册，并由专业技术人员负责实施。

各项检测通过之后，需要了解RO装置的操作系统。可以通过PLC控制和操作RO装置。自控系统中输入的运行参数，在运行之初可以在一定范围内调整，以适应实际水质环境条件和服务要求，达到最佳的运行条件及状况。

然而，一旦投入正式运行，除非发生进水水质环境条件改变或系统组成出现变化等特殊原因，工艺运行参数值最好不作修改。一般来说，这些参数值是运行操作人员根据已有的运行经验，经过多次的开机和停机修正之后确定的。

一旦RO装置投入正常运行，就需要保持良好的稳定状态，每一次开机/停机都会带来压力和流量的变化，从而给膜元件带来机械压力。因此，开机/停机次数一定要尽量减少，正常的运行启动也应该尽量平稳。

5. RO系统停机

当RO装置需要停止运行时，如果不再重新启动，系统应该用渗透水进行冲洗，以除去膜元件内部高含盐量的水，冲洗过程应在低压（大约0.3MPa）状态下完成。冲洗前需要停止投加阻垢剂，但需要继续投加杀菌剂。

如果停机时间不超过24h，装置只需要用渗透水冲洗，RO膜元件不需要保护液充满贮存。如果系统停机超过48h，应保证系统内膜元件保持湿润状态，并且采取防止微生物繁殖的措施，贮存的环境温度不应过高或过低。

根据再生水厂RO系统的运行经验，系统停机超过48h之前，需要进行一次化学清洗，有助于防止膜的结垢。经过清洗之后，需要使用1%～1.5%偏亚硫酸氢钠溶液或其他保护液浸泡整个系统，关闭所有阀门，隔绝空气，防止空气氧化溶液。需要每周检查一次溶液pH，当pH低于3时，需要更换浸泡溶液。使用1个月之后，即使pH高于3，也需要更换浸泡溶液。停机状态中，放置RO装置的环境应采取防冻措施（尤其北方冬季），最高环境温度不应超过45℃。

系统长期停用超过 30d 以上，同样在停机前需要采用产品水冲洗，然后用产品水配制的保护液冲洗整个系统，保护液的配制可参考厂商提供的资料。当保护液充满整个系统后，关闭相应阀门。如果系统温度低于 27℃，应每隔 30d 用新鲜保护液重复上述操作；如果系统温度高于 27℃，则应每隔 15d 更换一次保护液。

系统重新投入运行之前，应首先用低压供水冲洗 1h 以上，然后用高压供水冲洗 5～10min，冲洗时间也可根据实际情况延长或缩短。无论低压冲洗还是高压冲洗，系统的产品水侧排放阀门均应全部打开，恢复正常运行之前，从产品水侧抽取水样，确保水中不含任何保护液成分。

6. RO 膜的清洗

RO 膜的清洗周期主要取决于原水预处理效果和膜的性质。清洗周期越长，说明预处理效果越好。一般清洗周期应达到 3 个月或更高，如果低于此值，就需要加强前端预处理。在正常运行状态下，出现以下情况时，系统需要进行清洗：

（1）渗透通量变化 10%～15%，一般呈下降趋势，如果膜发生水解，渗透通量可能会上升。

（2）维持正常产水量情况下，系统进水压力增加 10%～15%。

（3）维持正常产水量情况下，系统各段压差（进水泵出口与浓水压力）增加超过 10%～15%。

（4）系统的脱盐率下降 1%～2%，或者在较短时间内，系统的盐透过率增加 50% 以上。

（5）系统已经运行 3～4 个月以上。

（6）系统长期停止运行，采用甲醛溶液保护之前。

（7）系统在采取恢复脱盐率之前。

可导致 RO 膜污染的物质包括金属氢氧化物、无机盐垢、胶体、生物污染、有机物和细菌残骸等。表 8-6 列出了不同类型污染物对 RO 膜的影响。

不同类型污染物对 RO 膜的影响　　　　**表 8-6**

污染物类别	对膜的影响	盐透过率	系统压差	产水
金属氢氧化物	形成沉淀，多发生在第一段	明显增加	明显增加	明显下降
无机盐类（碳酸盐、硫酸盐、锶盐和钡盐）	浓差极化，微溶盐沉淀，多发生在最后一段	适度增加	适度增加	适度降低
胶体（硅酸盐、二氧化硅）	浓差极化	适度增加	增加明显	适度降低
生物污染（微生物）	膜表面生长，发展较缓慢	适度增加	适度增加	明显下降
有机物	有机物附着和吸附	较轻增加	适度增加	明显下降
细菌及其残骸	无甲醛保护而存放	明显增加	明显增加	明显下降

需要针对这 6 类污染物选择合适的清洗剂，清洗剂与膜元件要有相容性，对系统无腐蚀性。金属氢氧化物，常用草酸或柠檬酸结合 EDTA 和表面活性剂清洗；无机盐，可采

用草酸或柠檬酸结合EDTA清洗；硅酸盐、铁盐和有机物共生的胶体物，常用三聚磷酸盐结合EDTA清洗；未与其他物质共生的硅垢，在高pH条件下使用二氯胺溶液清洗，二氯胺属于有害化学品，需要妥善处理处置；生物污染，在高pH条件下用EDTA清洗，或者在酸性条件下使用过乙酸、甲醛和酶清洗；有机物，在碱性条件下使用EDTA清洗，或者结合表面活性剂清洗。

7. 系统故障和排除

系统发生故障，主要体现在产水量下降、压差升高、脱盐率下降和产水水质下降等几个方面，可以简单归纳为以下几种类型：进水TDS升高、水温波动、运行参数调整等原因造成的性能变化；系统硬件故障，包括O型圈密封泄漏、膜氧化、机械故障等；膜污染。系统发生故障时，要首先确认问题的性质，将运行数据标准化，排除第一种类型的干扰，然后根据具体情况分析原因，采取相应的措施。

（1）脱盐率下降。RO系统的脱盐率出现下降时，首先将脱盐率换算成标准化的脱盐率，然后进行比较。如果确实下降，则先进行仪器仪表的校正，避免因仪表原因而误认为膜性能的变化，包括电导率表、流量表、压力表和温度的校正。再查找导致脱盐率下降的部位，可按照“全部膜组件—问题膜组件—问题膜元件”的顺序进行查找，通过检查膜组件的渗透水TDS值，找到问题膜组件的位置，然后用探测法或者单独测试膜元件的方法查出存在问题的膜元件。

（2）系统压差增加。RO系统的压差出现增加时，同样要换算成标准化的系统压差进行比较分析，并查找系统压差变化较大的部位。如果压差增加发生在RO系统的前部，则检查RO装置前端的保安过滤器滤芯是否松动、滤芯间连接件是否安装不当造成水流旁路。水中杂质的进入可穿透过滤器造成系统前部膜元件压差增加，高压水泵的叶轮因磨损出现的不锈钢杂质可污染膜元件，膜元件本身由于水力不平衡或者热交换器使用不当会引起伸缩现象。如果压差增加发生在RO系统的中间某部分，可能的情况包括浓水密封圈密封损坏，清洗系统时杂质堵塞某个膜元件，以及微生物污染等。如果RO系统各部分压差普遍增加，可能给水阀门关闭不严或膜表面污染，需要进行化学清洗。

（3）产水量变化。RO系统中一些运行参数的变化会导致实际产水量的降低，例如：进水泵压力不变时进水温度下降，用节流阀降低RO进水压力，进水泵压力不变时产水背压的增加，进水TDS（或电导率）的增加导致产水通过膜时所必须克服的渗透压升高，系统回收率的增加使平均进水和浓水的TDS升高，导致渗透压的增加。

如果将实际产水量换算成标准产水量，给水温度、TDS和运行压力等变化以及某些运行参数的调整就可以消除掉，从而可以确定导致产水量变化的系统性能方面的原因。如果标准产水量升高，可能是由于膜元件受到氧化剂的侵蚀，也可能由于膜元件的损坏而造成的泄漏；标准产水量下降时，可能是膜元件表面被胶体污染，或者金属氧化物沉积，或者形成其他沉积物。

表8-7为一些常见问题的分析和解决方法，可供运行操作人员参考。

反渗透（RO）系统的常见故障及解决方法 **表 8-7**

故障症状	引发问题可能原因		所在位置及鉴别手段	解决方法
盐透过率升高，产水量下降，每段之间压力差增大	膜污染	金属氧化物污染	多发生在反渗透装置第 1 段； 分析日常 SDI 测试膜截留物； 分析清洗液中的金属离子； 解剖分析被污染的膜元件	针对金属氧化物污染物的清洗工作； 改善预处理工艺和运行控制条件
		胶体污染	多发生在反渗透装置第 1 段； 分析日常 SDI 测试膜截留物； 解剖分析被污染的膜元件	采用含有脂类洗涤剂清洗； 改善预处理工艺和运行控制条件
		无机盐垢污	多发生在反渗透装置最后 1 段； 校核浓水系统 LSI 指数和可能生成的难溶物溶度积测试； 解剖分析被污染的典型膜元件	针对实际选择合适清洗剂； 调整系统的水回收率； 选择更有效阻垢/分散药剂； 改善预处理系统
盐透过率高，产水量满意，甚至稍高，每段压力差较大	设计或运行操作不合理，引起反渗透膜系统的过度浓差极化		反渗透装置第 1 段上压降最大； 校核浓淡水比例和水回收率； 检查反渗透装置上的压力容器及压力管道固定是否合适，压力容器是否发生翘曲或变形； 检查膜元件的 U 型浓水密封圈	加大反渗透浓水的运行流量，降低反渗透系统的水回收率； 更换已损坏的反渗透膜元件上的 U 型密封圈； 改善配管的固定方式
盐透过率增加，产水量加大，压力差降低	膜表面被水中颗粒物或系统产生浓差极化而生成的无机盐垢污晶体滑伤		分析第 1 段进水端堆积悬浮物； 分析最后 1 段无机盐垢污，校核浓水 LSI 值，测试难溶物溶度积	改善预处理系统； 调整系统水回收率； 选择投加更有效的阻垢/分散剂
盐透过率高，产水量满意或稍高，每段之间的压力差基本满意	压力容器及膜元件有伴随流	膜元件或压力容器 O 型圈漏水	对压力容器的取样管取样试验分析确认具体发生位置	更换在膜元件或容器上已损坏或产生漏流 O 型圈
		膜元件机械损坏、膜袋粘合线破裂、中心管破裂等	压力容器取样试验判定发生位置； 膜元件的真空试验判定发生位置； 膜元件膜卷伸出，解剖分析原因	更换破损的膜元件； 检查给水与产品水压力、膜元件运行压力降是否合适，并进行相应的调整
		系统运行有水锤产生	检查设备启动程序是否合理，找出产生水锤的原因	修改设计和运行条件和系统启动程序
初始盐透过率不变，甚至有所降低，运行一段后盐透过率持续增加，并伴随进水和浓水间的压差增大和系统产水量降低	生物污染		拆开膜组件查看膜元件进水端的污染症状； 分析反渗透系统浓水和产品水的生物及细菌指标	用碱性清洗液进行第 1 次清洗，然后再用被允许使用的杀菌清洗剂配制的清洗液清洗膜系统； 改善系统的预处理工艺
盐透过率和产水流量增加，但进水和浓水之间的压力差正常	有机物污染		拆开膜组件（压力容器），查看反渗透膜元件进水端污染症状； 对原水及浓水进行水质分析	选择碱性清洗液进行系统清洗； 改善系统的预处理工艺
盐透过率和产品水量增加，进水和浓水间的压力降低或正常	反渗透膜被水中的氧化性物质氧化而引起膜性能的退化		多发生在反渗透装置的第 1 段； 重点对第 1 段反渗透膜组件进行水质水量监测，并对测试值进行标准化，与试机报告数据对比分析	对于情况较为严重者，必须有所选择地更换已退化的膜元件； 改善系统的预处理工艺； 增设氧化还原电位（ORP）监测

8.3 臭氧氧化

臭氧是一种十分有效的氧化剂和消毒剂，除可杀灭污水中的细菌和病原体外，还可用于降解有机物、除臭、除味、杀藻，除铁、锰、氰、酚等，在给水、工业废水处理中均得到不同程度的应用。针对城镇污水资源化发展进程中不断提升的水质要求，水专项自“十一五”以来针对臭氧氧化技术开展了持续性试验和工程应用研究，通过对传统技术应用研究不断深化，处理目标从脱色和消毒，逐步升级到溶解性难降解有机物、色度及新污染物的进一步去除，工程技术应用得到不断提升和进步。

8.3.1 功能定位

臭氧（O_3）技术于1905年应用于水处理，随着技术持续进步，臭氧氧化技术及设备产品成本费用的降低，目前已经成为很有发展前景的水处理方法。臭氧具有极强的氧化性，其氧化作用机理目前尚无确定性的研究结论，通常认为主要来自臭氧离解所产生的OH自由基（·OH），通过基型反应可以将污水中的多种类型的有机物氧化，还可与其他物质如苯衍生物等形成二次氧化基。

与常规水处理方法相比，臭氧氧化法具有显著的特点，如对于生物难降解物质处理效果好、降解速度快、占地面积小、自动化程度高、无二次污染、浮渣和污泥产生量较少，同时具有杀菌、脱色、防垢等作用。

臭氧氧化作为一种水处理技术，与氯化一样，既起消毒作用，也起氧化作用。对于工业行业的废水，既可以对含有机物和无机物的废水进行预处理，也可以对其他工艺处理后的废水进行深度处理，以进一步降解废水中的污染物，处理方法也从过去的单一直接氧化，发展为碱催化、光催化及多相催化等不同的臭氧氧化工艺。

将臭氧用于城镇污水深度处理，初期主要用于污水的脱色和消毒，随着各地纷纷出台更为严格的地方排放标准，对出水的有机物和色度等指标要求不断提升，主要目标已经逐渐过渡到去除溶解性难降解有机物和新污染物。在整个处理系统中应将臭氧氧化单元放置在过滤单元之后，预先去除二级生物处理出水中相当部分的SS、BOD_5、COD、微生物，这样可以减轻臭氧氧化的负荷，相应降低臭氧氧化的运行费用。

与臭氧发生氧化反应的是含有碳-碳双键的一类有机物，反应生成物仍然是有机物，水中TOC不能得到显著降低，但是，当有机物大分子上的不饱和键被打破，成为饱和键后，其对紫外光的吸收性能发生变化，使得UV_{254}显著降低。臭氧并不能将以腐殖质为代表的天然有机物彻底转化为无机物，各腐殖酸的总有机碳（TOC）浓度在整个臭氧氧化过程中基本不发生变化。

但臭氧氧化对UV_{254}的去除效果很明显，反映了在臭氧氧化过程中有机物的结构发生显著改变，部分具有非饱和构造的有机物（紫外光吸收有机物）转化为饱和构造（紫外光不吸收有机物），大分子有机物已基本没有，这一部分有机物转化为小分子有机物。因此，当污水处理厂出水 COD、BOD_5 等指标值要求较严格时，应考虑在臭氧氧化后设置必要的生物或生态处理单元，以去除臭氧氧化过程中产生的小分子 COD、BOD_5 的超标问题。

8.3.2　主要工艺参数

臭氧氧化工艺单元主要由气源系统、臭氧发生、接触反应、投加系统、尾气破坏系统、冷却水系统及自控系统等部分组成。其中，臭氧发生装置是关键工艺设备，水专项成立之前的再生水处理多采用进口的发生设备，目前我国臭氧发生器的技术水平已经实现标准化、大型化和成套化，最大单机产量、并有运行业绩的臭氧发生器为 57kg/h，臭氧浓度约为 150mg/L。天津北仓污水处理厂示范工程中采用的臭氧发生装置为国产装置，运行良好。

1. 气源系统

气源制备系统是臭氧氧化（消毒）系统的前置系统，为臭氧发生器提供足够的高质量气体，确保臭氧产量的稳定性。气源制备系统的能耗约占系统总能耗的 15%～40%。气源制备系统的选择主要取决于供气的规模、现场条件和运行能耗，对于不同的地区，应根据当地的用电价格和氧气供应价格进行成本核算来确定。常用的气源包括空气和纯氧，纯氧可以现场制备，也可以购买液态氧通过蒸发取得。

（1）空气气源系统。空气质量需满足无尘、无油、无水、无有机物及其他气体污染。在空气进入发生器以前必须除尘、除油、除湿及除污染物。为满足空气处理和水处理流程正常需要，还需要进行空气加压压缩，消除压缩机对臭氧发生器及臭氧化气的油污染。

原料空气的净化装置设计，需采用无油润滑压缩机或高压鼓风机以减少或消除油污染；在干燥柱前应采用旋风分离器或过滤器除尘，干燥柱后设置分成过滤器去除固体吸附剂粉末和其他微粒污染物；不同深度的除湿处理阶段可采用不同的冷却措施。

空气作为气源的最大优点是易获得，不需要外购氧气，总运行成本较低。但缺点也明显，主要表现在发生器的臭氧浓度（重量比）较低，一般仅可达到 1%～2%，设备大、投资高，生产 1kg O_3 耗电量高达 15～25kWh/kgO_3。因此，用于大规模发生臭氧时，用空气作为原料不经济。从近年多个工程实践来看，也多以氧气为气源，见表 8-8。

不同规模的液氧购买与现场制氧经济性比较　　表 8-8

平均氧气使用量(kg/h)	120	200	250	320	380
购买液氧成本(元/m^3)	1.13	1.07	1.04	1.02	1.01
使用 VPSA 成本(元/m^3)	5.1	3.4	2.55	2.04	1.73
采用 VPSA 比液氧节省(元/月)	−255857	−228387	−197458	−16529	−141460
节省百分率(%)	−349	−217	−145	−99	−71

（2）氧气气源系统。在现场用空气制取（V-GOX），或采购高纯度液态氧（LOX）现场贮存、经蒸发向发生器供氧气，现场制氧分为变压或变真空吸附（PSA/VSA）两种。

氧气作为臭氧的原料气时，可使发生器设备更小，臭氧产率提高，浓度可达10%以上。产生单位臭氧的发生器耗电量明显降低，约为8～10kWh/kgO_3。

液态氧蒸发供氧方式，液氧由专业气体公司提供，水厂内设液氧储罐储存，O_2纯度高达>99%，通常需要补充少量氮气（约2%～5%）；亦可采用经处理过的空气补充。

低温精馏法现场制备，先进行空气液化，然后改变压力将液化空气中的氧和氮分离，每产生1t氧耗电260～340kWh，氧气纯度大于99.5%，运行成本较低，但设备投资较大，适用于用量大、纯度高场合。

吸附分离法现场制备，利用变压或变真空吸附（PSA/VSA）分离空气组分，空气通过高选择吸附性能的固体分子筛吸附剂吸附床，以不同的压力形成不同的吸附能力，优先吸附氮气以实现氧气的富集。在常压下（100～150kPa）制取90%～93%纯度氧气，输出压力接近常压，由增压泵增至所需压力。每产生1Nm^3氧气约耗电0.2～0.3kWh。分子筛吸附饱和后以真空方式（25～50kPa）解析出吸附的氮气进行再生，压力重建至吸附状态。

气态氧制备臭氧所需设备投资低于空气制臭氧投资，但高于液态氧制臭氧。运行电耗介于两者之间，一般为每千克O_3耗电量11～14kWh，臭氧质量分数可达18%，甚至更高。采用PSA/VSA现场制氧的特点是管理相对麻烦，一般污水处理厂无相关专业管理人员，且臭氧的总投加量较小，直接采用液氧灵活性好，管理方便。

供给臭氧发生器的原料气体指标应达到：气源露点低于－50℃；含油量低于0.01mg/m^3；杂质颗粒小于0.01μm；温度不高于35℃；一般要求压力0.1MPa以上，以保证臭氧发生器稳定工作并满足后级臭氧气体输送及投加的需要。

2. 臭氧发生系统

臭氧发生系统包括臭氧发生室、臭氧专用电源、控制系统三部分。臭氧发生室由若干臭氧发生单元通过串、并联组成，臭氧发生单元由放电管、电极和放电空间组成，投资约占整个臭氧系统60%以上，运行能耗约占60%～80%。臭氧发生部分因臭氧发生器的形式不同而有所差异，选择臭氧发生部分要考虑的因素主要是臭氧产量、设备投资和运行能耗。臭氧发生室配套换热系统，通过冷却水带走放电时放出的热量。专用电源为放电室提供放电工作电压，主要包括整流电路、逆变电路、电抗器、升压变压器以及控制装置等。

放电生成臭氧的同时伴随大量热量产生，理论上生成热为0.835kWh/kgO_3，但臭氧的工业化生产中耗电量一般为8～10kWh/kgO_3，通常按10kWh/kgO_3计算，那么供给电晕放电的电能只有8.35%用于产生臭氧，而超过90%的电能以热、光等形式被消耗。电晕内的气体处于可促进臭氧分解反应的高温下，热量如果不及时带走，电极温度持续升高，放电区域的高温会加速臭氧分解，从而降低臭氧浓度及产量，臭氧产量是形成与分解的加和。

因此，在臭氧发生器构造设计中，必须把有利于电晕散热作为结构设计的先决条件。影响最终臭氧产量、臭氧浓度、电耗的主要因素包括原料气的氧气含量和温度、原料气的洁净度、达到的臭氧浓度、电晕中的功率密度、冷却剂温度和流量及冷却系统效率等。

臭氧发生装置的臭氧产量与气源、气体流速、温度、湿度、放电功率等因素有关。气体流量是臭氧发生器的重要参数，对臭氧产生浓度及产量有很大影响。随着气体流量的增加，臭氧浓度降低，产量增加，但当流量增加到一定值时，臭氧浓度及产量变化较小，增加气体流量，可以增加臭氧的产量，降低臭氧浓度。臭氧产量与放电功率（或平均功率）呈明显正比关系，可以通过控制放电功率来控制臭氧产量。当采用空气为气源时，臭氧浓度20～25mg/L，目前臭氧发生器的经济浓度为10～14mg/L；采用纯氧为气源时，可提高臭氧浓度和单位电能产率，目前国内臭氧发生器15～19mg/L，浓度可达到6%～10%。

工程选用臭氧发生设备时，需要关注臭氧发生系统中发生室、中高频电源、高压变压器以及控制系统的稳定性和可靠性。依托水专项的课题研发成果，我国已生产100kg级产量规格的搪瓷管式、玻璃管式发生器，臭氧浓度达到150mg/L(w/w10%)、出厂电耗8kWh/kgO_3，臭氧浓度180mg/L(w/w12%)、出厂电耗10kWh/kgO_3，并大规模应用于城镇污水高标准处理工程项目中。

3. 接触反应过程

接触反应是将由臭氧发生器发生的臭氧气体迅速有效的扩散到处理水中，并稳定可靠地完成预定工艺所要求的反应过程。臭氧与水中污染物的反应，需先经历臭氧从气相到液相的传质过程和溶解态臭氧同水中污染物反应的过程。根据臭氧在水中同污染物的反应速度，臭氧接触过程可分为传质速度控制和化学反应速度控制过程。由于污水中大多为腐殖质、微生物代谢产物及不饱和有机物，与臭氧的反应属于受传质速度控制的反应类型，宜选用具有较大液相容积，可较长时间保持一定溶解态臭氧浓度的接触反应装置，如微孔扩散。影响接触反应的因素包括污染物种类、浓度及可溶性，气相臭氧浓度和投加量，接触时间和接触方法，气泡大小，水的压力和温度以及其他干扰物质的影响等。

水专项课题的试验研究数据显示，当臭氧用于脱色时，从接触时间来看，色度随着接触时间的增加而呈下降趋势，从化学反应动力学原理分析其脱色率的变化趋势为：0～20min属于快速反应阶段，脱色速率快；而21～40min内由于化学反应速度随着时间的推移而逐渐缓慢，脱色速率逐渐趋于平缓。一般工程上可控制接触时间为20～30min；用于去除难降解有机物时，臭氧采用单级氧化方式，去除有机物氧化时间建议为30～60min。

接触池可采用钢筋混凝土结构，内涂防腐层。扩散设备常采用微孔钛板、陶瓷滤棒、刚玉微孔扩散板等，微孔孔径为20～60μm的也可采用不锈钢或者塑料穿孔板，扩散出来的气泡直径以不大于1～2mm为宜。

臭氧投加装置的设计中，应根据臭氧投加点的条件确定装置类型和所需要的臭氧量。以理论计算作为基础依据，通过试验最终确定投加方法及工艺流程，并应优先采用工程应用中证实并确认可靠的设备装置。

臭氧投加装置的核心是可靠确定和控制实际所需的臭氧量，并通过合理的投加装置把臭氧溶解到水中。对于氧气源臭氧系统，一般采用“恒定臭氧浓度，调节臭氧气量”方式。在这种运行模式下，当臭氧需求量变化时，系统通过调整臭氧气量来实现；气量的变化造成臭氧浓度变化，系统通过自动调整放电功率，使臭氧浓度维持在原来的恒定数据上。

4. 尾气利用与处理

从水与臭氧接触装置排出的臭氧化空气的尾气中，仍含有一定数量的剩余臭氧。尾气中剩余臭氧量与处理水水质及其吸收反应情况、臭氧投加量、水—气接触时间、臭氧化气浓度、水温、pH等相关。当尾气直接排入大气并使大气臭氧浓度大于0.1mg/L时，会对人类的呼吸器官带来刺激性，造成大气环境的二次污染。因此，应消除这种污染并提高臭氧的利用率。一般设置尾气吸收装置，及时有效地消除尾气中的剩余臭氧。

在实际工程应用中，可将尾气与待处理原水混合，投配到接触反应池进水管，也可利用微孔扩散头进行投配。按臭氧投加装置效率为90%估算，尾气浓度为臭氧浓度的10%左右。如按照臭氧发生器出气口浓度180mg/L核算，尾气臭氧浓度为18mg/L，处理后排放臭氧浓度要求≤0.2mg/m^3（0.1mg/L），才能符合国家环境空气质量标准。

需要处理的尾气臭氧浓度和气量是决定处理设备选型的主要依据，具体应用时应根据实际工程应用的具体工况设计选用，应考虑的参量包括：应用场合（净水、污水等），臭氧应用目的（降COD、脱色、除臭、杀菌等），尾气浓度及其变化，臭氧接触效率及其变化，工作气量及其变化，臭氧发生器的工作方式、实际臭氧产量及其变化，尾气分解装置的工作方式，催化剂效率及催化剂更换时间、设计余量等。

利用后产生的二次尾气，所含臭氧浓度已大大减少，但是仍可达到0.1～0.5mg/L，需要进一步设置尾气破坏装置，分解后转化为氧气，残余臭氧浓度小于0.1mg/L才可直接排放到大气中。按照尾气破坏的原理，尾气破坏装置可分为加热分解型、加热-催化混合型、催化型（集成触媒型），由催化反应室、加热装置、换热装置、引风机、配电装置、控制装置与仪表等全部或部分组成。

加热分解型尾气臭氧破坏器，利用臭氧在300℃以上容易分解的特性，技术核心为高效、安全的加热及换热装置，降低设备电耗。加热—催化混合型尾气臭氧破坏器，通过专用催化剂将臭氧分解为氧气，设备运行温度大约40～60℃，需要针对运行工况保证催化剂的运行条件，防止催化剂中毒。相对于加热分解型尾气分解装置，约节省90%的运行费用，装置的核心为高效、长寿命、耐中毒的催化剂。触媒催化分解型与加热-催化混合型类似，但没有加热装置，完全依赖专用催化剂，对催化剂的要求更高。

5. 工艺及设备计算

（1）臭氧投加量。臭氧投加量一般根据实际进水水质，通过小试试验确定臭氧投加率，然后计算所需要的臭氧发生量。一般污水深度处理可以取值1.5～2.5mgO_3/mgCOD，采用下式计算平均流量下最大去除COD的情况下所需臭氧量。

$$D_{O_3}=Q_{平均}\triangle COD_{max}f \tag{8-11}$$

式中 $Q_{平均}$——污水处理厂设计流量，m^3/d；

$\triangle COD_{max}$——最大情况下要去除的COD量，mg/L；

f——去除单位COD需要的臭氧投加量，mgO_3/mgCOD。

当以纯氧为气源时，一般臭氧出气浓度为8%～10%，一般取10%来进行计算和设计。

当以空气为气源时，干空气气量计算：

$$V_{干空气}=1000D_{O_3}/(C\alpha) \tag{8-12}$$

式中　$V_{干空气}$——干空气气量，Nm^3/h；

D_{O3}——根据水处理要求计算出来的臭氧产量，kg/h；

C——单位体积空气产出的臭氧量，根据发生器而定，g/m^3；

α——系数，可取 0.92。

总干空气量 $V_{总}$（Nm^3/h）为：

$$V_{总}=(1.2\sim1.5)V_{干空气} \tag{8-13}$$

式(8-13) 中的系数 1.2～1.5，是考虑增加再生干燥吸附剂的用气量。一般硅胶、铝胶、分子筛无热再生空气量达到干空气量的 20%～50%。采用铝胶、分子筛混合柱，柱厚为 600mm 时，需再生气量为 20%。采用集装式或组合式臭氧发生装置，则可根据产品样本确定再生用气量。工作状况下的空气气量换算：

$$V_1=V_{标}T_tP_{标}/(T_{标}P_1) \tag{8-14}$$

式中　V_1——工作状态下的空气气量，m^3/h；

$V_{标}$——标准状态下的空气气量，m^3/h；

T_t——工作状态下的温度，K；

$T_{标}$——标准状态下的温度，K；

$P_{标}$——标准状态下的压力，Pa；

P_1——工作状态下的压力，Pa。

(2) 臭氧发生器。实际需要的臭氧发生量需再乘以安全系数（间隙利用系统），一般取值 1.06，即：

$$D_{O_3实际}=1.06D_{O_3计算} \quad (kgO_3/h) \tag{8-15}$$

按实际所需发生量查臭氧发生器产品样本，选择发生器型号和台数（包括备用台数）。

一般臭氧发生装置包括电源设备，可直接选用，如需自行选择配套电气设备时，所需变压器的功率可采用式（8-16）计算。

计算发生器的有效放电功率 U：

$$U=\frac{2}{\pi}V_{间隙}\,\omega\,[C_{电极}(V_{输入}-V_{间隙})-C_{间隙}V_{间隙}] \tag{8-16}$$

式中　U——发生器的有效放电功率，kW；

$V_{间隙}$——间隙放电电压，$V_{间隙}=V_{电压降}\,l_{间隙}$，V；

$l_{电压降}$——间隙尺寸，mm；

$V_{电压降}$——放电间隙每毫米电压降，V/mm，取 2000V/mm；

$C_{电极}$——电极电容 mF，一般取 0.4mF；

ω——电流频率，Hz，一般为 50Hz；

$V_{输入}$——发生器输入电压，V，根据试验确定，一般为 12000～20000V。

算出发生器有效功率后，可根据容积功率因数（一般取 0.5 左右）求出所需电源输入功率（VA 功率）：

$$U_{电源输入}=U/\eta \tag{8-17}$$

式中 $U_{电源输入}$——电源输入功率，kVA；

η——容积功率因数，取 0.5。

考虑到臭氧发生器运行管理上的方便，一般每台发生器配备一台升压变压器及调压变压器，且变压器安装位置应尽量靠近发生器主机，以使高压电缆减至最短。

发生器单产耗电量的计算可利用经验公式或按放电单元（单管及单位放电面积）试验资料，或进行实测资料计算确定（一般标准系列产品在产品说明书中给出）。

其经验公式为：

$$E=(C+35)/3+65/C \tag{8-18}$$

式中 E——生产 1.0g 臭氧所需要消耗的电能，Wh；

C——生产的臭氧化气浓度，g/m^3。

（3）臭氧接触池。臭氧接触池有效容积按下式计算：

$$V=qt/1.3 \tag{8-19}$$

式中 V——臭氧接触池有效容积，m^3；

t——臭氧接触池设计水力停留时间，h；

q——平均日流量，m^3/h；

1.3——总变化系数。

8.3.3 运行控制要点

1. 运行操作

臭氧系统运行期间，需要对液相和气相臭氧进行分析，以确定臭氧投加剂量、传输效率和余量。监测臭氧发生器气流的臭氧浓度，以确定有效臭氧剂量。监测臭氧接触室的尾气，以确定反应器内臭氧传输到液相的量，并计算臭氧传输效率。对臭氧接触室中消毒后的水进行监测，确保满足臭氧氧化（消毒）余量的 CT 要求。

臭氧发生器的开启应滞后于臭氧系统其他设备；关闭时应先切断臭氧发生器的直流输出电压，停止产生臭氧气体。设备停止产生臭氧后，应保持干燥后的空气源继续对发生器放电室进行吹扫，避免发生器内残留臭氧气体。冬季时段，如果长时间不工作，应把发生器内的冷却水放掉。

臭氧尾气破坏装置的处理气量应与臭氧发生装置的处理气量一致。抽气风机应设有抽气量调节装置，可根据臭氧发生装置实际供气量适时调节抽气量。对臭氧发生或处理设备、臭氧尾气破坏装置的环境空气进行监测，确定臭氧浓度，以确保泄漏或破坏装置故障时能保护职工。若室内臭氧检测系统发出报警或发觉车间内有明显臭氧气味时，应及时撤离现场，关闭设备。待车间内无明显臭氧气味时再做故障排查，寻找泄漏位置。

接触池应定期排空清洗并严格按照供货商操作手册的规定。先用压缩空气将布气系统及池内剩余臭氧气体吹扫干净，切断进气和尾气管路，再排空接触池。接触池压力人孔盖开启后重新关闭时，及时检查法兰密封圈是否破损或老化，如有破损或老化应及时更换。

臭氧发生器现场和使用现场都应设置在线臭氧浓度监测装置，监测位置包括：发生器出口、接触反应池上部尾气、接触池下部水中、臭氧车间和尾气车间环境空气中的浓度。当环境臭氧浓度超过 0.1mg/L 时，系统应自动报警，超过 0.2mg/L 时应自动关机、停运。

2. 日常维护

臭氧发生器的维护必须由专业人员完成。由厂内经过严格培训的人员或设备制造商完成维修。运行期间应加强日常检查，每次停机后，向反应器通入干燥空气或氧气，确保电极下次通电前电极板之间保持干燥。如使用空气气源，在最初启动和长时间停机后，需要至少通气 12h。系统处于待机模式时，应连续向反应器通入小流量干燥空气，保持干燥。

空气预处理系统的过滤器和干燥器应定期更换，更换频率取决于进气质量和运行时间。压缩机需定期维护，维护周期取决于压缩机类型和运行时间。纯氧罐需要定期测压。管道和接触室需要定期测漏和检查腐蚀问题。保险丝熔断和发生器清洗是臭氧发生器第一年运行期内经常进行的维护工作。另外，绝缘管也需要定期清理，在反应器效率降低10%～15%时应进行清理，由于易碎且贵重，必须提供足够的清洗空间和备用灯管存储空间。

8.4　吸附截留

作为一种深度处理方法，吸附截留一直用于含工业有机物的废水的深度处理。由于受工业废水的影响，当城镇污水处理厂出水的有机物及色度等指标难以稳定达到 GB 18918—2002 一级 A 及以上水质标准时，可以选择利用活性炭或者活性焦等吸附材料进行去除。

8.4.1　功能定位

活性炭或者活性焦工艺单元可设置在深度处理工艺流程中的介质过滤之后，用于去除分子量相对较小的难降解有机物和一些无极化合物如氮、硫化物和重金属等，可以和臭氧氧化联用，也可以单独使用。

活性炭或者活性焦的吸附是动态过程，通常认为有物理吸附、化学吸附和交换吸附 3 种过程，是离子吸引力、范德华力、化学杂和力等几种力综合作用的结果，发生物理吸附要比化学吸附更容易产生反向的解吸过程。

活性炭一般认为由微晶体刚性簇组成，这些刚性簇由很多石墨平面构成。在一个平面内的每个碳原子都和周围相邻 4 个碳原子结合在一起。石墨平面边缘的碳原子具有较多的活性基团位，是吸附发生的主要场所，主要吸附分子量 400 以下的低分子量的溶解性有机物。当活性炭被填满以后，活性炭的吸附能力饱和，出水水质变差，需要进行再生，每次再生循环后都要补充一定量的新活性炭。

活性焦是一种以煤化工的筛下废弃物为原料生产的、多孔含碳物质，结构和特性类似于煤质颗粒活性炭，内部孔隙结构发达，保留了活性炭的吸附性能良好，化学性能稳定，能够再生，可重复使用等优点，同时克服了活性炭生产成本高、机械强度低、易粉碎等缺点。结构上中孔发达，在应用上表现出能吸附（截留）大分子、长链有机物的特性。因资源优势的存在，生产成本不到活性炭的50%，为一种高性价比的污水深度处理净化材料。

近年来，活性焦吸附技术已推广应用于浙江义乌佛堂、郑州马头岗等高排放标准城镇污水处理厂。吸附再生工艺流程如图8-2所示。

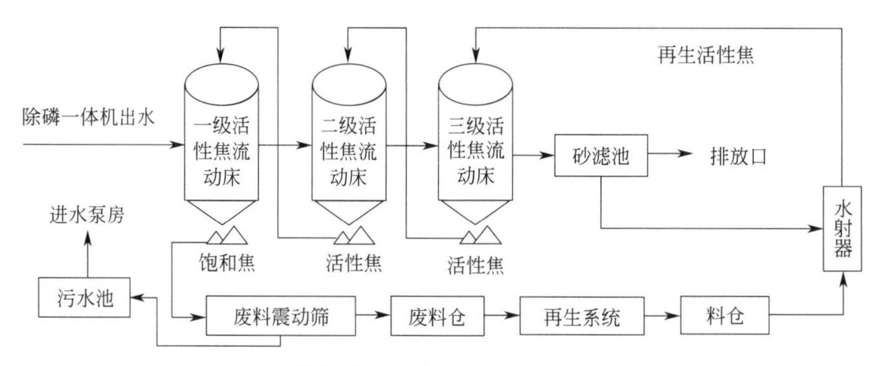

图8-2　活性焦多级吸附再生技术工艺流程示意图

活性焦对污水中的有机污染物吸附（截留）饱和后，可通过再生得以重复利用。饱和的活性焦通过高温裂解（800℃），将吸附（截留）在活性焦孔道内的有机污染物进行分解，有机污染物转化为甲烷、乙烷、碳氢化合物等成分组成可燃气体作为热能利用，且活性焦的孔道重新打开，性能恢复接近100%，活性焦可循环使用，再生率约70%。

8.4.2　主要工艺参数

吸附工艺单元的构筑物形式包括生物活性炭滤池（BAC滤池）、碳吸附澄清池、活性炭吸附罐以及活性焦吸附池等。

1. 生物活性炭滤池

生物活性炭滤池是指在活性炭巨大的表面上附着大量的好氧微生物，以吸附在活性炭表面的有机物为养料逐渐形成生物膜，使得活性炭具有明显的生物活性，即用活性炭替代普通快滤池中石英砂填料，利用活性炭易于生物膜生长的特性，降解污水中有机物。生物活性炭滤池是通过活性炭吸附、生物降解的协同作用实现对有机物的去除，为强化活性炭吸附效果，生物活性炭滤池一般与臭氧（催化）氧化工艺联用。由于污水中可降解的有机污染物含量很低，初期生物膜培养周期会很长，运行前期活性炭的吸附起主导作用。随着运行时间增加，受驯微生物群体逐渐适应并寄居在活性炭表层，生物膜起主导作用。

生物活性炭滤池的主要设计工艺参数包括空床接触时间、滤速、强制滤速、反冲洗强度等，宜根据试验资料确定。当无试验资料时，可采用以下经验参数：空床接触时间宜为20～30min；炭层厚度宜为3～4m；下向流的空床滤速宜为7～12m/h；炭层最终水头损失宜为0.4～1m；常温下经常性冲洗时，水冲洗强度宜为39.6～46.8$m^3/(m^2 \cdot h)$，历时10～15min，膨胀率15%～20%；定期大流量冲洗时，水冲洗强度宜为54～64.8$m^3/(m^2 \cdot h)$，历时8～12min，膨胀率25%～35%；经常性冲洗周期宜为3～5d，冲洗水可用砂滤水或炭滤水，浊度宜小于5NTU；活性炭再生周期由处理后出水水质是否超过水质目标值确定。

需要至少设立两个平行的炭池。当其中一个炭池饱和取炭的时候，另一个滤池还能运行。或其中一个炭池检修维护时，剩下的炭池要能够满足接触时间需求，保证出水水质。

2. 活性炭吸附罐

活性炭吸附罐一般顶部为平顶、圆锥顶或者中凹顶，底部装有格栅跟承托板，中间主体部分装填颗粒态活性炭填料。活性炭吸附罐的设计参数宜根据试验资料确定，当无试验资料时，可采用以下经验参数：吸附罐的最小高度和直径比可为2∶1，罐径为1～4m，最小炭层厚度宜为3m，可为4.5～6m；升流式表面水力负荷宜为9～24.5$m^3/(m^2 \cdot h)$，降流式表面水力负荷宜为7.2～11.9$m^3/(m^2 \cdot h)$；接触时间宜为20～35min；操作压力宜每0.3m炭层7kPa。要设计一部分超高，以保证在反冲洗或者以膨胀床运行的时候能够有10%～50%的床层膨胀率。反冲洗床层的膨胀程度和炭粒的尺寸以及水温有关。

3. 炭吸附澄清池

炭吸附澄清池为污泥层式澄清池，配备斜板以强化澄清效果。在投加粉末活性炭的情况下，上向流炭吸附池非常适用于污水COD的去除。上向流炭吸附澄清池的主要优点包括完全采用水力控制下耗电量低、出色的絮凝反应、池体结构简单和简洁的维护工作。

（1）上向流炭吸附澄清池。主要包括真空室、污泥层区间、澄清水区间、污泥浓缩单元。某深度处理工程炭吸附澄清池，规模5万m^3/d，分为2组，总尺寸为25.7m×22m，水深4.65m，污泥层面积442m^2，污泥层上的沉淀速率为3.1m/h。前端设置矩形快速混合池，配快速搅拌器，主要用于待处理水和粉末活性炭的快速混合，水力停留时间为10min，分为两格，每格5min，配置4台快速混合搅拌器，功率9kW，转速1500r/min。

（2）真空室。混凝后的原水首先以稳定流量进入一个真空室。该室配备有一台真空鼓风机，将空气从真空室的顶部吸出，使得室内水位上升。随后真空破坏阀打开，让空气进入室内。这样造成室内水位突降，并通过和真空室相连的原水配水渠和有孔配水管将水流以较高速度排放，使得水流形成脉冲进入澄清池。进入澄清池的脉冲水流确保流量均匀分配在澄清池的表面上，维持均质污泥层。该工程的真空室配置设备如下：鼓风机2台，风量为1326Nm^3/h，压力为5.5kPa，功率为11kW；离线真空泵1套，功率为11kW；空气释放气动蝶阀4台，直径*DN*200；气动排泥阀8台，直径*DN*125；不锈钢出水槽2套，规格为6200mm×350mm×350mm。

（3）污泥层区间。上向颗粒流将凝聚集结，在池底部形成一层污泥。水流穿过污泥层，防止其板结并保持其处于蓬松状态。水流必须滤过密实集结的污泥层后到达其表面的收集系统，絮凝颗粒则被凝聚在污泥层内预先形成矾花。污泥层的厚度受临近污泥浓缩区隔墙的高度限制。过剩污泥则通过浓缩区隔墙顶部溢流。在浓缩区内部不存在上升流速，使得污泥在槽内浓缩后排放。

（4）澄清水区间。经过污泥层的澄清水流过安装在澄清池上部的斜管沉淀区。斜管覆盖澄清池的整个沉淀表面，包括污泥浓缩单元。该区用于捕捉没有被污泥层截留的残留固体。穿孔收集管安装在斜管沉淀区的上方，用于收集澄清水，并将其排入澄清水收集槽。澄清水随后靠自重流入砂滤池。

（5）污泥浓缩单元。池子余下部分还包括几个大泥斗，用作污泥浓缩器。污泥通过溢流进入这些泥斗，并由装有自动阀的管道间断性地将浓缩污泥从泥斗内排出。从浓缩池排放污泥在计时器的控制下有规律地和自动地进行。该计时器设定连续排泥的时间间隔和每次排泥的持续时间。排泥频率将根据原水流量进行调整。排放出的污泥重力流入污泥收集池，经由提升泵输送至现有水厂的污泥脱水系统。

（6）粉末活性炭投加。采用湿法投加，粉末活性炭储存在室外的料仓中，料仓底部配备输送机和加注机，将粉末活性炭投加到2座粉炭溶液制备池中，然后以转子泵输送到投加点，投加点在炭吸附池前的快速混合池内。粉末活性炭设计投加量一般可按去除1mg/L COD需要4～8mg/L的粉末活性炭进行核算，具体粉末活性炭设计投加量宜结合一定水质下的活性炭投加试验进行确定。

4. 活性焦吸附池

结合某典型城镇污水处理厂深度处理工程对活性焦吸附池工艺参数进行介绍。某工程设计规模60万m^3/d，共设置活性焦吸附池4座，每2座活性焦吸附池配套1座活性焦房。单座吸附池内设置5m×5m的活性焦吸附塔48座，每列6座，共8列，每两列共用操作管廊，单座活性焦吸附池共设置4个管廊。每座吸附塔高度9.5m，内部装填活性焦粒径2～5mm，装填高度7m，上升滤速约6.7m/h，空床停留时间约60min。

8.4.3 运行控制要点

活性炭或活性焦工艺在高排放标准污水处理厂的应用类型主要有活性炭滤池、活性焦吸附池、炭吸附澄清池等。活性炭滤池和活性焦吸附池的设计空床停留时间一般为30～60min，具体时间宜结合溶解性难降解有机物强化去除需求和试验数据合理确定。活性炭、活性焦工艺过程存在一定的活性炭（焦）泄漏问题，为确保出水稳定达标，后续应设置过滤保障单元。对于炭吸附澄清池，去除单位溶解性难降解有机物的最佳粉末活性炭投加量宜根据具体水质通过试验确定，同时宜在进水处设置在线COD仪，通过COD测定值指导粉末活性炭的合理投加。为降低活性炭、活性焦工艺过程的总体运行成本，可通过工艺精细化设计，充分利用活性炭、活性焦表面附着的长泥龄生物膜对溶解性难降解有机物的生物降解能力。

8.5 生态改善

为解决水资源短缺、水环境污染、水生态损害等问题，国家大力推进污水资源化利用，强调缺水地区在确保污水稳定达标排放的前提下，就近回补自然水体，积极推动再生水的生态补水及区域循环循序利用，并根据不同利用途径的水质要求，合理确定处理工艺及排放限值。具有景观与生态功能的湿地系统成为污水处理厂达标出水水质改善的重要途径。

8.5.1 功能定位

1. 生态改善的需求

目前大部分以一级A甚至更高水质标准为考核要求的城镇污水处理厂都具有深度处理工艺单元，出水污染物达标排放的同时也达到了景观水体补水水质要求，然而再生水中仍然存在一些特殊的微生物，包括具有特定功能的优势菌和带有致病性的病原菌，再生水携带一定数量的异源微生物进入城镇水体或用于市政杂用，一方面可能会提升水体的自净能力，另一方面也可能会对水体生态环境以及人体健康造成影响。

目前不少城镇污水处理厂采用化学（协同）除磷，且再生水出厂之前均经过消毒处理，因而存在絮凝剂、助凝剂和消毒剂的残留，会对水生生物、水生态环境、市政绿化景观带来不确定性的影响。目前对于除磷药剂残留尚缺乏适当的表征指标与检测方法，再生水标准中对余氯的上限也没有特别明确的规定。研究表明，再生水余氯超过1mg/L，就会对环境产生较大负效应，尤其水生动植物。再生水作为景观水体主要补水，余氯大于0.4mg/L时，鱼类就会有死亡风险，对浮游水生植物也会产生抑制作用。

因此，结合再生水利用途径和区域水生态环境质量改善需求，优化城镇污水处理工艺流程，协同采用人工湿地、生态塘等生态技术措施，是推进污水再生处理和水生态恢复的重要举措。构建以污水处理厂—人工湿地、河湿循环等为主体，环境工程与生态工程联用的污水再生处理与利用体系，能够保护生物的多样性，加强水体的生态安全性，兼顾景观效果，无疑是当前城镇污水处理厂提标改造的重要技术方向。

2. 生态改善的模式

基于达标处理回补自然水体、再生水景观环境补水、市政杂用等不同利用途径的环境质量要求及可能存在的生态影响，一方面通过合理确定污水处理厂出水的排放限值，进而调整优化处理工艺、药剂投加，降低生态影响；另一方面，对于排放或再用于水环境质量要求高或生态敏感区域的自然或景观水体，在保障高标准水质的同时，尽量在排放或再用之前采用人工湿地或生态塘等方式，通过土壤、天然或人工基质、植物、微生物的吸附、转化、吸收等联合作用，削减或消除再生水中病原体、混凝剂、消毒剂的残余量，使“化学水”转化为“生态水”，提升再生水利用过程的生态环境效能。

在推进污水资源化利用过程中，还应更多地借助自然生态作用，实施再生水的循序利用。通过构建生态型河道，形成“土壤—水生植物—微生物”水生态系统，对达标出水起到进一步净化作用，降低重金属、微量新污染物等各类有毒有害物质的潜在生态环境风险，然后再将水体作为水源用于绿化浇洒或其他生态景观用途，实现水资源的循序利用。

具有生态改善需求的污水资源化利用途径，主要包括排放至受纳水体、再用于景观水体和再用于市政浇洒杂用三种模式，对应的生态改善措施及功能定位有一定的差异。

（1）排放至受纳水体模式。一般受纳水体位于城市下游，对于水环境质量要求不高，针对下游有生态改善需求的水体，可在污水处理厂出水排放至受纳水体前的区域，用地条件允许情况下，采用链状生态塘工艺过程，借助土壤、微生物和自然光照作用，提升水体的生态效能；对于环境质量要求较高的受纳水体，可采用具有较高净化性能的复合型人工湿地，进一步提升水质的同时，提升补水水体的生态效能。

（2）再用于城市景观水体模式。城市水体一般位于建成区内，受城市生活影响复杂，水环境相对脆弱，环境容量低。因此，对再生水水质和公众健康影响方面的要求较高，再生水脱氮除磷和消毒应满足生态安全要求。处于黑臭治理阶段的水体，应充分利用再生水的高氧化性，耦合再生水补水和沉水植物栽植消除黑臭；处于生态改善阶段的水体，应考虑药剂残留对再生水管道和景观水体的生态影响，在污水处理厂外围集中建设人工湿地，具备条件的地区，同时在景观水体沿线分散建设小型人工湿地，形成河—湿循环工艺模式，实现水力流态和水质协同改善。

（3）再用于市政浇洒杂用模式。分为直接利用和间接利用两种方式，直接利用要着重考虑再生水对城市景观绿化、公众健康等方面的影响，对营养盐控制的要求相对不高，可通过再生处理工艺优化，减少除磷等药剂的使用。生态改善过程中，重点考虑消毒剂对植物的影响，可采用集中式再生水存储设施借助自然光照削减消毒剂余量，再进行绿化浇洒，或将再生水与其他水源掺混稀释后用于绿化浇洒等用途。间接利用方式是通过再生水景观补水后，抽吸水体中的水进行市政浇洒，要着重考虑绿化浇洒过程中含病原微生物的气溶胶对公众健康的潜在影响，可采用滴灌或渗灌的浇洒方式避免这类影响。

8.5.2 主要工艺参数

基于前述污水资源化利用的生态改善需求与功能定位，重点对人工湿地、生态塘生态改善的工艺参数和运行要点进行阐述，生态改善技术的选择需要结合城镇污水处理厂工艺运行状况及出水水质进行综合统筹，并根据处理目标合理优化工艺设计参数。

1. 工艺选择

根据污水处理厂深度处理工艺特征及出水主要污染物控制指标，进行工艺技术选择：

（1）出水可以稳定达到一级 A 甚至更高标准，仅作为生态改善保障水生态安全的，用地条件允许的情况下，可仅采用表流湿地削减消毒剂、混凝剂、微量新污染物以及病原体等，提升达标处理出水、再生水的生态安全水平。

（2）深度处理工艺处理出水的有机物和氮磷不能稳定达到高水质标准的，可以选择生物强化除磷脱氮后接续表流湿地＋垂直潜流湿地＋水平潜流人工湿地＋生态塘工艺。

（3）出水碳氮比低且氮磷需要进一步去除，可选择兼性生态塘＋垂直潜流人工湿地＋表流人工湿地＋沉水植物生态塘的组合工艺。

（4）出水氨氮不能完全稳定达标，且冬季低温条件下 TN 达标难度大，可选择垂直潜流＋水平潜流人工湿地，或水平潜流人工湿地＋垂直潜流人工湿地＋回流的组合工艺。

（5）出水磷不能完全稳定达标，且冬季温度较低的地区，可选择水平潜流人工湿地，且湿地基质中考虑添加除磷效果好的填料。

2. 湿地工艺参数

人工湿地一般按照水流形态可分为表面流人工湿地、垂直潜流人工湿地、水平潜流人工湿地和复合人工湿地等类型，如图8-3所示。

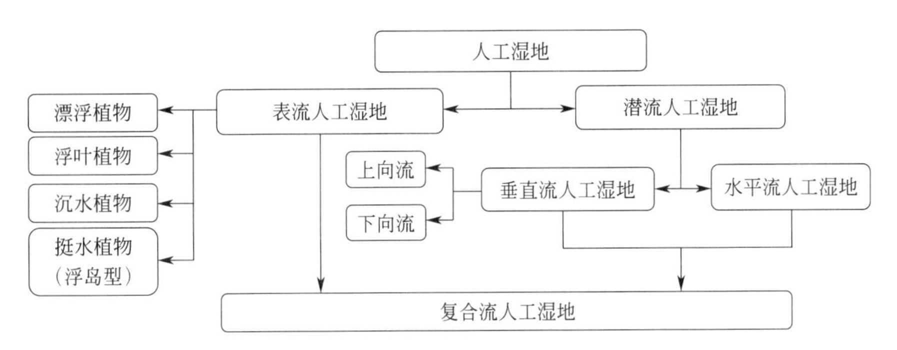

图8-3　生态改善的人工湿地分类

人工湿地是在模拟自然湿地系统功能和结构的基础上，人为设计、建造、可控制的工程化构筑物。主要由底部防渗层，砾石、沸石及土壤等基质，水生植物，水体层与腐殖层组成，利用湿地系统中物理、化学和生物的协同作用来实现水质的净化与景观生态改善。在处理功效方面，通过吸附、沉淀、过滤、离子交换、植物吸收和微生物的分解作用去除水中的残留有机物、氮、磷等物质。与传统深度水处理技术相比较，人工湿地具有处理效率较高、建设成本和运行费用较低、维护技术要求不高、基本不耗电的优势。但是，人工湿地运行受季节更替影响较大，运行不稳定，需要在设计时考虑不同地区的气候条件、植被类型和地理条件等因素。

人工湿地系统由多个同类型或不同类型的人工湿地单元构成时，可分为并联式、串联式、混合式等组合方式。布置湿地系统，多利用现有低洼坑塘，高程设计结合地形特点进行，随坡就势以减少填、挖方量，如果地形高程不满足流程需求则尽量只设计一次提升。

（1）表面积。人工湿地的表面积设计取值应考虑最大污染负荷、水力负荷和水力停留时间。可按BOD_5表面负荷、水力负荷和水力停留时间进行计算，应取计算结果中的最大值。水力停留时间非常重要，过短无法保证处理效果。

用BOD_5表面负荷或水力负荷计算人工湿地面积A（m^2）为：

$$A=Q(C_0-C_e)/N \tag{8-20}$$

$$A=Q/N_q \tag{8-21}$$

式中　Q——污水流量，m^3/d；

C_0——进水污染物浓度，mg/L或g/m^3；

C_e——出水污染物浓度，mg/L或g/m^3；

N——污染物表面负荷，$g/(m^2 \cdot d)$；

N_q——水力负荷，$L/(m^2 \cdot d)$。

（2）单元格尺寸。根据以往设计经验，考虑到配水均匀、水力坡度等因素，水平潜流湿地单元面积宜小于800m^2，垂直潜流人工湿地单元面积宜小于1500m^2，并控制长宽比；当设计区域受限，为不规则形状或长宽比达不到设计要求时，要充分考虑死水区的配水、集水设计，并避免产生短流。

（3）预处理。人工湿地的设计进水SS浓度不宜超过100mg/L，超过时应设置沉淀设施；为确保进入人工湿地的污水中的DO浓度大于1mg/L，并减少湿地蚊虫，可在前端设置曝气塘。城镇污水处理厂的一级A出水，可不设置预处理设施。

（4）后处理。根据下游用户水质标准需求，可设置沉淀、过滤、消毒等处理单元。

（5）集配水区。配集水区设计关键在于配水和集水设施，其目的是保障人工湿地均匀进水和出水。湿地中应根据植物的种植面积和净化能力分配合理的流量，一旦进水从流量分布装置流出，进入湿地局部水池，水流应均匀地分布在湿地的前端。湿地中利用管道闸阀、沟渠水坝等设施来控制调节水量的大小和水流分布使之达到均匀布水的目的。同时渠顶高程要考虑避免携带大量泥沙的雨水径流进入湿地。

1）水平潜流人工湿地：配水区务必布满整个进水端，可采用穿孔花墙配水、穿孔管布水或并联管网多点布水等方式，保证水流从进口起沿水平方向流过填料层后均匀流出。穿孔花墙孔口流速不宜大于0.2m/s；穿孔管流速宜为1.5～2.0m/s，配水孔宜斜向下45°交错布置，孔口直径不小于5mm，孔口流速不小于1m/s。配水支管长不宜大于6m、间距不宜大于2m，孔口间距不宜大于人工湿地宽度的10%、不宜大于1m。并联配布水管道可增强系统的溶氧能力，强化好氧反应功能。

2）垂直潜流人工湿地：宜采用穿孔管配水，穿孔管应均匀布置。下向流湿地穿孔配水管应设置在滤料层上部，配水管流速及配水孔要求同水平潜流人工湿地，布设原则是保证配水点布满整个池体，因此当垂直潜流人工湿地面积大或形状不规则时，配水难以保证均匀，因此远端开孔应适当加大。

3）水平潜流人工湿地集水设施可采用穿孔管、穿孔墙、集水堰和集水池等。垂直潜流人工湿地多采用穿孔管集水，以下向流湿地为例，穿孔集水管应设置在末端底层填料层，集水管流速不宜小于0.8m/s，集水孔口宜斜向下45°交错布置，孔口直径不小于10mm，同时设置排气管，管口高度超过湿地表面30cm。集水区出水端有水位调节装置，可随意调节填料部分的水位高低，通常选择可旋转弯头。

（6）湿地基质。基质又称填料和滤料，是由不同颗粒尺寸的砾石、沙土等按照一定的比例铺成的可供植物生长和微生物依附的单元。当污水流经基质时，生态净化系统可以借助基质的机械过滤、沉淀、吸附、絮凝等物理作用来去除水体悬浮物，同时借助基质的物化作用（吸收、吸附、离子交换、螯合作用等）来降解水体内氮磷等。传统的基质主要包含土壤、砾石、沙等，近年来包括沸石、石灰石、塑料、陶瓷、页岩等在内的新型材料也投入到基质的构建中，针对氮磷去除率要求较高的水质，可采用功能性的多介质复合填料。基质对污水的净化效果受多方面因素的影响，比如基质比表面积、级配方式等。所以一般选择基质时，具备质量轻、比表面积大、具有一定机械强度、吸附能力强、化学稳定性好等优势的基质会优先考虑。

（7）湿地植物。植物作为生态净化系统中的生产者，在水质净化过程中承担重要的角色。首要条件是湿地物种的生存环境，只要有适宜的生境，湿地植物会很快生长，引种植物应坚持本地物种优先的原则，同时兼顾湿生乔木的经济价值和景观效果。通过在净化系统中种植植物可以提高系统对各污染物的去除效率，大多在根区发生反应。植物通过吸收水体内的营养盐供给自身生长；复杂的根系不仅可以有效截留固体颗粒物，还可以为微生物提供附着点，增加附近水体环境生物多样性；根系生长可以实现基质的疏松，提高水力传导系数；通过根茎光合作用泌氧可以提高水体溶解氧水平，提高好氧微生物的代谢活性；植物地上部分的茎叶等组织可以为水禽、鸟类等提供栖息地和饵料，通过生态系统食物链的捕食关系去除。植物种植密度可根据植物种类与工程的要求调整，挺水植物的种植密度宜为9～25株/m^2，浮水植物和沉水植物的种植密度均宜为3～9株/m^2。

（8）防渗层。人工湿地建设时，应在底部和侧面进行防渗处理，防渗层的设置可以有效地防止湿地中的污染物进入地下水。表流湿地由于面积过大，通常不做防渗层。而潜流人工湿地除特殊情况外均需铺设防渗层。渗透率低于10^{-6}cm/s的材质可以用于防渗，防渗材料中不得含有潜在的危险性物质，并且防渗材料应具有较稳定的物理化学性质，不易与湿地填料及水发生反应。防渗层还必须坚固、厚度均匀、密实光滑、机械强度大，以防止植物根系附着和穿刺，并有一定的防啮齿类动物撕咬能力。

常用的防渗层材料有HDPE、LDPE、PVC等，厚度0.5～1mm。如果现场土壤或填料中棱角物较多，在衬里两侧和上下均需敷设一层细沙及土工布，以防其刺穿防渗层。

人工湿地不能种植树木，防止树根穿透防渗层。

3. 生态塘工艺参数

生态塘是利用天然水体中水生植物和水生动物来净化污水或改善再生水生态性能的一类稳定塘，生态塘通过多条食物链实现污染物的传递和转化，同时伴随着能量的逐级传递和转化，或与其他工艺联用，从而实现对水质的净化和改善。生态塘基建费用只有常规处理工艺的1/2～1/3，额外动力消耗小，运行费用只有常规工艺的10%～50%，管理维护简单，具备一定的景观效果，可以充分利用废弃鱼塘、洼地、盐碱地等，作为城镇污水处理利用的生态改善技术措施，具有一定的生态、环境和经济效益。

目前生态塘是再生水回用于景观水体补水常用的生态改善单元，应用较多的生态塘为氧化塘、兼性塘，以及复式景观生态塘。生态塘宜设计为多级串联，一般不少于三级，处理效率较高。氧化塘水深一般控制在1m左右，塘内以挺水植物和沉水植物为主；兼性塘水深一般在1.5m左右，塘边缘种植挺水、沉水植物，中心种植浮叶植物；复式景观生态塘则兼具好氧塘和兼性塘的优势，通过控制不同的水深、配置适宜的植物，形成好氧、缺氧交替的微生态环境，将难降解污染物进一步降解，营造适宜水生生物生长的环境，改善再生水的生态性能。

用于尾水生态净化的生态塘重点强化水生植物作用，温度和光照等因素对于生态塘植物影响较大，由于沉水植物比其他植物对污染物具有更好的净化功效且对温度的适应范围广，因此沉水植物的筛选在生态塘构建过程中应重点考量。在种植沉水植物时要充分考虑不同植物适宜生长的水深，避免光照不足影响植物生长。研究表明，金鱼藻、苦草、黑藻、狐尾藻具有较高的复氧能力，对氨氮、总磷和COD具有较好的净化效果，在生态塘沉水植物选择时可优先考虑。在挺水植物配置方面，可选择香蒲、黄菖蒲、芦苇等多种净水效果较好的本土水生植物。浮水植物可选择对藻类、有机毒物和微量重金属有去除和控制等水质改善作用，且生长速度较快的水葫芦等浮水植物。并且当前将生态塘技术与其他技术相互耦合，应用于尾水深度净化和生态改善，综合效益显著。

8.5.3 运行控制要点

1. 水质保障

采用人工湿地、生态塘进行污水处理厂尾水深度处理的工程中，生态塘、人工湿地表面有机负荷与其进出水污染物浓度和面积有关，在面积一定的情况下应尽可能减少进水污染物浓度，从而达到减轻人工湿地有机负荷的作用，故对进水水质进行管理非常重要。污水处理厂和生态塘、人工湿地之间普遍存在一定的空间距离，可通过植物护坡型生态沟渠输送尾水，去除为水中大部分悬浮物；水质管理应参照《城镇污水处理厂运行、维护及安全技术规程》CJJ 60—2011执行，主要包括进水水质、生态塘和湿地内关键工艺节点水质管理两个方面。污水厂出水即生态改善措施进水水质的常态化监测，可以反馈优化污水厂深度处理工艺，进而减轻生态塘和人工湿地污染负荷，避免湿地堵塞等问题。生态改善措施关键工艺节点的监测，可以为长期的水质管理积累污染物指标随工艺流程和季节（温度）等的变化规律，可为生态塘、人工湿地出水达标排放提供保障。

2. 植物管理

植物是生态塘、人工湿地生态景观最重要的载体，是生态塘、人工湿地工艺系统发挥污水净化功能的关键要素。植物塘、人工湿地等在调试期间注意建立“沉水浮水挺水”植物群落系统，否则植物塘、人工湿地因氮磷浓度较高可能出现大量藻类，引起生态塘整体处理效果变差或人工湿地布水管道堵塞。生态塘、人工湿地内选用复氧和净水能力强的金鱼藻、狐尾藻、黑藻、苦草等沉水植物，以及耐污能力强、根系发达、去污效果好、容易管理的香蒲、黄菖蒲、芦苇、千屈菜、美人蕉、茭白、灯芯草和旱伞草等多种本土水生植物。植物栽种后注意调节系统水位，一般将生态塘和湿地内水位逐渐降低，确保植物根系尽可能往纵深方向生长，尽早建立“土壤（碎石）植物微生物”污水净化生态系统。

研究表明，植物死亡残体及其分解产物是生态塘和人工湿地有机物量（生物量）重要的贡献者，是引起净化效能衰减、有机物堵塞的重要原因之一。死亡植物的维护不到位会极大影响景观效果。生态塘植物维护管理主要涉及植物收割、落叶清理，人工湿地植物维护管理主要包括缺苗补种、病虫害防治、杂草清除、植物收割和整理枯枝落叶等。

每年3～4月专业养护人员应对人工湿地植株密度进行统计，发现死亡情况及时补种，补种一般在春季，不选用苗龄过小的植物。

在植物的生长过程中，注意观察植物是否发生病虫害，不大规模使用杀虫剂进行病虫害防治。此外，应控制杂草，让湿地水生植物生长占优势有助于改善整体景观；适当保持杂草有助于提高生物多样性，维系生态系统的平衡。杂草主要通过人工拔除方式来控制。

定期收割植物可以减少植物之间因化感作用相互影响或因植物的枯枝落叶经水淋或微生物的作用释放出克生物质，抑制植物的生长。同时，在每年秋末冬初收割植物会使来年春天植物生长更加旺盛和美观。在生态塘和人工湿地植物地上部分积累污染物的最大值时期收割可以有效地去除污染物。

生态塘植物收割时，应降低塘内水位，尽可能地将植物根上部分完全收割并从塘中清出，保障收割作业的快速高效实施；人工湿地植物的收割，首先确保水面在碎石填料表面以下 5～10cm，表面流应调整为水平潜流湿地后再进行植物收割，同时还应及时将植物收割时留下的枯枝落叶和植物残体移出人工湿地系统。

3. 防堵塞管理

日常维护管理中解决堵塞问题，才能保障人工湿地长期稳定运行并发挥净化污水和美化环境的双重功能。堵塞运行管理主要包括人工湿地布水渠中布水套管上悬浮物清洗、湿地运行水位调节、建立合理的运行机制以及加强系统 DO 等参数的监测等方面。

人工湿地进水口设置拦截滤网并每日清洗，可有效预防湿地系统内的堵塞。通过调节集水渠中出水管的标高来控制湿地的运行水位，春秋季节可间歇性地将表流湿地转化为潜流湿地来抑制藻类生长繁殖；秋冬季节为避免植物残体引起水体二次污染或基质堵塞等问题，尤其在收割植物过程中也需要将表面流转化为潜流模式运行。

根据湿地的运行情况，定期启动湿地内部的排空清淤装置，及时将湿地运行过程中产生的沉淀物、截留物及剥落的生物膜排出湿地单元，防止湿地堵塞，保证湿地基质层的孔隙率，使水流在湿地基质间保持稳定流态。

此外，日常运行中应加强湿地系统基质渗透速率、有效孔隙率、DO 以及处理水量和运行水位间动态变化关系的监测，便于及时了解湿地的运行状况，避免因厌氧引起湿地堵塞的情况。

8.5.4　湿地生态改善工程示例

昆明市斗南湿地工程（如图 8-4 所示）位于滇池东岸与环湖东路之间的湖滨带，由斗南湿地一期、王官湿地和斗南湿地二期形成一个整体，面积约 107hm^2。根据湿地系统与河道（沟渠）的对应位置，结合湿地来水情况和工艺过程，整个湿地分为 3 个区间。

区间 1 以生态塘—复合多级表流湿地为主，局部砾间床，旱季处理水量 5.54 万 m^3/d，雨季处理水量 8.64 万 m^3/d，水源为清水大沟来水，其上游为规模 6 万 m^3/d 洛龙河水质净化厂出水，形成“洛龙河水质净化厂出水→清水大沟来水→提升泵站→沉水植物塘→复合多级表流湿地→生态塘→出水口→滇池”的流程。区间 2 的水源为矣六马料河河水，设计处理水量为旱季 0.6 万 m^3/d、雨季 0.8 万 m^3/d；区间 3 的水源为关锁马料河，设计处理水量为旱季 1.0 万 m^3/d、雨季 1.4 万 m^3/d；采用“来水→沉淀塘→沉水植物塘→出水口→滇池”工艺过程进行水质净化与生态功能恢复。各塘体之间通过溢流堰、

图 8-4 昆明市斗南湿地工程全景视图

溢流井联通并控制水位。

生态塘—复合多级表流的仿自然湿地系统提供一系列不同水深的表流净化区域，通过基底、水深、水生植物的变化，创造不同生境，来水在湿地表面缓慢流动过程中净化，有较好的水质改善和生态功能。沉淀塘的设计深度为 1.5～2.6m，起缓流沉淀与生态净化作用，同时降低湿地填料系统的悬浮固体负荷，沉淀淤积量超过 1/3 水深时进行清淤。生态塘为复合表流湿地的开放水域，水深为 1～1.5m，采用沉水植物＋生物操纵技术进行水下修复，增加水中溶解氧含量，植物及微生物代谢过程可吸收和脱除部分硝态氮。

第9章　城镇污水系统节能降耗低碳技术路径

9.1　城镇污水系统节能降耗低碳技术发展

2020年9月，我国提出“二氧化碳排放力争于2030年前达到峰值，努力争取2060年前实现碳中和”，为我国碳减排目标设定了时间节点。据统计，2019年全球碳排放量接近600亿t，其中主要温室气体CO_2、CH_4和N_2O的碳排放当量占比分别为74%、17%和6%，合计超过97%。据国际水行业机构大致估算，城镇污水系统的碳排放量占总碳排量的比例为1%～2%，包括污水收集系统和处理系统厌氧过程产生的CH_4、氮素转化过程产生的N_2O等直接碳排，以及能耗、物耗等引发的间接碳排。生活污水处理过程中有机物分解产生的CO_2属于生源碳，原则上不纳入碳核算范围。

目前，我国城镇污水系统非CO_2碳排放最主要来源为污水收集（输送）管网，尤其化粪池的厌氧过程，其次为污水处理厂的污水与污泥处理工艺过程。由于我国城镇污水管网长期高水位、低流速运行导致污染物沉积，以及污水管网结构性、功能性缺陷的综合影响，污水收集系统非CO_2碳排放量占到污水系统非CO_2碳排放总量的70%～80%。污水收集管网非CO_2碳排放主要是CH_4，污水处理厂非CO_2碳排放主要为N_2O及CH_4。基于这样的基本认识，我国近年陆续出台的《城镇污水处理提质增效三年行动方案（2019—2021年）》《城镇生活污水处理设施补短板强弱项实施方案》等政策文件，要求将污水收集系统的提质增效作为未来重点工作来抓，将“错位”淤积于污水管网或排入水环境的污染物“归位”于污水处理厂。这已经成为城镇污水收集系统实现碳减排的重要发展方向。

城镇污水处理系统的碳排放包括污水和污泥处理过程的直接碳排放（CH_4、N_2O等）和间接碳排放（能耗、药耗等）。直接碳排放方面，据粗略统计，城镇污水处理行业CO_2、N_2O和CH_4等碳直接排放量约为0.75亿t，并随污水处理规模的增长，继续呈现上升的趋势。在间接碳排放方面，依据住房和城乡建设部全国城镇污水处理管理信息系统统计信息，2020年全国城镇污水处理总量为494亿m^3，电能消耗为178亿kWh，约占全社会用电总量的0.237%，并且随着污水处理规模的增长、执行标准的提升以及全社会用电结构的变化，预计这个比例仍会持续升高。另外，我国城镇污水处理厂普遍存在进水浓度低、碳源不足的共性问题，外部碳源、化学除磷药剂的大量投加也成为间接碳排放的重要来源。

应该清醒地认识到，不管是降低城镇污水收集（输送）系统的碳排放，还是污水处理设施的碳排放，矛盾的最主要方面就是如何实现污染物收集能力的提升，其主要表征指标为城镇生活污水集中收集率。该指标的提升，意味着减少了主要污染物在污水收集系统沉积，收集系统非CO_2碳排放量也将大大降低，意味着原沉积于管道内的有机污染物被输送到污水处理厂，也将大大降低污水处理的外部碳源及除磷药剂消耗量。在此基础上，进一步提升污水处理系统运行效能，兼顾稳定达标和节能降耗省地，合理提高污水资源化能源化利用水平，从而系统构建适合我国城镇污水系统碳减排的技术路径和实施方案。

9.1.1 城镇污水收集与输送系统

1. 化粪池碳排放问题识别与取舍

化粪池是城镇排水系统建设发展特定历史阶段的产物，在污水收集与处理系统尚未全面普及、污水处理以有机物去除为主要目标的早期发展阶段，定期清掏养护的化粪池在病原体、SS、COD、BOD_5等污染物控制方面表现出良好的效果。但随着氮磷营养物排放标准的提高，有机物在污水处理厂中的角色已由“去除”转变为“利用”，城镇污水处理厂进水出现碳氮磷比例失衡、碳源严重不足的问题，导致排水行业开始重新审视化粪池的功能与角色。此外，化粪池和污水管道沉积物长期处于厌氧状态，会产生大量易燃易爆、有毒有害气体，运行维护不到位的某些化粪池和污水管段已成为一些城镇重要的安全隐患区域；化粪池及沉积物产生的CH_4，也成为污水收集系统非CO_2碳排放的重要来源。

国内多个研究团队调研确认，我国居住区化粪池的管理职责一般在小区物业，而其本身还存在清掏难度、运行维护费用及环境影响等问题，不少城镇居住区的化粪池运维效果并不理想。长期不清掏引发的沉积物淤积现象比比皆是，化粪池应有的功能基本丧失，并不能切实解决行业关心的污水管道淤泥沉积、堵塞问题。污水管道淤积最主要的原因是管道低流速运行导致的污水颗粒物沉积，颗粒物夹带所附着的有机物在管道内共同沉积，发生厌氧水解和生物降解，氮磷释放到水相引发碳氮磷比例失调。因此，提升管道流速对管道淤积堵塞的控制效果要比建设化粪池更为显著，取消化粪池将成为一种变化趋势。

2. 污水管网的碳排放诊断

(1) 污水管道沉积导致的直接碳排放。在我国已实施的城市黑臭水体治理、水环境综合整治等涉及管网检测修复的大规模工程实践中，污水管道（合流制管道或分流制污水管道）普遍存在高水位、低流速的异常问题。由污水管道运行维护不到位、专业化清淤队伍缺乏、资金不到位等因素，导致的高水位、低流速异常运行及污染物沉积问题相当严重。大量沉积在管道内的污染物隐藏于水层以下，经长时间积累压实，底泥层变得相对稳定牢固，在管道内部相对封闭的厌氧环境下，容易产生一定数量的CH_4，其中大部分CH_4会停留在底泥层中，而不直接释放到大气环境。只有出现管道清淤、降雨冲刷扰动、季节性温度及气压变化等造成污泥层破坏的情况时，CH_4才会排入大气环境，形成直接的碳排放。

(2) 外部清水混入导致的间接碳排放。我国城镇污水管网普遍存在地表水、施工降水、处理后的工业废水等清水入流问题。流入管网的大量清水直接导致管道水位的上升及流速减缓，如前所述，大量污染物沉积在管道内部导致碳排放的增加；与此同时，达到较严格行业排放标准的工业废水，通常会采用高级氧化工艺，处理出水表现为较高的氧化还原电位（ORP），来自浅层地下水的施工降水，以及“不黑不臭”的城镇河湖地表水也通常呈现较高 ORP，这些“清水”流入污水管道，必然与管道中较低 ORP 的污水发生化学或生物反应过程，直接导致污水中的还原性物质被大量消耗。这是我国城镇污水处理厂进水有机组分含量偏低、碳源不足的主要成因之一，实际运行中往往需要投加反硝化碳源和除磷药剂，以保障出水稳定达标。因此，解决污水管网的清水入流问题是避免污水处理厂进水有机物浓度偏低，相应降低污水处理药剂投加量和间接碳排量的关键性对策。

（3）污水管道质量问题导致的间接碳排放。随着城镇化进程和市政基础设施建设步伐的加快，我国城镇污水管网的存量资产已升至世界第一，但长期存在对地下管线设施的建设与养护工作重视程度不够的问题，不少城镇污水管网的管线质量堪忧，普遍存在着淤积、堵塞、结垢、障碍物等功能性缺陷，变形、错位、破裂、脱节、腐蚀等结构性缺陷，以及错接、混接、漏接等系统性缺陷。各种缺陷交织叠加严重影响污水管网的污染物收集与输送能力，导致本应通过污水管网收集至污水处理厂的污染物或淤积在管道内，或溢流排入河湖水体，或渗漏地下。转移并累积在污水管道底部、河湖水体底部的有机污染物，在厌氧环境条件下可转化成 CH_4，从而形成的非 CO_2 碳排放量不容忽视。

3. 污水管网的效能诊断评估

对于污水管网的低碳效能诊断与评估，需要重点开展以下 3 个方面的工作：

（1）污水管网的物理性能指标中，需重点关注流速及波动性。将集水井、检查井、跌水井、提升泵站等关键节点的上下游管段的旱季流速，作为污水管网运行效能评估的主要工程技术指标，将运行水位、流动状况和漂浮物情况作为污水管网运行效能评估的辅助指标。管道流速的测定应兼顾居民生活排水的时变化特征和下游主要排水管网节点的输送能力，至少获取不少于 24 小时不同时间区段的流速数据。遴选低流速的污水管段或点位，强化低流速关键节点的流速变化特征分析，将每个节点旱季流速达到 0.6m/s 以上的时间长度或时长比例作为相关污水管段运行效能的主要评估指标。

（2）污水管网的化学性能指标中，需重点关注潜在排入水的特征污染物。无工业废水及其他特殊水排入时，可将 NH_3-N、PO_4^{3-}-P 和 NO_3^--N 作为清水入渗入流的主要评估指标。可根据污水处理厂进水、本地区居住区生活污水，以及各种潜在入渗入流清水的 NH_3-N、PO_4^{3-}-P 和 NO_3^--N 浓度，采用加权平均的方法进行清水入渗入流程度的简易化核算。

（3）污水管网的工程质量指标中，需重点关注存在重大缺陷的点位。缺陷点位包括清水入渗入流、污水外渗外溢、塌陷空洞、污堵淤堵、不均匀沉降等，以及内壁严重腐蚀管段。采用管道视频（CCTV）、管道潜望镜（QV）、带水作业机器人等设备实施质量检测，并结合影像、超声波、声呐、压力传感器等技术完成管网故障类型与级别的系统评估。

4. 污水管网的日常低碳运维

（1）污水管道的工程质量是非常重要的管道性能评价指标。对于不在城镇河湖水体沿线且位于地下水位线之上的污水管道，其最大风险在于高水位形成的高水压外渗，最有效的措施是通过降低水位来实现降低水压的目的，进而减小污水的外渗压力。对于敷设于地下水位线之下的管线段，尤其提升泵站或污水处理厂之前数公里的大埋深主管道，必须将管道工程质量指标作为评估重点，优先实施病害（渗漏）管段的治理，否则降低管道运行水位之后必然会增大管线与地下水之间的液位差，导致外水入渗入流加剧的问题。

(2) 污水管网的低碳运维是依据上述效能评估，以降低污水管道的运行水位、提升管道流速为前提，挤出挤占污水管道空间的“清水”，提升管道的污水输送能力。在此基础上实施污水管道的定期清淤维护，将污水管道中淤积的底泥进行无机与有机组分的分离，有机组分作为碳源回补于城镇污水处理厂进水，无机组分可用于建筑材料等资源化途径。同时结合污水管道的检测修复，解决管道的结构性和功能性缺陷，提升管道的整体质量。还应结合区域相关规划与城市更新、水环境治理等项目，因地制宜开展雨污分流合理化改造，无法改造的地区，应结合降雨污染控制措施，推进入河排污口污染物快速净化，以降低管道底泥冲刷入河污染及河道底泥累积的碳排放问题。

城镇污水管网系统的问题识别与治理技术路径如图 9-1 所示。

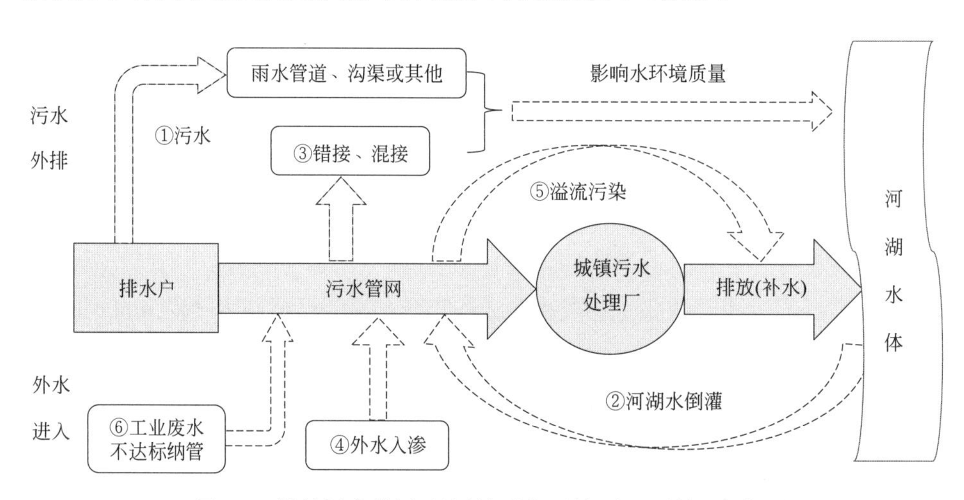

图 9-1　城镇污水管网系统的问题识别与治理对策逻辑框图

9.1.2　城镇污水处理与利用系统

城镇污水处理是能源消耗强度较大的公益行业之一。目前，我国绝大多数城镇污水处理厂采用二级生物处理及除磷脱氮工艺系统，其能源消耗主要源自污水生物处理、污泥处理及污水提升等环节。电耗节约和药耗节省是现有污水处理工艺低碳运行的关键所在。从国际发展趋势看，污水的资源化、能源化利用则是低碳发展的重点技术方向。

1. 用电设备优化调控

城镇污水处理厂的设备基本上都是靠电能来驱动的，电能是保障正常生产运行的最主要能源。因此，节约用电是节能降耗的重要方面，其工程实施的技术路径有以下几方面。

(1) 优化设备选型。污水处理厂进水量的影响因素众多，天气异常、昼夜轮换、季节变化、社会活动、公共事件等，均可能造成水量水质的明显波动，最常用的办法是在工程设计过程中根据最大流量进行设备的配置及选型；而在实际运行中，部分污水处理厂的水泵满负荷运转时间可能不及10%，容易造成不必要的能源浪费。因此，设计时采用灵活的设备和设施组合方式，合理选择水泵、鼓风机、推流器等设备的类型、数量及规格搭配，保证工艺系统高效稳定运行，对污水处理厂出水稳定达标和低碳运行尤为重要。

例如，通过合理绘制各构筑物的进出水高程、优化污水提升系统、减少水头损失，使水泵维持在高效运行区间。提升泵采用变频优化控制，可节约10%～40%能耗。采用大、小规格水泵配合运行方式，低峰时段运行相对小流量的水泵，高峰时段运行相对大流量的水泵，根据集水池水位升高速度，确定备用泵的开启，可有效降低泵的能耗。对于风机选型，配置过大或调节范围过小都可能无法在高效区运行。设计过程中应充分考虑投运初期水量可能严重不足、浓度偏低的情况，尽量选择风量可调、范围较宽的风机配置，避免生物池溶解氧长期偏高，影响处理水质与效能；尽可能按实际水量水质的70%～80%涵盖率来选型设计，确保大概率高效区运行，剩余20%～30%涵盖率通过备用风机来保障。

（2）优化智能控制系统。可以根据实际工况需求，及时、动态地调整设备运行状态，避免电耗和药耗浪费。国内污水处理自动化控制水平提升较快，当前已经可以通过自动控制系统将位于现场的实时工艺参数与运行监测数据，通过网络传输至控制层，经过数据分析与处理后进行决策，再将决策结果传输到现场控制设备，完成调控全过程。以生物处理过程耗电量最大的曝气系统为例，实际运行中发现曝气量偏大或者偏小都会对生物池的处理效果有影响。因此，基于实际的进水水质水量特征及负荷状况，建立生物池气量分配和控制的数字化模型，可根据预先设定值，智能分配各个工段的曝气量，使溶解氧处于最佳区域，确保生物池高效稳定运行，能量消耗可相应降低15%～20%。如果采用智能控制系统的水力输送设备和搅拌器，在特定工况下，甚至可以节省50%以上的能耗。

2. 药剂投加优化调控

根据全国城镇污水处理管理信息系统的统计数据，全国范围内投加外碳源、化学除磷药剂和脱水药剂的污水处理厂比例分别为26%、35%和76%。药剂消耗虽然在整个污水处理厂能耗物耗中所占比例不大，但碳源投加、污泥调理和化学除磷等环节也存在一定的节省空间。下面以反硝化碳源、除磷药剂和污泥脱水药剂为例。

（1）反硝化碳源。全国城镇污水处理厂进水平均BOD_5/TN 3.5左右，生物脱氮的碳源缺乏问题比较突出。污水处理厂普遍采用外加碳源的方式提高生物脱氮能力。外加碳源主要有乙酸、乙酸钠、甲醇等。外加碳源可在10～30min水力停留时间内完成相应的反硝化过程。因此，应根据出水TN的实际情况，尤其季度、月、日和时的变化情况，合理调整碳源投加量，避免过量投加，造成浪费并增加后续单元对溶解氧的需求量。

优化运行的原则是，利用进水中的碳源进行生物脱氮潜力挖掘，通过碳源种类的比选减少投加总量，同时尽量减少工艺过程的跌水复氧，降低进水碳源的损耗率，生物池尽量满足活性污泥生物脱氮的环境条件。尽量选择反硝化效果较好的碳源，测定缺氧区末端硝态氮，确定合适的碳源投加量和内回流量。采用智能碳源投加控制系统，实时按需投加碳源。

外加碳源种类不同，碳排放系数亦不同。表 9-1 为 5 种常见碳源的生物脱氮碳排放量，去除 1kg NO_3^--N 所需的碳源的碳排放量（$kgCO_2$）从高到低依次为：乙酸钠＞乙酸＞乙醇＞甲醇＞农业废弃物碳源，故通过碳源种类的选择也可优化并降低碳排放量。

5 种常见外部碳源生物脱氮过程的碳排放量 **表 9-1**

外部碳源种类		消耗量（kg 碳源/kgNO_3^--N）	碳排放因子（kg CO_2/kg 碳源）	单位 TN 去除碳排放量（$kgCO_2$/kgNO_3^--N）
化学药剂碳源	甲醇	3.18	1.42	4.52
	乙醇	2.50	1.91	4.78
	乙酸	3.31	1.45	4.80
	乙酸钠	6.06	1.07	6.48
农业废弃物碳源		5.22	0.55	2.88

（2）化学除磷药剂。生物除磷是在生物处理单元中通过聚磷菌在厌氧状态下释磷、好氧状态下过量吸磷，再将富磷污泥排出系统实现污水中磷的去除。生物除磷虽然可以达到较好的除磷效果，但由于进水中普遍缺乏有效释磷所需的快速生物降解有机物，且生物除磷对工艺调控的要求较高，完全依靠生物除磷较难稳定达到一级 A 及以上标准，因此大部分污水处理厂同步采用化学除磷。常用的化学除磷药剂为铁盐和铝盐，例如三氯化铁、硫酸亚铁、硫酸铝、聚合氯化铝、聚合铝铁等。除磷药剂的投加受磷组分、正磷酸盐浓度、pH、温度等因素的影响。特别是在出水水质标准不断提升的背景下，与普通的化学除磷过程不同，要去除超低浓度的磷酸盐，pH 及磷酸盐的溶解度就会成为主要影响因素，除磷药剂投加量将成倍增加。这更加需要通过试验确定最佳投药量，否则很容易造成药剂浪费。开展污水磷组分分析并结合化学除磷模拟试验，成为提升化学除磷能力、降低药剂投加量的必然选择，也是未来污水处理厂全面精细化运行的重要趋势。

（3）污泥脱水药剂。污泥脱水应选择脱水效果好、性价高的絮凝剂，尤其不会造成二次污染的高分子改性絮凝剂。例如纤维素、多糖类、淀粉等的衍生物，以替代传统的聚丙酰胺絮凝剂。此外，还应精确絮凝剂的应用量，减少不必要的浪费，需要通过试验来确定高分子絮凝剂以及相关混凝剂配制药液的浓度、投加量，以达到在保障出水水质的前提下，降低药剂投加量的效果。同时要做好絮凝剂计量设备的日常维护保养，确保计量设备准确计量，以减少误差。

3. 污水源热能开发利用

因生活过程有热量的输入，污水排放口的水温比自来水温度要高，污水余温所含热能较多，占城镇废热排放总量的 15%～40%。城镇污水四季温差变化不大、流量稳定，冬暖夏凉，可以成为居家、楼宇空调的冷、热交换源。水源热泵技术可以提取和储存污水中的热能，借助热泵系统，消耗少量的驱动电能，达到制冷、制暖的效果。根据所利用的污水水源的不同，分为原生污水源热泵系统和再生水源热泵系统。

（1）原生污水源热泵技术。城镇污水处理厂往往位于人口较为稀少、较为偏僻的位置，污水源热能开发应用有一定的局限性。对于距离污水处理厂较远，但供冷或供热需求集中量大的商业区或住宅区，可沿途利用污水管网中的原生污水。污水管网中的原生污水水量较大，水温较稳定，是良好的冷热源；但水质较差，水中颗粒物杂物较多，通常不能直接利用，而是通过污水换热器，利用中介水提取其中热量之后再进入热泵机组实现供能。与传统供能技术相比，污水源热泵系统具有节电、节水、节省初始投资等优势。以某城市区域集中供暖（冷）项目为例，采用污水源热泵系统满足区域内 312 万 m^2 建筑面积的供热（冷）需求，与传统的冷水机组+燃气锅炉的供能形式相比，每年可节约 6783t 的标煤，减少 16910t 的 CO_2、112t 的 SO_2、105t 的 NO_x 和 65t 的烟尘，经济与环境效益显著。

但在城镇污水管道沿程大规模利用污水热能，冬季时不利于污水处理厂生物处理设施的稳定运行，可能导致运行效果变差或不稳定。例如，北方某城市污水处理厂进水冬季水温最低为 12～14℃；如果前端污水管道普遍在线提取 5℃温差用于热泵交换热量，取用热量后的进水温度会降至 10℃以下，对生物处理造成负面影响。在这种情况下，结合就近建设的地下式污水处理厂，采用污水处理厂出水的水源热泵技术是更好的选择。

（2）污水处理厂出水水源热泵技术。污水处理厂出水通过水源热泵系统提取热能相对容易，污水处理后在出水口利用热能对冬季污水处理运行不存在任何影响。与原生污水源热泵的原理相近，但水质更为洁净，可以直接进入热泵机组，投资省，热效率高。但集中回收热能需要在厂内和周边找到稳定的热量消纳终端（用户），除了厂内利用，通常服务于周边住宅区或工业企业。从污泥处理处置角度，用于污泥热干化也是不错的出路。

如图 9-2 所示，2009 年建成投产的芬兰 Kakola 供热制冷厂，由当地热电公司负责运营，利用 Kakola 污水处理厂的污水热能，由位于地下岩洞厂区内的水源热泵交换站完成，热泵的最大水流量为 $1750m^3/h$，以平均温度为 14℃的二级处理出水为热源回收余热，提取后污水平均温度降低 5～10℃。供热制冷厂装机功率为区域供热 42MW、供冷 29MW，实现厂区和周边地区的供热和供冷。从通风管道、空气压缩机等处回收的余热可用于补充污水处理厂自身的能耗，实际年供热 302GWh，年制冷 30GWh，每年可减少碳排放量约 8 万 t。

4. 污泥能源化资源化利用

（1）污泥厌氧消化产甲烷。依靠厌氧微生物在无氧条件下将污泥中的有机物分解并稳定化，通常包括水解、产酸、产甲烷三个阶段，大部分致病菌和蛔虫卵被杀灭或作为有机物被分解。厌氧消化分为中温和高温两种，中温消化温度维持在 35℃±2℃，固体停留时间应大于 20d，有机容积负荷为 $2.0 \sim 4.0kg/(m^3 \cdot d)$，有机物分解率可达到 35%～45%，产气率一般为 $0.75 \sim 1.10Nm^3/kgVSS$；高温消化，温度控制在 55℃±2℃，适合嗜热产甲烷菌生长。高温消化有机物分解速度快，可以有效杀灭各种致病菌和寄生虫卵。污泥厌氧消化产生的沼气，目前主要在处理厂内利用，包括沼气发电、驱动鼓风机或水泵以及直接采用沼气锅炉进行污泥加热等。欧洲的实践表明，也可以用于生产生物天然气或其他用途。

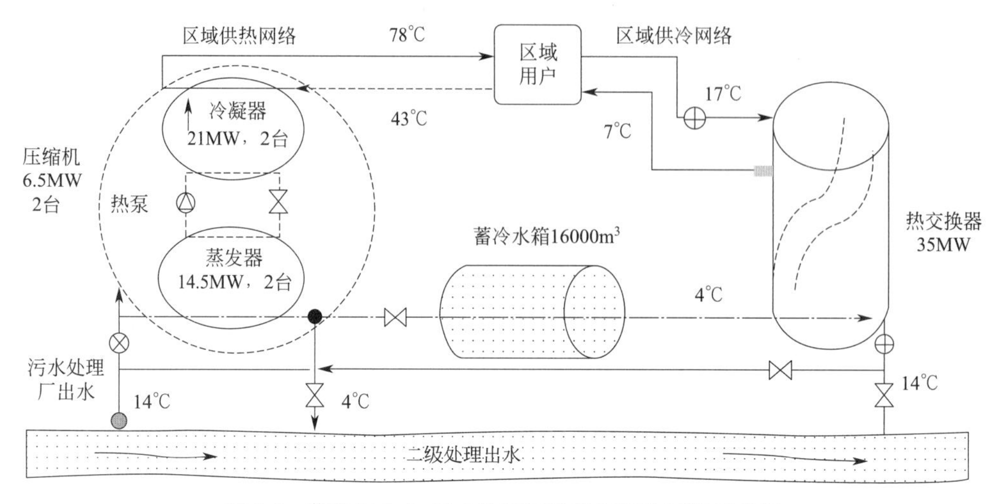

图 9-2　芬兰 Kakola 污水处理厂供热与制冷网络示意图

(2) 污泥厌氧消化产氢。氢能是理想的清洁能源，燃烧热值高，清洁无污染，适用范围广。污泥生物制氢是利用微生物在常温常压下进行酶催化反应可制得氢气的原理进行的，微生物在氢酶的作用下，通过分解有机物获得氢气。能够利用有机物发酵产氢的细菌，包括专性厌氧细菌和兼性厌氧细菌。发酵细菌利用多种底物在固氮酶或氢化酶的作用下将底物分解制取氢气，这些底物包括甲酸、乳酸、丙酮酸、各种短链脂肪酸、葡萄糖、淀粉、纤维素二糖及硫化物等。厌氧发酵生物制氢是通过产氢细菌将富含碳水化合物的底物厌氧发酵产生氢气。一般认为发酵类型是丁酸型和丙酸型，如葡萄糖经丙酮丁酸梭菌和丁酸梭菌进行丁酸—丙酮发酵，可伴随生成氢气。

(3) 污泥堆肥利用。污泥好氧堆肥是利用好氧微生物，将污泥有机质分解并使其稳定，减少臭气产生，改善其物理性质，有利于储存、运输和使用。一般堆肥温度为50～60℃，极限可达80～90℃。好氧堆肥过程中微生物的作用主要分为发热、高温、降温及腐熟三个阶段。50℃时，主要为嗜热性真菌和放线菌；60℃时，主要为嗜热性放线菌及细菌；70℃时，大部分微生物停止活动，死亡或进入休眠状态。在高温阶段，上一阶段剩余的和新产生的有机物得到分解，同时大部分难降解的半纤维素等有机物也得到分解。降温和腐熟阶段存在于发酵和二次发酵阶段，通常需要20～30d。堆肥过程将污泥大部分可溶性有机碳转化为 CO_2 和腐殖质，避免了厌氧过程的 CH_4 排放，从而产生碳减排效应。

(4) 污泥焚烧发电。污泥处理处置的最终目标是实现污泥的无害化、稳定化和资源化。国内的多数污泥中含有40%左右的有机生物质，具有可燃性，污泥可以视为生物质资源。因此，污泥焚烧发电是污泥合理开发利用的一个新发展方向。在某些区域，合理利用污泥进行发电，不但可以实现污泥安全处理，同时可从污泥中抽取能源，替代部分化石燃料，既节约资源和能源、保护环境，又有利于促进建设循环经济型社会的良性发展。

污泥焚烧发电系统由干化单元和发电单元组成，干化单元包括污泥运输、贮存和干化系统；发电单元包括污泥燃烧、烟气处理和汽轮发电系统等。例如，香港屯门污泥处理设施每日最高处理量可达2000t污泥，含固率约30%的污泥运输至污泥处理设施后，倾倒至指定斗槽充分混合，通过流化床以高温燃烧的方式处理污泥，污泥体积会缩减九成。焚烧炉像一个被大量水管包围的锅炉，焚烧过程产生的热能将水烧热，再转化为蒸汽传送到涡轮机产生电力。蒸汽在冷凝器中凝结成水，然后回流至焚烧炉再重复整个发电过程。通过回收热能以及产电得到的碳汇，达到碳减排的目的。

干燥后的污泥是一种宝贵的低热值燃料，采用污泥焚烧发电是污泥无害化、减量化、资源化最有效的处置途径之一。目前常用高低差速循环流化床进行污泥焚烧，技术成熟稳定，同时高低差速循环流化床锅炉具备循环流化床锅炉特有的环保特性，差速床针对污泥焚烧更有其独特优势，能够充分利用二次资源，实现污泥焚烧发电，综合效益显著。

（5）污泥热解制燃料油。低温热解技术可以回收液体燃料油，排放气体中 NO_x 和 SO_x 含量较少，运行成本较低。若能将回收的液体燃料加以改性，作为柴油等矿物燃料的替代品，则可为污泥的资源化提供一条新的能源开发途径。污泥热解是利用污泥中有机物的热不稳定性，在无氧或缺氧条件下提供加热干馏至500℃以上，使有机物产生热裂解，经冷凝后产生利用价值较高的燃气、燃油及固体半焦，产品具有易储存、易运输和使用方便等优点。根据污泥的热解过程曲线，可将热解分为3个阶段。

脱水：110℃下污泥脱除表面吸附水，差热曲线上有明显的吸热峰；热解：110～450℃下污泥中脂肪类、蛋白质、糖类等有机物分解，320℃以下主要为脂肪类分解，320℃以上为蛋白质、糖类分解，热解产物为液态的脂肪酸类；碳化：450～750℃下大分子热解产物分解、小分子聚合，泥分解比较缓慢，质量损失比第二阶段小得多，主要为C-C键、C-H键进一步断裂，主要产物为气态小分子碳氢类；热解产生的固态残留物，即使在850℃下仍不能完全结束热解过程，以含碳物质形式存在的可挥发性物质约5%。

（6）污泥气化制燃料气。在缺氧、一定温度和压力的特定装置中，污泥有机成分在还原性环境中，与气化剂（水蒸气、空气）发生反应，转化为可燃气（含CO、H_2 和烃类）。气化的目的是尽量多产生可燃气，尽量少产生焦油。有害气体 SO_2、NO_x 的产生量较低，且不需要大量的后续清洁设备。超临界水气化是利用超临界水作为反应介质，生物质在其中热解、氧化和还原等，主要的产物是氢气、二氧化碳、一氧化碳、甲烷、含 C_2～C_4 的烷烃等混合气体，然后通过气体分离和压缩等过程获得高纯度氢气。与传统气化方式相比，物料无需干燥，节省物料干燥过程能耗；在高温高压下进行，气体再经过压缩储气，不需过多的能量输入。但不是所有生物质都会转变为气体，也会生成部分焦炭。

（7）污泥热化学转化制造建材。污泥脱水干化后直接用于制造建材，或者污泥化学组成转化后，再用于建造建材，其典型的处理方式为焚烧和熔融。前者适用于以无机物为主要组分的污泥，后者适用于含有机物组分多的污泥。目前国内外城市污泥建材利用方向为污泥制砖、污泥焚烧灰制砖、湿污泥制砖、污泥制路面砖和地砖、污泥制渗水砖、污泥制免烧砖、污泥制轻质节能砖等。城市污泥有一定的热值，可为材料的烧结提供一定的能量。污泥燃烧灰中的 SiO_2 含量远低于黏土中的含量，Fe_2O_3 与 P_2O_5 含量比黏土的高10%左右，重金属含量比黏土要多，其他含量基本接近。因而污泥燃烧后的产物与黏土的组成基本接近。用黏土制砖时添加一定量的干污泥是可行的。

9.2 城镇污水系统碳排放及能耗物耗特征

9.2.1 主要碳排放与能耗单元识别

1. 城镇污水收集与输送系统

根据城镇污水管网的污染物沉积量、降雨冲刷污染物入河量、管道及河道清淤量与处置方式，辅以不同场景下的温室气体产生排放系数等参数进行碳排放量的核算，理论上是科学合理的核算模式。但我国大部分城镇污水收集与输送管网属于相对开放的系统，污水管网中的污染物沉积量、降雨冲刷入河量等均难以定量核算，再加上主要污染物在污水管道和河湖水体中长期沉积的衰减情况也没有足够多的试验研究数据作为支撑，因此，很难通过污水管网的污染物沉积量、降雨冲刷污染物入河量等进行碳排放的核算和污水收集转输效能的评估，只能将城镇污水管网系统作为主要污染物衰减与转化的“黑箱”，通过居民生活污水的污染物源头产生量和末端的城镇污水处理厂污染物收集处理量进行较为粗略的核算，作为城镇污水收集转输效能评估和碳排放核算的主要依据及方法。

基于国内的相关调研成果，经初步估算，目前我国城镇污水系统非二氧化碳的碳排放（CH_4、N_2O）总量约为1.01亿t的CO_2当量，其中CH_4为0.68亿t CO_2当量，N_2O为0.33亿t CO_2当量，分别占到非二氧化碳碳排放总量的67.4%和37.6%，其中城镇污水管网排放的CH_4约为0.65亿t CO_2当量，相当于城镇污水系统CH_4排放总量的95.6%；污水管网排放的N_2O为0.18亿t的CO_2当量，相当于城镇污水系统N_2O排放总量的54.5%。

城镇排水系统较完善且运维较到位的发达国家，污水管道内部沉积和旱季污水冒溢的问题一般较少出现，城镇生活污水集中收集率通常可以达到90%甚至更高水平，这就意味着绝大部分生活污水污染物能够通过污水管网转输至污水处理厂进行处理。在普遍不设置化粪池的情况下，污染物在污水管道系统中衰减消耗造成的温室气体排放问题不会特别突出，碳排放核算时一般可忽略污水收集管网转输过程。

但我国城镇污水收集与输送系统普遍存在工程建设不足、管道质量缺陷、运维效能偏低的问题。最主要的表征是，全国城镇生活污水集中收集率平均不足70%，大量生活污水污染物以沉积物形式留存在排水管道内部，并经降雨冲刷溢流过程，进入河湖水系并转变为河湖的黑臭底泥，或者通过排水管道清淤成为固体废弃物。这些没有进入污水处理系统的污染物长期处于厌氧状态，很可能因厌氧降解过程而产生CH_4、N_2O等温室气体。

鉴于我国城镇污水管网普遍存在长期高水位、低流速运行且难以短期明显改善的状况，可以认为城镇污水管网系统的主要碳排放点位为污水管线，大量的有机污染物淤积于管道内，经厌氧水解和生物降解过程生成大量CH_4及少量N_2O等温室气体，且处于无序的散逸排放状况。因此，解决城镇污水管网系统碳减排问题的核心任务是，重点关注污水收集系统薄弱环节和运维效能偏低引发的非二氧化碳温室气体排放问题及对策措施。

从运行能耗方面来看，城镇污水收集与输送系统以重力流为主，主要能源消耗环节为各级污水泵站的逐级提升与联合调度过程。因此，有必要结合污水泵站服务范围内的污水量变化、合流制区域的降雨规律及雨量特征等因素，合理设置泵站位置、泵组数量、规格组合及变频调控能力，在保障安全稳定运行的基础上提升污水输送系统的整体效能，系统性降低管线的水头损失和运行能耗。从城镇污水管网大量实际运行问题的总结分析可知，污水管网系统的高水位、低流速运行情况全国普遍存在，旱季时用水高峰期容易引发污水管道的溢流或冒溢，雨季时大量雨水进入管道导致合流制系统溢流，为解决上述问题，多地不得不采取降低泵站水位以降低管道水位的方法，这无疑会增加水泵的提升能耗。

2. 城镇污水处理与利用系统

在城镇污水处理厂运行过程中，碳排放主要包括直接碳排放和间接碳排放。直接碳排放包括污水处理过程产生的 CH_4、N_2O 和 CO_2，出水排放或利用产生的 N_2O，污泥处理处置过程产生的 CH_4 等。间接碳排放主要源自污水处理、污泥处理与处置过程的能耗与物耗，属于 CO_2 类型的碳排放，包括设备电耗及热能消耗的碳排、化学药剂及外部碳源消耗的碳排，以及工艺、设备、仪表维护等日常运行管理过程形成的碳排放。

在城镇污水处理厂的直接运行成本中，能耗和物耗费用通常占最大的比重，其次是人工成本和管理成本。能耗主要集中于电能及燃料的消耗，而物耗则包括污泥调理与脱水药剂、化学除磷药剂、外加碳源、消毒药剂、分析化验药剂以及其他必要的材料消耗。由于药剂和碳源生产本身也是能源消耗过程，通常将其视为污水处理的间接能耗，是污水处理系统节能降耗和碳减排的重要组成部分。

在当前普遍市场化运营的模式下，资本成本所占比例不断上升，能耗物耗不一定是污水处理的最大成本因素，但一定是比较容易控制和节省的要素之一。就城镇污水处理的全工艺过程来说，影响能耗物耗的主要因素包括所处区域的自然和社会环境特征，要达到的出水排放或用水水质标准，采取的污水处理工艺技术路线，接纳的工业废水比例及来源构成，处理的污水总量及水量水质运行负荷率，污水水质变化及主要污染物的去除量，污泥处理与处置途径的选择，以及运营管理单位的经济属性等诸多方面。

虽然实际工程应用的污水处理工艺技术繁杂多样，构筑物形式和设备配置各有不同，难以按照统一的标准或核算模式进行能耗物耗的分析；但关键能耗物耗单元及设备是可以识别和对比分析的，例如，预处理系统的格栅、沉砂设备，污水、污泥提升设备，初沉池及配套设备，生物处理系统的曝气、混合及回流装置，污泥厌氧消化与脱水干化处理系统及配套设备，出水消毒及加药设备，固液分离系统及配套设备等。对于按高标准提标建设的城镇污水处理厂，近年来又增加了强化生物处理与深度处理工艺单元，例如膜生物反应器（MBR）、生物载体填料、机械过滤、气浮分离、磁絮凝分离、反硝化滤池等。

在城镇污水处理系统中，并非所有耗电设备都是高能耗的，因此，不一定要详细核算每台设备的电耗情况。调查研究表明，对于城镇污水二级生物处理系统，污水与污泥提升、曝气与混合、污泥减容减量是主要能耗单元，其中污水提升约占总能耗的 10%～

20%，污水生物处理（曝气与混合）占50%～70%，污泥处理占10%～20%，三者占总能耗的70%以上。一般情况下，生物脱氮要求越高，生物池混合动力所需的能耗比例也越高。

对于城镇污水处理系统的节能降耗，首先需要调查研究并确定最主要的耗能单元及设备，将其作为节能降耗的重点对象。在实际运行管理过程中，随着进水水质水量的持续变化，部分设备或单元功能区的运行状况需要适时适量调整，还有部分设备或功能单元的运行状态与进水水质水量的变化基本无关。因此，对于不同的工艺单元及耗能设备，应通过运行状况与运行条件的动态分析来确定可采取的节能降耗措施，合理预测可达到的节能降耗潜力及其对出水水质或处理产物（再生水、土壤改良基材等）的可能影响。

城镇污水处理厂生物池机械混合与曝气供氧是最大的耗能单元，其运行控制对整体节能降耗至关重要。一般来说，风机系统都是按满足最大运行负荷时所需空气量加上足够大的安全系数选定，如系统设计或运行控制不合理，就容易造成不必要的额外能量损耗；推进（搅拌）器、提升泵、混合液与污泥回流泵是运行功率相对固定的主要耗能设备，其电耗约占生物池总电耗的20%～40%。在工艺设计及设备选型时，通常仅按生物池池容、最大扬程与最大流量等边界条件进行计算。因此，在设计过程中应重视运行调控的灵活性，确保实际运行中能够依据状态变化进行适时的参数调整，以避免不必要的浪费。

9.2.2 碳排放与能耗物耗的主要影响因素

如前所述，目前影响我国城镇污水处理厂能耗物耗及变化特征的主要因素有所处地域的自然和社会环境特征，所采取的污水处理工艺路线及工艺单元选择，所需要达到的污水处理量和实际运行负荷率，主要污染物去除量与排放（再生利用）标准，所接纳工业废水的比例及来源构成，以及运营管理单位的属性等方面。

1. 环境与水质特征

城镇污水处理行业区别于其他行业的一个独有特征是，达标排放水或再生水成为最终产品，其质量要求是排放标准或用水水质标准中明确规定的，就是确定的；而作为原材料的进水的水质和水量，却是不易控制或者不可预知的，使得污水处理工艺流程中所有工艺单元都无法严格控制在稳定状态，而且任何一个环节出现运行性能的明显变化或故障，都可能带来一系列的连锁反应，导致污染物去除能力、特征污染物减排、碳能源转化与利用、供氧与混合动力消耗等方面也发生相应波动，全过程工况及出水的不确定性增加。

例如，城镇污水处理厂的能耗物耗存在一定地域差异，主要体现在进水水质和冬季水温变化。由于降雨特征、地理环境和生活习惯的不同，污水水质也呈现明显的地域差异。城镇污水处理厂的能耗物耗与年平均气温、降水量、污水温度、泥砂含量等因素相关，在常年降水量少、冬季低水温的地区，污水浓度较高，所需的生物池池容也较大，污水处理的单位水量能耗较高，单位污染物去除量的能耗相应较低。而常年降水量较大、气温较高的地区，污水浓度较低，单位处理水量的能耗较低，单位污染物去除的能耗相应较高。

2. 排放与用水标准

城镇污水处理基本上都以生物处理为基础，依靠消耗能源创造有利于特定功能微生物生存的环境条件，强化可生物降解有机物的代谢机能和氮磷营养物的去除能力，从而达到改善水质的目的，其实质就是以消耗能源为基本代价换取污水的水质净化效果。越来越严格的水质标准及相应越来越高的能耗物耗，已成为污水处理工艺过程必须加以重点改进的地方。尤其是执行GB 18918—2002一级A及以上标准的污水处理厂，为确保出水稳定达标，通常需要在二级处理设施之后再增加复杂的深度处理单元，以及大量的化学药剂和外部碳源投加。

城镇污水处理厂能耗物耗随处理等级的提高而升高。NH_3-N排放标准提高带来生物池供氧能耗增加，TN排放标准提高带来外部碳源投加需求以及反硝化区混合动力消耗的增大，TP排放标准提高带来除磷药剂用量及固液分离设备能耗的加大，COD排放标准提高带来臭氧氧化或活性炭吸附的需求，卫生学指标要求提高带来消毒剂用量或消毒设备能耗的增加，污泥脱水干度要求的提高带来化学调理剂与高分子絮凝剂用量的增加。

3. 设计与运行管理

我国城镇污水处理行业处于规模增大与质量提升并行的发展阶段，市场总规模大、地域分布面广，工程设计机构及从业人员的能力水平与经验积累不一，对于复杂多变的污水处理工艺过程及多重叠加的影响因素难以充分把握，导致一部分污水处理工程的工艺设计及设备选型不够得当，加上运行管理不够到位，致使部分污水处理厂网工程的实际运行能耗偏高或者出水水质不够理想。

我国大部分城镇污水处理厂是在能耗物耗和碳排放问题还没有引起广泛重视的时期建设的，早期设计建设的工程项目中设计规模普遍超过实际水量或进水水质浓度偏低。一级A标准提标建设启动之后，能耗物耗问题开始显现并得到关注，但由于标准的执行与考核过于刚性，实际运行中为了确保稳定达标，不得不以能耗物耗的增加为代价。城镇污水处理厂的运行过程中，不管进水水质水量如何动态变化，诸如水泵、水下推进器、紫外消毒系统、部分电机等设备，都是按24h高功率连续运行，也会导致能耗的相对偏高。化学品和维护耗材的消耗量增大，污泥处理处置与运输要求提高，也是能耗物耗升高的原因。

城镇污水处理厂运行管理人员应通过各种优化运行措施，控制和降低污水处理过程的能耗物耗成本。需要明确的是，污水处理是一个系统工程，某种能效措施本身虽然能产生预期的效果，但对于整个系统的能耗降低来说并不一定有利。例如，更换新的高效电机可能对电机所在工艺系统的节能有利，但从系统整体考虑，如果荷载不合理，可能节能效果并不显著，甚至对其他相邻工艺系统造成不利影响。

通过降低曝气量可以实现生物处理系统的节能降耗，但可能对后续的固液分离及污泥处理处置系统造成不利影响，增加污泥处理处置的难度和成本，总体上并不一定节能。因此，解决能量利用问题的“系统方法”是工艺改造的关键，工艺改造的终极目标是提高整个工艺系统的效率，而不是简单针对单一工艺单元或系统局部的效率提升。

9.2.3 低碳与节地节能降耗技术策略

城镇污水处理系统由众多构筑物、设备仪表及管线组成，进水水量水质、处理程度、管理水平、设备运转状况、能耗物耗等因素，相互联系、相互影响、相互制约，构成了一个纷繁复杂的动态变化系统，某一个因素的改变往往会连锁影响到其他因素。因此，需要系统性分析各种潜在的节地节能降耗措施，充分考虑这些措施之间可能的相互影响，通过优化设计和运行管理，获得期望的节能降耗及节地成效。片面强调某一设施或某一设备的节能降耗，往往难以取得整体性的节能降耗预期效果。

城镇污水处理厂的节能降耗不仅体现在工艺设计或运行优化以促进能耗物耗降低的微观层面，而且体现在更广泛的宏观运维策略层面，即使在耗电总量不易降低的情况下，仍然可以通过合理的运行调控，减少用电高峰期间的用电负荷，充分利用当地的峰谷电价和阶梯电价政策，在全社会用电的峰谷时段提高运行负荷，促进全社会层面的节能降耗。

1. 系统设计与节地节能降耗

城镇污水处理系统节地节能降耗的重点在于系统整体的设计及节能设备的优化选择。如果没有良好的系统设计，单纯通过工艺运行模式的改变或工况调整，节能降耗的潜力比较有限且较难实施。不管是新建工程还是改造工程，对节能降耗设计的总体考虑都是至关重要的，同时还需要进行全流程各工艺单元运行过程的详细分析及对策措施的比选。

城镇污水处理厂的厂址选择，不仅会影响排水分区划分、污水管网布局和工程投资，也会影响污水收集与输送系统的总能耗。而城镇污水处理厂水量与污染物运行负荷率的高低，对单位处理量的运行能耗有明显影响，主要体现在一些固定性的能耗单元。例如，进水水量降低，但厌氧区和缺氧区的水下推进器并不会因为进水量的降低而减小其电耗；对于污水提升系统，如果实际进水量远低于设计水量，就有可能引发水泵的频繁启停，不仅难以降低污水提升的能耗，还可能导致泵送设备的损坏。

随着污水处理规模的增加和水质标准的提高，城镇污水处理设施的建设用地需求持续增加，总体布局与厂址选址难度加大。建设用地缺乏，选址不易，公众对环境质量的诉求提升，邻避效应不易解决。因此，节地技术措施的全面推行，是总体布局优化、厂址合理选择和绿色低碳生态化发展的重要基础与必然选择。需要通过污水处理设施平面优化布置、工艺过程系统优化、强化竖向空间利用、节地型工艺技术应用等手段减少用地面积与空间，必要时采用环境相融性较好的半地下或全地下式建设模式，提升土地空间的综合利用价值。污水处理厂内部的工艺流程宜充分利用地形，建构筑物的平面和空间组合，做到分区明确、合理紧凑、造型协调，有利于资源化与能源化利用。

除了合理的整体工艺设计，设备产品的合理选择也是关键因素。例如，合理选择管材、阀门、活接口及其他系统部件，可以有效降低泵送系统的阻力损失，相应降低能耗。更换系统部件时，必须对所更换部件产生的能耗变化进行预测分析。这是设计人员在污水处理工程建设或改造之前往往不太关注的。另外，合理构筑物布局并准确计算各构筑物之间的水头损失，同样有助于降低污水处理厂的泵送总扬程，有利于节能增效。

2. 运营维护与节能降耗

虽然城镇污水处理厂的节能降耗设计是最关键的一步，但并不意味着已建污水处理厂就没有进一步节能降耗的余地了。事实上，不少污水处理厂，尤其早期建设的，在设计阶段并没有充分考虑节能降耗问题，越是这种设计不够完善的或运维不够到位的污水处理厂，通过技术改造和管理优化能够实现节能降耗的空间就越大。对于一些节能设计已经较为先进的项目，没有科学的运行管理和经验总结，节能降耗也只是一句空话。很显然，运行优化也是节能降耗的重要实施途径。

通过运行优化来节能降耗的首要条件是识别污水处理系统运行过程中的节能降耗潜力，需要对处理系统进行全流程能耗物耗分析，其中包括运行成本、系统性能曲线、泵性能曲线、摩擦损失源、电机效率、能量转换效率等。污水处理系统的运行特性会显示主要的耗能点，例如，阀门的运行调节看似简单，但对能耗的变化同样有重要影响，闸阀的运行调节难度要比球阀或碟阀大一些。虽然污水处理厂的许多位点存在节能降耗的潜力，但需要与设计人员或相关技术人员协商确认，形成合理、可行的技术改造或设备更新方案。

为达到较好的节能降耗效果，通常需要从多个方面综合考虑。例如，预处理设施对无机悬浮固体的高效去除，回流污泥的硝态氮含量控制，好氧区的溶解氧精确调节，混合液回流的溶解氧控制，碳源的合理配置与利用，生物系统污泥活性的提高，内碳源的开发利用，以及现有设备的合理配置与有效利用等。必要时，通过工艺过程的分析诊断和技术经济比较，对部分高耗能的工艺单元进行技术改造并对部分高耗能设备进行更换或维修。

3. 峰谷用电与节能降耗

在过去相当长的一段时间里，节能都被简单理解为“少用能源”或“限制使用能源”，这在能源供给极度短缺的年代是切合实际的，但在新形势下，这种对于节能的定义是有一定局限性的。根据《中华人民共和国节约能源法》（2018 年版）的第一条和第二条，能源是指煤炭、石油、天然气、生物质能和电力、热力以及其他直接或者通过加工、转换而取得有用能的各种资源；节约能源是指加强用能管理，采取技术上可行、经济上合理以及环境和社会可以承受的措施，从能源生产到消费的各个环节，降低消耗，减少损失和污染物排放，制止浪费，有效、合理地利用能源。

《中华人民共和国节约能源法》要求用能单位应当按照合理用能的原则，加强节能管理，制定并实施节能计划和节能技术措施，降低能源消耗；国家鼓励工业企业采用高效、节能的电动机、锅炉、窑炉、风机、泵类等设备，采用热电联产、余热余压利用、洁净煤以及先进的用能监测和控制等技术；同时规定，国家实行峰谷分时电价、季节性电价、可中断负荷电价制度，鼓励电力用户合理调整用电负荷。这意味着只要改变城镇污水处理厂运行负荷及用电负荷的昼夜（时段）分布，也可以达到节能降耗的效果。

根据国家发展和改革委员会 2001 年颁布实施的《节约用电管理办法》，节约用电是指加强用电管理，采取技术上可行、经济上合理的节电措施，减少电能的直接和间接损耗，提高能源效率和保护环境；提出将要积极推动需求侧管理，对终端用户进行负荷管理，推行可中断负荷方式和直接负荷控制，以充分利用电力系统的低谷电能。

从以上的法规和法令不难看出，节能的目标不仅体现在少用能源方面，更多的应该体现在通过技术和管理手段整体提高能源和资源的有效利用率。因此，不能单纯地为了节能而节能，甚至不惜损害其他利益，如经济的、环境的和社会的利益，应统筹安排和全盘考虑，把城镇污水收集与处理系统的节能降耗工作作为一个系统工程来设计和实施。

9.3 全国城镇污水处理厂能耗物耗及碳排放分析

9.3.1 碳排放指标的分析

联合国政府间气候变化专门委员会（IPCC）指南认为，生物降解排放的CO_2，其碳元素源于空气中的CO_2，对空气碳平衡的影响有限，不纳入国家碳排放总量的核算范围。据此，主要考虑城镇污水处理厂运行过程中直接向空气排放的CH_4和N_2O，称之为“直接碳排放”；运行过程所消耗的能源和所需消耗的物质在其生产过程中产生的碳排放，以及外加碳源转化排放的CO_2，称之为“间接碳排放”。

在城镇污水处理、达标出水排放、再生水利用、污泥处理处置、资源回收利用各环节均有碳排放或碳减排的发生，为此，需要构建城镇污水收集与处理系统全工艺流程节能减排的综合测算方法及碳排放核算指标。城镇污水收集与处理系统各个工艺单元的碳排放来源、碳减排途径、碳排放测算范围及内容见表9-2、图9-3和图9-4。

城镇污水处理系统各工艺单元的主要碳排放源分析　　表9-2

流程环节	工艺单元	碳减排/碳汇	间接碳排放	直接碳排放
污水输送	管线与泵站	—	CO_2(电耗)	CH_4
污水处理再生利用	预处理	—	CO_2(电耗)	CH_4
	生物处理	—	CO_2(电耗、碳源)	N_2O
	深度处理	—	CO_2(电耗、药耗)	N_2O(反硝化滤池)
	消毒	—	CO_2(电耗、药耗)	—
	出水达标排放	减排(水质提升)	—	N_2O、CH_4
	景观与生态环境用水	碳汇(景观生态)	—	N_2O、CH_4
	水源热能、太阳能等	净减排(新能源)	CO_2(电耗、材料)	—
污泥处理	污泥脱水	—	CO_2(电耗、药耗)	CH_4(散逸)
	污泥干化	—	CO_2(电耗、热耗)	—
	污泥消化	CH_4 回收利用	CO_2(电耗、热耗)	CH_4(散逸)
污泥处置	卫生填埋	—	—	CH_4
	土地利用	碳汇(景观生态)	—	CH_4、N_2O
	焚烧碳化	减排(热能利用)	CO_2(电耗、热耗)	—

根据图9-4和表9-2，结合城镇污水处理系统运行全过程的碳排放途径分析可知，城镇污水系统运行阶段的净碳排放量（E）是指直接碳排放（E_Z）与间接碳排放量（E_J）

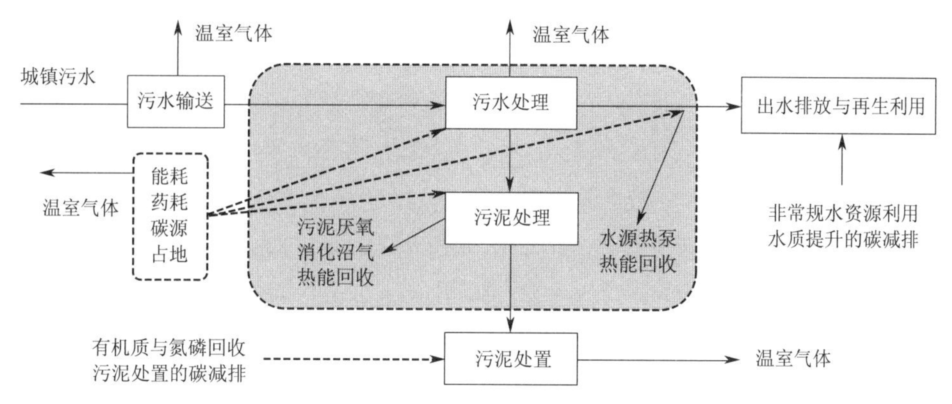

图 9-3　城镇污水收集与处理系统的碳排放测算边界示意图

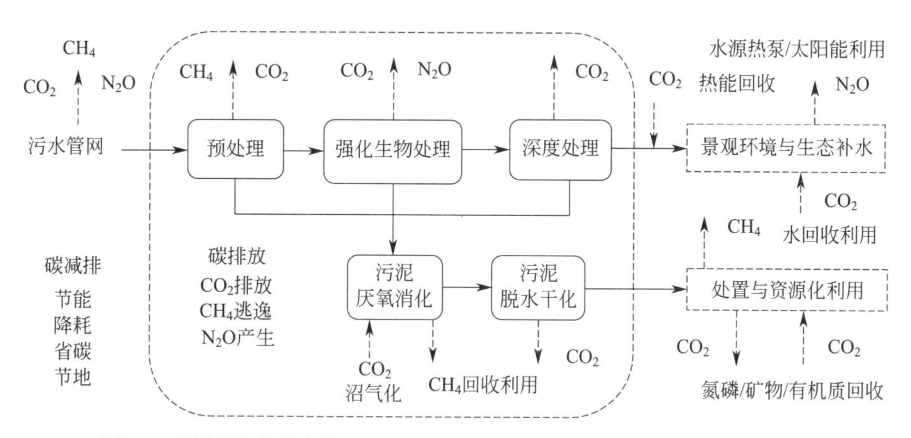

图 9-4　城镇污水收集与处理系统工艺运行全过程碳排放及碳汇分解图

的加和，再扣除碳减排及碳汇（J）。直接碳排放可根据实施途径分解成污水收集与输送过程的碳排放（E_G）、污水处理过程碳排放（E_C）、出水排放与再生水利用过程碳排放（E_P）、污泥处理处置过程碳排放（E_N）等。间接碳排放（E_{JJ}）主要考虑污水处理全过程耗电碳排放（E_{DH}）、药剂消耗碳排放（E_{YH}）、碳源消耗碳排放（E_{TH}）。

碳减排（J）可根据实施途径分解成出水水质提升与利用形成碳排减量及碳汇（J_S）、污泥厌氧消化甲烷回收利用碳减排（J_X）、污泥土地利用作为土壤改良与肥料的碳减排及碳汇（J_N）、污水热能回收利用碳减排（J_R）、设施空间太阳能等其他能源开发碳减排（J_R）。

综上，城镇污水处理厂运行过程碳排放的测算公式基本形式可写成如下方程系：

$$E=E_Z+E_J-J \tag{9-1}$$

$$E_Z=E_G+E_C+E_P+E_N \tag{9-2}$$

$$E_J=E_{DH}+E_{YH}+E_{TH} \tag{9-3}$$

$$J=J_S+J_X+J_N+J_R+J_Q \tag{9-4}$$

1. 污水收集与输送过程直接碳排放（E_G）

城镇污水收集并输送到污水处理厂的过程中，一方面泵送设施的能耗间接产生 CO_2

的排放；另一方面，污水管道的粗糙内壁表面及沉积物中附着大量的微生物，存在好氧和厌氧状态下的一系列生化反应过程，其中厌氧过程可形成温室气体（主要是 CH_4）的排放。

管道内部厌氧消化过程有机物转化为 CH_4 和生物量，产生的 CH_4 可用下式简化表述：

$$M_G = F_{Mj} \Delta S_{BOD,G} = B_o M_{CFj} \Delta S_{BOD,G} \tag{9-5}$$

式中 M_G——污水收集与输送过程甲烷产率，kg CH_4/m^3 污水；

F_{Mj}——甲烷排放因子，参考值 0.2～0.3kg CH_4/kg BOD_5 去除；

B_o——甲烷生成潜力，IPCC 建议值 0.6kg CH_4/kgBOD_5 或 0.25kgCH_4/kg COD；

M_{CFj}——甲烷修正系数，不流动的化粪池与下水道系统，IPCC 建议值 0.5；

$\Delta S_{BOD,G}$——污水管网起始端与终端的有机物（BOD_5）浓度差值，kgBOD_5/m^3。

根据我国多数污水管网的化粪池设置及管道内污水流动状态，M_{CFj} 尽量依据当地实际情况通过试验确定；无条件或数据不足时，建议取值范围 0.3～0.5，不设化粪池但流动状态一般的建议取值 0.15～0.3，不设化粪池且流动状态良好的可取值 0.05～0.15。污水管网起始端的原始 BOD_5 浓度可依据人均污染物产生当量、人均生活用水量、污水折算系数、外水入渗入流系数等参数综合确定，管网终端的浓度可按污水处理厂的进水浓度；对于污水管道常年清淤且清淤量较大的情况，$\Delta S_{BOD,G}$ 中应扣减管道清淤污泥对应的 BOD_5 量。

根据 IPCC 指南，CH_4 的百年全球增温潜势（G_{CH4}）为 25kgCO_2/kg CH_4，故城镇污水收集与输送过程由 CH_4 的逃逸所构成的碳排放当量（E_{MG}，kgCO_2/m^3 污水）可表述为：

$$E_{MG} = 25M_G = 25F_{Mj} \Delta S_{BOD,G} = 25B_o M_{CFj} \Delta S_{BOD,G} \tag{9-6}$$

城镇污水收集与输送过程中，生物硝化反应过程几乎不可能发生。另外，由于生活污水本身的硝态氮浓度很低，管网内的少量反硝化过程产生的 N_2O 极为有限。因此，城镇污水收集与输送过程所产生的 N_2O 的碳排放量通常可以忽略不计。

2. 污水处理与利用过程直接碳排放（E_C、E_P）

城镇污水处理过程的直接碳排放（E_C）包括 CH_4 碳排放（E_{MC}）和 N_2O 碳排放（E_{NC}）；城镇污水处理排放到水体与景观生态环境利用过程的直接碳排放（E_P）包括 CH_4 碳排放（E_{MP}）和 N_2O 碳排放（E_{NP}）。

（1）CH_4 的碳排放量。对于集中式的除磷脱氮城镇污水处理厂，CH_4 的产生可能来自进水泵房、初次沉淀池、污泥处理区或其他处于厌氧状态的位点，也可能源自上游污水管网产生的甲烷在湍流状态下和好氧区曝气状态下释放出来。因此，城镇污水除磷脱氮工艺过程的 CH_4 碳排放大致可用下式表述：

$$E_{MC} = 25M_C = 25F_{Mj} \Delta S_{BOD,C} = 25B_o M_{CFj} \Delta S_{BOD,C} \tag{9-7}$$

式中　E_{MC}——污水生物处理过程甲烷散逸所构成的碳排放，kg CO_2/m^3 污水；

M_C——污水生物处理过程的甲烷产率，kg CH_4/m^3 污水；

F_{Mj}——甲烷排放因子，污水好氧生物处理参考值 0.018kg CH_4/kg BOD_5；

M_{CFj}——甲烷修正因子，污水好氧生物处理系统，参考值 0.03；

$\Delta S_{BOD,C}$——进水与出水 BOD_5 浓度差值扣减剩余污泥对应 BOD_5，kg BOD_5/m^3 污水。

ICPP 指南建议的甲烷修正因子 M_{CFj} 为 0.03（取值范围 0.003～0.09），相应的甲烷排放因子 F_{Mj} 为 0.018kg CH_4/kg BOD_5 或 0.0075kg CH_4/kg COD。对于运行良好的城镇污水处理厂，甲烷排放因子的取值可以更小，多数情况下 CH_4 形成的碳排放量很小，可以忽略。

城镇污水处理厂出水或再生水进入水体环境，会有少量的 CH_4 产生，产生量主要取决于水体环境的本底有机物水平、水质富营养化程度和底泥沉积情况。污水处理厂出水 BOD_5 浓度和本底 BOD_5 浓度越低，产生量越小，通常可以忽略。产生量可以用下式表述：

$$E_{MP}=25M_P=25F_{Mj}S_{BOD,P}=25B_oM_{CFj}S_{BOD,P} \tag{9-8}$$

式中　E_{MP}——污水处理厂出水进入水体环境所产生的甲烷碳排放，kg CO_2/m^3 污水；

M_P——出水进入水体环境的甲烷产率，kg CH_4/m^3 污水；

F_{Mj}——水体环境的甲烷排放因子，参考值为 0.068kg CH_4/kg BOD_5；

M_{CFj}——甲烷修正因子，出水进入水体环境的参考值为 0.11；

$S_{BOD,P}$——污水处理厂出水进入水体环境的 BOD_5 浓度。

（2）N_2O 的碳排放。在城镇污水处理系统的生物脱氮工艺过程中，N_2O 是硝化与反硝化的中间产物，主要释放位点如图 9-5 所示，其释放过程及释放量受工艺类型、碳氮比、DO 浓度等众多因素的影响，尚未形成统一的计算方法。最主要的产生位点是生物池的好氧区和缺氧区，二沉池、后续反硝化滤池及水体环境也会形成，但所占比例较小。

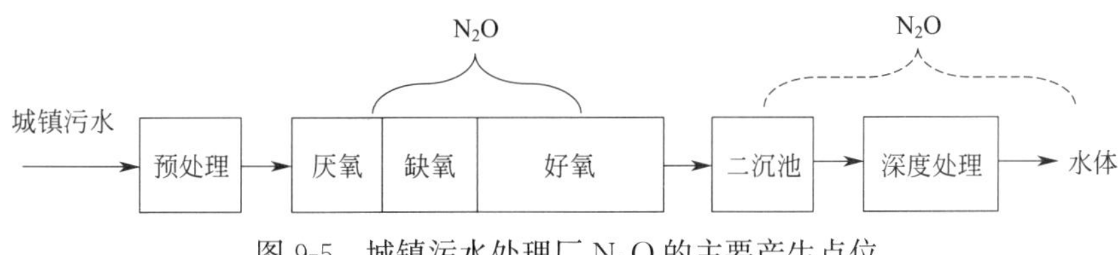

图 9-5　城镇污水处理厂 N_2O 的主要产生点位

文献报道的 N_2O 释放量测定值范围较大，其估算通常采用依据试验测定的经验转化率，其中 IPCC 指南的污水处理过程 N_2O 排放因子 F_{Nj} 建议取值为 0.016kgN_2O-N/kgN，取值范围 0.00016～0.045kgN_2O-N/kgN。污水处理过程的 N_2O 产生量（N_C）计算如下式所示：

$$N_C=F_{Nj}\Delta N_{TN,C} \tag{9-9}$$

式中　N_C——污水处理过程的 N_2O 产率，kg N_2O-N/m^3 污水；

F_{Nj}——N_2O 排放因子，IPCC 建议值为 0.016kgN_2O-N/kgN；

$N_{TN,C}$——城镇污水处理厂生物脱氮过程 TN 浓度差值，kg N/m^3 污水。

N_2O 的全球增温潜势（G_{N_2O}）按 298kgCO_2/kgN_2O，N_2O 与 N 的转换系数为 44/28=1.57，相当于 468kgCO_2/kgN_2O-N，故 N_2O 的碳排放当量（E_{NC}，kgCO_2/m^3 污水）可表述为：

$$E_{NC}=468F_{Nj}\Delta N_{TN,C} \tag{9-10}$$

城镇污水处理工艺过程的直接碳排放量（E_C）可按下式汇总计算：

$$E_C=E_{NC}+E_{MC}=468F_{Nj}\Delta N_{TN,C}+25F_{Mj}\Delta S_{BOD,C} \tag{9-11}$$

出水排放与再生水环境利用过程由反硝化引发的 N_2O 碳排放（E_{NP}）为：

$$E_{NP}=468F_{Nj}N_{TN,P} \tag{9-12}$$

式中 E_{NP}——污水处理厂出水进入水体环境的 N_2O 碳排放，kg CO_2/m^3 污水；

F_{Nj}——水体环境 N_2O 排放因子，IPCC 建议值 0.005kg N_2O-N/kgN；

$N_{TN,P}$——城镇污水处理厂出水进入水体的 TN 浓度，kgN/m^3 污水。

城镇污水处理厂出水进入水体环境的直接碳排放量（E_P）可按下式汇总计算：

$$E_P=E_{NP}+E_{MP}=468F_{Nj}N_{TN,P}+25F_{Mj}S_{BOD,P} \tag{9-13}$$

3. 运行过程电耗产生的间接碳排放（E_{DH}）

城镇污水处理厂运行所需耗能主要为电能，主要用于污水、污泥的输送、混合、供氧、污泥脱水及特种物质（O_3、ClO_2）现场制备等设备运行。国家发展和改革委员会公布的《2016 中国区域电网基准线排放因子（征求意见稿）》提供了华北、东北、华东、华中、西北、南方区域的电能生产碳排放因子，取其平均值 0.94kg CO_2/kWh 作为电能生产碳排放因子（F_{DH}），则污水处理过程电能消耗的间接碳排放（E_{DH}）可按下式计算：

$$E_{DH}=F_{DH}W_{DH} \tag{9-14}$$

式中 E_{DH}——城镇污水输送与处理过程电能消耗的间接碳排放量，kg CO_2/m^3 污水；

F_{DH}——电能生产的碳排放因子，建议值 0.94 kgCO_2/kWh；

W_{DH}——城镇污水输送与处理过程的电能消耗量，kWh/m^3 污水。

4. 化学药剂投加的间接碳排放量（E_{YH}）

除了外加碳源之外，城镇污水处理厂运行药耗主要包括除磷药剂、污泥脱水药剂等。药剂生产过程中温室气体的排放因子，可从文献中获取，除磷和脱水药剂的碳排放因子参考值 25kgCO_2/kg 混凝剂，石灰为 1.74kgCO_2/kg 石灰。药剂的总碳排放量（E_{YH}）为药剂消耗量（M_{YHi}）与药剂生产碳排放因子（F_{YHi}）的乘积。然后各项药剂碳排放量累加计算。

$$E_{YH}=\sum(F_{YHi}M_{YHi}) \tag{9-15}$$

5. 外部碳源投加的间接碳排放（E_{TH}）

外加碳源作为电子供体在反硝化脱氮过程中产生 CO_2。忽略外加碳源的生源性以及最终生物量所残留的碳源量（约占 10%），外加碳源的 CO_2 碳排放（E_{TH}）可按下式计算：

$$E_{TH}=F_{TH}M_{TH} \tag{9-16}$$

式中　E_{TH}——外加碳源消耗的间接碳排放量，kg CO_2/m^3 污水；

F_{TH}——碳源消耗的碳排放因子，参见表 9-1，乙酸钠为 1.07kgCO_2/kg 乙酸钠；

M_{TH}——外加碳源的消耗量，kg 碳源/m^3 污水。

9.3.2　污水处理系统碳排量的影响因素

城镇污水系统碳排量的影响因素较多，尤其污水管网、接纳水体和污泥利用过程的自然环境影响因素多，文献报道的数值变化范围大。城镇污水处理厂内的碳排放影响因素要相对简单一些。在此，选择太湖流域的城镇污水处理厂为主要分析对象，连续跟踪进水与出水的水质水量数据，结合前述的碳核算方法，从季节变化、排放标准、处理规模、运行负荷率四个方面分析污水处理系统的碳排放变化规律，探讨城镇污水处理系统的碳排放特征及主要因素的影响方式。污水处理系统更准确的碳排放核算方法及机理有待深入研究。

1. 碳排放特征

选取太湖流域某污水处理厂 2015～2017 年连续三年的水量水质监测数据，核算直接碳排放与间接碳排放的占比情况。如图 9-6 所示，间接碳排放为污水处理系统碳排放的最主要组成部分，约为总碳排放的 2/3；直接碳排放约为整体碳排放的 1/3 左右。因此，在降低碳排放方面，应以节省运行过程的能耗物耗、控制间接碳排放的措施为主，同时通过工艺系统的优化调控，降低生物脱氮除磷及污泥处理等工艺过程的直接碳排放。

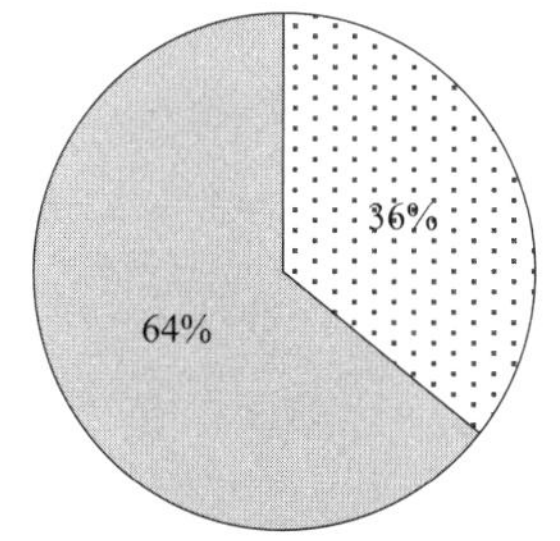

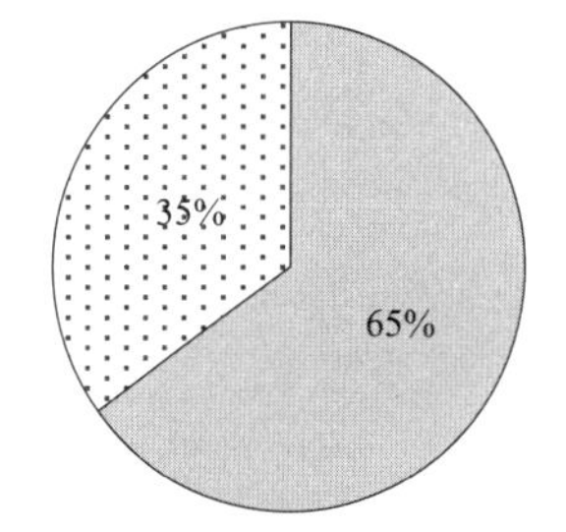

图 9-6　太湖流域某城镇污水处理厂 2015～2017 年的年均碳排放分布图

从图 9-6 可知，在间接碳排放的分布中，电耗引起的碳排放占比约为 65%，而药耗产生的碳排放为电耗的一半左右，减少间接碳排放应从主要耗电设备着手，如风机、推进器、进水泵、回流泵、污泥泵、脱水机等；同时考虑降低药耗所引发的碳排放。化学药剂的节省途径包括：提升污水管网的完善程度来降低碳源的损耗，通过精确加药、跌水复氧控制、水量水质均衡等精细化运行措施节省药耗，尤其是峰值加药量的降低。

2. 季节变化的影响

图 9-7 为太湖流域某城镇污水处理厂 2017 年和 2018 年连续 2 年的碳排放核算结果，其单位处理水量的碳排放量，冬季和春季大于夏秋两季。初步分析其主要原因为：冬春季

节的水温较低，污泥活性相应下降，污水处理厂常常采取增加活性污泥浓度的方式来保障处理效能，在低水温、高污泥浓度的条件下，为提升整体除磷脱氮能力，反硝化碳源、化学除磷等药剂的投加量，生物池的曝气强度、推进器运行功率等均相应升高，形成的间接碳排放量也随之加大。

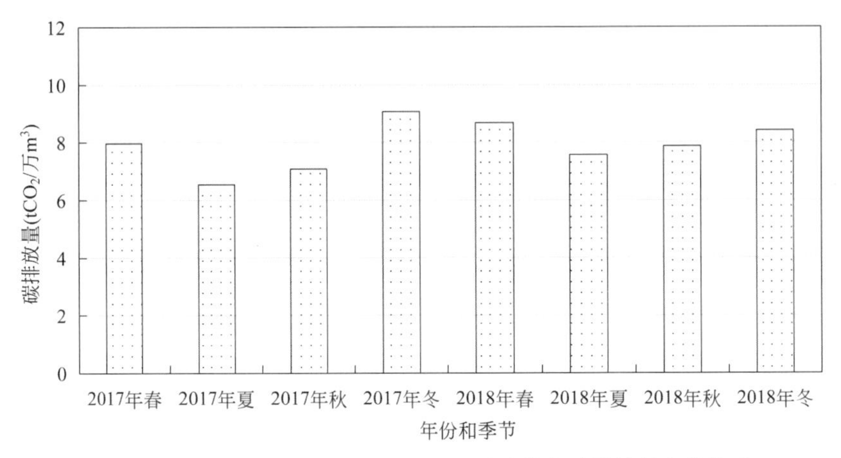

图 9-7　太湖流域某城镇污水处理厂不同季节的碳排放量变化情况

3. 排放标准的影响

对比城镇污水处理厂提标改造的单位处理水量碳排放量差异，544 座为执行一级 A 及以上标准污水处理厂，1549 座为执行一级 A 以下水质标准，如图 9-8 所示，随出水水质标准的提升碳排放量呈现较明显的上升趋势。究其原因，一方面，由于进水碳源不足，提升标准后的反硝化碳源、化学除磷药剂等投加量增加，间接碳排放量相应升高；另一方面，提标后工艺系统的生物脱氮需求提升，硝化反硝化过程的直接碳排放有所增加。

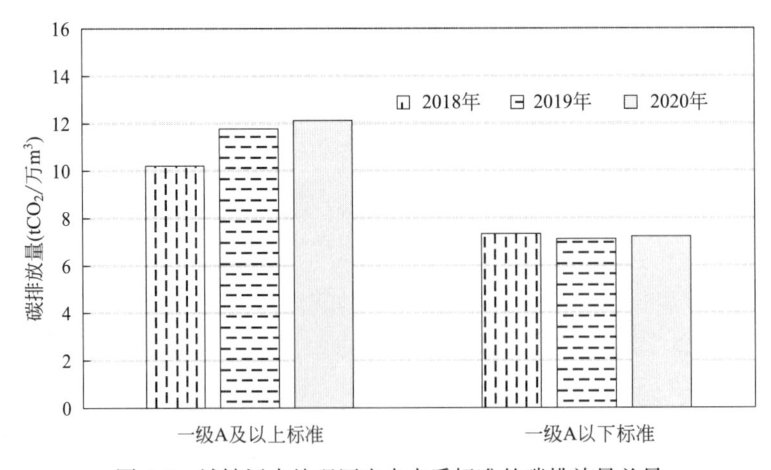

图 9-8　城镇污水处理厂出水水质标准的碳排放量差异

4. 处理规模的影响

图 9-9 为太湖流域不同规模污水处理厂连续三年水质水量数据监测与碳排放核算结果，可明显看出，随着处理规模的增加，处理每立方米污水的碳排放量明显下降，主要原

因为城镇污水处理厂的能耗物耗等主要间接碳排放具有明显的规模效应。

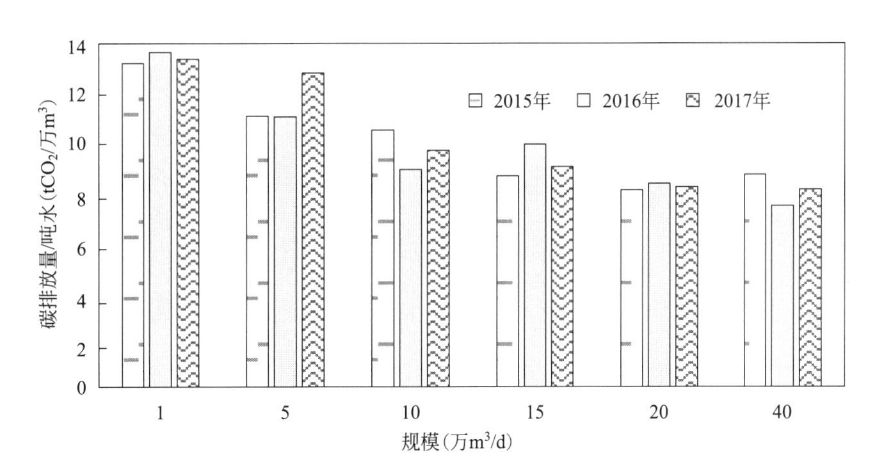

图 9-9　太湖流域不同规模城镇污水处理厂的碳排放量变化图

5. 运行负荷率的影响

从太湖流域某城镇污水处理厂碳排放量随运行负荷率变化趋势分析可知，吨水碳排放量与运行负荷率呈负相关关系。分析主要原因为运行负荷率的高低与吨水能耗和吨水药耗呈现负相关关系，而吨水能耗和吨水药耗与碳排放量呈正相关关系。因此，污水处理系统吨水碳排放与运行负荷率呈负相关关系，如图 9-10 所示。

图 9-10　太湖流域某城镇污水处理厂月均单位水量碳排放量与运行负荷率变化

9.3.3　污水处理系统能耗物耗指标分析

对于规模确定的城镇污水处理厂，其能耗与地理位置、进水浓度、处理等级、工艺类型以及运行机制等因素相关，在各项指标或各种因素都具有不确定性的情况下，难以找到一个可以直接对节能降耗水平进行综合评价的代表性能耗参数。为便于对比分析不同工艺类型、排放标准、地域特征或其他因素影响下的能耗水平，在后续的能耗分析中将采用比能耗或称之为单位水量能耗或单位去除量能耗的方式进行分析与表述。

在此，比能耗是指处理单位体积污水或去除单位质量污染物所消耗的能量，最常用的比能耗指标包括单位水量电耗和单位污染物（COD、BOD_5、NH_3-N、TN、TP）去除量电耗。目前国际上通常采用每处理 $1m^3$ 污水所消耗的电耗（以下简称为吨水电耗，kWh/m^3）来表征污水处理的电耗水平，采用下式计算：

$$\text{吨水电耗}=\text{指定时间段的总耗电量}/\text{指定时间段的处理水量} \tag{9-17}$$

对于进水水质构成和浓度相对均衡的情况，吨水电耗指标能够比较直观地表达能耗与污水处理量的比例关系，但污水处理能耗与污水水质密切关联，对于水质明显波动的情况，并不能很好地反映水质变动情况下的能耗水平。另外，我国不同地区的城镇污水处理厂进水水质或污染物去除量相差悬殊。例如，有的 COD 去除量不足 50mg/L，有的在 1000mg/L 以上，不同污染物及其去除量的差异必然引起能耗的差异，这种差异并不能用吨水能耗指标反映出来。为此，采用单位 COD 去除量的电耗指标（即单位 COD 电耗，kWh/kg COD）进行表述。简化起见，氮磷去除的对应电耗也可以隐含其中，按下式进行计算：

$$\text{单位 COD 电耗}=\frac{\text{指定时间段总耗电量}}{\text{指定时间段处理水量}\times\text{进出水 COD 差值}}=\frac{\text{吨水电耗}}{COD_{\text{进}}-COD_{\text{出}}} \tag{9-18}$$

单位 COD 电耗指标本身也有局限性，例如，并非所有表征 COD 指标的有机物在生物处理过程中都是耗氧的，有一部分有机物属于难生物降解的，但能被活性污泥絮凝和吸附去除。另外，随着污水排放标准的提高，NH_3-N 和 TN 的去除程度有较大的影响，因此，生物硝化的耗氧量和反硝化回收的当量氧量也需要纳入能耗核算的考虑范围。

采用单位 BOD_5 去除量的电耗或单位 TOD（总需氧量）的电耗这两个指标作为污水处理厂去除单位污染物的电耗水平，也具有一定的可行性和合理性。但这两个指标的使用存在日常测定的难度和准确性不足两方面问题。

依据全国城镇污水处理管理信息系统网络平台数据，选取 2020 年全国运行中的 5761 座城镇污水处理厂，进行全年能耗特征的分析研究，剔除少数数据不完整或能耗明显不合理的污水处理厂，吨水电耗和单位 COD 电耗的统计结果汇总于图 9-11 和图 9-12 中。

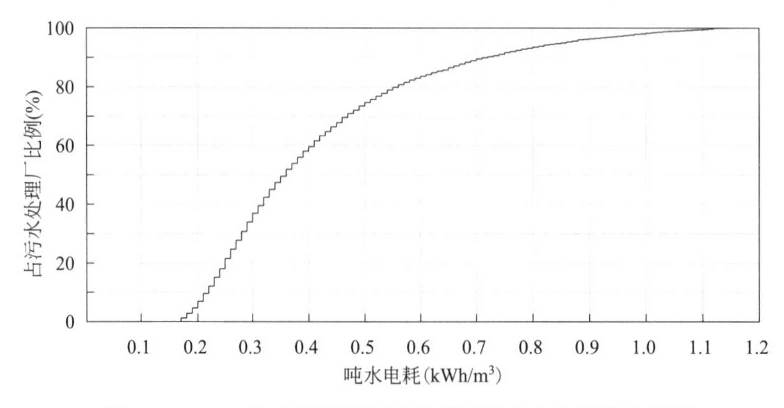

图 9-11　2020 年全国城镇污水处理厂的吨水电耗分布范围

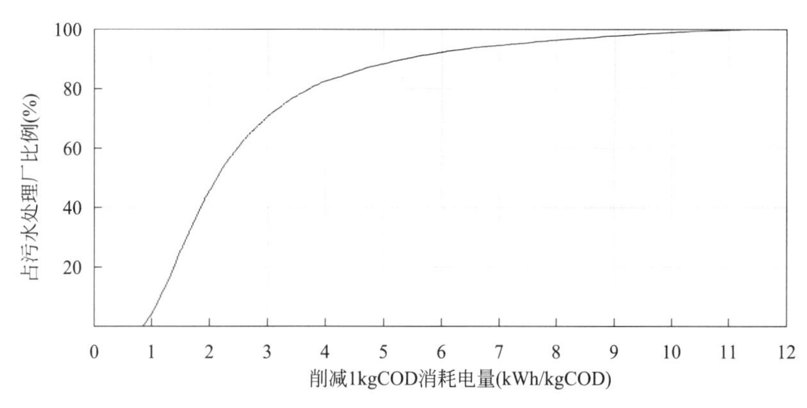

图9-12 2020年全国城镇污水处理厂的单位COD电耗分布范围

根据上述统计分析，2020年全国城镇污水处理厂的年均单位COD去除量的电耗约为1.53kWh/kg COD，其中80%以上的污水处理厂单位COD电耗在0.86～3.82kWh/kg COD区间；年均吨水电耗为0.335kWh/m^3，其中80%以上的污水处理厂在0.17～0.57kWh/m^3区间。与1999年日本污水处理厂吨水电耗0.26kWh/m^3、美国吨水电耗0.20kWh/m^3相比，属于偏高的水平。另外，日本和美国的污水处理厂能耗中通常包含污泥厌氧消化和焚烧过程的能耗，而我国城镇污水处理厂多数没有涵盖，又因为我国城镇污水浓度普遍偏低，我国城镇污水处理厂的能耗仍处于相对较高的状态，具有一定的节能降耗潜力。

由于城镇污水处理是一个复杂的工艺过程，影响因素多且相互交错，难以用综合指标对其电耗进行评价。下面分别从季节变化、规模效益、排放标准和运行负荷率等方面，对全国城镇污水处理厂的吨水电耗和单位COD电耗进行对比分析。

1. 季节变化的影响

温度会影响微生物的活性和氧的转移效率，同时对设备仪表的运转效能也会产生一定影响。为此，统计分析了城镇污水处理厂能耗的季节性变化。图9-13和图9-14分别为2012～2020年期间全国城镇污水处理厂不同月份的平均吨水电耗和单位COD去除量电耗的变化情况。不难看出，我国城镇污水处理厂的单位能耗逐年上升的同时，还具有一定的季节性变化特征，每年11月至来年5月的吨水电耗较高，但单位COD削减量的电耗相对较低；而6月至11月的吨水电耗较低，单位COD削减量的电耗均相对较高。

2020年全国城镇污水处理厂的吨水电耗和单位COD削减量的电耗对比如图9-15所示。吨水电耗与单位COD削减量电耗的比值在一定程度上代表城镇污水处理厂进水COD浓度的总体水平。因此，也从侧面反映了我国城镇污水处理厂11月至来年5月COD削减量绝对值相对较高，说明该段时间污水处理厂进水COD浓度相对较高，而6月至11月COD削减量绝对值相对较低，意味着该段时间污水处理厂进水COD浓度相对较低，这与我国城镇污水处理厂进水水质受降雨及季节性温度变化的影响特征基本吻合。

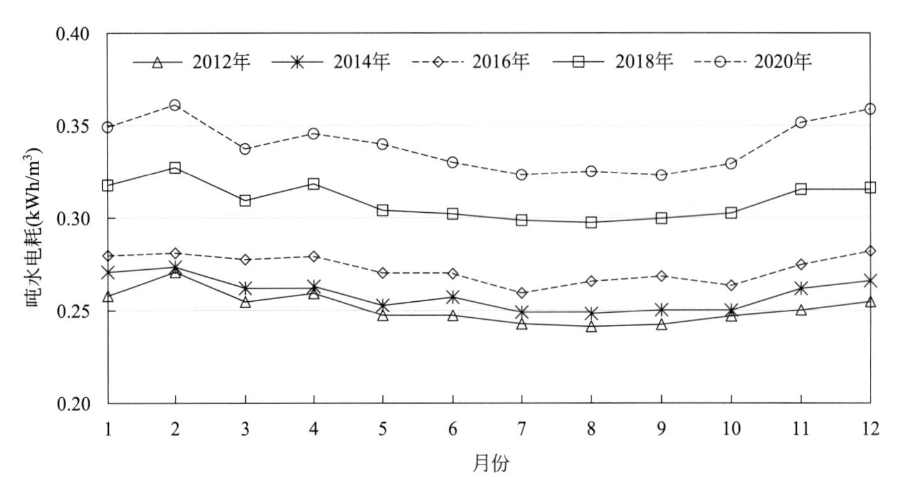

图 9-13　全国城镇污水处理厂平均吨水电耗的月度变化

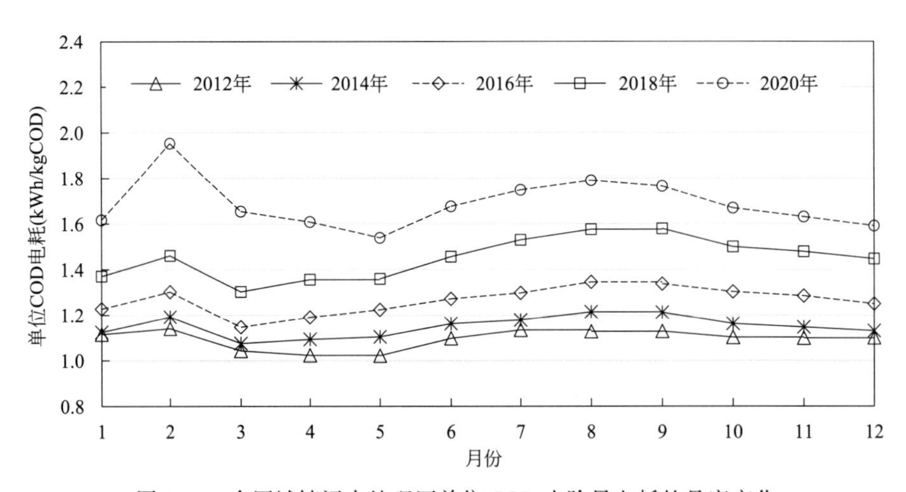

图 9-14　全国城镇污水处理厂单位 COD 去除量电耗的月度变化

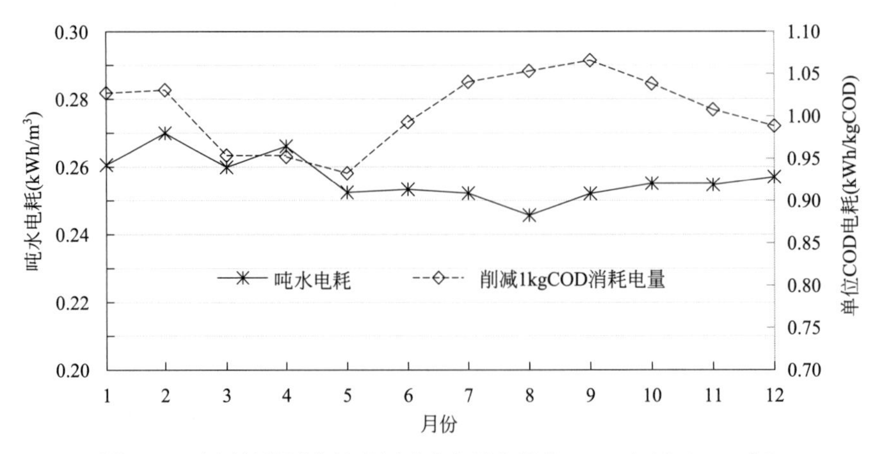

图 9-15　全国城镇污水处理厂吨水电耗和单位 COD 电耗（2020 年）

2. 工程规模的影响

城镇污水处理厂不仅在占地、设备、投资和人员配置上具有明显的规模效应，在运行能耗方面，同样具有较明显的规模效应。这源于污水处理厂的进水水质水量变化、设备功率的偏高配置、安全运行所需的备用构筑物、工程规模对工艺流程选择的影响、小规模系统的高标准配置等方面，这些因素均可能增加运行过程的负担和能耗。

（1）城镇污水处理厂规模分布。2020 年统计的全国 5761 座城镇污水处理厂的平均规模为 4.03 万 m^3/d，规模差异明显，从最小的 0.01 万 m^3/d，到最大的 280 万 m^3/d。不同的污水处理规模，必然有不同的能耗特征。在此，按照低于 0.5 万 m^3/d、0.5 万～1 万 m^3/d、1 万～2 万 m^3/d、2 万～5 万 m^3/d、5 万～10 万 m^3/d、10 万～20 万 m^3/d、20 万～50 万 m^3/d 以及大于 50 万 m^3/d 8 个规模区段，对全国 2020 年度运行的城镇污水处理厂进行分类统计，结果如图 9-16 和表 9-3 所示。

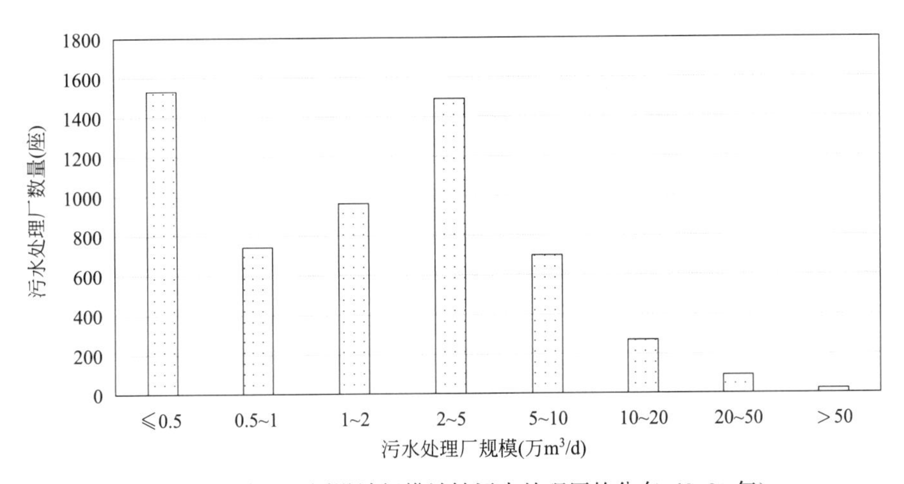

图 9-16　全国不同设计规模城镇污水处理厂的分布（2020 年）

全国城镇污水处理厂的设计规模分布特征（2020 年）　　**表 9-3**

规模范围（万 m^3/d）	总规模（万 m^3/d）	平均规模（万 m^3/d）	数量（座）	数量百分比（%）	规模百分比（%）
≤0.5	308.82	0.21	1492	25.90	1.33
0.5～1	666.33	0.92	723	12.55	2.87
1～2	1710.57	1.80	951	16.51	7.37
2～5	5619.18	3.75	1499	26.02	24.20
5～10	5703.15	8.03	710	12.32	24.56
10～20	4296.60	15.80	272	4.72	18.50
20～50	2852.80	31.35	91	1.58	12.28
＞50	2063.00	89.70	23	0.40	8.88

从图 9-16 可看出，城镇污水处理厂数量在大于 0.5 万 m^3/d 时呈较明显的正态分布特征，其中规模 1 万～10 万 m^3/d 的城镇污水处理厂数量占全国总数的 54.9%；而从污水处理厂建设总规模来看，2 万 m^3/d 以上（不含 2 万 m^3/d）规模的占总规模的 45%以上，意味着 2 万 m^3/d 及以下规模占总规模的比例高达 55%。另外，20 万 m^3/d 以上规模的污水处理厂数量占全国城镇污水处理厂总数的 2%，但设计规模达到全国总规模的 21.2%。

（2）规模对能耗分布的影响。按照上述不同规模污水处理厂的分类，对各种设计规模的污水处理厂能耗进行算术平均值分析，其能耗特征如图 9-17 和图 9-18 所示。城镇污水处理厂的运行电耗与设计规模有很大关系，设计规模越小，吨水电耗和单位 COD 削减量电耗越大，随着处理规模的增大，吨水电耗和单位 COD 削减量电耗相应降低。规模小于 0.5 万 m^3/d 污水处理厂的平均运行电耗约为规模 50 万 m^3/d 以上平均电耗的两倍以上。

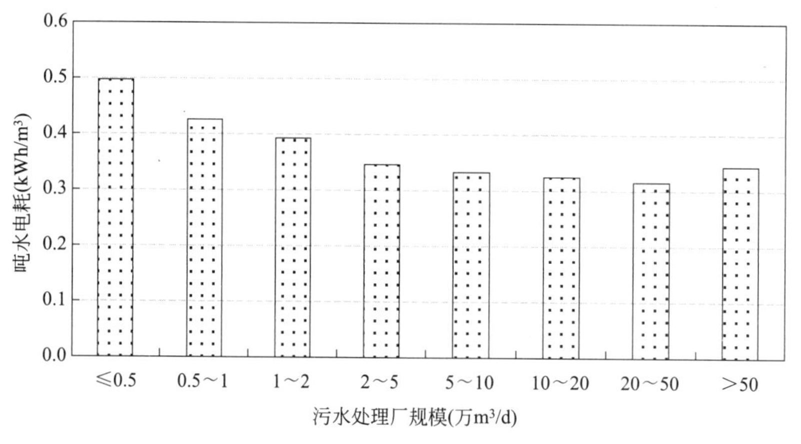

图 9-17　不同规模污水处理厂的吨水电耗分布范围（2020 年）

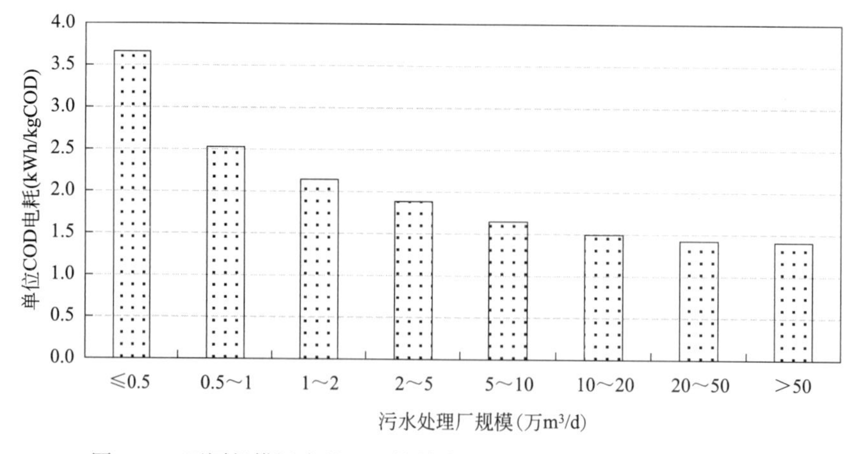

图 9-18　不同规模污水处理厂的单位 COD 电耗分布特征（2020 年）

规模小则单位水量能耗高的实际情况说明了工程建设的规模效应。由于需要设置足够高的安全系数以抵御较大的冲击负荷或波动，加上必须配置的各种设备和配电系统，规模越小，单位能耗必然越高。上述有关设计规模对电耗的影响分析仅限于污水处理厂本身，关于区域连片建设大规模污水处理厂还是分区建设不同规模的中小型污水处理厂，就能耗来说，需要综合考虑污水处理厂自身的能耗和污水收集与输送系统的能耗等影响因素。

规模 0.5 万 m^3/d 以下的累计规模不足全国城镇污水处理总规模的 1.3%，即使吨水电耗或单位 COD 削减量电耗较高，实际总耗电量也仅为全国城镇污水处理总耗电量的 1.31%，就宏观层面而言，其节能降耗对全国能耗降低的贡献率非常有限。设计规模 2 万 m^3/d 以上的，累计规模达到全国城镇污水处理总规模的 88%以上，其电耗为全国城镇污水处理总电耗的 86%以上，因此，特别有必要进一步挖掘大中型规模的污水处理厂节能降耗潜力。

对图 9-17 和图 9-18 的曲线进行拟合，其中不同规模污水处理厂的吨水电耗和单位 COD 去除量电耗拟合曲线分别为：

$$Y_{吨水电耗}=0.4897X^{-0.215}\quad (R^2=0.9408) \tag{9-19}$$

$$Y_{COD电耗}=3.5905X^{-0.472}\quad (R^2=0.9964) \tag{9-20}$$

式中　$Y_{吨水电耗}$——吨水电耗值，kWh/m^3；

$Y_{COD电耗}$——单位 COD 去除量的电耗值，kWh/kg COD；

X——污水处理厂的设计规模，万 m^3/d。

3. 排放标准的影响

（1）城镇污水处理厂处理等级分布。按照《城镇污水处理厂污染物排放标准》GB 18918—2002 的排放标准分类，对 2020 年度城镇污水处理厂进行分类统计，如图 9-19 所示，无论从数量还是工程规模上，一级 A 及以上排放标准的污水处理厂均占主导地位，其数量和规模分别达到所统计数量和规模的 75%和 86%。

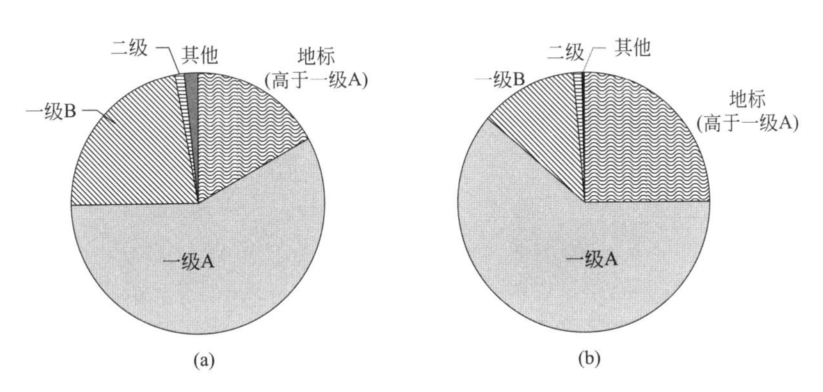

图 9-19　2020 年全国城镇污水处理厂数量与规模分布（按排放标准分类）

（a）数量；（b）规模

（2）不同处理等级的能耗特征。按照以上排放标准，对所统计的处理厂进行能耗的分类分析，如图 9-20 所示。一级 A 及以上标准的平均吨水电耗基本相当，为 $0.34kWh/m^3$，而一级 B 标准的吨水电耗为 $0.29kWh/m^3$，明显低于一级 A 及以上标准。需要注意的是，部分二级排放标准的污水处理厂是具有生物除磷脱氮功能的，而且早期设计建设的通常具有污泥厌氧消化系统。随着排放标准的提高，对 COD 的削减提出更高的要求，高于一级A标准的单位COD削减量的耗电量为1.64kWh/kg COD，一级A标准的单位COD削减量的耗电量与一级B标准的基本相当，分别为1.50和1.51kWh/kg COD。一级A标准的能耗增加与深度处理系统的设置有关，也与泥龄、水力停留时间、污泥浓度等工艺参数的变化有关。高排放标准意味着需要较复杂的工艺流程，以及化学药剂和外部碳源的投加。

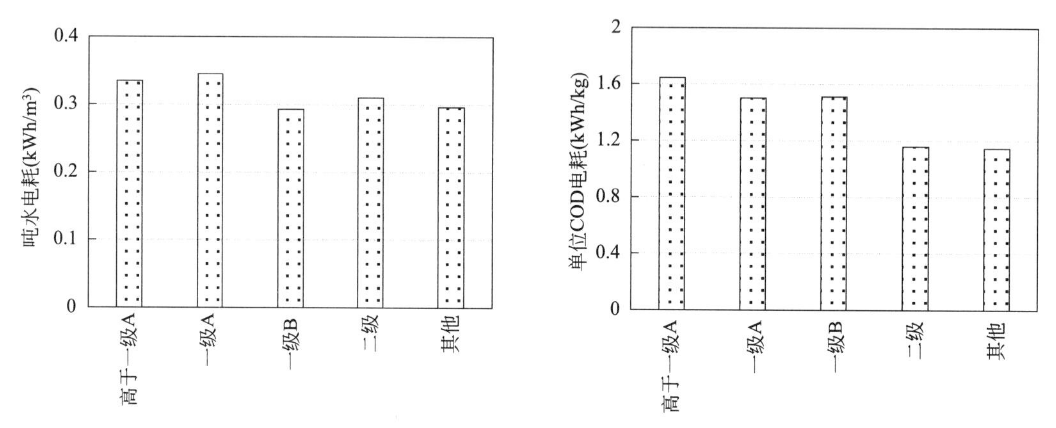

图9-20　不同排放标准城镇污水处理厂的吨水电耗和单位COD电耗

4. 运行负荷率的影响

（1）运行负荷率分析。随着我国城镇污水处理厂数量和规模的不断增加，运行负荷率也逐年上升。如图9-21所示，大部分污水处理厂的运行负荷率在80%～120%之间，占总数和总规模的50%以上。从运行规模看，63%以上污水处理厂的运行负荷率超过80%，超过21%规模的污水处理厂运行负荷率超过100%，水量超负荷情况比较突出。

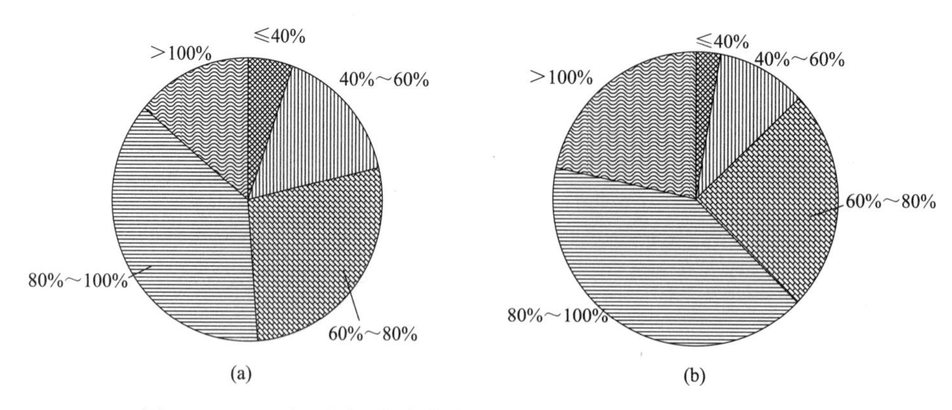

图9-21　2020年不同运行负荷率的城镇污水处理厂数量和规模分布

（a）数量分布；（b）规模分布

（2）运行负荷率的影响。城镇污水处理厂多数为两组以上构筑物并联设计，尤其是生物处理系统，一般具有较充足的水量调节能力。当进水水量较低导致运行负荷率降低时，可以根据实际进水量，选择运行一组或两组构筑物；当进水量与部分工艺构筑物的处理能力吻合，而且按照合理的方式运行时，污水处理厂的能耗主要受不可调节工艺构筑物的影响，可调节工艺构筑物的影响相对较小。对 2020 年 5000 多座已建城镇污水处理厂的电耗进行分析，如图 9-22 所示，污水处理厂电耗与运行负荷率之间具有较好的相关性。

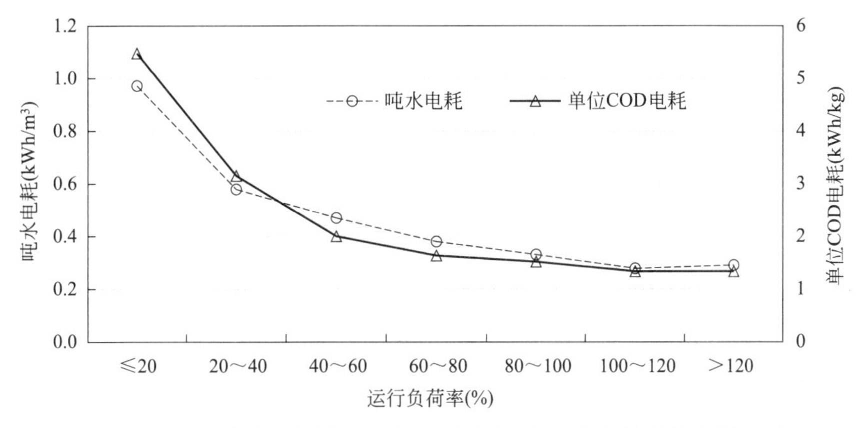

图 9-22　2020 年全国城镇污水处理厂不同运行负荷率的总体电耗水平

吨水电耗和单位 COD 削减量电耗均随着运行负荷率的提高而逐渐降低，尤其是运行负荷率小于 40％的污水处理厂，吨水电耗和单位 COD 削减量电耗较高，而运行负荷率超过 80％的污水处理厂，电耗水平基本持平，这意味着运行负荷率越高，设备利用效率越高。但曲线并没有很好地表征出运行负荷率 50％左右的城镇污水处理厂通过运行半数工艺设施时的节能降耗潜力，因此，仍有通过运行方式调整进一步节能降耗的优化潜力。

9.4　城镇污水处理工艺单元节能降耗及低碳途径

9.4.1　全流程降碳与节能降耗策略

城镇污水处理是一个复杂的系统工程，其节能降耗方案的制定必须综合考虑整个系统的基本属性及其变化特征。在体现整个工艺系统节能降耗的前提下，分析每个单元构筑物或功能区的节能降耗措施，并考虑主要影响因素，形成全工艺流程的节能降耗途径及具体技术措施选择。“十一五”期间，结合若干城镇污水处理厂的优化运行与节能降耗，中国市政工程华北设计研究总院等单位对城市污水处理全工艺流程的能耗、物耗及其相互影响进行了分析研究，初步构建了全流程节能降耗的技术路线、集成技术方案和工程化应用模式，并提出了主要工艺单元节能降耗控制策略，见表 9-4。

城镇污水处理厂节能降耗技术途径及控制策略示例　　表 9-4

工艺单元	节能降耗技术途径及控制策略
进水格栅	1. 通过粗、中、细格栅(1.5～10mm)优化组合，大幅度减少惰性漂浮物、悬浮物对后续工艺单元的影响，避免活性污泥惰性组分含量过高； 2. 进水中纤维及毛发类悬浮物较多时，考虑设置超细格栅(0.2～1.5mm)； 3. 强化日常运行维护，对运行不顺畅格栅及时进行调整或者修理

续表

工艺单元	节能降耗技术途径及控制策略
进水泵房	1. 通过不同流量水泵级配，形成多样化的泵送能力组合，以适应进水流量的不断变动，避免泵池水位的剧烈变化和水泵频繁启停； 2. 尽量控制泵池水位相对平稳，使泵送高度尽量接近水泵最佳工况； 3. 尽量利用厂外污水管网调蓄能力，减缓水量剧烈波动，保持较高进水水位，降低提升的泵送高度； 4. 尽量采用变频方式控制泵组的运行，使水泵始终在高效区运行； 5. 发挥变频控制的调节作用，通过固定-变频组合搭配，提高泵组整体效率
沉砂池	1. 改进沉砂池设计、优化运行管理，并适当提高沉砂池的水力停留时间； 2. 保障 0.2mm 以上无机颗粒的充分去除，增强 0.1～0.2mm 细小泥沙颗粒的去除能力，缓解后续工艺单元泥沙沉积与设备磨损； 3. 定期分析测定沉砂池的运行效果，并采取相应的调节与控制措施
高效初沉池	1. 尽量设置初沉池，特别是合流制污水或污水 SS/BOD_5 高的情况； 2. 提高表面负荷、缩短停留时间，尽量去除无机组分并减少碳源的损失； 3. 表面负荷 2.5～4.5$m^3/(m^2 \cdot h)$，停留时间 0.5～1.5h，按高水力负荷运行； 4. 去除 50%以上进水悬浮固体，剩余污泥产率降低 0.25～0.5kgDSS/kgBOD_5； 5. 定期分析初沉池运行效果，根据进水特性和后续工艺要求调整运行模式
初沉发酵池	1. 新建或原有初沉池改造为初沉发酵池，尤其对于 SS/BOD_5 高的进水情况； 2. 表面负荷 2.5～4.5$m^3/(m^2 \cdot h)$，停留时间 0.5～1.5h，功率密度 0.5W/m^3； 3. 剩余污泥产率降低 0.25～0.50kgDSS/kgBOD_5，后续 TN 去除量提高 2～5mg/L； 4. 合理控制底泥排出量和悬浮污泥层高度，降低 SS/BOD_5，增加优质碳源
生物除磷脱氮系统	1. 采用回流污泥反硝化生物除磷脱氮工艺提高生物除磷和碳源利用率； 2. 采用多级串联的循环流态(氧化沟)池形减缓进水水量水质的波动； 3. 多点进水、多点回流、进水量分配可调，多种运行模式灵活调整； 4. 厌氧池和缺氧池采用高效推进器和低阻力损失设计，推进器功率密度 2.0～3.0W/m^3； 5. 采用流量可调的高效率低能耗风机(变频控制或叶片角度可调)； 6. 好氧区冬季低温时段溶解氧控制在 2.5mg/L 左右，夏季高温时段控制在 1.5～2mg/L； 7. 根据进水水质水量动态变化和出水要求，季节性调整混合液内回流比； 8. 根据不同曝气强度，将好氧区分段分组，控制内回流液溶解氧小于 1.5mg/L； 9. 生物池跟踪测试，按出水 NH_3-N 1～2mg/L 分段控制曝气区溶解氧浓度
强化硝化悬浮填料	1. 池容不足时投加悬浮填料，强化硝化能力及其稳定性并增加反硝化池容； 2. 提高运行污泥浓度，当泥龄仍低于 15d 时，考虑曝气区投加悬浮填料； 3. 冬季低温时填料区溶解氧控制在 5mg/L 左右，夏季高温时控制在 2mg/L 左右； 4. 填料区之后保留一定容积好氧区并安装水下推进器，以利用剩余溶解氧； 5. 悬浮填料对硝化菌附着性好、有效表面积大、孔隙率高、寿命长； 6. 单位填料硝化能力≥0.4gNH_3-N/$(m^3 \cdot d)$，冬季填料区硝化能力加倍
碳源投加	1. 尽量开发污水处理系统中的内部碳源(初沉发酵池、优化工艺布局)； 2. 以下情况需投加碳源：采用优化运行措施，TN 仍不能稳定达标；生物处理进水 BOD_5 与达标所需 TN 去除量的比值小于 5；进水碳氮比低且 TN 浓度在 50mg/L 以上； 3. 根据生物除磷与脱氮的关联关系及影响因素，优化碳源类型和投加点； 4. 采用醋酸和醋酸钠为外碳源时，可同时增强生物除磷和生物脱氮能力； 5. 根据进水 TN 波动及峰值，优化投加点和投加量，避免碳源投加过量
化学除磷	1. 尽力发挥生物除磷能力，必要时辅以化学除磷，优化投加点和投加量； 2. 二沉池之后设置混凝沉淀过滤化学除磷时，反冲洗排液应回流到曝气池； 3. 同步化学除磷时应根据 TP 控制药剂投加量，宜采用在线动态优化控制系统
过滤处理	1. 用地紧张、水力高程有限时，宜采用机械过滤(滤布滤池、转盘过滤)； 2. 用地较为宽松、运行稳定性和可靠性要求较高时，可采用常规砂滤池； 3. 采用滤布滤池，占地小，管理简单，能耗低(仅为常规过滤能耗的 3%)

1. 进水峰值流量的控制

进水水量的波动主要影响污水生物处理系统的溶解氧需求量，同时也影响混合、回流等设备的运行状态。受污水处理系统中生物反应滞后性、絮凝吸附和水量缓冲等因素的影响，常规的运行模式难以快速适应上述变化并做出相应的运行调整。因此，通过污水管网调蓄和提升泵的运行优化，以及生物池池型构造（水力流态）的优化，来促进水质水量的均匀配置和峰值削减，对出水稳定达标和工艺过程节能降耗具有积极作用。

2. 强化全工艺流程设计

城镇污水处理系统前端工艺单元的处理效果往往影响后续工艺单元的处理效率。比如格栅、沉砂池和初沉池运行效果良好时，生物系统的 MLVSS/MLSS 会升高，并表现出较高的生物活性，生物池的有效利用率相对较高，能耗相应较低。如果这些构筑物在去除无机颗粒物的同时去除了大量的有机物，就可能导致后续工艺单元出现反硝化碳源不足，外部碳源需求可能同步增加，实际总能耗会升高。如果生物除磷能力不足，则化学除磷需求增加，同样会增大化学除磷药剂的消耗。

3. 充分利用峰谷电价

为有效配置电力资源，我国大部分地区工业企业用电执行峰谷电价政策。因此，在运行条件允许的情况下，有必要充分利用污水管网系统的调蓄能力及峰谷电价政策，使用污水管网及调蓄池构筑物蓄积用电高峰时段的峰值污水量，然后在全社会用电的低谷时段进行处理，即使不降低用电总量的情况下，也能节省用电的总费用，可以更合理地利用能源。

4. 充分利用已有设施

由于排水管网不够完善或其他一些因素的影响，有少数污水处理厂存在建设规模过大、实际收集水量较小的问题。在厂网同步建设或建厂优先于管网的地区，这一问题较为突出，使单位能耗偏高。对于长期不能满负荷运行的污水处理厂，合理的多组平行设计、灵活的运行模式和专业的运营团队有助于节能降耗工作的切实实施。

9.4.2　主要工艺单元节能降耗措施

1. 一级处理单元

一级处理单元的合理设计与运行不仅直接影响其本身的能耗，也间接影响后续生物处理系统的能耗。虽然一级处理构筑物（格栅、沉砂池和初沉池）的能耗占全厂的能耗比例相对较低，节能空间有限，但其合理运行对于全流程能耗物耗的降低却是至关重要的。

（1）污水的泵送单元。污水提升泵是节能降耗的关键节点之一，需要合理确定提升泵的运行模式，并通过设置变频器或不同流量泵组合的形式，优化污水提升泵站的运行。泵的运行模式对后续生物系统的节能降耗也有影响，合理利用污水主干管和泵房前池的调蓄能力，调节污水处理厂进水流量，使水量比较均匀地进入生物处理系统，有利于节省生物池曝气能耗和化学药剂投加量。

（2）格栅及配套设备。格栅并非污水处理的主要耗能设备，通常不会作为主要能耗单元来考虑。但格栅的运行效果对后续生物处理系统的运行效果和能耗有较大影响。假如格栅配置不合理，不能有效拦截污水中的缠绕物和细微漂浮物时，过多的缠绕物和漂浮物进入后续生物处理系统，就会缠绕，水下仪器仪表上并导致其失灵，缠绕到泵、推进器等机械设备上，增大设备运行阻力甚至造成设备堵塞。这些缠绕物一旦进入 MBR、IFAS、MBBR、BAF 或过滤等强化处理工艺单元，会增加运行阻力和反冲洗频率，甚至引发运行故障，影响后续工艺单元的运行效果与能耗物耗。

（3）沉砂池与初沉池。沉砂池和初沉池也不是主要耗能单元，但其运行效果对后续工艺单元的能耗物耗影响较大。当沉砂池和初沉池运行效果较差时，过多砂砾和细微泥沙进入后续生物处理系统，会明显影响活性污泥的活性，导致生物处理系统增大“污泥浓度”的要求，增加“污泥悬浮”所需的能耗；另外，还会加大回流泵、推进器（搅拌器）、曝气器及其他设备或配件的磨损，设备性能出现降低，能耗相应增加。

2. 生物处理单元

污水生物处理设施是污染物削减的核心单元，也是能耗最大的单元。其中，曝气和混合系统能耗最高，是节能降耗潜力最大的部分。合理选择工艺运行参数和控制点位，加强维护以提高自控仪表的准确性和精确度，采取基于仪表数据的供氧系统运行工况自动调整等运行控制措施，都有助于节能降耗。动态精确曝气是当前受到关注的技术途径之一。

（1）优化单元布局和工艺，合理调节生物功能区。按照功能区的实际控制要求，优化调整工艺运行参数和监测点位，可以明显提高生物系统的整体性能，同时也有助于提高污水处理设施的运行效率，节省运行成本。优化控制措施包括厌氧、缺氧和好氧功能区的指标控制，以及污泥龄、回流比、污泥浓度、曝气量、投药量等工艺指标的调整。

（2）充分开发利用内部碳源。不但有利于提高氮磷去除效果，而且有利于降低耗氧量需求。与溶解氧类似，硝态氮作为最终电子受体，在反硝化过程中进行有机物的生物氧化和硝态氮的异化还原。反硝化程度越高，供氧的节省量也越多。如果短程硝化反硝化和反硝化除磷能力得到强化的话，相应的氮磷去除效果和节能降耗作用会更明显。

（3）生物池功能区的优化设置。近年来，为了稳定达到一级 A 及以上水质标准，针对我国城镇污水碳氮比低的水质特点，通过功能分区的进一步优化，在提高处理效果及运行稳定性的同时也能增强节能降耗效果。例如，在推流式生物池好氧区的末端设置缺氧过渡区，降低混合液回流中的溶解氧含量，增强缺氧池反硝化功能的工艺设计思路对 IFAS、MBBR 和 MBR 系统的作用效果尤为显著。

3. 其他技术措施

除了从工艺和运行控制角度采取措施促进节能降耗外，设备维护与更新、设备配置优化及精确控制等措施，也有助于节能降耗。

（1）设备更新。污水处理厂节能降耗方案的实施往往意味着部分高耗能设备的更换或调整，以及磨损设备的更换或维修。在进行以节能降耗为目的的设备维护或更新时，应综合考虑维护或更换的成本，以及前后的能耗变化情况，合理预测设备维修或更换的成本回收期。当设备整体更换的节能效果不显著时，通常考虑以日常维护或简单维修为主要的节能降耗手段。

（2）表面曝气设备。对于采用表面曝气机（转碟、转刷、倒伞）的沟道型污水处理系统，曝气和混合功能都是通过曝气机实现的。由于需要兼顾曝气和搅拌功能，其运行灵活性相对较差并影响运行能耗。为改进运行模式，一些设计和运行单位对表面曝气机为主要充氧模式的污水处理系统进行技术改造，增设水下推进器，使混合和曝气功能相对分离，增加运行灵活性，同时起节能降耗作用。

（3）设备运行维护。对于节能降耗，污水处理设备的日常维护和定期保养也是一个重要环节。应按照设备操作规程进行必要的设备维护和保养，如格栅栅渣的清除可提高过水能力，曝气头的清洗能提高充氧能力、降低水头损失。这些措施的实施有助于保障设备的正常运行，降低无效损耗，从而达到降低设备能耗的效果。在节能降耗方案中，有必要对这部分内容作出详细规定。

（4）精细化运行管理。精细化运行管理是当前和今后的发展趋势，如果因精细化管理措施导致需要新增各种设备和控制系统时，则应从设备回收期、系统运行稳定性、运行成本等角度综合考虑，提出最佳管理控制模式。

9.4.3　主要工艺单元物耗控制措施

随着我国各地相继出台城镇污水处理厂污染物排放的地方标准，为满足高标准排放的水质指标限值要求，城镇污水处理厂用于深度除磷脱氮的碳源、除磷药剂、絮凝药剂等物耗呈现逐年增加的趋势。2021 年 6 月，十部委发布《关于推进污水资源化利用的指导意见》，污水资源化利用成为重要的发展方向，其中的市政杂用、景观环境利用和河湖生态补水均需要考虑再生水的消毒问题，同时为应对公共卫生事件，各污水处理厂均提升了消毒系统能力，增设加氯消毒单元，消毒药剂消耗也成为重要药耗点。污水处理厂物耗的控制，尤其碳源与药剂消耗，应在确保出水或处理产物稳定达标的基础上兼顾物耗控制，同时考虑河道生态补水、景观环境利用等资源化利用过程中的生态安全风险问题。

1. 碳源的截留与质量改善

我国城镇污水收集管网普遍存在着结构性和功能性缺陷，清水入流入渗、管道沉积等导致城镇污水处理厂进水有机物浓度普遍偏低，碳源不足已成为制约除磷脱氮的重要瓶颈。为提升生物系统除磷脱氮能力，保障出水稳定达标，不得不通过投加外碳源来满足除磷脱氮需求。据全国城镇污水处理管理信息系统 2019 年的数据统计分析，全国城镇污水处理厂中进水 COD/TN＜8（或 BOD_5/TN＜3.5）的占比高达 70%。

在普遍投加外碳源满足脱氮除磷要求的背景下，如何保留进水碳源、降低外碳源投加成为城镇污水处理厂降低物耗的重要途径。基于中国市政工程华北设计研究总院科研团队长达十余年的跟踪调研、生产测试和试验研究，预处理系统降低进水碳源损耗主要包括两个方面：一是初沉发酵池对碳源截留与改善，二是预处理系统的跌水复氧控制。

初沉发酵池总体设计理念是在传统辐流式初沉池的刮泥系统或池壁上增设低速推进

器，通过刮泥系统和推进器的启停，实现水解产酸发酵、生物絮凝、物理沉淀等运行模式的自由切换。在水解产酸发酵模式中，低速推进器推动悬浮污泥层缓慢旋转，沉淀形式由静态转变为旋流微动态，促使不同密度污泥分层沉降，强化了污泥絮体对悬浮固体的快速网捕沉淀及其附着有机物的水力剥离，大幅度降低进入生物系统的无机固体含量；系统运行将常泥位控制在有效池深的80%左右，污泥固体停留时间提高至5d左右，水力停留时间缩短至1h以内。

初沉发酵池的泥层内完成悬浮固体液化、复杂大分子水解和产酸发酵，大大提高优质碳源比例。实际工程应用悬浮固体液化分解率15%以上、VFAs和VSS/SS提高20%以上，后续工艺MLVSS/MLSS由0.3～0.4升高到0.5～0.6，活性污泥产率和所需生物池容积降低30%以上，节地节能降耗效果显著。

2. 预处理系统跌水复氧控制

如第9.3.1节所述，我国城镇污水处理厂预处理系统跌水复氧现象普遍，导致污水在预处理系统中长时间处于好氧状态，预处理阶段碳源损失严重，同时预处理最后一组构筑物（一般为初沉池或沉砂池）跌水复氧后的污水携带大量溶解氧进入生物系统，直接与活性污泥接触，导致大量碳源被无效消耗，进一步加剧了生物系统脱氮除磷碳源短缺。

为此，需要通过工程措施解决预处理系统跌水复氧难题。目前，跌水复氧的主要解决方案包括在设计阶段尽量采用淹没出流的方式，减少出流的跌水复氧；或者采用隔板隔断内外空气流通的方式降低跌水点空气中氧含量，起到间接降低污水中跌水复氧的效果，具体工程措施参考第9.3.1节相关内容。

3. 基于内回流混合液DO控制的工程措施

根据生物脱氮除磷基本理论和工艺设计特点，在实际工程中，为确保满足缺氧区反硝化能力的实际需求，通常在好氧区的末端设置混合液回流泵或穿墙泵，将含较高浓度硝酸盐氮的混合液回流至缺氧区。但部分工程研究结果表明，来自好氧区的内回流混合液不仅含有反硝化所需的硝酸盐氮，同时也含有相对较高的溶解氧浓度，与反硝化菌竞争有机碳源，在一定程度上影响缺氧区的反硝化效果。

内回流混合液携带的DO导致缺氧区回流点DO和ORP同步上升，特别是ORP的上升严重时缺氧区回流点附近区域ORP呈现正值，导致缺氧区“不缺氧”，池容利用率明显下降；另外，内回流混合液携带大量DO在缺氧区与进水直接混合也会导致碳源无效消耗。大量测试发现，内回流混合液DO能够导致缺氧区的池容利用率下降15%以上，碳源无效消耗能够导致脱氮能力下降1～3mg/L。

为此，需要在好氧区的末端建立相应的消氧区，解决内回流混合液DO居高不下的行业共性难题，具体措施可参考第9.3.2节的相关内容。

4. 反硝化滤池跌水复氧控制

深度处理系统涉及的碳源消耗单元主要为反硝化滤池。当生物系统受池容限制、碳源投加点难以选取时，总氮难以达标。一般可选择在深度处理工艺系统中设置反硝化滤池，通过投加外碳源方式强化反硝化脱氮。

通过大量生产性试验测试发现，上进下出式反硝化滤池的进水渠道普遍存在跌水复氧现象。自上部进入滤池的污水因跌水而富含较高浓度 DO（一般在 3～8mg/L），不仅导致反硝化滤池上部空间 ORP 偏高，池容利用率下降，同时其携带的大量 DO 直接与投加的快速碳源（如乙酸钠等）接触反应，无效消耗大量碳源，导致反硝化效果大打折扣。

为此，需从进水方式上考虑降低跌水复氧的效果，主要措施包括：

（1）设计时采用下进上出方式杜绝进水渠道的跌水复氧。

（2）提高上进下出式反硝化滤池液位，降低进水渠道出口与滤池上覆水面的距离，降低跌水复氧影响。

（3）在上进下出式进水渠道处增设导流板，将进水通过导流板导向滤池，降低跌水复氧影响。

5. 药剂消耗

污水处理所用絮凝药剂主要包括有金属盐（铁盐、铝盐、复合药剂）、石灰和有机聚合物（聚合铝铁、聚合氯化铝等），核心使用单元为化学除磷和污泥处理单元。随着污水处理规模持续增加及污水、污泥处理标准不断提升，为强化化学除磷及 SS 去除效果，提升污泥脱水性能，投加助凝剂已成为必选措施。助凝剂主要为聚丙烯酰胺（PAM），化学除磷过程投加的是阴离子 PAM，污泥处理过程投加的是阳离子 PAM。

随着城镇污水处理厂出水 TP 标准提升，特别是全国各地陆续发布的地方标准中均把出水 TP 作为重点监控对象，其出水排放限值也都严格控制在 0.3mg/L 以下。有的敏感区域，如昆明市执行的标准最为严格，出水 TP 要控制到 0.05mg/L。

因此，各地污水处理厂提标改造时都需要采用化学除磷，以实现出水 TP 的稳定达标，除磷药剂也就成为重要的药耗组成部分。为实现稳定达标兼顾节省药耗的目标，精确投药成为节省药耗的重要措施。

（1）对二沉池出水 TP 作组分分析，辨别正磷酸盐比例，初步判断通过化学除磷后出水 TP 可以达到的理论浓度。

（2）开展除磷药剂优化投加试验，通过不同药剂不同浓度的批次投加试验，结合磷酸盐及 TP 的去除效率，优选除磷药剂。

（3）开展不同浓度正磷酸盐条件下的化学药剂投加试验，以指导不同正磷酸盐运行工况下药剂投加浓度范围。

（4）有条件时仍可定期开展化学药剂投加试验，结合进水水质及环境因素变化，确定药剂最优投加量。

（5）采用协同化学除磷时，应结合生物系统污泥浓度开展化学除磷批次对比试验。

（6）做好计量絮凝剂设备的日常维护保养工作，确保计量准确，减少投加误差。

以此方法可基本确定对应污水处理厂的化学除磷潜力和出水 TP 可能达到的浓度，确定除磷药剂投加范围。结合 TP 动态变化调整化学除磷药剂投加量，达到最优投加效果，以节省除磷药剂。二级处理出水形成的絮凝体较为松散，强度和稳定性均较差，为了改善絮凝体性能，可以投加少量的助凝剂，但投加量不易过大。应选择处理高效、性价比较高的絮凝剂，达到减少絮凝剂使用量节约药剂消耗的目的。必要时可通过模拟试验的方式确定助凝剂最佳投加量。

需要特别关注的是，随着出水 TP 浓度要求的不断提升，助凝剂的投加（主要为 PAM）量呈现增加的趋势。传统的 PAM 属于高分子有机聚合物，具有一定的生物毒性，过量投加后对生物体会产生神经性毒性作用，其黏滞性可提升水体表面张力导致传氧效率降低；积累于鱼类鳃部后会导致鱼类呼吸困难死亡等。这些问题日益受到行业关注。因此，脱水效果好、易降解、无二次污染的，可替代传统絮凝剂聚丙烯酰胺的高分子改性絮凝剂成为行业研究热点。目前已出现的相关产品，包括纤维素、多糖及淀粉等的衍生物絮凝剂。

污泥脱水环节是 PAM 投加的主要点位。污泥表面含有大量的 EPS，导致其表面的 Zeta 电位较低，其表面的负电荷导致静电斥力较大，难以凝聚，需投加大量阳离子 PAM 降低其表面斥力，才能提升凝聚效果和脱水性能。为降低 PAM 用量，可定期测定污泥浓度、滤液 Zeta 电位值、黏度值等指标，或通过模拟试验确定满足脱水要求的 PAM 最优投加量。

6. 消毒药剂

城镇污水处理厂应用较多的消毒方式包括液氯、二氧化氯、臭氧氧化和紫外线等，其中，涉及消毒药剂的包括液氯、二氧化氯和臭氧氧化消毒。

（1）氯消毒。液氯消毒的效果与水温、pH、接触时间、混合程度、浊度、干扰物和有效氯含量有关，应根据试验或实际运行测试确定加氯量。在公众健康需要额外加强保护或公众可能会接触到再生水中残存致病菌的情况下，必须提供比标准更高的 CT 值（消毒剂浓度与有效接触时间的乘积），以减少致病菌的可能数量。污水处理厂出水或再生水液氯消毒时，应综合分析上述影响因素，尽量降低还原性物质影响，提高液氯消毒效能，减少药剂用量，有条件时可以结合模拟试验确定最优投加浓度。

（2）二氧化氯消毒。常温常压下，二氧化氯为深绿色气体，具有比氯气更强的刺激性和毒性，消毒能力高于氯气，仅次于臭氧，是一种逐步取代液氯，且受 pH 和 NH_3-N 影响较小的消毒剂，近年来在水处理行业受到青睐。另外，二氧化氯还具有去除还原性无机物和部分致色、致臭、致突变物质能力，其主要影响因素为 pH、温度、悬浮固体。因此，采用 ClO_2 消毒时，应综合考虑 SS 与还原性无机物的影响，结合不同季节水温变化，动态调整药剂投加量，有条件时可通过消毒药剂投加模拟试验确定最优投药量。

（3）臭氧氧化。臭氧在水中对细菌、病毒等微生物杀灭率高，速度快，同时能较彻底分解有机物，且具有脱色与去嗅作用，已经得到广泛应用。污水和再生水中含有大量还原性有机物、无机物和悬浮物，尤其含有的多数还原性物质，很容易与臭氧发生氧化还原反应，降低其消毒能力。研究表明，溶解性 COD 增加时，臭氧灭活效率降低。因此，在臭氧氧化消毒时，应定期测定消毒系统进水中还原性有机物、无机物和悬浮物，必要时可通过模拟试验优化臭氧投加浓度，以达到消毒和节省药剂的双重效果。

9.5　城镇污水处理系统关键设备降碳及节能措施

9.5.1　驱动电机

电机是城镇污水处理系统的主要通用设备。有研究表明，在城镇污水处理厂的输送和处理系统中有 95%以上的电耗用于提升、曝气及混合（推进）系统的电机。污水处理过程对电机运行维护和能耗控制有较高要求。合理设计选择和日常维护，对降低电机的能耗和提高运行稳定性至关重要。

1. 设计选择

通过正确选择与运行荷载匹配的电机，合理确定电机的最高额定功率及组合模式，加上良好的运行维护，能够提高电机的运行能效。目前尚无针对高效电机的准确定义，一般认为，高效电机的效率比常规电机要高 2%～8%。污水处理厂中通过电机拖动的水泵、风机、推进器等设备，基本上都需要较大的电机装机功率且多为 24h 连续运转。即使小幅度的电机效率提高，污水处理系统的节电效果也比较可观。

美国能源协会的低压电动机标准规范规定，低压电动机能效一般要高出能源政策法规定的 1%～4%。低压电机的优越性表现在设计理念的进步及生产的精细化。核芯的延长、低电力能耗钢材的采用、稀释剂定子叠片及更多铜线圈的使用，降低了电能损失；轴承的改良和气动冷却风扇的采用，提高了低压电机效率。

低压电动机能源利用率提高的同时，维护费用降低，成本效益更高。水泵和鼓风机的电动机的能耗的 80%～90%用于污水处理，由于其连续作业需求，其寿命能耗成本比非连续作业情况下的寿命成本高出 10～20 倍。因此，低压电机在节省设备的运行成本方面将会起到很大的作用。

低压电机具有适应超负荷情况和电压不平衡状态的潜力，将使其对电机在变动转速需求方面具有更好的质量保证，可用于污水处理厂新装电机或现有电动机的更新或备用。

2. 维护与更换

在城镇污水处理厂运行过程中，经常会出现电机损坏问题，是维修原有电机还是购买新电机，需要根据电机购买和维修成本及其折旧回收期等实际情况决策。通常认为，如果电机的成本折旧期（回收期）不超过 5 年，或者维修成本达到购买新电机成本 50%的情况下，通常选择购买新电机。

9.5.2　提升与输送泵

城镇污水处理厂的进水量往往随着季节、天气、用水时间等因素变化，为确保满足进水最大水量时段的提升需求，几乎所有的泵送系统都是按最大流量进行设计的。但实际上水泵的全流量全速运转时间可能不超过 10%，相当大的部分时间处于低效运转状态。另外，污水提升/输送泵的能耗在污水处理系统总能耗中的份额相对较大，可达 10%～

20%，其节能降耗潜力不应忽视。以下主要结合污水与污泥提升泵及各类回流泵的设计和运行，讨论其节能降耗的一些考虑。

1. 泵的类型选择

在工艺设计阶段，合理选择污水泵的类型、规格及组合模式，对污水处理厂节能具有重要作用。理想状态下，泵在最佳能效点运行才能达到最大节能效益。泵的流量流速是选择泵规格的主要影响因子。泵送系统的运行效能通常与配套电机的功率吻合情况有关，配套电机因使用功率降低必将引起泵效能的降低。通常为了适应后期发展，多数污水处理厂都对泵送系统预留一定的冗余量，如果缺乏有效的运行控制措施，泵将很难在最大或合理的能效状态下运行。

尽管在城镇污水处理厂的设计和建设阶段就已经确定了泵组效率特征，但实际运行中，通常需要通过计算、现场测定和泵运行数据来确定泵送系统是否在高效区间运行，并据此提出节能措施。

一般情况下，剩余污泥泵流量是进水流量的1%～3%，假如按每小时运行5min，剩余污泥泵流量仅为进水总流量的10%～15%，能耗所占比例很小。而污泥回流泵和混合液回流泵的流量通常分别为进水总流量的100%和300%左右，耗电量占全厂电耗的5%～15%，是节能设计与运行中需要重点考虑的因素之一。

2. 泵送系统设计

城镇污水处理厂泵送系统的节能程度主要取决于设计计算与实际运行状态，需要最大限度地降低流体的提升高度并减小工艺过程的水头损失，合理配置泵的数量、功率与组合方式。目前我国城镇污水处理工程设计中，水头损失取值偏高的情况比较普遍，导致水泵的扬程计算取值也相应偏高。水泵的有效功率 N_u 与扬程 H 成正比，在不影响流量的情况下，降低水泵的扬程就意味着节能。可以采取以下措施来降低水泵的扬程。

(1) 各工艺构筑物紧凑布置，减少弯头和阀门，缩短连接管路，尽量采用渠道，减少水头损失。

(2) 减小各工艺单元出流或连接处的落差，取消或更换较大阻力的阀门，例如，将非淹没堰改为淹没堰。

(3) 尽量利用自然地势落差，实现污水自流或者补偿部分污水管路的水头损失。

(4) 采用小阻力系数的管材和渠道表面，增大吸水管、压水管的直径，减少沿程水头损失，但应与工程投资均衡考虑。

尽量选用流量与扬程符合设计要求的污水泵，减少水泵的台数；尽量选用高效率的污水泵，例如，与普通卧式离心泵相比，潜污泵的安装形式简单，不需要吸水管与启动辅助设备，即便直接能耗相同，其间接能耗也要低得多；尽量采用同一泵型组成水泵机组，便于维护管理，不同流量进行大、小水泵搭配时，型号尽量一致。

对于污水提升流量的运行调节，要尽量避免采用阀门，可采用调速泵或多台定速泵组合的调节形式，以节省能耗。采用水泵调速的情况下，应选用大机组和台数少的调速水泵。工程实测表明，改用变频调节泵可使水泵平均转速降低20%，综合节能效率高达

20%～40%，与传统的采用挡板、阀门调节等流量控制方式相比，可节能 40%～60%。

目前国外大型污水处理厂普遍采用转速加台数控制方法，定速泵按平均流量选择，定速运转以满足基本流量的要求；调速泵变速运转以适应流量的变化，流量出现较大波动时以增减运转台数作为补充。但水泵特性曲线的高效段范围较窄，这就意味着对于调速泵并不可能通过将流量调到任意小，而保持高效运行状态。

3. 泵的运行管理

在泵组设计和泵型的选择方面需要慎重考虑如何规避泵的频繁启动与水量波动问题。通常选用大、小泵或变频与定速（工频）泵组合的方式，以解决泵的频繁启动和节能问题。

在实际运行过程中，保持泵站集水池较高液位运行，就能降低泵的实际扬程，提高提升能力，节省能耗。在污水管网不完善或冬季污水量较少的情况下，可以利用污水管网的调蓄能力，采用增减水泵运行台数的办法来适应水量的变化，使厂内集水池处于高液位运行，有效缩短泵的运行时间，提高运行效率。目前这一方法已得到普遍采用，但必须做好进水流量与泵的有效衔接，避免污水泵的频繁启动。

根据泵站的实际来水量，将泵站中的几台水泵组成几种流量级配，使泵站的出水量接近实际来水量，保证吸水池中的水位稳定在高水位上，使水泵的工作扬程减小。例如，北京高碑店污水处理厂在泵站的进水渠道上加设一座堰高 2m 的溢流井，把溢流堰顶以下 300mm 处作为中心控制点，其上下各 300mm 处的水位值作为上下限控制点。溢流井的设置使吸水池的水位提高 1.15m，而且溢流井处设置的水位和溢流量监测仪表还为泵站的最优化控制提供必要的数据。实践证明，每天可节约用电量 900kWh（流量按 50 万 m^3/d 计）。

4. 泵的日常维护

泵站设备的定期维护是最便宜最有效的节能降耗措施。通过泵的设计效能与当前实际能耗的日常对比，有助于识别低效运行的情况。通过泵的性能曲线对比，以及对受损叶轮的较小改造，能提高泵的性能和能效。对泵站流量、水头损失和排放压力的监测有助于及时发现导致能效降低的可能原因。

泵吸入压力的突然变化也是因为阀门的部分关闭，或大块物体进入泵的进水端所致。通过加强日常监管和维护，能及时识别系统中能效较低的驱动因素。水头的升高或吸程的降低说明管道中的沉泥导致流速降低，清洗管道有助于提高泵的效率，节省能源。

9.5.3　曝气混合设备

曝气/混合系统是污水处理的关键组成部分，其综合品质直接决定着污水生物处理的水质稳定性和处理成本的高低。在污水处理直接运营成本中，电耗成本一般占到 50%～70%，而曝气/混合系统的电耗占总电耗的 60%～80%。曝气方式通常有鼓风曝气和机械曝气。鼓风曝气通过曝气头或曝气管向生物池供氧，而机械曝气通过机械搅拌装置实现污水的混合和溶解氧的传递。曝气系统的形式和污水处理程度影响氧的需求量。微孔曝气系统能达到较好的混合与充氧效果，但某些产品类型存在易堵塞、难清洗的缺点；而表面曝气装置能够很好解决堵塞问题，但充氧效率不够高。

对于厌氧区和缺氧区的混合动力消耗，主要通过流态优化来降低单位池容的功率密度，尽量控制在 3W/m^3 以下，工艺运行状态允许时，可以由连续运转改为间歇运转。表曝机的动力消耗，主要通过不同类型装置及曝气、混合设备搭配与水位调整来控制。

鼓风曝气是污水处理厂中能耗最大的环节，鼓风机都是按满足最大负荷时需要的空气量加上足够大的安全系数选定的，一般情况下均有一定的供风量富余，容易造成能量的浪费。鼓风曝气系统最直接的节能措施就是减小风量，提高风机效率。而减小风量就必须提高扩散装置的氧利用率；采用风量控制或降低活性污泥对氧的需求；要提高风机效率，就要对风机采取适当的调节措施，或对风机进行技术改造、更换高效风机等。

1. 鼓风机类型与选择

鼓风机是最主要的曝气供氧设备，由于离心鼓风机具有效率高，且可以根据水质水量的变化调节风量，避免能量浪费等特点，在鼓风曝气系统中得到普遍应用。从国内外污水处理厂看，目前应用最多的鼓风机为罗茨风机和 TURBO 风机。风机选择必须满足最大运行负荷时的供氧需要，但在日常负荷下尤其当进水污染物负荷低时，一般都要适当减小风量。这不仅是节能的需要，也是防止过量曝气和保证处理效果的要求。

近年来，空气悬浮鼓风机的工程应用比例在上升，磁悬浮鼓风机也开始有实际应用。

2. 曝气混合装置选择

鼓风曝气的能耗与气泡大小（氧转移效率）和送风量（风机电耗）有很大关系，也就是与所选择的曝气装置及风机控制有很大的关系。鼓风曝气系统主要有穿孔管曝气和微孔曝气两种形式。曝气系统所生成气泡大小影响氧传输效率，气泡越小，形成的气水接触面积越大，氧传递效率越高。20 世纪 80 年代初，穿孔管曝气系统由于气泡较大、能耗较高、氧传递效率低等原因，逐渐被微孔曝气系统所取代。微孔曝气系统具有气泡微小，比表面积大，氧转移效率高等优点，将穿孔管曝气改造为微孔曝气通常可以节能 20%～40%，甚至达到 50%，如果不考虑所需增加的清洗问题，改造后的回收期可以提前两年左右。

表 9-5 是相同供气量和污泥系统参数情况下，某污水处理厂分别采用微孔曝气系统和穿孔管曝气系统的两组构筑物进行的溶解氧对比分析结果。

穿孔管系统和微孔曝气系统曝气池溶解氧对比 **表 9-5**

DO 浓度(mg/L)	1	2	3	4	5	6	7	8	9
穿孔管曝气	1.1	0.8	0.9	1.3	1.3	1.5	0.8	1.1	1.3
微孔曝气	1.9	1.9	2.1	3.1	3.2	3.5	2.5	2.1	3.1

微孔曝气是污水处理最重要曝气手段，采用微孔曝气的污水处理量占总处理量的 80%以上。目前，微孔曝气器产品主要有橡胶膜片曝气器和陶瓷曝气器两大类。橡胶膜片曝气器使用寿命较短、制造成本较高、曝气效率较低，但不宜堵塞，维护管理较方便。陶

瓷曝气器使用寿命是橡胶膜片曝气器的 2～3 倍、制造成本低、曝气效率较高，但易堵塞，维护量相对较大。

近年来，由于节能减排的压力以及对降低成本的需求，陶瓷曝气器的使用增多，国内 60%以上的大中型污水处理厂采用了陶瓷曝气器。微孔曝气系统的传氧效率通常可以达到 15%～40%，但为了维持最佳的运行效率，微孔曝气系统所需的维护成本也较高，清洗要求也相对增大，由此导致的成本增加也是需要考虑的。在悬浮填料工艺系统的曝气区中，由于悬浮填料对气泡的多重切割作用，采用穿孔管曝气促进循环流态形成的同时，也能获得与微孔曝气器相近的运行效率。

3. 曝气供风量的调节

虽然合理布置曝气系统能够达到节能降耗的成效，但城镇污水处理厂进水水质水量是随时变化的，生物系统需要根据进水水质水量特征进行必要的曝气量调节。由于曝气最主要的目的是保持相对恒定的溶解氧浓度，可以根据溶解氧浓度调节曝气量，这样通常可以节省 10%左右的空气量。

较小的送风量意味着较低的鼓风机电耗，但在实际运行过程中，不能完全通过降低送风量的形式来实现节能降耗。多数微孔曝气系统在好氧段一般不再设置机械搅拌装置，曝气的作用不但体现在供氧方面，也要防止污泥沉降和对形成的大颗粒污泥的搅拌剥离作用。对于设计进水水质较高，而实际进水水质较低的污水处理厂，就必须兼顾供氧与搅拌两种功效，如果仅仅为了节能降耗而一味地降低曝气量，很容易导致污泥的过度沉积，覆盖曝气系统表面，造成堵塞；或在池底逐渐沉积，降低有效池容，从而影响整个污水处理厂的运行效果。这种情况在我国污水处理厂实际运行中并不少见。

风量的大小与供氧效率并不成正比，当风量逐渐增大时，通过单位孔隙率的空气流速也增大，小气泡动能增大，影响气泡在污泥系统中的实际有效接触停留时间，降低氧传递效率。另外，曝气系统供应商通常会提供一个最大允许空气流量，在进行曝气量调节时，不能超过该流量，一味增大供风量还有可能对曝气系统造成不利影响。

4. 曝气系统优化布局

曝气系统是根据耗氧污染物的梯级分布特征进行布置的，以使供气量在曝气池各区段与功能微生物的需氧量相适应。在推流式为主的好氧处理系统中，需氧量通常表现为逐级递减的趋势。在均匀曝气的情况下，由于前端需氧量高、后端需氧量低，容易造成前端供氧量不足而后端曝气过多的问题，不仅不节能，甚至会影响污水处理厂的处理效果。

随着对曝气系统均匀布置模式问题认识程度的提高，后期设计的许多污水处理厂采用了渐减曝气模式，或将传统的推流式结构改造为推流式与局部完全混合相结合的模式，或采用循环流态的氧化沟沟道模式。

9.5.4　机械曝气系统

在机械曝气中应用较多的曝气方式为转刷曝气、转碟曝气和倒伞形曝气机。

1. 转刷曝气

早期建设的氧化沟系统多数采用转刷曝气机，包括卡鲁赛尔、三沟和双沟等池型。转刷曝气机由一系列与水平轴连接的刷片组成，刷片相互连接并紧箍在水平轴上，刷片沿轴长呈螺旋状分布，在旋转过程中刷片顺序进入水中，以保证运行稳定性并减少噪声。其工作原理是通过驱动装置带动水平轴及叶片转动，强烈搅动水面，溅起水花，空气中的氧通过气液界面转移到水中完成充氧，残留在刷片上的污泥被转刷旋转时产生的离心力抛出。

曝气转刷的直径一般为700～1000mm，转刷的轴长一般为4.5～9.0m，转速一般为48～72r/min。不同直径的转刷最佳浸没深度不同，以1000mm的曝气转刷为例，其最佳浸没深度为150～300mm。转刷曝气机充氧量随转刷浸深及转速的变化而变动，当改变浸深或转速时，充氧量可在50%～100%的范围内变动。

2. 转碟曝气

转碟曝气机主要用于奥贝尔氧化沟的池型构造，后来也用于其他氧化沟池型及设备更新改造，替代转刷曝气机。转碟曝气机表面密布三角形凸块或梯形凸块、圆形凹点和通气孔。通过曝气转盘的旋转，带动液体水平运动。曝气转盘的特殊表面可以增加带入液体的空气量并分割气泡，提高充氧能力。曝气转盘由两块半圆形盘片组成，可很容易安装在轴上，并采用防滑装置，防止运转时盘片发生松动。

我国大多数为直径1.4m的转盘曝气机。水平轴长不大于10m，每1m轴上安装3～5片盘片，单盘最大供氧能力1.45kgO_2/h，最大动力效率2.1kgO_2/kWh左右，曝气转盘浸没深度230～530mm，经济浸没深度为500mm，转盘转速为30～60r/min，经济转速为50r/min。为保持氧化沟内的流速，可在转碟氧化沟中设置水下推进器，推进器与转碟之间距离宜大于1.2m，否则易跳闸；水下推进器宜采用软启动方式，否则易跳闸甚至损坏变速箱。

3. 倒伞曝气机

倒伞型表面曝气器属于垂直轴低速曝气器，由电机、联轴器、减速器、倒伞型叶轮和叶轮升降装置等部分组成。其工作原理为：在叶轮的强力作用下，水呈水幕状自叶轮边缘甩出，形成水跃，裹进大量空气；叶轮转动时形成循环水流，使液面不断更新，污水与空气大面积接触，空气中氧气迅速溶入污水；叶轮转动时形成负压吸氧。充氧过程以液面更新为主，水跃和负压吸氧为辅。倒伞型叶轮的直径一般为0.5～3.5m，国内最大的倒伞型表面曝气器直径为4m。倒伞型表面曝气器提升能力强，沟深可达4～5m，适于较大规模的污水处理厂。其充氧能力随叶轮直径增大而增大，动力效率一般为1.8～2.4kgO_2/kWh。

氧化沟沟宽和沟深与叶轮直径有关，一般沟宽为直径的2.2～2.4倍，沟深为直径的1.1～1.2倍。叶轮直径越大，转速越小。直径为1.5m以上叶轮，转速一般为25～60r/min。浸没深度也就是叶轮顶在水面下距离，一般为0～350mm。安装倒伞型表面曝气器的工作平台不仅要考虑静荷载还要考虑动荷载并留有余地，否则叶轮转动时平台振动得比较厉害；同时还应考虑叶轮浸没深度加大后是否会引起共鸣。工作状态时水面波动较大，曝气器的扭矩变化也大，因而采用的减速箱服务系数比转刷曝气机和转盘曝气机大，一般为2.5。

4. 机械曝气运行维护

机械曝气设备要同时为生物系统提供足够的溶解氧和推流（混合）动力，运行中需要保障两者的平衡。最常见的问题为，对于污水浓度偏低的情况，当供氧量合适的时候，混合动力可能严重不足，而混合动力满足要求时，供氧量可能明显超过耗氧量。对于通常采用的转刷、转碟或倒伞型曝气装置，由于安装方式和功效的不同，其节能降耗的运行模式和潜力也各有区别。

倒伞型曝气机的最大优点是单机功率大，混合效率高，通常仅需要较少台数的曝气机即可满足生物处理系统对氧的需求，但在节能运行方面存在一定问题。由于数量少，每台曝气机要服务较长的生物池廊道，每台设备的启闭对沟道内的溶解氧供给和推流（混合）能力都会有比较大的影响，难以灵活调节和节能运行。

虽然部分污水处理厂为倒伞型曝气机安装了变频器或相关的调控装置，但由于倒伞型曝气机自身的结构和生物池特征，在溶解氧充足需要曝气机低频率运行时，容易因搅拌强度不足，活性污泥在生物池内沉积。这种沉积现象会随着底部沉积物（泥砂）的增多而逐渐扩张，直至全生物池底部沉泥，影响生物池有效池容和生物处理效果。

与倒伞型曝气机相比，转刷、转碟的单机功率低得多，对于同等规模的污水处理厂，使用的台数较多。因此，其工艺控制的灵活性要远高于倒伞型曝气机。但当转碟用于奥贝尔氧化沟时，由于外沟道较长，通常每台转碟服务的有效长度也较长，当溶解氧较高时，会因关闭部分转碟而造成底部沉泥。

近十几年来，在一些城镇污水处理厂的设计与改造中，有逐渐将机械曝气机的曝气功能与混合功能分开设计的趋势。采用机械曝气时增设水下推进器，当溶解氧供给量过大时，可关闭部分曝气机，开启水下推进器，既保证溶解氧浓度，又保障污泥不沉淀。水下推进器的功率要比机械曝气机小得多，这种模式为实现节能降耗运行提供了较大可能性。

9.5.5　回流系统调控

回流系统包括污泥回流（外回流）和混合液回流（内回流）。污泥回流比的选取与工艺设计、进出水水质、污泥浓度等因素有关，通常按100%的最大能力进行设计并按50%～100%的流量范围配置回流泵。回流泵多数采用定速泵或多台定速泵的并联组合，因此，运行过程中进行流量调整的可能性或调整幅度均较小。

近十几年设计建设的城镇污水处理厂多数考虑了污泥回流比的运行调节问题，按照大小流量泵组合或变频泵与定速泵组合的方式配置外回流泵房。但实际运行中，为确保出水水质的稳定达标，通常只会根据季节变化对外回流比进行一定的调整，难以进行日常性的运行调节。

城镇污水处理厂的生物处理设施是相对复杂的水力缓冲系统，回流比的调整效果需要较长时间才能体现出来，根据进水水质和水量的变化对外回流比进行调整的必要性不大。

通常情况下，仅在二沉池污泥浓度过高或出现跑泥的情况下，才考虑加大外回流比，这意味着通过外回流比调整实现节能的潜力十分有限。

混合液回流比通常是基于生物脱氮要求而选取的，对于相对固定的生物脱氮率要求，内回流比也是相对恒定的。通过内回流比的调控实现节能的潜力也相对较小。但近年来随着一级 A 及以上排放标准的推广实施，增大内回流比或设置多段（点）内回流来提高生物脱氮效果得到较为广泛的关注。但由于我国城镇污水碳氮比严重不足，仅采取增大内回流比的方式并不能有效提高生物脱氮率，反而增大了运行能耗。

内回流比的提高会导致生物缺氧池的实际停留时间（池容/实际进入缺氧池的总流量）缩短，大量慢速可生物降解有机物在缺氧池内来不及完全降解就进入后续好氧池，被好氧微生物氧化，这在一定程度上影响了生物脱氮功能。尤其是反硝化段出水硝态氮浓度已经较高的情况下，增大回流比只会导致生物脱氮效果的进一步降低。

9.5.6 变频控制技术

变频调速技术是 20 世纪 80 年代初为适应工业生产自动化需求而发展起来的一项技术，彻底转变了普通电动机只能定速运转的传统模式。通过电机输入频率的调整，在不改变负载的情况下，即可按照工艺生产的需要调整电机的输出功率，从而降低电机的能耗，达到高效运行的目的。近十几年来，变频调速技术得到飞速发展，已经在我国的各行各业中广泛应用，成为现代电力传动技术一个主要发展方向。变频调速技术的发展为全新智能电机时代的到来提供了重要支持。

1. 变频控制技术应用

早期的风机和水泵类设备多数由异步电机直接驱动，存在启动电流大、机械冲击和电气保护功能较差等弱点，影响设备的使用寿命。当出现运行负载故障时，不能保护设备，容易造成设备损坏、电机烧毁等问题。在许多情况下其流量控制是通过阀门或活动的风机叶片来实现的，容易造成过多的能量损失及设备损坏。

如图 9-23 所示，变频驱动器是连续控制系统，通过改变传输的功率来调节电机的转速，使电机转速始终和实际需求相适应。既可保证污水处理系统的运转，又可节省运行能耗和成本。例如，变频技术使水泵可以自动适应流量的波动，根据流量变化自动调整输出频率，达到较明显的节能与流量均衡效果。

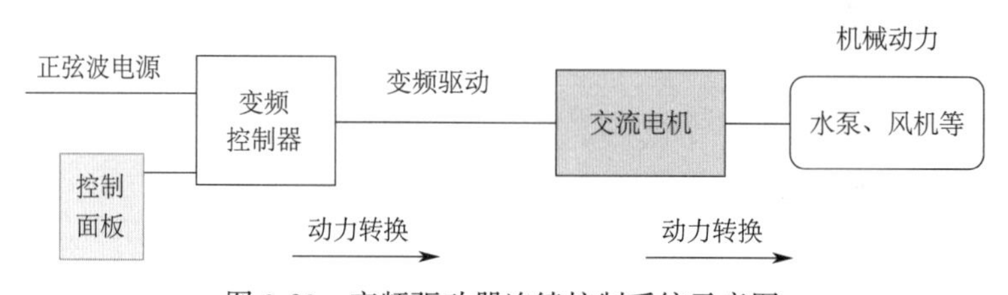

图 9-23　变频驱动器连续控制系统示意图

我国城镇污水处理厂从 20 世纪 90 年代开始使用变频驱动器，起初应用于进水泵的流量调节。经过 30 多年的发展，变频驱动器在水处理领域智能化方面的应用已经越来越广泛，对于能耗较大的水泵和曝气系统，应用情况已经比较普遍。

2. 变频器的节能优势

单一速度驱动器会使电机突然启动，启动时的电机扭矩和电流达到满负荷时的 10 倍。相比之下，变频器提供了一个“软启动”环境，将电机转速逐步提高到工作转速。这就可以减少启动时的机械力和电流对电机的损伤，从而减少维护成本，延长电机的使用寿命。变频技术的使用还有助于污水处理工艺精细化运行控制，如风机、水泵和计量泵的精确调节。当污水处理厂的进水流量和污染物负荷存在较大波动时，可以通过在线溶解氧浓度，为供风管线的阀门开启度和鼓风机的运转速度调节提供相应的反馈信号，然后对鼓风机进行变频控制，从而将生物池溶解氧浓度控制在所期望的数值范围内。

变频驱动器控制下的水泵电机，通常以低于最大速度的工况运转，相应地节省能耗。例如，一台每天运行 23h 的 25 马力（约 18.39kW）电机（最大速度运行 2h，75％最高时速运行 8h，67％最高时速运行 8h，50％最高时速运行 5h），变频驱动器能使其节能 45％。但需要注意的是，节能空间受到水泵能力、电力负荷曲线、静压和静摩擦力等多种因素的影响，使用前有必要详细分析利弊及场景条件。

3. 变频器的设置原则

我国大部分城镇污水处理厂的进水流量有明显的波动，特别是北方地区的中小型城市污水处理厂，昼夜水量会有数倍的差异。因此，有必要分析 24h 进水流量的动态变化特征，并绘制变化曲线；然后与水泵流量曲线、鼓风机压力变化及其流量曲线相结合，确定更为节能的运行模式，形成基于变频控制的水泵与风机节能运行策略。

在城镇污水处理厂新建与扩建工程设计中，水泵与风机的数量、类型及规模的选择都有一定难度。针对进水流量的波动，以及泵池水量调节能力有限的特点，可以采用多种类型水泵组合或者使用变频驱动器。变频驱动器较为可靠且容易操作，能够实时变频调节以适应水量的变化，在增强流量控制的同时，还可以减少水泵的噪声。但水泵运行过程中必须克服静压头的作用，变频器对水头不会有太多的节省，对转速的调节作用也有限。

变频器本身也是一种耗电设备，其长时间连续运行，也需要消耗电能，并非所有的变频驱动器都是节能的。另外，定速设备与变频设备共同使用时，需要考虑临界点时的运行能耗问题。实际工程中，定速设备与变频设备的基本参数通常是一致的。两种设备并联运行的情况下，变频设备的调速范围较小，当系统需求量位于定速设备临界点时，可能会出现变频设备一直开启，但实际并不工作的状态，导致大量无用功。为避免这种情况，通常需要为变频器设置一个最低切换频率，以尽量减少变频设备在非工作区间时的能耗。

第 10 章　城镇污水微量新污染物迁移转化与控制

10.1　研究概述

新污染物又称新型污染物或新兴污染物（Emerging contaminants），在很低或者极低浓度水平就能影响自然环境中的生物化学过程及生物学效应。从生态环境质量和环境风险管理的角度，指的是具有生物毒性、环境持久性、生物累积性等特征的有毒有害化学物质。这些物质对生态环境或人类健康存在较大的风险，但尚未纳入环境管理或现有的管理措施仍然不足，包括检测、监测、监管、过程控制和末端消除等诸多方面。通常而言，内分泌干扰物（EDCs）、药品与个人护理用品（PPCPs）、全氟化合物（PFASs）、溴代阻燃剂（BFRs）、微塑料等都属于新污染物的范畴。近年来，PPCPs、EDCs、PFASs 等微量新污染物的环境污染及潜在风险问题已成为国际机构、各国学者和公众关注的焦点与热点。

城镇污水作为生活与生产活动过程中的排泄物和废弃物的主要汇聚方式与排放途径，无疑是微量新污染物向环境排放的关键通道之一，而很多微量新污染物具有较强的环境持久性、生物活性、生物累积性和难降解性，如果长期暴露于生态环境尤其人居环境中，对生态系统和人类健康将带来难以预测的潜在风险。然而，长期以来城镇污水处理厂都以去除 COD、BOD_5、悬浮固体、氨氮、总氮、总磷、细菌及病原体等为目的，由于科技支撑的不足和监管体系的不健全、不完善，对微量新污染物的赋存及去除不够重视或不到位。

近年来，欧盟和一些发达国家开始高度关注水环境中的微量新污染物问题，研究发现城镇污水中的化学物质普遍存在，有些是常规污水处理工艺过程难以去除的，污水排放是河流水体中这些化学物质的重要来源。基于瑞士相关研究机构长期的研究结果，2014 年瑞士政府部门颁布了相关法规，要求在污水处理厂出水中从 12 种指示性微量新污染物（包括阿米舒必利、卡马西平、西酞普兰、克拉霉素、双氯酚酸、氢氯噻嗪、美托洛尔、文拉法辛、苯丙三唑、坎地沙坦、厄贝沙坦、丙酸 11 种药物和 1 种生物杀虫剂）之中选择 5 种代表性物质进行检测，并需要达到 80%的去除率，该法规于 2016 年正式实施，瑞士从而成为全球首个对污水中微量新污染物提出控制要求的国家。目前，瑞士已开展污水处理厂排放的微量新污染物对水体生态系统的影响以及污水处理厂改造后对水生生态系统的改善效果的国家研究计划，针对工程措施的效果开展系统评价。到 2040 年，瑞士将在 120～130 座污水处理厂建设微量新污染物控制的深度处理设施，规模接近瑞士污水处理量的一半。

我国是各类工业品、药品的生产和消耗大国，工业和人口密集，尤其东部沿海区域，但能源和资源利用率仍然较低，高强度的工业化学品生产、使用和废弃会产生严重的环境效应与生态风险，微量新污染物的环境残留污染问题更是不容忽视，微量新污染物的控制有必要作为城镇污水处理厂净化功能扩展和运行效能评估的重要组成部分。

进入 21 世纪，国内有关城镇污水处理厂中微量新污染物的研究也日渐兴起，积累了一定的研究成果和基础数据。然而，一方面，由于微量新污染物在城镇污水处理厂中往往以很低的浓度水平存在，而复杂的污水及污泥成分给其准确检测造成了极大的基质干扰，因此，对于前处理方法、分析仪器以及操作人员的技术开发能力都提出了很高的要求。另一方面，现有关于城镇污水处理厂去除微量新污染物的研究，主要集中在对个别污水处理厂进水和出水中微量新污染物浓度的检测，往往只能获得表观去除率及随机性的零散数据，对于微量新污染物在城镇污水处理全工艺流程中的迁移转化规律还缺乏系统、深入的研究，需要获得相关处理工艺过程对于微量新污染物去除特性的具有统计学意义的规律性结果，这无疑还需要广泛的地域性研究和长期、连续的数据积累。

“十二五”和“十三五”期间，依托国家水体污染控制与治理科技重大专项“城市污水处理系统运行特性与工艺设计技术研究”“天津城市污水超高标准处理与再生利用技术研究与示范”等项目（课题）的实施，项目（课题）团队重点针对我国城镇污水中微量新污染物的分布与迁移转化特征以及去除途径，在全国不同地域开展了较系统全面的试验研究与统计分析，取得了一系列有实际意义的研究成果与工程应用经验。这些研究工作为城镇污水微量新污染物控制提供了重要的科学基础，也为我国城镇污水处理系统的提标建设提供了相应的基础依据与设计运行参数，为城镇污水净化处理目标从 COD、BOD_5、TP、TN、NH_3-N 等常规水质指标升级到微量新污染物提供了可能性和技术路径。

“十四五”期间，国家重点研发计划“长江黄河等重点流域水资源与水环境综合治理”重点专项拟陆续安排微量新污染物方面的项目（课题）研究。例如，2022 年度的“城市污水资源化利用关键技术研发与应用示范”项目申报指南中要求，面向再生水用于工业用水、地表水补给等不同回用目标，研发低成本高效能的污水深度净化与再生关键技术与装备，突破新污染物高效去除与风险控制技术；“饮用水新污染物风险控制关键技术研究与应用示范”项目申报指南中要求，开发高效去除水中较为普遍的新污染物（全氟化合物、抗生素、内分泌干扰物、化学致嗅物、农药等）的吸附、氧化、生物降解等关键技术与装备。

10.2　微量新污染物分布特征及潜在风险

在欧洲已有超过 100000 种化学物质被注册，许多化学物质在其生命周期中的某些阶段可能会通过各种途径转移到水环境中，包括：农业土地中农药等污染物的扩散；城镇地表径流中的化学品，可来自建筑、汽车排放、轮胎磨损、固体废弃物和景观绿化；大气的干沉降和湿沉降；家庭和工业所产生的污水，这是水环境中化学品最主要的来源；下水道溢出与渗漏，雨污管线混接，甚至会导致未处理的污水进入水环境中。

从20世纪90年代开始，一些欧美国家相继开展水环境中包括PPCPs、EDCs等在内的微量新污染物的调查研究工作，在城镇污水处理厂中发现众多种类微量新污染物的存在，但不同国家和地区的污水中微量新污染物的组成和浓度差异很大。近年来，国内相关研究机构和高等院校也开展了城镇污水处理厂微量新污染物的研究，积累了一定的基础研究数据和工程验证结果，形成了一些很有意义的研究成果。

由于城镇污水中的新污染物浓度通常是常规污染物的千分之一到百万分之一，而来源构成十分复杂的城镇污水及污泥成分，给微量新污染物的准确检测带来了极大的基质干扰，其筛查、鉴别需要借助专业、高精度的仪器与成套技术方法，对样品前处理方法、分析仪器以及操作人员都有特殊的要求。水专项课题研究团队，针对城镇污水典型微量新污染物，研究构建了高灵敏度、高通量的超高效液相-三重四极杆质谱仪联用（UPLC-MS/MS）检测方法体系，实现同类污染物的同步分析。采用固相萃取法（SPE）对城镇污水样品进行富集纯化，并对目标污染物进行提取，随后进行UPLC-MS/MS分析。

研究的目标污染物包括以下3大类：①35种PPCPs及部分代谢物，包含磺胺类、四环素类、氟喹诺酮类、大环内酯类抗生素、镇痛消炎药、β受体阻滞剂、抗癫痫药物等；②12种EDCs及部分结合态，包含雌激素、酚类EDCs等；③29种PFASs及前体物，包含全氟烷基羧酸（PFCAs）、全氟烷基磺酸（PFSAs）、氟调醇等。

在着重分析研究以上几类重点新污染物的基础上，研究团队采用气相色谱—质谱联用分析方法，并结合自动识别与定量系统（AIQS-DB），对943种挥发、半挥发环境微量新污染物（包括脂肪烃类、多环芳烃类、多氯联苯类、醚类、酚类、邻苯二甲酸酯、芳香胺类、硝基化合物、药物和农药等）在全国不同地域范围城镇污水处理系统中的赋存情况进行筛查研究，作为除上述几类重点新污染物之外的有效补充。

基于所开发的微量新污染物分析方法体系，根据我国城镇污水处理厂的进水水质与处理工艺特点，在“十二五”期间（主要是2013年7月至2015年12月时间段），开展了多区域、较长时间的连续研究，对全国10省（市）的14座城镇污水处理厂进行了新污染物监测研究。其中5座污水处理厂早前从2012年到2013年就已经进行了两年以上连续跟踪检测，加上后续研究，部分污水处理厂实际连续跟踪调查研究了6年时间。覆盖的地域包括北京、青岛、无锡、大连、上海、开封、太原、西宁、重庆、深圳等城市，单座污水处理厂的工程规模5万～100万m^3/d不等，包括A^2/O、改良A^2/O+悬浮载体填料（改良A^2/O-MBBR）、除磷脱氮MBR、传统活性污泥法（CAS）、氧化沟（OD）等生物处理工艺，以及混凝沉淀、转盘过滤、臭氧氧化、超滤、反渗透、紫外及氯消毒等深度处理工艺系统。

10.2.1 药物和个人护理用品（PPCPs）类

PPCPs是药物和个人护理用品（Pharmaceuticals and personal care products）的英文缩写，1999年由Christian G. Daughton提出，随后作为药物和个人护理用品的专有名词

而被广泛接受。PPCPs包括抗生素、类固醇、消炎药、镇静剂、抗癫痫药、显影剂、止痛药、降压药、避孕药、催眠药、减肥药等处方药和非处方药、清洁剂、防晒剂、香料、杀菌剂、防腐剂、阻燃剂和增塑剂等。随着环境分析技术的提高和人们环境意识的增强，近10年来在不同国家和地区的水体、土壤、城镇污水和污泥等环境介质中均检测到了纳克/升（ng/L）～微克/升（μg/L）水平的PPCPs。作为一类重要的新污染物，PPCPs已成为各国环境学者和公众关注的焦点问题，因多数PPCPs具有较强的环境持久性、生物活性、生物累积性和生物难降解性，其引起的人类健康和生态环境安全风险受到了越来越多的关注。

城镇污水处理厂的出水排放和污泥处置被认为是水环境中PPCPs的重要来源途径之一，城镇污水处理厂在减少PPCPs排入水体环境中起着非常关键的作用。我国是PPCPs的生产和消耗大国，并且地域覆盖范围广阔，气候、水文与地形条件各异，各地区人民群众的用药习惯也存在差异，因此应结合我国PPCPs的生产和使用特点，开展城镇污水处理系统中PPCPs的分布调查，分析PPCPs的赋存浓度、时空分布特性以及迁移转化规律。

表10-1总结了我国14座城镇污水处理厂中典型PPCPs的检出情况。共27种PPCPs类污染物在进水中被检出，平均浓度范围为0.8～7886ng/L，其中咖啡因（CAF）、氧氟沙星（OLF）、罗红霉素（ROX）等物质的浓度最高，检出率均为100%，此外，阿奇霉素（AZN）、磺胺甲恶唑（SMX）、诺氟沙星（NOR）、土霉素（OTC）等物质在进水中同样具有较高的浓度，平均浓度均大于0.1μg/L。这些PPCPs在出水和污泥中也广泛存在。

我国14座城镇污水处理厂中典型PPCPs和EDCs的检出情况　　表10-1

物质	进水浓度(ng/L)				出水浓度(ng/L)				剩余污泥(ng/g)			
	最低	最高	平均	检出厂数	最低	最高	平均	检出厂数	最低	最高	平均	检出厂数
磺胺类 *Sulfonamides*(*SAs*)												
SMX	102	3931	341	14	1.8	466	64.1	14	0.8	16.4	4.2	10
STZ	0.2	35.7	5.2	12	0.4	6.3	3.6	8	1.6	12.8	7.1	4
SDZ	3.4	141	25.2	13	1.1	55.3	2.4	11	1.2	12.0	3.4	3
SMN	0.1	39.9	7.6	14	0.1	10.5	1.2	14	0.1	123	0.8	14
SMR	0.8	0.8	0.8	2	0.3	2.2	0.7	4	11.3	68.8	15.3	3
SML	0.7	6.9	2.4	12	0.2	2.3	1.4	10	<LOQ	<LOQ	<LOQ	0
SDM	0.6	57.3	24.8	14	0.5	20.2	15.6	13	2.0	12.9	4.9	13
四环素类 *Tetracyclines*(*TCs*)												
TCN	2.0	110	15.3	14	0.4	25.8	1.6	14	13.3	1038	57.4	14
OTC	3.7	627	112	14	0.4	64.5	3.1	14	4.1	5116	388	14
CTC	0.8	39.4	4.5	14	2.1	3.8	3.7	3	0.3	277	8.5	14
DOX	0.7	23.7	5.5	14	0.7	4.5	1.4	7	0.8	113	13.6	14

续表

物质	进水浓度(ng/L)				出水浓度(ng/L)				剩余污泥(ng/g)			
	最低	最高	平均	检出厂数	最低	最高	平均	检出厂数	最低	最高	平均	检出厂数
氟喹诺酮类 *Fluoroquinolones(FQs)*												
NOR	14. 8	2766	139	14	1. 6	260	58. 6	14	403	3677	2004	14
OLF	214	2338	480	14	10. 3	831	253	14	1626	8801	3150	14
CIP	16	175	39. 3	14	0. 6	116	12. 1	14	2. 5	1377	83. 3	14
ENR	1. 3	158	5. 7	14	0. 4	2. 6	1. 8	13	1. 4	69. 5	6. 6	13
LOM	2. 9	123	9. 3	14	0. 6	3. 5	2. 1	12	25. 7	316	75. 3	10
大环内酯类 *Macrolides(MLs)*												
ROX	38. 8	1036	405	14	0. 5	674	108	14	1. 2	110	13. 4	14
CLA	4. 9	550	186	14	1. 3	215	35. 3	14	0. 7	49. 5	5. 3	14
ERY	1. 1	1152	222	14	0. 1	473. 6	42. 7	14	0. 2	43. 4	6. 2	14
AZN	1. 5	1687	351	13	1. 4	795	105	14	68. 7	6027	749	14
β受体阻断药 *β-Blockers*												
ATE	16. 1	995	41. 6	6	0. 8	516	4. 7	8	3. 3	6. 2	4. 1	5
MET	4. 2	3665	238	8	9. 5	336	112	13	3. 5	17. 9	9. 4	12
PROP	0. 8	3. 6	2. 4	12	0. 3	5. 3	2. 1	13	0. 3	3. 8	1. 7	14
血脂调节药 *Lipid regulator*												
BF	3. 6	105	21. 9	14	0. 4	87. 1	2. 6	14	0. 2	1. 9	0. 2	11
抗癫痫药 *Antiepileptic*												
CBZ	11. 9	115	21. 9	14	0. 2	55	16. 2	14	0. 8	463	2. 8	12
兴奋剂 *Stimulant*												
CAF	46. 3	24108	7886	14	0. 5	377	36. 3	14	5. 2	65. 2	31. 3	14
二氢叶酸还原酶抑制剂 *Dihydrofolate reductase inhibitor*												
TMP	4. 4	188. 4	45. 7	14	0. 5	52. 2	21. 5	14	2. 0	31. 5	18. 0	12
类固醇雌激素 *Steroid estrogens(SEs)*												
E1	23. 6	241	72. 7	14	0. 1	15. 3	4. 7	14	10. 1	355	39. 2	14
E2	3. 1	83. 0	6. 7	13	0. 6	5. 8	0. 8	11	2. 1	15. 7	2. 5	10
E3	11. 3	318	52. 7	14	0. 4	6. 8	2. 4	8	1. 2	60. 5	11. 7	9
E1-3G	1. 3	4. 1	2. 2	5	0. 2	0. 2	0. 2	1	1. 3	9. 7	1. 4	3
E2-3G	0. 9	4. 1	2. 5	10	0. 5	1. 2	0. 7	3	1. 1	11. 6	2. 3	5
E2-17G	1. 7	13. 1	3. 6	8	0. 4	1. 8	0. 9	4	2. 4	13. 7	4. 5	5
E1-3S	1. 1	44. 7	4. 4	14	0. 1	5. 2	0. 7	13	0. 6	23. 9	0. 8	7
E2-3S	1. 8	39. 6	4. 9	14	0. 1	2. 8	0. 7	14	2. 1	23. 1	6. 3	9
E3-3S	1. 4	32. 2	11. 2	14	0. 1	2. 1	0. 3	13	0. 8	54. 2	0. 8	8
酚类雌激素化合物 *Phenolic estrogenic compounds(PEs)*												
BPA	235	1527	761	14	3. 1	624	34. 6	14	127	1364	159	14
NP	520	4183	2648	14	13. 4	472	137	14	1644	23554	14051	14

1. PPCPs 总浓度差异

在调查范围内，不同城镇污水处理厂进水中的PPCPs总浓度差别较大，但各类PPCPs的组成情况基本类似。以抗生素为例，各污水处理厂进水中的抗生素浓度高低分布基本一致，为氟喹诺酮类(FQs)≈大环内酯类(MLs)＞磺胺类(SAs)＞四环素类(TCs)。

(1) 磺胺类中磺胺甲恶唑（SMX）、磺胺嘧啶（SMN）和磺胺地索辛（SDM）是最常检出的，检出率100%，浓度范围分别为102～3931ng/L、0.1～39.9ng/L和0.6～57.3ng/L。

(2) 四环素类中土霉素（OTC）是浓度最高的，进水中最高浓度可达627ng/L。在过去的20年中，由于四环素类抑菌性相对较弱且耐药严重，逐渐被氟喹诺酮类（FQs）和大环内酯类（MLs）替代，导致污水处理厂中四环素类以相对较低的浓度被检出。

(3) 氟喹诺酮类的浓度分布特征为：氧氟沙星(OLF)＞诺氟沙星(NOR)＞环丙沙星(CIP)＞洛美沙星(LOM)＞恩诺沙星(ENR)。

(4) 大环内酯类抗生素中，阿奇霉素（AZN）在进水中的浓度均较高，平均浓度为351.4ng/L，其次是罗红霉素（ROX）、红霉素（ERY）和克拉霉素（CLA）。阿奇霉素（AZN）作为大环内酯类中的重要组成药物，近些年来广泛应用于临床常见疾病的治疗，是最常用的处方抗菌药物之一，这也是阿奇霉素在污水中具有高检出浓度的主要原因。

2. PPCPs 的季节性差异

PPCPs在不同污水处理厂进水中表现出明显的季节性变化规律，多数目标物冬季进水浓度明显高于夏季，这与不同季节多发疾病和用药习惯相关，同时夏季水量的稀释作用以及污水管网中微生物降解也对进水浓度有一定的影响。

以某城市污水处理厂进水中典型PPCPs浓度的季节变化为例。

(1) 磺胺甲恶唑和磺胺嘧啶是检出浓度最高的磺胺类抗生素，其冬季进水中浓度可达到738ng/L和141ng/L，明显高于夏季进水浓度；磺胺噻唑和磺胺地索辛在夏季进水中未检出，原因可能在于夏季污水管网中水温相对较高，微生物活动频繁，少量的磺胺类抗生素在管网传输中被微生物降解去除。

(2) 对于氟喹诺酮类抗生素，其夏季进水浓度略高于冬季，特别是诺氟沙星、环丙沙星和洛美沙星，原因可能在于这些药物主要用于敏感菌所致的肠道感染等疾病的治疗，而夏季较冬季肠道疾病（痢疾、腹泻等）发病率高，从而导致此类抗生素在污水处理厂进水中浓度较高；而氧氟沙星作为广谱抑菌剂，主要用于呼吸道、咽喉、扁桃体、皮肤及软组织、鼻窦、肠道等部位的急、慢性感染，冬夏两季进水中氧氟沙星浓度并无明显变化。

(3) 四环素类抗生素整体检出浓度不高，季节变化规律不明显。

(4) 大环内酯类抗生素中红霉素、克拉霉素、罗红霉素和阿奇霉素的冬季浓度明显高于夏季浓度，其中阿奇霉素冬季进水浓度高达1580ng/L。大环内酯类抗生素作为广谱抗生素，是细菌引发的呼吸道疾病（感冒）、支原体或衣原体引发的肺炎等疾病治疗的首选药物，北方冬季气候寒冷，呼吸道疾病发病率明显高于夏季，因此大环内酯类抗生素消耗量增加，从而导致冬季进水中此类物质浓度明显高于夏季。

（5）阿替洛尔和美托洛尔属于β受体阻滞剂，主要用于高血压、冠心病、心肌病等疾病的治疗。苯扎贝特用于治疗高甘油三酯血症、高胆固醇血症和混合型高脂血症等。冬季心脏病、冠心病、高血压和高血脂等疾病发病率高于夏季，相关治疗药物冬季的消耗量明显高于夏季，因此冬季进水中阿替洛尔、美托洛尔和苯扎贝特的浓度明显高于夏季。

3. PPCPs的地域性差异

对比研究发现，抗生素在我国城镇污水处理厂进水中的检出浓度与发达国家所报道的水平相当，而阿替洛尔（ATE）、普塞洛尔（PROP）、卡马西平（CBZ）和苯扎贝特（BF）等其他药物的检出浓度均低于西方发达国家的检出水平，这与不同国家的用药习惯密切相关。城镇污水中的PPCPs浓度呈现一定的地域性差异，服务区域人口密集、生活污水占主导的污水处理厂进水中PPCPs浓度偏高，如北京、青岛等地（如图10-1所示）。

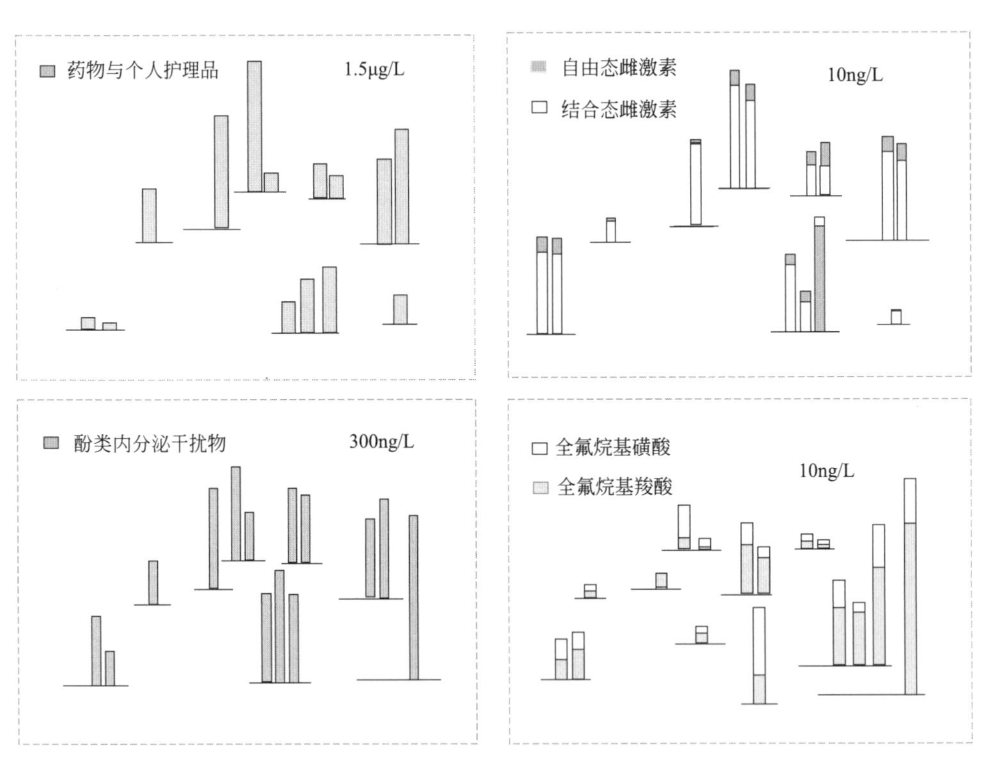

图10-1 典型微量新污染物在全国不同区域城镇污水处理厂进水中的分布特征

10.2.2 内分泌干扰物（EDCs）类

内分泌干扰物（Endocrine disrupting chemicals，EDCs）是指一类干扰生物体内正常激素的合成、贮存、分泌、体内运输、结合及清除等过程的外来物质。截至2001年，已有118种物质被欧盟环境署认为具有潜在内分泌干扰性，其中包括：天然激素类（如雌酮E1、雌二醇E2、雌三醇E3及其结合态形式，植物性雌激素与真菌雌激素等），合成激素类（如乙炔基雌二醇 EE2、己烯雌酚 DES 等），烷基酚类（如表面活性剂的降解产物壬基酚 NP、辛基酚 OP 等），添加剂类（如邻苯二甲酸酯类物质以及双酚 A 等），农药残余（如杀虫剂、除草剂 DDT、林丹等），多氯化合物与多环芳烃类（即多氯联苯 PCBs 和多环芳烃 PAHs），及其他如重金属、二噁英类物质等。

目前，国内外很多河流、湖泊、近海水体中已经检测到 EDCs 的存在，并已证实 EDCs 可对水域周围食物链系统内的动物产生不良影响。如鱼类的雌性化和卵黄蛋白原合成异常、水生生物的雌性化、雌雄同体等异常现象。EDCs 还会在野生鱼类与鸟类体内积累，进而干扰其甲状腺功能，或降低生物的繁殖能力。

城镇污水处理厂作为城镇及周边水体中污染物的“汇”和环境中 EDCs 污染的重要来源之一，是控制 EDCs 进入环境的重要节点，如果能在污水处理厂中实现对 EDCs 的去除，就能有效控制环境中的 EDCs 污染。因此，需要系统考察国内城镇污水处理厂对 EDCs 的去除情况，以期为在污水处理过程中去除 EDCs 风险提供基础依据和技术指导。

表 10-1 总结了 14 座污水处理厂中典型 EDCs 的检出情况：

(1) 共检出 11 种物质，其中双酚 A（BPA）、壬基酚（NP）等酚类 EDCs（PEs）的检出率可达 100%，雌酮（E1）、雌三醇（E3）、硫酸盐结合态雌激素（E1-3S、E2-3S、E3-3S）的检出率也较高（>95%）；而葡萄糖苷酸盐结合态雌激素（E1-3G、E2-3G、E2-17G）和雌二醇（E2）的检出率相对较低。

(2) 各类物质在进水中的浓度分布相对稳定，酚类 EDCs（PEs）具有最高的检出浓度，壬基酚（NP）和双酚 A（BPA）的平均检出浓度为 2648ng/L 和 761ng/L，平均高出其他物质 1～2 个数量级；自由态雌激素（FEs）中，雌酮（E1）、雌三醇（E3）检出浓度和最大浓度均较高，雌二醇（E2）平均浓度则相对较低；结合态雌激素（CEs）除 E3-3S 的平均检出浓度较高，为 11.2ng/L 外，其他均在 10ng/L 以下。

(3) 各城镇污水处理厂进水中的雌激素类和酚类 EDCs 总浓度如图 10-1 所示，进水来源组成是污水处理厂进水中 EDCs 浓度差异的主要影响因素，工业污水的进入会导致酚类 EDCs 浓度的升高，如无锡、上海等地，而受纳区域人口密集、生活污水占主导的污水处理厂进水中，雌激素类的浓度偏高，如北京、青岛等地。

温度、人类季节性生活习惯等可能影响目标 EDCs 在城镇污水处理厂进水中的浓度。研究对比了南北方 2 座城镇污水处理厂夏季（6～8 月）和冬季（12～2 月）进水中 3 类 EDCs 的平均浓度。位于南方的污水处理厂冬夏水温差别较小（7℃），负担了约 30%的工业废水，位于北方的污水处理厂冬夏水温差别较大（14℃以上），进水基本为生活污水。结果显示，对于南方污水处理厂，季节间存在较为明显的差异，相比于夏季，冬季的雌激素类浓度较低，但酚类 EDCs 浓度较高，这可能是因为冬季工业废水比例有所升高的缘故。对于北方污水处理厂，季节因素导致的差异较为明显，3 类 EDCs 均为冬季浓度略高于夏季，可能与夏季用水量大且污水管网内生物活性高、存在部分生物降解所致，有待进一步深入研究与确证。

10.2.3 全氟化合物（PFASs）类

1. PFASs的主要特征

全氟化合物（Per-and polyfluoroalkyl substances，PFASs），由于具有较好的抗水、抗油和抗污等特性，自20世纪50年代以来，被广泛应用于纺织品、地毯和皮革处理、泡沫灭火剂、食品包装袋等工业品和生活用品中。PFASs是一类持久性有机污染物，包括一个完全被氟化的疏水性烷基链和一个亲水性末端基团。主要是全氟烷基羧酸类物质（perfluoroalkyl carboxylic acids，PFCAs）和全氟烷基磺酸类物质（perfluoroalkane sulfonic acids，PFSAs），代表性物质是碳原子数为8的全氟辛烷羧酸（perfluorooctanoic acid，PFOA）和全氟辛烷磺酸（Perfluorooctane sulfonate，PFOS），结构式如图10-2和图10-3所示。长链的PFCAs（$C_nF_{2n+1}COOH$，$n \geqslant 7$）和PFSAs（$C_nF_{2n+1}SO_3H$，$n \geqslant 6$）具有较高的持久性、生物累积性和毒性，近年来受到越来越多的关注，尤其PFOA和PFOS。

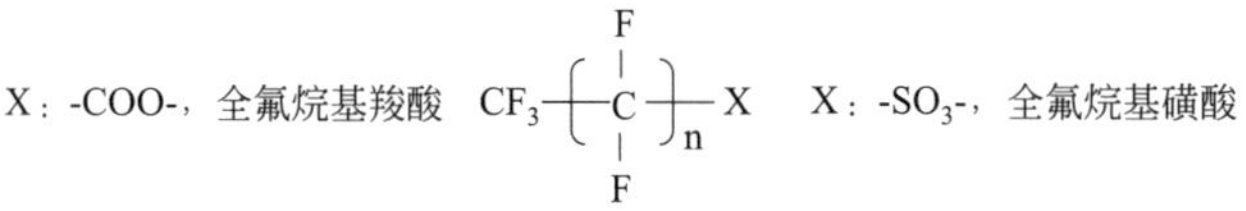

X：-COO-，全氟烷基羧酸 $CF_3\left[CF_2 \right]_n X$ X：$-SO_3-$，全氟烷基磺酸

图10-2 全氟烷基羧酸和全氟烷基磺酸的结构式

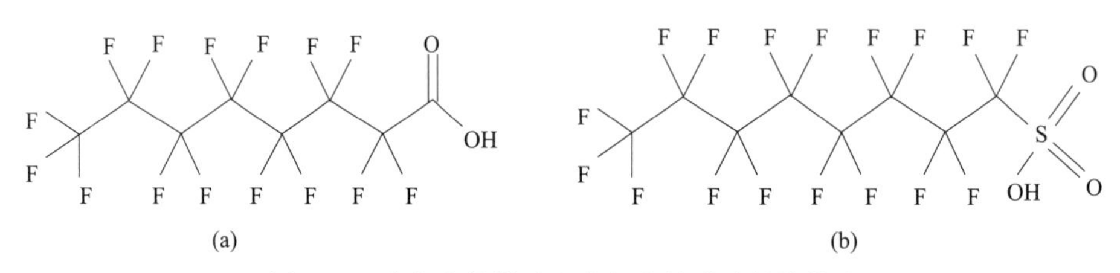

图10-3 全氟辛烷羧酸和全氟辛烷磺酸的结构式

（a）全氟辛烷羧酸（PFOA）；（b）全氟辛烷磺酸（PFOS）

自2000年起，许多国家的政府部门和监管机构开始制定相关环境管理政策，限制部分PFASs的生产和使用。2000年美国3M公司自愿放弃全氟辛烷磺酸和相关产品的生产。2003年，3M公司采用C=4全氟丁烷磺酸（PFBS）替代思高洁中的全氟辛烷磺酸。2005年联合国环境规划署将全氟辛烷羧酸和全氟辛烷磺酸列入“关于持久性有机污染物的斯德哥尔摩公约”候选名单。2006年美国国家环境保护局（EPA）和8家全球著名生产商提出全氟辛烷羧酸自主削减计划，承诺到2010年将全氟辛烷羧酸和其他长链PFASs排放和使用减少95%，2015年完全停止使用和排放。2006年12月欧洲议会发布限制销售和使用全氟辛烷磺酸的法令，要求2007年12月27日前都要列入各成员国的法律，该法令还提及全氟辛烷羧酸及其盐可能与全氟辛烷磺酸有类似的风险。2009年PFOS正式列入斯德哥尔摩公约并限制其使用。

到目前为止，美国、加拿大和欧盟等多个国家和区域已全面禁止PFOS的生产和使用，仅在半导体、电镀、照明和航空液压油等少数缺乏效果较好的替代物的工业中还允许继续使用。美国、加拿大和欧盟等政府以及国际机构出台相关政策，全面禁止PFOS的生产和使用后，也在逐步控制PFOA的生产和使用。由于不同碳链长度的化合物具有相似的理化性质和生态毒性，因此，其他不同碳链长度的PFASs也开始受到越来越多的国际关注。

由于长链的全氟烷基羧酸类物质（PFCAs）和全氟烷基磺酸类物质（PFSAs）的危害性以及生产和使用的限制，PFASs生产商和美国环境保护局一起逐步淘汰全氟辛烷磺酸（PFOS）和全氟辛烷羧酸（PFOA），同时使用全氟丁烷羧酸（PFBA，C=4）、全氟己烷羧酸（PFHxA，C=6）和全氟丁烷磺酸（PFBS，C=4）等短链替代物替代长链的全氟辛烷羧酸（PFOA，C=8）、全氟辛烷磺酸（PFOS，C=8）和全氟己烷磺酸（PF-HxS，C=6）。

短链替代物与长链PFCAs和PFSAs结构相似，但与长链PFASs相比具有较低的肝毒性、生殖毒性和生物积累性。然而短链替代物具有持久性，并且与长链PFASs相比，短链替代物由于在水中溶解度较高，固体吸附能力弱，因此有较高的流动性。为此，研究者逐渐开始关注短链替代物的环境行为。污水处理厂是污染物的主要排放源，尽管个别研究者在调查污水处理厂中全氟辛烷羧酸和全氟辛烷磺酸等长链PFASs的同时，也调查了短链替代物的分布，但城镇污水处理厂中短链替代物长期的分布、行为和排放还不清楚。

需要指出的是，环境中PFASs一部分来源于生产、运输、使用和废弃过程中的直接排放，另一部分来源于前体物的转化。这些PFASs的前体物工业产量大并且使用广泛，在环境样品中均有检出，环境中的PFASs前体物可以转化并最终产生全氟辛烷羧酸和全氟辛烷磺酸等PFASs，因此，PFASs前体物也受到越来越多的关注。

其中，氟调醇（FTOHs）作为PFASs的前体物，是一类重要的工业中间体，可以用于合成含氟表面活性剂和聚合材料，广泛应用于油漆、胶粘剂、蜡、抛光剂、金属、电子等产品中。FTOHs（$F(CF_2)_{2n}CH_2CH_2OH$，$n=2\sim8$）是由偶数个被完全氟化的碳和一个乙羟基形成的多氟化合物，以氟化碳（$2n$个）和氢化碳（2个）的比值命名，历史上曾经生产和使用过从4∶2 FTOH到16∶2 FTOH的FTOHs，目前主要生产和使用的是4∶2 FTOH、6∶2 FTOH、8∶2 FTOH和10∶2 FTOH，其中生产和使用最多的是8∶2 FTOH。

据报道，全氟辛烷磺酸及相关产品被停止生产和使用以后，氟调聚物的生产量在2000年出现了大幅增加。其中除了部分来自氟调聚物的侧链氟聚物的降解，其他来源的6∶2 FTOH～14∶2 FTOHs年排放量从1960年到2010年增至约1000t/a。越来越多的证据表明，氟调醇能对鱼和人类细胞造成内分泌干扰毒性，还对鱼和老鼠具有生殖损伤。此外，氟调醇是全氟辛烷羧酸等PFCAs重要的前体物，氟调醇可以在活性污泥、老鼠、人类和空气等多种介质下转化成PFCAs，8∶2 FTOH以及更长链的氟调醇都可以转化生成全氟辛烷羧酸（PFOA）。研究表明氟调醇可能导致人体血清和海鸥蛋中全氟辛烷羧酸等长链PFCAs（C≥8）随时间逐渐增加。目前随着对全氟辛烷羧酸风险认识的加深及一些限制条例的颁布，全球主要的氟调醇生产厂家已经决定要逐步用短链氟调醇（n∶

2 FTOH，$n<8$）取代 8∶2 FTOH 及更长链的氟调醇，6∶2 FTOH 取代 8∶2 FTOH 得到越来越多的关注。

2. 城镇污水中的 PFASs

目前普遍认为，含有 PFASs 的产品大量使用，以及含有 PFASs 的工业污水进入城镇污水处理厂，使城镇污水处理厂成为 PFASs 进入环境水体的主要途径之一。国内外污水处理系统的大量调查发现，污水生物处理不能去除 PFASs，甚至由于前体物在污水处理过程中转化为 PFASs，导致处理后的污水常含有浓度高于进水的 PFASs，排放后使自然水体受到污染，同时活性污泥也成为 PFASs 的主要源和汇，尤其是污泥农用过程中导致的土壤污染。因此需要系统研究全氟化合物在污水处理系统中的时空分布、迁移转化和归趋。

水专项课题研究团队对全国 17 座城镇污水处理厂中 PFASs 的分布开展了调查研究，研究结果见表 10-2，进水中检出 11 种 PFASs，其中全氟辛烷羧酸（PFOA）、全氟辛烷磺酸（PFOS）、全氟丁烷羧酸（PFBA）等 7 种物质检出率达到 100%。短链 PFASs 替代物及 PFOA 和 PFOS 在进水中均被检出，浓度最高的污染物质为 PFOA，平均浓度 31.7ng/L，其次为 PFBS，平均浓度 18.6ng/L。不同种类 PFASs 浓度数量级基本一致，PFCAs 浓度高于 PFSAs。PFASs 浓度的小时变化、日变化和周变化不显著，浓度数量级基本稳定。

PFASs 在 17 座城镇污水处理厂的进水浓度检出情况　　表 10-2

分类	物质	进水			
		最小值(ng/L)	最大值(ng/L)	平均值(ng/L)	检出率(%)
2 种典型 PFASs	PFOA	0.33	275	31.7	100
	PFOS	3.76	21.9	8.25	100
3 种短链 PFASs	PFBA	2.41	90.6	13.0	100
	PFHxA	0.19	40.3	7.30	100
	PFBS	4.58	85.8	18.6	100
其他 PFASs	PFPeA	0.97	15.4	3.63	100
	PFHpA	未检出	5.90	1.73	94
	PFNA	未检出	6.13	1.72	89
	PFDA	未检出	5.27	2.03	56
	PFUdA	未检出	3.37	0.19	6
	PFDoA	未检出	未检出	未检出	未检出
	PFTrDA	未检出	未检出	未检出	未检出
	PFTeDA	未检出	未检出	未检出	未检出
	PFHxDA	未检出	未检出	未检出	未检出
	PFHxS	1.07	24.3	6.34	100
	PFHpS	未检出	未检出	未检出	未检出
	PFDS	未检出	未检出	未检出	未检出

此外，发现 PFASs 前体物氟调醇（FTOHs）在城镇污水处理厂进水中普遍存在，见表 10-3，总浓度为 3.78～15.1ng/L，8∶2 FTOH 是最主要的氟调醇（FTOHs），平均浓度 5.72ng/L，在所有污水样品中全部检出，其次是 10∶2 FTOH，平均浓度 1.24ng/L。

氟调醇（FTOHs）在 17 座城镇污水处理厂的进水浓度检出情况　　表 10-3

物质	进水			
	最小值(ng/L)	最大值(ng/L)	平均值(ng/L)	检出率(%)
4∶2 FTOH	未检出	0.40	0.29	79
6∶2 FTOH	0.56	2.28	1.26	100
8∶2 FTOH	2.10	11.0	5.72	100
10∶2 FTOH	0.12	4.23	1.24	79
ΣFTOHs①	3.78	15.1	8.51	—
12∶2 FTOH②	未检出	0.80	0.15	36
14∶2 FTOH②	未检出	未检出	未检出	未检出

①ΣFTOHs：4∶2 FTOH～10∶2 FTOH 总浓度；

②12∶2 FTOH 和 14∶2 FTOH：由于没有 12∶2 FTOH 和 14∶2 FTOH 的标准品，这两种 FTOHs 进行半定量分析。

全国范围的城镇污水处理厂（无锡、青岛、北京、上海、大连、太原、西宁、重庆、开封和深圳等地）样品采集数据表明，PFASs 浓度分布地域性差异显著（如图 10-1 所示），呈现出华东、华南地区高于西北、东北、华北地区的趋势，这可能和各地区的经济产业布局有一定的关系，同时也与污水来源组成、覆盖范围、水量有关，如位于长三角地区的部分污水处理厂，接收了所在地的部分工业废水（主要包括油漆、塑料管、防腐蚀材料和纺织工业），可能是 PFASs 浓度较高的成因，因此需要加强工业污水排放污染源的源头管控。

10.2.4　挥发半挥发微量新污染物筛查及分布特征

除以上重点关注的微量新污染物外，中科院生态环境研究中心的研究团队还利用自动识别与定量系统（AIQS-DB）进行半定量的物质筛查，共检测 10 次，在城镇污水处理厂进水中检测出的挥发半挥发微量新污染物种类范围为 46～129 种，浓度范围在 109～267μg/L 之间，100%检出的物质 13 种，80%检出的物质 34 种。含氧有机物是主要的微量新污染物，主要包含邻苯二甲酸酯类物质（增塑剂）、甾醇类、酚类（苯酚、内分泌干扰物壬基酚、辛基酚等），以及酮类和醇类化合物。在大多数的污水处理厂中（80%），其浓度甚至高达总浓度的 70%以上，其次是药品及个人护理用品类化合物，其所占比例的范围是 4%～16%。

除高频率检出的微量新污染物外（表 10-4），高浓度的微量新污染物也是值得特别关注的，胆固醇、粪醇（动物性淄醇）、β-谷甾醇（植物性淄醇）、邻苯二甲酸二辛酯、异辛醇（增塑剂）、苯酚（树脂中间体）和咖啡因（CAF）是进水中浓度前 10 位的物质，同时也是高检出物质（检出率＞80%），应加强对这类新污染物在城镇污水处理系统中的监测。

进水中高检出（>80%）的挥发半挥发微量新污染物　　表10-4

分类	英文名称	控制类别	中文名称	用途	均值(μg/L)
碳氢化合物	Squalane	—	角鲨烷	PPCP	0.48±0.54
	1,4-Dichlorobenzene	EPA/中国水中优先控制污染物/城镇污水处理厂排放选择控制	对二氯苯	杀虫熏蒸剂	0.31±0.27
	2-Methylnaphthalene	—	2-甲基萘	多环芳烃	0.24±0.19
	Naphthalene	EPA/中国水中优先控制污染物	萘		0.55±0.70
	Phenanthrene	EPA优先控制	菲		0.15±0.08
	Fluorene	EPA优先控制	芴		0.07±0.03
	Pyrene	EPA优先控制	芘		0.03±0.02
	4-Cymene	—	1-甲基-4-异丙基苯	溶剂	0.15±0.13
含氧有机物	Isophorone	EPA优先控制	异佛尔酮	溶剂/涂料	0.85±2.17
	Cholesterol	—	胆固醇	动物性甾醇	29.7±17.2
	Coprostanol	—	粪(甾)醇		20.2±11.9
	beta-Sitosterol	—	β-谷甾醇	植物性甾醇	15.3±10.9
	Stigmasterol	—	豆甾醇	植物性甾醇	6.32±4.53
	2-Butoxyethanol	—	2-丁氧基乙醇	溶剂	4.16±6.23
	2-Phenylphenol	—	邻苯基苯酚	有机合成中间体	0.21±0.06
	Triclosan	—	二氯苯氧氯酚	PPCP	0.21±0.15
	Ethanol,2-phenoxy-	—	2-苯氧基乙醇	溶剂	3.17±2.72
	2-Methylphenol	—	2-甲基苯酚	消毒剂	1.02±2.16
	Acetophenone	—	苯乙酮	化妆品/香水	0.57±0.28
含氧有机物	Phenylethyl alcohol	—	苯基乙醇	化妆品/香水	1.86±1.52
	Benzyl alcohol	—	苯甲醇		3.40±4.02
	Bis(2-ethylhexyl) phthalate	EPA/中国水中优先控制污染物/城镇污水处理厂排放选择控制	邻苯二甲酸二辛酯	增塑剂	6.18±5.12
	Diethyl phthalate	EPA优先控制	邻苯二甲酸二乙酯		1.68±1.02
	2-Ethyl-1-hexanol	—	异辛醇		4.49±2.48
	Nonylphenol	内分泌干扰物	壬基酚	非离子型洗涤剂的代谢物	2.26±1.09
	4-tert-Octylphenol	内分泌干扰物	辛基酚	非离子型洗涤剂的代谢物树脂中间体	0.20±0.19
	Phenol	EPA/中国水中优先控制污染物/城镇污水处理厂排放选择控制	苯酚		4.33±4.79
	Phenazine	—	吩嗪	其他	0.02±0.01

续表

分类	英文名称	控制类别	中文名称	用途	均值(μg/L)
含硫有机物	Benzothiazole	—	苯并噻唑	轮胎浸出液	0.83±0.94
	2-(Methylthio)-benzothiazol	—	2-甲硫基苯并噻唑		0.58±0.82
含磷有机物	Tris(2-chloroethyl) phosphate	—	三氯乙基磷酸酯	阻燃剂	0.47±0.35
	Tributyl phosphate	—	磷酸三丁酯		1.25±2.09
药物及个人护理品	Caffeine	—	咖啡因	PPCP	11.1±3.51
农药类	Propoxur	—	残杀威	杀虫剂	0.09±0.06

综上所述，微量新污染物在我国的城镇污水处理厂进水中普遍存在和广泛分布，在所检测的 PPCPs、EDCs 和 PFASs 中共检出 49 种目标物，包括被列入斯德哥尔摩公约的全氟化合物、被限制的人工内分泌干扰物、美国优先污染物以及我国排放控制物质等。检出物质在进水中的浓度范围为纳克/升～微克/升水平。微量新污染物浓度的季节差异主要体现在与人类活动密切相关的种类上，例如某些药物的浓度可能跟其对症疾病在不同季节的发病率有关。以工业企业来源为主的微量新污染物，如酚类 EDCs 和 PFASs，其在进水中的浓度随季节变化的差异不明显。城镇污水中的微量新污染物浓度呈现一定的地域性差异，污水来源组成与不同类别的微量新污染物浓度水平密切相关。服务区域人口密集、生活污水占主导的污水处理厂进水中药物和雌激素类 EDCs 浓度偏高，而城镇污水中工业污水所占比例升高，将导致酚类 EDCs 及 PFASs 浓度升高。在 943 种挥发半挥发物质的筛查中检出 129 种，包括美国 EPA 和我国的水中优先控制污染物。

10.2.5　微量新污染物对生态环境的潜在风险

1. 微量新污染物的潜在风险

化合物的使用、其物理化学性质、生态毒理学性质以及在水中的浓度等，共同决定了某种物质是否会对水环境生态产生影响。许多微量新污染物在环境介质中具有生物难降解性和持久性，在人体等生物体内具有蓄积效应，能够通过食物链进行逐级放大和富集，并达到危害人类及其他生物的浓度水平，从而对生态系统和人体健康造成严重的影响。

微量新污染物种类繁多，且环境浓度通常很低，评估其生态环境影响是十分困难的。有些物质几乎不会被降解，有些物质的降解十分缓慢，并能够通过空气和水进行长距离的迁移。而有些持久性和迁移性较低的物质，由于不断释放或产生的转化产物也同样需要加以关注。在人口密集区，有许多化学物质被检出，这些微量新污染物即使是在很低浓度水平下，对敏感的水生生物也具有危害性，比如影响鱼和两栖动物的生长和繁殖，破坏水生生物的神经系统或者抑制藻类的光合作用，也可能导致复杂的、不可预见的、不直接的影响。源自城镇污水的微量新污染物的不断释放，除了会影响水生生物，还可能会影响人类需要的饮用水源的水质。

在水环境，尤其城镇水环境中，这些化学物质往往不是单独存在，而是以复杂的混合物的形态存在，很可能会导致更为有害的协同作用产生。因此，各类微量新污染物的综合毒性决定了对水生生物及其后端生物链的影响。为了明确综合影响，微量新污染物本身及转化产物都需要加以关注。实际上，学术界对于大量的不同种类的微量新污染物对水生生态系统的危害知之甚少，目前仅有内分泌干扰物（模仿或干扰自然激素行为）对生态环境的影响研究得比较透彻，已知这类物质会通过许多毒性行为模式危害水生生态环境。

2. 城镇污水 PPCPs 环境风险评价

水专项课题研究团队利用 14 座城镇污水处理厂的 PPCPs 浓度检出数据，根据 PPCPs 的实测浓度（MEC）和无观察效应环境浓度（PNEC）两个重要参数获得风险熵值 RQ（MEC 与 PNEC 的比值）的风险评价方法，基于目标污染物对三种不同营养级别的水生生物（藻类、无脊椎动物和鱼类）可能产生的急性毒性，对 PPCPs 在城镇污水处理厂出水和污泥中的环境风险进行了评价研究。RQ 值所指示的危害程度判定方法为：RQ＜0.1，低风险；0.1＜RQ＜1，中等风险；RQ≥1，高风险。

（1）在所有污水处理厂的总出水中，磺胺甲恶唑、氧氟沙星、环丙沙星、克拉霉素和红霉素对藻类的 RQ 大于 1，其出水中的浓度水平可能会对藻类具有高的风险性；其中两座污水处理厂由于出水中较高的红霉素浓度，其对无脊椎动物的 RQ 也大于 1，表明其对无脊椎动物亦具有高的风险性。

（2）部分出水中洛美沙星、金霉素、土霉素、四环素、罗红霉素、阿奇霉素和美托洛尔对无脊椎动物的风险熵值 RQ 大于 0.1，显示其对无脊椎动物有中等风险。出水中的 PPCPs 基本上不会对鱼类的生存产生影响，但某污水处理厂出水中氧氟沙星的浓度高达 2338ng/L，其对鱼类的 RQ＞0.1，表明其对鱼类也具有中等风险。研究所考察的 PPCPs 中，生态风险主要来源于不同种类的抗生素，抗生素之外的目标 PPCPs（例如抗癫痫药、降压药等）对水生生物的生态风险较小。

（3）RQ 主要用于评估污染物对水生生物的急性毒性，但除此之外，抗生素的风险还来自其在环境中的持续低水平暴露可以对微生物群落产生耐药性选择压力，可能导致环境细菌的耐药性。因此，应采取措施控制抗生素的滥用和污染排放，同时提高污水处理厂深度处理对抗生素的去除效率，以减少其对环境的风险效应。

（4）研究计算了污水处理厂剩余污泥中典型 PPCPs 对不同水生生物的 RQ 值，评价了其排放的生态风险，结果显示只有 1 座污水处理厂污泥中的氧氟沙星对藻类的 RQ 值大于 1，表明其对藻类存在高风险；部分处理厂污泥中的磺胺甲恶唑、环丙沙星和克拉霉素对藻类的 RQ 值大于 0.1，对藻类存在中等风险；除抗生素外的其他 PPCPs，在污泥中对水生生物的 RQ 值均小于 0.1。

水环境中的 PPCPs 并不是单一存在而是多种共存的，在这种情况下，PPCPs 的环境危害会因为共存作用而加强。具有相似或不相似作用机理的药物混合的生态毒理试验显示，不同的 PPCPs 可能会引起联合毒性风险，而单一的药物其毒性风险较低或无毒性风险。因此，从风险预防原则的观点出发，基于国外文献研究基础，利用叠加模型计算多种 PPCPs 的联合毒性风险熵 RQ_{tot}。结果显示，污水处理厂出水中和污泥中所有 PPCPs 对藻类的 RQ_{tot} 均大于 1，并且一些污水处理厂中所有 PPCPs 对无脊椎动物的 RQ_{tot} 也大于 1，它们的存在会对水环境中的藻类和无脊椎动物产生危害，同时剩余污泥中 PPCPs 如果在土地利用（包括施肥与卫生填埋）过程短期内不能被降解，则其对环境存在潜在的高生态风险。

同样采用 RQ 值对所考察污水处理厂的出水及污泥中 EDCs 的风险进行表征，结果显示，出水中的雌酮（E1）、雌二醇（E2）为高风险物质，E1-3S、E2-3S 为中等风险物质，葡糖苷酸盐结合态雌激素、酚类 EDCs 和自由态雌激素中雌三醇（E3）的风险相对较低，主要因为其浓度检出水平较低，而相应的 PNEC 值较高。在剩余污泥中，雌酮（E1）为高风险物质；E2-3S、E1-3S、壬基酚（NP）、雌二醇（E2）为中等风险物质。

为进一步总结所调查 14 座城镇污水处理厂出水及剩余污泥中 PPCPs 和 EDCs 的关键风险物质，基于表 10-1 的浓度调查数据，计算了 14 座城镇污水处理厂每种微量新污染物的权重检出浓度（WMEC），计算方法见式（10-1）。

$$WMEC = C_{ave} \times R_{tot} + C_{max} \times R_{90\%max} \tag{10-1}$$

式中　C_{ave}——某种污染物的平均检出浓度；

C_{max}——某种污染物的最高检出浓度；

R_{tot}——检出率；

$R_{90\%max}$——被检出浓度值高于 90%最高检出浓度值的样品占全部样品的比例。

根据 WMEC 和 PNEC 的比值获得风险熵值 RQ，其结果如图 10-4 所示。

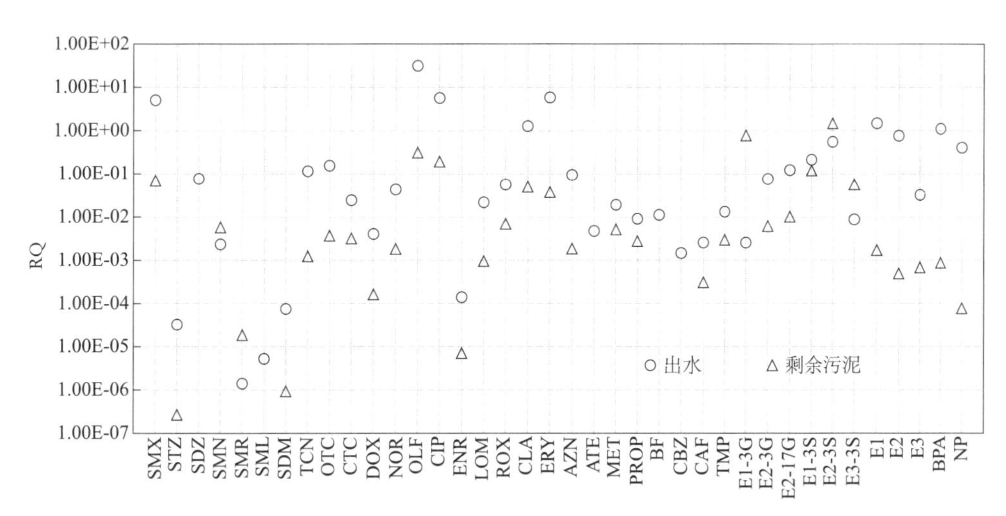

图 10-4　我国城镇污水处理厂出水及剩余污泥中典型 PPCPs 和 EDCs 的风险熵值（RQ）

在城镇污水处理厂出水中，磺胺甲恶唑（SMX）、氧氟沙星（OLF）、环丙沙星（CIP）、克拉霉素（CLA）、红霉素（ERY）、雌酮（E1）和双酚 A（BPA）的 RQ 值高于

1.0，表示其对水生生物具有高风险；雌二醇（E2）、壬基酚（NP）、E2-17G、E1-3S、四环素（TCN）和土霉素（OTC）的RQ值在1.0和0.1之间，具有中等风险。

在剩余污泥中，E2-3S具有高风险，E1-3G、E1-3S、氧氟沙星（OLF）和环丙沙星（CIP）具有中等风险。值得注意的是，以往研究中对于雌激素的检测往往只关注其自由态形式，但结合态在污水及污泥中的存在风险同样是不容忽视的。

3. 城镇污水PFASs的环境风险分析

PFASs具有持久性、生物累积性和高毒性，引起一系列生态和健康的问题，受到越来越多的关注。毒理研究结果表明，PFASs在生物体内具有放大效应，生物富集能力随着碳链长度增加而增加，并可以诱导多种动物的各个层次的毒理效应，甚至还可以诱发癌症。环境中的PFASs能够通过吸入、真皮接触、饮食摄入、室内灰尘和饮用水等多种途径进入人体。2009年，全氟辛烷磺酸（PFOS）被列入斯德哥尔摩公约；2013年，全氟辛烷羧酸（PFOA）也被列为高度关注物质；2016年，EPA制定PFOA和PFOS饮用水健康建议值为70ng/L；2019年，我国生态环境部公告2019年第10号《关于禁止生产、流通、使用和进出口林丹等持久性有机污染物的公告》中禁用了全氟辛烷磺酸（PFOS）及其盐类，除可接受用途外的生产、流通、使用和进出口，PFASs已成为全球性的问题。

在研究团队调查研究的17座城镇污水处理厂中，PFASs浓度差异较大，在某些厂中全氟己烷羧酸（PFHxA）和全氟丁烷磺酸（PFBS）等物质的浓度要高于韩国、希腊、美国等国家的污水处理厂中的PFASs浓度。研究团队还发现在城镇污水处理厂中PFASs高浓度检出的南方经济发达地区，饮用水水源和地表水中同样也检测到高浓度的PFASs，这是需要引起特别关注的。氟调醇（FTOHs）作为PFASs的前体物和替代物生产量逐年增加。近年来的研究表明，氟调醇具有内分泌干扰性和生殖毒性。氟调醇具有高蒸汽压和低水溶性，在空气中广泛分布，是半挥发性物质，服从大气化学转化过程，能够迁移到比较偏远的地区。中国、美国、欧洲和亚洲的多个国家在家庭、办公室、地毯商店、打蜡车间、家具店、污水处理厂和垃圾填埋场等生产、使用和污染场所的空气中都发现了氟调醇的广泛存在。

在其他环境介质中，如沉积物、使用过堆肥的土壤和土壤的生长植物、雨水、河水均检出氟调醇，还有研究表明氟调醇挥发到空气中和经污水处理厂排放到受纳水体是环境中氟调醇的两种主要来源。我国北方地区严重缺水，水体生态基流缺乏；南方水质型缺水问题突出，水体污染严重。河湖水体补水是水环境治理的关键措施之一，但北方和南方都普遍缺少清洁可用的补水水源。城镇污水具有“就地可取、水量稳定、水质可控”的特点，已成为公认的城镇第二水源。区域水循环利用目前已得到大力推进，将城镇污水处理达到排放标准，再经过生态处理设施等进一步净化，水质达到有关用水要求后，就近排入城镇自然水体或回灌地下水，补给生态环境；之后通过自然储存、净化，作为水资源在一定区域内进行调配，再次用于生产和生活。城镇污水处理厂作为关键一环，受到严格管控，而PFASs作为污水处理厂难去除微量新污染物，其潜在的水环境生态风险也应引起关注。

针对943种挥发半挥发物质的筛查结果显示，从检出频率、检出浓度来看，多环芳烃

(2-甲基萘、萘、菲、芘和荧蒽)、磷酸酯类阻燃剂（三氯乙基磷酸酯、磷酸三丁酯和磷酸三（1,3-二氯-2-丙基）酯）、苯酚、苯并噻唑（2-甲硫基苯并噻唑、苯并噻唑和2-羟基苯并噻唑）和农药（残杀威）是城镇污水处理厂二沉池出水中需关注的可能存在潜在毒性的物质。

总之，从环境管理的角度来说，结合物质筛查和PPCPs、EDCs、PFASs等重点关注微量新污染物的精确定量分析研究结果，综合对检出种类、检出率、检出浓度、环境风险水平的考虑，参照国内外风险污染物的相关标准，可以建立我国城镇污水处理厂重点关注的新污染物清单，为我国的环境管理提供重要的基础支撑。

10.3　微量新污染物的去除途径及影响因素

城镇污水处理厂的工艺选择主要基于排放标准中COD、BOD_5、SS、NH_3-N、TN、TP等常规污染物指标的稳定达标，在污水处理工艺流程中，部分微量新污染物通过活性污泥附着吸附或者生物降解、水解等得到去除，但许多亲水性物质较难吸附到活性污泥上，导致出水仍然残留相对较高的浓度，或者转化为未知的转化产物，释放到接纳水体中，引起水生生物的慢性接触。需要关注的是，某些微量新污染物具有中等或较强的疏水性，易于被活性污泥附着吸附；但由于仅仅是相的转移而不是降解，这部分被吸附的微量新污染物往往随着污泥的处理处置过程进入地表水体或土壤环境中，直接或间接造成潜在的环境与健康风险。因此，城镇污水处理厂出水以及污泥是环境中不可忽视的微量新污染物来源。

在活性污泥法污水处理过程中，影响微量新污染物去除的两个主要过程是生物降解和吸附，这两个过程对于不同性质的微量新污染物有着不同的去除作用，亲水性物质更易通过生物降解途径加以去除，而疏水性物质则有较大比例是通过污泥吸附去除并随剩余污泥外排。除此之外，MLVSS、HRT、SRT等工艺参数对微量新污染物的去除率也有较大的影响；前体物或结合态转化也是造成某些微量新污染物去除率波动的重要因素，可能导致出水中污染物浓度的升高。特别需要指出的是，除了关注微量新污染物原形态的污染和排放外，在生物处理过程中部分微量新污染物的转化形态也具有风险。另外，由于抗生素的选择压力，生物处理过程中抗生素抗性基因的产生和排放也需要引起关注。

在“十二五”水专项课题研究过程中，调查了微量新污染物在城镇污水处理全过程中的迁移转化情况，发现A^2/O、改良A^2/O、氧化沟、MBR等典型生物处理工艺过程可有效去除EDCs，11种EDCs的平均去除率均可达50%以上；对大部分挥发半挥发有机物、抗生素等PPCPs也有较好的去除效果，27种PPCPs的平均去除率为59%～72%。然而对PFASs非但没有去除，还存在氟调醇（FTOHs）等前体物的转化现象，总体上不同工艺对其去除效果差别不大；污泥中酚类EDCs、氟喹诺酮类抗生素等药物的残留量较高。在二沉池出水中100%被检出的物质，包括PFASs中的全氟丁烷羧酸（PFBA）、全氟戊烷羧酸（PFPeA）、全氟己烷羧酸（PFHxA）、全氟庚烷羧酸（PFHpA）、全氟辛烷羧酸

(PFOA)，EDCs中的壬基酚（NP）和双酚A（BPA)，PPCPs中的土霉素（OTC)、诺氟沙星（NOR)、氧氟沙星（OLF)、环丙沙星（CIP)、红霉素（ERY)、罗红霉素(ROX)、克拉霉素（CLA)、阿奇霉素（AZN)、甲氧苄氨嘧啶等，这些残留的微量新污染物需要进一步的深度处理。

10.3.1 污水处理系统微量新污染物的迁移转化

通过对典型城镇污水处理厂进水、关键工艺单元污水与污泥、处理出水中微量新污染物的浓度监测，研究了污水处理全过程中代表性微量新污染物的质量负荷变化，以及水、泥两相的分配机制，解析了其迁移转化规律及归趋特征，明确了水解、生物降解、污泥附着吸附等去除机制对各类微量新污染物去除的贡献程度。

1. 污水与污泥中的PPCPs

正如表10-1中所列出的，PPCPs在城镇污水处理厂出水和污泥中广泛检出，其中大环内酯类（MLs）和氟喹诺酮类（FQs）的比例最高，浓度范围分别为35.3～108ng/L和1.8～253ng/L。与进水类似，氧氟沙星（OLF)、托洛尔（MET)、罗红霉素（ROX）和阿奇霉素（AZN）在出水中的浓度最高，平均浓度分别为253ng/L、112ng/L、108ng/L和105ng/L，磺胺甲恶唑（SMX）和诺氟沙星（NOR）的检出浓度也较高。剩余污泥中的氟喹诺酮类（FQs)、四环素类（TCs）和大环内酯类（MLs）的浓度远高于其他PPCPs种类，浓度范围分别为6.6～3150ng/g、8.5～388ng/g和5.3～749ng/g，说明这些种类更容易在污泥中累积。从具体物质来看，氧氟沙星（OLF)、诺氟沙星（NOR)、阿奇霉素（AZN）和土霉素（OTC）在污泥中的浓度最高，其平均浓度分别为3150ng/g、2004ng/g、749ng/g和388ng/g。皮尔森相关性分析结果显示，出水中的微量新污染物浓度与HRT和SRT等工艺参数以及污染物自身的辛醇—水分配系数（Kow）等性质无显著相关关系；污泥中的微量新污染物浓度与SRT显著相关（$r=0.750$，$p<0.05$)，且与污染物的Kow呈正相关关系（$r=0.382$，$p<0.05$)，较长的SRT使微量新污染物更易附着吸附在污泥上，并且污泥泥龄延长可提高污水生物相的疏水属性，从而提高污泥对亲脂性微量新污染物的吸附能力。

如图10-5所示，PPCPs在20万m^3/d规模的某座污水处理厂（改良A^2/O）进水和出水中的总质量负荷分别为3553g/d和203g/d，剩余污泥中总质量负荷为768g/d，污水处理全工艺流程对PPCPs总质量负荷的去除率为94%。在另一座5万m^3/d规模的污水处理厂（奥贝尔氧化沟）进水和出水中的总质量负荷分别为1770g/d和275g/d，剩余污泥中总质量负荷为354g/d，全工艺流程对PPCPs总质量负荷的去除率为86%。

一级处理和深度处理对PPCPs的去除效果有限，其去除主要发生在生物处理单元。通过质量平衡分析发现，各种PPCPs物质的理化性质不同，其主要去除途径也有所不同：生物降解是多数磺胺类的主要去除途径，生物降解率均高于50%（磺胺二甲嘧啶除外)，污泥吸附作用可忽略；氟喹诺酮类和四环素类极易吸附在污泥颗粒表面，并且微生物对此类物质的生物降解能力极为有限，导致这些物质在活性污泥中逐渐累积，因此污泥吸附是氟喹诺酮类和四环素类的主要去除途径；大环内酯类的生物降解率范围为－15.7%～84.5%，其中克拉霉素（CLA）、红霉素（ERY）和罗红霉素（ROX）主要通过生物降解去除，阿奇霉素（AZN）主要通过污泥吸附去除，吸附去除率为36.7%～86.7%；除抗生素以外的其他PPCPs的污泥吸附率极低，咖啡因（CAF）和阿替洛尔（ATE）的生物降解率高达90%～100%，而苯扎贝特（BF）、普塞洛尔（PROP）和甲氧苄胺嘧啶（TMP）的生物降解率相对较低，总出水中检测到较高浓度残留，卡马西平（CBZ）、阿替洛尔（ATE）和美托洛尔（MET）的污泥吸附去除率和生物降解率均较低，传统生物处理工艺对其难以去除。

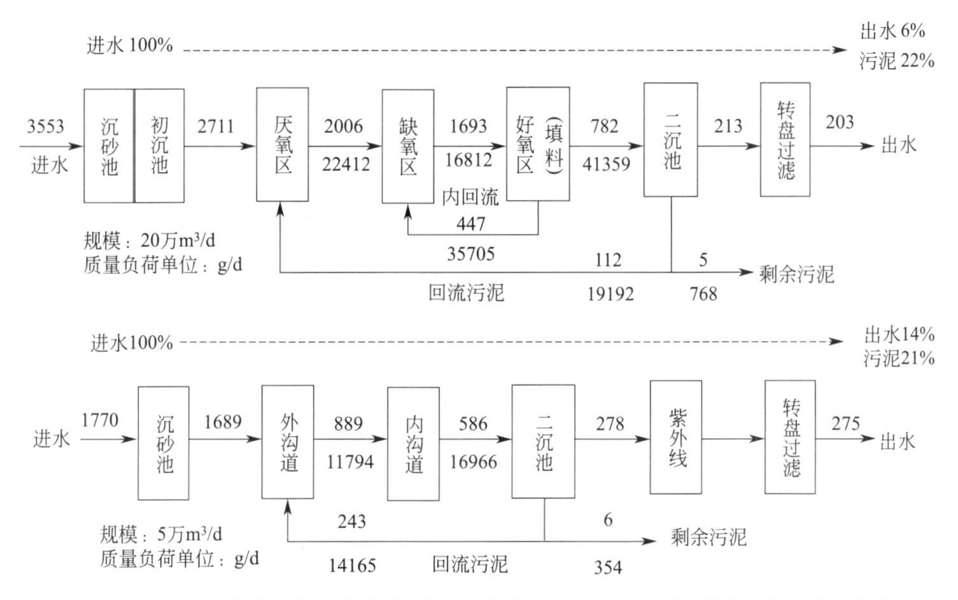

图10-5 PPCPs类微量新污染物在城镇污水处理全工艺过程的质量负荷变化及归趋

2. 污水与污泥中的EDCs

EDCs类在上述2座污水处理厂进水中的总负荷分别为1340g/d和649g/d，污水处理全流程对EDCs总质量负荷的去除率约80%。雌酮（E1）、雌二醇（E2）、雌三醇（E3）的总摩尔浓度（包含自由态和结合态）在全流程中呈整体下降趋势，经过初沉池后总摩尔浓度有20%～30%的去除，而经过厌氧段后，水相浓度并未明显降低，可能的浓度变化多来自结合态/自由态的相互转化，较为明显的去除在缺氧区和好氧区才被观察到，因此缺氧区和好氧区是雌酮（E1）、雌二醇（E2）、雌三醇（E3）的主要去除工段。

生物处理工艺对雌三醇（E3）、E3-3S去除率稳定高于95%，对其余雌激素物质及双酚A（BPA）的去除率在60%～70%之间，而对壬基酚（NP）去除率较低，导致其以较高浓度残留在剩余污泥中。生物降解、水解、污泥吸附分别是污水相中自由态雌激素、结合态雌激素、酚类EDCs去除的主要机理，通过考察结合态比率沿污水处理流程的变化发现，结合态雌激素相比于自由态雌激素更难去除。

3. 污水与污泥中的PFASs

PFASs在上述2座污水处理厂进水中的总质量负荷为23.6～24.2g/d，二沉出水中的总质量负荷为16.4～18.8g/d，总出水和剩余污泥中的总质量负荷分别为5.47～21.8g/d和2.09～5.08g/d。污水处理流程对PFASs的去除效果不佳。在某污水处理厂中，PFASs的总质量负荷在水相和泥相中最高的工艺段为好氧区，出水中的总质量负荷要大于进水，可见，生物处理工艺段中可能存在前体物向PFASs转化的现象，导致PFASs大量生成。

通过研究PFASs前体物氟调醇（FTOHs）的行为发现，污水中氟调醇（FTOHs）浓度水平在污水处理厂处理过程中整体上是降低的，如8：2 FTOH进水中浓度10.4±0.53ng/L，厌氧段3.73±0.15ng/L，总出水2.99±0.01ng/L，而PFCAs中全氟丁烷羧酸（PFBA）进水浓度为24.8±3.69ng/L，出水增加到101±13.1ng/L，表明其部分发生了转化。进一步研究发现二沉出水和剩余污泥中氟调醇（FTOHs）质量减小量（△FTOHs）和可能生成的PFCAs在二沉出水和剩余污泥中的质量增加量（△PFCAs）之间存在显著相关。

此外，氟调醇（FTOHs）在好氧区质量负荷显著降低，从13.4±0.26g/d降至10.5±0.32g/d，同时好氧区中12种PFCAs的质量负荷从94.7±4.43g/d增加到161±4.23g/d，质量增加率18%±16%～165%±15%（如图10-6所示），表明氟调醇（FTOHs）在好氧区可能生物转化产生PFCAs。总体来看，生物处理工艺对PFASs的去除效果不佳，PFASs主要通过出水排放，泥相中主要种类为长链的PFASs。

综合来看，不同种类的微量新污染物在城镇污水生物处理工艺过程中的迁移转化规律及去除途径不尽相同，与物质自身性质密切相关，亲水性物质更易通过生物降解途径被去除，而疏水性物质则有较大比例通过污泥附着吸附去除，从而随剩余污泥排放。前体物或结合态转化是造成某些微量新污染物去除率波动的重要因素，可能导致出水中的污染物浓度升高，需要予以特别关注，并进一步深入研究。

10.3.2 污水处理工艺过程微量新污染物去除潜力

以全国城镇污水处理厂调查数据为基础，分析发现PPCPs、EDCs的去除主要发生在生物处理工艺单元，通过生物降解、污泥附着吸附等途径得到削减。以PPCPs为例，进入污水处理厂的微量新污染物通过生物降解去除的比例为70%左右，出水排放比例为6%～14%（如图10-5所示），其余部分残留于剩余活性污泥中。

从水相去除率角度来说，城镇污水处理厂对PPCPs和EDCs的去除率波动较大，只有极少数物质表现出稳定、高效的去除，一些物质由于前体物转化、结合态水解、污泥释放等因素表现出负去除率。一级处理对各类物质的去除效果有限，目标物的去除主要集中在生物处理单元。基于14座城镇污水处理厂的调查结果，系统评估多类生物处理工艺过程对PPCPs和EDCs两类微量新污染物的去除潜力，并尝试探讨工艺参数对微量新污染物去除效率的影响。图10-7为Meta-analysis统计分析的结果。

从图10-7可以看出，各生物处理工艺过程对微量新污染物的去除效果从高到低为：改良A^2/O-MBBR>MBR>A^2/O>氧化沟>传统活性污泥法。MBBR填料上附着的生物

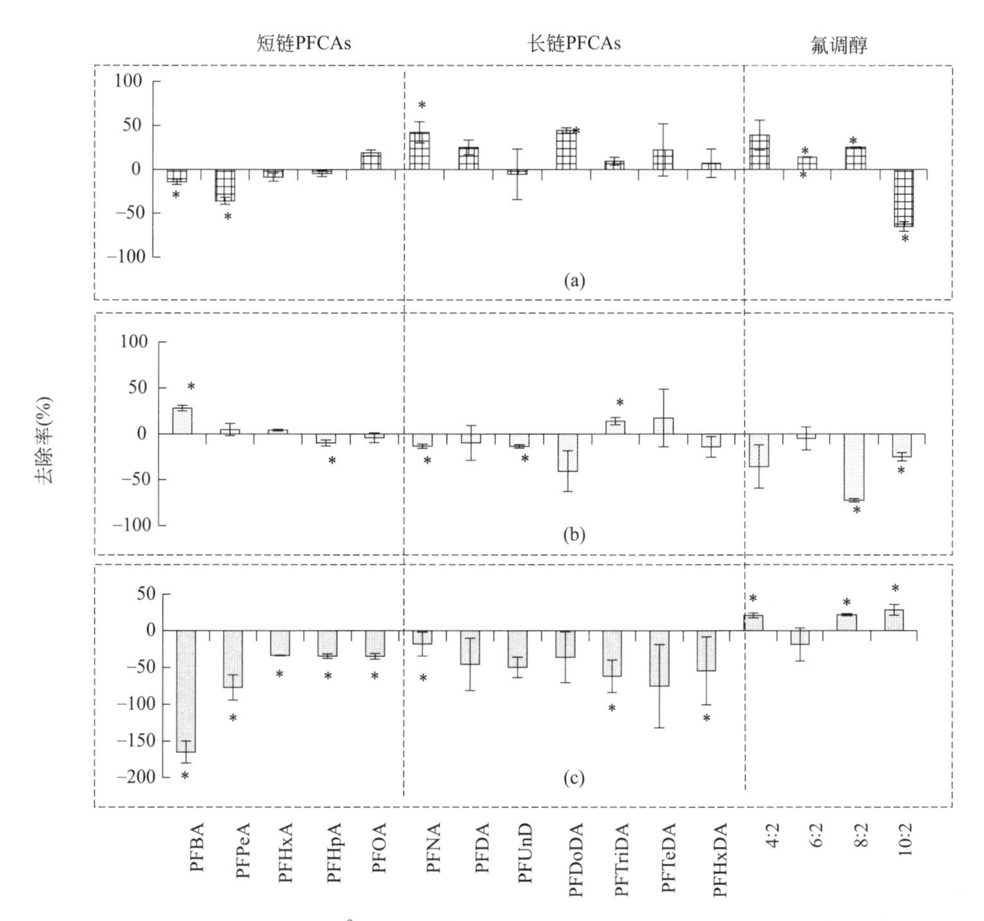

图 10-6　某污水处理厂 A^2/O 工艺各工艺段中 FTOHs 和 PFCAs 的去除率（%）

（a）厌氧段；（b）缺氧段；（c）好氧段

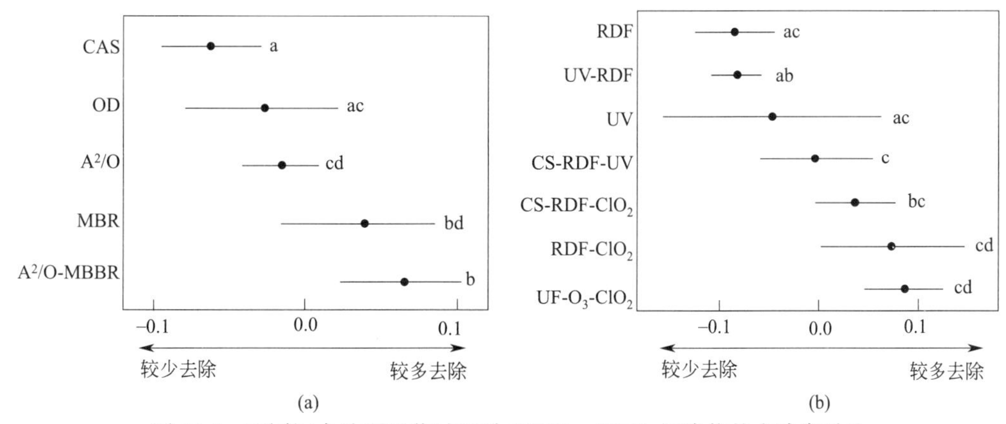

图 10-7　不同污水处理工艺过程对 PPCPs、EDCs 污染物的去除率对比

（a）二级生物处理标准化去除率；（b）深度处理标准化去除率

注：不同工艺标准化去除率间的统计学显著差异（$p<0.05$）以右侧字母表示；CAS：传统活性污泥法；OD：氧化沟；MBR：膜生物反应器；MBBR：悬浮填料系统；RDF：转盘过滤；CS：混凝沉淀；UF：超滤；UV：紫外

膜含有可将微量新污染物（如药物）作为有机底物利用的微生物，因此，在改良 A^2/O-MBBR 串联工艺过程中，后置的 MBBR 工艺系统可将活性污泥工艺过程中难去除的微量

新污染物进一步降解。MBR 工艺系统往往设置有更长的污泥固体停留时间，因此促使多样化微生物菌群的富集进而有利于微量新污染物以共代谢的方式被降解，此外 MBR 中的污泥具有更大的比表面积，有利于亲脂性污染物的附着吸附方式去除。

从具体污染物种类来看，A^2/O、氧化沟对检出的 27 种 PPCPs 的平均去除率分别为 72%和 73%，略高于改良 A^2/O-MBBR（63%）、MBR（62%）和传统活性污泥法（59%），并且 A^2/O、氧化沟对 PPCPs 普遍具有较高的去除率。对于一些精神类药物，A^2/O 对多数物质去除率较低，除奥氮平外，其他的药物去除率均在 50%以下，氧化沟工艺系统对精神性药物的整体去除率趋势与 A^2/O 工艺接近，但不同物质间波动较小。MBR 工艺系统对大部分精神性药物的去除率有所提高，且波动相对较小，尤其对舒必利、拉莫三嗪、去甲文拉法辛、奥氮平等表现出稳定而良好的去除效果，但所有工艺过程的出水中普遍观察到卡马西平的浓度高于进水，推测存在药物代谢物的转化作用。

各类生物处理工艺过程对 11 种 EDCs 的平均去除率均可达 50%以上，不同工艺过程对 EDCs 的去除效果差别不显著。各工艺系统对结合态雌激素平均去除率均在 70%～80%间波动；对自由态雌激素而言，MBR 和常规活性污泥法具有超过 90%的去除效果，而其他工艺系统则在 80%～90%，这可能是因为 MBR 和传统活性污泥法通常具有较高的污泥浓度，有助于自由态物质的吸附和降解；对于易吸附、不易降解的酚类 EDCs 而言，传统活性污泥法更容易使其在污泥上的积累，降低其在出水中的残留浓度。从总体概观，MBR 具有最好的去除效果，而氧化沟优于改良 A^2/O-MBBR 和 A^2/O。统计数据表明，结合态雌激素的去除率与温度存在显著相关（$p<0.01$）；自由态雌激素和酚类 EDCs 的去除率与 HRT 显著相关（$p<0.05$），较长的 HRT 能给予固液相更长的接触时间，更利于吸附和降解过程的发生，因此可推断自由态雌激素、酚类 EDCs 的主要去除方式为生物降解和污泥吸附。

对于 PFASs，二沉出水中仍然检出了 10 种 PFASs，全氟丁烷羧酸（PFBA）、全氟己烷羧酸（PFHxA）、全氟辛烷羧酸（PFOA）等物质 100%检出，其中 PFOA 为浓度最高的物质（平均浓度为 24.7ng/L）。常用的改良 A^2/O-MBBR、OD、MBR 等生物处理工艺的去除效果均不理想，且各工艺间没有明显差异，并且由于氟调醇（FTOHs）等前体物的转化，一部分 PFASs 的出水浓度较进水有所增加，各工艺都有部分 PFASs 呈现负去除率的现象。此外，对某污水处理厂相同进水不同处理工艺（OD 和 MBR）的去除率调查结果表明，两种工艺差异不大，并有负去除现象。可见，同一污水处理厂同一进水的条件下，污水的来源及水质条件等相同，不同的生物处理工艺对 PFASs 的去除率差别并不大。

对 943 种挥发半挥发物质进行筛查的结果表明，进水中的挥发半挥发微量新污染物在经过生物处理工艺后得到了有效的削减，分析了不同生物处理工艺对挥发半挥发微量新污染物的去除率。挥发半挥发物质的平均浓度从进水的 153±52.9μg/L 下降到 18.6±10.8μg/L，检出浓度范围降低到 10.9～49.4μg/L 之间。检出种类较污水进水也出现了显著的降低，检出污染物的种类范围下降到 43～96 种，与进水相比，含氧类的有机物依旧是二沉出水中主要的有机污染物的类型，平均占比 68%±17%，其次为碳氢化合物，主要以多环芳烃类有机物为主。二沉出水中检出率高于 80%的挥发半挥发物质的数量为 21 种，这些污染物主要包括 PPCPs、甾醇类、多环芳烃类、化妆品/香水类、苯并噻唑类和阻燃剂类有机物。生物处理对挥发半挥发物质平均去除率可达 87%±6%，其中 PPCPs 类有机物的平均去除率最高可达 96%，其他大类物质的去除率分别为含氮有机物 94%、含氧有机物 88%、碳氢化合物 61%、农药类有机物 59%、含硫有机物 59%和含磷有机物 51%。含磷有机物主要包含了磷酸酯类阻燃剂，说明生物处理工艺对此类污染物的去除效果较差。虽然含氧有机物得到了有效的削减，但由于进水中含氧有机物的浓度较其他类型有机物的浓度都要高出很多，因此即使经过生物处理后得到了较好的去除，但依旧为二沉出水中主要的挥发半挥发物质的类型，其在二沉出水中所占的平均比例为 68%±17%。

综上所述，生物处理工艺过程对水中各类微量新污染物的去除率差异较大，PPCPs、EDCs 及大部分挥发半挥发有机物去除较为有效，而 PFASs 几乎没有去除。在生物处理工艺单元，通过 MLSS、SRT 等参数的优化以及增强兼氧作用的工艺过程，可强化生物降解与污泥附着吸附作用。

10.4　基于微量新污染物去除的污水处理工艺改进

10.4.1　污水深度处理对微量新污染物的控制

以城镇污水处理厂二沉池出水及总出水中微量新污染物的浓度水平监测结果为基础，对处理厂深度处理工艺过程对微量新污染物的去除效果进行分析。在此基础上，结合试验室模拟试验和文献综述，对混凝沉淀、介质过滤、膜处理技术、臭氧及高级氧化、氯消毒等常见的污水深度处理技术对代表性微量新污染物的去除能力进行了综合评价。

1. 不同深度处理工艺的统计分析

随着城镇污水处理厂出水水质标准的不断提高，传统生物处理工艺过程越来越难以直接满足水质指标的达标需求，许多污水处理厂都已经或者即将进行相应的提标改造。在研究的污水处理厂中，有 11 座在生物处理工艺过程之后增加了深度处理工艺过程，其中转盘过滤（RDF）、混凝沉淀（CS）、膜（主要为超滤 UF）等工艺单元主要以去除 SS 为目标，而紫外（UV）、氯、臭氧等工艺单元主要以消毒为目标，均不是以去除微量新污染物为直接目的。但是，这些工艺单元带来的沉降、截留、光解、氧化等过程却会对微量新污染物的降解和去除起到一定作用。

通过 Meta-analysis 统计分析，所调查处理厂的深度处理工艺过程对微量新污染物去除效果从高到低为：UF-O_3-ClO_2＞RDF-ClO_2＞CS-RDF-ClO_2＞CS-RDF-UV＞UV＞UV-RDF＞RDF，这些工艺对微量新污染物的去除能力相对有限，平均去除率不足 50%，具有氧化作用或氯化作用（O_3、ClO_2）的深度处理优于 UV、混凝沉淀、RDF 等工艺过程（如图 10-7 所示）。

对于 PPCPs，城镇污水处理厂中的深度处理工艺过程可进一步削减二沉池出水中的微量新污染物，其平均去除率为 64%，不同处理工艺过程对微量新污染物的去除效果差异显著：RDF、RDF-UV 对 PPCPs 的平均去除率仅为 12%和 19%，CS、UV、氯消毒工艺单元的加入一定程度上有利于 PPCPs 污染物的去除，UV、CS-RDF-UV、CS-RDF-ClO_2、RDF-ClO_2 对 PPCPs 的平均去除率分别为 40%、51%、50%和 62%，UF 和 O_3 可有效增强 PPCPs 的去除效果，UF-O_3-ClO_2 对 PPCPs 的平均去除率达到 80%。某些污水处理厂深度处理出水中仍含有高浓度的 PPCPs 类物质，如氧氟沙星（OLF）和阿奇霉素（AZN）的深度处理出水浓度高达 3076.6ng/L 和 1278ng/L，应引起关注和深入研究。

2. 臭氧（O_3）氧化对 PPCPs 的去除

通过实验室模拟试验，研究了 O_3 氧化对二沉池出水中多种 PPCPs 的氧化去除效果。试验结果显示，随着 O_3 投加量的增加，二沉池出水中目标 PPCPs 的去除率明显增加。O_3 投加量为 7.5mg/L 时，除了磺胺甲二唑（SML）、磺胺地索辛（SDM）、恩诺沙星（ENR）和咖啡因（CAF），其余目标物的去除率均高于 90%；O_3 投加量为 15mg/L 时，除了 SML、SDM 和 CAF 仍有少量残余，其余所有目标物均被 O_3 完全氧化去除。在一定剂量下，O_3 可以氧化去除二沉池出水中所有中等和高风险 PPCPs，氧化后出水基本无 PPCPs 的残留。

由目标 PPCPs 的分子结构可以看出，多数 PPCPs 结构中均含有多个苯环、不饱和双键或含 N 等还原性基团，O_3 分子可以与其直接反应，去除效果较好。O_3 具有很强的氧化性，可以与污水中的有机物反应，使难降解的有机物被氧化成易降解的小分子的酸醛等，最终氧化成 CO_2 和 H_2O。但单独使用 O_3 存在利用率低的问题，O_3/H_2O_2 联合使用能够增加 O_3 对水体中难降解物质的氧化性能，H_2O_2 在水中离解生成的 HO_2^- 是 O_3 在水中产生 · OH 的链引发剂，能够迅速使 O_3 分解产生 · OH，加快反应速率，提高目标物的去除效果。

采用 O_3/H_2O_2 高级氧化技术对污水处理厂二沉池出水进行了初步试验研究，探讨了不同气体 O_3 投加量对二沉池出水中多种 PPCPs 的去除效果的影响，H_2O_2 为一次投加，浓度为 5mg/L。试验结果显示，采用 O_3/H_2O_2 比单独使用 O_3 在低投加量下对二沉池出水中多种 PPCPs 的氧化去除效果有一定的提高，气体 O_3 投加量为 3.75mg/L 时，除了磺胺甲二唑（SML）、磺胺地索辛（SDM）和恩诺沙星（ENR）的去除率小于 15%，其余所有目标物的去除率为 56%～100%；气体 O_3 投加量为 7.5mg/L 时，SML、SDM 和 CAF 的去除率分别提高到 89%、22%和 78%，其余目标 PPCPs 的去除率均高于 95%。

3. 紫外（UV）对 PPCPs 的去除

通过实验室模拟试验，对比研究了 UV 及 UV/H_2O_2 工艺过程对二沉池出水中 PPCPs 的去除效果。试验结果显示，UV 对 PPCPs 的氧化效果受物质浓度、接触时间、pH 及 UV 辐射强度等因素的影响。提高 UV 辐射强度和反应时间，PPCPs 的去除率会明显提高。大环内酯类抗生素直接光降解去除效果较差，不同 UV 剂量下的去除率均小于 35%。UV 对二沉出水中低浓度的洛美沙星（LOM）、恩诺沙星（ENR）和四环素

（TCN）去除效果最好，在 1092mJ/cm^2 剂量下此类物质去除率可达97%。总体来说，UV对PPCPs的去除率通常不高，且随物质而异，当PPCPs的最大吸收波长和UV波谱范围重合时，去除率相对较高。

UV/H_2O_2 处理工艺是基于UV的一种高级氧化技术，具有广阔的应用前景。针对城镇污水处理厂二沉池出水，H_2O_2 投加量为5mg/L，考察不同UV剂量下UV/H_2O_2 工艺过程对多种PPCPs的降解效果。单独投加 H_2O_2 的预试验结果表明，目标PPCPs浓度未发生变化，这是因为 H_2O_2 的氧化能力（1.77V）较低，不足以降解二沉池出水中的多种PPCPs。相同UV剂量下，H_2O_2 的加入一定程度上提高了二沉池出水中多种PPCPs的降解效果，但不同UV剂量下，大环内酯类和磺胺类抗生素的去除率依然小于50%。

二沉池出水含有大量的无机阴离子 CO_3^{2-}、HCO_3^{2-}、Cl^-、NO_3^- 和 SO_4^{2-}，·OH的抑制剂，所含的天然有机物能够与目标PPCPs竞争·OH，同时天然有机物的存在能够吸收紫外线，从而降低目标PPCPs接受UV照射的强度，对目标物的去除有一定的抑制作用。因此，与单独UV相比，H_2O_2 的加入并不能够使二沉池出水中多种PPCPs的去除率得到显著提升，UV/H_2O_2 工艺过程在低UV剂量下（136.5mJ/cm^2），对多种目标物的去除率均小于30%。

4. EDCs的去除效果分析

对EDCs而言，从总体数据分析可知，经深度处理过程，结合态雌激素、酚类EDCs均有一定程度降低；而自由态雌激素去除率存在波动，甚至存在去除率为负的情况。在深度处理过程中，结合态雌激素的水解和自由态雌激素的相互转化等过程可能导致自由态雌激素的浓度升高。一座污水处理厂单独采用RDF工艺系统作为深度处理，其对目标EDCs的去除效果相当有限，结合态雌激素、自由态雌激素、酚类EDCs的去除率分别为10%～52%、−16%～8%、7%～11%。RDF以去除SS为主要目的，其滤水孔径较大，而相应生物膜作用非常薄弱。二沉池出水中EDCs主要存留于液相，因此不易被此工艺过程去除。

另外，由自由态雌激素的负去除可推断，结合态雌激素在处理过程的去除机制很可能是被水解为自由态雌激素，因此，自由态雌激素和结合态雌激素总摩尔浓度加和实际并未发生改变。有三座污水处理厂单独采用UV工艺过程作为深度处理，其对目标EDCs的去除率略优于RDF，但也相对较低，结合态雌激素、自由态雌激素、酚类EDCs的去除率分别为9%～38%、4%～34%、20%～37%。

有两座处理厂集成UV和RDF工艺过程，其中一座还在RDF前串联了混凝沉淀工艺单元，但是各EDCs的平均去除率未见较为明显的提升，多数仍在60%以下。两座污水处理厂在RDF工艺单元的基础上，串联 ClO_2 作为消毒工艺单元，该工艺过程对结合态雌激素、自由态雌激素、酚类EDCs的去除率分别可达15%～76%、7%～100%、28%～89%，优于RDF和UV的单独或串联使用。有一座污水处理厂集成UF、O_3、ClO_2 工艺单元，具有所有工艺系统中最佳的平均去除率（43%～100%）。有研究指出，臭氧对EDCs具有一定的选择性，可攻击其结构中的苯环导致开环，加之臭氧在深度处理中受污水水质干扰相对较小，因此，对目标 EDCs 有较好的去除效果。

总体看来，RDF、CS 和 UV 等工艺过程对 EDCs 去除效果有限，无论单独或组合使用，其平均去除率小于 40%；引入 ClO_2、臭氧等氧化过程可有效增强 EDCs 的去除效果；$UF+O_3+ClO_2$ 的平均去除效果最佳。

5. PFASs 的去除效果分析

城镇污水处理厂中的深度处理工艺过程对 PFASs 的去除率不高，深度处理工艺出水中共检出 14 种 PFASs，2 种典型全氟辛烷羧酸（PFOA）、全氟辛烷磺酸（PFOS）和两种短链 PFASs，全氟丁烷羧酸（PFBA）和全氟己烷羧酸（PFHxA），有 100%的检出率，PFASs 的总浓度为 10.7～237ng/L，其中 4 种短链 PFASs 总浓度为 4.44～108ng/L；2 种典型 PFASs，全氟辛烷羧酸（PFOA）和全氟辛烷磺酸（PFOS），总浓度为 3.61～55.1ng/L，可见深度工艺处理出水中，PFASs 的浓度仍然很高。

深度处理工艺过程对总 PFASs 的平均去除率范围在－59%～12%，四种深度处理工艺过程，RDF、基于紫外的深度处理（UV-based）、基于氯的深度处理（ClO_2-based）和 O_3，对短链 PFASs 的去除率平均值为－30%～3%，对全氟辛烷羧酸（PFOA）和全氟辛烷磺酸（PFOS）的去除率平均值为－20%～9%。这几种工艺过程对 PFASs 没有明显的去除作用，且均存在负去除，其中 O_3 对 PFSAs 的负去除率可达 200%以上，O_3 条件下可能导致 PFASs 前体物转化生成 PFASs。

深度处理出水中共检出 5 种氟调醇（FTOHs）（14∶2 FTOH 未检出）。4 种氟调醇（FTOHs）（4∶2 FTOH～10∶2 FTOH）总浓度 2.63～17.1ng/L，平均浓度 6.81ng/L，8∶2 FTOH 都是最主要的氟调醇（FTOHs），浓度 1.13～9.47ng/L。深度处理出水中氟调醇（FTOHs）仍然普遍存在，表明不同的深度处理工艺均不能有效去除氟调醇（FTOHs），深度处理出水的排放和使用仍有一定的风险。RDF、UV-based 和 ClO_2-based 的深度处理技术对 6∶2 FTOH 和 8∶2 FTOH 去除率为 9%～36%，对 10∶2 FTOH 去除率为－1%～47%。

6. 挥发半挥发物质的筛查与去除效果

挥发半挥发物质筛查结果显示，深度处理出水样品中，共检测到挥发半挥发微量新污染物 146 种。原污水中挥发半挥发微量新污染物浓度为 155±55μg/L，经过生物处理后的二沉池出水浓度降低到 18.6±10.8μg/L，二沉池出水经过深度处理，得到进一步去除，浓度下降到 5.3±3.6μg/L，检出的总浓度范围为 0.1～11.8μg/L，检出的物质种类也显著减少到 9～70 种（见表 10-5）。

污水处理过程中挥发半挥发微量新污染物变化情况　　表 10-5

	样品数(个)	物质检出种类范围(种)	物质检出浓度范围(μg/L)	100%检出物质(种)	80%检出物质(种)
进水	10	46～129	109～267	13	34
二沉出水	14	43～96	10.9～49.4	6	21
深度处理出水	8	9～70	0.1～11.8	1	3

含氧有机物是主要的微量新污染物类型，其浓度所占的平均比例为47.0%±18.1%。其次为含磷有机物，所占比例为17.8%±10.3%。深度处理出水中平均浓度最高的10种物质包括磷酸酯类、甾醇类、苯并噻唑类、酚类、醚类和农药类有机物，同时也是检出率较高的挥发半挥发微量新污染物（检出率均>50%），因此，应加强对这类微量新污染物的管理与监测。总体而言，深度处理进一步削减了二沉池出水中的挥发半挥发微量新污染物，平均去除率为63.4%±23.2%，其中碳氢化合物的去除效果最好，去除率可达71.7%。其次是含氧有机物，去除率为69.5%，对含硫有机物的去除效果较差，主要以苯并噻唑类有机污染物为主，其中2-甲硫基苯并噻唑和2-羟基苯并噻唑不仅是检出率较高的两种物质（≥78%），同时还是再生水中高浓度的微量新污染物。

基于介质过滤（CS、RDF等）、UV、O_3、反渗透技术的三级工艺过程对微量新污染物的平均去除率分别为37%±6%、48%±19%、78%±2%和99%，传统过滤技术和紫外对微量新污染物的去除十分有限，而反渗透技术虽然可基本完全去除出水中残留的微量新污染物，但反渗透膜的工程投资和运行成本都远高于其他的深度处理技术，处理过程中还会产生大量的浓水，其处理处置目前还是一个难题。

以污水处理厂微量新污染物控制实践的先行者瑞士和德国为例，大规模试验和实际工程都证明，臭氧和粉末活性炭（PAC）两种工艺过程，具有技术经济可行性，都能够去除超过80%的目标微量新污染物，降低处理出水的生态毒性，之后再采用砂滤进一步去除可生物利用的氧化产物和颗粒物，处理之后的粉末活性炭可以和污泥一起处理（焚烧）。臭氧处理还具有额外的优势，可去除色度和1~3倍的病原体；PAC技术可以降低出水的色度。本研究也通过中试验证了O_3/BAC工艺对代表性微量新污染物的去除效果，发现O_3/BAC对PPCPs、EDCs的去除率分别为64%~100%和37%~96%，臭氧对微量新污染物母体、代谢物和结合态等均有较高的氧化降解效率，可显著提升这两类物质的去除效果。

综合考虑微量新污染物去除的普适性、成本、能耗、技术可行性等因素，基于臭氧优化的工艺技术可作为污水深度处理的关键候选技术。此外，在深度处理工艺单元，将多种工艺联用构建多级屏障，是一种切实可行的削减污水中微量新污染物的策略。例如，选择化学氧化、生物降解和物理吸附等工艺单元及组合，如臭氧—生物滤池、臭氧—H_2O_2、臭氧氧化、活性炭吸附、超滤—反渗透等技术方法，进一步提升微量新污染物的去除率。

10.4.2 污泥处理处置对微量新污染物的控制

基于城镇污水处理厂污泥处理工艺过程中微量新污染物的浓度水平监测结果，对厌氧消化、堆肥、臭氧等技术对污泥中残留微量新污染物的去除效果进行分析。结合实验室可控条件下的模拟试验，进一步研究了臭氧氧化对污泥中微量新污染物的去除能力，并考察了工艺参数的影响。

堆肥对部分微量新污染物有一定的削减效果，但不同种类污染物间的去除效果相差较大，对微量新污染物的最终去除率受工艺条件如堆肥原料、温度、时间等因素影响较大。

实际堆肥厂工艺对抗生素等药物有一定去除；对雌激素类去除率达到62%～80%，然而堆肥后酚类EDCs浓度均大幅上升；堆肥对PFSAs有一定去除作用，但PFCAs在堆肥产品中的浓度高于堆肥前，因此堆肥过程中很可能存在前体物质的转化且除全氟辛烷羧酸（PFOA）和全氟十一烷基羧酸（PFUdA）外其他物质在堆肥土壤中的浓度高于空白土壤，可能PFASs随堆肥产品转移至土壤中。好氧堆肥对污泥中的6：2 FTOH、8：2 FTOH和10：2 FTOH都有一定去除效果，去除率分别为75%、42%和29%，氟调醇（FTOHs）浓度降低可能部分转化成PFCAs；堆肥过程可实现部分精神类药物的消除，但去除率普遍较低。

厌氧消化对微量新污染物的去除效果也与物质种类密切相关。污水处理厂污泥厌氧消化工段对双酚A（BPA）、雌酮（E1）及硫酸盐结合态雌激素的去除率可达50%～73%，但雌三醇（E3）、壬基酚（NP）的浓度则有所升高，由于壬基酚（NP）的浓度显著高于其他EDCs，厌氧消化工艺对EDCs总浓度几乎没有削减。对于PFASs、全氟辛烷羧酸（PFOA）等少数物质在出泥中的浓度较进泥有降低，而多数物质经过厌氧消化后，浓度在出泥中有升高，可能是在厌氧消化的过程中有前体物质转化所导致。厌氧消化对6：2 FTOH、8：2 FTOH和10：2 FTOH有负去除，可能存在氟调醇（FTOHs）的前体物。温度是影响污泥厌氧消化过程中微量新污染物去除效果的重要因素，高温厌氧消化可一定程度地提升包括精神类药物、PFASs等在内的微量新污染物的削减效果。

在前述3项技术中，臭氧氧化对于污泥中的微量新污染物具有最好的去除效果，对所考察的目标物的平均去除率>98%。但臭氧氧化对于PFASs没有显著的去除作用，对6：2 FTOH、8：2 FTOH和10：2 FTOH有负去除。上文中提到，在生物处理工艺段，氟喹诺酮类［诺氟沙星（NOR）、氧氟沙星（OFL）、环丙沙星（CIP）、洛美沙星（LPM）、恩诺沙星（ENR）］、四环素类［四环素（TCN）、强力霉素（DOX）、土霉素（TCN）］及大环内酯类［阿奇霉素（AZN）］抗生素在活性污泥上的吸附是其重要的去除途径。通过实验室模拟试验，考察了这9种抗生素在污泥臭氧处理过程中的去除效果。

结果显示，未经臭氧处理前，目标抗生素主要分布于污泥固相中；随着臭氧剂量的增加，分别存在于污泥液相和固相中的溶解态和吸附态目标抗生素浓度均逐渐下降。当臭氧投加量增加到21mg/g MLSS时，大部分溶解态的目标抗生素被臭氧降解，吸附态的目标抗生素浓度也显著降低。当臭氧投加量达到102mg/g MLSS时，活性污泥中的绝大部分的目标抗生素被去除，其中，污泥中四环素类、氟喹诺酮类和阿奇霉素的总体去除率分别为86%～94%、93%～96%及91%，污泥中吸附态四环素类、氟喹诺酮类和阿奇霉素的去除率分别为86%～93%、92%～95%及91%。

EDCs在污泥臭氧氧化过程中主要通过O_3的化学氧化而降解。在不同O_3投量下，活性污泥液相和固相中目标EDCs量的变化结果表明，污泥中雌激素的降解远快于双酚A（BPA）和壬基酚（NP）的降解。在100mg O_3/g MLSS投量时，污泥中大部分雌激素可以被去除，但双酚A（BPA）和壬基酚（NP）的剩余比例却分别达到了17%和36%。另外，分布在活性污泥液相和固相中的两部分目标EDCs（除NP以外），几乎随着O_3投量的增加而同步减少。通过两套连续运行的小试系统考察了臭氧处理后污泥回流对活性污泥工艺中 EDCs 去除效果的影响。对比对照系统（传统活性污泥法）和污泥减量系统（传统活性污泥＋污泥臭氧处理单元）长期运行过程中出水 EDCs 浓度的变化，发现除双酚 A（BPA）之外，雌酮（E1）、乙炔基雌二醇（EE2）、雌三醇（E3）和壬基酚（NP）的出水浓度在对照系统中略高，同时 EDCs 在两种系统污泥相中的浓度非常接近。由于污泥减量系统大幅减少了剩余污泥排放，从总量上看污泥减量工艺有助于提升活性污泥系统对 EDCs 的去除。

然而，由于成本因素的限制以及包括臭氧传质率较低等技术问题，臭氧污泥减量工艺尚没有在实际工程中被有效推广，其工艺参数尚需进一步优化。2016 年 4 月在北京市某污水处理厂的臭氧污泥减量中试设备采集处理前后的样品，共采集 3 次，对中试进泥、出泥中的 EDCs 进行分析，结果显示，臭氧处理后多数 EDCs 的浓度有所下降，对于结合态雌激素及雌三醇（E3）的平均去除率为 51％～97％，然而，对于雌酮（E1）、雌二醇（E2）均表现出负去除率，这可能是由于结合态 EDCs 分解为相应的自由态，从而导致出泥中的自由态浓度升高，此外，壬基酚（NP）和双酚 A（BPA）在臭氧处理后的浓度也有所上升。实际污水处理厂的臭氧中试过程，往往难以达到实验室可控条件下的理想结果，可能与实际过程中的臭氧投加方式、投加量、传质效率等因素相关。综上所述，臭氧处理对大部分微量新污染物具有较好削减效果，同时达到污泥减量减排的目的，可作为污泥处理候选技术。此外，高温厌氧消化也在污泥中微量新污染物的去除方面具有较好的应用潜力。

10.5　研究需求与未来展望

2022 年 5 月《国务院办公厅关于印发新污染物治理行动方案的通知》（国办发〔2022〕15 号）要求，遵循全生命周期环境风险管理理念，统筹推进新污染物环境风险管理，实施调查评估、分类治理、全过程环境风险管控，加强制度和科技支撑保障，健全新污染物治理体系。我国城镇污水处理行业在陆续完成一级 A 及以上标准提标改造之后，氮磷营养物的深度与极限去除提到议事日程，例如，滇池流域计划将城镇污水处理厂出水的氮磷目标值设定在总氮 5mg/L 和总磷 0.05mg/L。与此同时，如何强化城镇污水处理厂对微量新污染物的去除也提上议事日程，当前和未来的控制措施将包括但不限于以下几个方面：

（1）针对我国的实际情况，选择普遍存在和具有潜在风险的指示性微量新污染物作为通用或可推广的监测指标，同时为了提高实际实施过程中的可操作性，可以结合替代性的水质参数，例如瑞士采用的特征紫外吸光度（SUVA）指标。

（2）城镇污水处理厂已有工艺过程能非常有效的去除某些风险物质（例如雌激素），因此，有必要进一步提高城镇污水的收集、截留和集中处理率，争取城镇污水及初期雨水的全收集、全处理和全利用，成为区域性的补水水源。

（3）对城镇污水处理厂微量新污染物的强化去除工艺进行设计，提出以臭氧氧化技术为核心、强化生物处理工艺单元为辅的微量新污染物总体技术对策，服务于污水处理厂的技术升级改造，形成城镇污水微量新污染物全过程控制关键技术及标准体系。

（4）除了强化城镇污水处理厂对微量新污染物的去除能力，还需要对微量新污染物的排放源头进行全面、有效的管理控制，例如对药物滥用及废弃的管控。对于全氟化合物（PFASs）等难以在城镇污水处理厂工艺过程中有效去除的污染物，源头管控是最为重要和关键的途径，需要在进入城镇污水处理厂之前就进行多部门跨领域的协同配合。

我们要非常清醒地认识到，通过城镇污水处理厂的提标改造和新技术应用，是减缓微量新污染物进入生态环境的重要环节，但不是唯一的办法，微量新污染物的有效控制需要更广泛、多层次、国家层面的战略引领以及各专业领域的协作和公众的全面参与。

第 11 章　城镇污水高标准处理与利用工程案例

针对我国重点流域实施《城镇污水处理厂污染物排放标准》GB 18918—2002 一级 A 标准、区域性地方排放标准以及缺水地区再生水利用的需要，“十一五”至“十三五”期间，国家水专项和科技支撑计划项目（课题）开展了城镇污水高标准稳定达标、深度除磷脱氮、污水再生利用及节地节能降耗等方面的关键技术研究和示范应用；重点解决了我国城镇污水碳氮比普遍偏低、无机悬浮固体偏高、工业废水毒害作用、冬季低水温影响、污水水质水量时空变动大、出水标准高所带来的技术难题；在污水强化预处理、生物系统整体改进、深度处理工艺强化、运行过程诊断及优化、再生水利用和节能降耗等方面取得系列技术成果；在太湖、巢湖、滇池和京津冀等重点流域区域的城镇污水处理工程项目中示范应用，推广应用及技术辐射规模 1 亿 m^3/d 以上，有效削减了我国城镇污水处理厂排入河湖水体的污染负荷，提升了我国城镇污水处理的工艺技术与装备水平。以下介绍若干工程项目案例。

11.1　天津津沽污水处理厂工程

11.1.1　工程项目内容

1. 工程概况

天津津沽污水处理厂位于天津市津南区大孙庄，由原天津纪庄子污水处理厂迁建和升级改造，经历了从二级排放标准、一级 B 标准、一级 A 标准和天津市新的地方标准 A 标准的多次质的飞跃，成为集成污水高标准处理、污泥处理处置和资源能源利用的超大型综合处理工程，新近扩建及升级改造完成后的污水处理规模为 65 万 m^3/d，2019 年 4 月投入运行。

该厂服务范围覆盖部分中心城区及海河南部地区的污水系统。在迁建及一级 A 提标改造工程中，采用初沉发酵＋多点回流多点进水改进型多级 A/O＋高效沉淀池＋深床滤池＋紫外线消毒的工艺流程。在按照天津市《城镇污水处理厂污染物排放标准》DB 12/599—2015 升级改造的过程中，在原有工艺流程基础上，增设了臭氧氧化单元，出水稳定达标。

该厂的迁建和提标改造对于加快改善天津市海河南部地区水环境质量、提升中心城区城市品质、有效缓解本地区生态环境与农业用水匮乏局面均具有重要意义。

2. 历史沿革

天津纪庄子污水处理厂是我国第一座大型城市污水处理厂（如图 11-1 所示），污水处理采用普通曝气活性污泥法，污泥处理采用中温厌氧消化，一期工程 1981 年开始设计施工，1984 年建成投产，设计规模 26 万 m^3/d，其总体工艺流程如图 11-2 所示。

图 11-1　天津纪庄子污水处理厂早期实景图

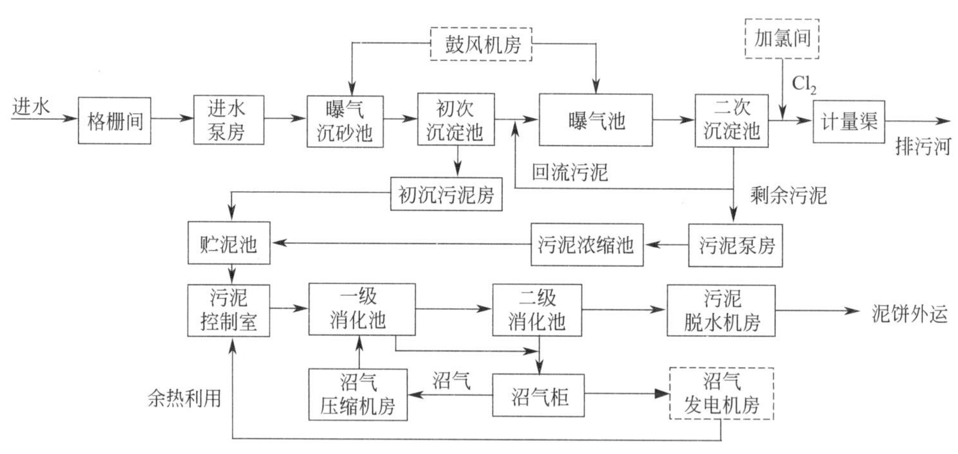

图 11-2　天津纪庄子污水处理厂初建阶段总体工艺流程

纪庄子污水处理厂 1997 年开始扩建并于 2005 年年底建成投产，规模达到 54 万 m^3/d，出水水质满足《城镇污水处理厂污染物排放标准》GB 18918—2002 的二级标准，其中 2002 年建成运行再生水厂，处理能力 5 万 m^3/d，用于工业冷却、市政杂用和景观环境补水。

2008 年进行第一次升级改造，改造后的规模为 45 万 m^3/d，出水水质达到 GB 18918—2002 的一级 B 标准，2010 年 12 月正式投入运营。

2010 年天津市政府提出将纪庄子污水处理厂迁出中心城区，按照更高的环境保护标准进行设计与建设，2011 年开始设计和施工建设，一期工程规模 55 万 m^3/d，2015 年 9

月通水运行。同年，迁建的原纪庄子污水处理厂正式更名为天津津沽污水处理厂，经过迁建和第二次升级改造，出水水质达到 GB 18918—2002 中规定的一级 A 标准。

2015 年天津市《城镇污水处理厂污染物排放标准》DB 12/599—2015 颁布实施，同时考虑服务区域内污水量不断增加和初雨处理需求，津沽污水处理厂再次提标改造和扩建，处理规模达到 65 万 m^3/d，改造后的出水水质达到 DB 12/599—2015 的 A 标准。

目前，天津津沽污水处理厂正在实施新的扩建工程，总处理规模将达到 110 万 m^3/d，收水范围进一步扩大，总服务面积将达到 654.91km^2。

3. 纪庄子污水处理厂扩建工程建设

扩建工程充分利用原有的处理设施及设备能力，确定 A/O 生物除磷工艺为扩建工程的主工艺。将 54 万 m^3/d 的总规模分成原有系统和扩建系统两个部分，采用的工艺流程如图 11-3 所示。根据原有消化池实际运行经验，消化污泥加热到 30℃以上，一级消化池中可收集 90%以上沼气量，二级消化池沼气量不足 10%。为减少消化池建设费用，将原有二级消化池改为一级消化池，扩建工程不再新建消化池。根据当时的天津市污泥处置规划，扩建后的脱水污泥外运。因此，扩建工程污泥处理仍采用浓缩→中温厌氧消化→带式压滤机脱水的工艺流程。由于沼气发电稳定性较差，并网存在困难，扩建工程建设后，沼气主要作为锅炉燃料，锅炉产生的热水作为污泥热交换器热源，剩余沼气用于发电，供厂内使用。

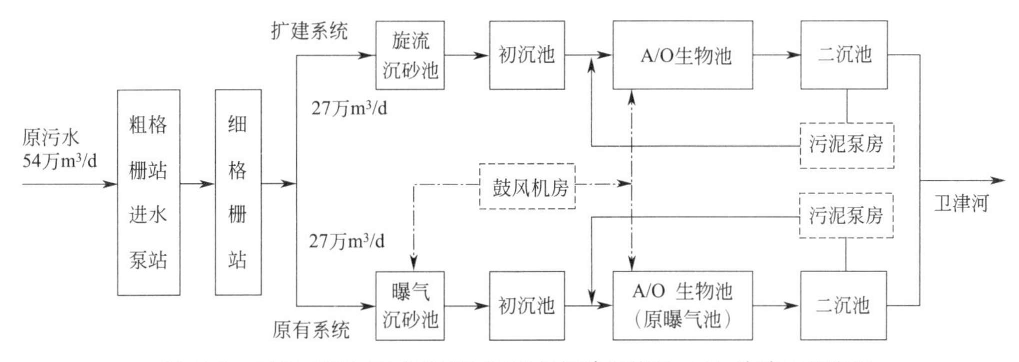

图 11-3 天津纪庄子污水处理厂原有与扩建系统的 A/O 除磷工艺流程

4. 纪庄子再生水厂工程建设

纪庄子再生水厂自 2001 年正式开工，2002 年工程竣工，同年 9 月完成设备安装，11 月投入设备调试和试运行阶段，2002 年 12 月正式通过验收。为保证再生水厂出水水质，根据中试研究结果，确定采用居住区与工业区分质供水方案。再生水厂分为两个系统，其中：连续流膜法处理系统（Continuous Microfiltration，CMF），规模 2 万 m^3/d，生产高品质再生水供居住区生活杂用水、景观环境用水及市政绿化用水；传统混凝沉淀过滤处理系统，规模 3 万 m^3/d，可以满足工业用水水源标准的要求。工艺流程如图 11-4 和图 11-5 所示。

反应沉淀前加氯是为了抑制进水中微生物的生长繁殖，减少滤池、斜管以及 CMF 膜表面形成微生物黏泥的概率，从而减少 CMF 装置反冲洗和化学清洗的次数，延长使用寿命。铝盐絮凝剂投加的主要目的是化学除磷，以及预除悬浮物和 COD，选择硫酸铝或聚合铝，适当加助凝剂，以减轻后续处理单元的负荷。CMF 及滤后加氯的主要作用是消毒并保持管网内的持续灭菌能力。CMF 后投加臭氧是加强杀菌和脱色，确保出水水质达到要求。

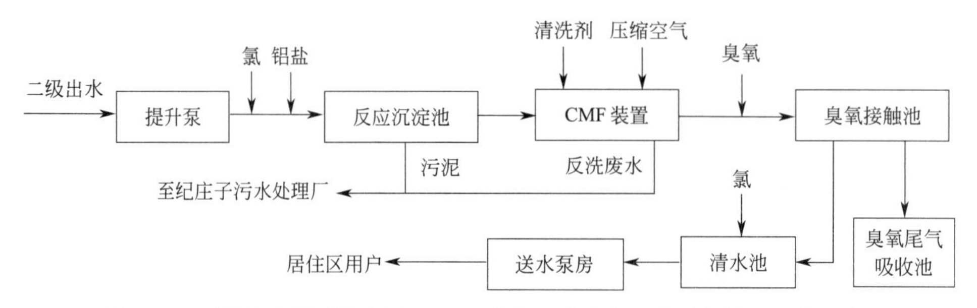

图 11-4　天津纪庄子再生水厂 CMF+臭氧工艺流程（市政与景观环境用水）

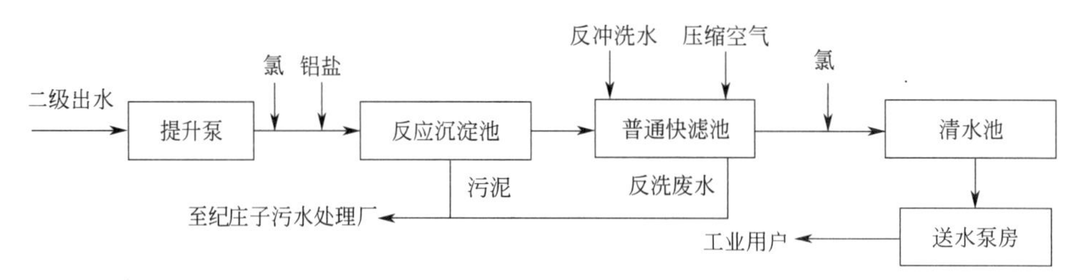

图 11-5　天津纪庄子再生水厂混凝沉淀过滤工艺流程（工业冷却与水源水）

5. 纪庄子污水处理厂提标改造工程建设

提标改造工程 2010 年 12 月建成投产，规模 45 万 m^3/d。工程建设内容主要包括：改造老系统曝气沉砂池 1 座、初沉池及集配水井 2 座，改造老系统初沉池为 2 座厌氧池，改造老系统生物池 4 座、污泥泵房 2 座、加氯间 1 座，新建老系统接触池 1 座；改造扩建系统初沉池 1 座（变为厌氧池）、生物池 4 座、污泥泵房 1 座，新建扩建系统接触池 1 座；新建加药及碳源投加间 1 座、新增除臭系统，工艺流程和实景如图 11-6 和图 11-7 所示。

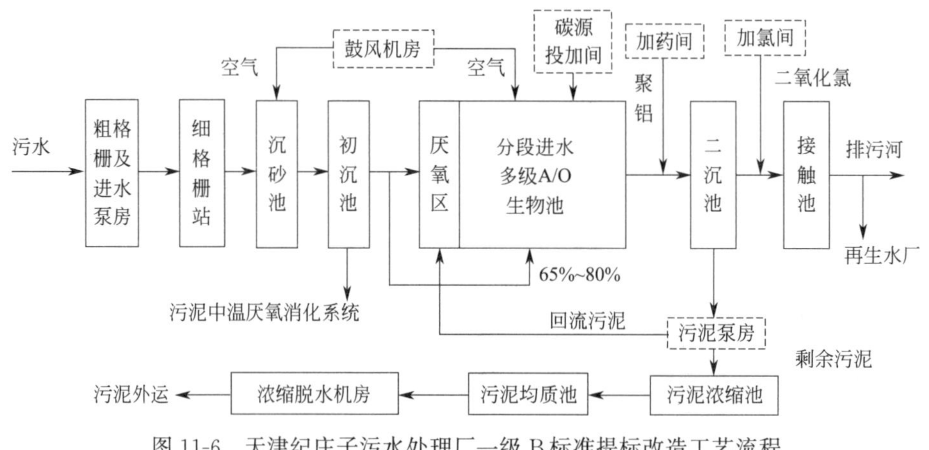

图 11-6　天津纪庄子污水处理厂一级 B 标准提标改造工艺流程

图 11-7　天津纪庄子污水处理厂提标改造工程实景图

6. 津沽污水处理厂（纪庄子迁建）与再生水厂工程

针对迁建工程的进水水量组成、进水水质特点，结合纪庄子污水处理厂的多年运行数据与经验，迁建及一级A提标建设工程采用粗格栅→进水泵房→细格栅→曝气沉砂池→初沉池→改进多级A/O（厌氧区、第一缺氧区、第一好氧区、第二缺氧区、第二好氧区）→二沉池→高效沉淀池→深床滤池→紫外消毒的工艺流程（如图11-8所示），2015年9月通水运行。再生水厂位于津沽污水处理厂整体厂区的东南侧，设计规模15万 m^3/d，一期工程的设备能力为7万 m^3/d，主体采用浸没式超滤膜（UF-S）、臭氧脱色工艺系统（如图11-9所示）。

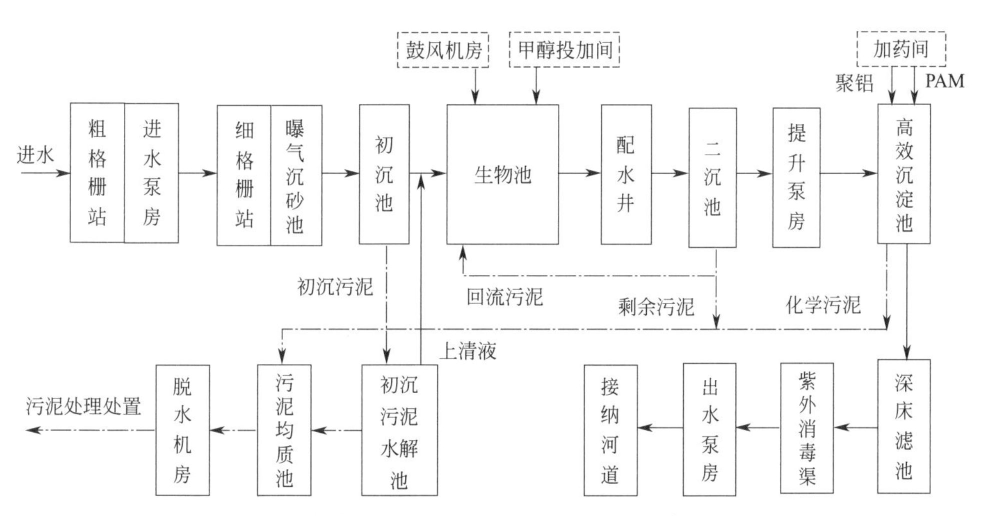

图 11-8　天津津沽污水处理厂一级A标准提标建设工艺流程

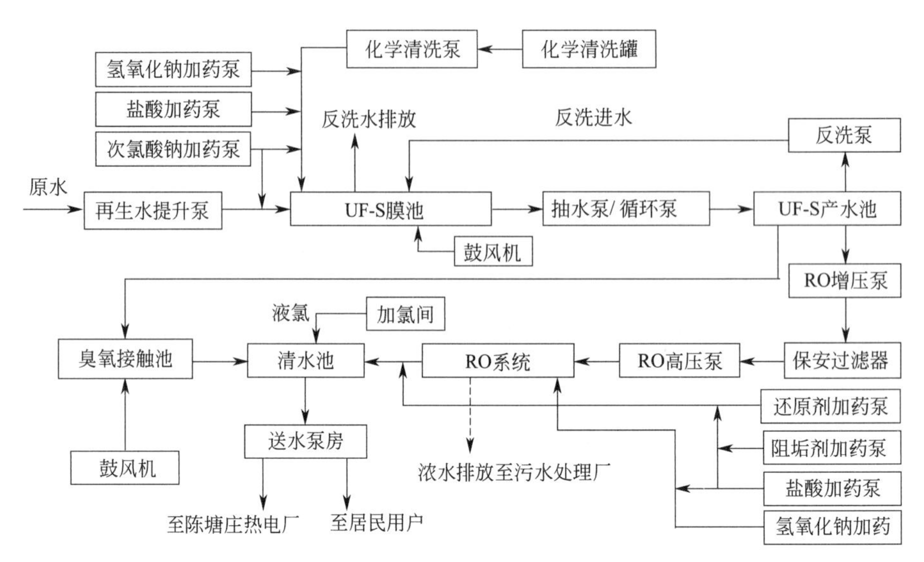

图 11-9　天津津沽污水处理厂再生水工艺流程

图 11-10 为津沽污水处理厂全景图。预处理区位于厂区西部，主要包括进水交汇井、粗格栅及进水泵房、细格栅及沉砂池等建构筑物，面积 1.65hm^2。粗格栅为高链式，无轴螺旋输送机输送栅渣；细格栅为转鼓式，栅条间隙 6mm；曝气沉砂池去除污水中 0.2mm 以上砂粒、浮渣和部分油脂；初沉池为平流式，沉淀污水中的可沉悬浮固体并排入污泥区。

图 11-10　天津津沽污水处理厂全厂布局实景图

生物处理区位于厂区中部，包括生物池、二沉池、碳源投加间、分变电站等建构筑物，面积约 22.95hm^2。生物池为半地下钢筋混凝土水池 3 座，每座 2 池，有效水深 6.5m，总水力停留时间 19.2h，各段停留时间可灵活调整。深度处理区位于厂区西南侧，主要包括中间提升泵站、高效沉淀池、深床滤池等建构筑物，面积约 3.91hm^2。污泥处理区位于厂区西北侧，远离厂前区且紧邻厂区物流出入口，方便污泥外运，最大程度降低泥车对周边区域影响，建构筑物包括污泥均质池、污泥浓缩脱水机房、污泥水解池等，面积约 2.3hm^2。

同期建设的津南污泥处理厂位于整体厂区西北侧，一期工程规模 800t/d（80%含水率），采用高浓度污泥厌氧消化→板框脱水→热干化工艺，污水处理采用磷回收除磷→厌氧氨氧化脱氮后排至津沽污水处理厂，污泥干化产生的臭气采用锅炉焚烧，或与低浓度臭气一起采用生物除臭处理工艺。沼气采用干法脱硫，由沼气锅炉提供污泥干化热能。

7. 津沽污水处理厂 DB 12/599—2015 提标建设

随着天津市新的地方标准 DB 12/599—2015 的颁布实施，对出水水质提出了更严格的要求。经过多年实际运行数据统计分析，发现出水 BOD_5、COD、SS、TN 与天津新的地方标准的 A 标准仍有一定差距，其中出水 NH_3-N、TP 与新的地方标准 A 标准之间的差距相对较小。因此，重点考虑难生物降解有机物、色度、TN、TP 的进一步去除，DB 12/599—2015 提标技术方案主要针对深度处理的改进。另外，津沽污水处理厂处理能力 55 万 m^3/d，已处于满负荷运行状态，而收水范围内仍存在合流制管网，雨量较大时有溢流现象。因此，在提标建设的同时进行生物处理系统扩建，总规模达到 65 万 m^3/d。图 11-11 为提标建设后的实景。

图 11-11　天津津沽污水处理厂新的地方标准提标建设后的实景图

提标改造工程中采用了改进型多级 A^2/O→高效沉淀池→深床滤池→臭氧氧化的主体工艺流程，如图 11-12 所示。主要工程建设内容包括：新建粗格栅、进水泵房、细格栅、曝气沉砂池、初沉池、生物池、二沉池、高效沉淀池、深床滤池、臭氧接触池，以及改造原有的生物池和深床滤池系统。新建的深床滤池为半地下钢筋混凝土矩形池，2 座，每座 24 格，设计流量 285000m^3/d，单个过滤面积 104m^2，滤料厚度 2.4m，采用气水联合反冲洗；同时对原有深床滤池进行改造，变水位过滤改为恒水位过滤，增加反硝化功能的自控仪表，增加滤层的厚度。新建的臭氧接触池主要用于去除难降解有机物和色度，兼具微量新污染物去除能力，建有钢筋混凝土水池 1 座，有效池容 26880m^3，平均水力停留时间

56min，配有4台臭氧发生器，单机发生量150kgO_3/h，功率1480kW，臭氧平均投加量为325kg/h。

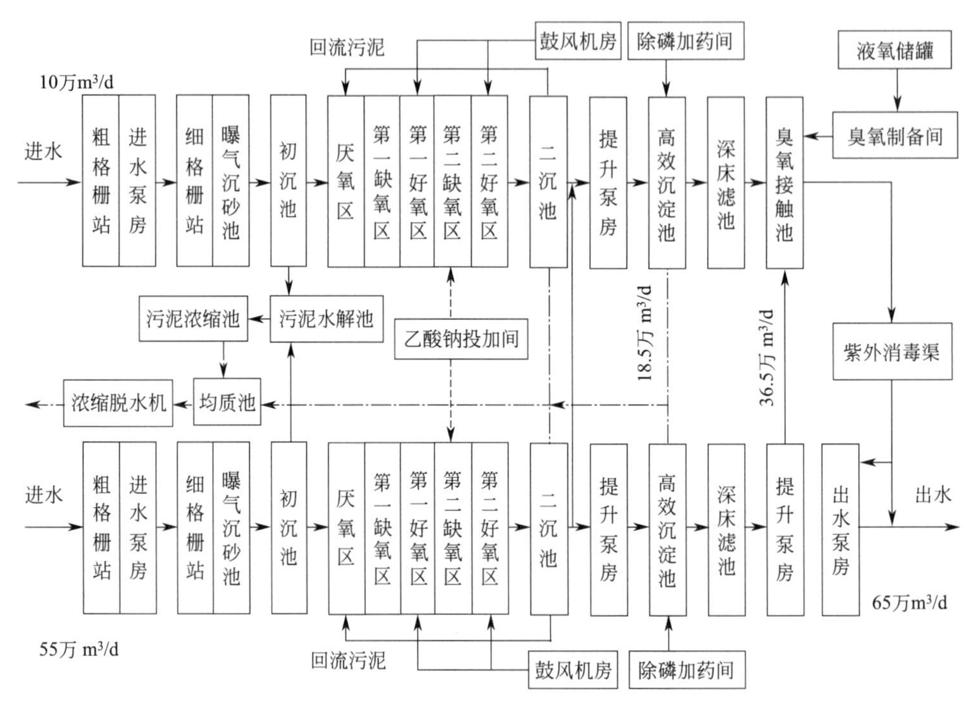

图11-12　天津津沽污水处理厂新的地方标准提标建设（改造）工艺流程

11.1.2　主要工程特色

天津津沽污水处理厂历次升级改造中所采用的处理工艺均具有理念先进、创新性强、可靠性高、适应性好的突出特点。采用多点进水多点回流改进型多级A^2/O、两级初沉污泥水解等自主创新工艺技术，集成应用深床滤池反硝化、臭氧氧化、全过程除臭等工艺系统，生物池智能曝气控制，达到良好的污染物去除和节能降耗效果，出水水质稳定达标。

1. 改进型多级A^2/O工艺系统

生物系统采用多点进水多点回流改进型多级A^2/O工艺，利用“顺流反硝化”理念，将内回流比从350%降低到200%以内，相应降低生物池的运行电耗，同时提高了生物池的容积利用率。污水分段进入生物池，起到延迟回流污泥稀释时间的作用，有利于提高硝化和反硝化总速率，整体强化处理系统的脱氮效果；可优先利用进水中的碳源进行脱氮，降低外加碳源投加量，池容可节省15%以上。在进水碳氮比偏低的情况下，采取部分进水超越厌氧区直接进入下一级缺氧区的方式，提高系统的脱氮效果，降低外加碳源投加量。通过创新设计，生物池既可按照串联多级A/O模式运行，也可按并联改良A^2/O模式运行，灵活应对进水水质水量的变化，提高工艺的可控性，确保出水水质的稳定达标。

同时，为进一步优化生物脱氮功能，如图11-13所示，对于生物系统的提标改造部分，将后好氧区前端可调区的部分池容调整为缺氧运行模式，非曝气区的池容占比由

0.43 提升至 0.51，在保留原有生物系统多点进水合理分配进水碳源的基础上，增加内回流点和最大回流量，提高生物池的混合液悬浮固体浓度，将好氧池末端优化为渐减曝气方式以消除溶解氧对后缺氧池反硝化的不利影响，实现生物处理系统不减量条件下的原位提标改造。

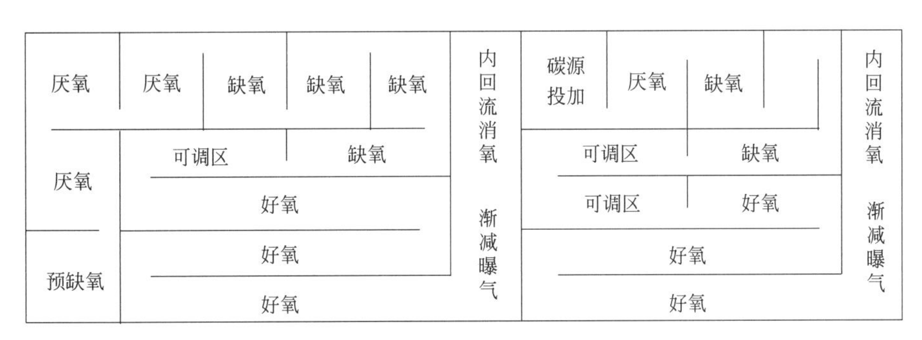

图 11-13　天津津沽污水处理厂生物系统的工艺布局与运行工况示例

2. 兼具脱氮功能的深床滤池应用改进

采用高效沉淀池与深床过滤作为稳定达标和再生水生产的重要保障单元（主要工艺参数见表 11-1），对悬浮物、TN 和 TP 均具有良好去除效果，在进行化学除磷的情况下，出水 TP 浓度可稳定低于 0.3mg/L。

天津津沽污水处理厂深度处理单元工艺参数　　表 11-1

工艺单元	高效沉淀池负荷		深床滤池		
参数值	峰值水力负荷 [$m^3/(m^2 \cdot h)$]	平均水力负荷 [$m^3/(m^2 \cdot h)$]	峰值滤速 (m/h)	平均滤速 (m/h)	滤料厚度 (m)
原有参数	12.9	9.9	9.8	7.5	1.83
改造后	8.5	6.5	7.5	5.8	1.83
新建	8.9	6.8	6.4	4.9	2.4

深床滤池稍作调整后，可以兼具生物脱氮及过滤功能。冬季反硝化速率降低时，深床滤池可作为反硝化生物膜反应器，采用特殊规格及形状的颗粒介质作为反硝化菌挂膜介质形成深床。作为硝态氮及悬浮物的去除构筑物，反硝化过程中氮气会在反应池内聚集，污水被迫在介质空隙中的气泡周围绕行，缩小介质的表面尺寸，增强了微生物与污水的接触，提高了处理效果；投加外加碳源的情况下，出水 TN 浓度可达到 3mg/L 以下的浓度水平。

在天津新的地方标准升级改造中，已建深床滤池将原来的变水位过滤改为恒水位过滤，保持 1.83m 滤料厚度不变；新建深床滤池滤料厚度增加到 2.4m，通过降低滤速和增加滤层厚度，尽可能强化滤池的过滤效果，固体负荷更高，污染物截留能力约增加 30%，水力停留时间约增加 30%，相同进水情况下反冲洗周期更长；同时，在确保本期工程出水各项指标稳定达标的前提下，通过预留工艺接口和厂区用地，兼顾了未来水质进一步提升的需要。

3. 增设臭氧氧化单元

为提高出水 COD 浓度的达标稳定性并降低出水色度，在深床滤池后增加了臭氧氧化处理单元（如图 11-14 所示），在去除溶解性难生物降解有机物及新污染物的同时，无化学污泥产生，并可根据其投加量的大小与紫外消毒工艺联合优化运行，保证出水 COD、色度和大肠菌群等水质指标的稳定达标。

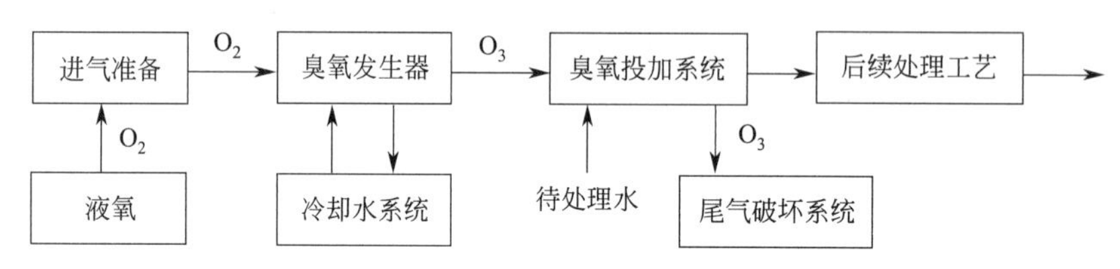

图 11-14　天津津沽污水处理厂新建臭氧氧化单元的工艺流程图

4. 全过程除臭工艺应用

采用全过程除臭工艺，从源头消除恶臭物质，在除臭污泥投加量为 2%～5%进水量的条件下，污水处理厂恶臭污染源的恶臭得到大幅消减，对污水处理厂出水水质无负面影响。与其他常规除臭技术相比，该除臭工艺的除臭效果明显，并且省去了臭气收集与输送设备，系统构成简单，维护管理方便，能够显著降低工程投资和运行成本。

11.1.3　运行成效分析

津沽污水处理厂具有规模大、水质标准高、工艺技术新、经济指标优、社会影响大等特点，是天津市重大民生工程，具有广泛影响力和良好示范性。在污水资源化、能源化利用等方面是行业标杆项目。扩建及提标工程稳定运行后，各工艺单元功能正常，运行调整灵活，操作管理方便，自动化程度高，实现了低碳氮比条件下出水水质的稳定达标和污染负荷的持续削减，年均出水 COD、氨氮、TN、TP、SS、色度分别达到 22mg/L、0.5mg/L、8.7mg/L、0.15mg/L、1.35mg/L、15 倍以下的浓度水平，运行能耗和药耗相比运行初期也大幅度降低。图 11-15～图 11-19 为 2017～2020 年主要水质指标的去除效果。

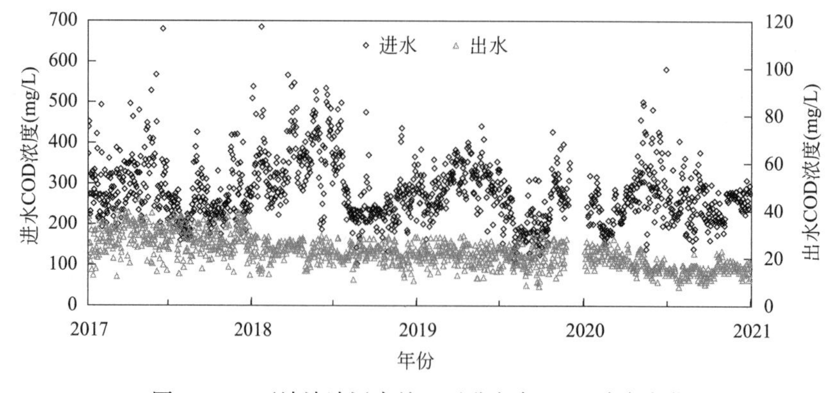

图 11-15　天津津沽污水处理厂进出水 COD 浓度变化

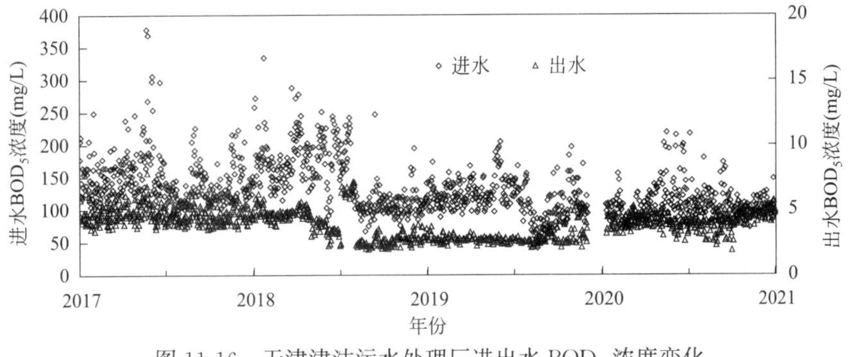

图 11-16　天津津沽污水处理厂进出水 BOD_5 浓度变化

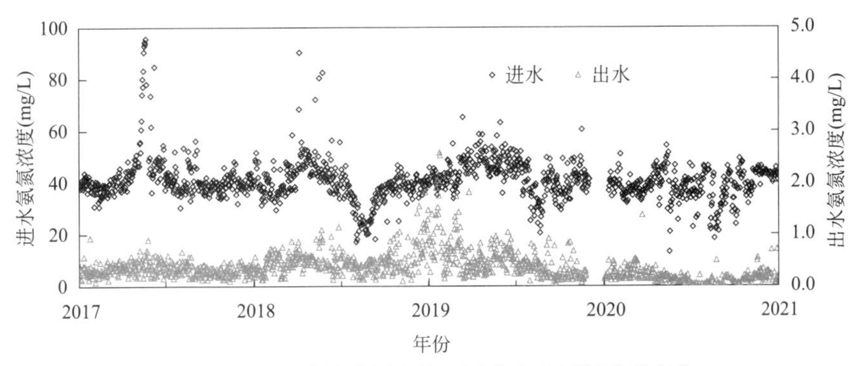

图 11-17　天津津沽污水处理厂进出水氨氮浓度变化

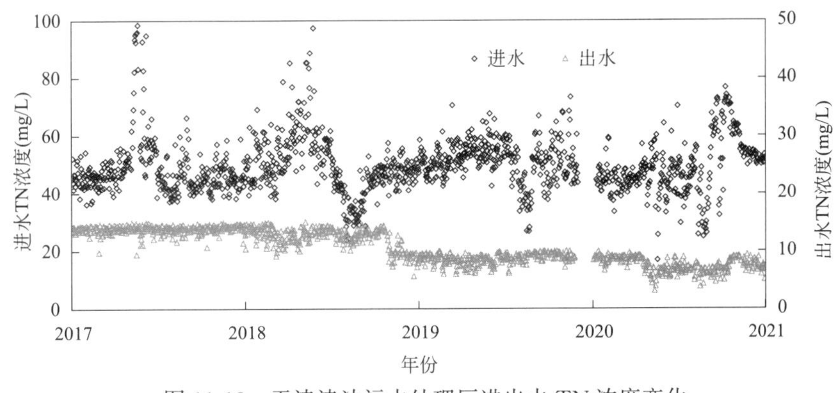

图 11-18　天津津沽污水处理厂进出水 TN 浓度变化

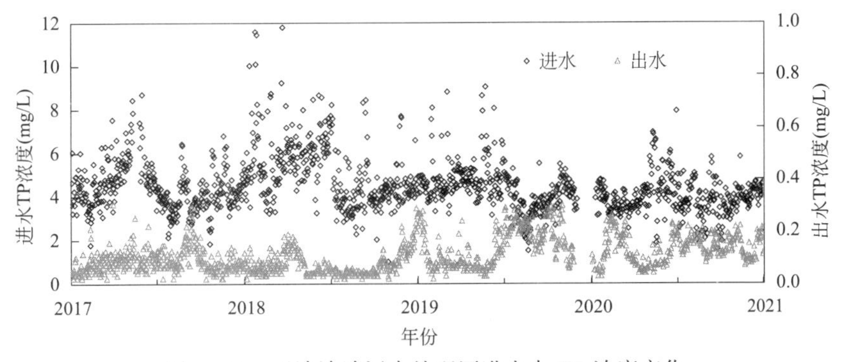

图 11-19　天津津沽污水处理厂进出水 TP 浓度变化

11.2 无锡芦村污水处理厂工程

11.2.1 工程项目内容

1. 工程概况

无锡芦村污水处理厂作为我国首座完全按一级A标准提标建设的污水处理样板工程，2008年一期、二期、三期工程提标改造及四期扩建工程中，集成应用了强化机械预处理、新型初沉发酵池、回流污泥反硝化环沟型改良A^2/O除磷脱氮、悬浮填料强化硝化、化学协同除磷、滤布滤池、深床滤池、活性砂滤池等强化功能单元，有效解决了我国城镇污水特有的SS/BOD_5偏高影响污泥活性和反硝化能力、BOD_5/TN偏低影响生物脱氮能力、冬季明显低水温影响硝化反硝化、回流污泥硝酸盐浓度偏高影响生物除磷、水质水量波动影响运行稳定性、工程用地普遍受限影响池容扩增等复杂因素叠加的难题。

随着江苏省《太湖地区城镇污水处理厂及重点工业行业主要水污染物排放限值》DB 32/1072—2018的发布实施，2019年8月无锡芦村污水处理厂启动新一轮提标改造工作，经技术经济比较，基本上继续沿用原有工艺技术组合模式，增加气浮法深度化学除磷，原一期、二期和三期工程区域完成16万m^3/d生物处理系统改造和深度处理系统新建，同时在四期工程区域完成4万m^3/d生物处理和深度处理系统新建，为全国城镇污水处理厂高标准提标建设提供了可行工艺技术路线和工程实施经验。

2. 项目历史沿革

无锡芦村污水处理厂始建于20世纪80年代，当时已经出现太湖蓝藻影响自来水厂滤池正常运行的问题，夏季时段自来水普遍出现土腥味，作为太湖水污染治理与环境保护的重要措施，集中式污水处理厂工程建设列入了政府计划。芦村污水处理厂共分四期，工程总规模30万m^3/d，是无锡市规模最大、功能最齐全的大型污水处理工程项目（如图11-20所示）。

图11-20 无锡芦村污水处理厂全景图（左为老厂区、右为新厂区）

一期工程规模 5 万 m^3/d，1988 年 8 月动工建设，1992 年建成投运，采用常规活性污泥法，可研阶段设计单位建议 A^2/O 工艺，但未被当地专家认可和主管部门采纳。二期工程 1993 年开始建设，1997 年 6 月竣工，扩建 5 万 m^3/d，改建 5 万 m^3/d，全部采用 A^2/O 工艺。三期工程规模 10 万 m^3/d，2002 年 7 月开始建设，2003 年 9 月建成投运，采用 A^2/O 工艺。一期、二期和三期工程自 2007 年到 2009 年陆续进行一级 A 标准升级改造；四期新建工程 2009 年 2 月开始建设，2010 年 3 月建成投入运行，规模为 10 万 m^3/d。

2007 年 5 月太湖发生严重水污染和蓝藻大暴发，致使无锡市饮用水水源水质严重恶化，公共供水系统停水数日，数百万人受到直接影响，凸显太湖水污染治理的紧迫性。《江苏省太湖流域城镇生活污水处理设施建设和改造工作实施方案》要求："到 2008 年 6 月底前，太湖流域现有城镇生活污水处理厂的除磷脱氮改造均要开工，到 2008 年底前全部完成改造"。经国务院批复的《太湖流域水环境综合治理总体方案》要求"全面提升已有污水处理厂的处理水平""目前脱磷除氮不能达标者，必须在 2010 年前完成技术改造，实现基本达标"。作为无锡市建成最早、规模最大的污水处理厂，芦村污水处理厂的提标改造无疑是太湖流域水环境治理的重点工程，全国城镇污水处理厂一级 A 标准提标的标志性项目。

芦村污水处理厂在前三期工程的提标改造和四期工程的新建过程中，采用了国内自主开发并吸纳国际先进技术的工艺流程及单元技术，并引进美国、德国、瑞典、丹麦等发达国家的关键设备及先进仪器仪表，着重强化了一级预处理功能，优化了生物除磷脱氮工艺系统，增加了多种类型的深度处理工艺单元，处理出水能够稳定达到一级 A 标准和江苏省太湖地区排放标准，在太湖流域水污染控制与治理中发挥了重要的示范引领作用。

随着 2018 年 6 月江苏省《太湖地区城镇污水处理厂及重点工业行业主要水污染物排放限值》DB 32/1072—2018 的修订完成与颁布实施，芦村污水处理厂于 2019 年 8 月启动新一轮的提标改造工作。在一、二、三、四期工程的提标改造中，依然沿用"城镇污水处理系统一级 A 稳定达标及节能降耗省地关键技术"的工艺组合理念，采用耦合后缺氧区和后好氧区的改良型多级 A^2/O 工艺系统，深度处理部分增设了气浮除磷工艺系统。

3. 一级 A 提标改造工程

根据连续多年实际运行数据，确定一、二、三期工程一级 A 标准提标改造的设计进水水质为 BOD_5 300mg/L、COD 690mg/L、SS 580mg/L、TN 48mg/L、NH_3-N 37mg/L 和 TP 11mg/L，四期工程设计进水水质为 BOD_5 240mg/L、COD 500mg/L、SS 440mg/L、TN 50mg/L、NH_3-N 30mg/L 和 TP 10mg/L，出水执行 GB 18918—2002 的一级 A 标准。

升级改造需在原厂址范围内完成，但工程用地极为紧张，允许的施工周期又很短。结合江苏省建设厅组织实施的现场验证试验研究，综合技术经济比较，考虑用地过于紧张等因素，以强化脱氮除磷为重点，采用了强化预处理→活性污泥/生物膜复合工艺系统生物除磷脱氮→化学协同除磷→机械过滤的升级改造技术方案，主要包括以下内容：

(1) 改造原有初沉池的排泥系统，恢复和强化初沉池的沉淀发酵功能。

（2）增加初沉污泥贮泥池和脱水机房，初沉池污泥能够独立脱水处理。

（3）对生物池好氧区段进行流态改造，投加悬浮填料，增强硝化能力。

（4）为三期工程增加独立鼓风机房，原鼓风机房专供一期和二期工程。

（5）增加以滤布滤池（纤维转盘过滤）为主的机械过滤深度处理系统。

（6）增加二氧化氯和紫外消毒工艺单元，主要运行二氧化氯消毒系统。

提标改造的整体工艺流程和提标改造后的实景如图 11-21 和图 11-22 所示。首先，强化预处理功能，改造了初沉污泥排泥管路和池面排渣管路，将原初沉池改造为初沉发酵池，在原初沉池池壁的中下部增设水下推进器，最大搅拌功率密度 2W/m^3，控制初沉发酵池泥位在有效池深的 60%以上，相应提升初沉池的污泥固体停留时间。增加初沉污泥的贮泥池和脱水机房，初沉池污泥独立脱水处理。

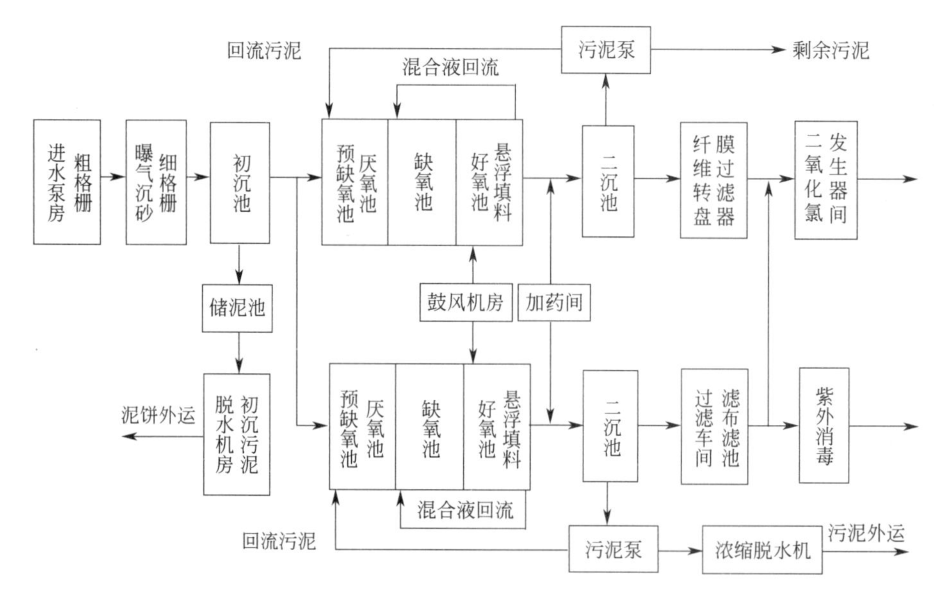

图 11-21　无锡芦村污水处理厂一级 A 提标改造工艺流程示意图

图 11-22　无锡芦村污水处理厂一、二、三期工程一级 A 提标改造实景图

其次，强化生物处理功能，将原有生物池改造为环沟型的改良 A^2/O 工艺系统，在好氧区的部分区段投加可流化的悬浮填料，以弥补好氧段的容积不足，形成活性污泥/生物膜复合的悬浮填料强化硝化及反硝化工艺布局，着重解决冬季低温时段硝化能力不足的问题。同时提高反硝化区的容积占比，增强生物脱氮能力；将部分好氧区段的容积划分出来作为过渡区，增设搅拌器，提高工艺运行调整的灵活性，可在回流污泥反硝化改良 A^2/O 工艺运行模式和多点进水倒置 A^2/O 工艺运行模式中进行自由切换。

（1）一期与二期、三期工程均维持原有的生物池池容 42509m^3，改造内容基本相同，主要包括：在原好氧区的前 3 个廊道增加推进器，作为缺氧区使用，同时增加内回流管至生物池的前端，增加进水切换管至缺氧区的后端；将部分好氧区改造成完全混合环沟式池型，增加悬浮填料、推进器、不锈钢隔网和穿孔管曝气系统。

（2）升级改造的生物池设计运行参数为：活性污泥泥龄 10.8d，混合液悬浮固体浓度 4.0g/L，剩余污泥产率 0.95kgSS/$kgBOD_5$；平均流量下的名义停留时间 10.2h，虚拟总停留时间 15.8h，填充填料的好氧区容积 12787m^3，填料填充率 47%，填料投加量 6000m^3。

（3）新增设备包括：填料区 8 台直径 2200mm、功率 5kW 潜水推进器；缺氧区 16 台功率 5.5kW 潜水搅拌器；好氧区，直径 178mm 刚玉曝气头 12706 个；内回流泵为新旧更换。鼓风机改造前一、二、三期共用，改造后，原鼓风机为一、二期专用，三期新增。

最后，强化生物除磷能力的同时，采用化学协同除磷的方法来保障出水 TP 稳定达标，投加点设在生物池出水处；考虑工程用地过于紧张，深度处理工艺单元选择机械过滤（滤布滤池）为主体，并增加二氧化氯和紫外消毒工艺单元，主要运行二氧化氯消毒系统。

4. 四期工程一级 A 标准新建

四期新建工程规模 10 万 m^3/d，污水生物处理系统采用多模式运行的回流污泥反硝化改良 A^2/O 工艺系统（如图 11-23 所示），具有相对独立的厌氧区、缺氧区、好氧区以及回流污泥反硝化区，功能分区明确、协调，有利于生物除磷脱氮；同时采用多点进水，可根据进水水量水质和环境条件变化，灵活调整工艺运行方式。深度处理工艺系统采用活性砂滤池和深床反硝化滤池，设计规模分别为 5 万 m^3/d，处理后的达标水排入邻近的京杭大运河。

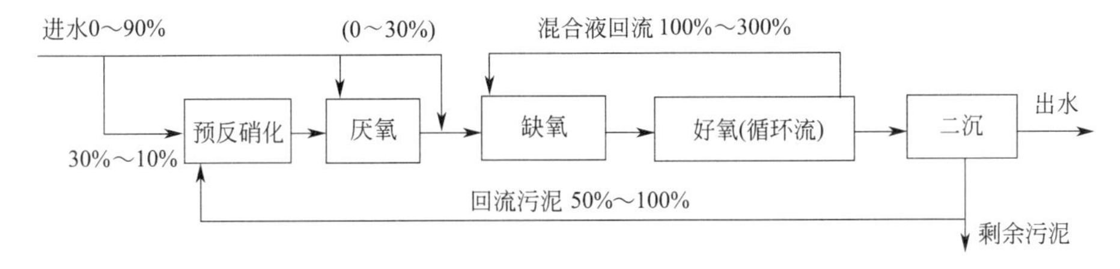

图 11-23　无锡芦村污水处理厂四期工程回流污泥反硝化改良 A^2/O 工艺系统

四期新建工程的污水处理总体工艺流程如图 11-24 所示，图 11-25 为环沟型生物池实景。生物池设计总流量为 4792m^3/h，总尺寸为 138m×129m×8m，总有效容积为

$121200m^3$；分为2组，单池$2396m^3/h$，有效水深7m，超高1.0m；设计总泥龄18.4d，总水力停留时间25.3h，设计污泥浓度3.5g/L，生物池各区段池容分配及水力停留时间见表11-2。

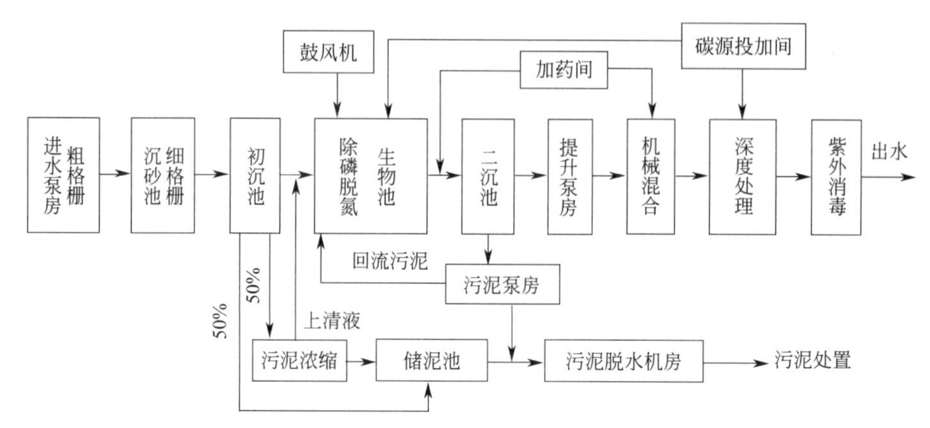

图11-24 无锡芦村污水处理厂四期新建工程工艺流程示意图

图11-25 无锡芦村污水处理厂四期新建工程环沟型生物池实景图

无锡芦村污水处理厂四期新建工程生物池池容分配 **表11-2**

单元	池容(m^3)	水力停留时间(h)
回流污泥反硝化段	7046	1.47
厌氧段	8468	1.77
缺氧段	32274	6.73
好氧段	73412	15.32
合计	121200	25.29

在实际运行过程中，因进水碳源的明显不足，故采用了初沉池出水的一部分直接进入缺氧池以补充反硝化碳源，同时在缺氧池投加乙酸或乙酸钠作为外碳源补充，以保证出水稳定达标。为提升系统的脱氮控制能力，嵌入了基于动态进水负荷的优化曝气控制技术，

主要包括三部分：①生物系统进水处安装 COD、氨氮在线仪表，测定进水 COD、氨氮，前馈确定好氧段 DO 分布；②测定 DO 和气量，反馈确定电动阀门开度；③测定干管压力，反馈控制风机编组和导叶片开启度。对应三种控制模式：负荷前馈控制、溶解氧定值反馈和空气量定值反馈等，目前工程运行实际采用溶解氧定值反馈法控制。

为优化控制化学除磷，在出水 TP 达标前提下，优化药剂投加量，嵌入协同化学除磷动态控制技术，包括：①前馈系统，测定进水流量、生物段出水磷酸盐，前馈控制前置加药泵流量；②反馈系统，测定反硝化滤池出水磷酸盐，反馈控制后置加药泵流量。分别对应两套控制系统，均包括采样监测设备、数据采集与控制、控制信号输出与执行系统。

深度处理是保证出水水质的最后工艺单元。新建工程采用活性砂滤池和深床滤池两种方法，处理水量均为 5 万 m^3/d。活性砂滤池共分 6 格，每格 8 套活性砂过滤装置，共 48 套，每套过滤流量为 $52m^3/h$，滤池整体最大过滤能力 $59904m^3/d$。生物活性砂滤池可全天 24h 连续自动运行，无需停机反冲洗，无需提供额外的反冲洗水泵。

深床反硝化滤池 1 座，分为 4 池，单池尺寸为 26.83m×3.56m×5.5m，设计流量 $2848m^3/h$，滤池整体最大过滤能力 $68352m^3/d$。深床反硝化滤池间歇运行，以 4d 为一个周期，每天运行 3 组，一组进行反冲洗；依据进水流量、SS 负荷及水头损失确定反冲洗周期，通常情况下 96h 为一个周期，每组的反冲洗时间约为 30min。

深床反硝化滤池配置碳源投加系统，自动获取滤池的进水流量并结合滤池进水硝酸盐浓度，通过碳源投加现场控制柜的内置软件计算，发出指令控制加药泵的碳源投加量，系统由前馈控制回路组成。滤池过滤后的出水进入紫外消毒渠，消毒后排入京杭大运河。

5. 芦村污水处理厂 DB32/1072—2018 提标建设

2018 年 6 月江苏省《太湖地区城镇污水处理厂及重点工业行业主要水污染物排放限值》DB 32/1072—2018 发布实施，芦村污水处理厂 2019 年 8 月启动新一轮提标改造工作。

新的地方标准提标改造工艺流程如图 11-26 所示。

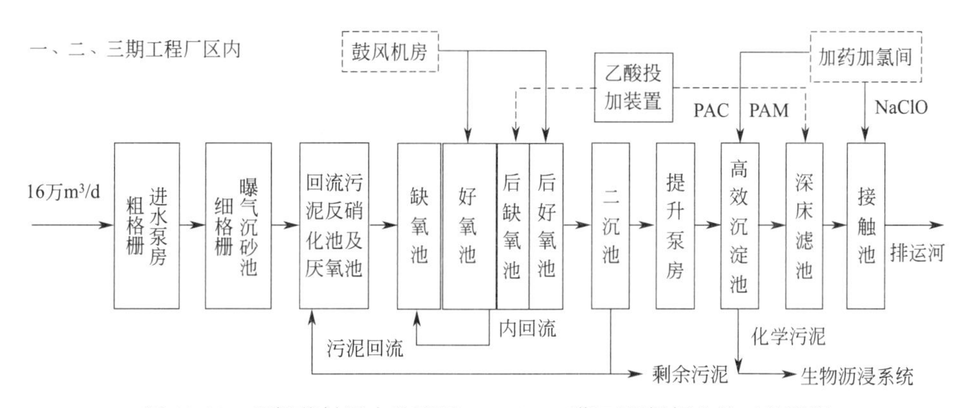

图 11-26　无锡芦村污水处理厂一、二、三期工程提标改造工艺流程

（1）一、二、三期工程改造方案。将原有初沉池及曝气沉砂池拆除，新建曝气沉砂

池，初沉池拆除后的占地用于新建生物池，包括回流污泥反硝化区、厌氧区、缺氧区三个功能分区，原生物池改造为缺氧区、好氧区（含部分填料区）、后缺氧区、后好氧区，整体采用回流污泥反硝化多级 A^2/O 工艺组合模式，生物池水力停留时间一期和二期工程由之前的8.9h扩增为21.3h，三期工程由之前的9.07h扩增为20.6h。深度处理系统增设高效沉淀池和深床滤池单元，形成高效沉淀池＋深床滤池的深度处理工艺组合。

(2) 四期工程改造方案。维持原生物系统（10万 m^3/d）工艺流程不变，利用原初沉池和预留用地，增设一组规模4万 m^3/d 生物处理和深度处理系统，原初沉池改造为回流污泥反硝化区和厌氧区，新建缺氧区、好氧区、后缺氧区和后好氧区，采用回流污泥反硝化多级 A^2/O 工艺组合模式，深度处理均采用气浮与深床滤池组合的方案。工艺流程如图11-27所示。

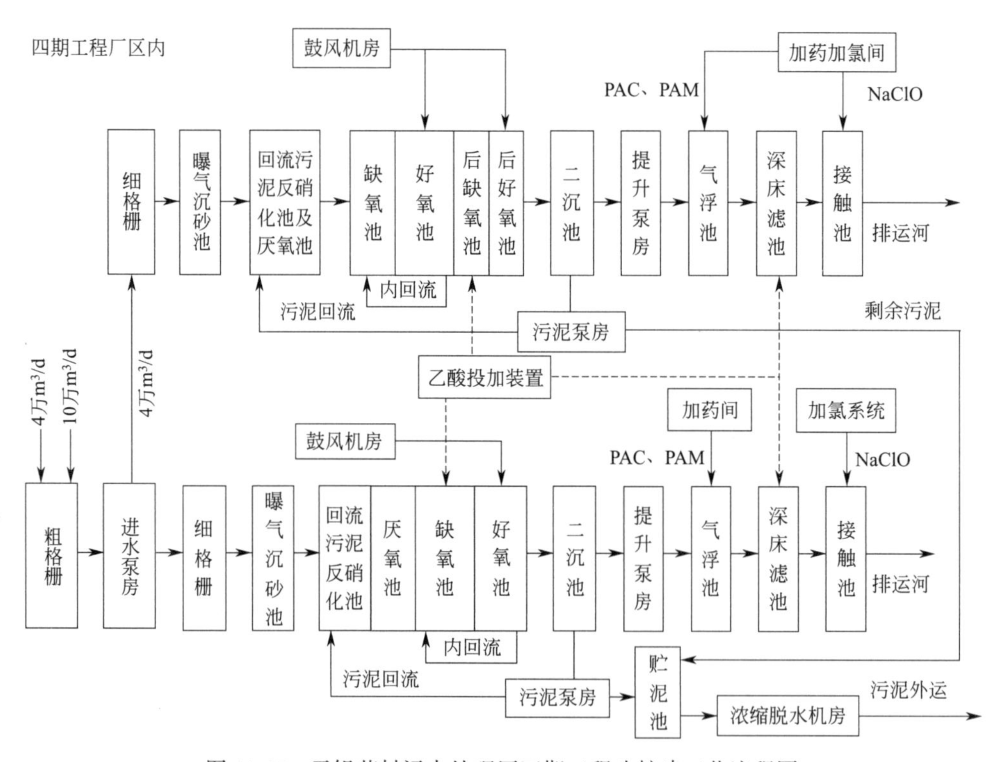

图11-27 无锡芦村污水处理厂四期工程改扩建工艺流程图

11.2.2 主要工程特色

1. 一级A稳定达标及节能降耗省地

无锡芦村污水处理厂在历次提标改造过程中，采用了切合我国城镇污水水质特点和地域环境条件的强化预处理→新型初沉发酵池→回流污泥反硝化环沟型改良 A^2/O 除磷脱氮→悬浮填料强化硝化→化学协同除磷→滤布滤池/深床过滤城镇污水处理系统一级A稳定达标及节能降耗省地关键技术（如图11-28所示）及系列化工程实施模式与精细化管理技术方法，解决了污水 SS/BOD_5 偏高影响污泥活性和反硝化能力、BOD_5/TN 偏低影响脱氮能力、冬季低水温影响硝化反硝化、回流污泥硝酸盐影响生物除磷、水质水量波动影响运行稳定性、工程用地普遍受限等复杂技术难题，荣获 2011 年全国优秀工程勘察设计行业奖一等奖。

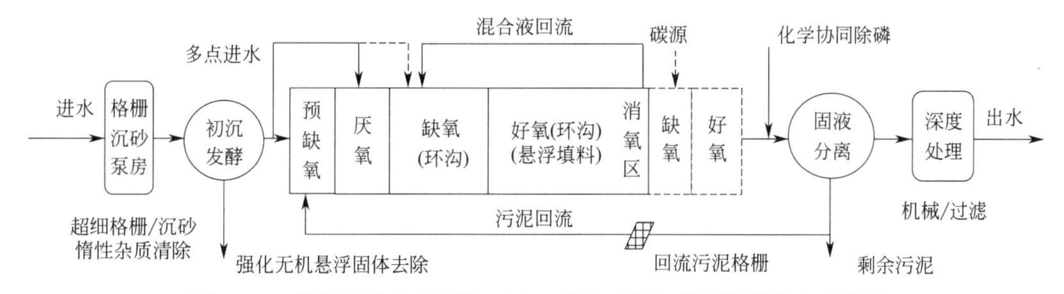

图 11-28　城镇污水处理系统一级 A 稳定达标及节能降耗技术示意图

2. 全过程诊断与运行优化

依托无锡芦村污水处理厂的运行诊断实践，水专项课题研究团队创新提出进水水质水量统计分析＋工艺全流程诊断评估＋工艺单元强化模拟＋系统集成的全过程诊断与运行优化技术。以污水处理厂历年日报数据为基础，统计分析影响工艺稳定达标的主要污染物指标及其主要影响因素，建立污水处理厂现状工艺全流程诊断技术方案。基于预处理系统、生物处理系统及深度处理系统的各工艺单元核心功能及污染物去除对象，结合小试、中试及生产性测试分析研究，耦合进水与出水组分分析、活性污泥性能参数测试、生物系统除磷脱氮功能强化、深度处理物化功能保障等综合优化研究，为芦村污水处理厂一级 A 及太湖流域地方标准提标建设提出针对性的达标影响因素及其应对技术措施。

3. 初沉发酵池工艺系统

初沉发酵池工艺系统在芦村污水处理厂应用，在初沉池刮泥系统或池壁上增设低速推进器，可按水解产酸发酵、生物絮凝、物理沉淀等运行模式切换。在水解产酸发酵模式中，低速推进器推动悬浮污泥层缓慢旋转，沉淀形式由静态转变为旋流微动态，促进不同密度污泥的分层沉淀，强化了污泥絮体对悬浮固体的快速网捕沉淀以及附着有机物的水力剥离，大幅度降低进入生物系统的无机固体含量。运行的常泥位为有效池深 80%左右，固体停留时间提高到 5d 左右，水力停留时间缩短到 1h 以内，泥层内完成悬浮固体液化、复杂大分子水解和产酸发酵，提高优质碳源比例。实际工程应用悬浮固体液化分解率 15%以上、VFAs 和 VSS/SS 提高 20%以上，后续生物处理工艺的 MLVSS/MLSS 由 0.3～0.4 升高到 0.5～0.6，活性污泥产率和所需生物池容积降低 30%以上，节地节能降耗效果显著。

4. 悬浮填料强化硝化工艺系统

在芦村污水处理厂一级 A 提标改造工程中，国内率先研发并应用了基于生物膜—活性污泥法工艺原理的悬浮填料强化硝化工艺系统及配套设备产品，创新曝气系统的布局方式和格网结构，同步实现填料的拦截和格网拦截物的水力剪切，确保填料不拥堵、不流失。与改良 A^2/O 工艺系统融合（如图 11-29 所示）形成新型生物反应器系统，基本不改变原生物处理系统的池容，仅通过特殊水力学改造和拦网系统设置，实现好氧区硝化菌挂膜生长和选择性富集，大幅提高低水温条件下生物硝化能力。好氧区所需池容较活性污泥法计算值缩短 50%以上，反硝化区占比可从 0.3 提高到 0.45 以上，非曝气区占比可突破 0.5 极限值，明显提高生物总氮去除能力，显著节地节能降耗。

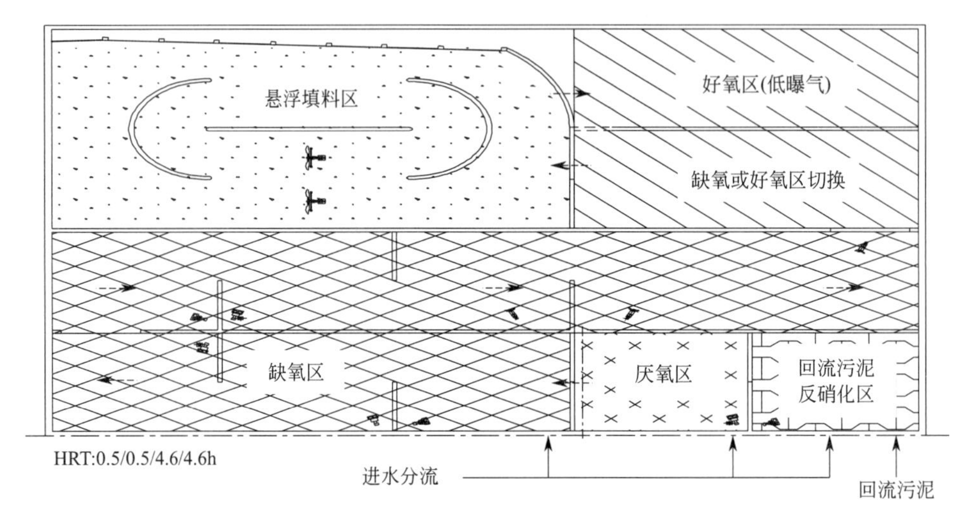

图 11-29　无锡芦村污水处理厂悬浮填料强化硝化工艺系统示意图

5. 平板式回流污泥拦污格栅

依托无锡芦村污水处理厂生物系统的问题解析，针对我国城镇污水中颗粒物、缠绕物较多并长期积累于生物系统的难题，成功研制适合我国国情、具有全拦截功能的平板式回流污泥拦污格栅，采用旁路渗析理念有效去除累积在生物系统活性污泥中的缠绕物，明显降低对设备、仪表污堵、磨损，并同步降低对后续 MBR 膜的缠绕和滤池系统的污堵。该格栅在芦村污水处理厂进行了生产性应用，取得了良好的应用效果。

6. 提标改造的平面及流程设计

提标改造工程的进水、出水方向及总体流程与现状厂区工程协调一致，便于新老工程的统一调度和运维管理。新建和改造的建构筑物与原有构筑物能够衔接顺畅，减少流程水头损失，整体水流布置流畅。进水与出水方向均维持现状，新建深度处理单元靠近出水口，新建附属设备间均靠近功能区，改造的附属设备间均是在机房里的预留机位上新增设备。

一、二、三期和四期工程的总进水是联通的，因此，两个厂区工程的进水调配是可行的。一、二、三期工程的 4 万 m^3/d 水量通过联通管分流至四期工程。四期工程现状粗格栅及进水泵房土建规模为 15 万 m^3/d，设备安装规模为 10 万 m^3/d，分流过来的 4 万 m^3/d 可以通过原有泵房内增加 2 台污水泵（1 用 1 备）进行提升。原有泵房土建为分格建设，新增污水泵安装时，可以满足四期工程厂区正常运行不停水的需求。

四期工程的总排放口规模为 15 万 m^3/d，能满足改造后 14 万 m^3/d 规模的排放水量。同时，在原出水井的设计中，预留有接入 5 万 m^3/d 规模水量的管道及闸门，因此，总出水井接入新增的 4 万 m^3/d 来水时，不会影响厂区的正常运行。

11.2.3 运行成效分析

作为我国首座一级 A 标准提标建设的大型污水处理厂，芦村污水处理厂新近全面完成新的地方标准提标改造建设后，处理系统的功能分区更加细化完善，出水 COD、BOD_5、氨氮、TN 和 TP 等水质指标在实现一级 A 稳定达标基础上，进一步稳定达到江苏省新的地方标准 DB 32/1072—2018 中的太湖流域一二级保护区主要水污染物排放限值要求。每年为污水处理厂出水的接纳水体提供高品质的生态环境补水 1.09 亿 m^3，COD、氨氮、总氮和总磷的年平均削减量分别达到 16863t、2596t、2518t 和 551t，为太湖流域城镇污水处理厂提标建设提供了科学决策依据、可行技术路线与工程经验、先进工艺流程与技术方案，并推广应用于江苏、山东、河北、辽宁、北京、天津、河南、浙江、安徽等地的许多城镇污水处理厂，累计日处理规模近千万立方米，产生了非常显著的环境效益、社会效益和经济效益。

图 11-30～图 11-34 为芦村污水处理厂 2021 年主要水质指标的去除效果展示。

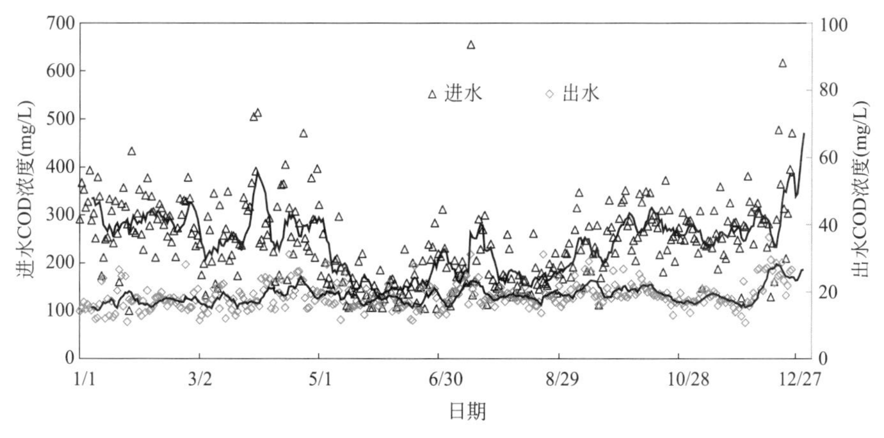

图 11-30　无锡芦村污水处理厂进水与出水 COD 浓度变化

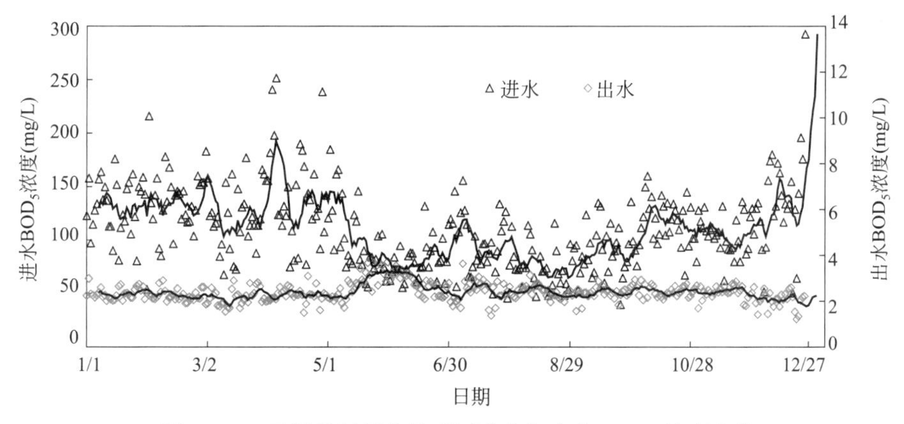

图 11-31　无锡芦村污水处理厂进水与出水 BOD_5 浓度变化

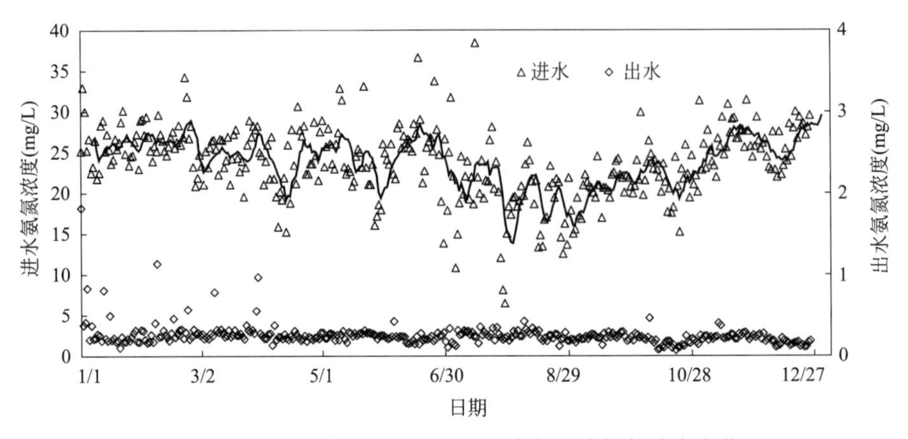

图 11-32　无锡芦村污水处理厂进水与出水氨氮浓度变化

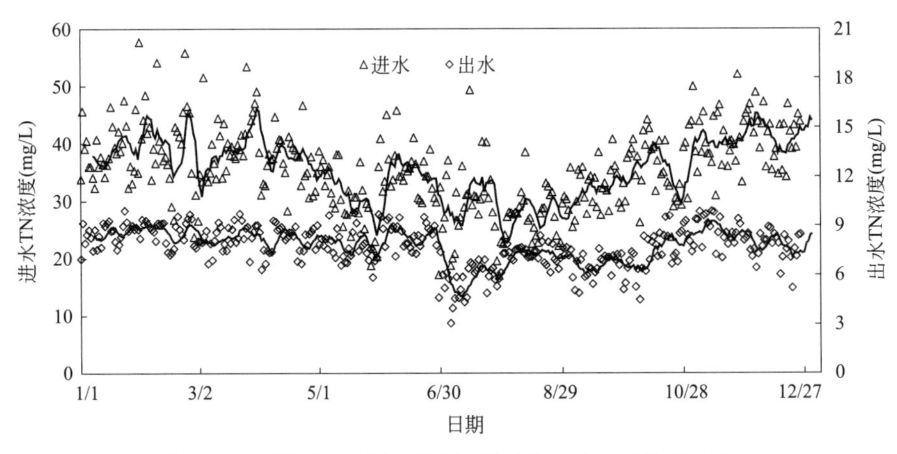

图 11-33　无锡芦村污水处理厂进水与出水 TN 浓度变化

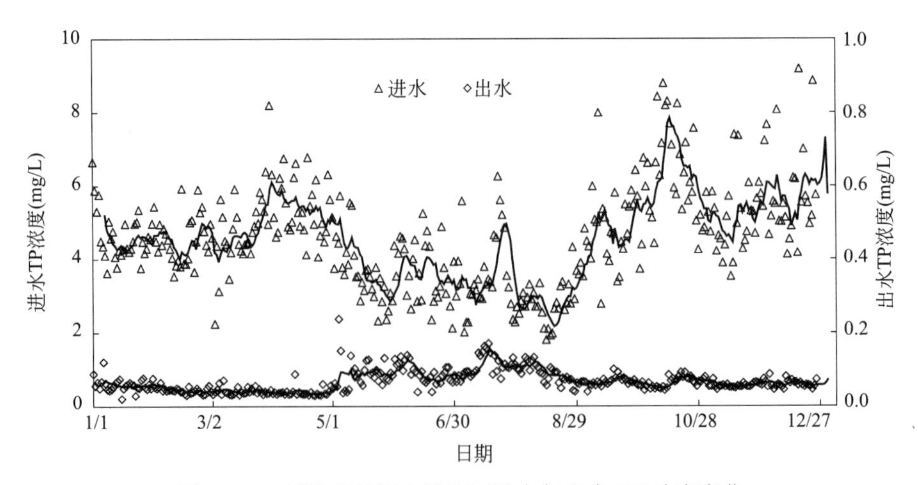

图 11-34　无锡芦村污水处理厂进水与出水 TP 浓度变化

11.3　北京清河再生水厂工程

11.3.1　工程项目内容

1. 工程概况

北京清河再生水厂前身为清河污水处理厂，设计总规模 55 万 m^3/d，位于北京海淀区清河镇，占地面积 $40hm^2$，主要收水范围为北京西郊风景区、高校文教区、中关村科技园区、清河以及回龙观等地区。该厂始建于 2002 年，污水处理规模 40 万 m^3/d，分两期建设：一期工程规模 20 万 m^3/d，采用多点进水倒置 A^2/O 工艺，占地 $11.63hm^2$，2002 年 9 月通水运行；二期工程规模 20 万 m^3/d，采用 A^2/O 工艺，占地 $7.65hm^2$，2004 年 12 月通水运行。

为实现出水的再生利用，2011 年清河污水处理厂启动再生水工程，分别采用 MBR＋臭氧工艺（15 万 m^3/d）、反硝化生物滤池＋膜处理＋臭氧工艺（32 万 m^3/d）、超滤膜＋臭氧工艺（8 万 m^3/d）进行再生水生产，为海淀区及朝阳部分区域提供城市绿化、住宅区冲厕用水等用途的市政杂用水，以及河湖水系定期补、换水，尤其是作为奥运公园水面的景观水体补充水，每年至少可为奥林匹克公园等地提供 2 亿 m^3 的景观用水。

2. 主要建设内容

北京清河再生水厂的再生水处理工程设计规模 40 万 m^3/d，分两期建设。

（1）一期工程。设计规模 8 万 m^3/d（产品水），占地 $2.86hm^2$，水源为清河污水处理厂二级处理出水，采用超滤膜（UF）＋臭氧（O_3）工艺流程，2006 年建成通水，出水主要水质指标达到《地表水环境质量标准》GB 3838—2002Ⅳ类水体水质要求。如图 11-35 所示，二级处理出水通过 *DN*1200 管线进入再生处理系统，经泵房提升后进入预处理车间自清洗过滤器，然后进入超滤膜系统。膜滤出水经臭氧接触池并投加二氧化氯消毒后进入清水池，满足输水管网内的余氯要求，再通过配水泵房送至厂外再生水管网，向不同用户供水。

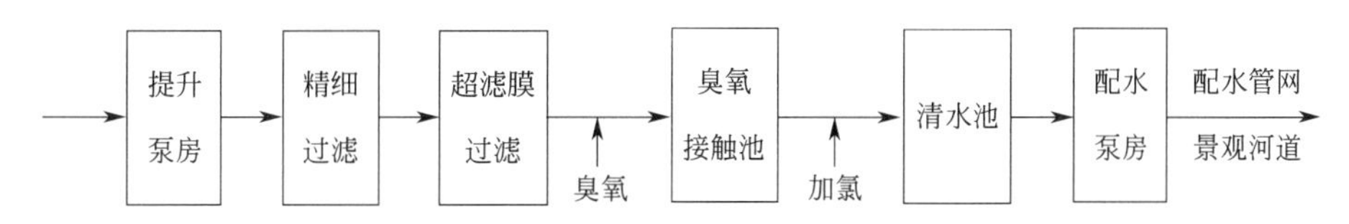

图 11-35　北京清河再生水厂一期工程工艺流程示意图

（2）二期工程。设计规模 32 万 m^3/d，占地 $7.56hm^2$，深度处理采用反硝化滤池＋膜过滤＋臭氧工艺流程，2013 年通水运行。主要工程内容包括：新建中间提升泵井、反硝化滤池、膜深度处理车间、臭氧制备间及接触池、次氯酸钠加药间、甲醇加药间、清水池、配水泵房等；新建厂内相关管线、变配电站、仓库和热泵机房等附属设施；改造污水二级生物处理系统。膜深度处理车间，主要包括集水池、泵房、反洗水池、反洗排水池、加药间、药剂储罐区、鼓风机间等设施，如图 11-36 和图 11-37 所示。二期改造工程规模 15 万 m^3/d，占地 $10hm^2$，采用 MBR+臭氧工艺系统，2012 年 4 月通水运行，如图 11-38 和图 11-39 所示。

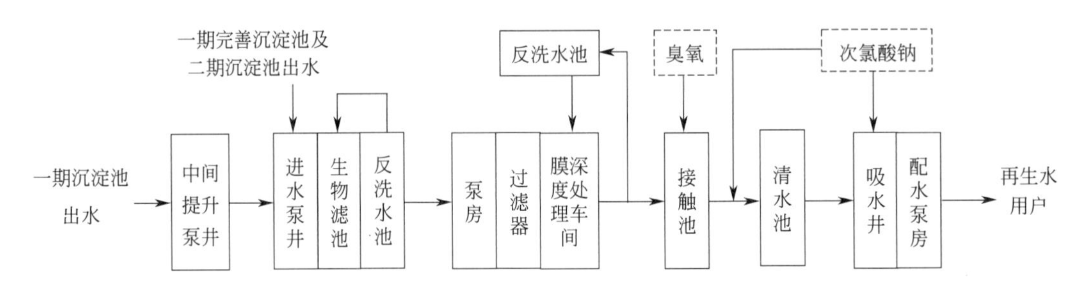

图 11-36　北京清河再生水厂二期工程工艺流程图

图 11-37　北京清河再生水厂膜过滤车间实景

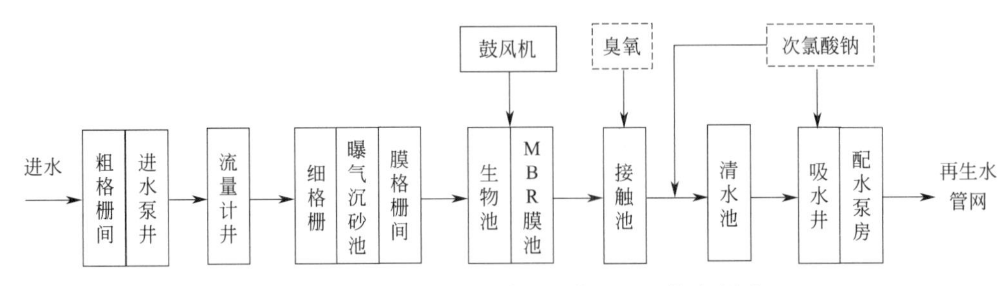

图 11-38　北京清河再生水厂三期工程工艺流程图

图 11-39　运行中的北京清河再生水厂实景图

11.3.2　主要工程特色

1. 一期工程

核心工艺单元为超滤膜与臭氧氧化，膜孔径 0.02μm，臭氧接触时间 10～15min，投加量 3～5mg/L。超滤膜系统运行时，预处理单元出水从配水槽通过进水管和控制阀进入膜池。膜浸没在膜池的进水中，由透过液泵将进水泵房出水负压抽吸过膜壁。每个膜列的所有膜箱产生的透过液通过透过液泵收集到膜列共用的膜产水总管中，然后进入活性炭滤池。在产水过程中进行周期性反冲洗，去除膜表面积累的固体物，反洗过程中同时空气擦洗。膜系统化学清洗包括维护性清洗和恢复性清洗。膜系统反洗过程中或膜清洗之前，膜池的水快速排放到废水池。化学清洗产生的废水，水量相对较小，用排放/循环泵排出系统。

2. 二期工程

工艺流程及核心工艺单元与一期工程相似，主要增强了二级处理出水的预处理。二级处理出水首先通过补充碳源的反硝化滤池处理，汇集到集水池，由泵房内的提升泵送到膜深度处理车间进行膜过滤，膜滤出水再经过臭氧接触氧化，使嗅味、色度等污染物指标值进一步降低。在清水池和配水泵前投加次氯酸钠消毒，控制输水过程的微生物生长，满足再生水管网末梢余氯要求。

在提升泵出口管路上设有自清洗过滤器，过滤精度 200μm，全自动控制，清洗由压差和时间控制。原水经过自清洗过滤器后再由进水气动阀门进入超滤机台，然后通过膜组件的中空纤维膜膜丝上的微孔进入膜纤维内腔，再经每个膜组件产水端汇集到产水总管输送至接触池。其中 14 万 m^3/d 超滤为压力式中空纤维膜组件，PVDF 材质，过滤孔径 0.03μm。

二期改造工程的核心工艺单元为膜生物反应器（MBR）与臭氧氧化，其中 MBR 采用北京碧水源科技股份有限公司研发的低能耗 MBR 组器与脉冲曝气技术，实现吨水能耗的降低。

11.3.3 运行成效分析

以再生水一期工程为例，如图 11-40～图 11-43 所示，超滤-臭氧（UF-O_3）组合工艺过程对二级生物处理出水的 COD、色度、浊度、TP、氨氮均具有较好的去除效果。

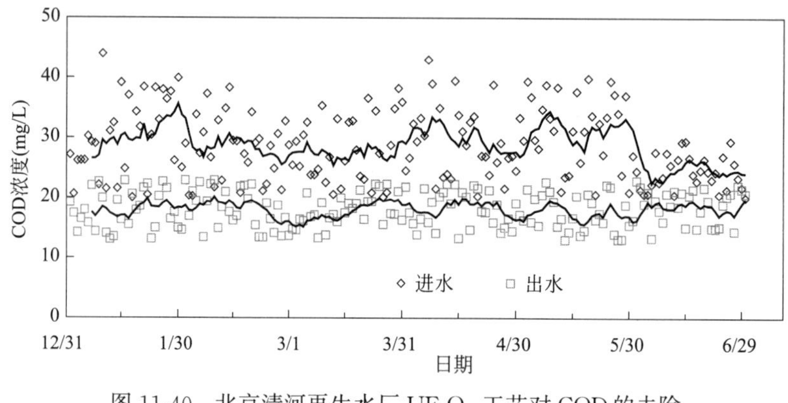

图 11-40 北京清河再生水厂 UF-O_3 工艺对 COD 的去除

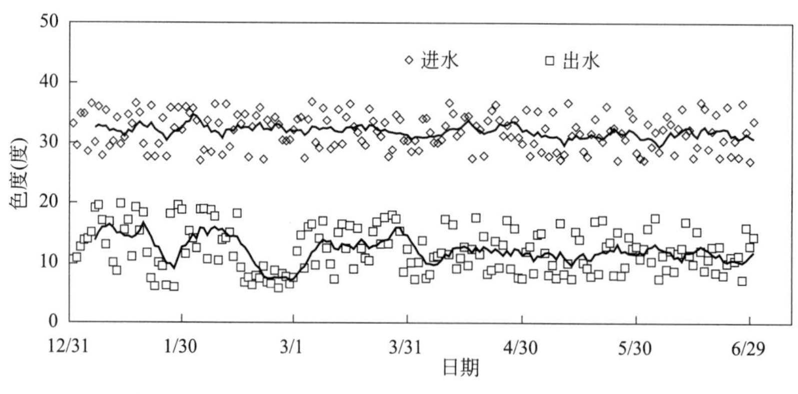

图 11-41 北京清河再生水厂 UF-O_3 工艺对色度的去除

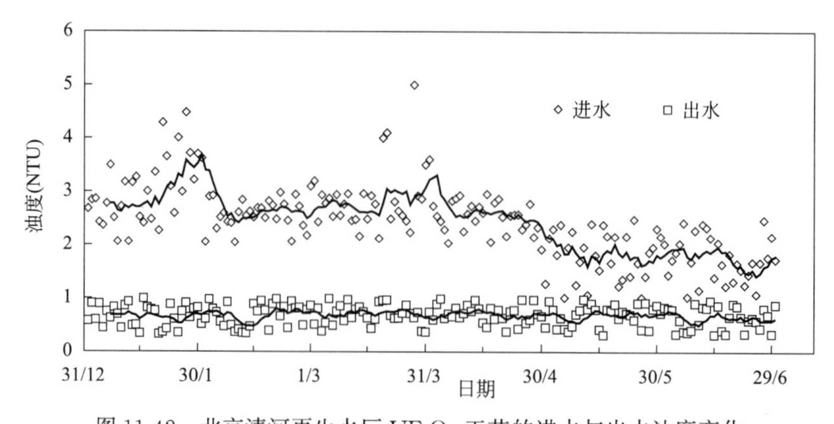

图 11-42 北京清河再生水厂 UF-O_3 工艺的进水与出水浊度变化

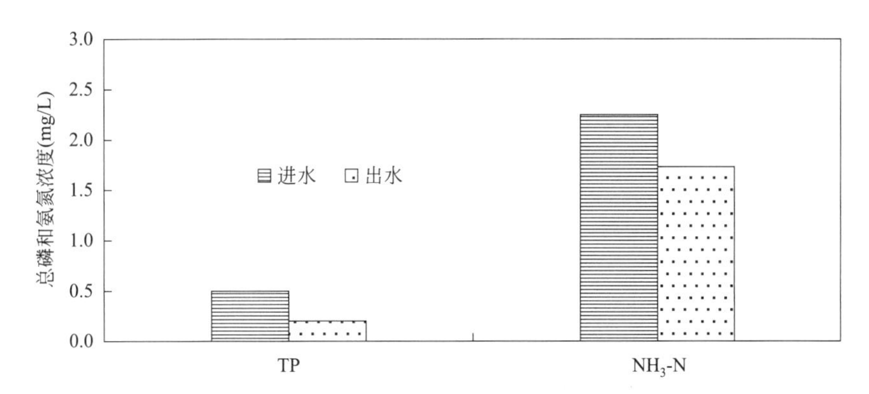

图 11-43　北京清河再生水厂 UF-O_3 工艺进水与出水氮磷浓度变化

UF-O_3 组合工艺的进水 COD 为 20～45mg/L，月均值约 31mg/L，低于设计值 60mg/L。UF 膜将二沉池出水残留 SS 及部分胶体截留，后续臭氧氧化过程也分解一部分有机物，组合工艺出水 COD 为 12～24mg/L，月均值约 15mg/L，达到地表水Ⅳ类水的要求（30mg/L）。

二级生物处理出水的色度为 27～37 度，月均值约 32 度，组合工艺出水色度为 5～20 度，月均值约为 12 度，通过 UF 膜过滤可以去除水中部分 SS 从而降低水的表色，而臭氧氧化脱色主要是改变或破坏致色物质的发色基团和助色基团，达到脱色的效果。

二级生物处理出水的浊度为 1.0～3.07 NTU，月均值约 1.95 NTU，UF-O_3 组合工艺出水浊度为 0.32～2.69NTU，月均值约 0.53 NTU，组合工艺对浊度的平均去除率为 73.4%，出水感官指标色度和浊度都很好，满足再生水要求。

由于二级生物处理出水中氮磷指标已基本满足再生利用的深度处理要求，而且 UF-O_3 组合工艺对氮磷没有直接的去除效果，因此，只有通过过滤截留部分微生物及细微化学沉淀物来降低氮磷浓度。组合工艺进水 TP 基本上维持在 0.5mg/L 以下，处理后可以保持在 0.1mg/L；进水 NH_3-N 浓度为 2mg/L 左右，处理后可以维持在 2mg/L 以下。

采用 UF-O_3 组合工艺的再生水生产工程，出水主要指标达到地表水环境质量标准Ⅳ类水的水质要求，相比二级处理出水直接排入河流每年 COD 减排 438t。

采用 MBR+臭氧组合工艺的再生水生产工程，出水水质执行城市污水再生利用的城市杂用水和景观环境用水水质标准，自运行以来，系统稳定，出水水质符合设计标准，吨水成本比出水达到国家一级 A 标准的传统工艺仅增加 0.1 元。

北京清河再生水厂的出水经配水泵房及管网输送至河湖或其他用户。其中，再生水补充河湖主要为清河，通过在清河上游补充再生水既解决了上游河道环境用水需求，滨河两岸绿化美化用水，同时让水运动的过程也是让水曝气的过程，不仅进一步去除了污染物，而且增加了水体的含氧量及氧化还原电位，改善了河道的水体水质和生态环境。

11.4 青岛李村河污水处理厂工程

11.4.1 工程项目内容

1. 工程概况

青岛李村河污水处理厂隶属于青岛城投环境能源有限公司，位于青岛市市北区李村河下游入胶州湾口处，主要承接青岛李沧区及市北区污水，进水中工业废水占比在30%左右，一期、二期、三期、四期工程总处理能力 30 万 m^3/d，出水主要作为李村河下游的景观生态补水，向李村河三角地位置补水 15 万 m^3/d，向李村河下游主要支流（水清沟河、大村河等）及沿线景观绿化浇灌等补水 5 万 m^3/d。图 11-44 为一期、二期、三期工程全景。

图 11-44 青岛李村河污水处理厂一、二、三期工程全景图

（1）一期与二期工程。一期工程规模 8 万 m^3/d，1998 年投产运行，采用多点进水回流污泥反硝化改良 A^2/O 工艺，并具有 VIP、A/O、改良 UCT 等工艺运行模式。二期工程规模 9 万 m^3/d，采用与一期工程相同的工艺流程，2008 年投产运行，出水就近排海。

（2）一级 A 标准提标改造。2008 年前后青岛海域频繁出现浒苔暴发事件，同时期国家推进重点流域实施 GB 18918—2002 一级 A 标准，2009 年青岛市启动李村河污水处理厂提标改造，在原改良 A^2/O 工艺基础上，融合悬浮填料强化硝化、化学协同除磷和滤布滤池等工艺技术，在未增加池容和占地条件下实现一级 A 标准提标改造，2010 年投产运行。

（3）增容扩建工程。进水量逐年增加，2014 年夏季达到 22 万 m^3/d，超负荷运行状况比较突出，为此，2015 年启动增容扩建工程。考虑厂区周围无扩建用地而只能在原厂内扩建的条件限制，通过悬浮填料等工艺单元调整，将原来一期、二期工程 17 万 m^3/d 的规模扩容至 20.5 万 m^3/d，并在厂内新建三期工程，包括 4.5 万 m^3/d 生物处理系统和 8 万 m^3/d 预处理及深度处理系统，总处理能力达到 25 万 m^3/d，2016 年投产运行。

（4）改造提标及四期扩建工程。2017 年 5 月实际污水量超过 25 万 m^3/d 的设计规模，服务范围内截污体系逐步完善，污水量还在不断增加，根据《青岛市排水专业规划（修编）(2016—2020)》确定新增规模 5 万 m^3/d；2017 年 12 月青岛市环境保护局明确提出承担向河道进行生态补水任务的污水处理厂尾水水质应略优于地表水Ⅴ类水质标准。据此，李村河污水处理厂启动改造提标及四期扩建工程。

2. 一期及二期工程

一期工程属于我国首批利用亚行贷款项目，1991 年完成项目可行性研究，1993 年 3 月项目贷款生效，同年 7 月完成初步设计。1995 年开工建设，1998 年 2 月建成投产。

在 20 世纪 90 年代，李村河及其主要支流大村河、水清沟，旱季无自然径流，实际上已成为排污河（沟），水流极度浑浊，水质复杂多变，五颜六色，气味各异。李村河污水处理厂接纳的污水中约 70%为工业废水，主要是化工、造纸、棉纺和印染废水，成分复杂。依据试验测定，一期工程设计进水水质（按平均浓度）确定为：BOD_5 400mg/L、COD 900mg/L、SS 700mg/L、NH_3-N 60mg/L、TKN 90mg/L、TP 5mg/L；设计出水水质为：$BOD_5 \leqslant 30$mg/L、COD$\leqslant$150mg/L、SS$\leqslant$30mg/L、NH_3-N$\leqslant$25mg/L、TP$\leqslant$1mg/L。

针对进水中有机物、悬浮物、总氮、氨氮浓度均较高的情况，为保障污水处理厂的稳定运行，获得良好的出水水质，为污水再生利用创造条件，结合现场试验研究成果，在初步设计阶段推荐采用 A/O 生物脱氮工艺技术方案，替换可研阶段建议的 AB 工艺技术方案。同时考虑到当时国家环境部门正在研究制订新的污水排放标准，有可能进一步提出磷酸盐的去除要求。因此，在污水处理工艺流程的确定过程中，兼顾了生物脱氮与生物除磷功能的实现，并且在工艺运行调整的灵活性方面进行了特别考虑。

在工程初步设计国内外专家评审过程中，推荐的 A/O 工艺方案得到充分肯定，美国西图公司对生物处理工艺提出改进意见，推荐选用 VIP 工艺并提供较具体的实施指导建议。为满足处理要求和适应进水水质水量的变化，设计人员改进工艺设计及实施方式，通过精心构想、反复推敲，以巧妙的构筑物型式、平面布置及设备选择，将改良 A^2/O、VIP、分点进水倒置 A^2/O 和 A/O 等工艺型式同时结合到工艺流程及构筑物设计中。污水生物除磷脱氮工艺流程及平面布置如图 11-45 和图 11-46 所示。总体工艺流程如图 11-47 所示。

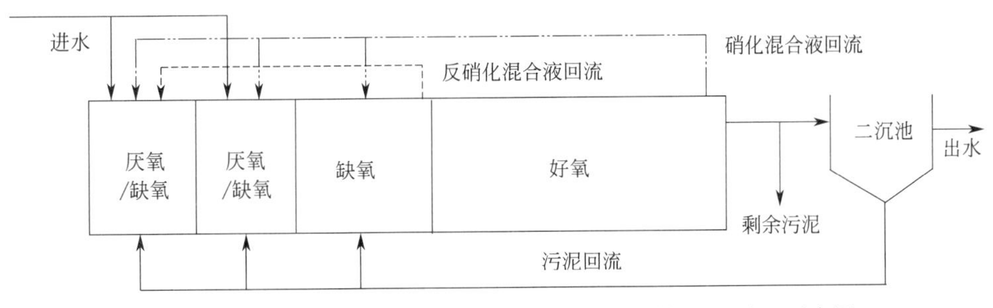

图 11-45　李村河污水处理厂一期工程生物除磷脱氮工艺流程示意图

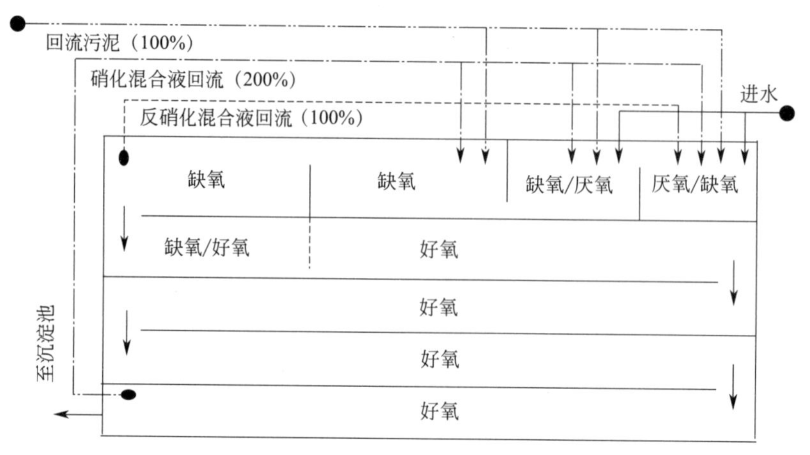

图 11-46　李村河污水处理厂一期工程生物除磷脱氮工艺平面布置简图

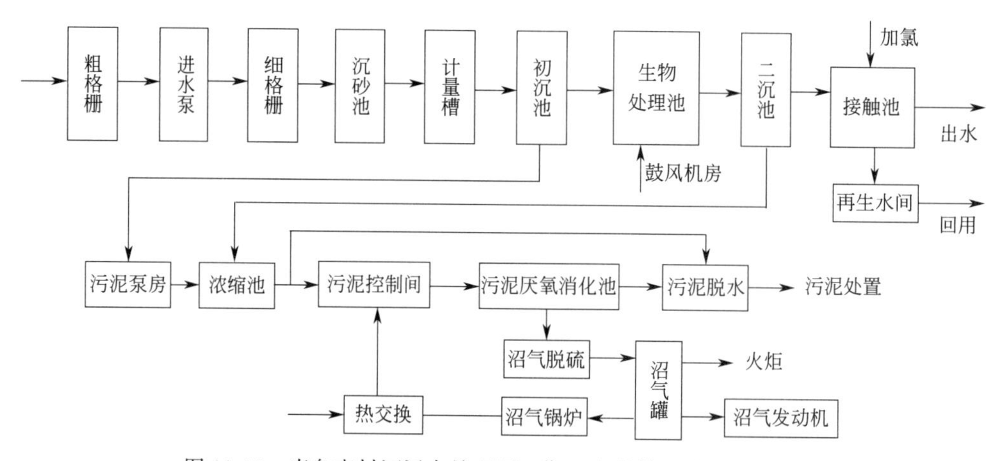

图 11-47　青岛李村河污水处理厂一期工程总体工艺流程示意图

二期工程规模 9 万 m^3/d，采用与一期工程相同的污水工艺流程，2008 年投产运行。在一期建设时，已充分考虑二期工程的建设需要，因此，二期工程仍使用原有的粗细格栅间、进水泵房、沉砂池、鼓风机房、浓缩池、消化池、脱水机房，更换 3 台机械粗格栅，增加进水泵 4 台、细格栅 1 台、砂水分离器 1 台、鼓风机 1 台、离心式脱水机 3 台。

3. 一级 A 标准提标改造

由于一期和二期工程的设计泥龄相对较短，污泥负荷较高，为保证冬季低水温时段出水总氮和氨氮的稳定达标，需增大缺氧池的容积，将好氧池部分容积改为缺氧池，好氧池不足部分通过投加高性能的悬浮填料来保障。重新分配池容后，在好氧池投加悬浮填料，强化硝化菌在填料表面的选择性生长，从而提高生物池的氨氮硝化能力。

为配合升级改造工程，采用初沉池出水，模拟原生物除磷脱氮＋悬浮填料（MBBR）工艺流程，现场动态试验结果表明，出水总氮可以达标。提标改造工程设计中，生物池保持原有的池型及工艺过程，在一期、二期生物池的好氧区局部投加悬浮填料，构成改良 A^2/O(VIP、UCT)＋MBBR 工艺布局，深度处理采用物化沉淀＋滤布滤池工艺组合。

如图 11-48 所示，一期和二期工程的原厌氧池和缺氧池设置不变，将第一廊道部分好氧池改为过渡段，水温较低时按缺氧池运行以保证对总氮的去除。将一期工程的第三及第四廊道部分、二期工程的第二及第三廊道部分改为 MBBR 填料区，采用增设弧形导流墙和推流器并侧向设置出水筛网的方法，在池内形成循环流动。

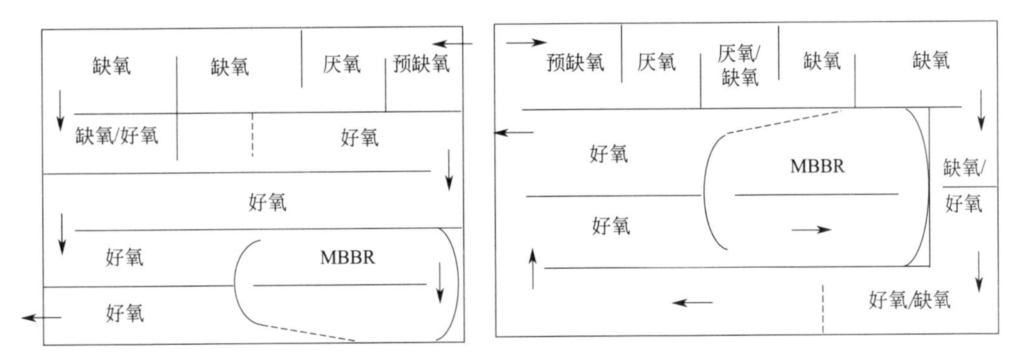

图 11-48　一期和二期工程生物池改造方案示意图

4. 增容扩建工程改扩建内容

增容扩建工程包括改扩建工程和三期新建工程，2016 年完工并投产运行，处理规模由 17 万 m^3/d 提升至 25 万 m^3/d，出水执行 GB 18918—2002 一级 A 标准，采用改良 A^2/O、悬浮填料强化硝化等技术，进行厂区平面布局优化、挖潜技术改造（如图 11-49 所示），特别是改良 A^2/O—泥膜复合 MBBR 工艺的应用，充分利用原有生物池系统，进行池容的重新划分，通过投加悬浮填料强化硝化、增设后缺氧区强化反硝化脱氮等技术措施，在不新增建设用地条件下扩容和高浓度进水条件下出水一级 A 稳定达标，部分水质指标达到地表水准Ⅳ类水的指标值。

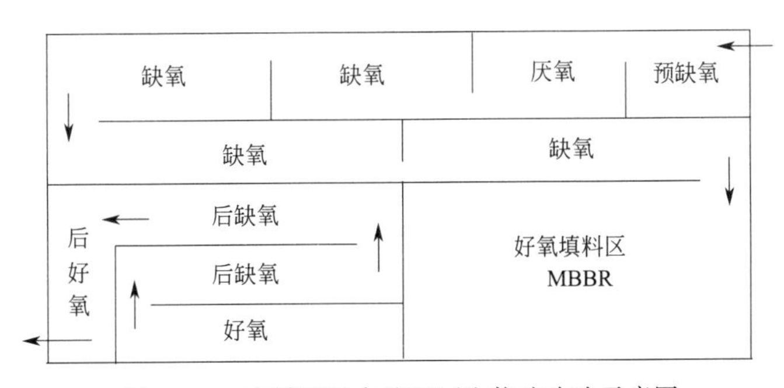

图 11-49　李村河污水处理厂生物池改造示意图

改扩建工程一方面通过挖潜改造，提高处理规模；另一方面，通过大修更新，提高污水处理设施的运行稳定性。主要包括：一、二期生物池挖潜改造，35kV 变电站更新改造，PLC 系统更新改造，污泥消化系统大修改造，除臭系统升级。

鉴于一期和二期工程在水量增加的情况下，初沉池水力表面负荷由 $1.94m^3/(m^2 \cdot h)$ 升高到 $2.27m^3/(m^2 \cdot h)$，二沉池水力表面负荷由 $0.88m^3/(m^2 \cdot h)$ 升高至 $1.32m^3/(m^2 \cdot h)$，仍然在设计规范取值范围内，改扩建工程未对初沉池和二沉池进行改造，仅对生物池进行挖潜改造，处理能力由 17 万 m^3/d 提高至 20.5 万 m^3/d。

如图 11-49 所示，主要内容包括：

（1）将原有的多模式 A^2/O 工艺挖潜改造为改良 A^2/O-MBBR 泥膜复合工艺系统，从好氧区分隔出后缺氧区和后好氧区，通过投加新型有效比表面积 $800m^2/m^3$ 悬浮填料来补足好氧池容不足部分。

（2）将原有备用外回流泵、内回流泵全部改为工作泵，增加冷备泵，提高内外回流比，进一步提高 TN 去除效果；主要工艺参数为：水力停留时间 17.8h，MLSS 浓度 5.6g/L，污泥负荷 0.091kgBOD_5/(kgMLSS·d)，MBBR 区投加悬浮填料 $10100m^3$，填充率为 32%，填充区为好氧微动力混合池型，并将原有的微孔曝气头全部更换为板式曝气头。

5. 增容扩建工程三期新建内容

增容扩建工程的新建部分充分考虑建设用地的集约性，除优化新建构（建）筑物的布局外，还对一、二、三期工程的部分生产性设施进行合建。主要包括新建生物处理单元，规模 4.5 万 m^3/d（如图 11-50 所示）；预处理、深度处理和污泥处理单元 8 万 m^3/d，再生水输配系统 7 万 m^3/d，加药系统 25 万 m^3/d，以及全厂的污水源热泵系统。

图 11-50　李村河污水处理厂三期工程新建生物池

（1）一期、二期工程的初沉池与生物系统增容。一期工程增容到 9.5 万 m^3/d，二期工程增容到 10 万 m^3/d，接纳新建预处理系统处理后的 3.5 万 m^3/d。一期、二期工程二沉池出水中的 3.5 万 m^3/d 进入新建深度处理系统，已建深度处理的 17 万 m^3/d 规模保持不变。

（2）新建预处理单元。粗细格栅间及进水泵房 1 座，8 万 m^3/d；曝气沉砂池 1 座，8 万 m^3/d，分成 2 池，水力停留时间 10min；初沉池 1 座，4.5 万 m^3/d，分成 2 池，表面水力负荷 $3m^3/(m^2·h)$。

（3）新建生物处理系统。4.5 万 m^3/d，生物池 1 座、二沉池 2 座。采用改良 A^2/O-MBBR 泥膜复合工艺，设计泥龄 16d，水力停留时间 19h，MLSS 浓度 5g/L。分为预缺氧区、厌氧区、好氧区、缺氧区、好氧区，采用板式橡胶膜曝气头。在好氧区 4 个廊道中的第 2 廊道投加 4500m^3 悬浮填料（有效比表面积 800m^2/m^3），形成填充率为 23.4%的泥膜复合区，采用好氧微动力混合池型，省去推流器；周进周出辐流式二沉池 2 座，直径 36m，单池峰值流量 1219m^3/h，水力表面负荷 1.2$m^3/(m^2 \cdot h)$，有效池边水深 5m，水力停留时间 5.4h。

（4）新建深度处理系统。包括高密度沉淀池、滤布滤池和次氯酸钠消毒。沉淀池 2 座，每座由 1 个机械混合池、2 个机械絮凝池、1 个斜管沉淀池组成，单池流量 2167m^3/d。混合池水力停留时间 58.6s，$G=300\sim600s^{-1}$；絮凝池分三级，反应时间 9min，$G_1=40\sim60s^{-1}$，$G_2=25\sim40s^{-1}$，$G_3=10\sim25s^{-1}$；沉淀池内径 16m，斜管面积 256m^2、高度 1m、安装角度 60°，平均液面负荷 5.15$m^3/(m^2 \cdot h)$，流速 8.46m/h，中心传动刮泥机。滤池 5 台转盘滤布设备（4 用 1 备），单机流量 750m^3/h，滤盘直径 2200mm，网孔直径小于 10μm，按液位控制反冲洗。

6. 改造提标及四期扩建工程

如图 11-51 所示，改造提标工程规模 25 万 m^3/d（其中 MBR 生物池 5 万 m^3/d，气浮处理 25 万 m^3/d），新增四期工程规模 5 万 m^3/d，MBR 工艺，总规模达到 30 万 m^3/d；出水 COD、氨氮、总磷指标的限值分别为 30mg/L、1.5mg/L、0.3mg/L，2020 年 8 月投产运行。

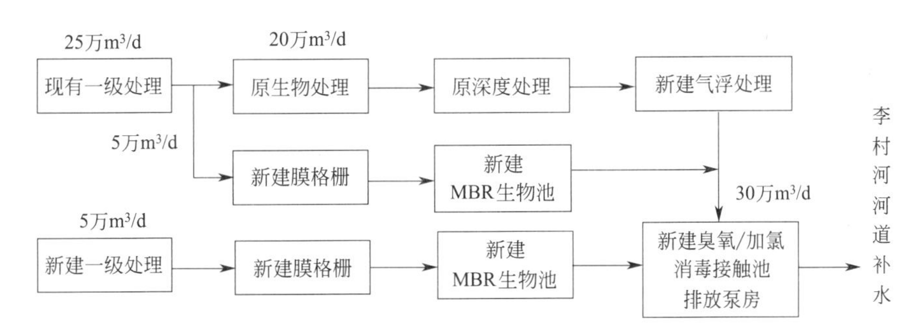

图 11-51　青岛李村河污水处理厂改造提标及四期扩建工程布局

（1）新建 MBR 生物池布置。按照环境集约友好的要求，选择单层加盖的建设模式，主要处理单元选择全地下单层覆盖，预处理及附属设施等建（构）筑物位于地上并形成绿色屋顶，集约化程度高，节约用地 36%以上。北方冬季温度低，半地下和池体加盖的运行方式可维持水温，MBR 膜池替代二沉池，高精度过滤确保出水 SS 达标，避免污泥浓度过高时发生跑泥，膜池回流至好氧区带回大量溶解氧，为生物系统节能降耗作出贡献。

（2）统筹考虑污泥内碳源开发、厌氧消化和深度脱水。污泥先经过离线发酵产生碳源以减少外碳源投加量，然后进入厌氧发酵产生沼气可用于拖动鼓风机和发电，然后多余的污泥进行高干脱水。实现污泥碳源回收、能源回收和就地原位减量，满足卫生填埋、建材利用、园林绿化和焚烧对污泥含水率的要求，为后续处理提供更多选择。

（3）曝气沉砂池与初沉池合建。集除砂、除油、排泥功能为一体的高负荷、多功能曝气除油除砂沉淀池，斜管沉淀负荷稳定运行可达 18m/h，为传统工艺 5 倍以上。可通过控制排泥时间、泥位变化、进水累积量3种方式对初沉排泥量进行控制。实际对油脂类去除率高达70%～80%，200μm以上砂粒去除率可达80%，提高了预处理单元的效率。

（4）臭氧氧化去除难生物降解COD。从工艺处理效果、运行案例及占地因素综合分析，采用臭氧氧化去除难降解COD，同时考虑到进水水质季节性变化，臭氧氧化部分可以超越。根据试验，去除COD投加比例按臭氧2∶1，最大投加量为10mg/L，仅考虑色度去除时投加量为4mg/L。臭氧接触池的进出水，设置COD实时在线监测仪表，与臭氧投加系统联动，实现臭氧的精准投加；尾气破坏装置实现剩余溶解氧对水体的曝气复氧。

（5）臭氧与次氯酸钠联合的尾水处理消毒方式既有臭氧的脱色除味强消毒效果又有余氯的持续性，抑制了长距离输送再生水过程中细菌的滋生，保证了高品质出水效果。

11.4.2 主要工程特色

1. 悬浮填料泥膜复合工艺系统

对于传统A^2/O，除了进水碳氮比的影响，总氮去除率还受回流比的限制，总回流比通常不超过400%，总氮理论去除率低于80%。而基于改良A^2/O扩展的五段式改良Bardenpho构造，后置缺氧区的增加，可外部投加碳源，理论上可实现100%的反硝化，实现深度生物脱氮。提标改造工程中，改良五段式Bardenpho与MBBR工艺结合，在原有改良A^2/O工艺系统中进行功能区的重新布置，满足不新增建设用地条件下的池容扩增和高标准稳定达标。泥膜复合工艺持续升级（两次提标）、出水水质优（一级A及以上）、占地省。生物系统的TN去除率大幅度提高至85%以上，节能降耗和省地效果明显，运行稳定可靠。

采用密集蜂窝状的新型悬浮载体填料，有效比表面积$800m^2/m^3$，因其特殊的结构设计，可定向富集需要长泥龄的自养类微生物，为硝化菌的生长繁殖提供良好的生存环境，容积负荷是传统MBBR的近2倍，能够在原生物池池容的基础上大幅度提高处理负荷，实现原生物池20%以上的硝化能力扩容或提标。生物池的泥膜复合工艺区域采用微动力混合池型，是一种区别于传统循环流动池型的新池型，不再使用推流器，而是通过曝气的不均匀布置及整体进水、出水流态的布置，实现生物池内悬浮载体的均匀流化。

2. 污水高标准再生处理与利用

综合采用改良Bardenpho—MBBR、除磷脱氮MBR、高速气浮化学除磷、臭氧氧化去除难降解COD及色度、污泥厌氧消化及沼气热能利用等技术，实现污水的高标准处理与资源化利用。厂区高品质的再生水全部用于河道补水，与李村河河道形成厂网河一体化生态补水模式，显著改善李村河流域及胶州湾海域水环境质量。

3. 基于BIM感知的融合平台

结合四期工程设计建设，以项目设计阶段的BIM模型为载体，设备数据、工艺数据、业务数据为支撑，通过三维监控数据中台技术打通各系统资源，并采用大数据计算和分析，促进污水处理厂的智能化转型，实现整厂动态监测、实时报警和安全管理的系统化智慧运营，从而实现全面数字化管理，为污水处理厂的基础数据及动态数据信息共享、资源整合、内部空间的合理规划、管理提供有利的决策依据。

11.5　合肥王小郢污水处理厂工程

11.5.1　工程项目内容

1. 项目背景及发展变化

王小郢污水处理厂位于合肥市包河区铜陵南路 1 号，总规模 30 万 m^3/d，收水范围涵盖合肥市老城区、西南郊、二里河地区、螺丝岗和史家河等区域，总服务面积 $61km^2$，生活污水为主。分为两期建设：一期工程 15 万 m^3/d，1998 年投入运行；二期工程 15 万 m^3/d，2001 年投入运行，均采用改良型氧化沟工艺系统，出水水质执行一级 B 标准。

为提高出水水质标准，进一步削减进入巢湖的污染负荷，同时减少污水处理和收集过程产生的臭味，降低机械设备运行及构筑物跌水产生的噪声影响，2012 年 2 月，合肥市委市政府决定对王小郢污水处理厂进行提标改造和除臭降噪。

工程实施后，王小郢污水处理厂出水水质标准由 GB 18918—2002 的一级 B 标准提高到主要指标达到《地表水环境质量标准》GB 3838—2002 中的Ⅳ类标准，进一步提高污染负荷削减量和河道景观补水水质，促进南淝河水质的改善，并为巢湖流域城市污水处理厂的建设、提标改造和运行管理提供示范作用。图 11-52 为提标改造完成后的全景图片，周边已经全部成为居住区。

图 11-52　合肥市王小郢污水处理厂鸟瞰图

2. 一期和二期工程建设

王小郢污水处理厂一期工程规模 15 万 m^3/d，1992 年 4 月开始设计建设，根据前期研究成果和当地的水质特性，通过研究人员与设计人员的密切合作，创新采用了厌氧池/转刷曝气卡鲁塞尔池型氧化沟的污水处理工艺流程（如图 11-53 所示），具有生物除磷脱氮功能、完全混合和推流式双重特点、延时曝气功能和污泥相对好氧稳定特征，是国内首次应用氧化沟前端加设厌氧池进行生物除磷脱氮并实施最早、规模最大的一项工程（如图 11-54 所示），还是国内第一次利用卡鲁塞尔氧化沟池型而曝气设备改用高、低速转刷进行曝气的氧化沟工艺实施方式。一期工程 1998 年 9 月建成投产，为我国利用氧化沟工艺系统进行污水除磷脱氮提供了宝贵的技术开发、工程设计和运行管理经验。

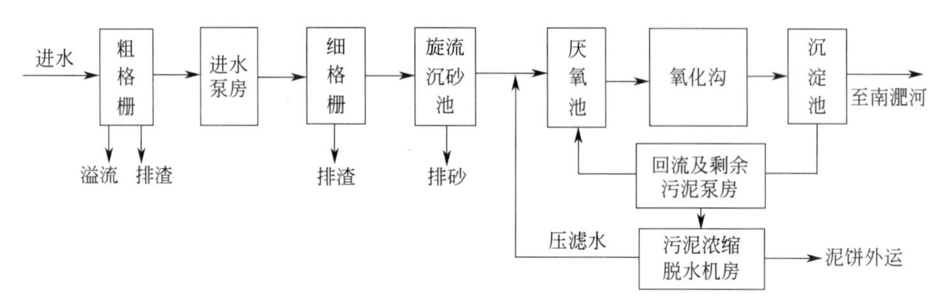

图 11-53　王小郢污水处理厂一期工程工艺流程图

图 11-54　王小郢污水处理厂厌氧池/转刷（转碟）曝气卡鲁塞尔池型氧化沟

改良型氧化沟利用卡鲁塞氧化沟池型所形成的特殊水力条件（完全混合和推流式双重特点）并采用转刷进行曝气，能在沟道内根据进水水质、水温等情况控制氧化沟内好氧区和缺氧区的交替，形成生物降解和硝化/反硝化过程所需的溶解氧梯度，同时克服传统卡鲁塞氧化沟采用垂直安装表面曝气机不容易调整好氧区和缺氧区的问题，为保证出水水质创造了重要条件。经运转单位使用证明，这样的工艺流程和工程设计是成功的，运行效果好。因此，规模 15 万 m^3/d 的二期工程也采用了基本相同的工艺流程，区别是采用转碟曝气机取代转刷曝气机。二期工程 2001 年 12 月建成投产，出水水质达到一级 B 标准。

王小郢污水处理厂的主要工艺单元及设备参数简述如下。

(1) 预处理系统。粗格栅一期选用 3 台 HF1500 回转式格栅，间隙 20mm；二期选用 3 台 GL11 回转式格栅，间隙 20mm。进水潜污泵一期选用 5 台 KSB FK350—500，单台流量 504L/s，二期选用 5 台飞力潜水泵 CP3400/735，单台流量 565L/s。细格栅一期 2 台，间隙 10mm，二期 4 台 HS1400 回转式格栅，间隙 6mm。圆形沉砂池 2 套，直径 6000mm，设计流量 1.215m^3/s，罗茨鼓风机为瑞典 GM3S，砂水分离器为澳大利亚 SAK320 型。

(2) 污水生物处理系统。厌氧池有效容积 6770m^3，水力停留时间 2.5h，选用可提升式潜水搅拌器 FLYGY—4430。氧化沟单条设计流量 1042m^3/h，总有效池容 106250m^3，水力停留时 17h。一期工程有效水深 3.5m，选用转刷，$L=9000mm$，$\varphi=1000mm$；二期工程有效水深 4m，选用转碟 YBP1400A，$L=9000mm$，$\varphi=1400mm$。二沉池为辐流式沉淀池，直径 45m，表面负荷 0.85$m^3/(m^2 \cdot h)$。回流剩余污泥泵房 5 台污泥泵，单台设计流量 434L/s，回流比控制在 50%左右；3 台剩余污泥泵，单台设计流量 29.52L/s。

(3) 污泥处理系统。污泥脱水机房一期工程选用 3 台带式浓缩机与带式压滤机配套使用，带宽 2.5m；二期工程选用 3 台转鼓浓缩机与带式压滤机配套使用，转鼓直径 1000mm，带宽 2.2m。配药系统采用絮凝剂配制投加系统。

(4) 再生水系统。利用生物处理系统的沉淀池出水进行厂区内绿化、生产杂用和污泥浓缩脱水机房内冲洗滤带。

3. 提标改造和除臭降噪工程

王小郢污水处理厂提标改造工程，旨在提高出水水质标准，减少污水处理和收集过程产生的臭味，降低机械设备运行及构筑物跌水产生的噪声，总投资 2.9 亿元。工程采用"十二五"水专项"合肥市南淝河水质提升与保障关键技术研究及工程示范"课题研发的 3 项关键技术，基于循环氧化沟升级改造厌氧区碳源分流多级 AO 工艺的强化脱氮除磷技术、基于反硝化过滤的污水处理厂尾水高标准脱氮工艺与控制技术、基于臭氧氧化的城镇污水处理厂尾水清洁高效脱色技术。在原有氧化沟工艺系统的基础上，基本不改变生物系统原有池型构造，通过必要的设施改造和设备配置，实现二级污水生物处理系统的改造，再辅以深度处理单元中高标准脱氮与臭氧氧化脱色功能，实现氮磷、色度的深度去除，保障出水稳定达标。

提标改造的具体工艺流程如图 11-55 所示，主要工艺参数见表 11-3。

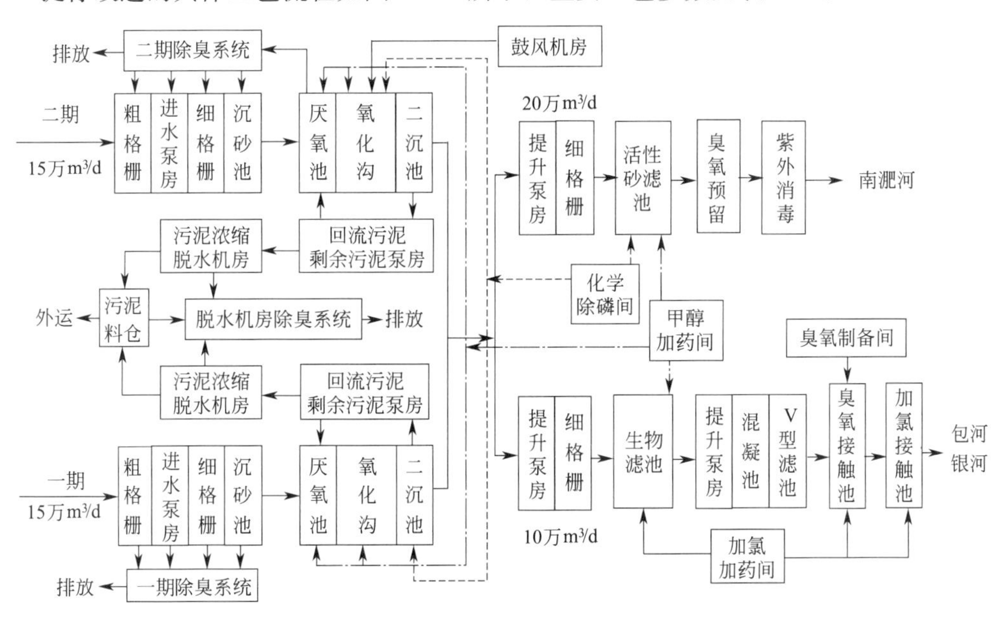

图 11-55　合肥王小郢污水处理厂提标改造工艺流程

王小郢污水处理厂提标改造主要工艺参数　　表 11-3

	预处理	生物处理	深度处理
一期	20mm 粗格栅 4mm 细格栅 旋流沉砂池	改良氧化沟 厌氧池 10255m^3、缺氧池 24072m^3 好氧池 24072m^3	反硝化生物滤池 V 型滤池 臭氧接触池＋次氯酸钠消毒
二期	20mm 粗格栅 4mm 细格栅 旋流沉砂池	A^2/O 工艺 厌氧池 3933m^3、缺氧池 20219m^3 好氧池 20219m^3	活性砂滤池 紫外消毒

工程主要分为三部分：除臭降噪、氧化沟改造及深度处理。

（1）除臭降噪。对一、二期工程预处理区、厌氧池和脱水机房等部位加盖封闭，产生的臭气进行收集并生物过滤除臭处理，取消露天污泥堆场，改为封闭的污泥料仓，抽出的臭气进行生物过滤除臭。对所有露天机械设备和产生跌水噪声的设施进行封闭并消声。

（2）氧化沟改造。为强化原有设施的生物处理能力，对氧化沟进行改造，一期工程部分仍采用转刷曝气，但通过增设曝气转刷和水下推进器，强化氧化沟内的缺氧、好氧功能，确保出水的氨氮达标；二期工程结合降噪工程建设，将曝气方式改造为水下微孔曝气，增设鼓风机房，同时将氧化沟改造为 A^2/O 推流式生物反应池，在完善除磷脱氮生物处理功能的同时，解决氧化沟的噪声问题。

（3）深度处理工艺。深度处理工程设计总规模 30 万 m^3/d，其中 10 万 m^3/d 经新建的反硝化滤池脱氮后，进入原再生水厂的 V 型滤池进一步化学除磷，再经臭氧脱色、次氯酸钠消毒后排入包河、银河，作为景观水体的补给水；另外 20 万 m^3/d 经活性砂滤池过滤，紫外线消毒后排入南淝河。经深度处理后，进一步削减 COD、总氮、总磷和悬浮物等污染物质，提升了出水色度及卫生学指标，出水主要水质指标达到《地表水环境质量标准》GB 3838—2002 中的Ⅳ类标准。

11.5.2　关键技术应用

1. 氧化沟升级改造厌氧区碳源分流多级 A/O 强化脱氮除磷

针对巢湖流域城市污水普遍存在碳源浓度偏低，脱氮除磷要求较高的问题，在无外加碳源的条件下，采用新理论、新工艺实现低碳源需求脱氮除磷和碳源高效利用，为提高城镇污水处理厂脱氮除磷能力，削减氮磷的排放量，使出水达到或优于 GB 18918—2002 的一级 A 标准，为高标准脱氮提供理论基础和技术参数。该工艺技术具有水力停留时间短、所需池容小、脱氮效率高等特点，同时，针对传统多级 A/O 无独立厌氧区，除磷能力较弱问题，提出设置厌氧区，并在厌氧区分流，形成污水中碳源梯度综合利用的反硝化方法。

通过工艺流程创新和构筑物结构调整，碳源的合理分配，运行参数的优化调整，在不外加碳源、不增加池容、不提高内回流量的情况下，传统氧化沟通过分隔改造成为 A^2/O 工艺系统，实现脱氮除磷效果提升；为了实现碳源一碳多用、高效利用，在传统氧化沟升级改造的基础上，通过试验研究进一步提出厌氧池碳源分流多级 A/O 工艺系统，可以有效弥补后续反硝化过程的碳源不足，更大程度地提高工艺过程的总氮去除效果。

2. 基于反硝化过滤的出水高标准脱氮工艺与控制

以反硝化过滤工艺为核心，从几个方面开发污水处理厂尾水中总氮的去除工艺与控制技术：在相同运行条件下，确定不同类型反硝化工艺对水中总氮的去除效果；提出各种反硝化工艺的最优碳源投加量；从降低运行能耗和碳源投加两方面考虑反硝化工艺的优化运行控制参数。该技术的工程应用为进一步削减南淝河入巢湖氮污染提供了技术支持。

3. 基于臭氧氧化的城镇污水处理厂尾水高效脱色

臭氧具有明显的脱色与消毒效果，通过改进臭氧接触反应器的结构设计，即臭氧与尾水接触采用上部布水喷混、下部微气泡扩散接触传质的反应型式，同时辅以反应器上部空间的搅拌混合传质，提高臭氧利用率。氧气钢瓶中的高纯氧，由减压阀与气质流量计控制气体流量，高纯氧干燥后进入臭氧发生器；臭氧发生器产生的混合气体进入反应器后，由底部砂芯片分散为小气泡与水混合。剩余气体由反应器顶部排气口排出，进入 KI 溶液吸收瓶，剩余臭氧全部吸收后排空。气相臭氧检测器连接于气体管路支管上，对出气的臭氧浓度实时监测。

臭氧氧化运行条件为臭氧进气浓度 18mg/L，接触时间 20min，COD、TOC、UV_{254} 和色度的去除率分别为 50%、27%、77%和 80%，粪大肠杆菌灭活率 100%。臭氧氧化过程中，氨氮呈现先上升后下降的趋势。亚硝态氮迅速氧化为硝态氮；硝态氮浓度先迅速上升，后缓慢上升。正磷酸盐、TP 在氧化过程中浓度保持不变。臭氧氧化的环境温度和初始 pH 升高有利于 TOC、氨氮的去除率提高，但对色度和 UV_{254} 的去除率影响较小。紫外催化可以显著提高臭氧氧化对 COD 和 TOC 的去除能力，紫外灯功率越高，催化效果越明显；臭氧/紫外可以将 TOC 的去除率从单独臭氧氧化的 30%提高到 80%，COD 去除率从 50%提高到 70%。紫外催化对臭氧氧化去除 UV_{254} 和色度物质的强化效果不明显。

11.5.3　实际运行成效

王小郢污水处理厂提标改造工程建成并稳定运行以来，出水稳定达到《巢湖流域城镇污水处理厂及工业行业主要水污染物排放限值》DB 34/2710—2016 要求，其出水 COD、SS、氨氮、总氮和总磷平均浓度分别低至 20mg/L、4mg/L、0.5mg/L、5mg/L、0.15mg/L 水平。

在国家水专项等各级别科研项目的支持和相关研究团队的共同努力下，合肥市王小郢污水处理厂不断开展节能节地降耗技术研发和应用，提标技改工程单位水量投资 977 元/m^3，单位水量污水处理费用 1.512 元/m^3。

合肥市王小郢污水处理厂每年为污水处理厂排放水体提供高品质生态补水 1.24 亿 m^3，COD、氨氮、总氮和总磷的年平均削减量分别为 17947t、2899t、3400t 和 427t，极大削减了南淝河入河的污染负荷，一定程度上促进了巢湖水环境质量的持续改善。

11.6 中新天津生态城水处理中心工程

11.6.1 工程项目概况

1. 项目发展历程

中新天津生态城水处理中心（如图 11-56 所示）的前身是天津汉沽营城污水处理厂，始建于 2008 年，是天津生态城及周边区域的第一座综合污水处理厂，建设规模 10 万 m^3/d，初期进水以化工行业的工业废水为主，生物处理采用氧化沟工艺系统，出水执行 GB 18918—2002 的一级 B 标准，2010 年底投入运行。

图 11-56 中新天津生态城水处理中心全景图

在汉沽营城污水处理厂的建设过程中，为满足天津生态城建设高标准水环境系统的需要，生态城管委会组织有关部门和专家进行研讨，要求该工程进一步实施污水深度处理，出水水质达到 GB 18918－2002 一级 A 标准要求。2011 年，一级 A 提标工程获批，2013 年开工建设，2016 年正式运行。在原有卡鲁塞尔氧化沟的基础上，针对悬浮物和总磷等污染物去除，增加了化学除磷和气浮滤池工艺单元。

2015 年天津市《城镇污水处理厂污染物排放标准》DB 12/599－2015 发布实施，天津生态城也急需一座高标准的集污水处理、再生水生产和水体应急处理于一体的水处理中心，在满足新排放标准的同时，进一步提升生态城生态环境质量。为此，2017 年启动新一轮提标建设，整体提高有机物和氮磷的去除能力，改造后的中新天津生态城水处理中心，工程规模仍为 10 万 m^3/d，高品质再生水生产规模 2.1 万 m^3/d，满足城市绿化、河湖补水、道路清扫、消防、车辆冲洗等用水途径的需求，是生态城稳定可靠的非常规水来源。

2. 一级 A 提标及非常规水多源多功能净化

汉沽营城污水处理厂坐落在中新天津生态城静湖西侧，是生态城新型水环境系统构建的重要环节。原设计规模 10 万 m^3/d，主要受纳原汉沽区的工业废水和部分生活污水，采用氧化沟工艺系统。工程建设期间，发现 GB 18918—2002 一级 B 标准的出水无法满足生态城高标准处理与高质量用水需求。因此，对正在建设的一级 B 标准工程进行升级建设。

在实施 GB 18918—2002 一级 A 标准提标建设的同时，随着生态城起步区的兴建，对水源的需求极为迫切，而污水处理厂二级出水作为可替代且稳定的非常规水源，可有效缓解生态城用水量增长与水资源短缺的矛盾。实现一级 A 标准后的出水进一步净化处理，生产的再生水可以满足城市绿化、河湖景观补水、道路清扫、消防、车辆冲洗等用水需求。

如图 11-57 和图 11-58 所示，在原有氧化沟工艺系统的基础上，考虑到进水中工业废水的比例较高，深度处理过程形成的絮凝物细小松散，为此，选择了一体化的气浮滤池作为一级 A 提升工程的主要工艺单元，在保持生产规模不变的基础上增加了加药气浮工艺单元，同时基于出水的高盐度和高矿化度情况，采用反渗透脱盐为再生利用的核心工艺单元，将超滤作为反渗透的预处理单元，形成双膜法工艺系统，再生水工程规模为 2.1 万 m^3/d。

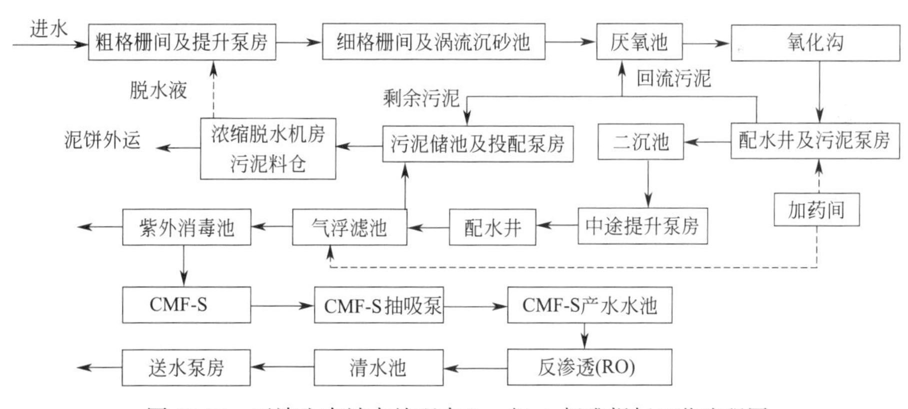

图 11-57　天津生态城水处理中心一级 A 标准提标工艺流程图

图 11-58　中新天津生态城水处理中心再生水车间局部

“十二五”期间，结合水专项课题，针对生态城景观水体补水水源及水质水量随时空变化大，水体呈缓流及相对封闭的特点，着重研发多等级再生水、雨水和低污染水、高盐水协同利用的多源多功能净化处理集成工艺及运行模式。结合水源特征，系统研究净化处理工艺单元及组合的净化处理效果及优化运行参数，形成多水源集成处理技术及其工艺组合、工艺过程的动态调控方法（如图 11-59 所示）。微絮凝-气浮过滤工艺单元组合可用于处理污水处理厂二级出水和微污染过境水以生产普通品质再生水；通过微絮凝-气浮过滤-超滤-反渗透工艺单元组合及运行参数优化，满足运行节能与高品质再生水水质要求；针对径流雨水污染严重、暴雨冲击强度大的特征，提出微絮凝-快速过滤—人工湿地工艺组合及参数。经微絮凝-气浮过滤或者快速过滤—人工湿地处理的出水水质优于普通补水水质要求。

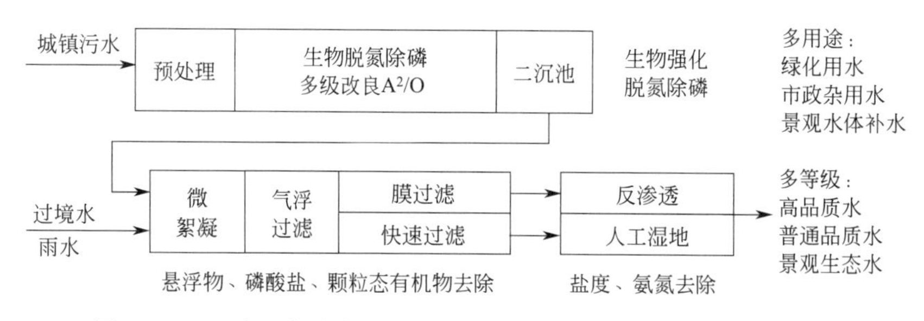

图 11-59　天津生态城水处理中心多源多等级深度处理工艺单元组合

3. 天津地方标准 DB 12/599—2015 提升工程

中新天津生态城境内缺乏充足的生态环境用水，而再生水作为稳定的非常规水源，可补充常规水源的明显不足，满足高品质水环境系统的用水需求。为确保生态城确定的景观水体主要水质指标达到地表水Ⅳ类标准，再生水水质需要进一步提升。依据天津市新的地方标准的提标改造工程主要涉及生物池改造、碳源投加改造、臭氧催化氧化和三级提升泵房新增。图 11-60 为天津生态城水处理中心新的地方标准提升期间的全景图。

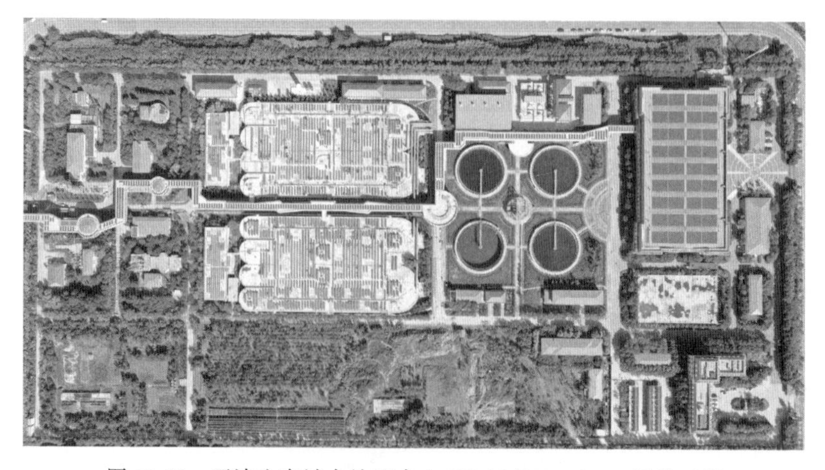

图 11-60　天津生态城水处理中心 DB 12/599—2015 提升工程

（1）生物池改造。原有生物池 4 座，在原有池容不变的条件下，重新划分生物池的内部功能区域，由原 A^2/O 池型改为改良 Bardenpho 五段池型，由厌氧区、缺氧区、好氧区、后缺氧区、后好氧区组成，同时在好氧区投加悬浮载体填料，填料规格 $\Phi 25\times 10mm$，增设辅助曝气系统、推流器防护装置、拦截筛网和潜水推进器。

（2）新建臭氧氧化系统。新建臭氧接触池为钢筋混凝土矩形水池 1 座，尺寸为 33.3m×28.6m×11.6m，与三级提升泵房合建，臭氧接触时间为 55min；主要设备包括高效臭氧溶气装置，每套功率为 0.5kW，均相催化反应器 4 套，每个功率为 12kW，新建射流泵房，将臭氧与污水进行充分混合，尺寸为 28.6m×6.8m×9.5m。新建臭氧制备间 1 座，位于臭氧接触池上方，设置臭氧发生器 2 台，气源为氧气源，配套尾气破坏器、内循环水泵、外循环水泵、臭氧浓度仪、流量计、臭氧泄露仪等设备。

（3）改造碳源投加间。投加间 1 座，为生物池缺氧段提供碳源，尺寸为 18m×10m×6m，设置搅拌器 2 台，耐腐蚀液水泵 2 台，隔膜计量泵 6 台。

11.6.2　主要工程特色

该工程与中新天津生态城的开发建设同步进行，并随着生态城建设的不断深入和标准提高，工艺流程也不断提升。生态城建区 10 年间，汉沽营城污水处理厂从 2008 年建设之初的 GB 3838—2002 二级排放标准，提高到 2018 年的天津新的地方标准，不断为生态城的污水治理、再生水利用和水体水质保持等提供坚实的工程基础，为区域内景观绿化，静湖、蓟运河故道等景观工程、鸟类栖息湿地及海滩等一体化生态景观格局的形成提供保障。

新近的提标改造中，充分考虑工程地处汉沽盐碱地且地下水水位较高，地下水的渗入导致污水处理厂进水中全盐量较高，生物系统需要抗高盐污水冲击，利用已取得的技术成果，结合设计和运行经验，主体工艺集成应用了具有深度除磷脱氮功能的改良 Bardenpho、悬浮填料强化硝化、加药气浮、臭氧催化氧化和双膜法脱盐等工艺系统。

1. 改良 Bardenpho 工艺系统

与原有氧化沟工艺系统不同，改良 Bardenpho 工艺系统的功能区设置厌氧、缺氧、好氧区段，实现深度除磷脱氮。第一个好氧区的混合液回流到第一个缺氧区，反硝化菌充分利用进水中的碳源，将第一个好氧区产生的硝态氮尽量反硝化，剩余硝态氮顺流进入第二个缺氧区，第二个缺氧区提供额外的反硝化，利用好氧区所产硝酸盐作为电子受体，主要利用外加碳源作为电子供体，反硝化速率高，显著节省第二个缺氧区的池容，最后的好氧区吹脱氮气并避免磷酸盐在二沉池中的释放，以及消耗可能存在的外碳源过量投加。

2. 悬浮填料强化硝化系统

悬浮载体填料投加在第一好氧区，提高系统在池容不足的情况下的硝化能力，以及抗高盐污水冲击能力，选择有效比表面积为 $800m^2/m^3$ 的填料，填充率为 16%。填料的有效面积为硝化细菌生长提供了载体，延长其实际污泥龄，同时控制活性污泥系统为短泥龄，增强除磷和脱氮效果。活性污泥—生物膜（泥膜复合 MBBR）在曝气及水流带动下充分流化，促进生物膜更新，防止泥龄过长、污泥老化处理性能下降。冬季水温较低、活性污泥系统不利于硝化菌群生长时，生物膜起主导性的硝化作用，同时脱落生物膜对活性污泥起到持续接种作用，维持系统的硝化性能不下降，满足冬季低温条件下的硝化能力要求。

3. 臭氧催化氧化工艺系统

臭氧催化氧化单元采用均相及非均相催化的方式，降低臭氧投加量，提高臭氧氧化效果。含臭氧的污水在非均相催化剂和均相催化剂的作用下，激发产生具有强氧化能力的羟基自由基（·OH），再通过羟基自由基与有机化合物发生高级氧化反应，使污水中大分子难降解有机物通过氧化降解去除。

11.6.3 实际运行成效

汉沽营城污水处理厂是中新天津生态城区域开工建设的第一个市政基础设施，被列为国务院渤海碧水行动计划和天津市 2008 年重点建设项目。收水范围覆盖汉沽城区、汉沽工业区、泰达现代产业园区、休闲旅游区、中新天津生态城等，总面积达 $145km^2$。提标建设之后更名的生态城水处理中心，于 2018 年投入运行，出水稳定达到天津新的地方标准要求，每年可为静湖、蓟运河故道等景观水体提供 0.2 亿 m^3 的生态补水。经过双膜法脱盐的高品质再生水，可提供绿化、冲厕以及道路冲洗等用水，大大缓解了生态城供水压力。

以水处理中心为依托的生态城污水处理、再生水回用、雨水收集、海水淡化的水循环利用体系，不仅满足了城市绿化、道路喷洒、生态景观绿化及生活杂用水需求，确保 2020 年非传统水源利用率达到 50%，而且在改善生活环境，节约水资源的同时，也促进及保障了一个绿色宜居健康生态城的建成（如图 11-61 所示）。

图 11-61　中新天津生态城景观环境新面貌（局部）

11.7　天津东郊污水处理厂迁建工程

11.7.1　工程项目内容

1. 工程项目概况

天津东郊污水处理厂始建于 1989 年，1993 年正式运行，污水采用传统活性污泥法，污泥中温厌氧消化，出水达到 GB 18918—2002 的二级排放标准。2009 年开始升级改造工程建设，规模 40 万 m^3/d，其中 28 万 m^3/d 规模采用多级 A/O 并辅以化学除磷处理工艺，出水满足 GB 18918—2002 的一级 B 标准要求；12 万 m^3/d 规模采用强化生物脱氮并辅以化学除磷处理工艺，出水满足 GB 18918—2002 的一级 A 标准。污泥仍采用重力浓缩→中温厌氧消化→机械脱水的方式处理。污水处理厂占地面积 28.6hm^2。

东郊污水处理厂的建成运行，对于解决天津市和东丽区水体污染问题起到了非常重要的作用。但随着经济社会发展、城市建设和人们对环境的要求日益提高，污水处理厂的实际运行未充分体现自身的环境效益、景观效益和生态效益；其出水水质标准也难以满足相关政策、标准及水环境的实际需求。同时区域内的水量逐渐增大，处理规模亟待提高。

2015 年 9 月，天津市《城镇污水处理厂污染物排放标准》DB 12/599—2015 规定：当设计规模大于或等于 10000m^3/d 时，执行 A 标准。原设计出水水质不能满足新标准的要求，因此，根据新地方标准的要求，升级改造工作势在必行。东郊污水处理厂及再生水厂迁建工程相应启动，综合收水范围内的人口及经济发展情况，迁建工程的污水处理规模确定为 60 万 m^3/d，再生水产水规模为 10 万 m^3/d（一期设备安装规模为 5 万 m^3/d）。根据设计进水水质和出水控制要求，所选污水处理工艺流程，力求先进成熟、运行稳定可靠、高效节能、经济合理、维护管理简便，确保出水水质符合 DB 12/599—2015 的 A 标准。在确保运行稳定的前提条件下，减少工程投资，节省占地，降低运行管理费用。

2. 主要工程内容

按照天津东郊污水处理厂实际情况和提标建设相关要求，整体建设方案可以有原址提标改扩建、征用周边土地进行扩建及异地迁建三种模式。由于原址改造面临降标运行，周边土地性质多为基本农田，征用难度大，因此选择异地迁建的建设模式。迁建地点为南淀郊野公园，距离原厂区较近，规划收水范围不需要做大幅度的调整，管线实施相对容易，高品质的净化处理出水可补充南淀郊野公园的湿地用水及周边河道，有利于资源化利用。

在南淀郊野公园这种环境要求较高的区域建设地下污水处理厂，虽然与地上式污水处理厂相比，操作管理相对不方便，投资及运行费用较高，建设难度较大，但是仍具有占地空间小、噪声小、环境污染小、节省土地资源、温度较恒定、美观性好等优点。

为保证南淀郊野公园的景观环境品质，污水处理厂采用地下式布置，上部的景观建设综合考虑郊野公园的总体规划，使地下式污水处理厂与景观公园有机协调，做到视觉上、感官上的和谐融洽。同时充分考虑污水处理厂的一次性投资和运行管理的方便，采用半地下式双层加盖的布置方式。同时，立足打造开放式景观公园的要求，设计半地下式污水处理厂，箱体靠近郊野公园一侧全面覆土，并进行立体化的景观绿化（如图 11-62 所示）。

图 11-62　天津东郊污水处理厂迁建工程平面布局效果图

项目采用半地下式双层加盖的布置方式，介于全地下单层加盖布置和全地下双层加盖两种建设模式之间，景观效果较好，投资相对较小。该种布置方案可实现污水处理厂的开放式布置，虽然污水处理箱体顶板的标高要高于道路的标高，但通过合理的布置，在靠近南淀公园一侧堆土放坡，与南淀公园绿化布置相结合，仍可达到较好的景观效果。

这种布置方式还有另外一个好处，可实现自然采光，远离居民区的一侧实现自然通风，最大限度保护操作管理人员的身心健康。

工程绝大部分建构筑物组团置于地下（如图 11-63 所示），形成钢筋混凝土箱体。为最大程度节省用地及投资费用，有利于再生水和污水的进出，将水上设备尽可能放在箱体一层；考虑到管理和使用方便，综合楼和总变电站位于箱体以外；液氧储罐采用防爆设计，也布置在箱体以外。

图 11-63　天津东郊污水处理厂迁建工程地下建构筑物布局示意图

污水处理主体工艺采用多级改良 A^2/O+深床滤池+臭氧氧化形式，再生水处理主体工艺采用超滤+反渗透形式。设计箱体尺寸为 $167300m^2$。沿南北方向设两条车道，总体布置按照进出水的方向，沿车道对称布置，负一层从北往南依次为预处理车间、初沉池、生物池、二沉池、高效沉淀池、深床滤池、超滤膜池等。臭氧接触池位于箱体东侧。经臭氧氧化的水进入出水泵房排出。一层的建筑物的布置一方面考虑尽量靠近所服务的区域，如鼓风机房布置在生物池好氧段一侧，加药间靠近高效沉淀池布置；另一方面，为方便安装、检修，一层建筑物尽量位于车道周边，且尽量靠近东侧车道。

11.7.2　关键技术应用

主体工艺流程选择具有强化生物脱氮除磷效果和深度处理的多级改良 A^2/O＋高效沉淀＋深床滤池＋臭氧氧化工艺组合。核心工艺系统为带内回流的多点进水多级改良 A^2/O 工艺，由 2 级 A/O 脱氮系统组成，进水分两路分别进入厌氧区和第二个缺氧区，在工艺最前段设置厌氧除磷区。50%～70%进水在厌氧区与外回流污泥充分混合，污泥在厌氧区释磷反应后，进入第一级缺氧区，利用污水中的碳源对内回流中的硝态氮进行反硝化，然后进入好氧区进行有机物降解、氨氮硝化和磷酸盐的吸收。另外一部分污水直接进入第二级缺氧区，与来自前级好氧硝化区的污水混合，为反硝化提供碳源，完成上一级进水产生的硝态氮的反硝化。第二级好氧区混合液部分内回流至第一级缺氧区，达到 80%以上脱氮效果。

该工程的出水总氮要求较高（<10mg/L），绝大部分时间需要外加碳源，为提高优质碳源的反硝化速率，最大程度节省池容，故生物池的设置充分结合现有的 A^2/O 变种形式，利用改良 Bardenpho 工艺后端 A/O 段外碳源反硝化速率高的特点，将两级 A/O 与改良 Bardenpho 工艺相结合，采用改进多级 A^2/O 的形式，其流程框图如图 11-64 所示。

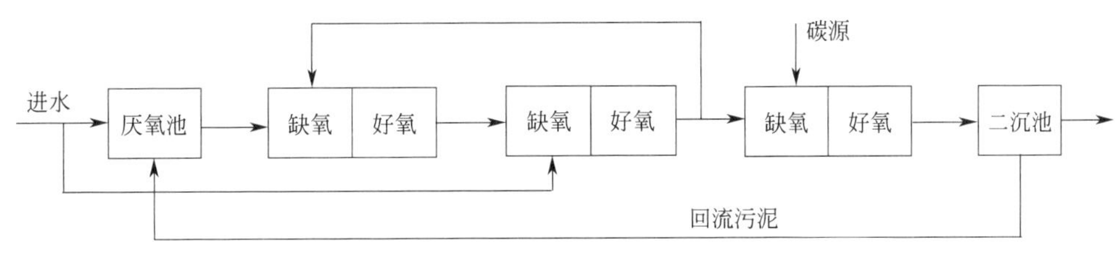

图 11-64　天津东郊污水处理厂改进多级 A^2/O 工艺流程示意图

整个工艺充分利用多级 A/O 工艺顺流反硝化的特点，显著减少内回流比例，从 450%以上降低到 250%以下，实际停留时间高于常规 A^2/O，提高了构筑物容积利用率；60%～30%的污水超越厌氧区直接进入后段的缺氧区，可以优先利用内部碳源进行脱氮，同时可以提高前段缺氧—好氧区的污泥浓度，有利于提高硝化和反硝化速率，强化脱氮效果。

深度处理中，采用深床滤池作为过滤和深度脱氮单元。由于采用地下式的布置形式，后续很难再进行工程升级改造，未来如果对出水总氮有更高的标准要求，可以通过深床滤池反硝化功能进一步去除总氮，使出水水质能够常年稳定达标。

深床滤池具有多功能性，可同步去除 TN、SS、TP；国内大部分污水处理厂在冬季低温条件下反硝化不够彻底，反硝化深床滤池可对 TN 的稳定达标起到把关作用，并可应对远期日益严格的 TN 排放标准；夏季 TN 如能达标，运行时简单改变工艺运行条件，可灵活转换成深床滤池，只直接过滤 SS，满足 SS 和 TP 的稳定达标要求。

采用臭氧氧化去除难降解 COD 和色度，这部分物质在水中的含量虽然较少，但去除难度较大，需要利用臭氧的强氧化作用加以去除。另一方面，应严格控制进水的 COD 组成，尤其严格控制难降解成分较高的工业废水进入。

11.7.3 实际运行成效

天津东郊污水处理厂迁建工程是亚洲最大半地下式污水处理厂，规模 60 万 m^3/d，再生水处理能力 10 万 m^3/d。建成运行的出水平均值为：COD 14mg/L、NH_3-N 0.6mg/L、TN 8.6mg/L、TP 0.25mg/L，SS<3mg/L，达到天津市地方标准《城镇污水处理厂污染物排放标准》DB 12/599—2015 中的 A 类要求（如图 11-65～图 11-69 所示），极大地消减了污染物的排放量，对于解决天津市和东丽区水体污染问题起到了积极作用，有利于改善投资环境、吸引外资，对经济社会的持续稳定地发展具有重要作用。

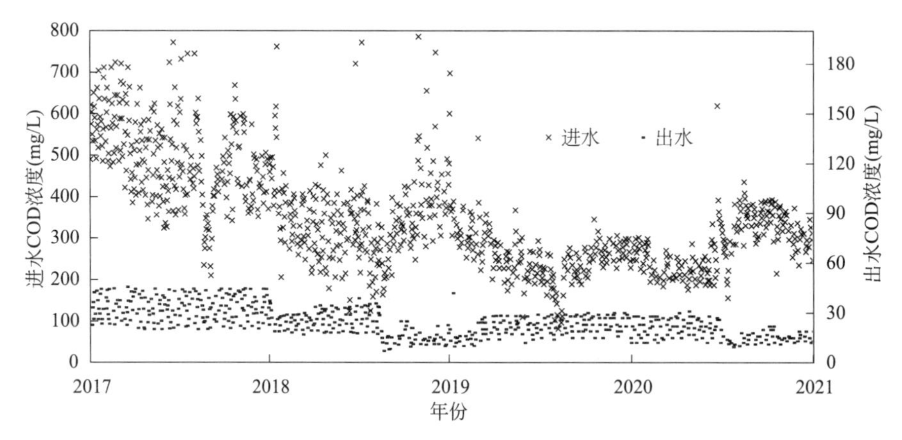

图 11-65 天津东郊污水处理厂进出水 COD 浓度变化

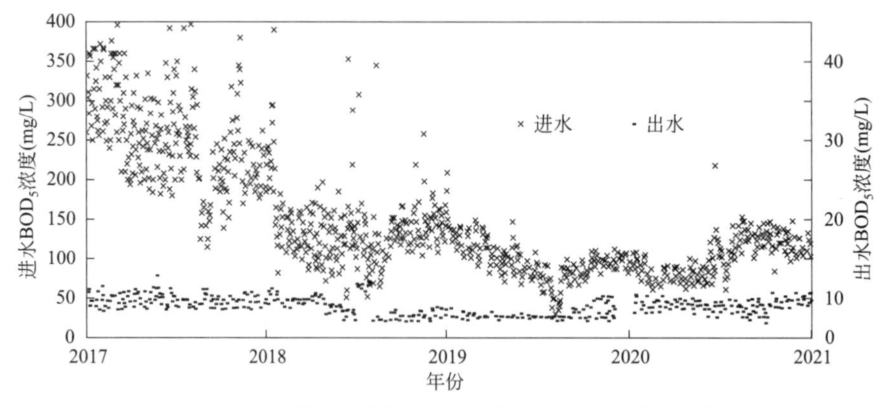

图 11-66 天津东郊污水处理厂进出水 BOD_5 浓度变化

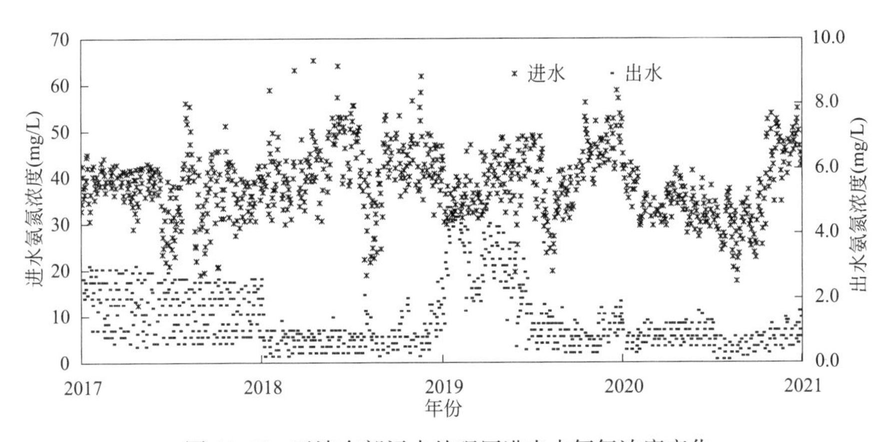

图 11-67　天津东郊污水处理厂进出水氨氮浓度变化

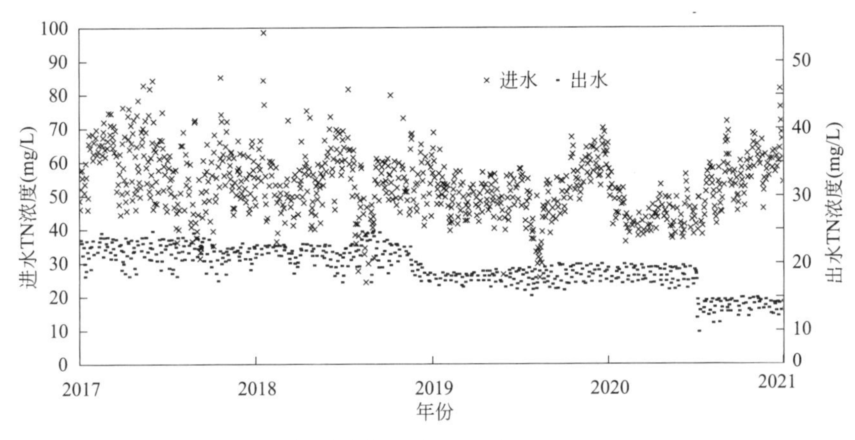

图 11-68　天津东郊污水处理厂进出水 TN 浓度变化

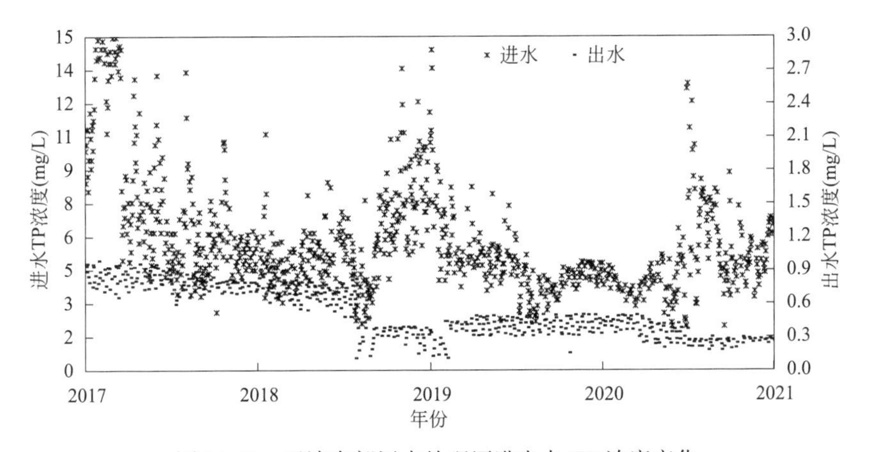

图 11-69　天津东郊污水处理厂进出水 TP 浓度变化

该工程的建设对于加强天津市区内水资源的保护，治理海河水系及渤海湾的污染，推广生态农业，防止水土流失和土壤沙化，加强城市污水处理能力都起到了促进作用。是天津市全面落实国务院水污染防治行动计划和建设生态宜居、文明幸福的现代化天津的重要举措，承担着天津市 1/4 的污水净化任务，也是环境保卫战的重要一环。

11.8 无锡城北污水处理厂工程

11.8.1 工程项目内容

1. 工程项目概述

针对污水处理工艺运行能耗偏高、运行稳定性较差等问题，无锡城北污水处理厂以三、四期工程为依托，在升级改造的基础上，通过计算模拟、现场试验和工程改造工作，形成 MBR 工艺系统的节能降耗与优化运行技术、前馈补偿—串级反馈的 Orbal 氧化沟优化运行自动控制系统，处理工艺的可控性、节能性和稳定性得到有效提升。其中，MBR 工艺系统单位水量电耗由 $0.64kWh/m^3$ 降至 $0.54kWh/m^3$ 左右，耗电量节约 15.6%；Orbal 氧化沟工艺电耗降低 10.8%；出水水质稳定达到一级 A 标准，脱氮除磷外部碳源与药剂投加量明显降低。

2. 项目发展变化

无锡城北污水处理厂位于无锡市区东北部，厂区占地约 $16hm^2$，远期规模 35 万 m^3/d。已建成的一、二、三、四、五期工程，处理总能力 25 万 m^3/d。主要收集无锡市区水系上游山北、周山浜、西漳、东北塘等片区，共 $83.8km^2$ 的生活污水及部分工业废水。

一、二、三、四期工程分别于 2000 年 8 月、2005 年 2 月、2007 年 1 月和 2008 年 12 月正式开工，并于 2001 年 9 月、2006 年 3 月、2007 年 12 月和 2010 年 1 月投入运行。其中一、二、三期工程每期规模 5 万 m^3/d，主体采用奥贝尔（Orbal）氧化沟除磷脱氮工艺系统，2008 年完成 GB 18918—2002 一级 A 标准升级改造，增加转盘过滤深度处理、碳源投加系统和化学除磷装置。四期（续建）工程规模 7 万 m^3/d，采用 MBR 工艺系统；污水经机械和生物处理，中空纤维膜或平板膜泥水分离，出水经臭氧消毒和脱色后排放。

2018 年《太湖地区城镇污水处理厂及重点工业行业主要水污染排放限值》DB 32/1072—2018 颁布实施，需要进行新一轮提标改造，进一步提高出水水质标准。为此，将一期工程的氧化沟工艺系统拆除，建设 7 万 m^3/d 规模的一体化组合式 AAAOAO 工艺系统，四期 MBR 工程增加后缺氧段。同时，一、四期工程的深度处理采用气浮工艺系统，二、三期工程的深度处理采用反硝化滤池＋气浮工艺系统，提标改造工艺流程如图 11-70 所示。

为贯彻落实国家治理太湖流域总体方案、江苏省城镇生活污水处理提质增效三年行动实施方案等工作要求，城北污水处理厂利用原厂区内已停用的水解池和部分空地，组织实施了五期工程，建设规模 3 万 m^3/d，生物处理采用 A^2/O＋MBR 工艺系统，深度处理采用反硝化滤池＋气浮工艺系统，污泥处理采用污泥浓缩池＋均质池＋污泥脱水工艺系统。选用磁悬浮风机，低噪声、高效率，明显降低对周边环境的影响；预处理和二级处理构筑物均采用加盖方式臭气控制。2022 年 5 月建成投运，厂区处理规模扩大至 25 万 m^3/d，如图 11-71 所示。

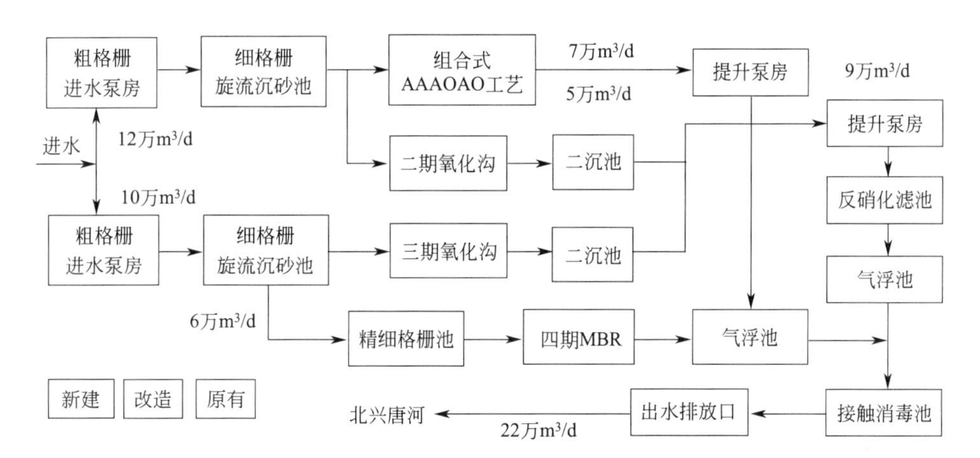

图 11-70　无锡城北污水处理厂 DB 32/1072 提标改造工艺流程图

图 11-71　无锡城北污水处理厂四期与五期工程生物池实景图

3. 三期 Orbal 工程技术与实施

基于 ASM 模型模拟的氧化沟工艺优化运行条件，以及 DGD 模拟转碟启停编组对沟道流速的影响研究，优化了转碟曝气的优化运行条件。通过转碟充氧效率测定与控制技术的应用，由溶解氧浓度快速计算转碟设备的实际充氧效率，研究确定了浸没深度与充氧效率近似线性相关关系。通过现场测试和工艺模拟研究，确定化学除磷药剂、外部碳源最佳投加点位，实现药剂投加控制条件的优化控制。曝气和加药过程采用“前馈—反馈”协同控制技术，以轴功率为充氧量参数，以进水负荷为前馈补偿量，建立了“前馈—反馈”控制策略，自动控制风机变频调节风量和变频加药泵加药量，稳定出水水质，降低药耗。

在工程实施过程中，增加碳源投加控制柜 1 台，碳源投加泵远程自动控制并编写碳源投加底层控制程序，实现碳源自动投加；增加出水堰控制柜 1 台，出水堰高度远程控制，实现转碟淹没深度自动调节，配合转碟高低速调节与编组调节，转碟曝气自动控制；改造现场就地除磷加药控制柜，改变只能现场手动启停的状况，在现有控制柜基础上成功改造，实现除磷加药泵远程自动控制并编写除磷加药底层控制程序，实现除磷药剂自动投加。

增加转碟曝气控制柜1台，用于控制转碟转速调节与编组调节，并负责新增控制柜的通信子站，实现曝气控制、碳源投加、除磷加药的协同自动控制；增加外沟道在线溶解氧仪1台，用于转碟曝气状态的监控；增加进出水仪表各1套，用于实时监测进出水水质，为控制系统提供数据支持；改造中控室控制组态，增加曝气控制、碳源投加、除磷加药自动控制与调试界面，实现中控室远程启停与监控优化运行系统运行状态，如图11-72所示。

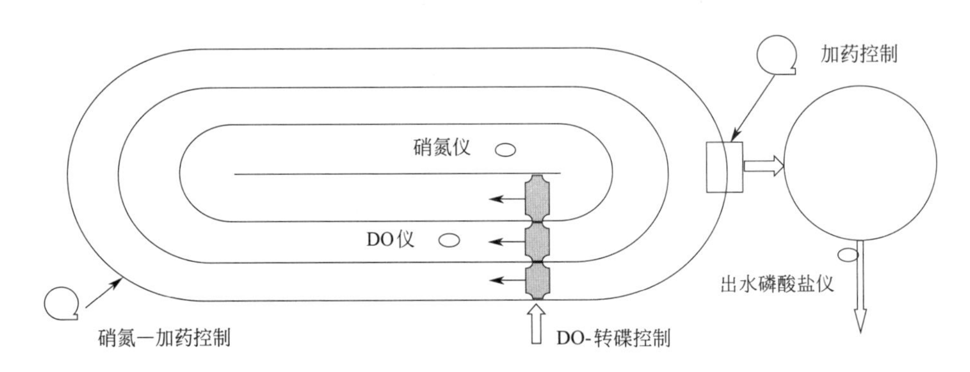

图11-72　无锡城北污水处理厂Orbal氧化沟工艺优化运行自控系统示意图

4. 四期MBR工程技术与实施

采用生物处理工艺控制系统，根据进水负荷和工艺运行情况，输出生物池所需的曝气量；配置曝气量分配控制系统，输入流量计和阀门数据，由生物池风机和连通管阀门控制气量，实现曝气量分配。通过清洗药剂的选择与投加顺序优化，达到高效膜清洗的效果。

工程实施内容主要包括：

（1）连通好氧池和膜池的风管，增加1套调节阀和1套流量计，好氧区供气的鼓风机将多余的气量通过连通管传送到MBR膜池的风管中，在此基础上，可以将膜池的鼓风机由2台减少到1台，以节约运行能耗。

（2）增加1套自动控制系统，通过进水负荷和在线溶解氧仪测定浓度，由自动控制系统控制连通管的风量和鼓风机的运行。

（3）通过清洗药剂的选择与投加顺序优化，提升膜清洗的效果，建立一套高效的膜清洗模式；改进了在线CIP膜清洗设备，优化膜组器离线清洗的药剂种类、投加量以及投加顺序，使膜清洗效果和效率显著提高。

11.8.2　主要工程特色

1. 太湖流域一级A提标改造和MBR技术应用

在全国范围内率先进行GB 18918—2002一级A提标改造和应用MBR工艺系统，形成的提标改造技术经验和MBR建设运行经验，为国内其他污水处理厂的提标改造提供了技术借鉴。

2. Orbal 氧化沟工艺系统优化运行及自动控制系统

主要包括转碟曝气、除磷加药和碳源投加三个系统的控制技术，Orbal 氧化沟工艺优化运行自动控制系统不仅提高污水处理厂的自动控制水平，降低了运行的能耗物耗，更为其他污水处理厂的管理运行与升级改造起到了借鉴作用。

3. MBR 工艺系统节能降耗与优化运行技术应用

主要包括生物池—膜池联动曝气系统和前馈-DO 分布控制方式的生物池曝气优化控制系统技术，建立了一套优化 MBR 工艺的自动化控制系统，能使 MBR 出水水质稳定达到一级 A 标准的同时达到节约能耗的目的，具有推广应用及借鉴价值。

11.8.3　实际运行成效

1. 三期 Orbal 氧化沟工艺运行效果

“前馈补偿—串级反馈”系统控制技术，有效提高了工艺运行调节的灵活性、稳定性，使 Orbal 氧化沟工艺系统的出水水质稳定达到 GB 18918—2002 一级 A 标准。2016 年 5～12 月的出水水质浓度如图 11-73～图 11-77 所示，COD 平均浓度 18.8mg/L，BOD_5 平均浓度 3.3mg/L，氨氮平均浓度 0.6mg/L，TN 平均浓度 10.2mg/L，TP 平均浓度 0.22mg/L。

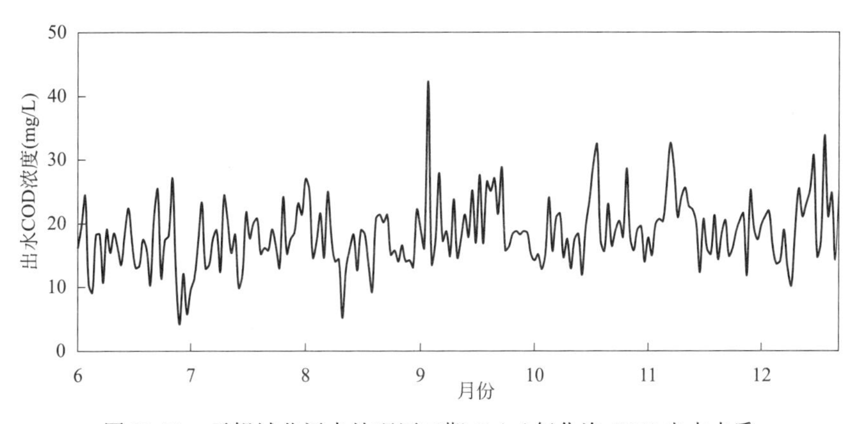

图 11-73　无锡城北污水处理厂三期 Orbal 氧化沟 COD 出水水质

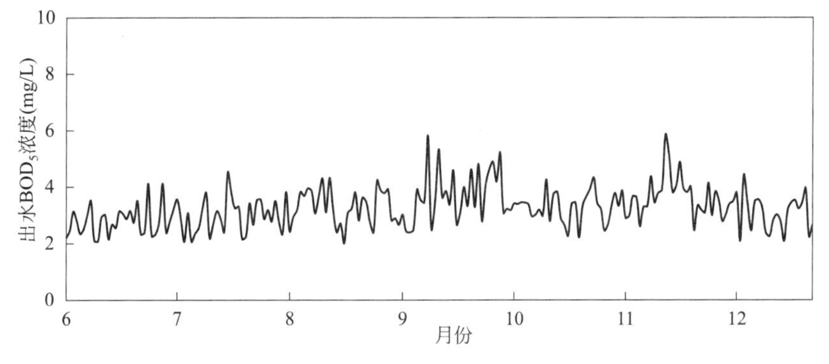

图 11-74　无锡城北污水处理厂三期 Orbal 氧化沟 BOD_5 出水水质

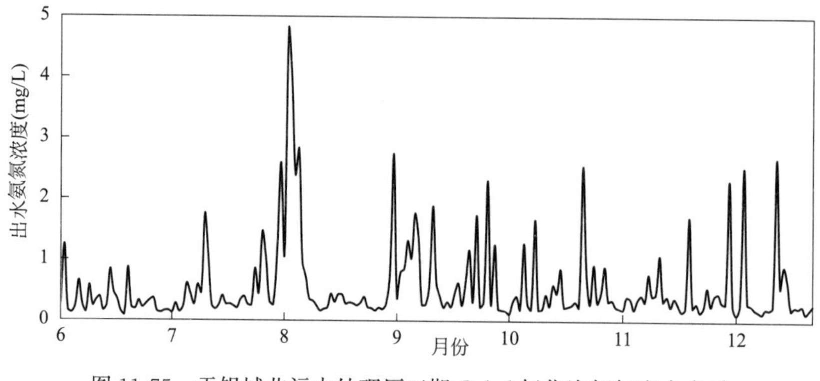

图 11-75　无锡城北污水处理厂三期 Orbal 氧化沟氨氮出水水质

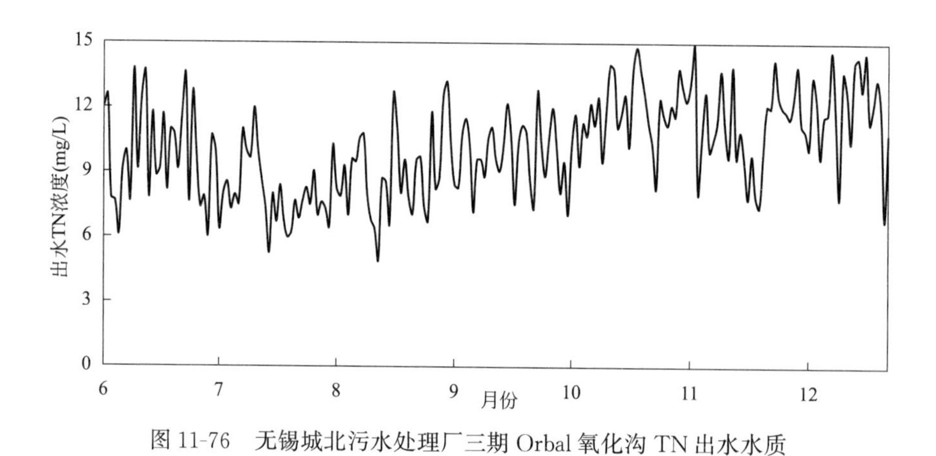

图 11-76　无锡城北污水处理厂三期 Orbal 氧化沟 TN 出水水质

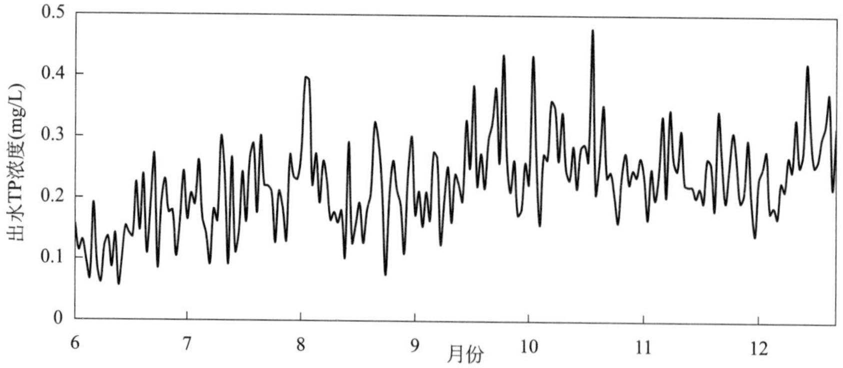

图 11-77　无锡城北污水处理厂三期 Orbal 氧化沟 TP 出水水质

三期 Orbal 氧化沟工艺运行能耗如图 12-78 所示。按照设计水量 5 万 m^3/d 运行，平均日处理水量为 $52520m^3$，运行能耗范围为 0.326～0.407kWh/m^3，平均 0.357kWh/m^3。相较优化运行前的能耗水平 0.4～0.45kWh/m^3，以 0.40kWh/m^3 为基准计算，降低 10.8%。

在 2016 年 5 月至 2016 年 12 月共 8 个月的期间内，除磷药剂平均投加量为 0.0412kg/m^3，与节能降耗技术优化之前的药耗水平 0.0478kg/m^3 相比，除磷药耗降低 13.8%。

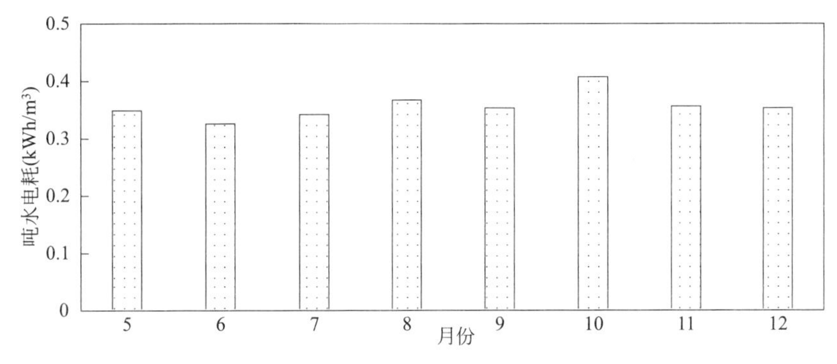

图 11-78　无锡城北污水处理厂三期 Orbal 氧化沟吨水电耗

在 2016 年 11 月至 2016 年 12 月共 2 个月投加期间内，碳源平均投加量为 0.0353kg/m^3，与节能降耗技术优化之前的药耗水平 0.0391kg/m^3 相比，碳源药耗降低 9.7%。

通过“前馈补偿—串级反馈”系统控制技术的应用，能够实现污水处理厂鼓风曝气工艺与转碟表面曝气工艺溶解氧的稳定控制、曝气能耗的降低以及出水水质的稳定达标。不仅提高了污水处理厂的自动控制水平，还为解决无锡地区存在的污水处理能耗物耗偏高的现象提供了应用技术。通过优化技术的实施，能够实现稳定达标，促进水环境质量的改善。

2. 四期 MBR 工艺系统运行效果

无锡城北污水处理厂四期 MBR 工程各项出水水质指标均稳定达标，2016 年 7 月至 12 月平均出水 COD 浓度 21mg/L，BOD_5 浓度 3.3mg/L，TP 浓度 0.2mg/L，氨氮浓度 0.5mg/L，TN 浓度 10.9mg/L，SS 浓度 5.7mg/L。此期间的运行能耗如图 11-79 所示，按照设计水量 5 万 m^3/d 运行，平均日处理水量为 31539m^3，运行能耗基本小于 0.6kWh/m^3，平均 0.54kWh/m^3。相较优化运行前的能耗水平 0.64kWh/m^3，平均降低 15.6%。MBR 工艺节能降耗与优化运行技术应用，能够实现好氧池与 MBR 池的曝气量联动调节和曝气能耗降低。

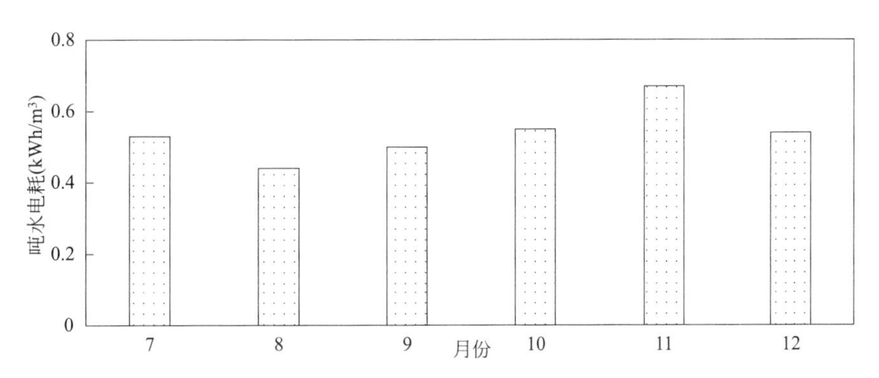

图 11-79　无锡城北污水处理厂四期 MBR 工艺系统吨水电耗

11.9 天津北塘污水处理厂工程

11.9.1 工程建设内容

1. 工程概况

天津北塘污水处理厂位于天津市滨海新区，北纬 39.1028°，东经 117.6434°，占地 13.4hm^2，服务面积 46.71km^2，包括开发区东区部分区域、先进制造业产业区中区东侧部分、北塘地区、现状北塘明渠排水区域、森林公园以及创业村区域。工程规模 15 万 m^3/d，分为 4 个系列，每个系列 3.75 万 m^3/d。污水处理采用改良 A^2/O+深床滤池工艺流程，污泥处理采用机械浓缩+脱水处理工艺流程。出水执行 GB 18918—2002 一级 A 标准，排入新河东干渠，进入永定新河。工程于 2009 年 12 月动工建设，2011 年 9 月通水运行。

2. 提标改造工程

2015 年天津《城镇污水处理厂污染物排放标准》DB 12/599—2015 颁布，要求 2018 年 1 月 1 日起执行新排放标准，北塘污水处理厂 2017 年启动提标改造。主体工艺为改良 Bardenpho+磁混凝澄清+深床滤池+臭氧氧化，执行 DB 12/599—2015 的 A 标准。提标改造工程的设计进出水水质见表 11-4，工艺流程和实景如图 11-80 和图 11-81 所示。

北塘污水处理厂提标改造工程设计进出水水质　　表 11-4

水质指标	COD_{Cr}	BOD_5	SS	TN	TP	氨氮
设计进水水质(mg/L)	550	225	350	55	8	45
设计出水水质(mg/L)	≤30	≤6	≤5	≤10	≤0.3	≤1.5(3.0)

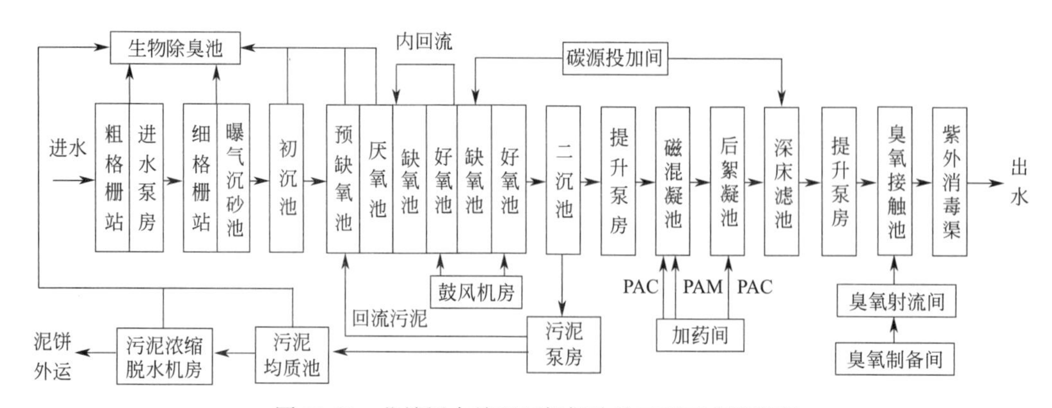

图 11-80　北塘污水处理厂提标改造工程工艺流程图

3. 生物处理系统改造

根据北塘厂提标改造工程的进出水水质设计值，反硝化率需达到 86.1%，原生物池为改良 A^2/O 池型，按该池型计算，内回流比需由 200%增至 520%，按平均流量计算，

图 11-81　天津北塘污水处理厂提标改造工程全貌

内回流量就需要达到 78 万 m^3/d，会增加电耗 0.05kWh/m^3；另外，如果内回流端的 DO 控制不当，高内回流比带来的 DO 对反硝化影响较大，无效损耗碳源，同时高回流比也会缩短生物池实际停留时间，对冬季低温环境下的生物硝化不利。

在生物池池容充足的情况下，对原 A^2/O 生物池重新进行功能区布局的划分，由原来的厌氧-缺氧-好氧区改为改良 bardenpho 五段池型，即厌氧—缺氧—好氧—缺氧—好氧区，如图 11-82 所示。第一个缺氧区利用来水中的碳源进行反硝化脱氮，脱氮不足部分由第二缺氧区发挥作用，利用好氧区所产硝酸盐作为电子受体，通过外加碳源或内源碳源作为电子供体脱氮，反硝化速率高，可相应节省第二缺氧区池容，生物池末端的好氧区吹脱剩余氮气并减少磷酸盐在二沉池中的释放，同时可避免外加碳源投加过剩可能造成的出水 BOD_5 超标。

图 11-82　天津北塘污水处理厂提标改造工程生物处理单元

4. 深度处理系统改造

针对提标改造面临的占地受限、水质明显季节性波动等问题，为保证出水 TP 和 SS 稳定达到 DB 12/599—2015 的 A 标准要求，深度处理增加了磁混凝单元（见图 11-83）。考虑碳源高效利用和未来水质标准提升，将原有深床滤池改造为深床反硝化滤池，增设外部碳源投加系统，冬季低温不利环境下可启动滤池脱氮，未来 TN 指标要求提高时不需再增设脱氮单元。

北塘污水处理厂二级生物处理出水 COD 大多在 40～28mg/L，溶解性 COD 30～24mg/L，对有机物去除而言，二级生物处理系统已无潜力可挖，为保证出水 COD 稳定达到 30mg/L 以下，需增加 COD 深度处理单元，强化对难降解有机物的去除。考虑到二沉出水有机物复杂情况，结合模拟试验研究结果，在深床滤池单元的后端，采用臭氧氧化实现难降解有机物的深度去除，成为 COD 高标准稳定达标的保障单元（见图 11-84）。

根据水质变化情况，可灵活运行臭氧氧化工艺单元，实现不同的目的。当磁混凝澄清单元出水 COD 不达标时，臭氧氧化单元发挥 COD 去除功能，保障 COD 稳定达标；当 COD 达标时，臭氧氧化单元可选择灵活运行，降低臭氧投加量，主要进行脱色或消毒，甚至去除污水中的部分微量新污染物，进一步提升水质及生态安全性。

图 11-83　天津北塘污水处理厂提标改造工程磁混凝澄清单元

图 11-84　天津北塘污水处理厂提标改造工程臭氧氧化单元

11.9.2　工艺运行效果

北塘污水处理厂提标改造工程运行稳定，二级出水 TN 在 10mg/L 以下，满足排放标准要求；二级出水 TP 为 0.7～1.4mg/L，磁混凝澄清池出水 TP 为 0.15mg/L 以下；臭氧氧化单元臭氧投加量 9.5～25mg/L，出水 COD 月平均值为 15～24mg/L。工艺流程整体出水水质稳定达到 DB 12/599—2015 的 A 标准，2019～2020 年的出水 COD、SS、NH_3-N、TN、TP 平均值分别为 19mg/L、2.2mg/L、0.29mg/L、7.7mg/L、0.08mg/L。

主要参考文献

[1] 水专项城市主题集成课题组．有关城市水污染控制系统技术的一点认识［J］．给水排水，2015（2）：1-3.

[2] Jenkins D，Wanner J. Activated Sludge-100 Years and Counting［M］．London：IWA Publishing，2014.

[3] 严煦世．水和废水技术研究［M］．北京：中国建筑工业出版社，1992.

[4] Mogens Henze 等. 污水生物与化学处理技术［M］．国家城市给水排水工程技术研究中心，译．北京：中国建筑工业出版社，1999.

[5] Glen T. Daigger. Upgrading Wastewater Treatment Plants，2nd edition. Florida（US）：CRC Press LLC.，1998.

[6] Qu J，Wang H，Wang K，*et al*. Municipal wastewater treatment in China：Development history and future perspectives［J］．Frontiers of Environmental Science & Engineering，2019，13（6）：2-8.

[7] 陈吉宁．城市水系统特征分析与技术误区［J］．建设科技，2010（21）：18-20.

[8] 张悦，田青，秦姝兰．为污水处理工程提供国产设备专项信贷的建议［J］．中国给水排水，1999，15（11）：24-26.

[9] 郑兴灿．城镇污水处理厂一级A稳定达标技术［M］．北京：中国建筑工业出版社，2015.

[10] 黄霞．论污水处理技术的未来发展——从处理到资源回收［J］．给水排水，2013，39（9）：1-3.

[11] 戴晓虎，侯立安，章林伟，等．我国城镇污泥安全处置与资源化研究［J］．中国工程科学，2022，24（5）：145-153.

[12] 王洪臣．污水资源化是突破经济社会发展水资源瓶颈的根本途径［J］．给水排水，2021，47（4）：1-5，52.

[13] 王晓昌，袁宏林，赵庆良．小城镇污水处理技术的发展与实践［J］．给水排水，2015（8）：1-3，29.

[14] 陈华．上海东区水质净化厂保留改造工程设计特色分析［J］．给水排水，2012，38（9）：55-58.

[15] 李殿海，张新．纪庄子再生水厂改扩建工程改造分析［J］．中国给水排水，2013，29（8）：10-13.

[16] 刘世德，王泽明，刘茜，等．地下式污水处理厂关键节点及设计对策［J］．地下空间与工程学报，2021，17（S1）：215-220.

[17] 郑兴灿．太湖流域城镇污水处理厂执行一级A标准的问题讨论［J］．建设科技，2008（14）：8-12.

[18] 马世豪，何星海．《城镇污水处理厂污染物排放标准》浅释［J］．给水排水，2003，29（9）：89-94.

[19] 夏青．城镇污水处理厂污染物排放标准修改完善的思考［J］．水资源保护，2020，36（5）：22-23.

[20] 郭兴芳，郑兴灿，申世峰，等．谈《城市污水再生利用景观环境用水水质》国家标准的修订［J］．给水排水，2020，46（1）：45-50.

[21] 郑兴灿，张昱．城镇污水处理厂微量污染物的来源与控制途径［J］．给水排水，2018，44（2）：1-3，14.

[22] 陈珺，王洪臣．城市污水处理排放标准若干问题的探讨［J］．给水排水，2010，36（3）：39-42.

[23] 郑丙辉，刘琰．地表水环境质量标准修订的必要性及其框架设想［J］．环境保护，2014，42（20）：39-41.

[24] 杭世珺．《全国城镇生活污水处理设施补短板强弱项实施方案》解读［J］．给水排水，2020，46（9）：1-3.

[25] 孙永利．城镇污水处理提质增效的内涵与思路［J］．中国给水排水，2020，36（2）：1-6.

[26] 王谦，高红杰．我国城市水环境管理策略建议——对《水污染防治行动计划》的解读［J］．环境保护科学，2015（3）：4-7.

[27] Wett B，Podmirseg S M，Gómez-Brandón M，*et al*. Expanding DEMON sidestream deammonification technology towards mainstream application［J］．Water Environment Research，2015，87（12）：2084-2089.

[28] Zarei M. Wastewater resources management for energy recovery from circular economy perspective［J］．Water-Energy Nexus，2020，3：170-185.

[29] 彭永臻，邵和东，杨延栋，等．基于厌氧氨氧化的城市污水处理厂能耗分析［J］．北京工业大学学报，2015（4）：621-627.

[30] 陈珺．未来污水处理工艺发展的若干方向、规律及应用［J］．给水排水，2018，44（2）：129-141.

[31] 郝晓地，金铭，胡沉胜．荷兰未来污水处理新框架——NEWs及其实践［J］．中国给水排水，2014，30（20）：7-15.

[32] 戴晓虎，张辰，章林伟，等．碳中和背景下污泥处理处置与资源化发展方向思考［J］．给水排水，2021，47（3）：1-5.

[33] 陈剑，李玉庆．天津津南污泥处理工程整体工艺设计与调试［J］．给水排水，2016，42（4）：34-36.

[34] 夏琼琼，郑兴灿，王雅雄，等．主流工艺厌氧氨氧化系统模式与工艺路线研究［J］．水处理技术，2020，46（11）：11-15.

[35] 李涛，盘德立，苏春阳．解码未来污水处理厂［M］．北京：中国建筑工业出版社，2020.

[36] 曹业始，郑兴灿，刘智晓，等．中国城市污水处理的瓶颈、缘由及可能的解决方案［J］．北京工业大学学报，2021，47（11）：1292-1302.

[37] 何伶俊，汪勇，黄皓，等．江苏太湖流域污水处理厂一级A提标改造技术总结［J］．中国给水排水，2011，37（10）：33-39.

[38] 郑凯凯，周振，周圆，等．城镇污水处理厂进水中地下水、河水及雨水混入比例研究［J］．环境工程，2020，38（7）：75-80.

[39] 周乙新，李激，王燕，等．城镇污水处理厂低浓度进水原因分析及提升措施［J］．环境工程，2021，39（12）：25-30.

[40] 李家驹，郑兴灿，李鹏峰，等．基于新地方标准的城镇污水处理厂提标调研方案［J］．环境工程，2020，38（7）：13-18.

[41] 江苏省住房和城乡建设厅．江苏省太湖流域城镇污水处理厂提标建设技术导则［M］．北京：中国建筑工业出版社，2010.

[42] 李鹏峰，郑兴灿，李激，等．城镇污水处理厂提标改造工作流程探讨［J］．中国给水排水，2019，35（22）：14-19.

[43] 李激，王燕，罗国兵，等．城镇污水处理厂一级A标准运行评估与再提标重难点分析［J］．环境工程，2020，38（7）：1-12.

[44] 李鹏峰，郑兴灿，孙永利，等．城镇污水处理厂系统化精准诊断技术方法构建及应用［J］．中国给水排水，2021，37（12）：1-6，13.

[45] 李鹏峰，孙永利，郑兴灿，等．太湖流域某污水厂工艺过程诊断及优化措施［J］．中国给水排水，2014，30（17）：109-112.

[46] Henze M，Harremoës P，Jansen J L C，*et al*. Wastewater Treatment：Biological and Chemical Processes［M］. Berlin：Springer-Verlag Publisher，2010.

[47] Metcalf & Eddy Inc.，Tchobanoglous G，Burton F L. Wastewater Engineering：Treatment and Resource Recovery［M］. New York：McGraw-Hill，2013.

[48] Guanghao Chen，George A. Ekama，Mark C. M. van Loosdrecht，*et al*. Biological Wastewater Treatment：Principles，Modelling and Design［M］. London：IWA Publishing，2020.

[49] Water Environment Federation. The Nutrient Roadmap［M］. Virginia：WEF Press，2015.

[50] Shortcut Nitrogen Removal Task Force of the Water Environment Federation. Shortcut Nitrogen Removal—Nitrite Shunt and Deammonification［M］. Alexandria，VA：Water Environment Federation and Water Environment Research Foundation，2015.

[51] 郑兴灿，尚巍，金鹏康，等．城市污水处理系统运行特性与调控机制［J］．建设科技，2021（13）：24-27，31.

[52] 德国水、污水和废弃物处理协会．DWA-A 131一段活性污泥法设计计算规程（2016年6月版）［M］．唐建国等，译．上海：同济大学出版社，2022.

［53］ Standard ATV-DVWK-A 131E. Dimensioning of single stage activated sludge plants. ［M］. Hennef：Publishing Company of ATV-DVWK Water，Wastewater and Waste，2000.

［54］ 韦启信，郑兴灿．污水悬浮固体组分对活性污泥产率的影响及计算方法［J］．中国给水排水，2013，29（18）：1-6.

［55］ 吉芳英，来铭笙，何莉，等．细微泥沙粒径对活性污泥产率的影响及其计算公式［J］．环境工程学报，2016，10（4）：1627-1632.

［56］ 高晨晨，郑兴灿，游佳，等．城市污水脱氮除磷系统的活性污泥菌群结构特征［J］．中国给水排水，2015，31（23）：37-42.

［57］ 游佳，高晨晨，陈轶，等．微丝菌引发的污泥膨胀对污水处理厂效能的影响分析［J］．给水排水，2018，44（8）：57-60.

［58］ Hu Man，Wang Xiaohui，Wen Xianghua，*et al*. Microbial community structures in different wastewater treatment plants as revealed by 454-pyrosequencing analysis ［J］. Bioresource Technology，2012，117：72-79.

［59］ Wu L，Ning D，Zhang B，*et al*. Global diversity and biogeography of bacterial communities in wastewater treatment plants ［J］. Nature Microbiology，2019，4：1183-1195.

［60］ Martins AM，Pagilla K，Heijnen JJ，*et al*. Filamentous bulking sludge-a critical review ［J］. Water Research，2004，38（4）：793-817.

［61］ Machnicka A. Accumulation of phosphorus by filamentous microorganisms ［J］. Polish Journal of Environmental Studies，2006，15（6）：947-953.

［62］ 高晨晨，游佳，陈轶，等．丝状菌污泥膨胀对脱氮除磷功能菌群的影响［J］．环境科学，2018，39（6）：2794-2801.

［63］ Water Environment Federation. Wastewater Treatment Plant Design Handbook ［M］. Alexandria，VA：Water Environment Federation（WEF），2012.

［64］ Water Environment Federation. WEF Manual of Practice No. 11，Operation of Water Resource Recovery Facilities ［M］. 7th ed. Virginia：WEF Press，2017.

［65］ Water Environment Federation. WEF Manual of Practice No. 21，Automation of Water Resource Recovery Facilities ［M］. Alexandria，VA：Water Environment Federation，2013.

［66］ 苏伊士水务工程有限责任公司．得利满水处理手册［M］．北京：化学工业出版社，2021.

［67］ 郑兴灿，孙永利．城镇污水处理功能提升和技术设备发展的几点思考［J］．给水排水，2011，47（09）：1-5.

［68］ 殷益明，李鹏峰．平板式回流污泥格栅的研发及工程应用效果［J］．中国给水排水，2014，30（21）：135-138.

［69］ 赵立新，蒋明虎，孙德智．旋流分离技术研究进展［J］．化工进展，2005，24（10）：1118-1123.

［70］ 李鹏峰，郑兴灿，孙永利，等．高效初沉发酵池处理城市污水的中试研究［J］．中国给水排水，2012，28（5）：5-8.

［71］ 郑兴灿，张悦，陈立．化学—生物联合絮凝的污水强化一级处理工艺［J］．中国给水排水，2000，16（7）：29-32.

［72］ 邱慎初．化学强化一级处理（CEPT）技术［J］．中国给水排水，2000，16（1）：26-29.

［73］ Water Environment Federation. WEF Manual of Practice No. 8，Design of Water Resource Recovery Facilities ［M］. 6th ed. Virginia：WEF Press，2018.

［74］ Water Environment Federation. Introduction to Water Resource Recovery Facility Design ［M］，2nd ed. Virginia：WEF Press，2015.

［75］ 孙永利，李鹏峰，隋克俭，等．内回流混合液DO对缺氧池脱氮的影响及控制方法［J］．中国给水排水，2015，31（21）：81-84.

[76] 黄霞，左名景，薛涛，等．膜生物反应器脱氮除磷工艺处理城市污水的工程应用 [J]．膜科学与技术，2011，31（3）：223-227.

[77] 黄霞，曹斌，文湘华，等．膜生物反应器在我国的研究与应用新进展 [J]．环境科学学报，2008，28（3）：416-432.

[78] 王翥田，叶亮，张新彦，等．MBBR 工艺用于无锡芦村污水处理厂的升级改造 [J]．中国给水排水，2010，26（2）：71-73.

[79] 吴迪．水处理用悬浮载体填料行业标准解读与投加量设计 [J]．中国给水排水，2017，33（16）：13-17.

[80] 杨平，周家中，管勇杰，等．基于 MBBR 的 AAO 和 Bardenpho 工艺改造效果对比 [J]．中国给水排水，2021，37（7）：11-19.

[81] Jianyu Sun，Peng Liang，Xiaoxu Yan，*et al*. Reducing aeration energy consumption in a large-scale membrane bioreactor：Process simulation and engineering application [J]．Water Research，2016，93：205-213.

[82] van Loosdrecht M C M，Brdjanovic D. Anticipating the next century of wastewater treatment [J]．Science，2014，344（6191）：1452-1453.

[83] 陈珺，王洪臣，Bernhard Wett. 城市污水处理工艺迈向主流厌氧氨氧化的挑战与展望 [J]．给水排水，2015，41（10）：29-34.

[84] Cao Y，van Loosdrecht M，Daigger G T. Mainstream partial nitritation-anammox in municipal wastewater treatment：status，bottlenecks，and further studies [J]．Applied microbiology and biotechnology，2017，101（4）：1365-1383.

[85] 李金河，张轶凡，伊泽，等．天津津南污泥处理厂两段式 PN/A 工艺处理污泥脱水液的成功启动与运行分析 [J]．环境工程学报，2022，16（2）：430-440.

[86] 杜睿，彭永臻．城市污水生物脱氮技术变革：厌氧氨氧化的研究与实践新进展 [J]．中国科学（技术科学），2022，52（3）：3 89-402.

[87] Wett B，Omari A，Podmirseg S M，*et al*. Going for mainstream deammonification from bench to full scale for maximized resource efficiency [J]．Water science and technology，2013，68（2）：283-289.

[88] Gustavsson D J I，Suarez C，Wilén B M，*et al*. Long-term stability of partial nitritation-anammox for treatment of municipal wastewater in a moving bed biofilm reactor pilot system [J]．Science of The Total Environment，2020，714：136342.

[89] 张亮，李朝阳，彭永臻．城市污水 P/N 工艺中 NOB 的控制策略研究进展 [J]．北京工业大学学报，2022，48（4）：421-429.

[90] Hoekstra M，Geilvoet S P，Hendrickx T L G，*et al*. Towards mainstream anammox：lessons learned from pilot-scale research at WWTP Dokhaven [J]．Environmental technology，2019，40（13）：1721-1733.

[91] US Environmental Protection Agency. Guidelines for Water Reuse [M]．WDC：US Environmental Protection Agency，2012.

[92] 张昱，郑兴灿，李殿海，等．城市污水再生利用及水质安全保障的关键技术集成与示范应用 [J]．给水排水，2013，39（4）：9-12.

[93] 李健，李富元，关代宇，等．天津开发区“双膜法”污水再生回用工程 [J]．中国给水排水，2003，19（11）：96-97.

[94] 李艺，李振川．北京北小河污水处理厂改扩建及再生水利用工程介绍 [J]．给水排水，2010，36（1）：27-31.

[95] 上海市政工程设计研究总院（集团）有限公司．给水排水设计手册（第 3 册城镇给水）[M]．3 版．北京：中国建筑工业出版社，2017.

[96] Joint Task Force of the Water Environment Federation and the American Society of Civil Engineers. Design of municipal wastewater treatment plants [M]．5th ed. New York：McGraw-Hill & WEF Press，2010.

[97] 隋克俭，李家驹，李鹏峰，等．溶气气浮工艺用于城镇污水处理厂二级出水的深度除磷研究［J］．环境工程，2020，38（7）：66-70，65.

[98] Islam A，Sun G，Shang W，*et al*. Separation and characterization of refractory colored dissolved effluent organic matter in a full-scale industrial park wastewater treatment plant［J］. Environmental Science and Pollution Research，2021，28（31）：42387-42400.

[99] Islam A，Sun G，Saber A N，*et al*. Identification of visible colored dissolved organic matter in biological and tertiary municipal effluents using multiple approaches including PARAFAC analysis［J］. Journal of Environmental Sciences，2022，122：174-183.

[100] 李激，王燕，熊红松，等．城镇污水处理厂消毒设施运行调研与优化策略［J］．中国给水排水，2020，36（8）：7-19.

[101] 李国金，李霞，王万寿，等．活性焦吸附工艺在市政污水深度处理中的应用［J］．给水排水，2018，44（5）：28-30.

[102] 郭庆英，刘翊，高飞亚，等．上向流炭吸附澄清池用于工业废水的深度处理［J］．中国给水排水，2018，34（2）：56-58.

[103] 单威，王燕，郑凯凯，等．高工业废水占比城镇污水处理厂 COD 提标技术比选与分析［J］．环境工程，2020，38（7）：2-37，24.

[104] 张玲玲，陈铁，尚巍，等．高排放标准下污水处理厂深度处理工艺分析［J］．给水排水，2021，57（4）：72-75.

[105] 张玲玲，尚巍，孙永利，等．高标准下天津市津沽污水处理厂提标改造效果分析［J］．给水排水，2019，55（10）：37-41.

[106] 葛铜岗，孙永利，黄鹏，等．高水力负荷潜流湿地快速净化低污染水体运行研究［J］．中国给水排水，2021，37（9）：75-81.

[107] 段田莉，成功，郑媛媛，等．高效垂直流人工湿地＋多级生态塘深度处理污水厂尾水［J］．环境工程学报，2017，11（11）：5828-5835.

[108] 王学华，沈耀良，张娜，等．季节变化对人工湿地与生态塘组合工艺脱氮除磷性能影响［J］．环境工程，2014，32（6）：20-23，42.

[109] 王翔，朱召军，尹敏敏，等．组合人工湿地用于城市污水处理厂尾水深度处理［J］．中国给水排水，2020，36（6）：97-101.

[110] Calvo Buendia E.，Tanabe K.，*et al*. 2019 Refinement to the 2006 IPCC Guidelines for National Greenhouse Gas Inventories［R］. IPCC Task Force on National Greenhouse Gas Inventories，The Intergovernmental Panel on Climate Change（IPCC），2019.

[111] Fytili D，Zabaniotou A. Utilization of sewage sludge in EU application of old and new methods-a review［J］. Renewable and Sustainable Energy Reviews，2008，（12）：116-140.

[112] 郑兴灿，孙永利，李鹏峰，等．城镇污水处理系统一级 A 稳定达标及节能降耗关键技术［J］．北京：建设科技，2014，（Z1）：36-38

[113] 孙德智，程翔，孙世昌，等．城市污水处理厂温室气体排放特征及减排技术策略［M］．北京：中国环境出版社，2014.

[114] 郝晓地，刘然彬，胡沅胜，等．污水处理厂“碳中和”评价方法创建与案例分析［J］．中国给水排水，2014，30（2）：1-7.

[115] 郭盛杰，黄海伟，董欣，等．中国城镇污水处理行业温室气体排放核算及其时空特征分析［J］．给水排水，2019，45（4）：56-62.

[116] 常江，杨岸明，甘一萍，等．城市污水处理厂能耗分析及节能途经［J］．中国给水排水，2011，27（4）：

33-36.

[117] 孙慧，王佳伟，吕竹明，等．北京某大型城市污水处理厂节能降耗途径和效果分析［J］．中国给水排水，2019，35（16）：31-34.

[118] 杨晓美，宋美芹，吴迪，等．新型悬浮载体强化脱氮除磷技术用于高标准污水处理［J］．中国给水排水，2017，33（16）：97-102.

[119] 邹吕熙，李怀波，王燕，等．太湖流域城镇污水处理厂能耗评价与分析［J］．环境工程学报，2019，13（12）：2890-2897.

[120] 郭昉，吴毅晖，李波，等．我国城镇污水处理厂节能降耗研究现状及发展趋势［J］．水处理技术，2017，43（6）：1-4，10.

[121] 杨敏，颜秀勤，孙雁，等．A^2/O-MBR 工艺城镇污水处理厂能耗特征与运行优化［J］．给水排水，2016（12）：44-47.

[122] 路晖，辛涛，吴迪，等．MBBR 工艺在污水处理厂提量增效中的应用［J］．中国给水排水，2019，35（4）：100-105.

[123] Delre A，Monster J，Scheutz C. Greenhouse gas emission quantification from wastewater treatment plants，using a tracer gas dispersion method［J］. Science of the Total Environment，2017，605/606：258-268.

[124] Masuda S，Sano I，Hojo T，*et al*. The comparison of greenhouse gas emissions in sewage treatment plants with different treatment processes［J］. Chemosphere，2018，193：581-590.

[125] Zeng S Y，Chen X，Dong X，*et al*. Efficiency assessment of urban wastewater treatment plants in China：Considering greenhouse gas emissions［J］. Resources，Conservation and Recycling，2017，120：157-165.

[126] 郑兴灿，张昱，赉伟伟，等．城镇污水微量新污染物赋存特征与全过程控制技术研究［J］．给水排水，2022，48（6）：26-34.

[127] Marc Bourgin，Birgit Beck，Marc Boehler，*et al*. Evaluation of a full-scale wastewater treatment plant upgraded with ozonation and biological post-treatments：Abatement of micropollutants，formation of transformation products and oxidation by-products［J］. Water Research，2018，129：486-498.

[128] Hongrui Chen，Hui Peng，Min Yang，*et al*. Detection，occurrence，and fate of fluorotelomer alcohols in municipal wastewater treatment plants［J］. Environmental Science & Technology 2017，51：8953-8961.

[129] 邵天华，赉伟伟，苏都，等．城镇污水处理厂污水及污泥中典型药物及其代谢产物的定量检测［J］．环境科学学报，2020，40（06）：2136-2141.

[130] Juan Wang，Zhe Tian，Yingbin Huo，*et al*. Monitoring of 943 organic micropollutants in wastewater from municipal wastewater treatment plants with secondary and advanced treatment processes［J］. Journal of Environmental Sciences，2018，67：309-317.

[131] Weiwei Ben，Bing Zhu，Xiangjuan Yuan，*et al*. Occurrence，removal and risk of organic micropollutants in wastewater treatment plants across China：Comparison of wastewater treatment processes［J］. Water Research，2018，130，38-46.

[132] 马洁，陈红瑞，王娟，等．四种短链全氟化合物替代物在城镇污水处理厂的污染特征研究［J］．生态毒理学报，2017，12（3）：191-202.

[133] 马春萌，陈红瑞，马洁，等．短链全氟烷酸替代物在城镇污水深度处理工艺中的分布和排放［J］．生态毒理学报，2020，15（05）：147-157.

[134] Chunmeng Ma，Hui Peng，Hongrui Chen，*et al*. Long-term trends of fluorotelomer alcohols in a wastewater treatment plant impacted by textile manufacturing industry［J］. Chemosphere，2022，299：134442.

[135] 朱雁伯，袁楠楠，姜威，等．我国城镇污水厂运行管理中存在的问题及对策［J］．中国给水排水，2012，28（18）：30-34.

[136] 叶亮，杨敏，李鹏峰，等．芦村污水处理厂精细化管理技术措施研究［J］．中国给水排水，2017，33（19）：115-119.

[137] 时玉龙，鲍海鹏，李伟，等．北排清河第二再生水厂低碳运行实践［J］．中国给水排水，2022，38（14）：99-105.

[138] 钱静，高守有．高标准污水处理厂提标改造工程的设计与调试运行［J］．中国给水排水，2016，32（8）：29-32.

[139] 马文新，李旭，杜恺忻，等．李村河污水处理厂改造提标及四期扩建工程 BIM 技术应用［J］．中国建设信息化，2021（07）：54-58.

[140] 王金丽，郑兴灿，张秀华，等．天津生态城水系统构建与海绵建设技术研究及实践［J］．环境工程，2022，40（09）：215-223＋53.

[141] 刘振江，尚巍，赵益华，等．营城污水处理厂工艺提升及再生水工艺研究及工程设计［J］．建设科技，2015（20）：84-86.

[142] 申世峰，李劢，郭兴芳，等．工业集聚区集中污水处理厂难降解有机物高标准深度处理研究［J］．给水排水，2020，46（10）：59-64.